权威金版育儿百科

孟斐 / 编著

U0175244

天津出版传媒集团

天津科学技术出版社

图书在版编目（CIP）数据

权威金版育儿百科 / 孟斐编著 . — 天津：天津科
学技术出版社，2019.3

ISBN 978-7-5576-6024-6

Ⅰ . ①权… Ⅱ . ①孟… Ⅲ . ①妊娠期—妇幼保健—基
本知识②婴幼儿—哺育—基本知识 Ⅳ . ① R715.3
② TS976.31

中国版本图书馆 CIP 数据核字（2019）第 030385 号

权威金版育儿百科
QUANWEI JINBAN YUER BAIKE
策 划 人：杨 谡
责任编辑：孟祥刚　刘丽燕
责任印制：兰　毅
出　　版：天津出版传媒集团
　　　　　天津科学技术出版社
地　　址：天津市西康路 35 号
邮　　编：300051
电　　话：（022）23332490
网　　址：www.tjkjcbs.com.cn
发　　行：新华书店经销
印　　刷：北京德富泰印务有限公司

开本 889×1 194　1/32　印张 22　字数 600 000
2019 年 3 月第 1 版第 1 次印刷
定价：39.80 元

前言

育儿是一项系统工程，不仅需要把孩子带大，更要注重养育的质量以及语言、社交、心理等多方面能力的培养。然而对于初为父母者来说，面临的一切都是新课题。新生儿有哪些发育特点，新生儿该如何喂养、如何护理，宝宝生病怎么办，诸如此类的喂养问题都足以让初为父母者手足无措。随着孩子不断成长，父母对孩子的喂养渐渐得心应手，随之而来的智力开发、教育、学习问题更令父母们煞费脑筋。为了做一个称职的家长，培养出健康、聪明的孩子，年轻的爸爸妈妈们需要吸收更多的实用育儿经验，学习更多的科学育儿方法，同时在自己的育儿实践中不断地摸索和思考。

"一切为了孩子，为了孩子的一切。"面对育儿过程中出现的一切问题，家长们都迫切希望自己能轻松有效地解决，于是积极地参加各类育儿培训班，阅读各种图书，上各大育儿网站交流，学习育儿知识和经验，恨不得成为一个既懂得孕产保健、优生知识，又懂得儿童保健、早期教育等知识的全能型专家。为了给现代家长提供一个科学、实用、有效且值得信赖的育儿读本，我们组织专业人士精心编写了这部《权威金版育儿百科》，从家长的实际需要出发，大量综合了国内外妇产科学、遗传学、营养学、儿科、早教等相关领域的研究成果，介绍了先进的育儿理念、实用的育儿知识和科学的育儿方法，解答现代父母的困惑。

人们常说："养第一个孩子照书养，养第二个孩子照第一个养。"现代人育儿通常是"照书养"，但"照书养"最重要的前提便是用作指导的这本书要具有科学性和实用性。没有科学性，后果不堪设想；没有实用性，也就没有使用的价值。本书旨在应家长之所需，急家长之所急，想家长之所想，为家长出谋划策，解决实际问题。凡家长普遍关心和最经常遇到的问题，诸如，孩子使用抗生素的问题，母乳喂养和人工喂养的问题，训练孩子大小便的问题，进行早期智力开发的问题，等等，你都可以在书中找到答案。每个问题都有科学的解答，阐述得详细而深入，彻底把育儿知识讲清楚了，让家长学起来轻松，用起来放心。

书中详尽介绍了备孕、十月怀胎、0～6岁婴幼儿的喂养、上学后的生活和精神教育、饮食营养和安全问题等，全面、系统地贯穿孩子成人前家长要关注的方方面面。重点详解了0～6岁婴幼儿的喂养和护理，在宝宝1岁以前，以月龄为单元划分，各部分相互独立，内容包括这个月龄段宝宝的生长与发育、喂养方法、能力开发、护理重点、四季注意事项等，帮助父母解决育儿遇到的各种难题；1～6岁以年龄为单元划分，切实为家长提供育儿帮助。本书从学精神教育方面出发，全面关注孩子的细微感受，帮助家长有的放矢地引导和帮助孩子成长。

本书倡导现代、先进的育儿方法，鼓励爸爸妈妈都积极地参与育儿这一项系统的"工程"中来，总结无数父母育儿实践经验、育儿专家科学理念，关注孩子的感受，科学地为家长提供各种难题的解决方法，有着极高的实用价值。

目录

第一章　宝宝出生之前

第二章　出生到28天新生儿

第三章　1~12 个月宝宝

第五章　3~6 岁儿童

第六章　安全与健康

第七章　培养精神健康的孩子

第八章　幼儿常见疾病

第九章　婴幼儿安全用药

第一章

宝宝出生之前

生个健康宝宝对每个家庭都十分重要，尤其现在的夫妻"晚婚晚育"的比较多，因此更加注重"优生优育"。在宝宝出生前，夫妻双方都要认真了解关于备孕、遗传的知识，经过检查、保养、饮食调节、营养补充，使双方身体都达到理想状态。怀孕后，双方也要注意孕期生活细节的改善。了解和掌握孕期的护理要点，帮助孕妈妈安全舒适地度过这一关键时期，也是每对夫妻应该做好的功课。

孕前体检及相关知识

孕前体检的重要性

生个健康宝宝对每个家庭都十分重要，尤其现在实行"一对夫妻只生一个孩子"的政策，因此孕前体检十分必要。

事实上，许多人对孕前体检不够重视，他们觉得"我爸妈那辈人就没有孕前体检，我们现在也都挺健康的"，"即便有特殊情况，我也不会那么倒霉的"。有些人觉得检查过程太麻烦，耽误时间；还有一些人知道体检很重要，但因为工作忙，没有时间去体检，就一拖再拖。孕前体检是很有必要的。调查显示，在中国每年约有120万的先天性残障婴儿出生，这应该引起年轻夫妻的注意。孕前体检，不仅可以避免不必要的流产和宫外孕等情况的出现，还是保证优生的重要措施。

所以，对待孕前体检，年轻夫妻应当充分重视起来，一旦计划准备要宝宝了，首先就要到医院进行相关的各项身体指标检查，确定没问题了再全身心地投入孕育工作。

准妈妈要做的检查项目

一般检查项目

物理检查

包括血压（看血压是否偏高或偏低，在受孕前应把血压控制在正常的水平。）、体重、心肺听诊、腹部触诊、甲状腺触诊等，目的是发现有无异常体征。

血常规检查

目的是了解准妈妈血色素的高低，若有贫血可以先治疗，再怀孕；了解凝血情况，如有异常可先治疗，避免生产时发生大出血等意外情况。血型检查包括在血常规检查项目中，目的是预测是否会发生母婴不合溶血症，如 ABO 血型不合、Rh 血型不合，为可能需要做输血准备。

尿常规检查

目的是了解是否有泌尿系统感染；其他肾脏疾患的初步筛查，间接了解糖代谢、胆红素代谢是否正常，有助于肾脏疾病的早期诊断。急性肾炎患者最好在临床症状消失 3 年后再行妊娠。

肝功检查

包括乙肝表面抗原。目的是及时发现乙肝病毒携带者和病毒性肝炎患者，及时给予治疗。如果准妈妈患有病毒性肝炎，又没及时发现，怀孕后会造成早产，甚至新生儿死亡。

心电图检查

目的是了解心脏的基本情况。判断准妈妈的心脏功能是否能够承受孕育历程中额外增加的负担。

口腔检查

目的是了解口腔的健康状况，以免女性的口腔疾病影响到胎儿，例如牙龈炎可能会引发流产、早产或是胎儿低体重的问题，龋齿可能将口中的蛀牙细菌传染给肚子里的宝宝，所以有牙龈炎、龋齿、阻生智齿的女性更应该在孕前做好口腔检查。这是容易被大多数女性漏掉的检查项目。

特殊检查项目

乙肝标志物检查

常规肝功和乙肝表面抗原检查有问题时，需要做进一步检查，其中就包括乙肝标志物检查。及时发现肝炎病毒携带者，对易感准妈妈实施必要的保护措施，如接种乙肝疫苗。对乙肝病毒携带者，根据携带情况给予相应的处理，降低母婴传播率，并进行孕期监测。

血糖、血脂检查

目的是发现糖、脂代谢异常。

肾功能检查

目的是了解准妈妈的肾脏功能，及时发现不宜妊娠的肾脏疾患。

心脏超声检查

目的是排除先天性心脏病和风湿性心脏病。

遗传病检查

如果家族中有遗传病史，或女方有不明原因的自然流产、胎停育、分娩异常儿等历史，准妈妈在孕前做一些遗传病方面的咨询和检查非常必要，如染色体检查。

妇科检查项目

生殖器检查

包括生殖器 B 超检查，阴道分泌物检查和医生物理检查，目的是排除生殖道感染等疾病。

优生四项检查

目的是排除准妈妈身体内是否有病原菌感染，即弓形虫、巨细胞病毒、单纯疱疹病毒、风疹病毒感染。如果女性孕前存在风疹病毒、巨细胞病毒和弓形虫等感染时，自身并不会有明显的自觉症状，也不会有太大危害。但是这些病毒和微生物都能造成胎儿的宫内感染，风疹病毒可以引起先天性心脏病和眼部畸形、神经损害；单纯疱疹病毒可以引起眼病和神经损害；巨细胞病毒感染和弓形虫病可以引起耳聋、神经损害和眼病等。但是如果在孕前检查优生四项，根据结果进行干预，那么就可以使宝宝远离出生缺陷。

病毒六项检查

也称为优生六项检查。除上述优生四项外，还包括人乳头瘤病毒、解脲支原体两项检查。

性病筛查

有的医院已经把艾滋病、淋病、梅毒等性病作为孕前和孕期的常规检查项目，其目的是及时发现无症状性病患者，给予及时治疗，防止对胎儿造成伤害。如果检测结果异常要及时治疗，暂时不能怀孕。

准爸爸要做的检查项目

一般检查项目

血常规检查

目的是了解有无病毒感染、白血病、组织坏死、败血症、营养不良、贫血、ABO 溶血等。避免婴儿发生溶血病。

尿常规检查

目的是了解泌尿系统是否有感染、是否有糖尿病。避免传染给准妈妈，不利于准妈妈受孕。

大便常规检查

目的是判断准爸爸是否患有消化系统、寄生虫感染等疾病。大便常规的检查主要是从粪便中观察有无红细胞、白细胞，辅助诊断消化道疾病、消化道出血及一系列寄生虫疾病。在做粪便潜血试验时，最好在 3 天内不食用瘦肉类、含动物血类的食物和含铁剂的药物，避免影响大便检查的准确性。

特殊检查项目

肾肝功能检测

目的是了解肾脏是否受损、是否有急（慢）性肾炎、尿毒症等疾病。

染色体异常检查

目的是检查遗传性疾病，孕前检查早发现遗传性疾病及本人是否有影响生育的染色体异常、常见性染色体异常，以采取积极有效的干预措施，降低遗传疾病的发生概率。

支原体、衣原体、淋球菌检查

这是针对生殖道感染梅毒血清检查及艾滋病病毒的检验，有助于了解有无梅毒螺旋体及艾滋病病毒感染。

男科检查项目

前列腺液检查

正常为乳白色、偏碱性，高倍镜下可见满视野的微小、折光的卵磷脂颗粒，少许上皮细胞、淀粉样体及精子，白细胞数大于10/HP，有炎症时白细胞数目增加，甚或见到成堆脓细胞，卵磷脂颗粒显著减少。

精液常规检查

目的是了解男性的精子质量。精液常规分析是检测男性生育力的传统方法，其主要检测内容包括精子密度、活率与活力、形态学的检查等。它可提供睾丸精子发生及附睾精子成熟情况。

性病检查

目的是及时发现无症状性病患者，给予及时治疗，防止对胎儿造成伤害。如果在近年内没有进行过身体检查或婚检，那么也需要做肝炎、梅毒、艾滋病等传染病检查，以便及时发现无症状的性病，给予及时治疗，防止对胎儿造成伤害。

备孕的身体准备

孕前女性生殖器官保养

女性生殖器系统

女性生殖器官系统由内生殖器和外生殖器两部分组成。外生殖器是指生殖器官的外露部分，包括大阴唇、小阴唇、阴蒂、阴道前庭部和前庭大腺及处女膜，统称为外阴。内生殖器位于盆腔内，包括阴道、子宫、输卵管和卵巢。

外阴：外阴部有大阴唇和小阴唇，两小阴唇之间为阴裂。阴裂中上方有尿道口，下方是阴道口。小阴唇两侧的前方融合，包绕阴蒂。阴蒂头富于神经末梢，极为敏感，是性感觉最强的部位，它是一个很小的结节组织，很像阴茎，位于两侧小阴唇的顶端，在阴道口和尿道口的前上方。

阴道：介于膀胱、尿道和直肠之间，是内外生殖器官中间的一个通道。是女性的性交器官和月经排出通道，也是顺产时胎儿娩出的必经之路。作为性交器官，阴道前壁外 1/3 处为性兴奋的敏感区。

子宫：子宫位于骨盆腔内，前有膀胱，后与直肠相邻，两侧有卵巢、输卵管和子宫阔韧带，向下连接于阴道。子宫是月经的产生地、性生活时精子上行的通道、受孕后胎儿发育生长的场所。它形如倒置的梨状，可分为子宫颈和子宫体两部分。成年女性未妊娠时，子宫长约 7.5 厘米，宽 4 厘米，厚 2 ~ 5 厘米。

输卵管：输卵管是一对位于子宫左右的细长管道，长约 10 厘米，一端与子宫角相通，另一端游离，与卵巢接近。游离端顶端呈伞状，能捡拾卵巢排出的卵子。输卵管是精卵结合形成受精卵的场所，也是运送受精卵进入子宫腔的通道。输卵管有炎症等异常情况时，受精卵的运送将受到影响，是导致不孕或异位妊娠（俗称宫外孕）重要原因之一。

卵巢：卵巢是卵子的巢穴，是女性生殖器官中最主要的器官。卵巢是一对位于子宫两旁的扁椭圆体，能周期性产生卵子和排卵，并能分泌女性激素——雌激素和孕激素。

女性生殖器官健康的标准

1. 生殖器官没有任何不适症状，如外阴瘙痒、干涩、疼痛、烧灼感和异味。

2. 常规妇科物理检查未发现任何异常体征。

3. 优生优育筛查项目无异常。

4. 无乳腺炎等乳腺疾病。

5. 宫颈防癌涂片无异常。

6. 子宫附件盆腔 B 超未发现异常，如卵巢囊肿、畸胎瘤等。

7. 血 HIV（艾滋病病毒）、PRP（梅毒血清学检查）、HSV（单纯疱疹病毒）检查结果为阴性。

8. 实验室检查白带分泌物，没有发现如滴虫、霉菌、解脲脲原体、沙眼衣原体、淋球菌等病原菌。

9. 白带清洁度在 2 度以下（白带清洁度分为三度，1 度接近正常，2 度为轻度炎性改变，3 度为中重度炎性改变。医生通常根据白带检测报告，结合临床检查，以初步判断生殖道感染程度）。

10. 没有对性生活的厌烦感。

女性生殖器官保养

对女性来说，应在婚前先做好生殖道感染检查，一旦发现有生殖道感染，应在治愈后再考虑结婚和受孕。在准备怀孕前，女性也要做好生殖器道感染检查，如果有感染的情况，也应该先予以治疗，再考虑受孕。

此外，日常生活中女性要养成良好的卫生习惯，注意生殖器官的清洁卫生，每天用清水清洗外阴；在没有疾病情况下不要擅自使用任何有治疗作用的外阴清洗剂和阴道栓剂，进行阴道盥洗；保持阴部的舒适状态，内外裤都不要过紧，更不需要一定穿棉质的内裤；保持内裤的清洁卫生，避免内裤有尿液、清洗不彻底、没有经过阳光照射、放置时间过长等现象；使用卫生巾选择有质量保证的正规品牌。

孕前男性生殖器官保养

男性生殖器系统

男性的生殖器官分为内生殖器和外生殖器两个部分。男性内生殖器官包括睾丸、附睾、输精管、射精管、精囊腺、前列腺和尿道球腺等；男性外生殖器官由阴茎、尿道和阴囊构成。

睾丸：睾丸是男性的性腺，位于阴囊内，左右各一，一般左侧比右侧低约 1 厘米，形态为两侧扁的椭圆体，表面光滑。一般右侧睾丸略大于左侧。睾丸是男性的性腺，是产生精子、分泌男性激素的器官。

附睾：紧附于睾丸的后上外方，左右各一，为长而粗细不等的圆柱体，长 4 ~ 6 厘米，直径约 0.5 厘米，由许多卷曲、细小的管子组成。睾丸产生的精子，就是通过这些小管输送至附睾中储存。一切哺乳动物，包括人的精子，都必须通过附睾培养才能成熟，从而具有受精的能力。附睾是精子发育成熟和储藏的地方。

精囊腺：左右各一，为椭圆形的囊状器官，长 2 ~ 5 厘米，它与输精管末端合成，构成射精管，在尿道前列腺部开口于尿道。精囊腺具有分泌的功能，其功能受睾丸激素的调节，分泌物为黏稠的蛋白质，呈碱性，淡黄色，为液体状，可稀释精液，并对阴道和子宫颈管处的酸性物质起中和作用，维持精子在阴道与子宫内的活力。精液中的大部分果糖也是由精囊腺分泌的，有营养精子和使精子活动增强的功能。精液中如缺乏果糖，可严重影响精子的活动能力。

前列腺：是不成对的实质性器官，是男性生殖器官中最大的腺体，中间有尿道通过。前列腺能分泌前列腺液，前列腺液为乳白色液体，也是精液的一部分。前列腺的发育与性激素有密切关系，在幼年时前列腺不发达，随着性成熟而迅速生长，平均到 24 岁左右达到高峰。一般认为，50 岁以后前列腺的腺组织开始退化、萎缩，分泌减少。如果出现结缔组织增生，就会发生前列腺肥大。

尿道球腺：为左右各一、豌豆大小的腺体，直径为 0.5 ~ 0.8 厘米，位于尿道球的后上方。尿道球腺分泌一种碱性黏蛋白，其功能可润滑尿道，中和尿道内残存的酸性尿液，有利于精子生成。精囊腺、前列腺和尿道球腺均为男性生殖器官的附属腺体，主要分泌液体形成精液，对精子有保护、营养及增强活力的作用，并使精液排出后有一个凝固、液化过程。

阴茎：阴茎是男性的性交器官，负责运送精子进入女性生殖道，阴茎上有丰富的血管及神经分布，在性欲勃起时可表现为充血、增大、勃起，性高潮后恢复疲软。阴茎头又称龟头，是男性的性敏感区。

尿道：尿道位于阴茎内，是排尿的通道，在性生活时也是精液射出的通道。

阴囊：阴囊是一个皮囊，包裹着睾丸、附睾和输精管的下半段。阴囊在一般情况下多处于收缩状态，表面多出现皱褶。它对温度变化特别敏感，并能随之收缩松弛和分泌汗腺、皮脂，以保持睾丸的低温环境（35℃左右），利于精子的产生和成熟。

男性生殖器官健康的标准

1.生殖器官没有任何不适症状，如尿道口瘙痒、疼痛、烧灼感、分泌物和异味等。

2.精液实验室检查无异常。

3.常规物理检查未发现任何如包皮过长、过短、包茎、精索静脉曲张等异常体征。

4.血 HIV（艾滋病病毒）、PRP（梅毒血清学检查）呈阴性。

5.没有对性生活的厌烦感。

男性生殖器官保养

男性要做好生殖器官的保养，首先要做的和女性一样，在婚前做一个系统的生殖器官健康检查，一旦发现有生殖系统感染，应积极配合治疗，治愈后再结婚为好。此外，尽量穿棉质内裤，内外裤都不要过紧，尤其不要穿很瘦的牛仔裤；性爱前要用清水清洗生殖器，特别是龟头、沟槽部分，保持生殖器官的清洁卫生。

准妈妈应治愈的疾病

阴道炎

阴道炎是阴道黏膜及黏膜下结缔组织的炎症，是妇科门诊常见的疾病。阴道炎如果不及时治疗，就会使胎儿被感染，胎儿皮肤上会出现红斑疹，脐带上出现黄色针尖样斑，若胎儿从阴道分娩，则有 2/3 的新生儿会发病，出现鹅口疮和臀红。如果准妈妈患有轻度霉菌性阴道炎，一般对怀孕无妨，但是如果准妈妈患有比较严重的阴道炎，则应治愈后再怀孕。阴道炎在治疗期间不宜怀孕，治愈后观察一段时间，如无复发，就可以安心孕育宝宝了。

宫颈糜烂

宫颈糜烂是由于炎症分泌物的刺激致使颈管外口黏膜的鳞状上皮细胞脱落，被增生的柱状上皮所覆盖。其表面颜色鲜红，光滑或高低不平的症状，是妇科疾病中最常见的一种。宫颈糜烂对生育是有一定影响，一般来说，宫颈糜烂时宫颈分泌物会比以前明显增多，并且质地黏稠，由于含有大量白细胞。当精子通过子宫颈时，炎症环境会降低精子的活力，黏稠的分泌物同样使得精子难以通过。炎症细胞还会吞噬大量的精子，剩下的部分精子还会被细菌及其毒素破坏。如果还有大肠杆菌感染，会使精子产生较强的凝集作用，使精子丧失活力，对精子的活动度产生了一定影响，同时又妨碍精子进入宫腔，从而最终减少精子和卵子结合的机会。因此，宫颈糜烂人群的生育能力普遍低于正常人群，准妈妈要想顺利受孕，就需要尽早治愈宫颈糜烂。

盆腔炎

盆腔炎是指女性盆腔、生殖器官（包括子宫、输卵管、卵巢）、盆腔腹膜和子宫周围的结缔组织发生炎症，统称为盆腔炎。根据不同症状，盆腔炎分为慢性盆腔炎和急性盆腔炎。当机体的抵抗能力下降，或由于其他原因使女性的自然防御机能遭到破坏时，就会导致盆腔炎症的发生。

引起盆腔炎的因素有四个：

1. 子宫受到创伤，如分娩、流产或剖宫产，身体的机体抵抗力下降或手术消毒不彻底，使细菌病毒通过破损部位进入子宫、卵巢和输卵管，引起了这些部位的炎症。

2.由于经期不注意卫生或经期性生活等导致各种病原体感染，经阴道上行到子宫等生殖器官。

3.放置宫内节育器、扩张术及刮宫术都会使局部炎症的机会增加。

4.由于子宫和输卵管与腹腔相通，女性生殖器通过血液和淋巴管又与腹腔相联系，所以生殖器官的炎症会引起其周围的盆腔组织发炎，反之盆腔的感染也会引起生殖器官的炎症。

所以盆腔炎很少局限于一个部位，而是几个部位同时发病。盆腔炎对准妈妈备孕是一种很大的威胁，这种疾病并不难以治疗，只要明确病原菌，进行正规治疗，是完全可以治愈的。

输卵管不通

输卵管是受孕的重要生殖器官，精子和卵子在输卵管中结合成为受精卵，再通过输卵管到达宫腔，完成受孕过程。输卵管很细，最细的部位甚至像头发丝一样，如果有些炎症会使输卵管扭曲变形，以致管腔部分阻塞。虽然精子可能会勉强通过，并与卵子会合，但形成的受精卵逐渐长大后，容易滞留在输卵管，形成宫外孕。当胚胎长到一定大时，就会导致输卵管破裂的严重后果。所以如果女性有输卵管炎症的话，在准备怀孕前就要先去妇科治愈输卵管炎并将其疏通，保证受孕通道畅通后再受孕。

子宫肌瘤

子宫肌瘤如果处理不当的话，很可能引起早产或流产。子宫肌瘤的直径大小和生长位置决定了其是否会影响怀孕。

由于怀孕后体内激素发生变化，子宫肌瘤很有可能会突然增大，严重情况会影响到胎儿的生长发育。一般而言，直径在5厘米以内的子宫肌瘤可以通过保守治疗的方法处理，但如果超过5厘米就必须进行手术。

肌瘤生长的位置也很关键，如果肌瘤占据了宫腔位置，后果就比较严重。此外，当怀孕时，肌瘤还有可能发生红色变性，引起肚子痛、发热等临床症状。因此，子宫肌瘤患者怀孕前一定要到医院复诊，听取医生意见，以免引发意外。

泌尿系统感染

泌尿系感染主要包括膀胱炎和肾盂肾炎，患有这类疾病的女性一旦怀孕会使病情加重。膀胱炎的症状有尿频、尿急及尿痛等，并可能发展成肾盂肾炎，在妊娠、生产时容易引起感染。肾盂肾炎主要表现为腰痛、发热，严重时可导致肾功能受损。因此，女性如果想要怀孕，一定要彻底治愈泌尿系统感染，尽量避免妊娠中疾病的复发。

如果夫妻一方在怀孕前曾患有生殖器官的疾病，如疱疹病毒感染，经过正规的治疗，在孕期没有复发或新的感染，可以正常妊娠。如果是在孕期发生感染、复发，或病毒培养呈阳性反应时，就会对胎儿有很大的危险，可以导致胎儿发育迟缓；产后还会在宝宝的眼睛、口腔和皮肤黏膜等处出现疱疹病毒感染的征象。因此，夫妻双方在怀孕前一定要治愈这类疾病，如果疾病发生在孕期，应请教医生选择适宜的治疗及恰当的分娩方式。

隐匿性梅毒

梅毒会影响生育，而且对生育能力的危害极大。梅毒所造成的不孕不育率非常高，主要是因为梅毒螺旋体可以直接通过胎盘来对胎儿进行感染，并引发胎盘的多发性小动脉炎，形成梗死和坏死，直接就导致胎儿中途流产。

现在大多数女性梅毒患者多由男方传染而来，其症状一般表现在硬下疳或者是大小阴唇、会阴部、尿道外口周围、阴蒂或子宫颈等处，这些地方是会先出现椭圆形硬结，无痛、皮肤及黏膜等。晚期梅毒，发生在感染后4年，可侵犯心血管、骨骼及中枢神经系统。因此，为了有效地预防梅毒性脑血管病、脊髓病及麻痹性痴呆等症状的发生，更应该积极地到正规医院进行检查和治疗，预防梅毒对生育能力的影响。

梅毒属于性传播疾病，对人体危害是多方面的，有的可直接损害生殖系统，甚至全身性损害严重，使机体健康状况明显下降，严重者会死亡。梅毒对生育功能构成严重威胁，有的人即使怀了孕，也会引起流产、死胎、早产或娩出先天性性病患儿，严重地影响人口质量。建议及早检查明确，对症治疗，及早治疗，不要错过怀孕的最佳年龄。

结核病

结核病是由结核杆菌引起的慢性传染病，曾一度被认为是不治之症，但随着医学的发展，目前结核病的治愈率很高。如果女性患有结核病，没治愈之前是不应当怀孕的，否则就会传染给胎儿，并有导致早产、流产的危险。

当患有肺结核病的女性患者怀孕时，结核病与妊娠会相互产生影响。孕妇的肺脏要承受很多额外的负担，这对于有结核病的肺来说是非常有害的；孕妇普遍的食欲不振和恶心呕吐现象会影响营养摄入，加重结核病情。此外，整个妊娠期间孕妇新陈代谢增加，身体的营养消耗很严重，再加上需要额外供应胎儿大量营养，孕妇就很可能因入不敷出而降低母体抵抗力；胎儿娩出后，产妇腹腔内压力大大降低，横膈迅速下降，由此造成的肺部突然扩张，常是肺结核病复发的重要因素。而患者产后机体抵抗力低下，也可能导致肺结核病情恶化。所以，结核病人要想顺利妊娠，应及时治愈。

牙周疾病

牙周疾病不可小视，因为怀孕会引起许多生理变化，如果孕前的牙周疾病未加以控制治疗的话，就有可能会给孕妇的妊娠带来不少隐患。

怀孕期间，雌性激素增加，免疫功能较差，牙菌斑菌落生态改变，这些变化会使牙龈中血管增生，血管的通透性增强，牙周组织对牙菌斑的局部刺激反应加重，从而出现血管增生等发炎症状，还会发生其他牙周问题，如牙周水肿、牙齿松动、脓肿等。研究发现，孕妇的牙周病越严重，造成早产或新生儿低体重的概率越大。所以，怀孕前应该进行牙周疾病的检查和系统治疗，消除炎症，去除牙菌斑、牙结石等局部刺激因素。

准妈妈应控制的疾病

糖尿病

糖尿病是由于胰岛素绝对或者相对不足而引起的全身代谢紊乱性疾病，有家庭遗传的倾向。若夫妻双方为糖尿病患者，则子女糖尿病患病率是60%；妊娠合并糖尿病发病率为0.66%~1%。

糖尿病可以引起各系统代谢和功能的异常。糖尿病患者怀孕后，妊娠可加重糖尿病，也可使糖尿病并发症加重。因此，妊娠糖尿病属高危妊娠，它对孕妇、胎儿、新生儿都会产生不利的影响。对孕妇而言，它可以发生高血压、肾盂肾炎、羊水过多、产后出血和感染等并发症。对胎儿而言，则可能会有先天性畸形、巨大儿、胎儿宫内发育迟缓、新生儿窒息、呼吸窘迫综合征以及低血糖等情况发生。

糖尿病至今尚难根治，虽然经过恰当治疗可以控制血糖或尿糖，临床症状会有所改善，但大多数患者糖耐量试验难以恢复正常，所以应该慎重对待生育问题。

从原则上讲，对于1型糖尿病或2型糖尿病伴有血管病变者不宜生育；而对于2型糖尿病无肾脏、眼底视网膜病变，无心血管系统异常者，经饮食控制病情稳定，无须药物治疗，空腹血糖在6.7毫摩尔/升以下女性患者，可以怀孕生育，但孕期要监测病情变化。

高血压

高血压是一种有遗传倾向的疾病。如果有慢性高血压，在要孩子之前，需要请心血管方面的专家进行全面检查，以决定能否妊娠。高血压病患者如果怀孕，容易出现妊娠中毒症，而且会成为重症。有慢性高血压的女性在怀孕后期，很难控制血压的急剧变化，有时血压升得很高，容易发生子痫（即头痛、眼花、恶心、胸闷等症状）或脑出血。同时，慢性高血压患者伴有血管痉挛和血管狭窄，会使母体及胎儿营养代谢受到影响，易发生胎盘早期剥离，造成死胎。

高血压患者想要小孩，要按照医生的治疗方案，认真服药和休息，以便尽快恢复正常。待血压指数正常或接近正常后，在医生的全面评估允许下，才可以妊娠。

心脏病

患有心脏病女性能否耐受怀孕和生产，主要取决于其病情的严重程度及孕前心功能的状况。怀孕和生产会加重女性的心脏负担：孕妇全身的血容量比未孕期女性高，心脏负担明显加重；分娩是一种强体力劳动，心脏负担十分重；在胎儿、胎盘从体内排出后，原来供给胎儿、胎盘的血液也回到心脏，再次加重心脏的负担。

患有心脏病女性往往因为承受不了妊娠、分娩及产后这么多次的负担，而出现心跳、气急、唇色发紫等心力衰竭的症状。孕前早已有过心力衰竭、心脏已扩大、心律失常或有心内膜炎等情况的女性，妊娠后发生问题的概率就会大得多。妊娠期发生的心功能代偿失调往往比非孕期更为严重，有时对胎儿生命造成威胁。

当然也不是所有女性心脏病患者孕期都会出现这种现象，只是心脏功能属于 III ~ IV 级的女性才会出现此种情况。孕前心脏功能越差，孕后发生问题的概率就越大。有心脏病的女性如果计划妊娠，一定要先去医院做全面检查，请心脏专家认真评估心脏状况，只有在专家的许可和严密的观察下才能妊娠。妊娠晚期应住院待产。

肝脏病

肝病患者怀孕应该注意几个方面的问题，比如肝功能和乙肝病毒复制。如果肝功能不正常，不建议怀孕，建议治疗后再考虑怀孕。

肝病患者怀孕，会加重肝脏负担。怀孕时，胎儿的代谢产物要通过孕妇的肝脏代谢，加上自身代谢产物的排泄，增加了肝脏负担，会导致体内转氨酶升高。而且怀孕期间，肝病会使孕妇并发症增高。人体内部分凝血因子是在肝内合成的，肝功能异常的患者，凝血因子合成会有障碍；孕妇分娩时，产后出血的风险会加重。一些孕妇还会出现肝功能衰竭、肝性脑病或肝肾综合征等严重并发症。医生建议肝病患者怀孕前一定要做肝功能、HBV-DNA（乙肝病毒复制及活跃程度）以及 B 超的检查以明确是否适合怀孕或需要治疗。

肾脏病

肾脏疾病非常不利于怀孕。患有这种疾病的女性一旦怀孕，通常较早合并妊娠高血压综合征（妊高征），可能导致肾衰竭和尿毒症，危及孕妇的生命安全，此时必须终止妊娠。同时，这一疾病不利于胎儿发育，易导致胎儿流产、早产等。患有肾脏病的女性，怀孕前一定要积极治疗，在未经医生确认之前，不要计划怀孕。

贫血

如果患有贫血的女性怀孕，可能会因为早孕反应影响自身营养的吸收，而宝宝生长额外的需要也会使孕妈妈贫血加重。重度贫血可致宝宝宫内发育迟缓、出现早产或死胎，使孕妇发生贫血性心脏病、心力衰竭、产后出血、产后感染等。生活中我们见到的宝宝出生时体重过低、贫血或营养不良、脑发育不全等大多是这一原因造成的。计划怀孕的女性如果患有贫血，应该在食物中充分摄取铁和蛋白质，多食肉、蛋、奶、肝、豆类食品，在贫血得到治疗并已彻底纠正后再怀孕。怀孕后还要定期检查，继续注意防治。

哮喘

哮喘是由各种因素引起的支气管痉挛而反复发作，又称支气管哮喘。哮喘对母婴的影响取决于哮喘的严重程度。长期患慢性哮喘的患者，由于心肺功能受到严重损害，是不能承受妊娠负担的，因此不适合怀孕。哮喘发作时呼吸困难，严重时会引起全身性缺氧，包括胎儿的缺氧，造成胎儿发育迟缓和早产，或使胎儿及新生儿死亡；如果患哮喘的孕妇需要用药，那么应该注意不宜长期服用碘化物化痰，否则会引起胎儿甲状腺肿大。皮质激素类药，如地塞米松、泼尼松，有造成胎儿畸形的可能，但一般影响不太大，哮喘发作时，可在医生的指导下使用药物。

患哮喘的女性，如果心肺功能正常，一般情况下是可以怀孕和分娩的，不会出现并发症和心肺功能病变，所以不必为此终止妊娠。在分娩时，只要采取适当的手术助产，缩短产程，减轻产妇负担，就会保证分娩安全。

癫痫

癫痫发作时，表现为典型的癫痫性抽搐及意识丧失。癫痫的病因是继发于脑外伤、大脑炎后遗症、脑内血管性病变或占位性病变，称继发性癫痫；另有一些患者的发病原因不明，称为原发性癫痫。对有癫痫病史的女性来说，妊娠是个考验。孕妇在癫痫发作时，由于全身痉挛，可能造成胎儿缺氧、窒息而发生流产或早产。此外，由于治疗需要，必须持续服用抗癫痫药物，这些药物对胎儿可能造成危害。如果孕妇孕前即有癫痫史，因为妊娠而停用或减量使用抗癫痫药物，很容易引起癫痫持续发作，对胎儿造成严重危害。

一般来说，继发性癫痫不会造成遗传，治愈后可以怀孕，故不必担心会影响婴儿健康。但在原发性癫痫的孕妇中，一部分有明显的遗传性，其婴儿发病率高达4%，因此，原发性癫痫患者，虽然临床治愈，但仍不应怀孕，以免遗传给宝宝。

系统性红斑狼疮

系统性红斑狼疮是一种主要是育龄女性的自身免疫性疾病，与妊娠关系较为密切。过去多认为患这种病的人不宜妊娠，一旦怀孕，以早期终止妊娠为宜。但近年报道，轻度的或缓解期的红斑狼疮女性妊娠成功的概率较大，且妊娠期不易恶化，所以对必须终止妊娠有了争议。同时，因治疗性流产也可以使系统性红斑狼疮恶化，引起生殖道感染和流产后出血过多等。因此，当患有此病的孕妇必须流产时，流产前后也应有积极的预防措施。

系统性红斑狼疮一般不影响受孕，但可增加自然流产、胎死宫内、死产等风险，使妊娠失败的危险增加。因此，对有生育要求的准妈妈，孕前应评估疾病的活动性，处在活动期不可妊娠。对于已经受孕的又处在红斑狼疮的活动期、特殊化验不正常的高危孕妇，宜早期进行治疗性流产，以避免本病恶化及减少不成功的妊娠。如果妊娠到了中、晚期，而准妈妈有强烈的生育要求，同时又无本病的高危因素，仍可继续妊娠。

治疗性流产前后必须使用激素、抗生素，术中术后使用止血剂，以预防病情恶化、宫腔感染和减少出血。

艾滋病患者可以要宝宝吗

艾滋病患者作为特殊人群，也会有要健康宝宝的想法，那么这种可能性到底存在吗？

艾滋病是由人类免疫缺陷病毒引起的一种性病，其表现为患者的免疫力不断下降，易于发生多种感染和恶性疾病。近期的研究指出，怀孕本身并不会加速或减慢艾滋病的病情，适当的产前护理，配合抗艾滋病毒的药物，加上医疗保健的帮助，艾滋病女性患者健康地度过怀孕期的概率会大大增加，并能生产没有感染艾滋病的健康宝宝。

母婴传染是艾滋病扩散的一种方式。据统计，患艾滋病的孕妇中25%～40%可垂直传播艾滋病毒给胎儿（即在孕期通过胎盘传染给胎儿），也可通过接触母体的血液、乳汁和产道分泌物而被传染。而剖宫产也不能降低垂直传播的危险性。在艾滋病的治疗方面，迄今尚无特效治疗。因此在产科处理方面、分娩时应尽量避免器械助产，保护胎儿的皮肤和黏膜不受损伤。在胎儿分娩后，应给予其身体清洁处理并加以隔离，主张人工喂养、远离母乳。所以，只要做好各方面的护理，艾滋病患者有生产健康宝宝的可能性。

准爸爸应治愈的疾病

前列腺炎

男性有一半左右前列腺都有炎症表现，有的是无菌性的，有的是有菌性的，有的症状重，有的症状轻。男性精液 1/3 是前列腺液，如果前列腺炎不治愈的话，会对男性的生育，或对女性的生育产生一些影响。

淋菌性尿道炎

淋菌性尿道炎简称淋病，是一种常见的性病。男性患有淋病，初期可能没有什么明显症状，但可能会传播给妻子，双方发生生殖器感染会对胎儿造成很大的影响，特别是女性。男性淋病性尿道炎患者还可能出现如前列腺炎、精囊炎、附睾炎等并发症，给生育造成影响。建议在准备怀孕之前，夫妻双方都应做全面的生殖健康检查，只有一切正常的情况下，未来胎儿的健康才会有保证。

精子质量异常

男性精子的质量和数量是决定其生育能力以及优生优育的基础，精子质量不好或数量不足，受精卵异常的概率就大，而孕早期自然流产，大多数都是因为受精卵本身不健康，精子不健康，胚胎难以存活。

正常男性每次射精量为 2 ~ 6 毫升，小于 1 毫升或大于 6 毫升对生育能力均有一定影响。正常情况下，精子数量应为（50 ~ 100）× 10^6 个 / 毫升，如果每毫升精液中的精子数量少于 $20 × 10^6$ 个 / 毫升，就可能造成男性不育。如果小头、双头、双尾、胞质不脱落等异常精子超过 20%，或精子活动能力减弱等，也可引起男性不育。

精子活动力一般用 5 级划分，0 级表示无活动精子，加温后仍不活动；1级表示精子活动不良，不做向前运动；2级表示精子活动较好，缓慢的波形运动；3级表示精子有快速运动，但波形运动较多；4级表示精子基本上是快速直线运动。正常精子活动力一般大于3级，0级和1级精子占一次射精量40%以上时，即构成男性不育的原因。

腹腔疾病

准爸爸最易患的腹腔疾病有：脂肪肝、乙型肝炎或乙肝病毒携带等慢性肝脏疾病、酒精肝、胃炎、胃十二指肠溃疡、结肠炎等。准爸爸如有上述腹腔疾病，就一定要先进行治疗，治愈后再考虑生育。

准爸爸可以创造的优生条件

优生优育是每个家庭的希望和责任，而优生的责任，责无旁贷地落到了年轻夫妻身上。对于丈夫而言，精子的数量和质量是优生的关键要素，因而精子被称为"优生之本"。因此，凡是影响精子质量的因素，丈夫应尽量排除；凡是有利于优生的条件，丈夫应积极创造。

及时医治生殖系统疾病

在男性生殖器官中，睾丸是创造精子的"工厂"，附睾是储存精子的"仓库"，输精管是"交通枢纽"，精索动、静脉是后勤供应的"运输线"，前列腺液是运送精子必需的"润滑剂"。当这些关键部位发生了故障，优生必然受到影响。例如，双侧隐睾、睾丸先天发育不全者，就无法产生正常的精子；如果睾丸、附睾、精囊发生了炎症、结核、肿瘤，造成睾丸萎缩，组织破坏，大多数精子就是废品；精索静脉曲张、前列腺炎、输精管部分缺损、尿道下裂、阳痿、早泄等疾患，都会使妻子不孕；还有梅毒、淋病等性病都会直接或间接地影响精子的生成、发育和活动能力，对生育造成一定危害。所以，丈夫首先要及时治疗生殖器官疾病。

戒除不良嗜好

吸烟、酗酒、吸毒不仅影响身体健康，而且还是优生优育的大敌。每日吸烟10支以上者，其体内精子的活动度明显下降，并且随吸烟量的增加，精子畸形率也呈显著增多趋势。饮酒过度造成机体酒精中毒，使精子发生形态和活动的改变，甚至会杀死精子，从而会影响受孕和胚胎发育。为此，国外将周末因夫妻酗酒后同房而孕育的畸形儿称为"星期天婴儿"。有资料表明，酒后孕育的胎儿60%先天智力低下。一般情况下，男性的精原细胞发育成为成熟的精子，大约需80天，即将孕育后代的夫妻，一定要在这段时间戒除烟酒。近年来吸烟男性在我国有逐年增多趋势，由此引发的围产儿死亡也非鲜见。常常导致所育胎儿宫内发育迟缓、早产、胎儿窘迫，弱智儿童发生率增加，危害家庭及社会。

节制性生活

性生活频繁，必然使精液稀少，精子的数量和质量也会相应减少和降低。为了保证新生命的正常孕育，夫妻双方节制房事是十分必要的，尤其是男方，养精蓄锐更为重要。这一点，对性欲旺盛的新婚夫妻尤应引起注意。

避免接触有害物质

科学研究表明，许多物理、化学、生物因素作用于人体，对生殖功能会产生损害，使染色体异常，精子畸形，影响胎儿的正常孕育。工作和生活中接触的铅、苯、二甲苯、汽油、氯乙烯等物质，X线及其他放射性物质，农药、除草剂、麻醉药等均可致胎儿染色体异常，增加流产率。

慎用药物

良药苦口利于病，而某些药物在治疗疾病的同时，也对生殖功能造成损害，导致胎儿先天畸形，如吗啡、甲硝唑（灭滴灵）、链霉素、红霉素、丝裂霉素、环磷酰胺等对精子都有不良影响。凡因治疗服用损害精子的药物时，一定要避免新生命的孕育，以免造成遗憾。

增加受孕概率的诀窍

健康的饮食规律，全面的营养摄取

恰当饮食，改善营养平衡，保持一个健康的体重很必要。另外，男性体内的锌缺乏会导致睾丸激素分泌过低，减少精子数量，所以男性应该多食富含锌的食物，例如精肉、鸡、海鲜以及所有谷物等，而女性则可以常喝清茶，研究表明，女性每天喝半杯清茶，怀孕的概率会提升 7 倍。

戒掉烟酒和其他不健康的食物

较多的酒精能够影响精子和卵子的质量，酒精中毒的卵细胞可与精子结合形成畸形胎儿。而如果爸爸长期大量饮酒会发生性功能障碍，也会使 70% 的精子发育不全或游动能力差，不利于胎儿的发育。烟草中有 20 多种有害成分可以致使染色体和基因发生变化，当中的尼古丁有降低性激素分泌和杀伤精子的作用，它会影响生殖细胞和胚胎的发育，造成胎儿畸形，有些有害诱变物质会导致男性精子数量下降，甚至阳痿。

女性锻炼适度、告别节食

很多女性为了保持身材而坚持修身运动锻炼，对饮食也做相应节制。但在怀孕之前应先停止修身计划，因为女性的脂肪过低会造成排卵停止或症状明显的闭经，严重的还可能会导致女性失去怀孕的能力。

穿宽松、舒适的内外衣裤

在准备怀孕之前，夫妻双方尽量选择舒适、宽松、透气性好的内外衣裤，因为男性的精子数量会因为过热的睾丸而迅速降低，而女性如果经常穿紧身裤也会影响血液循环和汗液、分泌物的正常排泄，不利于创造一个好的孕育环境。

避免洗澡水过热，减少桑拿次数

热水在汽化时会产生一种叫氯仿的致癌物质，随蒸气被身体部分吸收，因此准备受孕的夫妻，在洗澡时尽量不要用温度过高的热水，在34℃左右为宜。另外，精子的适宜温度是35.5～36℃，比体温低1.0～1.5℃，温度过高会影响睾丸的精子质量，特别是桑拿浴，会造成死精，所以在计划怀孕3个月前，准爸爸最好是告别桑拿浴。

计算排卵期

想生宝宝，准确掌握排卵周期很关键。排卵预测器是提升受孕机会的好帮手，它能迅速而准确地检测到尿液中黄体激素是否增加，从而计算出是否到了排卵期。

利用最佳时期

受孕前1个月，同房次数不宜过频，最好按女方排卵期一次成功。而且，男性睾丸激素分泌和精子活动在清晨最为活跃，并且清晨是夫妻双方精力最充沛的时候，所以更易受孕。

停止避孕药的服用

想要生宝宝的女性，至少应提前3个月停止服用避孕药。这样，生理周期才能恢复正常，才能更好地计算出受孕时间。

选择恰当的姿势

研究表明，男上女下式的姿势能够使精子更加深入地到达子宫内部，如果女性有性高潮，频繁的收缩也会将精子带入子宫。注意的是，在准备怀孕以后的性生活中不要使用人工润滑剂、甘油，甚至口水，这样有可能会杀死精子，导致不孕。

孕前3个月补充营养

叶酸

叶酸是一种广泛存在于绿叶蔬菜中的B族维生素，由于它最早从叶子中提取而得，故名"叶酸"。研究发现，叶酸对孕妇尤为重要，如果在怀孕前3个月内缺乏叶酸，可引起胎儿神经管发育缺陷，导致畸形。第12周时，胎儿的神经管已经完全形成，服用叶酸已经失去意义。虽然叶酸存在于绿叶蔬菜、橘子、香蕉中，但单纯这些食物不足以满足需要。所以建议吃一些叶酸补充剂或人工加入了叶酸的强化食物，如一些面包和早餐麦片。与其他维生素恰好相反，人工合成的叶酸比天然叶酸更容易被吸收。

维生素

维生素不仅是人体生长发育的必需，同样是生殖功能正常的需要。人体维生素缺乏会导致不易怀孕、抵抗力弱、贫血、水肿、皮肤病、神经炎、胎儿骨骼发育不全，还可能造成流产、早产、死胎或影响子宫收缩，导致难产。因此，在孕前就应有意识地补充维生素，多进食肉类、牛奶、蛋、肝、蔬菜、水果等。

铁

铁元素是人体生成红细胞的主要原料之一，是血色素的重要成分。孕期的缺铁性贫血，不但可以导致孕妇出现心慌气短、头晕、乏力，还可导致胎儿宫内缺氧，生长发育迟缓，出生后宝宝出现智力发育障碍，出生后6个月之内易患营养性缺铁性贫血等。铁在人体内可贮存4个月之久，所以在孕前3个月就应该注意铁的补充。在日常生活中，准妈妈应多进食含铁多的食物，如牛奶、猪肉、鸡蛋、大豆、海藻等，还可用铁锅做饭炒菜。

钙

钙元素是骨骼与牙齿的重要组成成分，女性怀孕时需要量为平时2倍。准妈妈未摄入足量的钙，易使胎儿发生佝偻病、缺钙抽搐，准妈妈也会因失钙过多易患骨质软化症，抽搐。孕前开始补钙，对孕期有好处，富含钙的食物有海带、黄豆、腐竹、奶制品类、黑木耳、鱼虾类等。尽管这些食物含有丰富的钙，但人体对钙很难吸收。因此，计划怀孕的夫妻或已经怀孕的夫妻，必须额外补充一定量的钙剂，如碳酸钙、葡萄糖酸钙等，以促进钙的吸收。

硒

硒元素是影响精子产生和代谢的一系列酶的组成成分，缺硒可致精子生成不足。研究证实，硒是对抗某些精子毒性作用的代谢元素，可避免有害物质伤及生殖系统，维持精子细胞的正常形态。硒的不足可引起睾丸发育和功能受损，附睾也会受到很大影响。缺硒的男性性欲会减退，其精液质量变差，影响生育质量。所以准爸爸需要更多的硒。补硒可以在日常多吃一些蛋类、蘑菇、动物肝脏等食物；也可以服用补硒的口嚼片。

锌

锌元素在人体生命活动过程中起着转运物质和交换能量的作用。锌是人体 100 多种酶或激活剂的组成成分，对胎儿尤其胎儿脑的发育起着不可忽视的作用。准妈妈每天要摄入足够的锌元素这样才能保证将来在怀孕期间胎儿的正常发育，对分娩也起到重大帮助，所以，备孕期间及孕期女性应多摄入富含锌的食物，如牡蛎、贝、海带、黄豆、扁豆、麦芽、黑芝麻、南瓜子、瘦肉等。

碘

碘元素是人体各个时期所必需的微量元素之一。备孕期间要补碘要比怀孕的时候补充碘对宝宝脑发育有很明显的促进作用。因为碘元素是人体甲状腺激素的主要构成成分，可以促进身体的生长发育，促进大脑发育。

怀孕期间母体摄入的碘不足，可造成胎儿甲状腺激素缺乏，影响宝宝大脑发育。所以准妈妈最好提前检测一下尿碘水平，以判断身体是否缺碘，对缺乏碘元素应在医生指导下服用含碘酸钾的营养药，食用碘盐及经常吃一些富含碘的食物，如紫菜、海带、裙带菜、海参、虾仁、蛤蜊、蛏子、干贝、海蜇等，可以补充碘含量改善体内碘缺乏状况。

脂肪

脂肪不仅含有可以预防早产、流产、促进乳汁分泌的物质，而且对胎儿各个器官的发育都有着不可替代的作用，它是构成大脑组织的重要营养物质，主要来源是平常所吃的植物和动物的脂肪，坚果、鱼虾和动物内脏。脂肪在被吸收时产生的不饱和脂肪酸也是准妈妈和胎儿所必需的，它最充分的来源就是动物性脂肪，例如新鲜的家禽、鲤鱼、竹节虾等，特别是鱼类，除了拥有比其他动物肉类更丰富的不饱和脂肪酸，而且还含有另一种更能健脑的物质——DHA（二十二碳六烯酸）。DHA 是组成脑组织的重要成分，能够促进大脑发育和神经兴奋的传导，增强记忆力、防止脑老化等功效。所以，在孕前 3 个月，准妈妈应注意经常摄取这一类脂肪酸类食物。

注意的是，脂肪的摄取一定要适量，过多的脂肪会导致血液中的胆固醇增高，还会使准妈妈过度肥胖。准妈妈在摄入脂肪时，以植物性脂肪为好，动物性脂肪为辅，多吃瘦肉和鱼类，尽量不要吃肥腻的肉类。

孕前饮食禁忌

辛辣食物

过食辛辣食物可以引起正常人的消化功能紊乱，出现胃部不适，消化不良，便秘，甚至发生痔疮。尤其是想怀孕的夫妻，孕前吃辛辣的食物，出现消化不良，必定影响营养素的吸收，一旦出现便秘、痔疮，身体会不适，精神不悦，这样对于受孕非常不利，所以在孕前 3 个月要忌食辛辣食物。

含咖啡因类食品

咖啡因对受孕有直接影响，咖啡、可可、茶叶、巧克力和可乐型饮料中均含有咖啡因。计划怀孕的女性或孕妇大量饮用后，都会出现恶心、呕吐、头痛、心跳加快等症状。此外，咖啡因还会通过胎盘进入胎儿体内，刺激胎儿兴奋，影响胎儿大脑、心脏和肝脏等器官的正常发育，使胎儿出生后体重较轻。所以，准备怀孕的女性不要过多饮用咖啡、茶以及其他含咖啡因的饮料和食品。

高糖食物

常吃高糖食物会使人体吸收糖分过量，这样会刺激人体内胰岛素水平升高，使体内的热能代谢、蛋白质、脂肪、糖类代谢出现紊乱，引起糖耐量降低，使血糖升高，甚至成为潜在的糖尿病患者。备孕女性经常食用高糖食物可能引起糖代谢紊乱，如果孕前体内血糖较高，在孕期极易出现妊娠期糖尿病，不仅危害母体的健康，还会影响胎儿的健康发育和成长。另外，常食高糖食物还容易引起体重增加，同时容易导致蛀牙，对怀孕不利。

含酒精的食物

酒精能使身体里的儿茶酚胺浓度增高，血管痉挛，睾丸发育不全，甚至使睾丸萎缩，生精功能就会发生结构改变，睾酮等雄性激素分泌不足，会使男性出现声音变细、乳房增大等女性化表现，这种情况下容易发生男性不育，即使生育，下一代发生畸形的可能性也较大。女性可能导致月经不调、闭经、卵子生成变异、无性欲或停止排卵等。

可乐饮料

科研人员对市场出售的三种不同配方的可口可乐饮料进行了杀伤精子的实验，得出的结论是，育龄男子饮用可乐型饮料，会直接伤害精子，影响生育能力。如果受损伤的精子与卵子结合，就可能导致胎儿畸形或先天不足。科研人员将成活的精子加入一定量的可乐饮料中，1分钟后测定精子的成活率。结果表明，新型配方的可乐饮料能杀死58%的精子，而早期配方的可乐型饮料可杀死全部精子。

科研人员对育龄女性饮用可乐型饮料也提出了忠告，奉劝她们少饮或不饮为佳。因为多数可乐型饮料都含有咖啡因，很容易通过胎盘的吸收进入胎儿体内，可危及胎儿的大脑、心脏等重要器官，会使胎儿畸形或患先天生痴呆。另外，可可、茶叶、巧克力等食品中均含有咖啡因，对孕育非常不利，最好不吃。

腌制食品

在腌制鱼、肉、菜等食物时，容易产生亚硝酸盐，它在体内酶的催化作用下，易与体内的各种物质作用生成亚硝酸胺类的致癌物质。这类食品虽然美味，但内含亚硝酸盐、苯并芘等，对身体有害。

生的水产品

如果想怀孕就一定要避免各种各样的感染，其中最容易忽视、也最不容易做到的是放弃一些饮食习惯，比如吃生鱼片、生蚝等。因为这些生的水产品中的细菌和有害微生物能导致流产或死胎。

快餐

快餐的营养成分有欠均衡。快餐中含有太多的饱和脂肪酸，容易导致胆固醇过高，危害心脑血管健康，这样就增加了受孕的不利因素。多数快餐的调味料都有大量盐分，对肾脏没有益处，肾脏健康才有助于受孕。

罐头食品

有些人喜欢食用罐头食品，虽然罐头食品口味多，也鲜美，但在制作过程中会加入一定量的添加剂，如人工合成色素、香精、防腐剂等。尽管这些添加剂对成人影响不大，但食入过多则对健康不利。另外，罐头食品经高温处理后，食物中的维生素和其他营养成分都已受到一定程度的破坏，营养价值不高，因此，计划怀孕的女性应尽量避免此类食品。

微波炉加热的食品

微波炉加热油脂类食品时，首先破坏的是亚麻酸和亚油酸，而这两样都是人体必需而又最缺乏的优质脂肪酸。这对孕前脂肪的摄入会有影响，不利于孕育健康宝宝。

胡萝卜

胡萝卜含有丰富的胡萝卜素、多种维生素以及对人体有益的其他营养成分。但是，想要孕育宝宝的话，胡萝卜是不宜多吃的。这是因为，过量的胡萝卜素会影响卵巢的黄体素合成，分泌减少，有的甚至会造成无月经、不排卵、月经变乱，影响受孕。

方便面

方便面是方便食品，为了方便，利于保存，会含有一定的化学物质。对怀孕有不利影响，同时营养不全面。作为临时充饥的食品尚可，但不可作为主食长期食用，以免造成营养缺乏，影响健康受孕的成功概率。

豆腐

常吃豆腐不利于人类生育。科学家在大豆中发现的一种植物化学物质可能对精子有害，影响男性的生育能力。

大蒜

大蒜有明显的杀灭精子的作用，准备怀孕的夫妻如食用过多大蒜的话，无疑是对生育非常不利的。

葵花子

葵花子的蛋白质部分含有抑制睾丸成分，能引起睾丸萎缩，影响正常的生育功能，因此，育龄青年不宜多食。

有助于受孕的食谱

	原料	做法	功效
青葱红烧蹄筋	青葱50克、蹄筋、酱油、糖、料酒	1.青葱洗净，去头、须、尾，切小段 2.蹄筋洗净，放入热水中烫一下，捞起沥干 3.锅置火上，倒入适量清水及调味料，烧开；放入蹄筋，用小火煮约15分钟，蹄筋入味；再放入青葱，大火煮约3分钟即可	改善女性筋骨酸痛、不灵活等症状
鱼子酱沙拉	鸡蛋、鱼子酱、洋葱、美奶滋、莴苣	1.鸡蛋入水中，煮熟切半，挖出蛋黄 2.洋葱切末，与蛋黄和美奶滋拌匀，再填入蛋白中 3.莴苣切丝，铺于盘上，蛋摆于其上，将鱼子酱铺于蛋黄上，可以用红椒丝装饰	可滋阴、增强体力，对于肥胖、腰膝时常酸软者很有帮助
大蒜鸡丝粥	鸡胸肉、大蒜、白米、盐、油、太白粉	1.白米洗净，加水煮成粥 2.鸡胸肉洗净，切丝，拌太白粉和匀；大蒜切细丝 3.锅中入油烧热，放入大蒜爆香，用小火炒至金黄色，捞起沥油 4.待粥将熟时，放入鸡丝，加盐调味，盛盘，撒上大蒜丝即可	改善体虚、脸色苍白等症状，预防疾病

麻油炒腰花	黑麻油、腰花、老姜、酱油、酒	1. 腰花横切半，切去中间的白膜，腰面十字切花，再切斜片；入热水中滚烫捞起；再入清水中，反复浸泡去血水 2. 姜洗净，切片 3. 锅烧热入麻油，再入姜片，小火爆香至姜微焦，用大火入腰花炒；放入调味料，大火翻炒即可	具有改善手脚冰冷、气血循环差的功能，同时能增强体力
西芹鲑鱼	鲑鱼、西洋芹、葱末、酒、盐	1. 西洋芹洗净，切大块，用盐水浸泡，捞出沥干，盛盘 2. 鲑鱼去鱼刺，切小块，用刀面拍碎，再剁成泥 3. 葱末、酒、盐与鲑鱼泥混合，搅拌均匀，入微波炉加热 3 分钟 4. 将鲑鱼泥放在西洋芹上即可	鲑鱼富含维生素 E，对于准备怀孕的妈妈，有助孕的功效

孕前忌服的药物

夫妻双方在孕前服药，会影响将来胎儿的生长发育吗？研究表明，许多药物会影响精子与卵子的质量，致使胎儿致畸。"忽略用药问题"必须引起准爸爸和准妈妈的警惕。需要长时间服用某种药物的妻子、丈夫都需经医生指导，才能确定受孕时间。

安眠药

育龄青年夫妻，由于操劳工作压力等原因，常常出现失眠、乏力、头昏、目眩等症状。为此，经常采用服用安眠药的方法来调节，但这种做法对受孕是十分有害的。安眠药对男女双方的生理功能和生殖功能均有损害。如安定、氯氮（利眠宁）、丙咪嗪等，都可作用于间脑，影响垂体促性腺激素的分泌。男性服用安眠药可使睾酮生成减少，导致阳痿、遗精及性欲减退等，从而影响生育能力。女性服用安眠药则可影响下丘脑功能，引起性激素浓度的改变，表现为月经紊乱或闭经，并引起生殖功能障碍，从而影响受孕能力，造成暂时性不孕。

为了不影响双方的生育能力，准备怀孕的夫妻千万不要服用安眠药。一旦出现失眠现象，最好采取适当休息、加强锻炼、增加营养、调节生活规律等方法来解决，从根本上增强体质不可靠服用安眠药来改善症状。

一般来说，女性在停用此药 20 天后怀孕就不会影响下一代，20 天是个最低限度。

激素类药

激素类药品在治疗哮喘、慢性肾炎、皮炎等疾病方面有不可替代的疗效，同时它也会对全身器官组织产生不良刺激。某些激素类药物会直接影响精子或卵子的质量，导致胎儿先天性缺陷，有些雌性激素药物会增加后代患上生殖器官肿瘤的危险，有的甚至会导致性别变化。

抗高血压药

由于不少抗高血压药物都是肾上腺素的阻滞剂，可作用于交感神经系统而干扰射精，并引起勃起障碍，如甲基多巴、利舍平（利血平）可引起阳痿，但较少引起射精困难。噻嗪类利尿药亦可引起阳痿。长期服用普萘洛尔（心得安）可使患者失去性欲。此外，上述药物可导致女性闭经、溢乳、性兴奋降低或性欲高潮丧失，应在孕前 3 个月停止用药。

胃肠解痉药

胃肠解痉药，如阿托品、莨菪碱、普鲁苯辛等，在孕前 3 个月服用可引起阳痿、早泄、逆行射精、性欲冷淡、月经不调、性快感降低。

抗生素

慎用类抗生素：此类抗生素（如喹诺酮类抗生素）对胎儿可能有影响，应尽量在怀孕 3 个月以后再使用，而且必须是短疗程、小剂量的。

禁用类抗生素：此类抗生素对胎儿损害严重，应该远离。如氯霉素，可造成胎儿肝内酶系统不健全，引起再生障碍性贫血；磺胺类药，孕晚期食用易引起胎儿黄疸。尽量在怀孕前 6 个月至怀孕后 3 个月这段时间内停用可能对怀孕造成不良影响的药物。

避孕药

避孕药的某些成分会导致胎儿发生畸形，如生殖系统畸形、兔唇、腭裂等，至少在孕前 6 个月停止服用避孕药。

免疫疫苗

中国每年有 120 万的新生儿出生缺陷，很大一部分是因为病毒和微生物造成的宫内感染，风疹病毒可以引起先天性心脏病和眼部畸形、神经损害和精神发育迟滞；单纯疱疹病毒可以引起眼病和神经损害；巨细胞病毒感染和弓形虫病可以引起耳聋、神经损害和眼病等，弓形虫可以导致孕妇流产、早产、死胎、先天性心脏病、脑积水或新生儿弓形虫病。

此外，水痘、带状疱疹病毒、肝炎病毒、梅毒螺旋体等，都可以造成出生缺陷。而如果女性在孕前免疫就可以避免很多疾病和出生缺陷的发生。每个准备做妈妈的人都希望在孕育宝宝的 10 个月里平平安安，不受疾病的打扰。我们知道加强锻炼、增强机体抵抗力是根本的解决之道。但针对某些传染疾病，最直接、最有效的办法就是注射疫苗。

风疹疫苗

风疹病毒可以通过呼吸道传播。有 25% 的早孕期风疹感染的女性会出现先兆流产、流产、胎死宫内等严重后果，也可能会造成婴儿先天性畸形、先天性耳聋等不幸。因此，如果在妊娠初期感染上风疹病毒，医生很可能会建议你做人工流产。如果想在孕期避免感染风疹病毒，目前最可靠的方法就是接种风疹疫苗。但千万不要在怀孕之后才进行接种。

风疹疫苗至少应在受孕前 6 个月注射。因为注射后大约需要 3 个月的时间，人体内才会产生抗体。此外，疫苗注射有效率在 98% 左右，可以达到终身免疫。

乙肝疫苗

我国是乙型肝炎高发地区，被乙肝病毒感染的人群高达

10%。母婴垂直传播是乙型肝炎的主要传播途径之一。一旦传染给孩子，他们中85%~90%的人会发展成慢性乙肝病毒携带者，其中25%在成年后会转化成肝硬化或肝癌。因此还是及早预防为好。

乙肝疫苗的注射要按照"0、1、6"的程序，即从第一针算起，此后1个月时注射第二针，在6个月的时候注射第三针。加上注射后产生抗体需要的时间，至少应在受孕前9个月进行注射。乙肝疫苗的免疫率可达95%以上，免疫有效期在7年以上，如果有必要，可在注射疫苗五六年后加强注射1次。

根据自身的需求选择甲肝疫苗、流感疫苗和水痘疫苗

还有一些疫苗可根据自己的需求，向医生咨询，做出选择：

1. 甲肝疫苗：甲肝病毒可以通过水源、饮食传播。而妊娠期因为内分泌的改变和营养需求量的增加，肝脏负担加重，抵抗病毒的能力减弱，极易感染。因此专家建议高危人群（经常出差或经常在外面吃饭者）应该在受孕前3个月注射甲肝疫苗。

2. 流感疫苗：接种流感疫苗以后可以提供长达一年的抗体保护，一般可有效防止流感病毒的感染。如果准备怀孕的前3个月，刚好是在流感疫苗注射期，则可以考虑注射。如果你对鸡蛋过敏，则不宜注射流感疫苗。

3. 水痘疫苗：早孕期感染水痘可导致胎儿先天性水痘或新生儿水痘，如果孕后期感染水痘可能导致孕妇患严重肺炎甚至致命。因此女性至少应在受孕前3个月注射水痘疫苗。

孕前接种的注意事项

1. 备孕女性在接种疫苗前，应该向医生说明自身情况，以及以往、目前的健康情况和过敏史等，让医生决定究竟该不该注射。如果你不确定体内是否有抗体，可先做抗体检测，再接种疫苗。一般来说，接种疫苗后应间隔3~6个月再怀孕。

2. 风疹疫苗在怀孕前和怀孕后3个月内应绝对禁忌。最好接种半年后再怀孕，因为注射后就相当于一次风疹感染，如果受孕，对胎儿不安全。

3. 准备怀孕前 3 个月，无论是活疫苗还是死疫苗，最好都不要接种。

4. 有流产史的准妈妈，不宜进行任何接种。

运动健身

适当的运动不仅有利于增加受孕概率，还能够使女性产后的身材恢复事半功倍，同时还可以有效提高女性的肌肉质量和关节的稳定能力，利于孕期的健康，保证生产过程的顺利。因此，在准备怀孕时，夫妻双方都应做一些适宜的运动。

一般女性身体的柔韧性和灵活性较强，而耐力和力量较差，快走、慢跑、健美操、游泳、瑜伽、户外旅游等运动有助于女性提高免疫力，保持良好的身体状态。经常运动，不但能缓解将来孕期的不适，也可有效助力自然分娩；男性的力量感和速度感更强，适合的运动也更多，如跑步、篮球、壁球、游泳、俯卧撑、哑铃、单双杠运动等，这些运动对有利于增强男性肌肉、臂力、腰、背的力量，也能提高男性"性趣"，同时有助产生健康、有活力的精子群，为受孕创造了重要条件。

备孕女性锻炼的时间每天应不少于 15 ~ 30 分钟，一般最好在空气新鲜的清晨进行。压力大的男性可考虑每天运动 30 ~ 45 分钟，以不引起疲劳为准，在锻炼时应穿宽松透气性能好的衣服以利于散热。剧烈的跑步运动或长距离的骑车不适合备孕的男性，剧烈的跑步运动会使睾丸的温度升高，破坏精子成长所需的凉爽环境，降低精子活力；而长时间骑车则会使脆弱的睾丸外囊血管处于危险之中，因此，建议男性在骑车时要穿有护垫的短裤，并选择减震功能良好的自行车。

心理准备

怀孕后，孕妈妈会出现一系列疲劳、嗜睡、恶心呕吐、食欲不振的生理现象，也就是妊娠反应。这对孕妈妈是一个巨大的挑战，所以准妈妈在备孕阶段就需要做好充足的应对妊娠反应的心理准备。

妊娠反应是由于怀孕期间，孕妈妈体内的荷尔蒙激素和 HCG（人绒毛膜促性腺激素）分泌异常所导致的，每个人的身体素质不同，妊娠反应也就因人而异。不一样的个体，反应的程度也不一样。有些人反应剧烈，有些人则几乎无明显不适感。

一般来说，妊娠反应在孕 5 ~ 12 周之间最为最严重，这段时间里的孕妈妈常会感觉头晕乏力、倦怠嗜睡，并且食欲减退，有些人还可能有食欲异常、挑食、喜欢酸食、讨厌油腻，这些将会在怀孕 12 周左右自然消失。即使有的孕妈妈还没有出现妊娠反应，也有必要做好心理准备，因为妊娠反应随时都可能开始。做好充足的心理准备，孕妈妈们就能轻松地度过孕早期。

孕妈妈要知道，尽管妊娠反应很难受，但一般的反应是不会影响健康、无须治疗的。有些孕妈妈担心妊娠剧吐、食欲不振会影响肚子里宝宝的营养供给，因而变得紧张，甚至强迫自己吃很多的东西，继而引发更为剧烈的孕吐。其实这种担心是多余的，因为妊娠反应越剧烈，可能代表着你的宝宝的抵抗力越强、越健康。

我们平时吃下的食物中可能会含有一些不健康的元素，成人由于自身的抗体作用，对摄入的这些不健康元素能够自行消解，不会出现不适症状。但在怀孕早期，肚子里的宝宝对这些不健康的因素无法适应，因而做出抗拒行为，这些抗拒行为就会反映为孕妈妈的早期反应。所以说，孕妈妈的妊娠反应从另一方面来看，正是肚子里的宝宝在主动保护自己不受外界的侵袭。当了解了这一点，孕妈妈们便可轻松消除妊娠反应带来的顾虑了。

除了孕吐之外，妊娠反应通常还表现为乏力嗜睡，孕妈妈们出现这种现象时，一定不要沮丧地认为自己变懒了，而是因为自己的身体正在分泌一种类似于麻醉剂的激素，帮助宝宝不受干扰的成长。因此，孕妈妈们可以养成睡午觉的习惯，避免熬夜，保持充足的休息睡眠，同时在睡觉时不要将室内温度调得过高，也不必太过分在意睡姿，因为这个时候的宝宝还小，在妈妈盆腔的保护下可以不受外力滋扰。

有的孕妈妈且在妊娠反应现象严重时期，每天早上睁眼时就已经开始担忧"今天又怎么熬过去"，这种恐慌忧愁的心理可以说对缓解妊娠反应无任何帮助。应对妊娠反应，最重要的是保持心情的轻松乐观，不要把它当作一件可怕的事情，因为等肚子里的宝宝再大一些的时候，这些反应就会自动消失了。

备孕的知识准备

最佳的怀孕年龄

女性在 24 ~ 29 周岁阶段的身体健康度高，卵子质量也相对较高，分娩的危险性小，心理上也比较成熟，具备了做妈妈的内外条件。如果太早或太晚怀孕，尤其是超过 35 岁，即为"高龄产妇"，在怀孕时容易并发各种妊娠疾病，不利于妈妈和宝宝的健康。如果备孕妈妈错过了最佳受孕年龄，那么就要在备孕阶段多加注意了。

男性最佳生育年龄为 27 ~ 35 岁。在此阶段，精子的质量达到高峰，有利于培育优质宝宝。如果超过 35 岁，男性体内的雄性激素开始衰减，精子的数量和质量都会开始走下坡路。而且在此阶段，大部分男性有了一定的经济基础，能承担得起家庭的责任。但如果两个人的年龄无法协调，还是以女性的年龄为主。

最佳的怀孕季节

秋季是最佳怀孕季节。研究证明，冬季精子数量最多，春季次之。夏季不成熟精子的比例最高，这是因为天热的缘故。春季是精子尾部缺陷出现频率最高的季节，冬季是最容易使男性精子尾部出现缺陷的季节。尾部缺陷的精子活动性差，难以接触到卵子使其受精。而秋季是精子活动能力最强的季节。精液质量的关键因素是精子的活动能力强弱，而不是精子的数量，所以，秋季才是怀孕的最佳季节，选择在7月上旬到9月上旬这段时期受孕比较合理。

根据胎儿发育的规律以及准妈妈对环境的要求，大多数准妈妈选择七八月份受孕是比较合适的。在秋季，丰富新鲜的蔬菜和水果较多，有助于孕妈妈的营养吸收，并促进胎宝宝的生长发育，怀孕的时候多吃水果，对孩子的肌肤很有好处；最主要的是胎宝宝的大脑皮质在妊娠的前3个月开始形成，4～9个月发育最快，这时需要充分的氧气和营养，把这一时期安排在春季或秋季，那么准妈妈便可以多在室外散步，并呼吸到新鲜空气，从而有助于胎宝宝获得最好的大脑发育条件；孕妈妈的户外活动也会促进钙、磷吸收，帮助胎宝宝骨骼发育。

人类虽无动物那样有明显的发情期，但有关研究表明，在温度适宜、气候舒爽的季节，人体生理系统比较活跃，性激素分泌增多，性欲也旺盛，女性较易受孕。该研究同时指出，13.6～23℃是受孕的最佳环境气温，秋季就比较适合了。

经过十月怀胎，宝宝在来年的4～5月份出生，正是春末夏初，风和日暖，气候适宜，便于对新生儿的护理。这个季节衣着日趋单薄，宝宝洗澡不易受凉，居室可以开窗换气，减少污染，有利于母婴健康。孩子满月后又可抱出室外进行日光浴、空气浴，可预防佝偻病的发生。同时，由于气候适宜和营养丰富，产妇的伤口也易愈合，有利于产妇身体迅速恢复。当盛夏来临，妈妈和宝宝的抵抗力都已得到加强，容易顺利度过酷暑。到了严冬时节，宝宝已经半岁，对健康过冬十分有利。所以，秋季是最佳的受孕季节。

计算排卵期

正常育龄女性每个月来1次月经，从本次月经来潮到下次月经来潮第1天，称为1个月经周期。如果从避孕方面考虑，可以将女性的每个月经周期分为月经期、排卵期和安全期。

女性的排卵日期一般在下次月经来潮前的14天左右,一般将排卵日的前5天和后4天,连同排卵日在内共10天称为排卵期。测算排卵期有以下几种方法:

观察宫颈黏液

月经干净后,宫颈黏液常稠厚而量少,甚至没有黏液,称为"干燥期",为非排卵期。月经周期中期,随着内分泌的改变,黏液增多而稀薄,阴道的分泌物增多,称为"湿润期"。接近排卵期黏液变得清亮、滑润而富有弹性,一般情况下出现这种黏液的前后两天即为排卵期。

基础体温测量

女性基础体温有周期性的变化,排卵一般发生在基础体温上升前由低到高上升的过程中,在基础体温处于升高水平的3天内为"易孕阶段",但这种方法只能提示排卵已经发生,不能预告排卵将何时发生。

正常情况下排卵后的体温上升0.3 ~ 0.5℃,称"双相型体温"。如无排卵,体温不上升,整个周期间呈现低平体温,称"单相型体温"。

注意的是,基础体温的测量必须要经6小时充足睡眠后,醒来尚未进行任何活动之前测体温并记录,任何特殊情况都可能影响基础体温的变化,要记录下来,如前一天夜里的性生活、近日感冒等。需要反复多次测试,并用看表点线相连。月经不规律或生活不规律者不适用此方法。

经期推算法

许多女性不知道自己的排卵到底是哪一天,利用下面公式,经过一段时间的测试,很容易计算出来。

对于月经周期正常者,推算方法为从下次月经来潮的第1天算起,倒数14天或减去14天就是排卵日,排卵日及其前5天和后4天加在一起称为排卵期。例如,以月经周期为30天为例来算,这次月经来潮的第1天在9月29日,那么下次月经来潮是在10月

29 日（9 月 29 日加上 30 天），再从 10 月 29 日减去 14 天，则 10 月 15 日就是排卵日。排卵日及其前 5 天和后 4 天，也就是从 10 月 10 ~ 19 日，这 10 天为排卵期。

对于月经不正常者，排卵期计算公式为：

排卵期第一天＝最短一次月经周期天数减去 18 天

排卵期最后一天＝最长一次月经周期天数减去 11 天

例如，月经期最短为 28 天，最长为 37 天，将最短的规律期减去 18（28 − 18 = 10）以及将最长的规律期减去 11（37 − 11 = 26），所以在月经来潮后的第 10 天至 26 天都属于排卵期。

使用排卵试纸

排卵试纸是通过检测黄体生成激素（LH）的峰值水平，来预知是否排卵的。女性排卵前 24 ~ 48 小时内，尿液中的黄体生成激素（LH）会出现高峰值，用排卵试纸自测，结果就会显示为阳性。

B 超监测法

通过 B 超检查，有经验的医生会看到卵泡从小到大排出来的过程。这个方法相对来说是比较准确的。

白带观察法

在一个月经周期中，白带并不是一成不变的。大多数时候的白带比较干、比较稠、比较少，而在两次月经中间的那一天，白带又清、又亮、又多，像鸡蛋清，更像感冒时的清水样鼻涕，出现这种状态的白带时就意味着已进入排卵期。

提高精子质量

男性因为工作繁忙，生活压力大，加之所处环境及食物污染严重，晚婚晚育蔚然成风，直接导致了准爸爸们精子质量下降，精子活力降低。那么，男性如何保护精子，提高精子活力呢？英国生育问题专家温斯特指出：精子成长有一个过渡时间，只要改变生活习惯，坚持一段时间，就能立竿见影提高精子的质量和数量。

男性"护精"应该时刻坚持，尤其孕前半年，男性必须遵守以下四大原则：

保持适当的运动

研究表明，男性缺少锻炼，身体肥胖，会导致腹股沟处的温度升高，损害精子的成长。运动不仅可以保持健康的体力，还是有效的减压方式。压力大的男人更可以考虑每天运动30～45分钟，增强精子活力。

注意的是激烈的跑步运动或长距离骑车会使睾丸的温度升高，从而降低精子活力，因此锻炼要适量，不要过于激烈。

注重对肾精的养护

一些男性平时工作忙，对保健养生毫不在意。但男性保健养生是极其重要的。男性养生一是注重调整饮食结构，充养肾精；二是减少对肾精的耗损。尤其是自身肾精不足的，一定要注重后天的调养，对提高精子活动是非常有效的。

建议：富含锌的食物（如豆类、花生、牡蛎、牛肉、猪肉等）具有补精壮阳的作用；动物内脏富含肾上腺皮质激素和性激素，适当食用可以增强性功能；滑黏食物（如鳝鱼、海参、墨鱼、章鱼等）富含的精氨酸是精子形成的必需成分，并能增强精子的活力，对维持男性生殖系统正常功能有重要作用。同时，为注重养生，男性应着重多摄入含有维生素E和各种微量元素的水果、蔬菜，有助于抵御破坏精子的病菌。

规律的、卫生的性生活

如果男性生殖器经常充血，会使阴囊的温度升高，从而造成精子活力降低。因此，最好要有规律地进行性生活，保证精子的产生和活动。一旦很频繁，就容易耗损肾精，导致男人身体亏空，精子质量下降，所以把握好度十分重要。

同时，医学研究表明，生殖道感染对精子的活力产生很大的杀伤力。一旦精液被感染后会显著影响精子的活力，就好比将鱼养在污水里一样。从临床角度来分析，年轻人的感染机会主要来源于不洁性生活以及桑拿之类的活动，因此尽量不要去不洁的公共场所，保证性生活是安全且卫生的。

建议：性生活要注意规律、卫生。性生活后一定要清洁生殖器，隐私部位更容易藏污纳垢。最好每天对包皮、阴囊进行清洗。

戒烟戒酒，避免环境污染

不健康的生活方式，如长期吸烟、酗酒，长期处于辐射环境，也是导致男性精子数量下降的凶手之一。

数据显示，44%的人认为，吸烟是精子数量下降的最主要因素，每天吸烟的男人，精子活力总是比不吸烟者的精子弱，因此戒烟势在必行。而大量饮酒也可直接导致精子质量下降。

另外，手机、电脑、复印机、空调、微波炉等发射出的高频微波对男性的生殖功能影响非常明显，可以使精子数量大量减少，精子活力严重不足，甚至引起睾丸内生精细胞异常。长时间开车，或一直接触汽车尾气污染，也会引发男性生理功能紊乱，引起精子活力下降。

建议：请立即抛弃香烟，并尽量少饮酒。同时，尽量远离辐射、高温、汽车废气等环境。从细微处改变生活方式，你会发现改善精子活力很有成效。

特别需要指出的是，高温环境对精子的生成破坏力很大，所以必须少做会让睾丸温度升高的事情。比如，剧烈运动、洗桑拿蒸浴、穿紧身裤、长时间开车、把笔记本电脑放在双腿上操作、使用电热毯等。为了未来宝宝的健康聪明，准爸爸们必须做出"牺牲"，改变自己以往的不良生活习惯。

受孕的过程

虽然卵子只需要与一个精子结合便能形成受精卵，但是男性每次射精都会释放大约3亿个精子。释放如此庞大的精子群是为了保证有着正常形状、可运动的精子能够足够快地往上游，并且与卵子结合。实际上，精子是按照一条相对比较直的线沿着阴道向上游去。先是经过宫颈口，进入宫腔，最终进入输卵管，如果运气好的话就能够投入一个成熟的卵子的怀抱。这个过程持续时间在 45 分钟到 12 个小时。实际上是输卵管肌肉的收缩作用、输卵管纤毛的拍打作用与精子自身运动的共同作用使得精子进入输卵管的。如果男性没有数百万个有着正常形状，可快速运动的精子，女性的受孕率就会大大减少。

虽然有如此庞大的精子队伍，但是只有几百或是几千个精子可到达卵子所处的输卵管。其他成千上万的精子则在非常恶劣的环境中被损坏了。许多精子在阴道内会被杀死；宫颈黏液可能会很稠而使精子不能进入子宫；精子的运动能力很弱，很少能够存活下来；精子一旦从阴道经过，子宫和输卵管就会破坏它的结构，导致它不能够运动，从而给精子接近卵子制造了动力方面的困难；此外，到达宫颈管的精子有一半会进错输卵管去寻找那个并不存在的卵子。在那些进对输卵管的精子中，有很多在输卵管错综复杂的褶皱中丢失了。余下的精子在这个旅程中将会经历一个叫作精子获能的过程。这个过程可以使余下的精子获得穿透卵子并使之受孕的能力。

怀孕不是一个瞬间的事件，它是由一系列生理上的各个重要事件组成的，这些事件会持续好几天。从卵子到胚胎，要经过以下 8 个步骤：

1. 排卵是受孕过程的第 1 步，但有时候也是最难的一步。在每个月经周期的中期，都有一个成熟的卵子从卵巢表面的卵泡中释放出来。

2. 只有单个的精子能够穿透包在卵子外致密的外膜，这个外膜被称为透明带。这层外膜紧密地包住卵子以阻止另外的精子进入而造成另外一次受精。这次受精所形成的单细胞叫作受精卵。

3. 受精卵在受精开始的几个小时后就开始生长，从一个单细胞开始分裂，再分裂，这个阶段叫作卵裂。一开始形成两个细胞，然后 4 个，再分裂就是 8 个——每次分裂时细胞数量都会加倍。

4. 当受精卵持续分裂时，它从输卵管往下运动到子宫。尽管每次分裂时细胞数目都会增加了，但是细胞会变得更小，所以整个受精卵不会变大。如果整个受精卵的大小增加，它将会因为太大而不能穿过狭窄的输卵管通道，从而不能进入到子宫之中。

5. 受精卵由输卵管的肌肉收缩提供动力，在输卵管表面精细的纤毛的引导下进入子宫。快速分裂的受精卵在这里要用 2 ~ 3 天生长分化为最终具有各种功能的细胞。

6. 在受精后的第 7 天，受精卵丢掉了保护性的外膜。此时受精卵变成 1 个有空隙的球状体，叫作胚泡，它新生成时能在子宫腔内自由漂动。现在胚泡必须自己附在子宫壁上或是着床于子宫壁中。

7. 此时受精卵大约分裂成了 100 个细胞。胚泡把自己安顿在子宫壁上，准备着床于子宫壁了。在这个阶段，胚泡分为两个截然不同的部分——内细胞群和称作滋养层的外层扁平细胞群。滋养层将会生长为产生激素的器官，分泌人体绒毛膜促性腺激素。

8. 在受精卵着床于子宫时，滋养层细胞穿过子宫壁，嵌入子宫内膜。在受精以后的第 12 天时，胚泡紧紧地附着在或者着床于子宫壁上。

胚泡有时候会着床于输卵管内而不是子宫腔，这就叫作宫外孕。这种妊娠有生命危险，人们经常用手术或者药物的方法使之中止。

滋养层将会变成胚胎的营养器官，内细胞群将会变成胚胎本身。内细胞群和滋养层相接的那一点就是脐带。滋养层在着床于子宫的过程中生长成一个叫作滋养层绒毛的指状组织，这个组织与周围的母体组织结合在一起。滋养层绒毛像刚毛一样呈放射状突出，伸入子宫内膜上的丰富的血管中。子宫内膜允许细微的滋养层绒毛浸浴在营养丰富的血管之中。这一层滋养层绒毛是一个叫作绒毛膜的新器官形成的开端。绒毛膜是在胚胎和母亲之间生长的，它容许母亲的循环系统来为胚胎提供营养。绒毛膜的一部分将会发育成胎盘。胎盘将会发育成一个通过产生激素来维持妊娠的器官。

推算预产期

由于每一位准妈妈都难以准确地判断受孕的时间，所以，医学上规定，以末次月经的第一天起计算预产期，其整个孕期共为280天，10个妊娠月（每个妊娠月为28天）。预产期主要有以下几种计算方法：

根据末次月经计算

末次月经日期的月份加9或减3为预产期月份数；天数加7，为预产期日。例如，最后一次月经是2月1日，预产期则为11月8日（2+9<月份>，1+7<天数>）。

根据胎动日期计算

如果记不清末次月经日期的话，可以依据胎动日期来进行推算。一般胎动开始于怀孕后的18～20周。计算方法是：初产妇是胎动日加20周；经产妇是胎动日加22周。

根据基础体温曲线计算

将基础体温曲线的低温段的最后一天作为排卵日，从排卵日向后推算264～268天，或加38周。

根据B超检查推算

医生做B超时测得胎头双顶间径、头臀长度及股骨长度即可估算出胎龄，并推算出预产期（此方法大多作为医生B超检查诊断应用）。

从孕吐开始的时间推算

反应孕吐一般出现在怀孕6周末，就是末次月经后42天，由此向后推算至280天即为预产期。

根据子宫底高度大致估计

如果末次月经日期记不清，可以按子宫底高度大致估计预产期。妊娠四月末，子宫高度在肚脐与耻骨上缘当中（耻骨联合上10厘米）

妊娠五月末，子宫底在脐下 2 横指（耻骨上 16 ~ 17 厘米）；妊娠六月末，子宫底平肚脐（耻骨上 19 ~ 20 厘米）；妊娠七月末，子宫底在脐上三横指（耻骨上 22 ~ 23 厘米）；妊娠八个月末，子宫底的剑突与脐的正中（耻骨上 24 ~ 25 厘米）；妊娠九月末，子宫底在剑突下 2 横指（耻骨上 28 ~ 30 厘米）；妊娠十个月末，子宫底高度又恢复到八个月时的高度，但腹围比八个月时大。

预产期这一天看得那么精确，孕 37 周后就做好分娩的准备，但也不要过于焦虑，听其自然，如到了孕 41 周还没有分娩征兆出现，可以到医院进行住院观察或适时引产。

孕期 10 个月的胎教

运动胎教——孕中期是最佳时期

运动胎教以刺激胎儿的运动积极性和动作灵敏性，可以轻轻拍打或抚摩胎儿，动作轻柔。抚摩时，孕妇平卧，双手轻轻放在腹部，顺一个方向，用手指轻轻压抚，以激发胎儿的运动积极性，同时胎儿也获得爱抚，一般每次 5 分钟，一天可进行数次。

美国的育儿专家提出一种胎儿"踢肚游戏"胎教法，怀孕 5 个月的孕妇，当胎儿踢肚子时，孕妈妈轻轻拍打被踢的部位，然后等待第二次胎儿踢肚。一般在一两分钟后，胎儿会再踢，这时候再轻拍儿下，接着停下来。如果你拍的地方改变了，胎儿会向你改变的地方再踢，此时要注意改变拍的位置，离原来胎动的位置不要改变过远。这种游戏可每天进行两次，每次数分钟。

视觉胎教——贯穿整个孕期

胎儿在官腔内是处于一个黑暗的环境里，因此胎儿的视觉功能发育比较晚。孕 8 月末，胎儿可对光照刺激产生应答反应。研究证明，当用手电筒照射孕妇腹壁胎头部位时，可感觉到胎心率增快的现象，持续照射几分钟，胎心率又恢复至照射前的状态。光照可促进胎儿视觉功能健康发育，光照 5 分钟，通过刺激胎儿的视觉信息传递，使胎儿大脑中动脉扩张，对脑细胞的发育有益。

听觉胎教——贯穿整个孕期

听觉胎教，包括音乐及语言的胎教，多在妊娠后期进行。音乐胎教时要考虑对胎儿的听觉神经和大脑有无损伤的频率范围，正确的音乐频率范围应为 500 ~ 1500 赫兹，音乐磁带必须经过医学检测。其次，胎教音乐的节奏要求平缓、流畅，最好不要带歌词。

触觉胎教——出现明显胎动时进行

触觉胎教在本书中主要指抚摸胎教，用手在孕妈妈的腹壁轻轻地抚摸胎宝宝，引起胎宝宝触觉上的刺激，不但可以促进胎宝宝感觉神经及大脑的发育，还能促进亲子之间的联系。

孕期护理要点

孕期常见不适与疾病防护

孕吐

"孕吐"特指孕妇晨吐，在孕早期比较常见，疲劳可使晨吐症状加重。12 周后，恶心一般可以消失，但有时稍后又会出现。孕妈妈常在闻到某些食物或吸烟的味道时就会感到不舒服，并且孕吐总是发生在一天中的特定时间。

孕妈妈可以在很难受的状态下设法吃些东西以抑制恶心，避开使自己感到不舒服的食物以及气味。此外，孕妈妈全天要少吃多餐。

出汗

孕中期和孕晚期，孕妈妈由于激素的改变以及流到皮肤的血液增加，而引起出汗。这时孕妈妈稍用力气后就会出汗，或者夜间醒来感觉热并且出汗。

对于经常出汗的孕妈妈可以穿一些宽松的棉质衣服，避免人造纤维的衣料，可以大量饮水，偶尔也可以夜间开窗，来缓解出汗现象。

水肿

怀孕后，孕妈妈体内的血容量增加，会加重体内滞留的水分，血液中的化学变化也会令一部分液体转移到身体的组织中，造成水肿。此外，在孕中晚期，越来越大的子宫会压迫骨盆静脉和下腔静脉，减慢血液从腿部回流的速度，造成血液淤积，从而迫使静脉内的部分液体留在脚和踝部的组织中，出现孕期水肿。除了脚和踝部出现一定程度的水肿外，孕妈妈手部也会出现轻度肿胀的情况。通常情况下，水肿现象晚上比较严重，炎热的天气和身体疲劳也会加重水肿。

孕妈妈应尽量避免长期坐姿、站姿，坐着的时候，不要跷二郎腿，每隔一段时间要活动活动。要尽可能垫高脚部。还要保持饮食均衡，少吃含盐量高的食物。睡姿多采取左侧卧位。要注意穿着，在孕期，孕妈妈应穿着舒服、宽松的鞋子，不要穿脚踝或小腿处袜口特别紧的短袜或长袜，避免水肿的脚受挤压。

失眠

孕妈妈在整个孕期都可能会出现失眠的状况。胎儿踢动，想要上厕所，不断膨大的腹部等，这些原因都会使孕妈妈在床上感觉不舒服，就会失眠。但医生是不会给孕妈妈开安眠药的。孕妈妈在这一时期往往入睡困难，而且醒来后很难再入睡。有些孕妈妈会做有关分娩或胎儿的噩梦，但孕妈妈千万不要为梦而烦恼，梦到的事情并不能反映将要发生的事。

出现失眠状况时，孕妈妈可以看书，做缓和的运动或睡前洗个热水澡来缓解一下。也可以尝试多加一个枕头，对促进睡眠或许有帮助。

疲倦

怀孕初期，孕妈妈的生理出现了前所未有的变化，基础新陈代谢加快、体内热量消耗变快、血糖不足、体内黄体素升高等原因都可能让刚刚怀孕的孕妈妈出现疲劳、嗜睡的症状。等到怀孕中期，孕妈妈的睡眠就能够逐渐恢复正常了，到了临产前几个月，孕妈妈由于体重增加，子宫压力加重，从而造成心脏输出血量增加，又会总是感到疲倦想睡，但在睡觉时很容易惊醒，有效睡眠时间反而减少，有的孕妈妈还可能会出现睡眠障碍，如失眠等。

充足的睡眠对孕妈妈来说是十分重要的，如果嗜睡影响了生活或作息，建议孕妈妈可以少食多餐，维持血糖一定浓度；当白天感到疲倦时，不妨小睡片刻，但最好不要超过一小时，以免夜里失眠。

便秘

怀孕以后，孕妈妈的内分泌水平发生变化，使胃肠道平滑肌的张力降低的孕激素增多，膨大的子宫体压迫结肠，再加上孕妈妈在孕期的活动减少，胃肠的蠕动也相对减少，食物残渣在肠内停留时间长，就会造成便秘，甚至引起痔疮。

孕妈妈在日常饮食中要注意摄取足够量的膳食纤维，以促进肠道蠕动；还应该进行适当的户外运动，养成每日定时排便的习惯。如果解大便的间隔比平时长很多，且大便很硬，很难解，腹部感觉很胀，甚至便血的话，就需要去医院诊治了。

尿频

在孕早期和孕晚期，孕妈妈体内的血液大量增加，导致了大量额外的液体通过肾的"加工"进入膀胱，致使小便次数增加。随着孕期的进展，孕妈妈的排尿频率和尿量都在增加，没有在孕中期出现减轻的迹象。而在孕晚期，由于胎头下降进入骨盆腔，使得子宫重心再次重回骨盆腔内，压迫位于前方及后方的膀胱和直肠，导致尿频现象加重。一般而言，尿频现象会在夜间变得更明显。

预防尿频，孕妈妈首先要保持外阴部清洁、干爽，清洗外阴时用中性的皂液避免刺激；内衣内裤要选用纯棉材料；平日里多饮水、多排尿，尽量不憋尿，以减少膀胱压力；睡眠和休息时尽量采取左侧卧位，以减少增大的子宫对输尿管的压迫。如果孕妈妈在排尿时感到疼痛或有烧灼感，或者尽管有强烈的想排尿的感觉，但每次只能尿出几滴，那就应该去医院就诊了。这可能是尿路感染的征兆。

漏尿

孕晚期孕妈妈容易出现漏尿的情况，这可能是由于骨盆底肌肉无力以及生长中的胎儿压迫膀胱造成的。孕妈妈在咳嗽、打喷嚏或者大笑时，都会有漏尿。这种情况出现时，孕妈妈要经常排掉小便，不要有短时间的憋尿行为；要经常进行骨盆底肌肉的锻炼；防止便秘、避免提重物。

痔疮

在孕中期和孕晚期，孕妈妈日益膨大的子宫压迫下腔静脉，腹内压增加，影响了血液的回流，致使痔静脉充血、扩张、弯曲成团，形成痔疮；此外，孕期便秘也会造成或加重痔疮。当孕妈妈在排便时觉得痒痛，擦拭时有血丝时，就极有可能出现了痔疮。有的孕妈妈会发现肛门处有一团软软的、肿胀的东西，那是痔疮突出到肛门外，医学上称为外痔。

孕妈妈要避免便秘；排便时不要太用力，不要在厕所蹲太长的时间；不要长时间地坐着或站着；此外，还可以定时按摩肛门，在排便后清洗局部，用热毛巾按压肛门，顺时针和逆时针方向各按摩 15 次；建议依靠饮食调理，不吃辛辣食物以及油炸的食物，少吃不易消化的东西；多吃富含膳食纤维的蔬菜和水果；每天早上喝一杯淡盐水加速肠道的运转；每天进行温水坐浴，避免久站、久坐、久蹲；当有轻微便秘现象时，可以少量口服或外用缓泻药，如蜂蜜、开塞露等，也可在医生指导下使用药膏及软便剂，以避免如厕时用力过度而加重痔疮脱出的情况。

妊娠纹

妊娠纹多出现在孕中期和孕晚期。妊娠纹的形成主要是受孕期激素影响，由于怀孕时腹部的膨隆，皮肤的弹力纤维与胶原纤维会因外力牵拉而受到不同程度的损伤或断裂，皮下毛细血管及静脉壁变薄、扩张，皮肤因此变薄变细，腹壁皮肤就会出现一些宽窄不同、长短不一的粉红色或紫红色的波浪状花纹。除腹部外，妊娠纹还可延伸到胸部大腿、背部及臀部等处。

孕妈妈要在怀孕期间避免摄取过多的甜食及油炸食品；多吃些对皮肤内胶原纤维有利的食品以改善皮肤的肤质，帮助皮肤增强弹性；正确的喝水习惯也会有效提升皮肤弹性；孕妈妈一定要在孕期严格控制自己的体重；可以辅助使用一些妊娠纹防护产品，以到达减少妊娠纹出现、淡化妊娠纹纹路等效果。

胃灼痛

在孕晚期，孕妈妈会出现胃灼痛，这是由于激素的变化使胃的入口处瓣膜松弛，胃酸逆流到食管而引起。随着子宫的增大，胎儿对胃有较大的压力，胃排空速度减慢，胃液在胃内滞留时间较长，也容易使胃酸返流到食管下段，致使孕妈妈进餐后总觉得胃部有烧灼感。通常"胃灼痛"发生于怀孕中期及末期，50％以上的女性会在怀孕期间出现胃部灼热的现象。

应对孕期胃灼痛，孕妈妈要避免吃大量谷类、豆类、有很多调味料的或油煎的食物；建议晚上喝一杯温热的牛奶，多用一个软垫把头垫高；适量增加体重；日常生活中，需要低下身子时，用屈膝来代替弯腰；孕妈妈要穿着宽松舒服的衣服；也可以选择去看医生，吃一些治疗胃酸过多的药物。

晕厥感

在孕早期和孕晚期，孕妈妈的血压较低，所以很可能出现晕厥感，感觉头晕眼花，站不稳，需要坐下或躺下。出现这些情况时，孕妈妈要注意平时不能站立太久；如果突然感到晕厥，要坐下并把头放在自己的两膝之间，直到感觉稍好；在洗澡后，有坐位或卧位起身时要慢，如果是仰卧，先将身体转向一侧再起来。

牙龈出血

孕期牙龈出血通常是由妊娠性牙龈炎引起的。妊娠期间性激素水平发生变化，使牙龈毛细血管扩张、瘀血，炎症细胞和液体渗出增多，增加了局部原有的炎症反应所致。然而，妊娠本身并不会引起牙龈炎，如果没有局部的刺激物和菌斑，妊娠性牙龈炎是不会产生的。因此，去除局部刺激因素，如施行牙齿洁治术，及时清除牙面的菌斑和结石是止血的关键步骤。

为了治愈牙龈出血，孕妈妈需要彻底清洁牙齿，每天至少刷牙两次，刷牙时，使用软毛刷和含有氟化物的牙膏，顺着牙缝刷，尽量不要碰伤牙龈，也可以用牙线清洁牙齿；刷牙时不要忘记刷舌头，因为口腔中的细菌大部分是沉积在舌头上的，所以清洁舌头是口腔清洁的关键；不要吃过冷或过热的食物，少吃硬的食物，尽量挑选质软、不需要用牙齿用力咀嚼的食物，以减少对牙龈的损伤；多吃富含维生素 C 的蔬菜水果或口服维生素 C 制剂，以降低毛细血管的通透性，防止牙龈出血；此外，孕妈妈要定期接受牙齿护理，清除牙刷刷不到的牙菌斑和牙垢，或者针对孕期牙龈问题进行专门性的治疗。

阴道出血

从早期怀孕开始，阴道不正常出血是一种常见的问题。孕期出血是怀孕异常症状的警讯，无论血量的多寡和并发症状的严重程度如何，孕妈妈都要提高警觉，孕期出血的原因和状况因人而异，危险程度也各不相同。一般来说，孕期出血有以下几种可能：流产、宫外孕、葡萄胎、子宫颈息肉、子宫糜烂、子宫颈病变、早产、前置胎盘、胎盘早剥等。

流产：由于在胎盘发展之前，胚胎着床并不稳定，因此很多因素都容易造成流产。当流产发生时，胚胎与子宫壁会发生不同程度的分离，分离面的血管一旦破裂，就会造成阴道出血症状。

宫外孕：据临床统计，中95％的子宫外孕都发生在输卵管。由于输卵管的管壁非常薄，无法供给胚胎足够的血液循环及营养，因此在怀孕7～8周时便会产生不正常阴道出血，甚至有严重腹痛或是因腹内大量出血而导致休克。

葡萄胎：葡萄胎是一种良性绒毛膜疾病，发生率大约是千分之一。因为胎盘绒毛滋养细胞异常增生，末端绒毛转变成水疱，水疱间相连成串，状似葡萄因而称为葡萄胎。葡萄胎患者在怀孕初期，也会出血不正常阴道出血、严重孕吐，甚至心悸等症状。

子宫颈息肉、糜烂或是子宫颈病变：对于初期怀孕出血，很多人往往会忽略子宫颈的问题。子宫颈严重发炎导致糜烂，或是原本已有子宫颈息肉，很容易因怀孕激素的改变而造成表面微血管破裂出血。

早产：如果在怀孕后期，子宫收缩的频率增加，下腹有强烈的下坠感，而且已有疼痛的感觉，阴道出血甚至腰酸、阴唇抽痛等，这些都是早产的症状，应加以警惕。

前置胎盘：正常怀孕时，胎盘是附着在子宫壁的前、后壁或顶部，如果胎盘附着于子宫的部位过低，遮盖子宫颈内口，阻塞了胎儿先露部，即称为前置胎盘。如果在孕8个月之后出现前置胎盘的话，则阴道出血的概率大为提高。大部分的前置胎盘在卧床休息后即停止出血，但有的孕妇出血量大到像血崩，甚至可能会进一步引起子宫收缩诱发产痛，不仅对于腹内胎儿可能造成严重缺血及缺氧，孕妇本身也可能导致休克死亡。

胎盘早剥：正常情况下，胎盘在胎儿产出后才剥离，如果在胎儿娩出前，部分或完全的胎盘与着床部位的子宫壁分离，则称为胎盘早期剥离。胎盘早期剥离是妊娠晚期的一种严重并发症，进展相当快，若处理不及时，可能危及母亲和胎儿的生命。发生胎盘早剥时，就会表现出阴道流血，出血量多，颜色暗红，伴有轻度腹痛的症状。

无论是上述哪种原因，一旦在孕期有阴道出血的现象，应马上去医院诊治。要注意在去医院的途中避免过度颠簸震荡，如有可能的话最好以平躺静卧的姿势送至医院就诊，必要时进行住院保胎治疗，保证绝对的卧床静养。

霉菌性阴道炎

霉菌性阴道炎是由念珠菌感染引起的。孕妈妈之所以容易发生念珠菌感染，是由于妊娠期性激素水平升高，使阴道上皮内糖原含量增加，阴道 pH 值有所改变，加上尿糖含量增高，使念珠菌更易在体内生长繁殖，常见的症状是白带增多且含白色片状物，外阴及阴道灼热瘙痒，外因性排尿困难，外阴地图样红斑等。妊娠期霉菌性阴道炎的瘙痒症状尤为严重，有的甚至坐卧不宁，痛苦异常，有的还会出现尿频、尿痛及性交痛等症状。

对于孕期霉菌性阴道炎的治疗，可以先用弱碱性液体冲洗阴道，再选择抗霉菌的栓剂做进一步的杀菌治疗；建议孕妈妈到医院进行治疗，以免自行冲洗阴道时伤及胎儿。需要注意的是，症状改善或消失并不意味着霉菌性阴道炎已痊愈，只是念珠菌暂时受到了抑制并未完全消除，因而患者千万不要就此停药，而是应该遵照医生嘱咐，完成治疗疗程，中间可以在医院做妇科检查和白带的显微镜检查，显示阴性则表示痊愈。只有连续三个月妇科检查及白带显微镜检查均无异常，才算完全治愈。

孕期常见酸痛部位及调理方法

颈肩

在孕程后期，由于子宫变大变重，身体会不自觉地前倾。为了保持平衡，孕妈妈通常会努力往后撑，如果用力习惯不佳，常以某个姿势硬撑着做动作（如拿取物品、坐着休息等），就可能会拉到颈肩某处的肌肉，导致疼痛发生。

关节

孕妈妈关节疼痛主要是由于体内的雌激素和泌乳素等内分泌激素增加，使肌肉、肌腱的弹性和力量有不同程度的下降，关节囊和关节附近的韧带也会出现张力下降，引起关节松弛，造成手指关节和手腕关节疼痛，类似无菌性关节炎的症状。这种变化属于妊娠期生理现象，并不是病患。在产后，伴随着机体内分泌系统功能状态的渐渐恢复，前述关节症状也就会随之渐渐消失。

同时考虑到孕期用药安全的问题，可以选择外敷用药治疗，如用生姜片敷痛处。我们也可以选择保健处理，可进行局部热敷和按摩，通常关节酸痛不适感的症状可得到缓解。另外，孕妈妈体质比较弱，对外界不利因素都比较敏感，在这种情况下，如果孕妈妈没有很好地休息，经常接触冷水等，而易诱发手疼、关节疼。这种情况下只要避免再用冷水，关节疼痛慢慢就会好的。

下肢

怀孕期间，下肢也会经常疼痛，尤其是静脉曲张时，会出现剧烈疼痛。下肢酸痛多见于小腿和大腿的后面，往往出现与坐骨神经痛一般的疼痛。这种疼痛感通常比较持久，很难缓解。孕妈妈吃一些含 B 族维生素和镁的药可能有效。

自妊娠第 5 个月起，孕妈妈大腿和小腿处可能出现痉挛。这种症状常常在夜间发作，有时疼痛非常剧烈，以至于被疼醒。那么孕妈妈应该采取什么措施呢？

出现下肢肌肉痉挛，孕妈妈可以起身，对腿部肌肉进行按摩。如果孕妈妈身旁有人，可以让他把孕妈妈的小腿抬得足够高。伸腿时，尽量把脚绷紧，让抬着孕妈妈小腿的人反方向用力，从而使足背与小腿成直角，症状即可缓解。腿部痉挛消失后，孕妈妈可以下床走一走。

腿部抽筋或下肢痉挛的原因是身体内缺少 B 族维生素。医生也会给孕妈妈开一些含镁的制剂，这种治疗方法通常是很有效的。当孕妈妈移动双腿的时候，她就会有不舒服和很奇怪的感觉，这就是腿部痉挛综合征。这种综合征或许会引起失眠症的发生。可以根据痉挛的应对方法来治疗这种综合征。

腰背

腰背酸痛是孕妈妈在孕期常见的不适，有 50%～75% 的孕妈妈在孕期的某段时间，特别是孕晚期会感觉到腰背酸痛。孕妈妈应注意预防，并采取措施缓解孕期腰背酸痛，防止其变成长期的问题。

女性在怀孕后，由于胎儿发育，子宫逐月增大，妊娠激素的作用与影响、关节韧带松弛等原因，会出现不同程度的腰背酸痛感，平时体质瘦弱者更易发生；到了妊娠中、晚期，随着腹部逐渐向前突出，身体的重心也会随之前移，为保持身体的平衡，孕妈妈经常需要双腿分开站立，上身代偿性后仰，致使背伸肌处于紧张状态，当腰椎过度前凸时则更明显。肌肉这种长时期的紧张状态，也会使孕妈妈产生腰酸背痛的感觉。

孕妈妈可以用以下方法保护自己，预防腰背酸痛。孕妈妈要学会正确睡姿、坐姿；避免提重物；多做运动；尽量穿着软底低跟轻便鞋；还可以用热水袋敷在痛处做局部按摩；此外，孕妈妈也可以适当补充维生素。

如果孕妈妈已经出现了腰背酸痛，可以采取以下方法来缓解：使用托腹带，孕妈妈可以使用托腹带来分担宝宝的一部分重量，缓解对腹肌和背部造成的压力；侧卧时，用枕头支撑背部，可以减轻背痛；适度按摩，孕妈妈可以趴在椅背上或者侧躺着，让准爸爸轻轻按摩孕妈妈脊柱两侧的肌肉，尤其是下腰部，可以放松疲劳疼痛的肌肉；还可以经常热敷或洗热水澡。这些都可以缓解孕妈妈腰背酸痛。

　　一般来说，妊娠期的腰背痛是正常现象，没有危险性，只要注意适当休息，避免长时间站立或步行就可缓解消除。然而，有一种腰痛必须引起重视，它主要表现为右下腹部伴有疼痛感，并向右大腿放射，同时伴有尿频、尿急等症状。当出现上述症状时，可能就不仅仅是正常的疼痛了，应警惕是否患上了一种名为"卵巢静脉综合征"的妊娠期并发症，最好尽快到医院做详细的检查和诊治。

孕妈妈的站姿

　　不良姿势。妊娠期间这种不良的站立姿势是常见的。由于胎儿的生长，其重量使你处于不平衡的状态，所以你可能会过分拱背，并且向前挺出腹部。

不良姿势　　　　正确姿势

　　正确姿势。在可照到全身的镜子前面，就能检查自己站立的姿势是否正确。要让你的背部舒展并且挺直，目的是使胎儿的重量集中到你的大腿、臀部以及腹部的肌肉上，并且受到这些部位的支撑。这种站立的姿势将有助于防止背痛，并可增强腹部肌肉的力量，如此训练自己会使你分娩后较容易恢复原有的体形。

酸痛缓解法

如果孕妈妈有时候感觉酸痛不适，在这种情况下，孕妈妈最好能放下手边的事情先休息，然后以物理性且温和的方式缓解为佳，以免因延迟处理，而使伤害扩大。

热敷

孕妈妈酸痛部位的肌肉，大多呈僵硬状态，建议可采用直接热敷的方式，时间约20分钟，有助于软化肌肉组织和促进血液循环。另外提醒热敷温度不够时，要随时更换新的热源，才能延续效果，但也要小心过热而烫伤的问题。

电疗

电疗主要是以适量的电流刺激肌肉，以达到放松肌肉、促进血液循环的效果。一般来说，孕妈妈必须先到医院或诊所就诊，再经由专业复健科医师检查后，才会给予其电疗的帮助。

按摩

适当力道的按摩，亦能软化肌肉组织，帮助排出乳酸及活络血液循环，因此一直都是不错的消除酸痛方式，而且随时随地都可以施行。然而，如果酸痛处有伤口，并不适合按摩，或孕妈妈本身有慢性病（如妊娠糖尿病），最好能先询问医师后，再确定是否可以实行。

孕早期的营养补充

妊娠各个时期的营养原则都是由该时期孕妈妈的生理状况决定的，在孕早期，胚胎生长发育速度缓慢，胎盘及母体有关组织增长不明显，母体和胚胎对各种营养素的需求比孕中、晚期相对少。而胚胎正处于细胞组织分化增殖及主要器官形成阶段，易受不良因素的影响，大多数孕妇会有早孕反应，食欲不佳的现象。

针对孕早期特点，孕早期的膳食要以重质量、高蛋白、富营养、清淡少油腻、易消化吸收为宜，多补充奶类、蛋类、豆类、坚果类食物，保证蛋白质的摄入量，尽可能选择自己喜欢的食物，饮食安排上可以选择少食多餐，以瘦肉、鱼类、蛋类、面条、牛奶、豆浆、新鲜蔬菜和水果为佳。每天添加两三次辅食，注意不要摄取热量过多的食物，也不宜食用油腻、油煎、炒、炸、辛辣刺激等不易消化的食物，适当吃些酸的食物可以帮助增进食欲。孕早期的膳食营养强调营养全面、合理搭配、避免营养不良或过剩。

综上所述，孕早期的营养摄取要遵从以下原则：

1. 全面而合理的营养。应避免偏食，摄取胚胎各器官、组织的形成所需要的各种营养素，包括蛋白质、脂肪、糖类、矿物质、维生素和水，同时还应考虑早孕反应的特点，要适合孕妇的口味。

2. 保证优质蛋白质的供应。孕早期胚胎的生长发育及母体组织的增大均需要蛋白质，孕早期是胚胎发育的关键时期，此时蛋白质、氨基酸缺乏或供给不足能引起胎儿生长缓慢，甚至造成畸形，而早期胚胎不能自身合成需要的氨基酸，要由母体供给。蛋白质主要靠动物性食品来进行补充，因此肉类、蛋类、奶类、鱼类要在饮食中占一定比例。如果孕妇不愿吃动物性食物，可以补充奶类、蛋类、豆类、坚果类食物。

3. 适当增加热能摄入。孕早期的生理特点决定了热能的摄入量只要比未孕时略有增加就可以满足需要，胎盘需要将一部分能量以糖原形式贮存，随后以葡萄糖的形式释放到血液循环，供胎儿使用。

热能主要来源于脂肪和糖类，脂肪主要来源于动物油和植物油。植物油中如花生油、大豆油、芝麻油、玉米油等既能够提供热能，又能满足母婴对脂肪酸的需要，是理想的烹调用油，糖类主要来源于面粉、大米、小米、红薯、白薯、玉米等。

4. 确保无机盐、维生素、矿物质的摄取。无机盐、维生素和矿物质对保证孕早期胚胎器官的形成与发育有重要作用，孕妈妈应摄取富含钙、铁、锌、磷的食物，如奶类、芝麻、海带、木耳、花生、核桃等。呕吐严重者还应多食蔬菜、水果等碱性食物，以防止发生酸中毒。

孕中期的营养补充

孕中期是胎儿迅速发育的时期，处于孕中期的孕妈妈体重迅速增加。进入孕中期以后，孕妈妈的食欲逐渐好转，很多孕妈妈开始大规模的营养补充计划。但是，即使营养补充，也不能不加限制地过多进食，否则不仅会造成孕妈妈身体负担过重，还可能导致妊娠糖尿病的产生。

孕中期主要保证的是钙、磷、铁、蛋白质、维生素的摄入量，并适当增加粗粮及含钙食品，不宜摄入过多的碳水化合物。

孕中期的营养摄入原则：

1. 荤素兼备、粗细搭配，食物品种多样化；避免挑食、偏食，防止矿物质及微量元素的缺乏；避免进食过多的油炸、油腻的食物和甜食，防止出现自身体重增加过快。

2. 保证适宜的脂肪供给。脂肪开始在腹壁、背部、大腿等部位存积，为分娩和产后哺乳做必要的能量贮存。因此，孕妈妈应适当增加植物油的量，也可适当选食花生仁、核桃、芝麻等含必需脂肪酸量较高的食物。

3. 多吃无机盐和微量元素。孕中期是孕妈妈血容量增加速度最快的时期，营养不当的话很容易形成妊娠性贫血，故应当多吃含铁丰富的食物。此外，孕妈妈从孕中期开始，对钙的吸收和贮存也开始加速，应多吃含钙丰富的食物，补充奶类及奶制品、豆制品、鱼、虾等食物；另外，孕中期对碘的需要量也会增加，多吃海带、紫菜等富含碘的食物。

4. 适当注意补充含铁丰富的食物，如动物肝、血和牛肉等，预防缺铁性贫血，同时补充维生素 C 也能增加铁的吸收。

5. 增加维生素的摄入量。孕中期对叶酸、维生素 B_{12}、维生素 B_6、维生素 C 以及其他 B 族维生素的需要量增加，应增加食物的摄入。这就要求孕中期选食米、面并搭配杂粮，保证孕妈妈摄入足够的热能和避免硫胺素摄入不足，同时还应注意烹调加工合理，少食多餐，每日 4 ~ 5 餐以满足孕妈妈和胎儿的要求。

孕晚期的营养补充

到了孕晚期，胎儿生长到了最迅速的阶段，此时需要的营养素最多，同时孕妈妈的食量增加，体重增长到了最快的时候。随着胎儿的长大，使母体受到压迫，胃容量相对减少，消化功能减弱，孕妈妈们常常会有胃部不适或饱胀感，因此孕晚期的饮食宜少吃多餐，多吃清淡可口，易于消化，减少食盐，不吃过咸的食物。

孕晚期的营养摄入原则：

1. 增加蛋白质的摄入。首先应增加蛋白质的入，此期是蛋白质在体内储存相对多的时期，其中胎儿存留约为 170 克，母体存留约为 375 克，这要求孕妈妈膳食蛋白质供给比未孕时增加 25 克，应多摄入动物性食物和大豆类食物。

2. 保证足量的钙和维生素 D 的摄入。孕期全过程都需要补钙，但孕晚期的需要量更要明显增加，每日应摄入 1500 毫克。因为胎儿的牙齿和骨骼的钙化加速，体内钙的一半以上是在孕晚期最后两个月储存的。补钙同时还应增加维生素 D 的摄入，以促进钙的吸收。孕妈妈在孕晚期应经常摄取奶类、鱼和豆制品，最好将小鱼炸或用醋酥后连骨吃，饮用排骨汤。虾皮含钙丰富，汤中可放入少许；动物的肝脏和血液含铁量很高，利用率高，应经常食用。

3. 必需脂肪酸的摄入。孕晚期是胎儿大脑细胞增值的高峰，需要提供充足的必需脂肪酸以满足大脑发育所需，多吃海鱼可利于 DHA 的供给。

4. 充足的水溶维生素。孕晚期需要充足的水溶性维生素，尤其是硫胺素，如果缺乏则容易引起呕吐、倦怠，并在分娩时子宫收缩乏力，导致产程延缓。

5. 脂肪和碳水化合物不宜摄入过多。孕晚期绝大多数孕妈妈由于各器官负荷加大，血容量增大，血脂水平增高，活动量减少，总热能供应不宜过高。尤其是最后一个月，要适当控制脂肪和碳水化合物的摄入量，以免胎儿过大，造成分娩困难。

孕期饮食禁忌

棉籽油：有杀精作用，对女性引起闭经或子宫萎缩。

大蒜：虽然中医认为是强精的，但现代药理学研究认为，大蒜可体外抑精。

豆类食物：男性孕前要少吃，大多数女性可以正常食用。

芹菜：由于抑制睾酮，减少精子数量，因此，男性要少吃。

可乐：有杀精作用，男性少喝。

咖啡：有雌激素样作用，男性和部分雌激素水平较高的女性少喝。

味精：味精含有"邻苯二甲酸盐"，会造成男性精子数量下降，对女性，卵巢功能会受到影响，从而影响女性生育能力。而且味精的主要成分是谷氨酸钠，可以与血液中的锌结合后从尿中排出，味精摄入过多会消耗大量的锌，导致缺锌。

浓茶：浓茶中的鞣酸影响铁的吸收，容易造成缺铁性贫血；而且英国的学者发现茶叶中含有不少氟化物成分，氟化物具有生殖毒性和胚胎毒性。

菠菜：菠菜中含有丰富的铁质是一种误传，其实，菠菜中含铁不多，而且还含有大量草酸，草酸可影响锌、钙的吸收。

山楂：山楂对子宫有收缩作用，会增加孕早期流产的概率；当然，反过来，山楂在孕妇临产时有催生的效果，在产后同样能兴奋子宫，促进子宫复原。

久存的土豆：土豆中含有生物碱，储存得越久的土豆生物碱含量越高，过多食用这种土豆，生物碱的累积会产生较强的胚胎毒性和一定的生殖毒性。

反式脂肪酸：就是氢化脂肪酸，常温下凝固的脂肪酸，男女都应该少吃，膨化食品、面包、蛋糕、南瓜饼、巧克力派、咖啡伴侣等都含有反式脂肪酸。

镉、铅、铜、汞、锰含量高的食物：男女都要少吃。含铜较多的食物有黄豆、猪肝、河虾、面粉、糙米、豆腐、鸭肉、土豆、核桃、葡萄干等；含铅较多的食物，如皮蛋、爆米花、铅质焊锡罐头食品、水果皮以及彩釉餐具中的食品等；含镉量高的食物，如动物肝、肾、比目鱼、浅海贝类以及在污泥中长成的蔬菜；而被污染的水产品如鱼、虾、贝类，是食品中汞含量比较高的。

养殖动物的肝脏和肾脏：我们知道，我们日常食用的肉类多数是养殖的，养殖的过程中，各种药物、催肥的激素等被大量使用，与人类一样，动物也是通过体内的肝脏和肾脏来分解和排毒，因此在动物的肝肾里面，化学成分含量会非常高，这是比较危险的食品，注意少量进食。而且，美国和芬兰，已经对孕妇发出少吃猪肝的忠告。动物肝脏里面维生素 A 含量很高，催肥剂里面维生素 A 含量也很高，而维生素 A 在人类的体内是可以蓄积的，并且能引起中毒和胎儿畸形的。因而应该少吃。

各种成品食品、被污染的食品和罐头食品：在孕前应尽量选用新鲜天然的食品，避免食用含食品添加剂、色素、防腐剂的食品、熟食等，同时要注意食品安全，水果蔬菜等要洗净后才食用，以避免农药残留。

腌制食品：这类食品虽然美味，但内含亚硝酸盐、苯并芘等，对身体很不利。

烧烤食品：尤其是木炭烧烤的肉类，含有苯并芘，而苯并芘是除了花生的黄曲霉毒素，唯一确定可以致癌的食物。

孕前禁忌的食物当然不止这些，这些是比较常见的。

孕期饮食误区

1.价钱越高，营养越好。很多人对营养品的选择常常会走入"以价取物"的误区，认为越贵的营养品，其营养就越好。事实上并不尽然，营养品的价格取决于生产成本和市场需求，因此，选择营养品更应考虑自己是否需要，不可盲目追求高价格。

2. 以零食、保健品代替饭。有些孕妈妈认为，只要营养品摄入量够了，不吃饭也行。但事实上，这样的做法对自身和宝宝都是很不健康的，因为营养品大多是强化某种营养素或改善某一种功能的产品，单纯使用还不如普通膳食的营养均衡。

3. 水果代替蔬菜。水果口感好，食用方便，富含维生素 C、矿物质和膳食纤维，深得孕妈妈喜爱，所以很多人认为吃水果越多就越好。一般来说，水果中所含水分中有 10% 是果糖、葡萄糖、蔗糖和维生素，这些糖类很容易被孕妈妈吸收。如果水果吃得太多，孕妈妈同样有可能会发胖，血糖增高。所以，吃水果要有度，一般每天吃水果总量控制在 500 克为最佳。

4. 只要是有营养的东西，摄入越多越好。孕期中加强营养固然正确，却绝非多多益善。过多摄入营养会加重身体的负担，并存积过多的脂肪，导致肥胖和冠心病的发生。体重过重还限制了体育锻炼，导致抗病能力下降，并造成分娩困难。过多的维生素 A 和维生素 D，还能引起中毒出现胎儿畸形。

5. 补钙只能靠喝骨头汤。很多老人认为，孕妈妈补钙只能通过猛喝骨头汤达到效果。但按照营养学的标准，喝骨头汤补钙的效果并不理想，因为骨头中的钙不容易溶解在汤中，也不容易被肠胃吸收。相对而言，具有活性成分的钙片、钙剂更容易为人体吸收。人体每天必须吸收的钙是 1500 毫克，如果膳食平衡的话，大多可以通过食物摄取。而喝了过多的骨头汤，也可能因为油腻等，引起孕妈妈不适。

6. 多吃动物胎盘好安胎。有的孕妈妈平时稍有点儿磕磕碰碰，就觉得身体不适，便要医生给她打安胎针，还有的信奉"吃什么补什么"的道理，四处搜罗动物胎盘来进补。其实，需不需要打安胎针是有严格的诊疗标准的。安胎针补充的是黄体酮，动物胎盘、卵巢里也含有孕黄体酮。这种激素在孕妈妈出现阴道少量流血等流产先兆时，能够起到稳定妊娠的效果。但是，如果没有流产先兆却使用人工合成孕激素类的药品，一旦过量，就可能影响胎儿生殖器官的发育。

7. 妊娠期吃糖易患糖尿病。有的孕妈妈担心患上妊娠期高血压、糖尿病，从怀孕开始就拒绝吃糖、巧克力，这完全是出于对妊娠期糖尿病发病原理的误解。正常人摄入的碳水化合物在体内会转化为葡萄糖，如果有剩余，则会通过胰岛素的作用，转化为糖原储存在肝脏或变为脂肪。而在妊娠期间，胎盘可以分泌物质对胰岛素进行抵抗，以保护胎儿获得充分的糖供应。如果孕妈妈摄入的糖越多，胰岛素消耗得就越多，而遭遇胎盘分泌物质的"抵抗"也就越多，直至不堪负荷，才可能出现糖尿病症状。所以，正常女性特别是偏瘦的女性根本不需要对糖避之不及，肥胖女性、以前在妊娠期曾患有糖尿病的孕妈妈，虽然的确不宜多吃糖，但也不需要一点儿糖都不碰。

8. 呕吐厉害就要多吃零食。怀孕初期常有呕吐、恶心和胃口不佳等症状，嗜好多吃酸、吃辣。为压制孕吐，有的孕妈妈索性餐餐吃话梅、果脯等零食。但实际上，这样并不能缓解孕吐。孕吐是由于胃酸分泌不足、胃肠功能下降失调才会出现的。虽然酸辣口味的食物可以刺激胃酸分泌，但如果长期大量食用，最终可能损害肠胃功能。如果孕妈妈孕吐得厉害，应尽快到医院检查，并进行治疗才能缓解症状。

婴儿降生前的准备工作

婴儿床

婴儿床是宝宝健康睡眠的保障。婴儿床没必要买得太大，买能放在父母床边的小号床就可以了。婴儿床要使用无铅的涂料，如果宝宝呼吸含铅的灰尘或烟雾，或是吞食任何含铅的东西，都可能造成铅中毒，会导致学习能力障碍和其他神经系统问题。

婴儿床的床面坚实度是非常重要的，因为过于柔软的床垫很可能会使宝宝面朝向下的时候发生窒息。床的四周要有护垫护栏保护，护栏的板条间距不能超过 6 厘米，以防宝宝将来活动时卡住头部。床两头如是镂空图案的话，镂空间距同样不能超过 6 厘米。

小床应配有温暖舒适的床垫和能够防止儿童打开护栏的机械锁扣，床垫要紧贴床头和床尾的挡板。围栏的最高处与床垫可以调试的最低处之间至少要有 66 厘米的距离。

要小心锋利的边角，拐角处的木条如果伸出 1.5 毫米以上的话也要特别小心，因为这个长度足以把衣服挂住，从而可能拽住或者勒住宝宝。婴儿床最好是配有质量轻薄透气的蚊帐，不宜选择图案色彩过于丰富鲜艳的蚊帐，以免影响宝宝的睡眠质量。

床上用品

宝宝的床上用品无论是自己缝制还是外面购买，都要选择纯棉的面料，另外还要尽量选择颜色较浅的布料。尽量不要给宝宝使用含有化纤成分的小毛毯，如果要用的话，毛毯外边要套上纯棉布料的被套。3 个月以前的宝宝不用睡枕头，否则会影响大脑发育。3 个月以后最好是用纯白的浴巾叠一个和小床一样宽的 1 ~ 2 厘米高的小枕头，好用又好清洗。可以多准备几条两面都是法兰绒的小块防水布垫在床下，以防宝宝尿湿无法及时更换。

如果使用普通防水布的话，就要在上面铺上一块棉垫，防止宝宝尿湿，同时还能保证宝宝身体下面的空气流通。

婴儿所有的床上用品都必须可以水洗、拆洗，如果有不可水洗的物品，就必须经常放到阳光下暴晒消毒。

婴儿服

刚出生宝宝的婴儿服不讲求漂亮时髦，方便舒适为最好。可以给宝宝准备三四套质地柔软舒服的棉布和尚服或开肩套头的宝宝服，两套宽松好穿脱的婴儿睡衣，几双小的棉袜，还可以预备一件小斗篷。衣服刚开始没有必要买太多，因为宝宝的成长速度是很惊人的。

尿布

尿布是宝宝离不开的生活必需品，而且用量惊人，所以最好多准备一些。除了备好一次性纸尿布、婴儿纸尿裤之外，还应准备几条纯棉织品的布尿布。虽然目前市场上买的纸尿布、纸尿裤用起来方便，并且有一定的透气性能，但终究还是不如布尿布用得舒服。所以爸爸妈妈不要怕换洗尿布麻烦，为了宝宝的舒适健康，最好能用家里的干净棉织品给宝宝改几条尿布，并且在使用前要做好清洗消毒工作。

奶具

即使是母乳喂养，也应准备两三套婴儿用具，包括奶瓶、奶锅、水杯、小勺、榨汁器、暖瓶、滤网或是纱布。注意的是，宝宝的哺乳工具都不可以是铝制品，所有餐具都应注意做好用后及时清洁和定期消毒的工作。

婴儿玩具

婴儿床头的方向一般要有悬挂玩具的地方，妈妈可以买一些玩具促进宝宝的视力发育。玩具最好是可以晃动的，如床铃等，因为新生宝宝喜欢用眼睛搜寻目标，一旦发现目标就会盯住不放，如果目光是停留在一处，容易形成"斗鸡眼"，而他的眼睛随着玩具转动时，就不会发生这种情况。一旦宝宝可以借助手或膝盖支起来，妈妈必须把那些可爱的床铃以及所有横挂在小床上方的玩具取下来，以免造成危险。

婴儿浴盆

金属盆较凉较重，并且又硬又薄的金属边还可能会磕碰到宝宝，所以给宝宝选择浴盆时不要选择金属质地的盆，应选用无毒无味的塑料盆或自然的木盆。为了防止宝宝洗澡时滑脱或是牵拉宝宝太用力，最好给宝宝同时配上一张小浴床。

第二章

出生到 28 天新生儿

"十月怀胎一朝分娩"，宝宝经过了妈妈痛苦的分娩过程，终于出生了。对宝宝来说，从温暖的子宫到一个崭新的世界，宝宝要经历生命中很多的第一次，第一次呼吸、第一次吮吸、第一次与妈妈的肌肤之亲……此时，年轻父母一下子也会变得手忙脚乱起来，尤其是在宝宝出生后的第一个月里，父母和宝宝都要面对很多的第一次，所以新生儿时期，变得异常关键，新晋的爸爸妈妈们需要认真学习，怎样照顾好新到来的宝宝。

新生儿生理特点

体温

新生儿出生后体温明显下降，1 小时内可降低 2.5℃，以后逐渐回升，并在 12 ~ 24 小时内达到 36 ~ 37℃；体温不稳定是由于体温中枢发育不完善，体表面积相对较大，皮下脂肪层薄、血管丰富而易于散热，在寒冷的冬季若不注意保暖，可能会出现新生儿硬肿症，使生理状态发生紊乱；足月儿通过皮肤水分的蒸发和出汗而散热，如果体内水分不足，血液浓缩，可能使新生儿发生"脱水热"。

睡眠

睡觉是刚出生的宝宝最主要的任务，也是评价新生儿生活是否规律的重要指标。同时，由于新生儿在睡眠时会分泌大量的成长激素，所以也可以说"新生儿是在睡眠中长大的"。

新生儿每天要睡 16 ~ 20 小时，一般在吃饱奶水后会很快进入睡眠状态，睡醒后接着吸吮乳汁，然后再睡。深睡时，新生儿很少活动，面部平静、眼球不转动、呼吸规律；而浅睡时有吸吮动作，面部有很多表情，有时微笑，有时噘嘴，眼睛虽然闭合，但眼球在眼睑下转动，四肢有时还会有舞蹈样动作。这个时候爸爸妈妈不可以去打扰他，应让他在光线、温度和湿度都适宜的房间内舒舒服服地睡觉。

呼吸

新生宝宝以腹式呼吸为主。每分钟 40 ~ 45 次。新生宝宝的呼吸浅表且不规律，有时会有片刻暂停，这是正常现象，不用担心。新生宝宝心率为每分钟 90 ~ 160 次。

循环

宝宝出生后，循环系统发生的最重要变化是体循环和肺循环分开。有的宝宝出生后一两天内心前区听到杂音，过几天又消失。这与动脉导管暂时性未关闭有关，并不是先天性心脏病。先天性心脏病在新生儿期常听不到杂音；心率波动较大，生后 24 小时内 85 ~ 145 次 / 分，以后 100 ~ 190 次 / 分；血压为收缩压 6.65 ~ 9.31 千帕，舒张压 3.99 ~ 5.32 千帕。

血液

血容量与脐带结扎早晚有关，若推迟结扎 5 分钟，血容量可以从 78 毫升 / 千克增至 126 毫升 / 千克，一般血液总量占体重的 8% ~ 10%。出生时，血液中红细胞数及血红蛋白较高，以后逐渐下降，血红蛋白中，胎儿血红蛋白渐被成人血红蛋白替代。出生时白细胞也较高，第 3 天开始下降。

胃肠

新生儿出生后，吞咽功能就已发育完善。而且新生儿消化道面积相对较大，肌层薄，能够适应较大量流质食物的消化吸收。所以，宝宝生下来就会吃，妈妈只需准备充足的乳汁就可以了。

但是，新生儿食管的括约肌，在吞咽时还不会关闭，食管不蠕动，食管下部的括约肌也不关闭，就会出现吃奶后容易溢乳的状况。新生儿消化道能分泌足够的消化酶，凝乳酶帮助蛋白质的消化吸收，解脂酶帮助脂肪消化吸收。

母乳中的脂肪，新生儿能消化 85% ~ 90%，相对高于对牛乳脂肪的消化能力。新生儿肠壁有较大的通透性，利于初乳中免疫球蛋白的吸收。所以母乳喂养的宝宝，血液中免疫球蛋白的浓度，比牛乳喂养的要高，这是母乳喂养的最大好处。同样是因为新生儿肠道通透性大，母乳以外的蛋白质通过肠壁，容易产生过敏反应，如牛乳、豆乳等的蛋白质过敏反应。这再次体现了母乳喂养的优势。

泌尿

多数新生儿在生后第一天排尿，个别迟到第二天，如出生后48小时仍未排尿，需要检查原因，看是否有肾发育不良、严重肾畸形、泌尿道梗阻等.有的新生儿在胎内就已排尿或生后喝水少造成排尿迟。最初几天因液体摄入量少，每日仅排尿 4～5 次，6～10 天后进水量增多，由于膀胱容量小，因而每日排尿次数可迅速增至 20～30 次。

体态姿势

新生儿神经系统发育尚不完善,对外界刺激的反应是泛化（当某一反应与某种刺激形成条件联系后，这一反应也会与其他类似的刺激形成某种程度的条件联系，这一过程称为泛化）的，缺乏定位性。妈妈会发现，新生儿的身体某个部位受到刺激时，全身都会发出动作。清醒状态下，新生儿总是双拳紧握，四肢屈曲，显出警觉的样子。受到声响刺激，宝宝四肢会突然由屈变直，出现抖动。妈妈会认为宝宝受了惊吓，其实这不过是宝宝对刺激的泛化反应，不必紧张。

新生儿颈、肩、胸、背部肌肉尚不发达，不能支撑脊柱和头部，所以新手爸爸妈妈不能竖着抱新生儿宝宝，必须用手把宝宝的头、背、臀部几点固定好，否则会造成脊柱损伤。这也是减少宝宝溢乳的有效方法。

新生儿特有生理现象

生理性黄疸

宝宝出生2～3天后，皮肤出现轻度发黄，但精神、吃奶都很好，这就是生理性黄疸。这是由于胎儿时期体内的红细胞数量较多，出生后红细胞破坏，产生过量的胆红素。而新生儿肝脏代谢胆红素的能力较低，多余的胆红素在血液内积聚，从而染黄了皮肤和巩膜。这种现象一般会在生后7～10天内自行消退。

生理性脱皮

新生儿出生两周左右，出现脱皮现象。好好的宝宝，一夜之间稚嫩的皮肤开始爆皮，紧接着就开始脱皮，漂亮的宝宝好像涂了一层糨糊，干裂开来。这是新生儿皮肤的新陈代谢，旧的上皮细胞脱落，新的上皮细胞生成。出生时附着在新生儿皮肤上的胎脂，随着上皮细胞的脱落而脱落，这就形成了新生儿生理性脱皮的现象，不需要治疗。

"螳螂嘴""马牙"

有些新生儿口腔的两侧颊部都有一个较厚的脂肪垫隆起，老百姓俗称"螳螂嘴"。有人认为"螳螂嘴"妨碍婴儿吃奶，要将它挑掉。其实这样做是不科学的，脂肪垫属于新生儿正常的生理现象，不仅不会影响宝宝的吸奶，反而有助于宝宝的吸吮。有些宝宝的牙龈上，有时会看到一些淡黄色米粒大小的颗粒，被俗称为"马牙"，有人习惯将它用粗布擦掉。所谓"马牙"是由上皮细胞堆积而形成的，属于正常生理现象，几个星期后会自行消失。

先锋头

经产道分娩的新生儿，头部受到产道的外力挤压，引起头皮水肿、瘀血、充血，颅骨出现部分重叠，头部高而尖，像个"先锋"，医生们称之为"先锋头"，也叫产瘤。剖宫产的新生儿，头部比较圆，没有明显的变形，所以就不存在先锋头了。产瘤是正常的生理现象，出生后数天就会慢慢转变过来。

抖动

新生儿会出现下颌或肢体抖动的现象，新手妈妈常常认为这是"抽风"，小题大做了。新生儿神经发育尚未完善，对外界的刺激容易做出泛化反应。当新生儿听到外来的声响时，往往是全身抖动，四肢伸开，成拥抱状，这就是对刺激的泛化反应。新生儿对刺激还缺乏定向力，不能分辨出刺激的来源。妈妈可以试一下，轻轻碰碰宝宝任何一个部位，宝宝的反应几乎都是一样的——四肢伸开，并很快向躯体屈曲。下颌抖动也是泛化反应的表现，不是抽搐，妈妈大可不必紧张。

皮肤红斑

新生儿出生头几天，可能出现皮肤红斑。红斑的形状不一，大小不等，色为鲜红，分布全身，以头面部和躯干为主。新生儿有不适感，但一般几天后即可消失，很少超过一周。个别新生儿出现红斑时，还伴有脱皮现象。新生儿红斑对健康没有任何威胁，不用处理，可自行消退。

挣劲

新手妈妈常常问医生，宝宝总是使劲，尤其是快睡醒时，有时憋得满脸通红，是不是宝宝哪里不舒服呀？宝宝没有不舒服，相反，他很舒服。新生儿憋红脸，那是在伸懒腰，是活动筋骨的一种运动，妈妈不要大惊小怪。把宝宝紧紧抱住，不让宝宝使劲，或带着宝宝到医院，都是没有必要的。

新生儿的能力

运动

新生宝宝的运动多属无意识和不协调的。接近满月的宝宝被抱起时，头部可维持极短时间的直立位，如果将其直立抱起，使其小脚与床面接触时，他的一条小腿会伸直，另一条小腿则会抬起。当把手指或者玩具放入他的小手掌心时，他会抓得很紧，不肯轻易松手。

视觉

通常新生宝宝在觉醒状态时能注视物体，并且能追随物体移动的方向，尤其对颜色鲜艳的物体，更容易表现出兴趣。比如在宝宝的头顶上方挂上一个红色的气球，宝宝就会用眼睛追随气球移动的方向，有时还会专注地注视着某一个物体。新生宝宝对光也比较敏感，遇到强光刺激时就会闭眼。

听觉

新生宝宝出生时，由于耳朵的鼓室没有空气和有羊水潴留等原因，听力稍差，出生 3 ~ 7 天后，听力就已经很好了。如果在宝宝的耳边轻声呼唤，宝宝会把头转向发声的方向，有时还会用眼睛去寻找声源。如果声音过大，宝宝则会用哭叫表示抗议。宝宝的听觉起始于胎儿期。近年来，儿童早期教育研究者认为，胎儿在妈妈腹内已有听觉，早期听觉刺激是胎教的主要方法之一。因此，对于宝宝来说，听觉是各项智能里最基础的因素。

味觉和嗅觉

味觉和嗅觉能力是一种最原始感官能力，相对于视觉和听觉能力来说，味觉和嗅觉能力要更加灵敏些。宝宝出生时，味觉和嗅觉已经基本发育完善。如果喂他糖水，他会欣然接受，要是把小檗碱（黄连素）放入他口中，他就会用咧嘴或者吐出表示抗拒。并且新生宝宝对于浓度不同的糖水吸吮的强度和量都有所不同，对于一些浓度较高的糖水他们吮吸的比那些浓度较低的糖水不但量多而且吸吮力也很强。这说明，新生宝宝不但有味觉能力，而且还相当敏感。新生宝宝对母乳的香味比较敏感，哺乳时闻到奶香味就会把头扎到母亲怀里，去寻找母亲的乳头。有些宝宝甚至还能分辨出自己母亲与其他乳母的不同气味。

心理

对于刚出世的宝宝来说，除了吃奶的需要，再也没有比母爱更珍贵、更重要的精神营养了。母爱是无与伦比的营养素，这不仅是因为从子宫内来到这个大千世界感觉到了许多东西，更重要的是在心理上已经懂得母爱，并能用宝宝的语言（哭声）与微笑来传递他的内心世界。宝宝最喜欢的是妈妈温柔的声音和笑脸，当妈妈轻轻地呼唤宝宝的名字时，他就会转过脸来看母亲，好像一见如故，这是因为宝宝在宫内时就听惯了妈妈的声音，尤其是把他抱在怀中，抚摸着他并轻声呼唤着逗引他时，他就会很理解似地对你微笑。宝宝越早学会"逗笑"就越聪明。这一动作，是宝宝的视、听、触觉与运动系统建立了神经网络联系的综合过程，也是条件反射建立的标志。

新生儿喂养方法

新生儿的营养需求

新生儿的营养需要包括维持基础代谢和生长发育的能量消耗。一般在适中环境温度下，基础热量消耗为每千克 209 千焦（50 千卡），加上活动、食物的特殊动力作用，每餐共需摄入热量为每千克 250 ~ 335 千焦（59.7 ~ 80.1 千卡）。

对于出生还不到 1 周的宝宝来说，最理想的食物就是母乳。这个阶段宝宝的消化吸收能力还不强，母乳中的各种营养无论是数量比例，还是结构形式，都最适合小宝宝食用。因此，如果宝宝健康足月的话，就没有必要给他额外补充其他的营养物质；如果宝宝是早产儿或具有先天性某种营养物质缺乏症的话，就应根据具体情况适当予以额外药物的补充了。

母乳喂养

母乳按照泌乳阶段可以分为初乳、过渡乳和成熟乳，初乳是指分娩后 5 天内的乳汁，过渡乳是指分娩 5 ~ 10 天后的乳汁，而成熟乳则是指分娩 10 ~ 14 天后的乳汁，不同阶段的乳汁能够适应不同阶段宝宝的成长需要。

当宝宝一出生，初乳就已形成。初乳虽然较少、较黄，但却弥足珍贵，因为它里面蕴含了能满足新生儿出生头几天所需的蛋白质、矿物质、维生素、乳糖及脂肪，是新生宝宝最为宝贵的营养来源，既符合新生儿的消化能力，同时还能有效增强他的抵抗力。

此外，初乳中还含有一种极其珍贵的免疫物质，对新生宝宝的健康尤为重要。在妊娠后期，妈妈乳房内就已经逐渐开始蓄积少量的黄色黏稠状的乳汁，这便是初乳。初乳中所含的蛋白质里，含有一种叫作分泌型免疫球蛋白 A 的免疫物质，这种物质具有防止新生儿患病、促使其健康发育的重要功能。而这种免疫物质只存在于母乳，其他任何奶制品中都几乎很难发现。

分泌型免疫球蛋白 A 既不会被消化、也不会被吸收和分解，摄入之后会紧紧覆盖在宝宝呼吸器官和消化器官黏膜的表面上，防止大肠菌、伤寒菌和病毒等的侵入而引起某些疾病。刚刚出生的宝宝自身支气管和消化器官的黏膜无法造出这种分泌型免疫球蛋白 A 物质，只能依靠从初乳中的摄取来达到保护作用，因此初乳会赋予新生儿很强的抵抗能力。

除了分泌型免疫球蛋白 A 之外，初乳当中还含有丰富的复合铁质蛋白和溶菌酶，可以起到减弱细菌的活动和消灭细菌的作用。同时初乳还有效刺激肠蠕动，加速胎便的排出，加速肝肠循环，减轻新生儿生理性黄疸的症状。

尽管初乳的量很小，但同样刚刚出生的宝宝胃容量也很小，所以不用担心宝宝吃不饱。宝宝在初生时，常常睡的时间很多，所以妈妈只要遵循"按需哺乳"的原则给宝宝哺喂，那么，少量多次的乳汁就足够宝宝的成长需要了。

正确的哺乳姿势

哺乳时可以选择坐下、向后斜靠着、侧卧或站立等各种姿势。无论哪种姿势，只要能让宝宝含着乳头时感觉舒服，同时自己也觉得舒适而放松即可。不必为了让宝宝嘴巴能靠近乳房而刻意地弯腰或者蜷起身子。若想做到这一点，只需用枕头枕住自己的后背，手臂抱稳宝宝，然后把脚垫高即可。

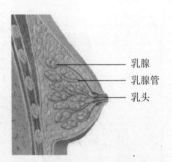

乳腺
乳腺管
乳头

当乳头被深深吸入嘴中时，表明宝宝含乳头的方式很正确。另外，舌头应该在乳头下面，而上下齿龈应从舌头后面夹住乳头。

摇篮式抱姿
让宝宝的头靠在妈妈的前臂刚刚低于臂弯的位置上，让他的身体顺着前臂被托起来；并且用手抱住宝宝的臀部，确保妈妈和宝宝的腹部相贴；然后把宝宝的前臂围到自己的腰间。这种姿势可以使妈妈们在哺乳时感觉很舒适。

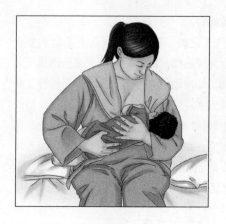

紧握式抱姿

把宝宝面朝妈妈夹到胳膊下方；手捧着宝宝的头和肩；用前臂支好宝宝的后背；并把宝宝的双腿放到妈妈身后的枕头上休息。这种姿势能让妈妈很轻松地把宝宝的头部引导至自己胸部，因而也是很好的入门级姿势。如果妈妈是剖宫产，那么不妨使用这种姿势哺乳。另外，当妈妈有一对双胞胎宝宝时，使用这种姿势还可以给两个宝宝同时哺乳。

躺卧哺乳的姿势

妈妈和宝宝侧卧着面对面躺下，把枕头垫到头部下方、背后以及双膝间以便提供额外的支持；将前臂举过头顶，或者用前臂挽住宝宝的肩膀和头部。这种姿势非常适合夜间哺乳，但有些妈妈在最开始时会觉得难于掌握。

人工喂养

如果妈妈因疾病及其他原因不能母乳喂养，或者宝宝因乳糖不耐受综合征等疾病，选用配方奶或其他代乳品喂养婴儿，这些统称为人工喂养。

人工喂养虽然不如母乳，但也有其独特的优点：

1. 奶粉的制作取得了巨大的进步，而且品种繁多，能够根据每个宝宝的特殊需要提供合适的奶。

2. 爸爸可以代替妈妈给宝宝喂奶。这可以使父亲在喂奶中享受额外的和宝宝接触的机会。

3. 人工喂养使妈妈与宝宝之间保持一定距离，使亲子关系并不完全属于宝宝和妈妈。

4. 人工喂养是实行母乳喂养时的一种辅助喂养方式，比如当母亲感到疼痛或宝宝不合作的时候。这种辅助喂养方式可能是暂时的，但也可能成为喂养宝宝的主要方式。

5. 人工喂养时的时间和量更容易掌握，而这使很多妈妈更放心。

配方奶是最好的选择

人工喂养时，配方奶喂养是较好的选择，特别是母乳化的配方奶。目前市场上配方奶种类繁多，在选择时应选择质量有保证的配方奶。有些配方奶中强化了钙、铁、维生素D，因此在调配配方奶时，一定要仔细阅读说明并严格按照说明书的方式配比，不能随意冲调。使用配方奶要注意妥善保存，否则会影响其质量。应贮存在干燥、通风、避光处，温度不宜超过15℃。

虽然宝宝有一定的消化能力，但如果配方奶调配过浓的话，还是会增加他消化的负担，而若冲调过稀则会影响宝宝的生长发育。正确的冲调比例，若是按重量比应是1份奶粉配8份水；若按容积比应是1份奶粉配4份水。另外，还可以根据奶瓶上的刻度来进行配比。奶瓶上的刻度指的是毫升数，如将奶粉加至50毫升刻度，加水至200毫升刻度，就冲成了200毫升的奶。

由于水温过高会使奶粉中的乳清蛋白产生凝块、某些对热不稳定的维生素和免疫活性物质遭到破坏，从而影响宝宝的营养摄取和消化吸收，所以冲泡的水必须调至适当的温度，以40℃左右为宜，并必须保证水是完全煮沸过的。而且，也不要用纯净水或矿泉水冲奶粉，因为纯净水较普通自来水来说缺少了必需的矿物元素，而矿泉水则是本身矿物质含量比较多且复杂，所以用普通的自来水煮沸后是最合适的。

有些宝宝是从母乳改喂配方奶的，由于配方奶的味道大多比母乳重些，所以宝宝很容易出现拒奶现象。这时妈妈要循序渐进地让宝宝改变，一点点减少母乳，增加配方奶，或者将母乳和配方奶调在一起喂宝宝，便于宝宝逐渐习惯接受。如果宝宝不爱喝的话，也可以尝试更换一种配方奶来喂。

由于更换配方奶可能会使宝宝产生不良反应，如腹泻和过敏，所以换奶也需掌握一定的方法。换奶的基本原则是减少一小匙原配方奶粉，改成新配方奶粉一小匙，如果宝宝没有不良反应，即可再更改第二小匙，以此完成更换。

人工喂养的量和方式

新生儿初期每隔 2.5 ~ 3 小时需要喂 1 次；几天后，间隔就可以长一些，只要不超过 4 小时就没问题，每天喂 6 ~ 7 次就可以了。出生 1 ~ 2 天的新生儿每次只能吃 20 ~ 30 毫升，几天后可以达到60 毫升。有的宝宝胃口大，可以吃 80 毫升。慢慢观察总结，如果这次冲 60 毫升，剩下了，下次就少冲 10 ~ 20 毫升；如果不够，下次就多冲 10 ~ 20 毫升。

喂奶时应该把宝宝抱起来，让他的身体与水平面成30°，以便奶水可以顺利进入食管。奶嘴塞入宝宝嘴里后应让奶瓶和宝宝的脸成90°，以便奶水充满奶嘴，避免宝宝吸入大量空气到肚子里。

人工喂养的注意事项

1. 喂奶前先试温。配方奶不宜过热，也不宜过冷，冲调奶的温度应以 50 ~ 60℃为宜。在喂奶前，应将奶瓶的奶水向手腕内侧的敏感皮肤上滴几滴，检查一下奶的温度。

2. 检查奶的流速。喂奶前要提前检查好奶的流速，合适的流速应该是在瓶口向下时，配方奶能呈连续的奶滴流出。如果需要几秒钟的时间才能形成一滴，就说明孔过小，会造成宝宝吮吸困难；如果配方奶呈线状流出不止，说明孔过大，容易呛着宝宝。

3.让奶瓶里进点儿空气。喂奶前应该要把奶瓶的盖子略微松开，让空气能够进入瓶内，以补充吸出奶后的空间。如果不这样做的话，在奶瓶瓶内就会形成负压使瓶子变成扁形，而且宝宝的吸吮也会变得非常费力。这时宝宝可能会发脾气、生气或者不想再接着吃剩下的配方奶。出现这种情况时，可以轻轻地把奶嘴从宝宝的嘴里拉出让空气进入瓶内，然后继续喂奶。

4. 刺激宝宝吸吮奶嘴。在喂奶的时候，可以轻轻地触碰宝宝靠近妈妈一侧的脸蛋，诱发出宝宝的吸吮反射。当他把头转向你的时候，顺势把奶嘴送入宝宝的嘴里。注意的是，不要把奶嘴捅得过深，以免呛着宝宝。

5. 吃奶后立即拿开奶瓶。当宝宝吃过奶后，妈妈要轻轻而果断地移去奶瓶，以防宝宝吸入空气。通常这时候宝宝也会主动放开奶瓶。如果宝宝不肯放开的话，妈妈可以轻轻地把自己的小手指塞到宝宝的嘴角，诱使其放开奶瓶。

6. 保持安静舒适的环境。给宝宝喂奶时，一定要找一个安静、舒适的地方坐下来，必要时可以用垫子或枕头垫好胳膊。把宝宝放在膝上，使他的头部在妈妈的肘窝里，用前臂支撑起宝宝的后背。不要把宝宝水平放置，应该让其呈半坐姿势，这样才能保证宝宝的呼吸和吞咽安全，也不会呛着他。

7. 喂奶时也要注重交流。喂奶的时候，妈妈要亲切注释着宝宝的眼睛和他的表情，不要只是静静地坐着，可以对他说说话、唱唱歌，或是发出一些能令他感到舒服和高兴的声音，同时要保持亲切的微笑。有时宝宝在吃奶的过程中可能停下来，四处看看，玩一玩奶瓶等，这时妈妈应该安静地等着宝宝再去吸食，或是趁机换一下手臂，这样会给宝宝一个新的视角，而且还能休息一下胳膊。另外在这个时候，还可以顺便轻拍宝宝的背部让他打一打嗝。

不宜喂母乳的情况

宝宝患有苯丙酮尿症

苯丙酮尿症是一种氨基酸代谢异常引起的疾病，属于常染色体阴性遗传病。这种病症是由于苯丙氨酸代谢途径中的酶缺陷，使得苯丙氨酸不能转变成为酪氨酸，从而导致苯丙氨酸及其酮酸蓄积并从尿中大量排出。患有此症的患儿，会在出生后表现为一定程度的智能障碍。

宝宝患有母乳性黄疸

宝宝如患有母性黄疸，需要暂停48小时母乳喂养，然后即可恢复。如果恢复母乳之后，黄疸再次加重，可以再次停喂1～2天。绝大多数的宝宝经过2～3次这样的过程，母乳性黄疸的症状都能消除，这时就可以继续喂母乳了。

宝宝氨基酸代谢异常

氨基酸代谢异常主要影响神经系统发育，是宝宝智力发育落后的重要原因。氨基酸代谢常所引起的疾病有70多种，其中苯丙酮尿症就是比较常见的一种。

宝宝患有乳糖不耐受综合征

患有乳糖不耐受综合征的宝宝，由于体内乳糖酶的缺乏，导致乳糖不能被消化吸收，因此吃了母乳或牛乳后容易出现腹泻。长期腹泻不仅会影响宝宝正常的生长发育，还会宝宝的免疫力下降，进而容易引发感染和其他疾病。患有此症的宝宝不宜喂母乳，应以不含乳糖的配方奶粉或大豆配方奶代之。

妈妈患慢性病需长期用药

如癫痫需用药物控制者，甲状腺功能亢进尚在用药物治疗者，肿瘤患者正在抗癌治疗期间，这些药物均可进入乳汁中，对宝宝不利。

妈妈处于细菌或病毒急性感染期

妈妈的乳汁里如果含有致病的细菌或病毒，可通过乳汁传给宝宝。而感染期的妈妈常需应用药物，因大多数药物都可从乳汁中排出，如红霉素、链霉素等，均对宝宝儿有不良后果，故应暂时中断哺乳，以配方奶代替，定时用吸乳器吸出母乳以防回奶，等妈妈病愈停药后可继续哺乳。

妈妈正在进行放射性碘治疗

由于碘能进入乳汁，有损宝宝甲状腺的功能，应该暂时停止哺乳，待疗程结束后，检验乳汁中放射性物质的水平，达到正常后可以继续喂奶。

妈妈患严重心脏病和心功能衰竭

哺乳会令妈妈的心功能进一步恶化，严重时可危及生命，故应停止喂哺母乳。

妈妈患有传染病或在恢复期

如妈妈患开放性结核病，各型肝炎的传染期，此时哺乳对宝宝感染的机会将增加。

妈妈患有其他不宜给宝宝喂乳的疾病

如患严重肾脏疾病、肾功能不全，喂乳会增加肾脏的负担；患严重精神病及产后抑郁症，会对宝宝的安全构成威胁；服用过哺乳期禁忌药物、乳头疾病、产后严重并发症、红斑狼疮、恶性肿瘤等以及经常接触有毒化学物质或农药者，都不宜用母乳喂养宝宝。

混合喂养

如果母乳分泌量不足或因工作原因白天不能哺乳，需加用其他乳品或代乳品喂养的称为混合喂养。混合喂养虽然比不上纯母乳喂养，但总体还是优于人工喂养。所以，即使母乳分泌不足也不能放弃母乳喂养。加用其他乳品或代乳品调配同人工喂养，另外，混合喂养还需要特别注意以下几点：

1. 每天母乳喂养应按时，即先喂母乳，再喂其他乳品，这样可以保持母乳不断分泌。因为母乳量少，宝宝吸吮时间长，易疲劳，所以每次哺乳时间不超过10分钟，然后再喂其他乳品。补喂的其他乳品量多少，可以通过观察宝宝吃完奶后，能否坚持到下一喂养时间。

2. 如果母亲乳汁分泌不足，又因工作原因白天不能哺乳，可在每日特定时间哺喂，最好不要少于3次，这样既保证母乳充分分泌，又可满足宝宝每次的需要量。其余的几次可完全用其他乳品代替，这样每次喂奶量较易掌握。

新生儿护理要点

室内温度、湿度

恒定适宜的温度和湿度，对于刚刚出生一周的宝宝非常重要。刚刚出生的宝宝，对温度的自身调节能力很低，如果室内温度不适当的话，很容易造成寒冷损伤或发热；如果室内相对湿度过低的话，会加快新生儿的水分蒸发从而导致新生儿脱水、呼吸道黏膜干燥，降低呼吸道抵抗病原菌的能力；室内相对湿度过高会利于一些病原菌，特别是霉菌的繁殖，会增加新生儿感染病菌的危险。

对于此时的宝宝，最适合的室内温度为 24 ~ 26℃，一般保持在 25℃。相对湿度适宜在 50% 左右，一般维持在 45% 是比较好的。

奶具的消毒

奶具被细菌污染是导致婴儿腹泻的主要原因，因此家长一定要认真对宝宝的奶具进行消毒。奶粉渣滓很容易残留在奶嘴的头部和内侧，清洗不净易滋生细菌，家长一定要认真清洗消毒。

婴儿用的食具，如奶瓶、奶嘴、水瓶、盛果汁的小碗、小勺等，每日都要消毒。最好按婴儿吃奶次数准备奶瓶，如每日吃 5 次奶，即准备 5 个奶瓶。

宝宝食具的消毒方法是：将奶瓶洗干净，放入锅内，锅内放入凉水，水面要盖过奶瓶，加热煮沸 5 分钟，用夹子夹出，盖好待用。

橡皮奶嘴可在沸水中煮 3 分钟；每次用完后，立即取下清洗干净，待下次用时用沸水烧烫即可。

新生儿的大小便

新生宝宝一般在生后 12 小时开始排大便，大便呈棕褐色或者墨绿色黏稠状，医学上称为"胎便"。如果新生宝宝出生 36 小时后尚无大便排出，应该请医生检查是否患有先天性消化道畸形。正常情况下，出生后 3 ~ 4 天宝宝的胎便可排尽，之后的大便逐渐转成黄色。喝配方奶的宝宝每天 1 ~ 2 次大便，吃母乳的宝宝每天 4 ~ 5 次。

新生宝宝可在分娩中或出生后立即排小便，尿液呈透明黄色，第一天的尿量很少，为 10 ~ 30 毫升。在出生后 36 小时之内排尿都属正常。随着哺乳摄入水分的增多，宝宝的尿量逐渐增加，每天可达 10 次以上，日尿量可达 100 ~ 300 毫升，满月前后可达 250 ~ 450 毫升。

宝宝尿的次数多，这是正常现象，不要因为宝宝尿多，就减少喂水量。尤其是夏季，如果喂水少，室温又高，宝宝会出现脱水热。

纸尿裤的选择

纸尿裤用起来方便，但仍有一定的缺陷。

目前很多的纸尿裤并非完全是纸质的，外层有塑料，并且为了增强防漏和吸湿作用，还会在内层加入吸收剂、特种纤维等物质，长期使用对宝宝幼嫩的肌肤会造成一定的伤害。再有，有医学专家表示，长时间使用纸尿裤会造成男宝宝睾丸处温度升高，对今后的生育能力造成影响。尽管目前并不能完全肯定纸尿裤的使用是造成男性不育一个绝对性因素，但若纸尿裤挑选和使用不当的话，的确会对宝宝产生某些隐患。

家长在为宝宝穿着纸尿裤时，一定注意不要包得太紧和长期使用。如果让宝宝的小屁股一直处于纸尿裤的包裹之下，或使用的是劣质的纸尿裤的话，就会影响到宝宝的正常生长发育，甚至会造成尿道感染、肛周炎、肛瘘等疾病。

正确选择纸尿裤，要根据以下的原则：

表层干爽，吸湿能力强，不外漏

纸尿裤的吸湿能力是选择纸尿裤时首先要考虑的问题。倘若宝宝的小屁股总是与潮湿的表层保持接触的话，很容易患尿布疹。很多妈妈担心纸尿裤的吸湿能力不够强，所以晚上会给宝宝换尿裤，从而导致宝宝会因此醒来 1 ~ 2 回，阻碍了宝宝的持续睡眠。

所以，选择一款吸湿能力好的纸尿裤尤为重要。

吸湿能力好的纸尿裤不仅能够能吸收大量水分，而且可以迅速牢牢地锁住水分避免外漏。新妈妈们由于缺乏经验很难一次买对，不妨通过测量各牌子纸尿裤的吸收量，来判定哪一种纸尿裤吸收能力强。测量方法是：向不同品牌的纸尿裤里面倒入等量的水，等水吸收后，将一张干的纸巾轻轻地放在上面，看一看差别。如果是具有高分子吸湿材料的纸尿裤，能够快速地吸收大量水分，所以纸巾上不会留有水印。一般来说，最好是选择四层结构的纸尿裤，这种纸尿裤上多加了一层吸水纤维纸，可以充分吸水，有效减少渗漏。

透气性能好，不闷热

如果宝宝使用的纸尿裤透气性能不佳的话，很容导致尿布疹的发生，还可能会使男宝宝阴囊局部环境温度增高，对今后的睾丸发育造成不利的影响。当然，纸尿裤的透气性情况是无法用肉眼分辨的，这就需要妈妈除了在选购时对不同品牌的纸尿裤多做比较外，还特别需要多观察宝宝使用后的情况。一般来说，大品牌的纸尿裤都是经过严格的多方测试的，所以选择这些纸尿裤会比较有保障。

触感舒服，具有护肤保护层

触觉在宝宝还是胎儿的时候就已形成，因而异常敏锐，对任何不良刺激都会表现出相应的反应。因此，只要有一点点的不适，宝宝就会感到非常的不舒服。纸尿裤与宝宝皮肤接触的面积是很大的，而且几乎长时间不理，所以一定要选择超薄的、合体的、柔软的、材质触感好的纸尿裤，以充分保证宝宝的舒适。另外，尿布疹的成因主要是尿便中的刺激性物质直接接触到肌肤，目前市场上有些纸尿裤中添加了护肤成分，能够直接借助体温在宝宝的小屁股上形成保护层，抵抗外界刺激并有效减少皮肤摩擦，可以让宝宝有更舒服的肤触感。

尺码合适，价格适中

目前市场上的纸尿裤基本上能够满足不同宝宝的多种需要，在选择纸尿裤的时候，可以参照包装上的表示购买。纸尿裤的腰围要紧贴在宝宝的腰部，胶贴贴于腰贴的数字指示在 1 ~ 3 之间比较合适。如胶贴贴于 3 号指示上，就说明纸尿裤的尺寸小了，下次购买时要买大一码的了。还可以检查腿部橡皮筋的松紧程度，如果太紧的话就表示尺码过小，如果未贴在腿部的话就表示尺码过大。

此外，市场上出售的纸尿裤品牌众多，价格也高低不等。好的纸尿裤生产成本较高，因此价格不会过低。为了保证宝宝的健康，建议妈妈们不要一味地贪图便宜，买回质量不过关的纸尿裤给宝宝使用，尽量还是选择有品质保证、评价较高的知名品牌。

如何换纸尿裤

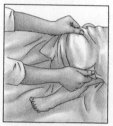

1. 把褶皱展平
将新纸尿裤展开，把褶皱展平，以备使用。

2. 彻底地擦拭屁股
打开脏污的纸尿裤，用浸湿的纱布擦拭小屁股，不能有大便残留。

3. 取下脏纸尿裤
慢慢地将脏纸尿裤卷起，小心不要弄脏衣服、被褥或宝宝的身体。

4. 更换新纸尿裤
一只手将宝宝的小屁股抬起，另一只手将新的纸尿裤放到下面。

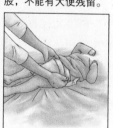

5. 穿好新纸尿裤
将纸尿裤向肚子上方牵拉，注意将左右的间隙黏好。

6. 保留腰部的纸袋
在腰部留出妈妈两指的间隙，目测左右的对称性之后，将腰部的纸带粘好即可。

尿布叠法

新生儿尿布叠法

当宝宝很小时，即便你打算使用有固定形状的尿布，也不妨暂时先选用厚绒尿布。而如果你用其他天然材质的尿布，则可能会需要防水衬垫来防止渗漏。

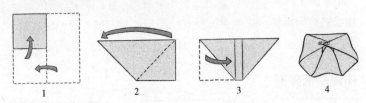

1. 将正方形尿布对半叠成矩形，然后再次对折，叠成一个小正方形。

2. 将有尿布四角的一边置于顶部，横向拉动顶部上层的一角，形成一个三角形。

3. 将尿布翻转过来，横向拉动上层另一角，在三角形的中间形成一个放衬垫的位置。

4. 加上一个衬垫，把孩子放到尿布上，将尿布底部向上折，将其中一片叠到另一片之上。然后加以固定。

风筝叠法

在最初的几星期中，新生儿尿布叠法十分适宜，但孩子长得太快，不久便无法再继续使用这种叠法的尿布。这种风筝叠法适合更大的宝宝，而且可以延长厚绒尿布的使用时间。

1. 将正方形尿布的一个角朝着你的方向摆好。

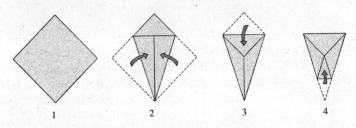

2. 将两个边角向内折叠，形成一个风筝的形状。

3. 将突出的顶部向下折，把孩子抱到尿布上躺着，让他的腰部对准尿布的顶角。

4. 将尿布底部向上折，使其中的一片叠在另一片上面，然后用一根尿布别针或塑料纽扣固定。

如何换尿布

白天，你可以把换尿布变成一件乐事。这是同宝宝嬉戏的好时机——和他说话，唱歌给他听，把脸贴到他的肚皮上，吐舌头，做出一些鬼脸逗他笑。换尿布时可在宝宝的头顶悬挂一件不停转动的玩具或者一面小镜子。这些物品能分散宝宝的注意力。在夜间，你只需在尿布非常湿或非常脏时，再给宝宝换尿布。保持房间的安静和幽暗，这样可以使宝宝不会轻易受到打扰。

擦身和换尿布

在开始清洁前应将所需的各种物品放到手边备用。可以拿一条毛巾铺在专门用于换尿布的垫子上，让宝宝感觉更舒适，同时，毛巾还可以吸收宝宝身上所有的便溺污渍。在整个换尿布的过程中，应该一直和宝宝说话，让他安心。

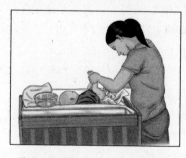

1. 将宝宝的裤子脱去，解开尿布。如果大便很稀，可用少许纸巾擦去其主要部分，然后用湿棉絮（或棉球）仔细擦干净。

2. 提起宝宝的双腿，将尿布对折后拿走。彻底清洁每一处，即使腿上的皱痕也不要忽略。如果宝宝是女孩，应从前面往后面擦。如果是男孩，应仔细清洁睾丸以下的部位，但注意不要向后翻，这样容易拉包皮。

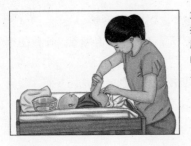

3.当宝宝皮肤发红时,可抹上少许护肤霜。握住宝宝的脚踝,提起双腿,将干净的尿布垫到身体下面,使尿布顶端和宝宝的腰部齐平。等尿布铺好后,放下宝宝,系紧尿布。

尿布疹的防治

刚出生的宝宝皮肤极为娇嫩,如果长期浸泡在尿液中或尿布透气性较差,造成臀部潮湿的话,就会出现红色的小疹子、发痒肿块或是皮肤变得比较粗糙,这就是常说的尿布疹。

尿布疹的外观并不完全相同,有的宝宝只是在很小的一块区域内长一些红点,也有些严重的会出现一碰就疼的肿块,并分散到肚子和大腿上。如果发现宝宝放尿布的地方看上去发红、肿胀和发热的话,那就有可能表示他出尿布疹了。

引起尿布疹的原因有很多,成了尿布透气性能和尿布摩擦的问题,新的辅食、外界环境感染也是造成尿布疹的原因。但是对于不足一个月的宝宝,患上尿布疹多是由于尿布使用不合理,或是护理不得当造成的。要预防尿布疹,最好的措施就是使宝宝的小屁股时刻保持干爽清洁,在护理时要特别注意以下几点:

1.要经常给宝宝更换尿布,保持臀部的洁净和干爽。

2.每次换尿布时,要彻底清洗宝宝的臀部。洗完后要用软毛巾或纸巾揾干水分,不要来回地擦。

3.不要为了怕宝宝尿湿处理麻烦而给宝宝加垫上橡胶布、油布、塑料布等不透气的布料,否则会让他的臀部长期处于湿热的状态。

4.女宝宝的屁股底下尿布要垫得厚一些,男宝宝的生殖器上要垫的厚一些。

5.如果宝宝腹泻的话,除了要治疗腹泻外,还要每天在臀部涂上防止尿布疹的药膏。

6. 发现宝宝有轻微臀部发红时，及时使用护理臀膏。

7. 选择品质好、质量合格、大小合适的纸尿裤或尿布纸，并注意使用方法要正确。

8. 给宝宝的尿布一定要是柔软的、纯棉质地的、无色无味或浅色的布料，不能选择质地粗糙或是深色的尿布。

9. 漂洗宝宝的尿布一定要用热水漂洗干净，还可以在第一次漂洗时加入一点儿醋，以消除碱性刺激物。不能用含有芳香成分的洗涤剂清洗宝宝的棉质尿布，也不要使用柔顺剂，因为这些东西都会使宝宝的皮肤产生过敏反应。

10. 如果宝宝出现尿布疹的话，可以适当让他光着小屁股睡觉，还可以在床单下垫一块塑料布，以保护床垫不被尿湿了，但这时要特别注意给宝宝保暖。

抱起和放下宝宝的姿势

在最初的几个星期中，宝宝需要安全和舒适的怀抱，直到他们的颈部肌肉逐步发育到能够支撑其自己的头部为止。每次都应缓慢、轻柔地抱起宝宝，以免吓到他。

抱起姿势

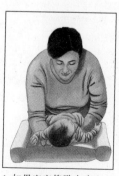  

1. 如果宝宝仰卧在床上，你可以把一只手轻轻放在他的下背部及臀部下面。

2. 另一只手在另一侧轻轻放在他的头、颈下方。

3. 轻轻地、慢慢地抱起他，这样，他的身体有依靠，头不会往后耷拉。

抱的姿势

将宝宝抱于手臂中
你也可以将宝宝抱在你的臂弯里，让他的头部及肢体感受到很好的支撑，有安全感。

将宝宝面向下抱着
如果你的宝宝可能喜欢向下被抱在手里，那么要注意他的下巴及脸颊靠近你的前臂。

将婴儿靠着你的肩膀抱着
一只手放在他的小屁股下，支持他的体重，另一只手抚摸他的头，像这样直抱着他，也会让他感到安全。

放下姿势

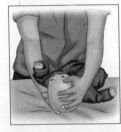

1. 把一只手置于他的头颈部下方，然后用另一只手抓住他的小屁股，慢慢地、轻轻地放下她，手一直扶住他的身体，直到其重量落到床褥上为止。

2. 从宝宝的臀部轻轻抽出你的手，用这只手稍稍抬高他的头部，使你能够轻轻抽出另一只手，轻轻地放低他的头，不要让头向后掉到床上，或太快抽出你的手臂。

眼睛护理

宝宝的眼睛多少都会产生一些分泌物，通常情况下这些分泌物应该是透明或白色的，若发现宝宝的眼睛出现了黄绿色分泌物，或者是分泌物的量突然增多时，就应该就医检查。

宝宝眼部的日常清洗

给宝宝清洗眼部的时候，让宝宝仰卧，把消过毒的棉棒用生理食盐水蘸湿，由内眼角向外眼角清洁宝宝的眼睛。

要特别注意的是，使用过的棉棒绝对不能重复使用，应该改换干净的棉棒，再清洁另一只眼睛。

给宝宝滴眼药水

医院一般会在新生宝宝袋中放入眼药水，这是因为即使在分娩过程中宝宝未受感染，出生后，宝宝也很有可能会患上结膜炎、泪囊炎，因此为宝宝滴眼药水是必要的。妈妈可按说明，适当地给宝宝滴眼药水。

在给宝宝滴眼药水时，妈妈要将消毒棉棒与宝宝的眼睛平行，轻轻横放在上眼睑接近眼睫毛处，再平行上推宝宝的眼皮，宝宝的眼睑就可顺利扒开，把眼药水滴在宝宝内侧的眼角。别担心宝宝闭上眼睛眼药水会被挤出来，只要宝宝一眨眼，药水就会回到宝宝的眼睛里。

鼻腔护理

爸爸妈妈可能会发现，宝宝的鼻腔内总是长鼻疖。中医认为这与内热有关，并且与母乳也有关。不管是什么原因造成的，宝宝鼻腔内的分泌物要及时清理，以免结痂。

鼻腔的清理方法

简便有效的方法是：把消毒纱布一角，按顺时针方向捻成布捻，轻轻放入宝宝鼻腔内，再逆时针方向边捻动边向外拉，这样就可把鼻内分泌物带出，重复几次，不会损伤鼻黏膜。

有的妈妈用宝宝专用吸鼻器为宝宝清理鼻腔内的分泌物，这当然可以，但如果宝宝的鼻腔分泌物较少时，没有必要使用吸鼻器。

预防宝宝鼻腔分泌物增多

宝宝鼻腔的分泌物与母乳也有关，妈妈要注意饮食清淡，少吃辛辣刺激性食物和鱼腥食物，还应注意休息，以保证给宝宝提供高质量的母乳。

天气好的时候，要让宝宝接触室外的空气，这样可以使宝宝的鼻腔通畅。

避免室内的空气太干燥，可以用加湿器保持室内适宜的湿度。

口腔护理

及时清洁口腔

新生儿期，宝宝易患鹅口疮，为了预防发病，每次喝完奶后最好让宝宝喝口水，以冲掉口腔中残留的奶液。如宝宝吃奶后就入睡，不易喂水，可以每天早晚用清洁口腔专用湿巾或消毒棉棒沾水，轻轻在宝宝口腔里清理一下。注意此时期宝宝的唾液腺发育不足，唾液分泌少，黏膜细嫩而干燥，易受损伤，护理时动作一定要轻柔。

不擦口腔

新生儿口腔黏膜柔嫩，即使用很软的纱布轻轻擦洗，也会引起肉眼看不见的黏膜损伤。口腔内有多种细菌、霉菌等，一旦黏膜受损，病原菌就会入侵而出现炎症。有的父母越用力把白色斑块擦去，黏膜损伤越严重，以后会长出更多的白色斑片。新生儿的唾液已发育到一定的程度，经常有唾液分泌进入口腔，起到清洁口腔的作用，所以用纱布擦洗口腔是"画蛇添足"。

不挑"马牙"

胚胎在6周时，就形成了牙的原始组织叫牙板，而牙胚则是在牙板上形成的，以后牙胚脱离牙板生长牙齿，断离的牙板被吸收而消失，有时这些断离的牙板形成一些上皮细胞团，其中央角化成上皮珠，有些上皮珠长期留在颌骨内，有的被排出而出现在牙床黏膜上，即为"马牙"。马牙一般没有不适感，个别宝宝可出现爱摇头、烦躁、咬奶头，甚至拒食，这是由于局部发痒、发胀等不适感引起的，一般不需做任何处理，随牙齿的生长发育，"马牙"或被吸收或自动脱落。因为新生宝宝口腔黏膜的娇嫩，抵抗力低，擦破、挑破后都容易感染，甚至出现败血症而危及宝宝的生命。

脐带护理

脐带是宝宝在子宫中与母体相连的部分，随着出生，脐带会被医生剪断，并且做简单的结扎处理。正常情况下，脐带在出生后 1 ~ 2 周后就会自行脱落。但在脐带脱落前后，脐部易成为细菌繁殖的温床。细菌及毒素如果进入脐血管的断口处并进入血循环，就会引起菌血症。因此，脐带断端的护理是很重要的。

肚脐消毒

刚出生的小宝宝，脐窝里经常有分泌物，分泌物干燥后，会使脐窝和脐带的根部发生粘连，不容易清洁，脐窝里可能会出现脓液，所以要彻底清洁小脐窝。每天用棉签蘸上 75% 的酒精，一只手轻轻提起脐带的结扎线，另一只手用酒精棉签仔细在脐窝和脐带根部细细擦拭，使脐带不再与脐窝粘连；再用新的酒精棉签从脐窝中心向外转圈擦拭。清洁后把提过的结扎线用酒精消毒。

保持肚脐干爽

宝宝的脐带脱落前或刚脱落，脐窝还没干燥时，一定要保证脐带和脐窝的干燥，因为即将脱落的脐带是一种坏死组织，很容易感染上细菌。所以，脐带一旦被水或被尿液浸湿，要马上应用干棉球或干净柔软的纱布擦干，然后用酒精棉签消毒。脐带脱落之前，不能让宝宝泡在浴盆里洗澡，可以先洗上半身，擦干后再洗下半身。

防止摩擦

脐带未脱落或刚脱落时，要避免衣服和纸尿裤对宝宝脐部的刺激。可以将尿布前面的上端往下翻一些，以减少纸尿裤对脐带残端的摩擦。

如果脐带不脱落

一般情况下，宝宝的脐带会慢慢变黑、变硬，1 ~ 2 周脱落。如果宝宝的脐带 2 周后仍未脱落，要仔细观察脐带的情况，只要没有感染迹象，如没有红肿或化脓，没有大量液体从脐窝中渗出，就不用担心。

另外，可用酒精给宝宝擦拭脐窝，使脐带残端保持干燥，加速脐带残端脱落和肚脐愈合。

如果脐带有分泌物

愈合中的脐带残端经常会渗出清亮的或淡黄色黏稠的液体。这是愈合中的脐带残端渗出的液体，属于正常现象。脐带自然脱落后，脐窝会有些潮湿，并有少许米汤样液体渗出，这是由于脐带脱落的表面还没有完全长好，肉芽组织里的液体渗出所致，用75%的酒精轻轻擦干净即可。一般1天1～2次，2～3天后脐窝就会干燥；用干纱布轻轻擦拭脐带残端，也能加速肚脐的愈合。如果肚脐的渗出液像脓液或有恶臭味，说明脐部可能出现了感染，要带宝宝去医院。

女宝宝特殊护理

女宝宝私处护理的方法是：女宝宝阴道内菌群复杂，但能互相制约形成平衡，在护理的时候尽量不要去打乱这种平衡，所以清洁时只用温开水即可，千万不要添加别的东西。

清洗的时候，要先洗净自己的手，然后用柔软的毛巾从上向下，从前向后擦洗。先清洗阴部后清洗肛门，以免肛门脏污污染阴道。另外要注意，只清洁外阴，不要洗阴道里面。

新生儿期，宝宝与尿布密不可分，为保护私处，尿布一定要干净。用过的尿布可以用滚开水浸泡30分钟再清洗，然后放在阳光下晒干，彻底消毒杀菌。收纳尿布的地方也应该是通风、干燥的。

男宝宝特殊护理

男宝宝的私处也需要天天清洗。清洗前先检查一下尿道口有无红肿、发炎。没有异常时，用温开水轻轻擦洗阴茎根部和尿道口即可。一旦有红肿现象，最好带到医院做检查，预防感染。另外，注意在给宝宝清洁阴部前要先洗净自己的手。

四季护理

春季护理

春季里病毒感染的概率很高，出生没多久的宝宝还不会到户外活动，但却很容易被家人携带的病菌传染，所以家长要特别注意自身的防护工作，不要让细菌通过自己传给宝宝。宝宝最容易患的是呼吸道感染，所以如果家人患病的话，要保证与宝宝隔离。开窗通风的时间要短，并且在通风时要把宝宝抱到别的房间，避免让风直接吹到宝宝，特别是对流风，对宝宝的刺激会更大。

夏季护理

在新生儿期不能给宝宝用爽身粉或痱子粉来防汗，因为爽身粉或痱子粉遇到汗时会紧贴在宝宝的皮肤上，使脆弱的皮肤受到刺激后发生红肿糜烂，特别是颈部、腋窝、大腿根、臀部、肘窝、耳后等容易发生糜烂的地方；湿粉还会增大摩擦，磨坏宝宝的皮肤；有些宝宝本身对爽身粉或痱子粉中的某些成分过敏，所以更不宜使用。

宝宝所处的室内环境温度和湿度要特别控制好，无论天气多么炎热，室内温度与室外温差也不能超过 7℃。如果室外温度不是很高的话，那么室内温度就不宜低于 24℃，湿度也要控制在 40% ~ 50%，过高或过低的湿度都不利于宝宝的健康。

夏天天气炎热，要勤给宝宝洗澡。健康足月的宝宝可以每天洗澡了，此外还要注意给宝宝补水。母乳喂养的宝宝此时不用喂水，但妈妈要多喝水，以保证给宝宝的水分摄入补给。

秋季护理

初秋天气刚刚转凉，没有必要给宝宝穿太厚的衣服。虽然此时宝宝对外界环境的适应能力很差，但如果过早给宝宝增加过厚的衣物，不利于宝宝对环境变化的适应。而且，初秋的气温时有反复，有时还会比较燥热，一旦给宝宝加了衣服就很难再脱下，这样就会使宝宝身体燥热，进而出现某些疾病。

深秋要特别预防新生儿呼吸道感染，要保证室内的清洁和空气流通，调节室内的空气湿度，如果家人有呼吸道感染症状的话，最好与宝宝隔离。如果必须要对宝宝进行护理的话，也要洗净双手、戴上口罩后再抱宝宝。

冬季护理

冬季最要警惕的是室内温度过高。很多爸爸妈妈都怕刚出生不到一个月的宝宝受凉，因此总喜欢给宝宝穿得暖暖的，然后把室温调得高高的，实际上这对宝宝的健康是很不利的。过高的室温会使室内的空气质量下降，从而使宝宝的呼吸道黏膜抵抗能力下降、发生呼吸道感染的概率增加。

给宝宝穿得太多，会使宝宝的身体长期处于燥热的状态。宝宝的房间不可能是密闭的，大人开门进出的过程中很难避免冷气进入，而宝宝由于体热而张开的毛孔这时还很难随着冷空气的刺激而迅速收缩，进而发生感冒。事实上，出生没多久的宝宝在冬季患病最主要的不是着凉而是受热，所以爸爸妈妈们要特别注意。

新生儿护理常见问题

吐奶

吐奶分为病理性呕吐和生理性溢奶两种，多数宝宝属于正常的溢奶，是新生儿特有的正常现象。溢奶多发生在喂奶过后，新生儿会吐出一两口奶，特点是吐出的奶量较少，而且宝宝没有任何不适表现。而病理性呕吐则表现为吐奶量较多，而且宝宝表现出痛苦、焦躁的表情，这就表示可能出现了某些胃肠道疾病，以及时就医治疗。

防止宝宝溢奶，每次喂奶适可而止，一次不能喂得过多，可以分开多次喂；在每次喂奶时不要太急、太快，中间应暂停片刻，以便宝宝的呼吸更顺畅；每次喂奶中及喂奶后，让宝宝竖直趴在大人肩上，轻拍宝宝背部，帮助宝宝将吞入胃中的空气排出，以减少胃的压力；如果妈妈奶水太冲的话，在喂奶时要控制好奶量，防止宝宝呛着；使用奶瓶的话奶嘴开口不能过大；喂食过后尽量让宝宝右侧卧，也可以将宝宝的上半身垫高一些，这样胃中的食物不易流出；另外在喂食之后，不要让宝宝有激动的情绪，也不要随意摇动或晃动宝宝。

拒奶

新生儿拒绝吸奶，其中最常见的原因之一就是呼吸困难。如不能够通过他的鼻子呼吸的同时进行吞咽。这时就必须注意乳房是否盖住了他的鼻孔。宝宝不能正常呼吸的另一个原因，是因为他鼻塞或鼻子不通畅。请医生开一些滴鼻药，以便在每次哺乳前给他滴鼻，以畅通鼻道。宝宝拒绝吸吮乳房的原因还可能是烦躁不安。如果他醒来，很想吃奶，但却发现他不理不睬、烦躁不安或动来动去，那么也许宝宝是由于太累而不吸吮乳房。在这种情况下，应把他紧抱怀中，轻轻说话加以安慰，而不要试图授乳，直到他安静下来。

宝宝含住奶头的正确位置

当宝宝吮吸乳头时，妈妈应该可以看到他的下巴和耳朵在动，并听到吞咽的声音。如果宝宝发出很响的声音或者脸颊凑得太近，则表明他没能正确地含住乳头。

1. 把宝宝抱到身前，让他的肚子正对着妈妈，鼻子对着乳头。让宝宝保持较舒服的姿势，头、肩和后背成一条直线。用手指托起乳房，注意不要接触到乳晕。宝宝

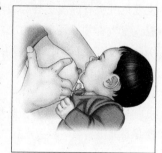

会自动张开嘴凑近乳头。如果他没有这样做，用乳头贴近宝宝的下嘴唇。

2. 当宝宝嘴张得很大时，轻轻地搂住他的肩膀往妈妈身上靠，以便让宝宝含住乳头，并且尽可能让他将更多的乳晕吸到口里。宝宝的齿龈应该合上，但不要接触到乳头。在喂奶时，如果连续数秒感到不适，可将手

指弄湿，轻快地滑进宝宝嘴中以缓解吃奶时产生的吸力。妈妈还可以把宝宝暂时挪开然后再喂一次。

呼吸不匀

新生儿的鼻腔、咽、气管和支气管均较狭小，胸腔较小且呼吸肌肉较弱，主要靠膈肌呼吸。所以，新生儿呼吸时胸廓运动较浅，要观察腹部才可较明显地察觉到他们的呼吸运动。新生儿在平静呼吸时，每次吸入或呼出的气量（称潮气量）小，但他们代谢所需要氧气的量并不低，故只能通过加快呼吸来补偿每次吸入气量的不足。正常新生儿每分钟呼吸 35～45 次。新生儿的呼吸中枢欠健全，呼吸节律常常不规则，入睡时更为明显。虽然，正常新生儿的呼吸有深浅交替和速率快慢不等的现象，但不应有面色难看或发生青紫等现象。由于新生儿的通气道狭小，轻度炎症即可引起呼吸困难，即使发生鼻塞，也能使新生儿产生吸乳动作障碍。鉴于新生儿以腹式呼吸为主，因此，妈妈不要将小儿的腹部束缚过紧，以免妨碍呼吸。

早产儿的肺发育差，呼吸肌更薄弱，呼吸中枢不成熟，他们比足月儿更易患呼吸道疾病，这是家长要特别注意的。

如何给新生儿保暖

新生儿体温调节中枢发育不完善，皮下脂肪比成人薄，保温能力差，新生儿的体表面积相对较大，按体重计算的话，是成人的3倍，因此，新生儿身体散热的速度也快，比成人快4倍。完全靠新生儿自己来保持正常体温非常困难，必须采取一些措施来补救。除了控制新生儿的室温外，还可以借用衣服被褥的保暖作用。也可采取其他一些保暖措施。

在什么情况下需要保暖呢？在家中可以摸一下宝宝的手脚冷暖来粗略估计，如果小手暖而不出汗，说明不需另外再采取保暖措施了。如果热而出汗，说明体温升高，在37.5℃以上。如果手脚发凉，体温可能低于36℃，对新生儿就要采取措施了。新生儿体温过低，严重时可发生硬肿症，威胁新生儿的生命，必须予以处理。

在家庭中对新生儿保暖的方法很多，最简单的是给他们准备好适宜的衣服。因为新生儿身体与衣服之间的间隙的温度在30～34℃之间最适宜，可防止身体散热，维持新生儿的体温。因此，新生儿的衣服过于宽松或太紧身，都不利于保持体温。有的家长喜给新生儿穿上几层衣服，如内衣、棉背心、几件毛线衣、棉袄，感觉是很暖和了，其实保暖效果不一定好。最好在内衣外面穿一件背心，再穿一件棉袄，保证身体与衣服之间有一定间隙，上面再盖上小棉被或毛毯就可以了。

如采取以上措施仍不能保持正常体温，可用热水袋、热水瓶进行保暖比较方便，热水袋中的水温不可太热，而且不可与新生儿的身体直接接触，以免烫伤，最好用布包好，放在距新生儿小脚丫20～30厘米处，经常更换热水袋中的水，以保持一定的温度。电热毯对成人来说是很好的保温方法，但不适用于新生儿，因电热毯的温度难以控制，往往会过热，而使新生儿体温升高，发生"脱水热"。另外新生儿的小便也多，万一弄湿电热毯，也是非常危险的。因此，最好不用电热毯来取暖。

怎样给宝宝测体温

刚出生的宝宝又娇嫩又脆弱，体温调节中枢发育还不完善，有时会有明显的体温变动，所以给新生儿测体温需要特别的方法。

腋下测温方法：解松宝宝衣服露出腋窝，把体温表水银端放在腋窝中央，将同侧手臂靠躯干挟紧体温表，将其固定，持续测温5分钟，所得得温度一般比口表所测略低。

颈部测温方法：即将体温表水银端横放于颈部皮肤皱褶处，调整头部位置，挟住固定体温表，至少测温5分钟，能测10分钟更好。颈部测温不易固定，受气温高低影响也较大，准确性比腋下测温更差。所测温度较低，比口表低0.5～0.7℃，寒冷季节更低。

肛门内测温方法：先用酒精棉球消毒肛表水银端，再抹上少许食用油（煮沸后冷却），加以润滑，缓缓插入宝宝肛门约3厘米，持续测温3分钟，所测体温正常值为37.5℃左右，冬季体温不足的新生儿肛表体温可在36℃左右。

家长注意的是新生儿由于体温调节功能差，患病时不一定发热，所以体温正常，不一定表示宝宝没有病，有异常表现，如无故哭闹，不吃不哭，呕吐腹泻，脸色苍白、发青等，应及时去看医生。

宝宝衣物的洗涤

宝宝的衣服买回来要洗涤

新购买的宝宝衣物一定要先清洗，因为为了让衣服看来更鲜艳漂亮，衣服制造的过程，可能会加入苯或荧光制剂，却也因此对宝宝的健康产生威胁，尤其正值口腔期的小宝宝，什么东西都想放进嘴巴咬，一旦碰到有添加剂的衣物，可是会出问题的。建议家长不要为了贪小便宜而选购便宜的衣物，尽量挑选有品牌的衣服较有保障，且如果是购买品牌清仓的衣服，虽然没问题，但大部分都是压箱货，让宝宝穿上前还是要先洗一下。

成人与宝宝的衣服分开洗

要将宝宝的衣物和成人的衣物分开洗，避免交叉感染。因为成人活动范围广，衣物上的细菌也更"百花齐放"，同时洗涤细菌会传染到宝宝衣服上。这些细菌可能对大人无所谓，但婴幼儿皮肤只有成人皮肤厚度的 1/10，皮肤表层稚嫩，抵抗力差，稍不注意就会引发宝宝的皮肤问题，宝宝的内衣最好用专门的盆单独手洗。

用洗衣液清洁宝宝衣物

宝宝的贴身衣物直接接触宝宝娇嫩的皮肤，而洗衣粉等对宝宝而言碱性较大，不适于用来洗涤宝宝的衣物。而洗衣粉很容易残留化学物，用洗衣粉洗涤过的婴幼儿衣物会使婴幼儿瘙痒不安，这是由于洗衣粉含有磷、苯、铅等多种对人体有害的物质，长时间穿着留有这些有害物的衣物会使宝宝皮肤粗糙、发痒，甚至是接触性皮炎、宝宝尿布疹等疾病。并且这些残留化学物还会损坏衣物纤维，使宝宝柔软的衣物变硬。因此，宝宝衣物清洗忌用洗衣粉。

目前，国外普遍使用洗衣液代替洗衣粉来清洗宝宝衣物，因为使用洗衣液不仅能彻底清洁污渍而无残留，并且能减少衣物纤维的损害，从而保持宝宝衣物柔软。而妈妈在选购洗衣液时，应选择一些有信誉的品牌。

漂白剂要慎用

借助漂白剂使衣服显得干净的办法并不可取，因为它对宝宝皮肤极易产生刺激；漂白剂进入人体后，能和人体中的蛋白质迅速结合，不易排出体外。清洗宝宝衣物时不适合使用漂白剂，有些清洁剂含有磷化合物，不容易分解，会造成河川污染；有的漂白剂则有荧光剂附着，难以去除，长期接触皮肤会引起不舒服，甚至是起疹子、发痒等现象。

要洗的不仅是表层污垢

洗净污渍，只是完成了洗涤程序的 1/3，而接下来的漂洗绝对是重头戏，要用清水反复过水洗两三遍，直到水清为止。否则，残留在衣物上的洗涤剂或肥皂对宝宝的危害，绝不亚于衣物上的污垢。

清理污垢要在第一时间

宝宝的衣服沾上奶渍、果汁、菜汁、巧克力是常有的事。洒上了马上就洗，是保持衣物干净如初的有效方法；如果等一两天，脏物深入纤维，花上几倍的力气也难洗干净。另外，也可以把衣服用苏打水浸一段时间后，再用手搓，效果也不错。

阳光是最好的消毒剂

阳光是天然的杀菌消毒剂、没有副作用，还不用经济投入。因此，享受阳光，衣物也不例外，宝宝衣服清洗后，可以放在阳光下晒一晒。衣物最佳的晾晒时间为早上十点到下午三点，如果连日阴雨，可将衣物晾到快干时，再拿去热烘十分钟。天气不好时，晾过的衣服摸起来会凉凉的，建议在穿之前用吹风机吹一下，让衣服更为干爽，不过这样的效果不比直接用阳光曝晒杀菌的方式好，假若天气许可，仍以自然晾晒为第一考量。所以要将宝宝衣物晾在通风，且要是阳光可照射得到的地方。另外，提醒爸爸妈妈，晾晒宝宝衣物之处，尽量不要有大人走来走去，否则身上的油污、灰尘，很可能在此过程中附着在宝宝的衣物上。

啼哭的原因

哭对于宝宝既是一种生理需要，也是情感和愿望的表达形式。哭是一种深呼吸运动，可以使新生儿的肺逐渐地全部膨胀开来，增大肺活量，促进新陈代谢。哭又是一种全身的强烈运动，有利于宝宝的生长发育。

哭也是宝宝传递信息的方式，对宝宝的生存十分重要。对一个哭叫的宝宝绝不能置之不理、随他去哭。

宝宝啼哭的原因很多，必须进行分析，有心的父母应仔细观察分辨，迅速熟悉宝宝哭声发出的种种信号。

饥饿

饥饿是普遍的原因。宝宝一哭，首先要检查的就是他是否饿了。如果不是，再找其他原因。

寻求保护

宝宝哭啼只是想要你把他抱起来，这种寻求保护的需要对宝宝来说，几乎跟吃奶一样，都是必不可少的。妈妈应尽量满足宝宝的这种需要，给他一种安全感。

不舒服

太热、太冷或太湿都会使宝宝哭啼。妈妈可用手摸摸宝宝的腹部，如果发凉，说明他觉得冷，应给他加盖一条温暖的毛毯或被子。如果气温很高，宝宝看上去面色发红，烦躁不安，则可能是太热了，可以给宝宝轻扇扇子，或用温水洗个澡。尿布湿了，宝宝会觉得不舒服而哭啼，因此不要忘了勤给宝宝换尿布。

消化不良和腹绞痛

宝宝因腹痛而哭啼，多与饮食有关。例如，奶粉调配不当引起胃肠不适等；发生腹部绞痛时，宝宝通常会提起腿，腹部绷紧、发硬。宝宝因消化不良而哭闹时，可试着喂些热水，或轻轻按摩腹部。人工喂养儿要注意调整一下奶粉的配方。

感情发泄

跟成人一样，宝宝也需要发泄情感，一般是以哭的方式进行。有的宝宝哭的次数比较频繁，而且要很长时间才能平息下来。这种宝宝大多比较活泼好动，很可能是用哭叫来释放多余的能量。宝宝通常在晚上烦躁易哭，在他烦躁之时，可试着给他洗个澡，做做按摩，或者抱他出去散散步。

生病

宝宝生病时，会用哭声来表达他的痛苦。阵发性啼哭往往是胃肠道疾病所致的阵发性腹痛的信号，如腹泻、肠胀气、肠套叠等疾病；持续性啼哭不停多半是发热、头痛或其他病痛引起的；高声尖叫样的啼哭大多与脑部疾病有关；而低声呻吟的啼哭是疾病严重的信号，切记不可忽视。

此外，蚊虫叮咬，宝宝睡床上的异物，甚至母亲紧张、烦躁的情绪，都会引起宝宝啼哭。

安抚哭闹的新生儿

没有哪种安抚方法能适合所有的宝宝。想知道哪些方法可以使宝宝迅速平静下来，需要一个实践的过程，而且也没有哪种方法每次都能灵验。

把宝宝抱紧

身体上的接触具有镇静的作用，特别是在你把赤裸的宝宝放到自己裸露的肌肤上时。试着保持房间昏暗而温暖，把其他刺激因素拒之门外。你会发现，改变抱宝宝的姿势也具有镇静作用——试试直立的抱姿或者"治腹痛"的抱姿。

多摇晃宝宝

许多宝宝都喜欢被来回摇晃——这正是他们在妈妈肚子里时便已经习惯的运动形式。研究发现，家长们会下意识地以接近心脏跳动的频率轻柔地摇晃自己的宝宝。如果轻缓的摇晃不能奏效，可以将摇晃速度稍微提高一些——通常每分钟摇晃约 60 次比较合适。把宝宝放在宝宝车中摇晃也有安慰作用，或者你还可以用抱带抱起宝宝，四处走动。

跳舞

如果宝宝显得激动不安，给他播放一些音乐，或者把宝宝抱到怀里，一边唱歌一边有节奏地跳舞，这些都能起到安慰的作用。当啼哭有所平息时，可以逐渐放慢步子。

让宝宝吮吸某物

有些宝宝非常爱做吮吸的动作，喜欢长时间地吮吸以获得满足感。如果没有进行母乳喂养——或者虽然用母乳喂养但在宝宝不需要喂奶时，你可以用自己干净的小手指来充当橡皮奶嘴。橡皮奶嘴也有抚慰的作用。或者你还可以试着引导宝宝将他自己的手指放到嘴里吮吸。

保持身体温暖

宝宝在感到温暖舒适时，能够更快地平静下来。让房间保持舒适的温度，给宝宝盖上毯子，或者可以把他包在襁褓中。

宝宝不住啼哭时，即使你已经感到无计可施，也万万不可急躁地用力摇动宝宝：一时的冲动可能会造成严重后果，甚至可能会有致命的危险。在你感觉自己有想要摇动宝宝或以其他方式虐待宝宝的冲动时，找一个安全的地方把宝宝放下来，然后走出房间，自己做做深呼吸，冷静下来。如果可以，打电话叫其他人过来帮忙照顾宝宝，让自己休息一会儿。

鼻塞

鼻塞不一定就是感冒了，这一条规则特别针对新生儿。新生儿的鼻腔发育尚未成熟，鼻腔比较短小，鼻黏膜内血管丰富。当接触到忽冷忽热的空气或是遭到病原体侵犯后，都可能会导致鼻腔内分泌物明显增加、鼻黏膜充血肿胀，从而引起鼻塞，这些鼻塞的情况是由于生理结构引起的，不是病。出现鼻塞时，宝宝由于鼻子不通气，常常有流鼻涕、哭闹和烦躁不安的现象，严重时还会张开嘴呼吸，并影响到正常吃奶。

家长平时就要注意做好宝宝的鼻腔护理。如果宝宝是由于是因感冒等情况导致鼻黏膜水肿引起的鼻塞，可以用湿毛巾热敷宝宝的鼻根部，就可以有效缓解鼻塞；如果发现宝宝有鼻涕的话，可以用柔软的毛巾或纱布沾湿捻成布捻后，轻轻放入宝宝的鼻道，再向反方向慢慢边转动边向外抽出，把鼻涕带出鼻道。

注意的是，如果宝宝的鼻涕很多、颜色澄清，或干结后的鼻屎堵住鼻孔，宝宝只能不停地用嘴呼吸，这就可能是伤风感冒了；但如果流出的鼻涕有臭味、带血丝，鼻子肿胀，有可能是鼻子内有异物，家长应注意区别对待：

如果是由于鼻腔分泌物造成的阻塞，可以用小棉棒将分泌物轻轻地卷拨出来。如果分泌物比较干燥的话，要先涂些软膏或眼药膏，使其变得松软和不再粘固在黏膜上时，再用棉棒将其拨出；或是用棉花毛刺激鼻黏膜，让宝宝打喷嚏，这样宝宝鼻腔里的分泌物就会自动排出了。注意动作要轻，不要损伤宝宝的鼻黏膜，以免引起鼻出血。

如果看到宝宝鼻子里有鼻痂时，可以先用手指轻轻揉挤两侧鼻翼，等到鼻痂稍为松脱后再用干净的棉签卷出来。如果鼻痂不容易松脱的话，可以先向鼻腔里滴一滴生理盐水或凉开水，等到鼻痂变得润湿以后，就比较容易松脱了。

如果上述方法均无效，鼻塞又严重影响了宝宝的呼吸，甚至宝宝面部发生青紫时，可用筷子或小勺的把横放在宝宝的口里，使口唇不能闭合，通过经口呼吸解除缺氧症状。经口呼吸不是新生儿的正常状况，只是在新生儿缺氧时的暂时解决办法，遇到此种情况时应该及时到医院就诊，因为宝宝若长时间闭塞，且无法缓解的话，就有可能是患上新生儿腺样体肥大或其他疾病的征兆。

红屁股

新生儿的皮肤娇嫩，有的宝宝小屁股上可能会出现一些红色的小丘疹，变成了"红屁股"。"红屁股"也叫臀红，是新生儿常见的一种问题。红屁股主要是与尿布接触部分的皮肤发生边缘清楚的鲜红色红斑，呈片状分布，加上新生儿皮肤柔嫩，很容易发生臀红，局部皮肤可出现红色小丘疹，严重时皮肤糜烂破溃，脱皮流水。如有细菌感染可产生脓包，更严重的可蔓延到会阴及大腿内外侧。

新生儿臀红主要是由于大小便后不及时更换尿布、尿布未洗净、对一次性纸尿裤过敏或长期使用塑料布致使尿液不能蒸发，宝宝臀部处于湿热状态，尿中尿素氮被大便中的细菌分解而产生氨，刺激皮肤所造成的。

臀红的防治需要注意以下几点：

保持臀部的干燥

如果发现宝宝尿湿了，要及时更换尿布。尿布要用细软、吸水性强的旧棉布或棉织品，外面不能包裹塑料布。如果要防止尿布浸湿被褥，可以再尿布下面垫个小棉垫或小布垫。如果是炎热的夏天的话，可以将臀部完全裸露，使宝宝的臀部经常保持干燥状态。

注意尿布的卫生

要注意尿布的清洁卫生。换下来的尿布一定要清洗干净。如尿布上有污物时，要用碱性小的肥皂或洗衣粉清洗，然后要用清水多洗几遍，要将碱性痕迹完全去掉，否则会刺激臀部皮肤。清洗后的尿布要用开水烫过、拧干后放到阳光下晒干。

大便后清洁臀部

在宝宝每次大便后，都要用清水洗净臀部，保持局部的清洁。

如出现臀红的话，不要用热水和肥皂清洗。如果用热水和肥皂清洗的话会使宝宝臀部的皮肤受到新的刺激而更红。

臀红的治疗

可以在换尿布时，在患处涂上鞣酸软膏或消过毒的植物油。如果出现糜烂的话，应将宝宝伏卧，用普通的40瓦灯泡距离30～50厘米照射30～60分钟，促进局部干燥。另外在照射时需要有专人守护，避免烫伤。

臀红的治疗，局部可涂鞣酸软膏；如皮肤破溃流水，可涂氧化锌油，以帮助吸收并促进上皮生长。只要在治疗的同时注意护理好臀部的皮肤，臀红很快就会好转。新生儿臀部皮肤长期受潮湿刺激所致，因为尿布冲洗不净，留有残皂或因腹泻粪便刺激引起；外力或尿布粗硬，宝宝臀部皮肤受损，在潮湿刺激环境下更容易发生红臀。

脐部出血

肚脐出血是指脐带在4～5天脱落后，本已干燥了的肚脐经过数天后又时而渗出水分，时而在覆盖肚脐的纱布上渗了血迹的现象，即为新生儿脐部出血。

新生儿脐带脱落并不意味着肚脐已经长好，事实上从脐带脱落到完全长好还需要一段时间，时间的长短因人而异，时间较长可能需要1个多月。当新生儿的脐带结扎、切断、脱落以后，就会造成脐残端血管闭塞。但这时脐带内的血管仅为功能上的关闭，其实仍然还存在一个潜在的通道。一旦宝宝的腹压升高，就会有出血的可能。如果宝宝在这时用力咳嗽、哭闹的话，升高的腹内压会使本来闭塞的脐残端血管稍微张开，继而出现少许咖啡色或鲜红色的血迹。

新生儿脐部出血是一种正常的现象，家长只要先用75%的酒精轻轻地擦去脐部的血迹，然后再用消毒纱布包扎好即可，一般几天后就可痊愈。不必使用止血药，也不能用未消毒的水或布条来擦洗或填塞肚脐眼来止血，要注意保持局部清洁卫生，以免造成脐部感染。

脐肉芽肿也是造成肚脐出血的一个原因。脐肉芽肿是指由于断脐后未愈合的伤口受异物的刺激形成的小肉芽肿，表现为脐部有樱红色似米粒至黄豆大小的肿物，其中有脓血性的分泌物。对于这种脐肉芽肿，可以去医院用10%的硝酸盐腐蚀或用消毒剪剪除过多的肉芽组织，同时还必须注意局部的清洁卫生。大部分患儿经处理后会很快地痊愈。

此外，如果脐茸护理不好的话，也会造成出血。脐茸位于肚脐中央，实际上是脐部黏膜的残留物，它的外观看上去很像一块粉红的肉。脐茸的分泌物较多，如果在护理时不注意碰触的话，就会出现少量的血性分泌物。因此，对于新生儿的脐茸应去医院请医生处理，最好不要自己在家处理。

黄疸不消退

新生儿黄疸是指新生儿时期，由于胆红素代谢异常引起血中胆红素水平升高而出现于皮肤、黏膜及巩膜黄疸为特征的病症，有生理性和病理性之分。生理性黄疸多发在脸部和前胸，一般在出生后 2 ~ 3 天出现，4 ~ 6 天达到高峰，7 ~ 10 天消退，早产儿持续时间会稍微长些。发生新生儿黄疸的宝宝除了偶尔会有轻微食欲不振之外，没有其他不适症状表现。而且，新生儿黄疸不会对足月健康的宝宝造成健康危害，所以家长们尽可放心。新生儿的黄疸现象可以根据时间长短来采取不同措施：

1. 如果宝宝在出生后不到 24 小时即出现黄疸，或是 2 ~ 3 周后仍然不退，甚至还有继续加深加重的趋势，再或者是黄疸消退后重复出现以及出生后至数周内才开始出现黄疸，则为病理性黄疸，需要及时请医生治疗。

2. 如果宝宝在出生半个月后仍有黄疸不退的话，家长也不必立即去医院检查看宝宝是否出现胆管堵塞或是肝脏有异，因为很多生理性黄疸也会持续到一个半月左右。当发生这种情况是，家长可以再耐心地等待一段时间，并注意观察自己的宝宝。只要宝宝吃奶很好、大声啼哭、不发热、大便没有变白、体重仍在增加的话，就没有必要担心，照常喂养就好了。

3. 宝宝如果到了满月黄疸仍不消退，大多数都是母乳性黄疸，但要排除是否有溶血、肝炎、胆道闭锁、其他地方的感染引起。可以先试停母乳 3 天，观察看黄疸能否减轻或是退下来。如果黄疸依旧如常的话，建议最好到检查血胆红素、肝功、母婴血型，以便明确黄疸的种类，并积极对症治疗。

耳后湿疹

刚刚出生的宝宝皮肤很薄，非常敏感，特别是耳后的皮肤。这个时候的宝宝往往都是仰卧位睡眠，这就会造成耳后的透气性较差，加上宝宝所处的室内环境温度稍高，因此宝宝就很可能会出汗，造成耳后潮湿。如果宝宝溢乳的话，流出的奶水也会顺势流到耳后，这些情况都有可能造成新生儿耳后湿疹。

新生儿的耳后湿疹比较顽固，但只要注意睡眠姿势，解决掉室温、溢乳等诱因的话，新生儿的耳后湿疹还是比较容易治好的。

此外，还要特别注意新生儿耳背后面的干燥清洁，同时注意不要给宝宝穿太多的衣服。有的时候，新生儿的耳后会发生皲裂，如果妈妈没有细心检查发现的话，这些皲裂的位置就可能会引发湿疹，所以妈妈一定要做好宝宝的护理工作，注意每天的全面清洁，洗澡只用清水，洗完澡后一定要特别注意擦干耳后的水。当发现宝宝有耳后皲裂情况时，可以涂抹一些食用植物油或紫药水，如果发生了耳后湿疹，可以涂抹宝宝专用的湿疹膏。

判断新生儿是否吃饱

宝宝吃饱没有，自己不会说，需要妈妈学会判断：

计算宝宝吃奶的时间

计算宝宝吃奶的时间就可以大体估计出他吃饱没有。一般宝宝吃奶时，吮吸 2 ~ 3 口就会吞咽 1 次，如果吞咽时间累积超过 10 分钟，一般都可以吃饱。注意：这里指的是吞咽时间，而不是吮吸或含乳时间。

观察宝宝的精神状态

观察宝宝的精神状态也能看出吃饱没有。吃饱后，宝宝的精神状态较好，会表现出满足、愉悦的表情，睡眠时间比较长。

观察宝宝的大便

观察宝宝的大便也可以看出他吃饱没有。正常的大便是金黄色或淡黄色，如果吃不饱大便会呈现出绿色。如果同时伴有小便次数较少，少于每天 10 次，量也较少，就很有可能是没吃饱。

第三章

1~12 个月宝宝

宝宝满月了，此时爸爸妈妈和宝宝也慢慢相互了解了，宝宝也渐渐适应了新的生活。在此后的一年里，他的成长速度会让爸爸妈妈觉得非常吃惊，每一天、每一周，都会有不同的变化，宝宝的"本事"越来越多。对于初为父母的爸爸妈妈来说，将要面临的问题会更多、更新鲜。本章主要从营养需求、如何喂养、如何进行能力发展训练、日常护理应该注意哪些问题、家庭环境的支持和潜能开发游戏等方面，详细介绍了1~12个月的宝宝养育方法，可以为年轻的爸爸妈妈照顾宝宝提供指导。

1 ~ 2 个月

这个月的宝宝

宝宝满月了！这时候的宝宝多数皮肤变得光亮白嫩，弹性增加，皮下脂肪增厚，胎毛、胎脂减少，头形滚圆，更加招人喜爱了。

体重

男宝宝体重正常范围是 3.84 ~ 6.36 千克，平均为 5.1 千克，女宝宝体重正常范围是 3.67 ~ 5.92 千克，平均为 4.8 千克。这个月宝宝的体重增长很快，平均每周可增长 200 ~ 300 克，整个月平均可增 500 ~ 1000 克。人工喂养的宝宝甚至有可能增加 1500 克或是更高。但宝宝体重增长的个体差异很大，有的宝宝在这个月增长明显，也有的宝宝可能到下个月才表现出较快的增长趋势。因此，如果宝宝在这个月并没有表现出较大幅度的增长，家长不必担心，只要不是疾病因素所致，那有可能在下一个月会出现"补长"的现象。

身高

男宝宝身高正常范围是 52.3 ~ 61.5 厘米，平均为 56.9 厘米，女宝宝身高正常范围为是 51.7 ~ 60.5 厘米，平均为 56.1 厘米。这个月宝宝的身高增长是很快的，平均可增长 3.0 ~ 4.0 厘米，并且这时身高的增长不受遗传影响。

头围

男宝宝在本月的头围平均为 38.1 厘米左右，女宝宝头围平均为 37.4 厘米左右。宝宝在前 6 个月的头围平均每个月增长 2.0

厘米，但实际上这种增长并不一定都是平均的，只要头围是在逐渐增长，家长就不必担心。

胸围

男宝宝的平均胸围为 37.3 厘米左右，女宝宝的平均胸围为 36.5 厘米左右，分别比刚出生时增加了 6.0 ~ 7.0 厘米。

前囟

这个月宝宝的前囟大小与新生儿期没有太大区别，对边连线是 1.5 ~ 2.0 厘米，每个宝宝前囟大小也存在着个体差异，只要是在 1.0 ~ 3.0 厘米之间就是正常的。

营养需求与喂养

营养需求

宝宝刚出满月，体重有 3.5 ~ 4.5 千克，其一天需要的热量是 1612 ~ 2072 千焦（385 ~ 495 千卡），即每千克体重需要 419 ~ 460 千焦（100 ~ 110 千卡）热量，如果每日摄取的热量超过 502 千焦（120 千卡），宝宝就有可能发胖。反之，宝宝就会偏瘦。

母乳喂养时，可以通过每周测量体重来判断宝宝每天吃了多少母乳。如果每周体重增长都超过 200 克以上，就有可能是摄入热量过多。如果每周体重增长低于 100 克，有可能是摄入热量不足。

这个月的宝宝不需要添加辅助食品。如果母乳不足，可添加配方奶，不需要补充任何营养品。

母乳喂养

母乳喂养的原则为按需喂养。到了第 2 个月，宝宝吃奶的动作已经熟练了，吮吸的力量增强了，基本可以一次完成吃奶，比较上个月，吃奶间隔时间也会有所延长。母乳充足时，每 3 小时左右喂奶一次，一天喂 7 次，上午 6、9、12 点，下午 3、6、9 点，夜间 12 点。因为每个宝宝的情况不同，每天具体要喂几次，要根据宝宝的反应，这个月的宝宝比新生儿更加知道饱饿，吃不饱就不会满意地入睡，即使睡着了，也很快会醒来要吃奶。

这个月的宝宝晚上吃奶的次数也会减少，有的宝宝会出现整个晚上不需要喂奶，但这只是特例。大部分宝宝能睡整个后半夜不用喂奶，但也有个别的宝宝还要喂三四次。这时妈妈可以试着后半夜停一次奶，如果停不了的话就把每天喂奶时间向后延长，从几分钟慢慢延长到几个小时，要循序渐进，不能急于求成一下给宝宝掐断一顿奶。

人工喂养

这个月的宝宝在人工喂养时，可以喂全奶了（"全奶"是指一平勺配方奶粉加4勺的水，奶粉恰好溶解成全奶），不再需要稀释。每次喂奶量在 80 ~ 120 毫升。每个宝宝都有个体差异，不能完全生搬硬套，食量少的宝宝不吃到标准量也可以，食量大的宝宝可以吃到150毫升，但是最好不要超过150毫升。如果宝宝喝了150毫升后，还是哭闹，可在30毫升左右的温水中加入一些白糖喂给宝宝。

人工喂养的宝宝不一定比母乳喂养的宝宝身体差。喂养的宝宝，如果每天大便 3 ~ 4 次，只要精神好的话就不用担心。但在宝宝一个月后，就要预防佝偻病的发生，除了常抱宝宝到室外晒太阳外，应每天给宝宝加 40 微克维生素 D，即浓缩鱼肝油滴剂，每天3 次，每次 2 滴。还可以给宝宝增加一些新鲜果汁，以补充配方奶中缺乏的维生素 C。

冲奶粉用什么水好

目前符合饮用水标准的水大致分为矿泉水、纯净水、自来水。矿泉水是指符合自来水标准，水质中的锶、锂、锌、硒、溴、偏硅酸中至少有一个值符合自来水的标准，且在可使用范围。如果长期饮用某种矿泉水可能造成体内某种元素吸收过多而影响健康。纯净水是指经过物理方法除去水中的工业污染物、微生物及杂质，同时也除去可利用的各种常见元素和大部分微量元素后的水。如果长期饮用纯净水可能会干扰机体内环境的稳定。自来水是人类赖以生存的自然水，长期以来人体的结构和内环境的恒定机制与其建立了平衡。因此，自来水更适合长期饮用。使用自来水冲奶粉前，应将沸水再煮3分钟，以去除可致癌的氯化物和亚硝酸盐，当水降温至60℃以下后，最适宜冲调奶粉。

混合喂养

混合喂养时，母乳少，宝宝吸吮困难。配方奶含有较多的糖分，加上奶嘴容易吸吮，宝宝吃起来省力，所以混合喂养的宝宝容易喜欢吃配方奶而放弃吃母乳。因为妈妈乳汁少，宝宝吃完没多长时间，就又要奶吃，会影响宝宝睡眠，妈妈也很疲劳，所以容易放弃母乳喂养。无论怎样，妈妈一定要坚持母乳喂养，因为这个月的宝宝仍然是以母乳为最佳食物，母乳是吃得越空，分泌得越多。

另外，不能因为奶少，就憋着攒够宝宝一顿吃，因为母乳不能攒，如果奶憋了，就会减少乳汁的分泌，所以，如果有了就喂宝宝吃，慢慢地或许就够宝宝吃了。

催乳食谱

	原料	做法
花生大米粥	大米200克，生花生米100克	将花生捣烂后放入淘净的大米里煮粥即可，早晚食用，连服3天
木瓜带鱼汤	鲜带鱼段200克，木瓜200克，盐2克	1.带鱼处理干净，去肠脏及鳞、腮；木瓜洗净，去皮核，切成块状 2.锅置火上，加水适量，煎汤。加盐调味即可
猪蹄黄豆汤	猪蹄1只，黄豆60克，黄花菜30克，香油、盐各少许	猪蹄洗净，剁成碎块，与黄豆和黄花菜共煮烂；放入油、盐等调味即可

	原料	做法
南瓜排骨汤	猪排骨 500 克，南瓜 1000 克，红豆 50 克，蜜枣、陈皮各 5 克，盐少许	1. 猪排骨洗净切块；老南瓜洗净切片；红豆、蜜枣洗净；陈皮浸软洗净 2. 原料放入汤锅内，加入适量清水；大火将汤烧开后；转用小火煮至汤浓，调入盐即可
奶汁鲫鱼汤	鲫鱼 1~2 尾，冬瓜 10 克，葱、姜、盐各少许	1. 鲫鱼洗净；葱姜改刀；冬瓜切小片 2. 锅中倒入适量冷水，放入鱼，大火烧开，加葱姜，改小火慢炖 3. 当汤汁颜色呈奶白色时，下入冬瓜并调味，稍煮即可
乌鱼丝瓜汤	乌鱼 1 条，丝瓜 300 克，盐、味精、香油、黄酒、姜各少许	1. 乌鱼处理干净，剁成块；丝瓜切段；姜切片。 2. 锅中入油烧热，放鱼块煎至微黄，倒入清水适量，放入姜片、盐、黄酒，用大火煮沸。 3. 用小火慢炖至七成熟，加丝瓜滚约 1 分钟，加味精、香油调味即可
乌鱼通草汤	乌鱼（又称黑鱼）1 条，通草 3 克，葱、盐、料酒各少许	1. 乌鱼去鳞及内脏，洗净 2. 锅中倒入适量清水，放入乌鱼、通草、葱、盐和料酒，炖熟即可

妈妈暂时性奶水不足怎么办

有的妈妈会在产后 2~3 个月时突然感觉奶水减少了，乳房无奶，有胀感，喂奶后半小时左右宝宝就哭着要吃，宝宝体重增加不足。这往往是由于妈妈过度疲劳和紧张、每天喂奶次数较少、每次吸吮时间不够、宝宝需要量增多、母婴中有一方生病及妈妈月经恢复等原因造成的。

出现这种状况时，首先妈妈应保证足够的睡眠，减少紧张和焦虑，保持放松和精神舒畅；适当增加哺乳次数，可每 1~2 小时喂 1 次，吸吮次数越多，乳汁分泌量就越多；每次每侧乳房至少吸吮 10 分钟以上，两侧乳房均应吸吮并排空，这既利于泌乳，还可让宝宝吸到含较高脂肪的后奶。

宝宝生病暂时不能吸吮时，应将奶挤出，用杯和汤匙喂宝宝，如果母亲生病不能喂奶时，应按给宝宝哺乳的频率挤奶，保证病愈后继续哺乳；月经期只是一贯性乳汁减少，经期可每天多喂2次奶，经期过后乳汁将恢复如前。

哺乳期安全用药

哺乳妈妈一定要注意安全用药，因为滥用药物不但会损伤自己的身体健康，也会对宝宝的健康产生非常严重的影响。无论是哪种药物，进入人体后会经过消化、吸收、分布、生物转化和排泄等过程，进入妈妈体内的药物，会通过血液进入乳腺，进而会在哺乳时影响到宝宝。因此，哺乳妈妈在哺乳期用药一定要谨慎。

临床研究表明，哺乳妈妈禁用的药物主要有：

1.中药炒麦芽、花椒、芒硝等，西药左旋多巴、麦角新碱、雌激素、维生素 B_6、阿托品类和利尿药物，这些药能使妈妈退乳。

2.青霉素族抗生素。包括青霉素、新青霉素Ⅱ、新青霉素Ⅲ，氨苄西林（氨苄青霉素）等各种青霉素。这类药很少进入乳汁，但在个别情况下可引起宝宝过敏反应，应予以注意。

3.磺胺类药物，如复方新诺明、磺胺异恶唑、磺胺嘧啶、磺胺甲基异恶唑、磺胺林（磺胺甲氧吡嗪）、磺胺脒、丙磺舒、双嘧啶片、甲氧苄啶、琥珀磺胺噻唑等。这类药物属弱酸性，不易进入乳汁，对乳儿无明显的不良影响。但是，鉴于乳儿药物代谢酶系统发育不完善，肝脏解毒功能差，即使少量药物被吸收到宝宝体内，也能产生有害影响，导致血浆内游离胆红素增多，可使某些缺少葡萄糖 $-6-$ 磷酸脱氢酶的乳幼儿发生溶血性贫血，所以，在哺乳期不宜长期、大量使用，尤其是长效磺胺制剂，更应该限制。

4.异烟肼（雷米封）。对乳儿尚无肯定的不良作用，但由于抗结核需长期使用，为避免对乳儿产生不良影响，最好改用其他药物或停止哺乳。

5. 甲硝唑（灭滴灵）。为广谱抗力药，对乳儿的损害尚未肯定，应慎用。

6. 氯霉素。乳儿，特别是新生儿，肝脏解毒功能尚未健全，若通过乳汁吸入氯霉素，容易发生乳儿中毒，抑制骨髓功能，引起白细胞减少甚至引起致命的灰婴综合征，应禁用。

7. 四环素和多西环素（强力霉素）。这两种药都是脂溶性药，易进入乳汁。特别四环素可使乳儿牙齿受损、珐琅质发育不全，引起永久性的牙齿发黄，并使乳幼儿出现黄疸，所以也应禁用。

8. 氨基比林及含氨基比林的药物。如索米痛片（去痛片）、撒烈痛片、阿尼利定（安痛定）等，能很快进入乳汁，应忌用。

9. 硫酸阿托品、硫酸庆大霉素、硫酸链霉素等药物在乳汁中浓度比较高，可使宝宝听力降低，应忌用。

10. 抗甲状腺药物甲硫氧嘧啶，可以由母及子而抑制乳儿的甲状腺功能，口服硫脲嘧啶，可导致乳儿甲状腺肿和颗粒性白细胞缺乏症。故应禁用。

11. 抗病毒药金刚烷胺，常有医生将它开给病人抗感冒。哺乳妈妈服此药后，可致乳儿呕吐、皮疹和尿潴留，禁用。

12 哺乳妈妈患了癌瘤，应停止哺乳，否则抗癌药随乳汁进入乳儿体内会引起骨髓受抑制，出现颗粒性白细胞减少。

13. 需用抗凝血药时，不能用肝素，以免引起新生儿凝血机制障碍，发生出血。以用双香豆素乙酯为宜。

14. 皮质激素类、黄体激素类、新生霉素和呋喃咀啶应禁用，否则使乳儿发生黄疸或加重黄疸、溶血等。

15. 哺乳女性应禁止过量饮酒和吸烟、大量饮水、喝啤酒，禁用利尿剂（如氢氯噻嗪、呋塞米等）和作用猛烈的泻药。

16. 水杨酸类药物在产前服用，可使产妇的产程延长，产后出血增多，新生儿也发生出血。若在哺乳期服用，则可使哺乳宝宝出现黄疸。故应慎用。

17. 溴化物是通过血浆进入乳汁，哺乳期服用此药，宝宝可出现嗜睡状态，有的宝宝还出现皮疹。

18. 镇静药中如苯巴比妥、异戊巴比妥（阿米妥）等通过血浆乳汁屏障后，在宝宝肝脏有脑内浓度较高，长期用药时一旦停药，宝宝就可能出现停药反应，表现不安定、睡眠时有惊扰、过多啼哭及抖动等。安定也可通过乳汁，使宝宝嗜睡、吸水力下降，因宝宝排泄药物较慢，此种药物作用可持续一周之久。因此哺乳期女性不可服用镇静药。

19. 缓泻药应忌用。迄今还没发现服药后既不被吸收又能改变大便性状的理想药物，像较常用的鼠美李皮等缓泻药会转移到乳汁，使宝宝腹泻。

20. 口服避孕药可有 1.1% 的药量移向乳汁，但已失去避孕药中雌激素的活性，对哺乳儿无直接毒性反应。可是药物能直接作用母体，使母乳分泌减少，并影响母乳成分，使母乳中蛋白质、脂肪、钙质减少。因此，哺乳期不宜服用避孕药。

此外，哺乳妈妈服药还要注意药量的问题。对于某些药物来说，增加些药量并不会对成人的身体产生影响，但对宝宝来说可能是致命的过量。处在哺乳期的宝宝，自身的免疫功能差，加上肝脏和肾脏的解毒和排毒的能力较差，很容易造成不可想象的后果。

鉴于以上几点，新手妈妈在服用药物时要小心谨慎，服药后要检查乳汁中没有药物的成分再继续喂养。还要注意服用药物的剂量、服用时间的长短、药物的溶解度及宝宝对药品的耐受力等。

能力发展与训练

运动

1～2个月的宝宝运动是全身性的，当妈妈爸爸走近宝宝时，宝宝做出的反应是全身活动，手足不停地挥舞，面肌也不时地抽动，嘴一张一合的，这就是泛化反应。随着月龄的增大，逐渐发展到分化反应。从全身的乱动逐渐到局部有目的有意义的活动，宝宝动作的发展是从上到下的，即从头到脚发展。

这个月的宝宝身体逐渐开始有劲了，宝宝俯卧时可以用小手支持大约 10 秒钟，但还有些摇摆，也能将头抬起约 5 厘米；或头贴在床上，身体呈半控制的随意运动，会交替踢腿；如果把宝宝竖直抱起来，宝宝的头可以颤颤巍巍地挺直片刻，并能随视线转动 90° 左右；仰卧时，宝宝的双臂会弯曲放在头部的旁边，有时双手张开，手指能自己展开合拢；宝宝开始注意到手的存在，能抬起手到胸前玩；如果把玩具放到宝宝手中，宝宝的手会抓得很牢，并能在手里握较长时间；有时还能无意中抓住身边的小东西玩；宝宝还不能主动把手张开，但会把攥着的小拳头放在嘴边吸吮，甚至放得很深，几乎可以放到嘴里，但不会把指头分开放到嘴里，也就是说这时的宝宝不是吮吸手指，是吸拳头；宝宝攥拳头是把拇指放在四指内，而不是放在四指外，这是这阶段宝宝握拳的特点。

视觉

这个月的宝宝，视觉已相当敏锐，能够很容易地追随移动的物体，两眼的肌肉已能协调运动，能够追随亮光。妈妈会发现，宝宝总是喜欢把头转向有亮光的窗户或灯光，喜欢看鲜艳的窗帘。这时宝宝的最佳注视距离是 15 ~ 25 厘米，太远或太近，虽然也可以看到，但不能看清楚。

宝宝对看到东西的记忆能力进一步增强，当看到妈妈爸爸的脸时，会表现出欣喜的表情，眼睛放亮，显得非常兴奋。妈妈爸爸也会送给宝宝爱的眼神，这种对视就是母爱、父爱的体现，宝宝会很幸福，对宝宝身心发育是非常有利的。妈妈爸爸不要以为宝宝小，什么都还不懂，这是错误的观点。

同时，随着天数和月龄的增长，当有物体靠近宝宝的视线时，他就会眨眼。这就是宝宝能看到一些物体的证明，这种眨眼叫作"眨眼反射"。一般宝宝在 1.5 ~ 2 个月都会有这种眨眼反射。

有些斜视的宝宝，等满 2 个月时一般都能自行矫正过来，而且双眼能够一起转动，这表明宝宝的大脑和神经系统发育正常。在这一段时间里，即使有的宝宝斜视尚未矫正过来，但也不一定是大脑发育或生理上有问题。比较明显的斜视在1岁前后进行治疗，轻度的斜视在3岁前后再进行治疗也不算迟。

听觉

这个月的宝宝听觉能力进一步增强，对音乐产生了兴趣。宝宝对妈妈和经常接触他的人的声音和陌生人的声音有完全不同的反应，说明宝宝的听觉已经非常灵敏了。如果妈妈给宝宝放噪声很大的声音，宝宝会烦躁、皱眉头，甚至哭闹；如果播放舒缓悦耳的音乐，宝宝会变得安静，会静静地听，还会把头转向放音的方向。妈妈要充分开发宝宝这种能力，训练听觉。但宝宝毕竟小，对不同分贝的声音辨别能力差，不要播放很复杂，变化较大的音乐。

妈妈在宝宝面前的语言动作，都会通过眼神、情绪及说话时的口气传给宝宝，从而影响宝宝的情绪。当妈妈高兴时，语调就亲切，表情也温和，宝宝就会受到感染，也变得非常高兴，表现为两眼有神、精神饱满、吸吮有力、手脚乱动；当妈妈情绪低落、动作鲁莽时，宝宝便会哭吵不止、烦躁慌张、不肯吃奶或睡觉不踏实。因此，这时的宝宝具备从声音中感受心情的能力。

言语

一个多月的宝宝还不能用语言来表达，但已经有表达的意愿。这阶段宝宝哭声明显地减少了，言语发育的特点是：会笑出声。当宝宝身体舒服的时候，如家长向宝宝说话或点头，宝宝会笑，还会发出三个以上的元音，如："呃""啊""哦""呜"，这种声音通常被称为"咿呀"声，有时还会自由地发出两个音节的音，如："ba""la""ma"等。虽然不是语言，但却是宝宝与爸爸妈妈相互交流的一种形式，也是一种发音练习；当妈妈爸爸和宝宝说话时，宝宝的小嘴会做说话动作，嘴唇微微向上翘，向前伸，成O形，这就是想模仿妈妈爸爸说话的意愿，妈妈爸爸要想象着宝宝在和你说话，你就像听懂了宝宝的话，和宝宝对话，这就是语言潜能的开发和训练。爸爸妈妈要尽量定时给宝宝说话、逗宝宝自由发声和笑，促进宝宝言语能力的提高。

嗅觉

到了第2个月时，宝宝已经可以依靠嗅觉能力来辨别妈妈的奶味，寻找妈妈的乳头。能区别母乳香味，对刺激性气味表示厌恶，会有目的地逃避。在大多数环境，宝宝都有机会练习嗅觉，如母乳味、母亲的香水味、家里的做饭味等。除非宝宝显得对异味特别过敏，否则这些都是锻炼宝宝嗅觉和认识环境的好机会。

味觉

本月宝宝最喜欢有甜味的水，而对于咸的、酸的或苦的水会做出不愉快的表情，表现出明确的厌恶。

认知

到这个月时，宝宝还没有形成一定的记忆力、思维能力、想象力、意志力等。但已经开始观察周围的人并聆听他们的谈话，对于时常与自己亲密接触的爸爸妈妈已经有了记忆，能够把爸爸妈妈和其他陌生人区别开来。可以很专注地凝视着爸爸妈妈，高兴的时候还会莞尔一笑。逗玩时，宝宝已经开始有微笑、发声或手脚乱动等反应。此外，宝宝还喜欢看彩色的图画，开始表示自己的兴趣。当看到喜欢的图画时会笑，看个不停，挥动双手想去摸；看到不熟悉的图画时，会因为新奇而长久注视，爸爸妈妈要记录宝宝所表现出的喜好，作为日后进一步培养的参考。

心理

这个时期的宝宝最需要人来陪伴，当他睡醒后，最喜欢有人在他身边照料他、逗引他、爱抚他，与他交谈玩耍，这时他才会感到安全、舒适和愉快。爸爸妈妈的身影、声音、目光、微笑、抚爱和接触，都会对宝宝心理造成很大影响，对宝宝未来的身心发育，建立自信、勇敢、坚毅、开朗、豁达、富有责任感和同情心的优良性格，会起到很好的作用。

抬头训练

坚持每天竖抱抬头、俯卧抬头练习。宝宝经过不断的训练，到这个月末宝宝俯卧时，不但可以抬起头观看眼前吸引他的玩具，而且下巴也能短时间离开床，双肩也可以抬起来，颈部张力也增强了。宝宝的视野终于可以转换角度了。

抓握训练

本月妈妈仍要坚持经常抚摩宝宝的双手，促进宝宝的抓握反射。还可以拿一个易于抓握的玩具放到宝宝的手心，宝宝会马上抓住玩具，这时妈妈可以用手握住宝宝的小手，帮助他坚持握紧的动作，也可以让宝宝练习抓住大人的手指。另外，还可以准备一些易于抓握的玩具，让宝宝的小手抓握毛线、橡皮、皮革、棉布、塑料等不同质地的玩具，以促进感知觉的发育。

排便训练

训练宝宝养成良好的排便习惯。首先要观察宝宝的生活规律，一般在睡醒或吃奶后及时把大小便为好，但不要把得过勤。在开始把时，宝宝不一定配合，但也没有必要每次把的时间太长，慢慢地定时加以训练，使宝宝逐渐形成排便的条件反射，养成良好的大小便习惯。

在把宝宝排便时，要坚持正确的把便姿势，并辅以其他条件刺激，譬如以"嘘嘘"诱导把尿，以"嗯嗯"配合大便等。

日常护理注意问题

睡眠不踏实

有的宝宝满月过后睡得可能没有以前踏实了，睡觉时会出现各种各样的表情动作，有时还会哭两声，甚至突然惊醒。这是因为随着宝宝看、听、嗅等感知能力的增强，对外界的刺激感应更明显所造成的，任何环境中的微小动静都可能被宝宝察觉到，进而表现得不踏实。

再有，这个月的宝宝开始会做梦了，这也会令他在睡眠中出现躁动。但这些都不会影响到宝宝的睡眠质量，因为他所有的动作都是在睡眠过程里进行的，也就是说宝宝此时仍然处于睡眠之中，所以并无大碍。

如果宝宝在睡觉中突然惊醒、哭闹的话，妈妈只要轻轻拍他几下，宝宝就会很快地再次入睡。如果宝宝不停地哭闹，妈妈就要过去安慰一下，握着他的小手轻轻放到他的腹部摇一摇，处在迷糊状态的宝宝会很快地睡去。

如果是晚上宝宝惊醒哭闹的话，妈妈注意不要开灯，也不要逗他玩，把他抱起来或摇晃他。如果宝宝越哭越厉害的话，妈妈可以仔细检查一下宝宝是不是饿了、尿了，或是有没有发热等病症等。

用手抓脸

快两个月的宝宝，常常会用手抓脸。如果宝宝指甲长的话，就会把自己的脸抓破。即使没有抓破，也会抓出一道道红印。应对这个问题的最好办法是把宝宝的指甲剪短，这样无论宝宝怎么抓，也不会抓破自己的小脸了。

有的家长为了防止宝宝把脸抓破，就给宝宝缝制一双小手套，用松紧带束上手套口或用绳把口系上。这种方法虽然能避免宝宝把脸抓破，但却存在危险：

如果手套口束得过紧，就会影响宝宝手的血液循环；如果缝制的手套内有线头，那么宝宝"不老实"的手就可能会被线头缠住，造成手指出现缺血。尤其是，宝宝即使手被缠住了也很难向爸爸妈妈表述清楚，一旦爸爸妈妈不能及时发现，就会使宝宝手指出现坏死，造成终身的遗憾。再有，宝宝正处在生长发育期，戴上手套会令手指活动受到限制，从而给宝宝的成长带来一定的影响。

手是宝宝发育中非常关键的器官，在大脑发育中占有很重要的位置。手部的神经肌肉活动可以向脑提供刺激，从而促进宝宝的智力发展。用手抓东西是宝宝的本能，也是宝宝初步感受事物的最基本的动作。整天把宝宝的手用手套束缚着的行为是很不利于宝宝手部运动的。宝宝的小手被手套挡住了，他看不到自己的小手，就不能有意识地锻炼，减少了锻炼机会，就会导致运动能力发展迟滞，影响智力发育。

有的爸爸妈妈虽然没有给宝宝戴上手套，但会给上宝宝穿袖子很长的衣服。虽然这不会使宝宝出现手指缺血的危险，但也同样会影响宝宝手的运动能力，也是不可取的。

宝宝夏天需要穿袜子吗

夏天天气炎热，还有必要给宝宝穿袜子吗？很多妈妈都有这样的疑问。夏天宝宝皮肤与外界环境接触的机会增多，灰尘或污渍等很容易透过皮肤，进入宝宝体内，增加感染的机会。穿上袜子可以避开与这些有害物质的接触，减少感染。但如果室内温度超过30℃，宝宝可以不用穿袜子。如果室内温度较低或不稳定，就应该给宝宝穿双袜子，可以给宝宝选择薄一些的纯棉袜，保护的同时，还能有较好的散热功能。

奶秃和枕秃

这个月的宝宝可能会出现不同程度的奶秃和枕秃现象。

有的宝宝刚生下来的时候，有满头黑亮浓密的头发，但过了满月后就出现了脱发的现象，头发变得稀疏发黄了。这时妈妈未免担心宝宝是否营养不良了，或是缺乏某种营养了。其实，1~2个月的宝宝出现脱发，是生长过程中的一种生理现象，俗称奶秃。奶秃一般会随着宝宝月龄的增大、辅食的添加而消失，脱落的头发就会重新长出来。再有，宝宝胎儿期的头发与妈妈孕期的营养有关，出生后与遗传、营养、身体状况等多种因素有关。如果爸爸妈妈有一方头发稀黄的话，那么宝宝的头发也可能会比较稀黄。

以前人们都认为枕秃是由于宝宝缺钙引起的，但就目前来看，缺钙引起枕秃的情况已经很少了，大部分枕秃的形成是与宝宝的睡姿或枕头的材料有关。

这么大的宝宝基本都是仰卧着睡觉，而且比较爱出汗，一天中的大多数时间是在枕头上度过的。有的爸爸妈妈为了让宝宝有一个好的头型，就给宝宝睡过硬的枕头，甚至是用黄豆、玉米粒装枕头，这样势必会令宝宝觉得不舒服，在枕头上磨来蹭去。时间一长，就会把枕后的头发磨掉，形成枕秃。

因此，当宝宝出现枕秃后，先不要忙于补钙，应该先找找这方面的原因。实际上，纠正宝宝头型还有很多种方法，给刚过满月的宝宝睡硬枕头并不是一个好办法。

奶痂

宝宝刚出生时，在皮肤表面有一层油脂，这是一种由皮肤和上皮细胞分泌物所形成的黄白色物质。如果宝宝出生后长时间不洗头，时间一长，这些分泌物和灰尘就会聚集在一起，形成奶痂。这是一种正常的情况，不需要去医院进行治疗，妈妈在家里自行清理即可。

奶痂是一种暂时性的现象，大部分都能痊愈。但是宝宝可能会因痛痒而烦躁，进而影响了消化、吸收和睡眠。另外，严重的头皮奶痂还会耽误宝宝的疫苗接种。所以，当出现奶痂以后，还是要积极做好清理工作。

清理奶痂最简单方便的方法就是用植物油清洗。一般要先将植物油（橄榄油、香油、花生油等）加热消毒后再放凉，以保证植物油的清洁；在给宝宝清洗头皮乳痂时，先将冷却的植物油涂抹在乳痂表面，停留 1 ~ 2 小时，等乳痂松软后再用温水轻轻洗净头部的油污；家长要根据宝宝乳痂的轻重每日清洗，一般 3 ~ 5 天即可消失。清洗时，要注意室温应在 24 ~ 26℃，在清洗后还要注意用干毛巾将宝宝头部擦干，以防止宝宝受凉。

去除奶痂不要急于一下子全部清除掉，要每天弄一点，慢慢弄干净。千万不能硬性地给宝宝往下揭痂，这样会损伤宝宝的皮肤，严重时可出血甚至发生感染。

当除掉奶痂以后，一定要勤给宝宝洗头和脸，并耐心细致地清洗干净，不要让宝宝再结奶痂。再有，头皮乳痂往往与宝宝湿疹"混为一体"，所以如果是母乳喂养的话，妈妈在哺乳期就应暂时停止进食鸡蛋、鱼、虾、蟹等过敏食物，不能吃喝任何刺激性食物和饮品。

溢乳

溢乳是指婴儿在吃奶后的一种食物反流现象。喂完奶后不久，少量奶液从宝宝胃内反流至口中，并沿嘴角缓慢流出，一般吐出一两口即止，属于一种正常的生理现象；多因身体结构发育、喂养或护理方式不当所致；溢奶的量少，不会影响到宝宝正常的生长发育；通常随着宝宝月龄的增长，自然就好了，无须特殊处理。

溢乳是完全可以预防的。如果溢乳比较严重，可以让宝宝把一侧乳房吸净后，另一侧只吸一半；人工喂养儿可以尝试着少冲一些奶。但如果宝宝体重增长慢了，还要把奶量加上去。

1 ~ 2 月的宝宝，每天体重增长约 40 克，一周可增长 200 克左右。如果每周体重增长低于 100 克，就说明宝宝不但没有吃过量，还可能由于溢乳过多，影响了热量供应。但生理性溢乳多不影响生长发育，如果生长发育受影响，就要想到是不是病理性溢乳。

生理性溢乳不需要治疗，每次喂奶后都要竖着抱宝宝拍嗝，让宝宝把吸入的空气排出来。如果不能把吸入的气体拍出来，也不能一直拍下去，可持续竖立抱 10 ~ 15 分钟，也可减少溢乳。无论喂奶后宝宝是否拉尿，都不要给宝宝换尿布，以减少溢乳的可能。醒后不要等宝宝大声哭闹了再抱起宝宝喂奶，那样会增加溢乳的可能。抱宝宝时，动作不要过猛，要把宝宝头部先抬起来，再随后抱起上身、下身。就是说当把宝宝抱起时，宝宝成竖立位，再慢慢把宝宝倾斜喂奶。吃奶时，宝宝头、上身始终要与水平位保持成45°，这样也会减少宝宝溢乳。

特别严重的溢乳，可以使用万分之一的阿托品滴液，开始剂量是喂奶前15分钟滴一滴，逐日增加滴数，每日增加一滴（如第二天是每次喂奶前滴两滴），直到宝宝脸部发红，再逐日递减，直至脸红消失。

如果滴的过程中溢乳减少或不溢乳了，就不要递增，保持原量，巩固几天停药。使用这种方法一定要经给您宝宝看病的医生同意，在医生指导下使用，最好是住院有护士协助使用，医生观察疗效更安全。切不要自行使用。

妈妈爸爸常常会为宝宝溢乳而发愁，宝宝每溢乳一次，尤其是大口溢乳，妈妈的心就很难受。其实，只要是生理性溢乳，早晚会好的，不会一直这样下去，也不影响宝宝的生长发育，即使溢乳宝宝不难受也不痛苦。

吃奶时间缩短

新生儿的胃容量小、吸吮能力弱，加上妈妈的奶量较少或是乳头条件还不是很好，所以会造成宝宝吸吮比较费力，因此每次吃奶的时间也比较短。但是从满月之后，宝宝的胃容量开始增大，胃口越来越好，吸吮能力也有所提高，吸吮速度越来越快，加上此时妈妈的乳汁分泌开始多了起来，抱着宝宝吃奶的姿势也更加熟练，所以这个月宝宝的吃奶时间会比上个月刚出生时有所减少。

有的妈妈一看宝宝每次吃奶的时间缩短了，就担心是不是奶水不足或是宝宝生病了。检查奶水是否不足，可以通过每天体重检测来确定，如果宝宝的每天体重增长都在正常范围内，而且在不吃奶的时候不哭不闹，精神十足的话，那么就表示母乳足够宝宝所需；反之则提示母乳不足，应适当增加配方奶。如果宝宝是因为生病而导致吸收能力减弱，那么他肯定还会有其他不正常的表现，细心观察宝宝状况的妈妈应该不难发现其中的异常。

大便溏稀、发绿

有的宝宝在这一时间常常会有大便溏稀、发绿，中间混有白色疙瘩的现象，并且有时会像打碎的鸡蛋一样不成形状。这种情况多出现在母乳喂养的宝宝身上，是一种生理性腹泻。

生理性腹泻的大便呈黄绿色、较稀，甚至有小奶瓣和黏液，每日可达6～7次。发生生理性腹泻的宝宝精神状态较好，吃奶量正常，腹部不涨，不发热，不呕吐，大便中没有过多的水分和水便分离，体重增长速度也正常。这种情况下家长不必着急，更不必为改变大便性状而停喂母乳改喂配方奶，等宝宝开始合理添加辅食后，这种生理性腹泻也就自然痊愈了。

如果宝宝出现吃奶间隔时间缩短、好像吃不饱的情况时，就有可能表示母乳不足了。当出现这种情况后，先不要急于添加代乳食品，应先监测几天宝宝的体重变化。

若宝宝的每日体重增加值少于20克或一周体重增加少于100克时，再予以添加奶粉，同时观察宝宝的吃奶间隔时间是否延长了，并继续监测体重。如果在这样的调节下一周内体重增加超过了100克，就证明是母乳不足造成的大便溏稀、发绿。如果大便常规检查有异常，医生诊断患有肠炎，再遵医嘱服用药物，不要自行服药，以免破坏肠道内环境，尤其不能乱用抗生素。

对于人工喂养或混合喂养的宝宝，大便溏稀、发绿也可能和配方奶粉有关系。目前0～6个月的配方奶粉基本上都是加强铁的，因此，如果宝宝没有完全吸收铁，食量大，就会造成没有吸收的铁随着大便排出去，这样大便就形成绿色。这与着凉、上火没有关系。合理、适量地摄入配方奶，这种情况会改善的。

小便频率降低

新生儿小便次数比较多，几乎每十几分钟就尿，一天更换几十块尿布，也看不到干爽的尿布，打开就是湿的。但随着月龄的增加，宝宝排尿次数会逐渐减少，尿泡却比原来大了，原来垫两层就可以，现在垫三层也会尿透，甚至把褥子都尿湿了。所以并不是缺水了，是宝宝长大了，妈妈应该高兴。

但如果是在夏季，天气热，宝宝不但尿的次数减少了，每次尿量也不多，嘴唇还可能发干，这是缺水了，要注意补充。

预防生理性贫血

1～2个月的宝宝，出现生理性贫血是正常的。这是宝宝在生长发育过程中的一种自然现象。造成这一时期的生理性贫血，是因为宝宝在胎儿期相对缺氧，红细胞生成增多。出生后进入正常氧环境，机体生成红细胞减少而造成的。生理性贫血主要表现在宝宝出生后1～8周以内，血红蛋白可逐渐下降到低于正常值，直至8周后停止。

宝宝出现生理性贫血，在保证正常营养的情况下，一般不需治疗。等到宝宝满百天后，机体内红细胞生成素的生成增加，骨髓造血功能逐渐恢复，红细胞数和血色素又缓慢增加，至6个月时就可恢复到正常值范围内。但如果超过这个时间，血红蛋白和红细胞计数，不在正常值范围内，那么，就有可能患有生理性贫血。判断宝宝是否是生理性贫血，有以下指数和症状：

一般刚出生的新生儿血红蛋白可高达180～190克／升，足月儿血红蛋白生理性下降极少低于100克／升；未成熟儿由于代谢及呼吸功能较低，体重增长快，所以生理性贫血出现时间早，贫血表现更为严重，生后3～6周内可下降至70～90克／升。

生理性贫血是可以预防的：一是要坚持母乳喂养，因为母乳中的铁比牛乳中的铁质生物效应高，易被吸收，宝宝吃母乳可以有效地减少生理性贫血的发生。二是早产儿，尤其是喝配方奶的早产儿，双胞胎或者是怀孕期间妈妈患有缺铁性贫血的足月儿，应该从 2 个月起就要补充铁剂。因为胎儿从妈妈那里接受铁，多在妈妈妊娠期进行，而早产儿因为提前来到世间，补铁时间相对要短；双胞胎因母体中的铁又分成了两份，所以先天性的铁不足，凡此种种使宝宝从母体中接受的铁较少，一般 6 周后就差不多用完了。如果不马上给宝宝补铁，极易出现生理性贫血。

洗澡问题

洗澡前的准备工作：浴室温度、浴缸清洁、宝宝浴盆、洗发液、宝宝皂、浴巾、毛巾（一块干毛巾、一块洗澡用的湿毛巾）、小布帽、水温计。

洗澡时间不要太长，即使宝宝很高兴，也不要超过 15 分钟。没有必要每天都使用洗发液和宝宝皂，一周使用一次即可。

水温在 33 ~ 35℃，如果用手试温，最好用手背或手腕前部（做皮试针的部位），这两个部位比较敏感，感到温暖，不烫就可以了。

水深，坐着时到宝宝耻骨水平（刚好没过生殖器），躺着时（一定不能把头放下，头要枕在妈妈的上臂上）刚好露着肚脐。

洗头时不要把水弄到耳朵里，不要把洗发液或宝宝皂弄到眼睛里。

女婴洗完后最好要用流动水冲一下阴唇。

洗完后马上用浴巾包裹好，带上小布帽，抱出浴室，待皮肤干后再给宝宝穿衣服，吃奶。

宝宝穿"二手"衣服好吗

宝宝出生后，新妈妈偶尔会收到他人送来的"没怎么穿的，质量很好"的"二手"衣服，那么宝宝穿"二手"衣服到底好吗？

对外衣而言，别人穿过的衣服柔软性、舒适性等方面胜过新衣，而且经过洗涤多次的旧衣服基本上消除了甲醛、铅等安全隐患，穿起来更放心。

注意的是，"二手"衣服也要有所选择，要挑选健康宝宝的衣服，以免被传染疾病。内衣不要选择"二手"的，因为贴身的衣服安全健康最重要，如果衣服在运送、储存或被患有传染病的宝宝接触后沾染了细菌，宝宝穿了出现红疹、皮炎或过敏等，无异于"惹祸上身"。

___

睡眠护理

1 ~ 2 个月的小宝宝，生活主要内容是吃了睡、睡了再吃，每天平均要吃 6 ~ 8 次，每次间隔时间在 2.5 ~ 3.5 小时；相对来说，睡眠时间较多，一般每天要睡 18 ~ 20 小时（1 个小时，宝宝每天还会睡 20 小时左右，到了 3 个月大时，宝宝每天的睡眠时间为 17 ~ 18 小时。白天睡 3 次，每次睡 2 ~ 2.5 小时，夜里可睡 10 小时左右）。

勿给宝宝剃胎毛

民间一直流传着"满月剃胎毛"的风俗，即给宝宝剃个"满月头"。研究表明，"满月剃胎发"毫无科学依据。但如果宝宝出生时头发浓密，并赶上炎热的夏季，为了预防湿疹，可以将宝宝的头发剃短，但不赞成剃光头，否则已经长了湿疹的头皮更易感染。

理发时，理发师的理发技艺和理发工具尤为重要，理发师要受过宝宝理发和医疗双重培训，使用宝宝专用理发工具并在理发前要进行严格消毒。理发后要马上洗头，用清水即可。在宝宝 6 个月前，如果天气炎热，最好每天给宝宝洗一次头发，若天气寒冷，也应 2 ~ 3 天洗一次头。

洗头时用左臂夹住宝宝的身体，拇指及食指将宝宝的耳朵向内盖住，右手抹上宝宝洗发精，柔和地按摩头部，然后用清水冲洗干净。

家庭环境的支持

玩具

这一阶段的宝宝开始发现声音和颜色。这是属于拨浪鼓年龄，爸爸妈妈可以准备一些带有很大的手柄的大拨浪鼓或带几个各种颜色小球的拨浪鼓，来和宝宝游戏、互动、交流。也可以在摇篮上挂一些小动物，注意选择橡胶材质的玩具，以便于清洗（很快你的宝宝就会把它们放到嘴里）。还可以用八音盒、哗铃棒等玩具，帮助宝宝感知声音，这些玩具都是这一阶段宝宝的最爱。

湿度和温度

室内温度不能忽高忽低，夏季应保持在 27℃左右，冬季应保持在 21℃左右，春秋两季不需特别调整，只要保持自然温度就可以基本符合要求。春、夏、秋三季都可以较长时间地打开窗户，但应该避免对流风。冬季也可以短时间地开窗，但在开窗时妈妈应把宝宝抱到其他房间，通风之后，等室温升上来以后再把宝宝抱回卧室。

室内的湿度对宝宝的呼吸道健康非常重要，湿度保持在 45%～55%是一个基本的要求。宝宝如果生活在南方地区，室内的湿度标准一般都可以达到。但对于生活在北方地区的宝宝来讲，室内想达到上述湿度标准要采取一定的措施才行。如果湿度太低，宝宝的呼吸道黏膜就会干燥而使黏膜防御功能下降，还会使呼吸道的纤毛功能受到损害，这样一来势必降低宝宝对细菌以及病毒的抵抗能力，引起呼吸道感染。

空气浴

室外空气浴可以让宝宝呼吸到新鲜空气，新鲜空气中氧含量高，能促进宝宝新陈代谢。同时室外空气温度比室内低，宝宝到户外受到冷空气刺激，可使皮肤和呼吸道黏膜不断受到锻炼，从而增强对外界环境的适应能力和对疾病的抵抗能力。

权威金版育儿百科

当天气情况不允许带宝宝做室外活动时，也可以让宝宝在室内进行裸体空气浴。做室内裸体空气浴以前，应该先开窗20分钟，进行空气交流，保证室内空气新鲜，同时室温在20℃左右时，就可以把宝宝的衣服全部脱掉，把宝宝放在床上，或者在木质地板上铺上一块较厚的毯子，把宝宝放在上面。

在不同的季节，空气浴有不同的要求：对于室内空气浴，在春秋季节，只要外面的气温在18℃以上，风又不大时也可以打开窗户或门；夏季可打开门窗，让空气流通，但要避免对流风直接吹到宝宝；冬季在阳光好的温暖时刻，也可以隔一小时打开一次窗户换换空气。

夏天出生的宝宝，在出生后7~10天，冬季出生的宝宝在满月后，就可以抱到户外进行空气浴。为宝宝进行室外空气浴，应根据不同季节决定宝宝到户外的时间，夏季最好选择早晚到户外去，冬季可选择中午外界气温较高的时候到户外去，出去的时候衣服不要穿得太多，包裹不要太严。刚开始要选择室内外温差较小的好天气，时间每日1~2次，每次3~5分钟。将近一个月的宝宝，除了寒冷的天气以外，只要没有风雨，就可以包着抱到院子里去，使其受到锻炼。每天可以抱出去两次，每次5分钟左右，以后根据宝宝的耐受情况逐渐延长。当室外温度在10℃以下或风很大时，就不要到外面去了，以免宝宝受凉感冒。

日光浴

阳光中有两种光线，一种是红外线，照射人体后，能使血管扩张，增强新陈代谢，使全身得到温暖。另外一种是紫外线，照射到人体皮肤上，可使皮肤中的脱氢胆固醇转变为维生素D，而维生素D能帮助人体吸收食物中的钙和磷，以预防佝偻病，尤其冬天出生的宝宝及人工喂养、双胎或多胎的宝宝更应多进行日光浴。

在宝宝进行日光浴之前，应先进行5~7天的室外空气浴，等宝宝对外界环境的适应性提高以后再进行日光浴。在室内做日光浴必须打开窗户在直射阳光下进行。室外日光浴应选择晴朗无风的天气，穿适当的衣服，让宝宝的全身皮肤尽量多接受阳光。但不要让阳光直接照晒在宝宝的头部或脸部，要戴上帽子或打着遮阳伞，特别要注意保护眼睛。在阳光强的时候，还要注意不要让阳光灼伤皮肤。夏季日光浴可选择在上午8点以后。冬季可选择在中午11点至下午1点以前。每次从3~5分钟，逐渐增加到8~10分钟，一般每天3~4次。日光浴后要给宝宝喂些果汁或白开水等。日光浴时注意不要让宝宝着凉。如果宝宝身体不舒服、有病时应停止日光浴。

在室外做日光浴的时间应由短到长，刚开始每日3~5分钟，以后可逐步延长至1~2小时。冬季天气晴和的时候可露出宝宝头部、臀部、手部等皮肤。春、秋两季要注意防风沙。夏季注意不能让宝宝皮肤直接在日光下暴晒，这样会损伤皮肤，可以利用一些树荫使宝宝间接地接受日晒，也可以在有阳光的房间或晒台上晒太阳，但不能隔着玻璃晒太阳，因为紫外线不能穿透普通玻璃，所以隔玻璃晒太阳对宝宝是无效的。

潜能开发游戏

看图

【目的】测定宝宝的注视能力，是否有特长的专注能力。

【环境创设】爸爸妈妈的照片，条纹、波纹、棋盘等图片。

【玩法】如果宝宝对妈妈的照片专注较短，不妨取出爸爸的脸看他能否看得久些，家长可对每幅图做记录。一般而论，宝宝最喜欢看妈妈的脸，喜欢看黑白对比强烈的和较复杂的图，喜欢条纹、波纹、棋盘等图形。家长还可创造更新的设计以丰富宝宝的注视范围。

面对面逗引

【目的】加强亲子交流。

【玩法】宝宝清醒时妈妈怀抱宝宝，妈妈要和宝宝脸对脸相距 30 厘米逗引他注视, 用脸部表情, 动眼动嘴, 轻声细语, 哼儿歌、叫名字加强视听觉刺激, 开始语言训练。

宝宝学握物

【目的】发展手的握力和上肢肌肉的力量, 促进宝宝与大人间的互动。

【环境创设】哗铃棒, 笔杆, 筷子。

【玩法】大人用两个手指从宝宝的第五指伸入手心, 宝宝会握住大人的手指, 这时你可试着将宝宝提起。有些宝宝可提高到半坐位, 最棒的能完全握着大人的手指整个身体离开小床。随后大人可以用哗铃棒、笔杆、筷子之类让宝宝试握, 测定手的抓握时间。握得紧时间久表示上肢肌肉发达有力。

2 ~ 3 个月

这个月的宝宝

宝宝的皮肤变得更加细腻有光泽, 并且弹性十足, 脸部皮肤开始变干净, 奶痂消退, 湿疹也减轻, 眼睛变得炯炯有神, 能够有目的地看东西了。

体重

男宝宝在这个月的体重正常范围是 5.0 ~ 8.0 千克, 平均体重 6.4 千克; 女宝宝体重正常范围是 4.5 ~ 7.5 千克, 平均体重 5.8 千克。这个月的宝宝, 体重增长仍然非常迅速, 平均每天可增长 40 克, 一周可增长 250 克左右, 整个月将增长 0.9 ~ 1.25 千克。

身高

这个月男宝宝身高正常范围是 57.3 ~ 65.5 厘米, 平均身高 61.4 厘米; 女宝宝身高正常范围是 55.6 ~ 64.0 厘米, 平均身高 59.8 厘米。一般来说, 这个月宝宝的身高可增长 3.5 厘米左右, 到了 2 个月末，身高可达 60 厘米左右。

头围

本月男宝宝的头围平均为 40.8 厘米左右，女宝宝头围平均为 39.8 厘米左右，比上月可增长 1.9 厘米。家长要知道的是，头围的增长也存在着个体差异，到了多大月龄头围应该达到什么值，其值是平均的，并不能完全代表所有的宝宝。

胸围

由于胸部器官发育较快，因此 2 ~ 3 月的宝宝胸围也增长较快。本月宝宝胸围的实际值开始达到或超过头围。男宝宝胸围正常范围是 37.4 ~ 45.7 厘米，平均胸围 41.2 厘米；女宝宝胸围正常范围是 36.5 ~ 42.7 厘米，平均胸围 40.1 厘米。

前囟

宝宝在这个月前囟和上一个月没有较大变化，不会明显缩小，也不会增大。此时的前囟是平坦的，张力不高，可以看到和心跳频率一样的搏动。囟门的个体差异很大，有的宝宝可达 3 厘米 ×3 厘米，也有的宝宝只有 1 厘米 ×1 厘米。

营养需求与喂养

营养需求

这个月宝宝每日所需的热量大致是每千克体重 419 ~ 502 千焦（100 ~ 120 千卡），如果每日摄取的热量低于 419 千焦（100 千卡），宝宝体重增长就会缓慢或落后；如果超过 502 千焦（120 千卡），就有可能造成肥胖。

除了热量之外，蛋白质、脂肪、矿物质、维生素的需求大多可以通过母乳和配方奶摄入，另外每天还需要 0.18 ~ 10 微克的维生素 D；人工喂养的宝宝每天可以补充 20 ~ 40 毫升的新鲜果汁，母乳喂养的宝宝如果大便干燥的话，也可以适当补充一些果汁；早产儿从这个月开始要补充铁和维生素 E，铁剂为每日每千克 2 毫克，维生素 E 为每日 25 毫克。

母乳喂养

只要妈妈的乳汁充足，就应该继续坚持纯母乳喂养。不过这个月宝宝吃奶的时间可能会延长一些，根据宝宝的实际情况，两次喂奶时间间隔拉长 1 小时，夜间喂奶时间延长到六七个小时，只要宝宝不醒就不要叫醒他吃奶。因为在入睡阶段，宝宝消耗的能量比较少，吃饱了奶后宝宝睡六七个小时不会有问题。每次吃奶量较小的宝宝，不要刻意延长喂奶时间间隔，只要宝宝想吃就给他吃，如果宝宝把乳头吐出来了、转过头不吃了，就不要硬给他吃。

人工喂养

到了第 3 个月，宝宝的食欲更好了，食量也会有所增加，可以将原来每次 120 ～ 150 毫升的奶量，增加到每次 150 ～ 180 毫升，甚至可以达到 200 毫升。不过，对于胃口比较大的宝宝，也不能无限制地添加奶量。一般每天吃 6 次的宝宝，每次 160 毫升；每天吃 5 次的宝宝，每次 180 毫升。对于食欲较好的宝宝，这个月可以添加一些蔬菜汤，一天 10 毫升左右。

人工喂养时可以添加果汁吗

母乳喂养的宝宝，由于母乳中含有维生素 C，所以即使不添加果汁，宝宝也不会营养不良。人工喂养的宝宝，只要添加了复合维生素也不会营养不良。此外，人工喂养的宝宝添加适当的果汁，可以有效地防止宝宝便秘。

混合喂养

宝宝又长大了，原本乳汁分泌不足的妈妈，更担心自己的母乳不够宝宝吃。请妈妈一定要记住，6 个月前母乳是宝宝最佳的食品，过量添加奶粉，会影响母乳摄入。母乳喂养还是按需喂养。

奶粉的喂养量，如果按照上个月的喂养量，宝宝每周体重增长在200克以上，就表明喂养充足。如果按照上个月的奶量，宝宝一次就喝完，好像还不饱时，下次冲奶就增加30毫升，如果吃不了，就再减下去，最多不要超过180毫升。

能力发展与训练

运动

3个月的宝宝，已经可以根据自己的意愿将头转来转去了，同时眼睛随着头部的转动而左顾右盼。当扶着宝宝的腋下和髋部时，宝宝能坐着，头会向前倾并与身体呈同一角度。当移动身躯或转头时，头偶尔会有晃动，但基本稳定。将宝宝脸朝下悬空托起胸腹部，宝宝的头、腿和躯干能保持在同一高度。当宝宝趴在床上时，能抬起半胸，用肘支撑上身，头已经可以稳稳当当地抬起。

当宝宝独自躺在床上时，会把双手放在眼前观看、玩耍，手能互握，会抓衣服，抓头发、脸。大人拉宝宝的手，将其上身稍抬离床面时，宝宝的头可以自己用力，不完全后仰了。宝宝开始学着吸吮大拇指，吸吮手指是这个时期婴儿具备的运动能力，妈妈不要制止。如果在一定的距离给宝宝小玩具，宝宝会无意识用手去拿，但常常够不到，显得笨拙。等拿到玩具时，宝宝会把手中的玩具紧紧握住，尝试着放到嘴里。一旦放到嘴里，就会像吸吮乳头那样吸吮玩具，而不是啃玩具。

3个月的宝宝已经可以靠上身和上肢的力量翻身，但往往是只把头和上身翻过去，而臀部以下还是仰卧位的姿势。这时如果妈妈在宝宝的臀部稍稍给些推力，或移动宝宝的一侧大腿，宝宝会很容易把全身翻过去。当爸爸妈妈扶着宝宝的腋下把他立起来时，宝宝会抬起一条腿迈出一步，再抬起另一条腿迈一步，这是一种原始反射。相对于2个月时的宝宝，第3个月宝宝的运动能力明显提高了。

视觉

3个月的宝宝视力已经发育完全，眼睛更加协调，两只眼睛可以同时运动并聚焦。能看4～7米远，注视、追视（眼睛追着一个物体看）、移视（眼睛由一个转向另一个物体）都已经较完善地发展起来。开始对颜色产生了分辨能力，对黄色最为敏感，其次是红色、橙色，表现为见到这三种颜色的玩具很快能产生反应，对其他颜色的反应要慢一些。

听觉

随着月龄的增长，宝宝的听觉能力也逐步提高。到3个月时，宝宝已经具有一定的辨别方向的能力，听到声音后，头能顺着响声转动180°，并表现出极大的兴趣。能区分大人的讲话声，听到妈妈的声音会很高兴，同时会发出声音来表示应答。因此，在日常生活中，爸爸妈妈应多和孩子说话，适当让孩子听一些轻松愉快的音乐，有利于孩子的听觉发育。

言语

宝宝出生后第一声啼哭，就是最早的发音，满月后的哭就是在和别人交流了，但都属于表达的消极状态。到了3个月，宝宝开始咿呀学语，发出一连串类似元音字母的声音，如a、e、i、o、u等，主要是韵母，声母很少，一般是h音，有时有m音，有时还会长声尖叫。宝宝在有人逗他时会非常高兴，会笑，并能发出"啊""呀"的语音，咕咕哝哝地与人交谈，有声有色地说得挺热闹。如发起脾气来，哭声也会比平常大得多。这些特殊的语言是宝宝与大人情感交流的方式，也是宝宝意志的一种表达方式，爸爸妈妈应对这种表示及时做出相应的反应，多进行亲子交谈，比如跟宝宝说说笑笑或给宝宝唱歌。还可用玩具逗引，让宝宝主动发音，要轻柔地抚摸和鼓励宝宝。宝宝越高兴，发音就越多。给宝宝创造舒适的环境，宝宝就会不断练习发音，这是语言学习的开始。语言的发育不是孤立的，听、看、闻、摸、运动等能力都是相互联系互为因果的，要综合训练宝宝说话的能力。

嗅觉

宝宝的嗅觉与 2 个月时一样，能辨别不同气味，并表示自己的好恶。宝宝特别喜欢妈妈的气味。而遇到不喜欢的味道会退缩，回避。此时，爸爸妈妈千万不要吝惜宝宝认识新气味的机会：在初春的草地上，能闻出青草的味道；在秋天的树林里，能闻出树皮的味道；如果经过一家面包房，不妨进去，让宝宝闻闻新鲜出炉的面包的味道。

味觉

到了第 3 个月时，宝宝在味觉方面已经积累了相当丰富的经验了。如果拿酸的水果给宝宝吸吮，宝宝会皱起小眉头，嘴巴张大。对于一些更加讨厌的味道，甚至会用啼哭来抗议。

认知

宝宝到 3 个月时比较突出的情感表现就是亲近妈妈。当妈妈向宝宝走去时，宝宝会显出快乐和急于亲近的表情，有时还会呼叫，手舞足蹈。经常和宝宝逗乐的爸爸也能引起宝宝这种亲切的激情。当妈妈离开时，宝宝的视线也会跟随着妈妈移动的方向转移。把宝宝带到户外时，会惊奇地发现此时的宝宝可以追视达 180°。宝宝最喜欢观看快跑的汽车、溜达的小狗、飞翔的鸟儿。经常让宝宝到户外观察活动的物体，能扩大其认知能力。

当宝宝独自躺着玩耍时，如果爸爸妈妈拿着玩具在宝宝头部上方，看到玩具后，宝宝会挥动双臂想要抓住玩具，想抓但经常抓不准，不是抓得太低、太远就是太近。如果将带柄的玩具放在宝宝手中，他会握住玩具的柄，并举起来看，或放到嘴里吸吮。当宝宝手里拿着一个玩具时，如果妈妈拿来另一个玩具，宝宝也会明确地看着另一个玩具。不过，最令人惊奇的是，3 个月的宝宝已经开始认识奶瓶了，一看到妈妈拿着它，就知道要给自己吃饭或喝水，会非常安静地等待着。

心理

3个月的宝宝喜欢从不同的角度玩自己的小手，喜欢用手触摸玩具，并且喜欢把玩具放在口里试探着什么。能够用咕咕噜噜的语言与父母交谈。会听自己的声音。对妈妈显示出格外的偏爱、离不开。此时，要多进行亲子交谈，如跟宝宝说说笑笑、给宝宝唱歌，或用玩具逗引，让他主动发音，要轻柔地抚摸他、鼓励他。

社会交往

到第3个月末时，宝宝已经会用"微笑"谈话，见到熟悉的面孔，能自发地微笑，并发声较多。有时也会通过有目的微笑与人进行"交谈"，并且"咯咯咯"地笑以引起大人的注意。当有人靠近时，宝宝会躺着等待，静静观察大人的反应，直到大人开始微笑，宝宝才以喜悦的笑容作为回应。宝宝的整个身体都将参与这种对话，两只小手张开，一只或两只手臂上举，而且上下肢可以随大人说话的音调进行有节奏的运动。宝宝也模仿大人的面部运动，大人说话时宝宝会张开嘴巴，并睁开眼睛，如果大人伸出舌头，宝宝也会做同样的动作。照镜子时，宝宝会注意到镜子中自己的影像，还会对着镜中的自己微笑、说话。此时爸爸妈妈要多微笑着和宝宝说话，引逗宝宝发出"哦哦""嗯嗯"声。也可模仿宝宝发出的声音，鼓励宝宝积极发音，对人微笑，这可促进宝宝喜悦情绪的产生，激励宝宝与人交往。

抓握训练

在训练宝宝抓握力以前，妈妈可以先做一个宝宝能否抓握的小测试：把自己的大拇指或食指放在宝宝手里，看他能不能主动握住。如果宝宝能够握住，并且感觉有了点儿"手劲儿"的话，可以试着把手指从宝宝手里向外拉，看看宝宝还能不能抓握住。

抓球法是一个一举两得的训练方法，不仅可以训练宝宝手的抓握力,而且还可以训练宝宝眼睛的追视力。训练的时候,先让宝宝趴着,然后把一个色彩鲜艳的球,从宝宝的手可以抓到的地方慢慢滚过。一开始宝宝会专心地盯着球从自己手边的一侧滚到另一侧,但过不了多久,他就会伸手去抓那个球了。

还可以把一些色彩鲜艳的小小的软塑动物或其他小玩具悬挂在宝宝的小床上,注意不要悬挂得太高。先轻轻晃动玩具,引起宝宝的注意,然后抓着宝宝的手去抓那些玩具,再慢慢引逗他自己主动伸手去抓。如果宝宝没什么兴趣的话,妈妈可以把带着拴绳玩具塞到宝宝手里,然后趁着宝宝没有注意或没有抓牢的时候拉住绳子,把玩具从宝宝手里提起来,刺激宝宝去"抢"回他的玩具。

翻身训练

在宝宝学会侧卧后,还会从侧卧翻到俯卧或仰卧,这种翻身几乎是无意的,是由身体重心的偏移决定的。但到了这个月,宝宝开始有自己主动翻身的倾向,但由于不太会使用下肢的力量,所以往往只是能把头和上身翻过去,而下半身还是仰卧的姿势。爸爸妈妈在这时,可以利用一些玩具,给宝宝做做翻身训练。

做翻身训练时,先让宝宝仰卧,爸爸妈妈可以分别坐在宝宝两侧,用色彩鲜艳或有响声的玩具逗引宝宝,训练宝宝从仰卧翻至侧卧位。如果宝宝无法自己翻身的话,妈妈可以用一只手撑着宝宝的肩膀,慢慢将他的肩膀抬高,当宝宝的身体转到一半时,妈妈就把手放下,让宝宝恢复平躺的姿势。这样左右交替地多训练几次,宝宝就能进一步练习真正的翻身了。

俯卧抬头训练

过了2个月的宝宝能够抬起头和前胸,但存在一定的个体差异,有的宝宝在快满3个月时基本能把头抬得很稳并坚持几分钟,有的抬头时间则依然很短暂。这时,可以通过一些训练来锻炼宝宝头部的支撑力。

俯卧抬头练习不仅能锻炼颈肌、胸背部肌肉,还可以增大肺活量，促进血液循环，有利于呼吸道疾病的预防，并能扩大宝宝的视野范围，从不同角度观察新的事物，还有利于智力的发育。训练宝宝的俯卧抬头，要先把宝宝放在稍有硬度的床上，让宝宝俯卧，然后拿着一些色彩鲜艳或有响声的玩具在宝宝面前逗引他，当宝宝看到色彩鲜艳的玩具并听到响声时，就会努力抬起头来。

俯卧抬头训练应在喂奶后一个小时或喂奶前训练，时间长度可以根据宝宝的能力灵活安排，开始时，只训练 10 ~ 30 分钟，逐渐延长时间，每天 1 次即可，不要让宝宝感到疲劳。以后可根据宝宝的实际情况，逐步增加训练时间和次数。

宝宝的运动发育是连续性的，在宝宝能够俯卧抬头 45° 后，宝宝颈部肌肉的力量也在增强，双臂的力量也在增强，慢慢就可以高高地将头抬起，逐渐达到与床面接近 90° 的程度。等宝宝的头部稳定并能自如地向两侧张望时，爸爸妈妈就可以手持色彩鲜艳的玩具，放在离宝宝眼睛 30 厘米远的地方，慢慢地移到右边，再慢慢地移到左边，训练宝宝转头，最终目的是让宝宝完成转头 180°。这个方法不仅锻炼了宝宝俯卧抬头的持久力和颈部的支撑力，同时也锻炼了宝宝颈部转动的灵活性。

日常护理注意问题

经常流泪

如果发现 2 个多月的宝宝不哭的时候也总是流眼泪，眼睛里总是泪汪汪的，甚至特别是一只眼睛有眼泪，一只眼睛没有眼泪时，那就是异常的情况，家长需要警惕，应及时到医院请医生诊治。

这种情况多数是由于先天性泪道阻塞造成的。先天性泪道阻塞是婴幼儿的常见病，是由于胎儿时期鼻泪管末端的薄膜没有破裂、宫内感染造成泪道受刺激形成狭窄粘连或鼻泪管部先天性畸形所造成的。如果诊治不及时的话，会导致泪囊炎症急性发作并向周围扩张，而泪囊的长时间扩张则会使泪囊壁失去弹力，即使泪道恢复通畅也无法抑制溢泪症状，或是形成永久的瘢痕的泪道闭塞，导致结膜和角膜炎症，引起角膜溃疡，发展为眼内炎。所以，一旦发生这种症状的话，就应及早进行疏通泪道的治疗，避免并发症发生。

如果确诊为泪道阻塞，首先可以采取保守治疗，在家里给宝宝点眼药水（如泰利必妥），并配合鼻部进行按摩。如果宝宝眼睛里面有脓性分泌物的话，家长可以用十指指腹按在宝宝的鼻根及眼睛内眦中间的部位，往眼睛的方向挤压到有脓液从眼角流出来，然后擦去脓液即可。每天进行 3 ~ 4 次，每次按压 2 ~ 3 下，按摩后要擦拭眼睛，再滴药水。

如果症状无法缓解的话，就要到医生进行药物加压冲洗或是泪道探通术治疗。做完探通手术后，家长要根据医生的嘱托定期给宝宝滴药水，按摩泪囊区域。由于部分宝宝因为膜的厚度比较厚，通过探通后仍有闭塞的可能，按摩能防止其不再粘连闭塞。另外，家长还要特别注意做好宝宝眼睛局部的日常清洁卫生，避免感染，同时还要防止宝宝感冒。

吐奶

大多数宝宝在这个月吐奶的情况都会好转，但不免还会有些宝宝依然会大口吐奶。

宝宝出现吐奶的原因，一是给宝宝喂的奶多了，引起吐奶。一般食量大的宝宝更会发生吐奶，而且大便次数也增多，体重增加很快。出现这种吐奶时，妈妈应适当减少宝宝的奶量，增加每天吃奶的次数，即少食多餐，吐奶情况一般就会好转。还有一种可能是，妈妈在给宝宝喂完奶后，马上就把宝宝放躺下，或是给宝宝洗澡、逗宝宝玩、令宝宝情绪激动，这些都会引起宝宝吐奶。只要在给宝宝喂完奶后，拍完嗝再让宝宝躺下休息，不要急着逗宝宝，让宝宝保持安静，就不会吐奶了。

如果上述方法都无效的话，那么就要观察宝宝其他方面是否正常。如果宝宝的体重增加正常、精神状况很好、不哭不闹、大便也正常，就不必管他。因为这种生理性的吐奶有时会持续到3个多月，甚至少数宝宝还会持续到5个月。如果宝宝吐出的奶流到耳朵里的话，应立即用柔软的棉布擦干净，以免损伤宝宝的耳朵，引起外耳炎。

有一种情况家长一定要警惕，就是宝宝在之前几个月里从来不吐奶，但到了这个月的某一天突然开始吐奶，就要想到有发生肠套叠的可能。如果宝宝在吐奶同时还排出果酱样大便的话，基本就可以确定了。肠套叠属于婴儿急症，一旦出现这种情况，就要及时带宝宝到医院治疗。

发热

2～3个月的宝宝很少发热，但由于此阶段的宝宝体温调节功能尚未发育完善，体温可随着周围环境的变化，发生一些变化。如夏季天气炎热，妈妈较长时间抱着宝宝时，会感觉宝宝身上很热，这是由于妈妈身体的热量传给宝宝，加上天气炎热，导致宝宝体温升高。发现宝宝发热时，家长不必惊慌，把宝宝放到凉爽的地方，过2～3小时后，宝宝体温就可以恢复正常。冬季，也会有因加热过度导致宝宝体温升高的情况。

这个月宝宝发热也可能有以下原因：

麻疹：极少数这个月的宝宝也可感染上发热性的传染病，如麻疹。有时父母或接触密切的人得了感冒会传给宝宝，导致宝宝发热，个别宝宝由于颌下淋巴结化脓导致发热，宝宝颌下淋巴结肿大，触摸时哭闹，表明很痛。此时应及早到医院就诊，及时治疗。

中耳炎：中耳炎是这个月宝宝的另一个发热性疾病，当宝宝发热同时哭闹不止时，也许是患了中耳炎，应该注意耳朵中是否有脓水流出。

肺炎：肺炎在这个月的宝宝中也很常见，但症状不像大年龄儿童那样典型，常表现为：吃奶减少，或吃奶呛、吐奶、吐沫。呼吸增快，吸气时鼻翼扇动，口周发青，一旦出这些症状，就要及时去看医生。

化脓性脑膜炎：这个月的宝宝发热时应该注意的另一个疾病是化脓性脑膜炎，它是威胁儿童生命健康的严重的感染性疾病。这些年，随着人们卫生条件的改善、生活水平的提高，这种疾病发病率明显减少了。除了发热以外，宝宝也会有烦躁不安、嗜睡、不吃奶、呕吐、哭声尖直、眼神发直、甚至惊厥的状况，这种情况发现时应及时到医院看医生。看到宝宝发热，年轻的父母常常手足无措，不知道怎么处理，为了发汗，将宝宝捂得严严实实，结果使患儿的体温超高热，甚至发生惊厥。这个月的宝宝发热时，不适宜药物降温，应采用物理降温。因此，宝宝体温较高时，尽量让他少穿一些，多饮水，并可用酒精（浓度30%左右）擦拭颈部、腋窝、大腿根、肘窝、腘窝等大血管走行的部位，可以达到很好的降温作用。

洗澡程序

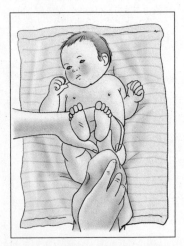

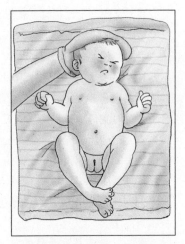

1. 解下宝宝的尿布，清洗宝宝的臀部。先用尿布的边角，然后用浸湿的棉布(从前向后擦)，给宝宝洗澡前要好好地清洗他的臀部，以免弄脏洗澡水。

2. 现在给宝宝涂沐浴液，先涂身体，然后是头发。建议你开始时用浴用手套(柔软、防滑)。当你熟练后，可以直接用手给宝宝涂沐浴液。不要怕给宝宝的头涂沐浴液，囟门没有那么脆弱，它能够承受正常压力。

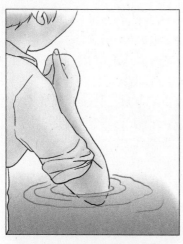

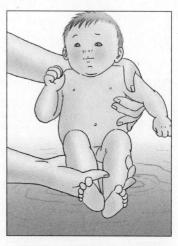

3. 将宝宝放入水中之前，请先洗净你沾满沐浴液的双手，用胳膊肘（皮肤的敏感处）测试水温。这样的测试并非是没有用的，它可以避免将宝宝放入过热或过冷的水中。

4. 将左手放在宝宝的脖子后，右手放在他的脚踝处，抱起宝宝，然后把他轻轻地放入水中。如果这时候宝宝有些紧张（通常每次更换位置时，宝宝都会出现紧张的情绪），可以和他讲话，你轻柔的声音和动作将很快使他平静下来。

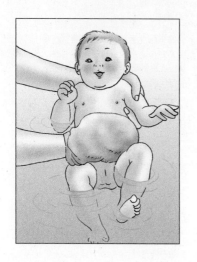

5. 现在，用左手紧紧地抱住宝宝，用右手为他清洗，不要忘了头发和耳朵后部。将头发和耳朵后部放入手中片刻。当你觉得你已经习惯了抱住在水中的宝宝，而且他已经喜欢上洗澡时，你可以让他在水中嬉戏一会儿。

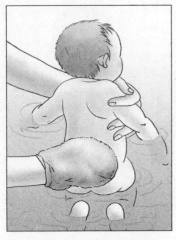

6. 几天后，当你可以很熟练地抱住在水中的宝宝时，你可以让他腹部贴在水中——宝宝通常都喜欢这种姿势。

7. 用刚介绍过的方法将宝宝从水中抱出来，并把他放在浴巾上。从头发开始，仔细将宝宝擦干，注意仔细擦干有褶皱的皮肤，尤其是胳膊下、腹股沟、大腿、膝盖等处的皮肤。

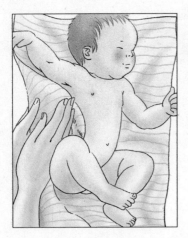

8. 可以通过无摩擦地轻拍宝宝的皮肤来使他的皮肤变干。然后他会为自己变干净了而感到很高兴，可以让他赤着身子胡乱动动。这也是给宝宝做按摩或让他做"体操"的好时机。

权威金版育儿百科

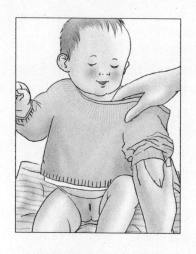

9. 宝宝准备穿衣服了。先给他穿上棉制长袖衫，然后是羊毛的。如果你用连体衣代替长袖衫，则要先固定好宝宝的尿布，然后再给他穿上连体衣。最后，让宝宝趴着为他系上长袖衫背后的带子。

剪手指甲

宝宝的指甲生长速度快，而手指头又比较小，指甲很快就会超过指尖。如果不及时修剪过长的指甲，可能会导致这些后果：

1. 长指甲容易藏污纳垢，滋生细菌，成为疾病的传染源。

2. 有些初生的宝宝会喜欢握紧小拳头，长指甲就会在他们的手掌心上掐出深深的伤痕。

3. 宝宝在用长指甲抓痒时，很容易划破皮肤，而指甲里的细菌就会趁机而入了。

4. 宝宝活泼好动，而新生指甲又薄又软，长指甲就很容易在活动中被翻起并折断，严重的还可能会伤到手指皮肤。

一般来说，手指甲的生长速度较快，建议1周内修剪2~3次；而脚趾甲生长则慢得多，一般1个月修剪1~2次。指（趾）甲的合适长度是指（趾）甲顶端与指（趾）顶齐平或稍短一些。宝宝因为太小，在剪指甲时往往会很不配合，叫妈妈无从下手，一不小心就可能伤到宝宝幼嫩的肌肤，这里就有好多技巧，妈妈们要好好学习哦。

睡眠问题

宝宝必须要从小养成一个规律的睡眠习惯。虽然宝宝在妈妈摇篮曲的哼唱声中能够更快更甜地入睡，但这种人为方式令其安然入梦是不宜提倡的，最好的睡眠方式还是自行入睡，这样的睡眠质量比较高。

2～3个月的宝宝每天依然要睡16～18小时。一般来讲，宝宝通常在白天要睡4～5次，每次1.5～2小时，喂奶之后会醒一段时间。而夜间的睡眠时间则会相对延长一些，大约要睡10小时。

有的爸爸妈妈很喜欢用摇晃的方法让宝宝睡觉，觉得这样可以让宝宝更快入睡，但其实这种做法是不对的，甚至是有一定的危险性。因为宝宝的头相对要大而重，颈部肌肉软弱无力，当遇到震动时的自身反射性保护机能较差，所以传统那种哄宝宝睡觉时用力摇晃摇篮、推拉宝宝车、把宝宝高高抛起、在怀里来回晃动或是让宝宝躺在过于颠簸的车里等做法，都可能会令宝宝的头部受到一定程度的震动，从而造成脑损伤。长此以往的话，轻者可能造成脑震荡，严重者还可引起脑损伤，甚至留下永久性的后遗症。所以，爸爸妈妈尽量不要用摇晃的方法哄宝宝睡觉。

这一时期宝宝的头骨发育还没定型，所以在睡觉的时候一定要注意姿势，有些宝宝的头型不正就是因为睡姿不正确而造成的。虽然头型不正与大脑发育无关，也不会影响大脑的发育，但偏得太重的头形会影响美观。这时的宝宝发育很快，颅骨的可塑性大，及时采取措施，能纠正过来。可以让宝宝侧睡，后背用枕头或被子垫着，也可以经常调换睡觉的位置。但千万不能硬掰，以免造成损伤。

有的宝宝在入睡后可能会发出微弱的鼻鼾声，如果是偶然现象，就不是病态，家长不必担心。但如果是经常性的，而且鼻鼾声较大的话，那就应及早带宝宝到医院检查，谨防增殖体增大。

在人体的鼻咽部有个淋巴组织，医学上叫作增殖体。如果是病理性的增殖体增大，入睡后人就会张口呼吸，并引起鼻鼾。宝宝的增殖体增大严重时，还会引起硬腭高拱、牙齿外突、牙列不齐、唇厚、上唇翘、表情痴呆、精神不振、体虚和消瘦等反应。所以，如果宝宝睡眠时出现经常性鼻鼾，需要请专科医师诊断是否是病理性增殖体增大，如果是病理性的应及早做手术切除。

情绪护理

培养宝宝愉快的情绪，对宝宝身心健康很有好处。家长应该一有时间，就要多跟宝宝玩，常常要引逗宝宝，也可用手轻轻挠他的肚皮，引起他挥手蹬脚，甚至"咿咿呀呀"发声，或发出"咯咯"的笑声等方法来培养宝宝的愉快情绪。并注意观察哪一种动作最容易引起宝宝大笑，以后就要经常有意重复这种动作，使宝宝高兴而大声笑。宝宝的笑声是家庭快乐的源泉，情绪快乐是宝宝良好性格的开端，是宝宝身心健康发展的重要因素。

排泄护理

大小便是人天生的非条件生理反射。新生儿期，宝宝的排泄次数多且无规律性。但随着宝宝一天天长大，大小便次数减少，量增加。所以 1 ~ 3 个月的小宝宝排泄护理则稍不同于新生儿期，这阶段排泄护理有新的讲究。

宝宝的胃肠活动具有规律性，有利于宝宝皮肤的清洁，减少家长洗尿布的麻烦，还可训练宝宝膀胱储存功能及括约肌收缩功能。因此，在宝宝满月前后就应把大小便。

家长要注意观察宝宝的排便需求。多数宝宝在大便时会出现腹部鼓劲、脸发红、发愣等现象。当出现这些现象时，我们就试着给宝宝把便。并且，一般在宝宝睡醒或吃奶后也要及时把便，不要把得过勤，否则易造成尿频。在把便时，姿势要正确，使宝宝的头和背部靠在大人身上，而大人的身体不要挺直。把便时，给予宝宝其他的条件刺激，如"嘘嘘"声诱导小便，"嗯嗯"声促使其大便。

眼睛护理

防止眼内斜

很多家长喜欢在宝宝的床栏中间系一根绳，上面悬挂一些可爱的小玩具。如果经常这样做，宝宝的眼睛较长时间地向中间旋转，就有可能发展成内斜视。正确的方法是，把玩具悬挂在围栏的周围，并经常更换玩具的位置。

勿遮挡眼睛

婴儿期是视觉发育最敏感的时期。如果宝宝的一只眼睛被遮挡几天时间，就有可能造成被遮盖眼永久性的视力异常，因此，一定不要随意遮盖宝宝的眼睛。

避免污水进眼睛

爸爸妈妈平时在给宝宝洗头时，注意不要让水流进他的眼睛里，要用专门的无刺激性的宝宝洗发水给宝宝洗头。

耳朵护理

宝宝的耳朵很软，如果你看到它们折到了一个不可思议的角度，你也别太惊讶。因为他们耳朵中的软骨尚未发育成熟，很易曲折，几周后，它会逐渐变硬，像成人的耳朵一样竖直，保持正常姿势了。

变换睡姿

经常变换躺姿，可以有效避免宝宝的耳朵严重变形。

避免杂音

尽量避免宝宝待在声音嘈杂、噪声严重的环境里，以免影响他的听觉发育。

及时清理

在给宝宝洗头时，尽量避免污水进入宝宝的耳朵内，如污水不慎流进宝宝的耳朵，要及时给宝宝擦除、清理。

家庭环境的支持

室外活动

3个月的宝宝视线范围由原来的45°扩大到180°，能看4~7米远处的物体，对颜色也有了初步的分辨能力，并能够跟踪追随物体的运动，而且对能发出声音的、色彩鲜艳的或活动着的东西特别感兴趣，并开始尝试触觉、听觉、视觉或味觉的相互配合运用。

由于神经系统的发育，宝宝双手的抓握在这个月也出现了随意性的变化，并会主动去抓自己想要的东西，而且凡是看到了令他好奇的东西都想抓过来看一看、摸一摸，甚至是放到嘴里咬一咬。这一切的发育成果，都为进一步培养宝宝的观察力奠定了基础。

因此，这个月的室外活动，不仅是让宝宝多接受新鲜的空气和温暖的阳光，还是宝宝感知力和观察力的重要途径。通过观看外面的世界，并在看的过程中用自己的各种感觉去感受世界，宝宝的智力和心理都能获得良好的发育。

玩具

宝宝到了第3个月，已经能够抓住带把的玩具了，但对目标的把握还不准确。可以给宝宝准备一些各种质地、各种色彩、便于抓握的玩具，如摇铃、小皮球、金属小圆盒、不倒翁、小方块积木、小勺、吹塑或橡皮动物、绒球或毛线球等，但宝宝可能会在晃动玩具时把玩具打到脸上，所以在选择玩具时要注意玩具的质地和硬度。

针对宝宝能够对周围环境发生兴趣的特点，可以准备一些颜色鲜艳、图案丰富、容易抓握、能发出不同响声的玩具，如拨浪鼓、哗铃棒、小闹钟、八音盒、可捏响的塑料玩具、软布球、小木块、手镯、脚环、未使用过的颜色鲜艳的小袜子和小丝巾等给宝宝玩。或是买一些带拉线的玩具，最好是一拉线就会动或发出响声的玩具，让宝宝学会拉动拉线使玩具发出响声，刺激宝宝玩耍的兴趣。

由于宝宝很容易把玩具放到嘴里，所以应注意玩具的干净卫生，最好能定期消消毒。

此外，还可以选一些手感温柔、造型朴实、体积较大的毛绒玩具，放在宝宝手边或床上，让宝宝认识不同质地的小玩具，并且能给宝宝一些安全感。但毛绒玩具买回来之后，一定要先消毒清洗干净、晾晒后才能给宝宝玩。

潜能开发游戏

手拍吊球

【目的】发展宝宝手眼配合协调的能力，为以后的进一步发展做好准备。

【玩法】在宝宝小床上方距离宝宝不远处悬挂一个带有铃铛的塑料小球，逗引宝宝用他的小手去拍击小球。当小球前后摇摆不断发出声响时，宝宝出于好奇不断地去击打它。由于这个时候的宝宝还不会估计距离，手的动作也欠灵活，所以经常会有拍空的情况，排空几次宝宝可能就会没了兴趣。这时，爸爸妈妈可以摇晃小球来吸引宝宝的注意力。注意：每次玩的时候要改变小球的悬吊位置，以免宝宝长时间的集中注视造成对眼。每次玩过以后，要记得把小球收起来，以防止总是长时间去盯视它。

与宝宝对话

【目的】促进宝宝言语能力的发展。

【玩法】这个月爸爸妈妈再逗宝宝笑的时候，发现宝宝已经会发出会心的笑声了，而且笑也变成了经常性的交流。另外，宝宝开始能发出"咿咿呀呀"的声音了，他总是发出一些双元音，或是把一个元音拉长，活泼的宝宝还喜欢喊叫。宝宝自小喜欢喊叫是语言发育良好的开始，针对这些特点，爸爸妈妈就要多和宝宝说说话，还可以用夸张的口形同宝宝说话，让宝宝也发出声音来，以此激起宝宝与人对话的兴趣。

认识爸爸

【目的】发展宝宝的感受力、分析力、辨别力和记忆力。

【玩法】宝宝对妈妈比较熟悉，从现在开始就应该让宝宝认识和感受爸爸了。爸爸要主动同宝宝玩耍，让宝宝感受到爸爸和妈妈的不同。多数宝宝都喜欢让爸爸抱，把自己举得高高的，尤其是男宝宝，往往更喜欢惊险刺激，更喜欢爸爸豪爽的笑，这会让他感到更有趣。

3～4个月

这个月的宝宝

体重

本月宝宝的增长速度较前3个月要缓慢一些，满3个月的男宝宝体重正常范围为5.4～8.56千克，平均体重6.98千克；女宝宝体重正常范围为5.20～7.87千克，平均体重6.42千克。这个月的宝宝体重可以增加0.9～1.25千克。

身高

这个月男宝宝的身高正常范围为58.4～67.6厘米，平均身高63.0厘米；女宝宝身高正常范围为57.2～66.0厘米，平均身高61.6厘米。这个月宝宝的身高增长速度与前三个月相比也开始减慢，一个月增长约2厘米。

头围

这个月宝宝的头围依然是发育最缓慢的。比3个月时增长约1.4厘米左右。男宝宝的头围正常范围为38.4～43.6厘米，平均头围41.0厘米；女宝宝的头围正常范围为37.7～42.5厘米，平均头围40.1厘米。

腰围

这个月宝宝的胸围已经和头围大致相等了。男宝宝的胸围正常范围为 37.4 ～ 45.7 厘米，平均胸围 41.55 厘米；女宝宝的胸围正常范围为 36.5 ～ 42.7 厘米，平均胸围 39.5 厘米。

前囟

在这个月，宝宝的后囟门将闭合，前囟门对边连线可以在 1.0 ～ 2.5 厘米不等，头看起来仍然较大。如果前囟门对边连线大于 3.0 厘米，或小于 0.5 厘米，应该请医生检查是否有异常情况。

营养需求与喂养

营养需求

这个月的宝宝每天每千克所需热量为 460 千焦（110 千卡）左右。如果母乳充足的话，那么足够提供宝宝成长所需营养，所以母乳喂养的宝宝此时仍然不需要添加任何的辅食，可以喂一些果汁来增加宝宝的饮食乐趣。

宝宝所需要的其他营养物质，如蛋白质、脂肪、矿物质、维生素等，都可以从乳类中获得，不过此时宝宝对碳水化合物的吸收能力仍然较差。这个时期的宝宝还容易缺铁，健康的宝宝可以从辅食中获取，如蛋黄、绿叶蔬菜等，但要一种一种地添加，并观察宝宝的反应。如果宝宝表现不耐受的话，就应减少添加量或暂停添加，等下个月再加。如果妈妈在孕期有贫血的话，宝宝在这个月就应该开始补充铁剂，适宜补充量为每天每千克体重 2 毫克。

母乳喂养

宝宝到了第 4 个月时，每天吃奶的次数基本固定了。如果母乳充足，可以不用添加辅食。相反，如果宝宝夜里睡眠时间明显缩短，开始出现哭闹，每周体重增长低于 100 克，排除疾病因素，提示为母乳不足，应该及时添加配方奶。有些宝宝吃惯了母乳，可能一时不愿意喝配方奶，爸爸妈妈也不用着急，可以给宝宝试着适当添加一些辅食，如米粉、蛋黄、菜汁、菜泥等。

母乳喂养的宝宝需要另外喂水吗

母乳喂养的宝宝，有时候看上去小嘴有点儿干，性急的妈妈会给他喂一些白开水。其实大可不必这样做。宝宝口腔看上去有些干，是因为宝宝口腔的唾液分泌较少，就是俗话说的"口水少"，这是很正常的现象。就算是给他不停地喂水，他的口腔还会是干干的，所以不必特别另外喂水。

人工喂养和混合喂养

到了第4个月，宝宝就满百天了，宝宝已经掌握了很多的技能，每天的活动量也加大了。爸爸妈妈应该注意到按照标准宝宝现在每次的喝奶量应达到200毫升，每天的总奶量应该到1000毫升。有些妈妈只考虑每次宝宝能喝多少，忽略了喂奶的次数，结果每天6次，每次200毫升，总奶量超出。因为短时间的超量，宝宝不会有什么不适表现，很多妈妈还觉得自己的宝宝很能吃，能长大个。事实上，很快宝宝就要出现问题。

1. 导致宝宝体重会超重，成了"小胖墩"。这个问题对于很多家长，尤其是老一辈的人，可能觉得不是问题，"宝宝能吃，胖乎乎的多好呀！"但是对于过胖的宝宝来讲，由于身体内部堆积了不必要的脂肪组织，使心脏的负担加重。因为身体过重，宝宝的动作较一般宝宝迟缓，进而导致宝宝的大动作发育，比如站立、行走时间也会较其他宝宝晚一些。所以，不论宝宝有多么爱喝奶，每天的总量也应控制在1000毫升以内。食量较大的宝宝可将总奶量调整到900毫升内，其他再适当喂些果汁、酸奶（宝宝能喝的低浓度酸奶）等。

2. 厌食奶粉（详见后文"厌食奶粉"内容）。

3. 宝宝3个月以前，肠胃不能完全吸收牛奶中的蛋白质，即使吃多了，宝宝也不能完全吸收，多余的会被排泄出去。而3个月以后，宝宝肠胃功能增强了，同时奶量也增加了，这时宝宝的肝脏和肾脏几乎全部动员起来帮助消化、吸收奶液中的营养成分。

4. 这个月的宝宝对妈妈更加依恋，并且会利用增加吃奶次数让妈妈抱着，尤其是混合喂养的宝宝，总要吃妈妈的奶，而且吃母乳很难计算每次的吃奶量，所以宝宝比较容易吃多。

能力发展与训练

运动

到了第 4 个月时，宝宝已经开始发生手眼协调动作。躺着时，四肢伸展，可抬起头，可拉脚至嘴边，吸吮大脚趾，会自然踢腿来移动身体。宝宝从这个月开始就会翻身了，先是从仰卧到侧卧，逐渐发展到从仰卧到俯卧。趴着时，身体会像飞机状摇摆，四肢伸展，背部挺起和弯曲，会伸直腿并可轻轻抬起屁股，膝盖向前缩起。用肘部支撑时就可以抬起头部和胸部，并根据自己的意愿向四周观看。对小床周围的物品均感兴趣，都要抓一抓、碰一碰，能把自己的衣服、小被子、小玩具抓住不放。这时的宝宝还不能独立坐稳。爸爸妈妈扶着时，宝宝能坐 30 分钟，头部、背脊挺直，且头和躯干能保持在一条线上，关节可以自由活动，身体不摇晃；如果不扶着宝宝，他能独坐 5 秒钟以上，但头部和身体向前倾。如果扶住腰部让宝宝站立，宝宝的臀部伸展，两膝虽然略微弯曲，但已能支持大部分体重。而且身体会做上下运动，两脚做轮流踏步动作。

视觉

4 个月的宝宝可以跟踪他面前半周视野内运动的任何物体。当宝宝仰卧时，如果将玩具从一侧拿给宝宝时，宝宝便会注意到，双臂活动起来，但手不一定会靠近玩具，或仅有微微抖动。这个月宝宝视觉发育最明显的一个特点是头眼协调能力好，视线特别灵活，能从一个物体转移到另外一个物体，也能随移动的物体从一侧到另一侧，移动180°，如果玩具从手中滑落掉在地上，宝宝会用眼睛去寻找。

听觉

到了第4个月时，如果在宝宝的一侧耳后大约15厘米的地方使用摇铃，宝宝能转过头向发声的方向去寻找声源。不仅如此，更神奇的是4个月的宝宝已经能辨别不同音色，分辨熟悉和不熟悉的声音，听到妈妈的声音特别高兴，眼睛会朝着发出声音的方向看。区分男声女声，先给宝宝播放一个女声的歌曲，等到宝宝"适应"歌曲后，马上换男声，宝宝会有不同的反应。宝宝对语言中表达的感情已很敏感，能出现不同反应，如对愤怒的声音感到害怕，对玩具发出的声音会很有兴趣等。

言语

到了第4个月时，宝宝开始进一步学习发出新的音节，丰富自己的"语言库"，有些宝宝已经会努力地发出像"m"和"b"这样的辅音。而且不停地重复。宝宝对自己的声音开始感兴趣，能够自言自语，咿咿呀呀，虽然听起来仍像胡乱发出的音调，但如果仔细听，会发现宝宝已经会升高和降低声音，好像在发言或询问一些问题。这个时期的宝宝在语言发育和感情交流上进步较快。高兴时，会大声笑，笑声清脆悦耳。当有人与他讲话时，宝宝会发出咯咯咕咕的声音，好像在跟人对话。爸爸妈妈说话的时候，宝宝可能会很专注地观察你的嘴，并且试着模仿声调的变化。宝宝情绪越好，发音就越多。爸爸妈妈要在宝宝情绪高涨时，和宝宝多交谈，给宝宝发送更多的语音，让宝宝有更多的机会练习发音。

嗅觉

2个月末时，宝宝已经能够对两种不同的气味进行分化，但还不稳定。随着大脑的不断发育成熟和经验的不断积累，到了4个月时，宝宝嗅觉的分化才比较稳定。能对有气味的物质发出各种反应，表现为面部表情发生变化，不规则地深呼吸，脉搏加强，打喷嚏，转头躲开有他不喜欢气味的物质，四肢和全身出现不安宁动作等。

味觉

到了 4 个月时，宝宝只要手上拿着东西，不管是能吃的还是不能吃的，都会一股脑儿往嘴里送。爸爸妈妈可能很担心，宝宝会把细菌吃进肚子里，但是这是宝宝凭借舌头来认识世界的方式，大人不要阻拦，爸爸妈妈要做的就是把宝宝的玩具定期消毒，生活中时刻注意不要让宝宝拿到对身体有危害的东西。

这个月里，有些宝宝已经开始添加辅食了。为宝宝添加了辅食的爸爸妈妈们可以发现宝宝对食物的微小改变已很敏感，并会做出反应。喜欢的味道会多吃点儿，不喜欢的味道会很抗拒，甚至会呕吐。

认知

到了第 4 个月时，宝宝头部运动的自控能力更加强了，这样使得宝宝的注意力得到更大的发展，能够有目的地看某些物像，宝宝更喜欢看妈妈，也喜欢看玩具和食物，尤其喜欢奶瓶。对新鲜物像能够保持更长时间的注视。注视后进行辨别差异的能力也不断增强。如果将玩具放在宝宝能触及的地方，宝宝会伸手完全靠近并抓住玩具；如果将玩具放在稍远的位置，有时宝宝会有试图探取的迹象。如果爸爸妈妈拿着两个同样的玩具，一个放在宝宝的手中，另一个放在稍远的地方（在宝宝视线范围内），宝宝的目光会追视另一个玩具，如果将两个玩具都放在宝宝手中，再拿一个同样的玩具放在稍远的地方（也在宝宝视线范围内），宝宝就会注视第三个玩具；如果将两个玩具同时放在宝宝身边，宝宝看到后有时会设法接触和抓住两个玩具。

随着大脑的发育，这时期宝宝的记忆更加清晰了，开始认识爸爸妈妈和周围亲人的脸，能够识别爸爸妈妈的表情好坏，能够认识玩具。如果爸爸从宝宝的视线中消失，宝宝会用眼睛去找，这就说明宝宝已经有了短时的、对看到物像的记忆能力。爸爸妈妈要抓住这个阶段，对宝宝的视觉潜能进行开发。

心理

4个月的宝宝喜欢父母逗他玩，高兴了会开怀大笑，会自言自语，好像在背书，"咿呀"不停。会听儿歌且知道自己叫什么名字。能够主动用小手拍打眼前的玩具。见到妈妈和喜欢的人，知道主动伸手找抱。对周围的玩具、物品都会表示出浓厚的兴趣。

社会交往

宝宝开始能区分出陌生人和熟人，不会对每个人都非常友好，最喜欢的是爸爸妈妈，也渐渐开始喜欢其他的小朋友，如果有哥哥姐姐与宝宝说话，宝宝会非常高兴。如果听到街上或电视中有儿童的声音，宝宝也会扭头寻找。相比之下，宝宝对陌生人只会好奇地看一眼或微笑一下。可以看出，宝宝已经开始分辨生活中的人了。在与人互动时，宝宝会用微笑、发声或肢体语言与人进行情感交流，当看到家人时会流露出期待之情，挥手或举手臂要大人抱；当被大人抱着时会用小手抓紧大人；如果在宝宝哭泣时爸爸妈妈对他说话，宝宝会停止哭泣。

当宝宝看到一个他渴望接触和触摸的东西而自己又无法办到时，他就会通过喊叫、哭闹等方式要求大人帮助他；当宝宝看到奶瓶、母亲的乳房时，会表现出愉快的情绪；当他吃到奶时，会用他的小手拍奶瓶或母亲的乳房。照镜子时，宝宝能分辨出镜中的妈妈与自己，对镜中的影像微笑、"说话"，可能还会好奇地敲打镜子。

抓握训练

到4个月时，多数宝宝能主动抓握物品。此时，妈妈可以将宝宝抱到桌前，在桌子上放几个玩具，玩具放在离宝宝稍远而又能让他抓得着的地方，引导宝宝主动去拿。妈妈将玩具挂起来，抱着宝宝去探取，如果宝宝不会主动伸手抓玩具，妈妈可以抓着宝宝的手触碰玩具，同时说："宝宝真厉害，一下就抓住了。"或者为宝宝示范触摸、摆弄玩具，同时说："哈哈，抓住了，再来一下，嘭嘭，多好玩呀！"引导宝宝主动去抓握。

视觉训练

3～4个月时的宝宝视觉能力进一步增强，两眼的肌肉已经能够很好地协调运动，而且能够很容易地追随移动的物体，这时可以通过动态训练来发展宝宝的视觉。

在训练时，妈妈可以拿着玩具沿水平或上下方向慢慢移动，也可以前后转动，鼓励宝宝用视觉追踪移动的物体，还可以抱着宝宝观看鱼缸里游动的鱼、街上行走的人群和窗外的景物；或是准备一块白色的餐巾，放上一粒红色或黑色的糖豆，然后逗宝宝观看。如果宝宝伸手去摸、去抓，想通过各种方法试着把糖豆抓起来放进嘴里的话，妈妈就可以趁机观察宝宝的手部协调能力是否良好，看宝宝能不能用五个手指把糖豆扒到掌心。但要注意的是，千万不要让宝宝把糖豆塞到嘴里，以免卡着。

开关灯训练也是一个比较不错的训练方式。找一些颜色不同的小灯泡，逐个开关，让宝宝注意到灯泡在一闪一闪地，并能不断追踪每个不断亮起来的灯泡；或是在晚上将室内灯光调暗，然后拿手电筒照在墙壁上并上下移动，引导宝宝去看移动的亮光点。如果宝宝对这个光点非常关注的话，还可以再将手电筒上下左右缓慢地挪动，吸引宝宝去追看。

另外，爸爸妈妈在和宝宝说话的时候，要有意识地移动自己的头部，让宝宝的眼睛追着爸爸妈妈的脸庞，这也是使宝宝眼睛的灵活性得到锻炼的好方法。

翻身训练

4个月的宝宝，已经可以多做一些翻身与拉坐练习了，这能锻炼他的活动能力。

当宝宝在仰卧时，妈妈拍手或用玩具逗引使他的脸转向侧面，并用手轻轻扶背，帮助宝宝向侧面转动；当宝宝翻身向侧边时，妈妈要用语言称赞他，再从侧边帮助他转向俯卧，让他俯卧玩一会儿，然后，将宝宝翻回侧边仰卧，休息片刻再玩。这个训练可以让宝宝全身得到运动。

当宝宝在仰卧位时，妈妈可握住他的手，将他缓慢拉起，注意要让宝宝自己用力，妈妈仅用很小的力气，以后逐渐减力，或只握住妈妈的手指拉起来。通过这个训练，宝宝的头能伸直，躯干上部能挺直，还能使颈和背部肌肉得到锻炼。

日常护理注意问题

啃手指

这个月的宝宝除了啃自己的小拳头、吸吮自己的大拇指以外，还喜欢把身边的玩具拿来啃啃，这是宝宝发育过程中的正常行为，此时家长仍然不需要过多的干涉，也不用担心宝宝会因此形成"吸吮癖"。因为宝宝在一岁之后出现的吸吮癖和这时的吸吮手指并没有直接的因果关系。如果宝宝超过 6 个月后出现这种行为的话，那么就应通过分散宝宝注意力的办法，改掉宝宝的这个习惯；如果宝宝到了 1 岁甚至两三岁后还有这种行为，那么爸爸妈妈就要提高警惕，并坚决给予纠正。

对于总是啃手指的宝宝，家长要注意特别护理：多给宝宝喝白开水，以清洁口腔，同时及时为宝宝擦干口水，以免宝宝下颌部被淹红；宝宝的小手还有常玩的玩具要及时清洗；可以给宝宝磨牙玩具缓解宝宝的不适，也可以用磨牙食品，比如烤面包片、磨牙饼干等。

如果宝宝总是吃和看一只手，而另一只手则很少有类似的有目的的探索运动，或是似乎对另一只手没有存在的感觉，爸爸妈妈就应警惕有无发育问题，如脑瘫（偏侧瘫）的早期征象。在给宝宝做神经运动检查时，应注意两侧肢体运动、肌张力、神经反射的对称性。

咬乳头

引起这个现象的原因很多，最常见的是宝宝长牙，牙床肿胀，会有咬东西减少痛苦的需要。除了宝宝长牙之外，如果使用人工奶嘴，出现鼻塞不适、喝奶量降低或需要得到更多的关注时，都有可能导致宝宝咬妈妈的乳头。那么妈妈应该怎样应对这种情况呢？

1. 如果宝宝是第一次咬疼妈妈，请先保持沉稳，不要对宝宝大叫或大骂，而让他受到惊吓，也不要急着拉出乳头。建议妈妈不妨先深深吸一口气，缓缓吐出，等自己心神比较安定时，再让宝宝松口，然后好好检视一下自己的乳房。这样做，是为了避免妈妈一时着急，反而拉伤乳头。在被咬之后，妈妈也可以暂停喂奶，给宝宝固齿器，并且用严肃的口气告诉他："这个才可以咬，妈妈的乳头不可以咬。"不要以为宝宝小，什么都不懂，其实，他会对妈妈的语气产生反应。

2. 如果妈妈发现宝宝长牙的征兆，就要在喂奶时尽量保持警觉。通常宝宝在吮吸乳房时，会张大嘴来含住整个乳晕。错误的吸吮动作是宝宝的嘴巴只含住乳头，这样就容易因姿势不良而导致妈妈的乳头破皮。所以，在宝宝吃得半饱时，妈妈要留意一下宝宝的吸吮位置是否改变，如果宝宝稍微将嘴巴松开，往乳头方向滑动，就要改变宝宝的姿势，避免乳头被咬。

3. 如果妈妈感觉宝宝可能快要咬乳头了，一定要尽快把食指伸入嘴里，让宝宝不是真的咬到乳房；宝宝已经吃够奶了，最好不要让宝宝衔着乳房睡觉，以免宝宝在睡梦中，因牙龈肿胀而起咬牙的冲动。

4. 这个阶段的宝宝，开始变得容易受外界吸引，因此，在喂奶的时候，最好找个安静、较少受影响的角落来喂奶。如此一来，可以避免宝宝受到外界环境的吸引，突然转头而拉扯到乳头，否则妈妈的乳头会很容易受伤的。

厌食奶粉

原来很爱喝奶粉的宝宝，3个月过后，突然某天开始变得不爱喝奶粉了。这时家长一般都会非常担心，怕宝宝饿着，就千方百计让宝宝喝，可是越着急宝宝越不喝，最后宝宝一看到奶瓶就烦得直哭。宝宝为什么会突然不喜欢奶粉了呢？有研究表明，大多厌食奶粉的宝宝，在出现厌食前的1～2周宝宝会出奇地爱喝牛奶，而且体重增长也很猛。由于一般奶粉比母乳的浓度高，长期过量喂牛奶的宝宝，肝脏及肾脏代谢量很大，非常疲惫，以至于最后"罢工"，宝宝的表现就是开始讨厌吃奶粉了。可以这样说，厌食奶粉是宝宝为了预防肥胖症身体自行采取的防护行为。

那么，宝宝出现厌食奶粉，爸爸妈妈应该怎么办呢？爸爸妈妈应该做的就是，让宝宝的肝脏和肾脏得到充分的休息，不要再继续给宝宝喂他不喜欢吃的奶粉，可以补充些果汁和水，直到宝宝能重新开始喝奶粉为止。宝宝的奶量减少了，有的妈妈会担心宝宝会不会饿，这就更可以放心了，还没有见过那个厌食奶粉的宝宝会被饿坏的。

如果是人工喂养的宝宝，首先应换一种奶粉，如果宝宝还是不喝，可以再把奶粉调稀一点儿，或者更换橡皮奶嘴，还有就是在宝宝睡得迷迷糊糊的时候，让宝宝喝下去。

宝宝不再厌食奶粉后，爸爸妈妈一定要记住不能过量给宝宝喂奶粉，还有就是按照奶粉的配水的比例，适当地把奶粉调稀一点儿。

厌食母乳

当母乳不足时，妈妈就开始给宝宝补充配方奶粉。配方奶粉一般是比较甜的，这使得宝宝很喜欢吃；奶瓶的孔眼比较大，出乳容易，速度快，对于嘴急，奶量大的宝宝来说，是很好的事情，要比吃母乳省力气。这样的宝宝不拒绝吸奶瓶，也不讨厌橡皮奶头的味道，也不嫌橡皮奶嘴硬，现在市场上价格比较贵的奶嘴，几乎接近了妈妈乳头的感觉，这就为宝宝摆脱母乳提供了条件，就会出现部分宝宝不再喜欢费力吃妈妈的奶了，甚至厌食母乳。

给宝宝拍嗝的技巧

给宝宝拍嗝需要掌握正确的时间，如果宝宝吃奶吃得正高兴，你最好不要为拍嗝而打断他。不然，可能会把宝宝弄哭起来，并让他吞入更多的空气。你应尽量利用喂奶过程中的自然停顿时间来给宝宝拍嗝，比如宝宝放开奶嘴或换吸另一只乳房时。喂奶结束后，也要再次给宝宝拍嗝。轻拍或抚摸宝宝的背部是让他排出吞入气体的最好方式。由于宝宝吐出空气时，可能会同时吐出一点儿喝下去的奶，所以，你要在手边随时准备一块布或毛巾，保护你的衣服。以下是给宝宝拍嗝的两种最常用的姿势，对大多数宝宝来说，其中某种姿势肯定会比其他姿势更有效。

给宝宝拍嗝主要有两种方法，一是俯肩拍气法，二是坐腿拍气法。

1.俯肩拍气法：先把垫布在妈妈的一侧肩上铺平，以免宝宝溢奶弄脏妈妈的衣服。将宝宝抱直放在肩膀上，让其下颌靠着垫布。妈妈一手抱住宝宝的臀部，另一手手掌弓成杯状，由下往上轻轻叩击宝宝的背部，或是把手掌摊平轻抚宝宝背部，直到宝宝打出嗝为止。

2.坐腿拍气法：将给宝宝的脖子上戴上围嘴，避免宝宝溢奶弄到衣服上。让宝宝坐在妈妈的大腿上，妈妈张开一只手的虎口，托住宝宝的下颌及前胸，另一手手掌弓成杯状由下至上轻轻叩击宝宝的背部，或是将手掌摊平轻抚宝宝的背部，直到宝宝排出气为止。

积痰

有的宝宝从出生后半个月就出现积痰的现象了，1个多月的宝宝有积痰时，主要症状是胸部呼噜呼噜的发响，较严重的当大人抱起他的时候手部都能感觉到他胸部呼噜呼噜的震动。而到了3个月以后，宝宝常常会随着咳嗽，把吃进去的奶全部吐出来，在夜里更常见，一旦发生这种情况，爸爸妈妈往往就容易慌了手脚。

宝宝容易积痰大多都是体质的问题，多数爱积痰的宝宝都是渗出性体质，体型较胖、平时爱出汗、有宝宝湿疹、容易过敏、大便也较稀。对于这样的宝宝，控制体重、加强锻炼、增强身体抵抗力是减轻积痰问题的有效方式，只要这种现象没有妨碍到宝宝的日常生活，宝宝的精神依然很好，吃奶也好，体重也相应增加，就不需要特别护理。如果宝宝因为咳嗽一道把吃过的配方奶全吐出来的话，只要他还想吃，就可以继续给他吃。为了防止夜里吐奶，可以适当减少晚上的奶量。

由于洗澡会使血液的循环加快，导致支气管分泌旺盛，可能会加重积痰程度。所以如果发现宝宝积痰比较多的时候，就应减少洗澡的次数。

很多家长都担心宝宝长时间积痰会引起哮喘。实际上，几乎所有的积痰的宝宝，随着渐渐长大症状都会大大减轻甚至完全消失，只有极少部分缺乏锻炼宝宝，才会在长大后仍然有哮喘。因此，不要把容易积痰的宝宝当成病人，只要宝宝很精神，也不发热，经常发笑，吃奶也很好，就要完全按健康的宝宝去照料他们，平时也不要给宝宝穿得太多，天气晴好的时候尽量多做室外空气浴，以锻炼肌肉和支气管的抵抗力。

感冒

这个月是宝宝较少患病的一个月。如果家里有人感冒了，一两天后宝宝也出现了感冒症状时，就可以确定是得了感冒。不过，这个时候宝宝的感冒多数都表现为鼻子不通气、流清鼻涕、打喷嚏，体温一般都在37.5~37.6℃，不发高热，宝宝也不会表现得很痛苦。但可能会因为咳嗽、鼻子不通气等问题使宝宝吃东西变得困难，进而食欲有所下降，有些还会出现轻度腹泻的症状。

这种感冒一般持续 2 ~ 3 天就可以消退，而且宝宝的鼻涕也会由开始的水样清鼻涕变成黄色或绿色的浓鼻涕，吃奶量也会再次增加，所以家长没有必要太担心。只要在宝宝感冒期间，给宝宝多喝些温开水，注意调节室内的温度和湿度，注意保暖，暂停户外活动，控制洗澡时间和频率，并让患了感冒的家人远离宝宝就可以了。如果宝宝因为鼻子不通气而造成吃奶困难、食欲不振的话，可以适当减少吃奶量，多喝些果汁补充维生素 C；如果宝宝平时喉咙里总是呼噜呼噜的，容易积痰的话，就要多给他喝些温开水稀释痰液，或是利用吸痰器辅助吸痰；如果宝宝的感冒较为严重的话，可以吃些适合宝宝吃的感冒药，以免引起发热或其他严重并发症。注意的是，感冒的宝宝千万不能"捂"，否则会加重病情。

感冒本身对宝宝的健康来说，并不会造成太大的影响，一般一周之内都能痊愈。但是，家长也不可就此就对宝宝的感冒掉以轻心，因为如果在宝宝感冒时没有重视护理，一旦引起某些并发症，那么后果就可大可小了。例如，很多感冒病毒都可能会侵害心肌，引发心肌炎；如果宝宝是早产儿、低体重儿或有先天性心脏病、营养不良、贫血、佝偻病等，若不积极治疗的话就会并发支气管炎、肺炎等，严重时会危及生命或迁延不愈；病毒性感冒不仅可以继发上呼吸道感染，如链球菌感染，引起扁桃体炎，2 ~ 4 周后还可引发急性肾小球肾炎，出现水肿、血尿和蛋白尿，病情严重者还会发展为急性肾衰竭。所以，一旦发现宝宝有感冒症状，家长就要加强护理工作，以免感冒蔓延，造成其他影响宝宝健康成长的病症。

夜啼

尽管夜啼在宝宝的各个月龄中都会发生，有些较早的可能在出生 2 ~ 3 周后就开始了，但大多数有夜啼习惯的宝宝都是从这个月突然开始的。一旦开始夜啼，宝宝往往就哭个没完没了，而且面部涨得通红，刚开始的时候难免会把爸爸妈妈吓一跳，以为宝宝是生病了。

有些夜啼是一种不好的习惯，也有些是某些疾病的信号。当宝宝在某天突然发生夜啼时，家长要检查看看宝宝有没有其他异常的症状。如果宝宝不发热，就可知道不是中耳炎、淋巴结炎之类的炎症；如果宝宝是连续不断地哭的话，就知道不是肠套叠，因为患肠套叠的宝宝虽然也是哭得很厉害，但哭法与夜啼不一样，是每隔5分钟左右哭一阵，而且一吃奶就吐。

比较好哄的宝宝只要在他夜啼的时候，妈妈把他抱起来轻轻地晃两下，或是轻轻地拍拍、抚摸几下背部，他就可以沉沉地睡去；比较难哄的宝宝可能怎么抱着哄都不管用，这时不妨把他放到宝宝车里走上几圈，他就能很快停止哭闹了。对于夜啼的宝宝，爸爸妈妈要用充分的耐心和信心，相信宝宝慢慢地长大，这种麻烦总会消失的。

有时候宝宝在白天也会"干号"几声，可能是在任性发脾气，只要大人不予理睬过不了多久他就会自动停止；但是宝宝在夜里哭闹时，就不能用这种不予理睬的方式了，因为这会加重宝宝的消极情绪。用爱抚来缓解宝宝的焦虑和孤独感，是应对夜啼唯一有效的办法，所以就需要爸爸妈妈有充分的耐心和良好的情绪。如果爸爸妈妈带着急躁、生气、愤怒、抱怨、争吵、焦虑等不良情绪哄宝宝的话，效果会比不予理睬更糟糕。因为宝宝对爸爸妈妈的情绪感受非常敏锐，这种消极的情绪会被他充分感知到，进而使宝宝本来已经很糟糕的情绪更加糟糕，也会让他哭得更厉害。

倒睫、结膜炎

宝宝在出生4个月左右时，爸爸妈妈常会在睡醒觉或早晨起床后，发现宝宝眼角或外眼角沾有眼屎，而且眼睛里泪汪汪的。仔细一看还可能发现，宝宝下眼睑的睫毛倒向眼内，触到了眼球。这种现象叫倒睫，当睫毛倒向眼内时刺激了角膜，所以导致宝宝出眼屎和流眼泪。

造成宝宝倒睫的原因，主要是由于宝宝的脸蛋较胖，脂肪丰满，使下眼睑倒向眼睛的内侧而出现倒睫。一般情况下，过了5个月，随着宝宝的面部变得俏丽起来，倒睫也就自然痊愈了。另一个导致宝宝眼睛出眼屎的原因，可能是"急性结膜炎"而引起的，这可以从急性期宝宝的白眼球是否充血做出初步判断。严重时，宝宝早上起来因上下眼睑沾到一起而睁不开眼睛，爸爸妈妈必须小心翼翼地用干净的湿棉布擦洗后才能睁开。宝宝的"急性结膜炎"很多情况下是由细菌引起的，滴2～3次眼药水后就会痊愈。

合适的枕头

3～4个月时，宝宝的头与身体的比例逐渐趋于协调，所以可以给宝宝睡枕头了。给宝宝专用的枕头可以用棉布做枕套，用谷子、小米或荞麦皮做芯。由于考虑到宝宝的个体差异，枕头的规格尺寸也不宜规定得太死，但一般情况下可以参考以下标准：长30厘米、宽15厘米、高3厘米为宜。宝宝的枕头切忌太高。此外，由于宝宝的头常常偏向妈妈一侧，总一个姿势不利于宝宝头部的自由活动，也容易将头睡偏甚至造成习惯性斜颈。所以在使用枕头时，妈妈还要经常变换宝宝小床的位置或睡的方向。

开始戴围嘴

由于这时候的宝宝唾液分泌增多，口腔较浅，而且闭唇和吞咽动作还不协调，宝宝还不能把分泌的唾液及时咽下，所以会流很多口水。这时，为了保护宝宝的颈部和胸部不被唾液弄湿，可以给宝宝戴个围嘴。这样不仅可以让宝宝感觉舒适，而且还可以减少换衣服的次数。围嘴可以到宝宝用品商店去买，也可以用吸水性强的棉布、薄绒布或毛巾布自己制作。需要注意的是，不要为了省事而选用塑料及橡胶制成的围嘴，这种围嘴虽然不怕湿，但对宝宝的下巴和手都会产生不良影响。宝宝的围嘴要勤换洗，换下的围嘴每次清洗后要用开水烫一下，最好能在太阳下晒干备用。

衣服被褥

3个多月的宝宝的衣服不需要准备太多，因为这个时候宝宝的生长发育很快，常常会发生新衣服还没来得及穿，或是衣服买来还没穿过几回就变小穿不了了，白白浪费。而且衣服过多的话轮换的周期就长，会影响衣服的清洁，所以一般情况下，冬季准备4套，夏季准备6套，春秋季节准备3套，能保证正常的清洗更换就足够了。而且这个时候给宝宝的衣服不必追求样式的新颖独特，只要质地柔软、面料舒适、方便穿脱、方便活动就可以了，冬天的话最好是给宝宝穿棉衣而不是毛衣，因为毛衣有时候会有毛掉下来，如果被宝宝吸入呼吸道就会刺激到呼吸道黏膜，引起咳嗽、哮喘、过敏等问题。

不宜给宝宝穿着连体服，最好是衣服和裤子分开各一件，外出时也不要给宝宝戴衣服上连着的帽子，否则会妨碍宝宝转头。即使天气再冷，也不要为了保暖给宝宝戴上手套或穿袖口很长的衣服，或用被子整个给宝宝裹起来，这样会妨碍到宝宝的正常肢体活动，不利于其运动能力的发展，从而也会影响到宝宝智力的发育。

给宝宝铺盖的被褥要经常拿到户外去晾晒消毒，阳光是最好的消毒手段。很多家庭会使用消毒液浸泡消毒，但这或多或少都会使消毒液中的某些成分残留到上面，再给宝宝使用时，会对宝宝的皮肤造成一定的刺激伤害。给宝宝洗所有的衣物最好都是用宝宝皂、宝宝洗衣粉或洗衣液，而不能直接用成人用的洗衣粉。

睡眠问题

3～4个月的宝宝的睡眠时间因人而异，大多数都在午前、午后各睡2个小时左右，晚上从8点开始睡，夜里醒1～2次，但也有少数宝宝与此不同。但是宝宝对外界的环境很敏感，往往难以入睡，或在熟睡中被惊醒，有的宝宝在这个月的时候，还会出现入睡困难、惊醒哭闹等现象。

保证宝宝的睡眠质量，除了保持宝宝的卧室安静、空气新鲜，温度和光线适宜外，还要合理解决随时出现的问题。有的宝宝白天睡得还好，一到晚上就哭哭啼啼地不好好睡觉。宝宝睡眠不好，不仅闹得全家和邻居不得安宁，而且还会影响宝宝的健康发育和成长。要解决宝宝睡眠不好的问题，就要先找对原因，对症下药。

这个月龄的宝宝睡眠不好主要有以下几种原因：

1. 白天睡得太多，到了晚上反倒清醒或活跃。

2. 母乳不足造成奶不够吃或者口渴。

3. 衣被太厚，压得宝宝不舒服，而且宝宝容易出汗。

4. 尿布尿湿了。

5. 家长过于频繁检查尿布，干扰了宝宝的睡眠。

6. 身体不舒服，如感冒、胃肠功能紊乱、消化不良、肠胀气、肠痉挛等异常情况都会影响睡眠。

7. 缺锌。

缺锌会影响宝宝的睡眠质量，一旦宝宝睡得不好就急忙补锌，但很多时候，即使补了锌还依旧是于事无补，归根到底还是因为没能找到真正影响宝宝睡眠质量的原因。再有的爸爸妈妈，当宝宝夜里哭闹不肯睡觉时，所采取的方法不是积极寻找宝宝哭闹的原因，而是将宝宝抱起来又哄又摇，即使这样可以暂时奏效，但长此以往反而会养成宝宝只有爸爸妈妈抱在怀里摇晃才能入睡的坏习惯。这种做法不仅影响宝宝的睡眠质量，还会使爸爸妈妈疲惫不堪。所以，唯一解决宝宝睡眠问题的办法就是，通过仔细观察，尽快设法找到导致宝宝睡眠不好的因素，并积极实施对策，消除这些诱因，宝宝的睡眠问题就能迎刃而解了。

家庭环境的支持

室外活动

经过 3 个多月的发育成长，宝宝的眼睛已经能够相当清楚地看东西，对外界的各种事物也开始关注并充满了好奇心，还可以支配自己的头部左右眺望。所以从第3个月起，就应适当增加到外面去的时间，一方面可以让宝宝有一个愉快的心情，另一方面也可以让宝宝通过空气的刺激锻炼皮肤，增强宝宝的抗病能力。

满3个月的宝宝每天的户外时间最好能在1～2小时，可以根据季节和天气情况适当调整。这个月的宝宝头部已经能够挺直，他开始想让大人竖着抱而不是横着抱了，所以家长也不妨把宝宝竖着抱起来，扩大他的视野范围。但是在竖抱着宝宝时，应注意宝宝脖子的挺立程度，如果宝宝的脖子能够挺立20～30分钟也不感到疲劳的话，就可以把每次的室外活动时间控制在20分钟，并注意保护好宝宝的颈部和头部。也可以让宝宝躺在手推车里，但还不能用坐式的手推车，也不要带着宝宝去商场、超市等人多的地方，以免感染疾病。

如果天气比较冷的话，也尽量选择温暖的午后给宝宝进行20～30分钟的室外空气浴。呼吸冷空气可锻炼宝宝的气管黏膜，从而增强抵抗力，但是要注意保护好宝宝的手脚和耳朵，回家后也可以给宝宝揉搓按摩一下小手小脚。夏天炎热的时候外出要选择背阴的地方，避免阳光直射到宝宝的皮肤，如果宝宝出汗了的话回家要用温热的毛巾将汗擦干后，及时换上干净的衣服，并加喂果汁和温开水，以补充宝宝因出汗而消耗的水分。

玩具

宝宝3～4个月时，动作发育有很大进展，不再被动地玩玩具。他的小手会紧紧抓东西，还会把抓的东西往嘴里放。因此，这一月龄的宝宝玩具首先必须是干净的。妈妈要经常给玩具清洗消毒，防止病从口入。其次，玩具必须是能让宝宝抓握的、有声响的，这点尤为重要。因为宝宝用自己的小手摇动使玩具发出声响，会吸引他的注意力，锻炼和促使宝宝有意识地发展。再次，吊挂在天花板下的、有声响的玩具可以锻炼宝宝的脖颈，发展他的抬头、转头动作。妈妈拉动玩具下方的布绳，使玩具发出声响，吸引俯卧的宝宝抬头，仰卧的宝宝就会向妈妈希望的方向转头（治疗斜颈的锻炼方法之一）。这样，宝宝在游戏中得到了锻炼。为宝宝选择玩具，有两点要避免：一是矩形玩具，它虽然便于宝宝抓握，但是宝宝拿着它容易碰伤柔嫩的面部；二是过小的玩具，避免宝宝吞进肚子或卡住喉咙，妈妈要慎重选择。

潜能开发游戏

抱高高游戏

【目的】训练宝宝的平衡感。

【玩法】刚开始玩时，不能一下就把宝宝举得过高，只能先举到与大人视线交会的高度，并且注意不要忽上忽下、速度过快，要慢慢来。抱高高的游戏几乎是所有宝宝的最爱。

森林动物小聚会

【目的】这是一个可以锻炼宝宝模仿能力、记忆能力、创造能力、创新能力以及语言能力等综合能力的小游戏。

【玩法】爸爸或妈妈先把准备好的小动物玩具摆放在一边，把小马拿给宝宝看，然后模仿一下马的叫声，接着把玩具鸭子拿给宝宝看，学鸭子摇摇摆摆地走和"嘎嘎嘎"地叫……

4 ～ 5 个月

这个月的宝宝

到 5 个月时，宝宝已经逐渐"成熟"起来，显露出活泼、可爱的体态，而且身长、体重等的增长速度也渐渐比出生前 3 个月缓慢下来。

体重

这个月宝宝的体重增长速度开始下降。4个月以前，宝宝每月平均体重增加0.9～1.25千克；从第4个月开始，宝宝体重平均每月增加0.45～0.75千克。满4个月男宝宝体重的正常范围为5.94～9.18千克，平均为7.56千克；女宝宝体重的正常范围为5.51～8.51千克，平均为7.01千克。

身高

男宝宝在这个月身高的正常范围为60.7～69.5厘米，平均为65.1厘米；女宝宝身高的正常范围为59.4～68.2厘米，平均为63.8厘米。在这个月平均可长高2厘米。宝宝身高的个体差异是受诸多方面影响的，并且会随着年龄的增大逐渐变得明显起来。一般说来，3岁以前身高更多的是受种族、性别影响，3岁以后遗传的影响作用会越来越明显。

头围

从这个月开始，宝宝头围增长速度也开始放缓，平均每月可增长1厘米。男宝宝头围的正常范围为39.7～44.5厘米，平均为42.1厘米；女宝宝头围的正常范围为38.3～43.6厘米，平均为41.2厘米。

胸围

宝宝这个月的胸围较上个月平均增长了0.7～0.8厘米。男宝宝胸围的正常范围为38.3～46.3厘米，平均为42.3厘米；女宝宝胸围的正常范围为38.8～44.9厘米，平均为41.1厘米。

囟门

这个月宝宝的囟门可能会有所减小，也可没有什么变化。

牙齿

很少数宝宝开始出乳牙。

乳牙萌出的顺序

萌芽顺序	牙齿名称	萌芽时间	萌芽总数
1	下中切牙	4 ~ 10 个月	2
2	上中切牙	4 ~ 10 个月	2
3	上侧切牙	4 ~ 14 个月	2
4	下侧切牙	6 ~ 14 个月	2
5	第一乳磨牙	10 ~ 17 个月	4
6	尖牙	16 ~ 24 个月	4
7	第二乳磨牙	20 ~ 30 个月	4

营养需求与喂养

营养需求

这个月宝宝对营养的需求量没有较大的变化，每日每千克所需热量仍然为 460 千焦（110 千卡）。一般情况下，母乳能满足 6 个月内宝宝所有营养素需要，而质量合格的配方奶也能提供大部分已知营养素。如果需要额外补充营养素的话，最好经过医生指导再进行补充，所选的营养素剂型以经过微胶囊处理的为佳，因为该种制剂通过微胶囊将各元素分开，从而使各元素能分段吸收，避免了元素间的相互作用。

在给宝宝额外补充营养元素的时候，家长还要注意以下几点：

1. 每日摄入某元素总量不应超过该营养素可耐受最高摄入量，以防中毒。

2. 正常情况下，某元素膳食以外添加量应低于推荐摄入量（RNI），以补充 1/3 到 2/3 的 RNI 量为宜。

3. 如果补充单一矿物质的话，最好与膳食同时食入，分几次服用，这样比一次服完一天量的吸收率要高。

4. 如果同时补充多种矿物质的话，要注意各元素间的相互拮抗作用，例如钙与铁、锌之间就存在着相互制约的关系，如果补充过多的钙，就会导致体内铁、锌的流失。

母乳喂养

到了第 5 个月时，妈妈要为宝宝增加辅食了。如果妈妈的乳量充足，宝宝体重正增长（一周增加约 140 克），那么只需要给宝宝添加一些果汁、菜汁和鸡蛋黄：每次宝宝大约喝 50 毫升的果汁和菜汁，一天喝 2 次。每天宝宝吃 1/4 个鸡蛋黄，家长可以将蛋黄压碎后，用小勺喂宝宝吃，同时还可以锻炼宝宝的咀嚼能力。

人工喂养

有的爸爸妈妈认为宝宝的奶量要随着月龄的增加而增加，这种理解是错误的。还有的爸爸妈妈发现自己的宝宝比书上说的或是奶粉袋上说的同月龄的宝宝吃得少，就认为宝宝可能是厌食了，缺锌了，或是消化不好等，开始盲目给宝宝补锌，吃助消化的药物。这些想法和做法都是错误的。

到了第 5 个月，宝宝的奶量基本不变。宝宝奶量不增加，并不是宝宝吃奶不好。因为宝宝的胃肠功能逐渐完善，奶量虽然没有增加，但是宝宝对奶粉的消化吸收能力增强了，同样可以满足宝宝生长的需要。只要宝宝精神好，体重稳定增长，就不用担心宝宝会饿或是厌食了。同样，从这个月开始给宝宝添加果汁、菜汁和鸡蛋黄等辅食。

混合喂养

混合喂养的宝宝，到了这个月出现厌食奶粉的现象比较多。母乳不足，宝宝不吃奶粉，就意味着需要添加乳类以外的辅助食品了。可以先添加 20 ~ 30 克的米粉，然后观察宝宝大便情况，如果拉稀，就减量或停掉，或换成米汤、面汤等。

给宝宝初喂辅食需要耐心

第 1 次喂固体食物时，有的宝宝可能会将食物吐出来，这只是因为他还不熟悉新食物的味道，并不表示他不喜欢。在宝宝学习吃新食物的过程中，你需要连续喂宝宝，让他习惯新的味道。

1.为进食创造愉快的气氛

最好在你感觉轻松，宝宝心情舒畅的时候为宝宝添加新食物。紧张的气氛会破坏宝宝的食欲和对进食的兴趣。

2.尝试了解宝宝进食的反应

如果宝宝肚子饿了，当他看到食物时会兴奋得手舞足蹈，身体前倾并张开嘴。相反，如果宝宝不饿，他会闭上嘴巴把头转开或者闭上眼睛睡觉。

3.注意宝宝是否对食物过敏

当你开始喂宝宝固体食物时，要注意观察，宝宝可能会对食物有过敏反应，如起疹子、腹泻、不舒服、烦躁不安等。医生建议每次只添加少量单一种类食物，几天后再添加另一种。这样，如果宝宝有任何不良反应，你便可以立即知道是哪种食物造成的了。

初加辅食注意事项

乳类食品是宝宝的主要食品，但随着宝宝机体逐渐长大的需要，应及时添加辅食。宝宝消化道嫩弱，如果不根据宝宝的月龄大小以及实际需要，添加过量的辅食或在宝宝患病时仍照常饮食，都会造成宝宝消化不良和吐泻等现象。因此，在添加辅食时要十分小心。

辅食添加顺序

由于宝宝的肠胃功能还没有发育完全，因此爸爸妈妈在给宝宝添加辅食的时候要遵循一定的顺序，让宝宝的肠胃有一个慢慢适应的过程。

爸爸妈妈在每添加一种新的食物时，要由少到多，由稀到稠；逐渐增加辅食种类；由半固体食物慢慢过渡到固体食物。

1.谷物类食物优先。如米糊、藕粉、红薯粉等。

2.其次是蔬菜汁或蔬菜泥。如菠菜汁、胡萝卜泥、土豆泥等，蔬菜一定要洗净，以免有农药残留。

3.再次是鲜果汁、水果泥。如苹果汁、香蕉泥、草莓泥等，水果要削去果皮。

4.最后添加动物性食物。如鸡蛋、鱼肉、禽类肉末、畜类肉末等。在添加动物性食物的时候，也要按一定的顺序，先添加较软鸡蛋羹，再添加的鱼肉泥，最后添加禽畜肉末。

辅食推荐

如何制作米糊

将大米、小米淘洗干净，浸泡2个小时，放入豆浆机，加水，打磨成浆，煮成糊状即成米糊。

大米糊

原料：大米150克，水200毫升，白砂糖5克。

做法：

1.将大米淘洗干净，用清水浸泡2个小时后，捞出沥干水分，放入豆浆机里，加入水、白砂糖，打磨成浆。

2.大米浆倒进锅里，加适量水，中火慢煮，边煮边搅拌，煮至搅拌有黏稠感即可。

如何制作果汁

新鲜水果（苹果、橘子、梨、草莓等）洗净，放入榨汁机，榨出果汁，用温开水稀释即成果汁。

苹果汁

原料：苹果2个，水100毫升。

做法：

1.苹果洗净、去皮、核，切小块。

2.把苹果和水放入榨汁机内，搅打均匀即可。

如何制作果泥

新鲜的水果（苹果、猕猴桃、梨、草莓等）洗净，削皮后用勺子刮果肉，捣成泥状，即可做成果泥。

猕猴桃泥

原料：猕猴桃2个。

做法：

1.将猕猴桃洗净，去皮。

2.取一个不锈钢勺子和一个碗，用勺子将猕猴桃果肉一层一层地刮进碗里，再搅拌均匀即可做成果泥。

如何制作菜泥

新鲜蔬菜（菠菜、大白菜、上海青等）择洗干净，用沸水焯熟，取出趁热捣烂成泥，即可做成蔬菜泥。

菠菜泥

原料：菠菜150克，盐2克。

做法：

1.菠菜择洗干净。

2.锅中加入适量清水，加盐，大火煮沸，将菠菜放进沸水里焯熟，捞出。

3.把焯熟的菠菜放在案板上切碎，放入研钵里，趁热用研棒研磨成泥状即可。

如何制作菜水

新鲜蔬菜（菠菜、大白菜、上海青等）择洗干净，切碎，煮熟后捞出，装进纱布袋里，挤出菜汁，即可做成菜水。

白菜水

原料：白菜150克，盐2克。

做法：

1. 白菜择洗干净，切碎。

2. 锅中加入适量清水，加盐，大火煮沸，将白菜碎放进沸水里煮熟，端离火口，稍稍晾凉。

3. 用消毒纱布将煮熟的白菜碎包住，挤出菜水即可。

如何制作果实类蔬菜泥

将果实类蔬菜（南瓜、土豆、山药等）洗净，去皮洗净，蒸熟后，趁热捣烂成泥即可。

能力发展与训练

运动

第5个月时，宝宝手脚的运动能力增强，肌肉发育增快。仰卧时，宝宝会举起伸直的双腿，看着自己的小脚丫，能从仰卧位翻滚到俯卧位，并把双手从胸下抽出来。宝宝趴着时，已经能神气十足地挺胸抬头，双肘和双前臂也能向前伸直，有时还会胸部离床，将上身的重量落在手上。有时甚至双腿也离开床铺，身体以腹部为支点在床上打转。当从俯卧位翻身时，能侧身弯曲至半坐的姿势。现在宝宝将接受一个重大的挑战——坐起。

随着宝宝背部和颈部肌肉力量的逐渐增强，以及头、颈和躯干的平衡发育，宝宝开始迈出"坐起"这一小步。当爸爸妈妈扶宝宝坐起来时，宝宝的头和躯干能保持在一条线上，头可以转动，也能自由地活动，不摇晃，把宝宝放在床上，宝宝能用手支撑在床面上独坐5秒钟以上，但头身向前倾；当爸爸妈妈握住宝宝的双手，轻轻地拉他坐起，宝宝的头能自始至终与躯干保持在一条水平线上；当爸爸妈妈用双手托住宝宝胸背部，向上举起，然后落下，宝宝的双臂能向前伸直，做出保护性的动作。当爸爸妈妈用双手扶住宝宝腋下，让宝宝站立，宝宝的臀部能伸展，两膝略微弯曲，支持大部分体重。

视觉

细心的爸爸妈妈会发现，到第 5 个月时，宝宝眨眼的次数明显增多，能看清楚几米远的物体了，并且还在继续扩展。宝宝的眼球能上下左右移动，注意一些小东西，如桌上的小玩具。当宝宝看见妈妈时，眼睛会紧跟着妈妈的身影移动。5 个月的宝宝已经完全能分辨红色、蓝色和黄色之间的差异。如果宝宝喜欢红色或黄色，不要感到吃惊，这些颜色似乎是这个月龄宝宝最喜欢的颜色。

听觉

到第 5 个月时，宝宝开始对各种新奇的声音感到好奇，并且会定位声源。如果从房间的另一边和他说话，宝宝就会把头转向传来声音的一边，并试图寻找同他对话的人。当宝宝啼哭的时候，如果放一段音乐，正哭着的宝宝会停止啼哭，扭头寻找发出音乐的地方，并集中注意力倾听。听到柔和动听的曲子时，宝宝会发出"咯咯"的笑声。听到鞭炮声或打雷声，宝宝就会感到害怕，甚至会大声啼哭。

言语

到了第 5 个月时，宝宝的语音越来越丰富，发音逐渐增多，除"哦""啊"之外，已经开始将元音与较多的辅音（通常有 f、S、sh、z、k、m 等）合念了，而且声音大小、高低、快慢也有变化，还试图通过吹气、咿咿呀呀、尖叫、笑等方式来"说话"。宝宝已经可以清楚地表达自己的感情了。当看到熟悉的人或物时会主动发音，可通过发声表达高兴或不高兴，会抱怨地咆哮、快乐地笑、兴奋地尖叫或者大笑，对不同的声调做出不同的反应。这个月里爱哭的宝宝和老实的宝宝差别越来越大了。

嗅觉

到第 5 个月时，宝宝嗅觉分化的更加稳定了，对于气味的反应与成人类似，闻到花香会微笑，闻到腐臭味会出现厌恶表情。在其他感官能力尚未发展成熟之前，宝宝主要依靠嗅觉来认识世界。

因此，应该为宝宝安排空气流通的生活空间，保持嗅觉的敏锐度。爸爸妈妈可以准备一些小罐子，放入有不同味道的物品，做成许多不同味道的嗅觉瓶，以训练宝宝的嗅觉辨识能力。

味觉

第 5 个月仍然是宝宝味觉发育和功能完善最迅速的时期。这个月的宝宝对食物味道的任何变化，都会表现出非常敏锐的反应并留下"记忆"。因此，宝宝能比较清楚地区别出食物酸、甜、苦、辣等各种不同的味道。此时，爸爸妈妈应该利用宝宝的味觉发育敏感期，让宝宝品尝各种食物的味道，不但能够促进宝宝感知觉发育，同时更是培养宝宝良好饮食习惯，避免日后出现挑食的重要措施。

认知

5 个月的宝宝已经会用表情表达他的想法，能辨别亲人的声音，能认识妈妈的脸，总爱抬起胳膊，期望着爸爸妈妈去拥抱他，当愿望不能满足时，宝宝就会大声地叫。宝宝还能区别熟人和陌生人，对陌生人感到焦虑、害怕，不让生人抱，对生人躲避，也就是常说的"认生"了。这时的宝宝视野扩大了，对周围的一切都很感兴趣，会把看到的东西准确地抓到手。抓到手里以后，还会翻过来倒过去地仔细看，把东西从这只手换到另一只手。同时，宝宝观察周围环境的能力也进一步地提高了，宝宝可以明白一个重要的概念——因果关系。在踢床垫时，宝宝可能会感到宝宝床在摇晃，或者在宝宝打击或摇动铃铛时，会认识到可以发出声音。一旦宝宝知道自己弄出这些有趣的东西，宝宝将继续尝试其他东西，观察出现的结果。

5 个月时，宝宝记忆力逐渐增强，对物体开始有一个完整的概念。从现在开始，爸爸妈妈要有计划地教宝宝认识他周围的日常事物了。宝宝最先学会的是在眼前变化的东西，如能发光的、音调高的或会动的东西，像灯、收录机、机动玩具等。

心理

这时的宝宝喜欢和人玩藏猫咪、摇铃铛，还喜欢看电视、照镜子，对着镜子里的人笑，还会用东西对敲。宝宝的生活丰富了，许多家长可以每天陪着宝宝看周围世界丰富多彩的事物，你可以随机地看到什么就对他介绍什么，干什么就讲什么。如电灯会发光、照明，音响会唱歌、讲故事等。各种玩具的名称都可以告诉宝宝，让他看、摸。这样坚持下去，每天 5 ~ 6 次。开始宝宝学习认第一样东西需要 15 ~ 20 天，学认第二样东西需要 12 ~ 16 天，以后就越来越快了。注意不要性急，要一样一样地教，还要根据宝宝的兴趣去教。这样，5 个半月时就会认识一件物品了，6 个半月时就会认识 2 ~ 3 件物品了。

社交能力

这个阶段的宝宝特别招人喜爱，每天都长时间的展现愉悦的微笑，除非生病或不舒服。会在妈妈怀里"咿咿呀呀"地撒娇，已经能清晰地分辨出熟人和陌生人，成人与儿童。当听到爸爸妈妈或熟悉的人说话的声音时，就会非常高兴，不仅仅是微笑，有时还会大声笑。当看到陌生人时，表情会比较严肃，而不是像对待家人那样放松；会用伸手、发音等方式主动与其他小宝宝交往，会对陌生的宝宝微笑，还会伸手去触摸其他的宝宝。当爸爸妈妈给宝宝照镜子时，宝宝仍然会对镜中的影像微笑，但已能分辨出自己与镜中影像的不同。他会明确地注意镜中自己的脸或手，轻拍镜中自己的影子，而不仅仅是无目的地抚摸镜子。当爸爸妈妈给宝宝洗脸时，如果他不愿意，他会将爸爸妈妈的手推开。

记忆力

宝宝从一出生就具有了形成记忆的能力，在那个阶段各种信息以一种自动的、无意识的形式进入宝宝的记忆中，而且只能存留很短的时间。到了 4 个月以后，宝宝的大脑皮质发育得更加成熟，这是他能够有意识地存储并回忆一些信息，最明显的表现就是，他只需看一眼，就知道某个东西是他所熟悉的，而某个东西是陌生的，并能对此迅速做出反应。

训练宝宝的记忆力有很多方法，例如，可以抱着宝宝坐在桌边的椅子上，把他喜欢的玩具放在桌子上，拿出其中一件，让他摸摸并跟他谈论这个玩具，然后让宝宝背向玩具。如果宝宝懂得转过头去并主动找出刚刚所拿的玩具的话，就把玩具给他玩一玩，并多多鼓励他。

如果宝宝趴在地上玩的话，可以先把一种玩具放在他面前，引起他的注意后再把玩具放到他身边别的地方，如手边、脚边或腿边，然后问问宝宝"玩具去哪了"，引导宝宝扭动着身子去寻找玩具。如果宝宝一开始不知所措的话，爸爸妈妈可以先耐心引导，帮助他找到玩具，以此来增强宝宝的信心，过不了多久，他就会主动去寻找玩具了。

日常护理注意问题

出眼屎

宝宝在出生 4 个月左右时，爸爸妈妈常会发现，宝宝在睡醒觉或早晨起床后，眼角或外眼角总是沾有眼屎，这很有可能是倒睫。倒睫的宝宝除了有眼屎以外，眼睛里还总是泪汪汪的，仔细观察宝宝的眼睛能发现下眼睑的睫毛倒向眼内，触到了眼球。

造成宝宝倒睫的原因，主要是由于宝宝的脸蛋较胖、脂肪丰满，使下眼睑倒向眼睛的内侧，进而对角膜产生刺激。如果倒睫是暂时性的，那么家长不用担心，可以涂抹一些抗生素眼药膏来缓解，多数情况下随着宝宝的逐渐发育，倒睫就可以自然痊愈。

除了倒睫之外，急性结膜炎也会导致宝宝的眼睛常出眼屎。可以根据宝宝的白眼球是否充血来判断是否为急性结膜炎，另外急性结膜炎严重的话，宝宝早上起来会由于上下眼睑沾到一起而睁不开眼睛，爸爸妈妈必须小心翼翼地用干净的湿棉布擦洗后才能睁开。这种急性结膜炎多半是由细菌引起的，滴 2 ~ 3 次眼药后就会痊愈。

流口水

刚出生的宝宝口腔内没有牙齿，舌短而宽，两颊部有厚的脂肪层，面部肌肉发育良好，颌骨的黏膜增厚凸起，牙槽突尚未发育，腭部和口底比较浅。随着正常发育，有的宝宝从这个月开始，唾液量分泌会逐渐增加。而由于吞咽反射不灵敏，口腔分泌的唾液既没牙槽突的阻挡，宝宝又不会把它咽下，所以就会出现流口水的现象。这一月龄的宝宝流口水是一种生理性流涎，无须治疗。随着未来几个月牙齿的萌出、牙槽突逐渐形成腭部慢慢增高、口底渐渐加深，加上吞咽动作的训练，宝宝流口水的现象自然会好转直到消失。

由于唾液中含有消化酶和其他物质，因此对皮肤有一定的刺激作用。常流口水的宝宝，由于唾液经常浸泡下巴等部位的皮肤，也会引起局部皮肤发红，甚至糜烂、脱皮等。所以，对于流口水的宝宝，一定要注意好日常的局部护理。家长平时可以用柔软质松的敷料垫在宝宝的颈部，以接纳吸收流出的口水，并经常更换清洗。不要用手绢或毛巾给宝宝直接擦拭口水，要用干净的毛巾轻轻蘸干，以免擦伤皮肤。如果喂了有盐或对皮肤有刺激的辅食，就先要用清水清洗一下口水，因为单用毛巾蘸的话可能蘸不掉些刺激成分；要经常用温水清洗宝宝的面部、下颌部及颈部，如果天气比较干燥的话，可以涂抹一些油脂类的宝宝护肤品保护宝宝的皮肤。

注意的是，有些宝宝流口水是病理性的，表示宝宝可能患了某些疾病。如宝宝口水较多且伴有口角破溃发炎的，则属口角炎引起的流涎症；若伴有口腔黏膜充血或溃烂，拒食烦躁等，则可能为口腔炎所致的流涎症；若伴有一侧或双侧面部肌肉萎缩、咀嚼无力，这是由于消化不良、肠道蛔虫症所致的流涎症；若伴有智力发育不全、痴呆，这是脑神经系统发育不全所致。如果出现上述病理性流涎症的症状，就需到医院立即检查治疗。当原发病因消除之后，这些病理性的流涎症也会自然好转或痊愈。

湿疹不愈

宝宝湿疹多见于 1 ~ 5 个月内，且以头部和面部为多。大多数之前有湿疹的宝宝到了快 5 个月的时候，湿疹症状都会减轻甚至完全自愈，但仍然有些宝宝的湿疹还较为顽固。此时湿疹不愈的宝宝多为渗出体质，也成泥膏型体质，这类宝宝通常比较胖、皮肤细白薄、较爱出汗、头发稀黄，喉咙里还总是发出呼噜呼噜的痰音。如果把耳朵贴在宝宝胸部或背部，能清楚听到呼呼的喘气声。这样的宝宝一旦感冒，就很可能会合并喘息性气管炎，而且也比较容易过敏。除了平日常吃的鱼、虾、鸡蛋会招致过敏、发生湿疹，穿用的化纤衣被、肥皂、玩具、护肤品以及外界的紫外线、寒冷和湿热的空气以及机械摩擦等刺激同样都可能会导致湿疹长期不愈。有的宝宝经过一段时间的治疗之后，表面上看是痊愈了，但如果这些诱因不去除的话，湿疹就很有可能会反反复复地出现。

对于这类宝宝，如果是母乳喂养的话，妈妈就要少吃鱼虾等容易过敏的食物以及辛辣刺激的食物，多吃水果蔬菜；如果是人工喂养的话，就应及早添加辅食，尽量给予配方奶而不要吃鲜牛奶，同时注意补充足量的维生素。在辅食上，暂时先不要添加蛋黄，尽量等到 8 个月以后再添加，如果蛋黄不耐受的话，就应坚决停掉。此外，到 1 岁之前都不能给喝黄豆浆，否则也会加重湿疹或使治愈的湿疹复发。再有，不要太快地增加辅食品种，这样也有助于湿疹的控制。

为了尽早治愈湿疹以及地方湿疹反复发作，要特别加强患有湿疹的宝宝的皮肤护理。洗脸时要用温水，千万不要用刺激性大的肥皂，以免使湿疹加重。在选用外用涂膏时，一定遵医嘱使用止痒、不含激素的药膏。一旦湿疹严重、发生有渗出或合并感染时，就要及时到皮肤科就诊。

突然哭闹

如果以前不爱哭的宝宝突然间的大哭大闹，并伴有持续性腹痛症状的话，就应该想到是肠套叠。如果发现宝宝的哭声是每隔4～5分钟后就反复一次，并总是把伸着的双腿弯曲到肚子上，甚至有吐奶、面色苍白症状的话，就更应想到是肠套叠。这是婴幼儿急症，必须尽快到医院抢救治疗，否则会有生命危险。

当然，并不是说宝宝一大哭大闹就是肠套叠，如果宝宝是连续不断地哭，或只是突然哭一次，给他吃奶时他能吃得很好，给他玩具、抱着他看看外面环境他就能止住哭声的话，那么就不是肠套叠。

这时应考虑是不是发生了肠堵塞。肠堵塞最常见的是肠绞窄，多数是由腹股沟疝气引起。家长可以打开尿布看看宝宝生殖器的侧面，如果肿得厉害、变硬的话，就可以确定是肠绞窄。如果平时有疝气的宝宝突然哭闹，还应该看看肚脐。

阵发性的肠绞痛也会令宝宝突然大声哭闹。肠绞痛是由于宝宝肠壁平滑肌阵阵强烈收缩或肠胀气引起的疼痛，哭时面部渐红、口周苍白、腹部胀而紧张、双腿向上蜷起、双足发凉、双手紧握，抱哄喂奶都不能缓解，直到宝宝哭到力竭、排气或排便而止。肠绞痛与肠套叠症状明显不同的是，宝宝不会有呕吐症状，而且面部是发红而不是发白，并且哭闹的时间很有规律，如固定在每天晚上或是下午的某段时间内哭泣，一旦排气或是排便了以后哭闹就能立即停止。

如果宝宝是在发热的同时并有突然大声哭闹的话，那么大多是中耳炎或外耳炎，能看到耳朵较湿润、有液体从耳朵里流出或是一侧的耳孔肿得堵住了。

便秘

母乳喂养的宝宝此时很少发生便秘，如果发生的话，可以利用一些有润肠作用的辅食来治疗改善，如给宝宝食用橘子汁、番茄汁、煮山楂或红枣水，还可以加些菜泥或煮熟的水果泥。如果是母乳不足造成的便秘，可增食 1 ~ 2 次加 8 ％糖的牛奶。但注意不能给宝宝服用蜂蜜水。

相对于母乳喂养，人工喂养的宝宝更容易发生便秘，但只要合理地加糖和辅食，还是可以避免便秘发生的。当宝宝出现便秘时，可以将牛奶中的糖加到8%，也可加喂一些果汁，如番茄汁、橘子汁、菠萝汁、枣汁以及其他煮水果汁以刺激肠蠕动。如果宝宝是由于营养不良所造成的便秘，就要注意补充营养，等到营养情况好转后，宝宝的腹肌、肠肌张力就会增加，排便自然就能恢复通常。

以往传统的做法是给宝宝喂菜汤来治疗便秘，但实际上，这种做法往往事与愿违。因为蔬菜中所含的维生素 C 怕光更怕热，在 100℃的水中煮 3 分钟半时间就会被破坏 50% 以上，而且在菜汤的冷却过程中，维生素 C 仍然在不断地被氧化、破坏。因此，菜汤中维生素 C 含量并不多。并且，蔬菜中含有较多的植酸和草酸，它们都会溶解在菜汤中，与食物中的各种矿物质（如钙、铁、锌等）结合成不溶于水的植酸盐和草酸盐，从而阻碍这些必需元素的吸收。久而久之，就会造成这些必需元素的缺乏。因此，给宝宝食用菜汤，非但对治疗便秘没有明显作用，反而会造成营养缺乏。

餐具卫生

当添加辅食之后，妈妈可以给宝宝准备一套属于他自己的餐具，并注意做好每一样餐具的清洁卫生工作。

宝宝极易感染肠道类疾病，如果餐具的材质决定其不能进行高温消毒的话，那么附着在餐具上的油垢就得不到及时去除，会衍生出大量的病菌。所以为了保证宝宝餐具的卫生，首先在餐具的选择上就不要选择那些不易清洁的宝宝餐具。

每次在宝宝吃完东西之后，所有的餐具都要及时清洗消毒，不要搁置太久，以免滋生细菌。清洗餐具的时候最好一件一件逐个清洗，而不要泡在一起，更不要和大人刚刚吃过饭的餐具一起清洗。

在清洁餐具时，可以用一些温和的洗涤剂或是宝宝专用洗涤剂，洗净以后用清水冲洗掉洗涤剂，一定要保证餐具上没有残余洗涤剂，否则，这些残留物质会损害宝宝健康。清洁完毕以后，再用热水冲一下，不需要用抹布擦干，因为抹布也是细菌传播的一条途径，自然晾干就可以了。

洗净晾干的餐具要放到严密的储物柜里，以防蟑螂、蚊蝇的叮咬。所有餐具都要定期消毒，有条件的家庭可以使用家庭消毒柜，或是直接放在锅里进行蒸气消毒，或是用微波炉进行微波消毒。用微波炉进行消毒时要注意，尽量不要把空餐具放在里面空烧，因为如果餐具不耐高温的话，就很容易变形。应在餐具里加点儿水，或是在清洗干净以后不要用抹布擦掉水，直接放进微波炉稍微加热消毒即可。

体重增加缓慢

宝宝每个月体重并不一定是规律增加的，有的宝宝可能在这个月体重增长不多，到了下个月猛长，这种现象也常见。所以爸爸妈妈不要看到宝宝在某个月体重增长得比较慢，就心急火燎地给宝宝猛补特补或四处求医问药，这是没必要的。如果宝宝平时饮食规律、精神良好、大便正常、能吃能睡，就没有什么问题。

宝宝的食量也会影响到他的体重，食量小的宝宝体重自然就可能比同月龄食量大的宝宝要轻一些。不过食量小的宝宝只是体重轻而已，其他方面都一切正常，并且平时多半不会大哭大闹，夜里也不哭，能一直睡到天亮。

宝宝的体重也和遗传有一定关系，如果妈妈本身就较瘦小的话，那么宝宝可能体重也会偏轻。对于这样的宝宝，只要按照食量小的宝宝去抚养就可以了，只要宝宝一直很精神，运动机能也好，就不必过多补充各种营养，想方设法让他增加体重，赶紧长胖。与其花费精力和时间让宝宝吃代乳食品增加体重，还不如尽量让宝宝到室外去接触新鲜空气得好。

洗澡注意事项

宝宝长到 5 个月的时候，已经能够控制自己的脖子了，这时父母可以尝试用大浴盆给宝宝洗澡了。刚开始的时候，宝宝可能有些不习惯，但坚持一段时间，他会非常喜欢这个更大的玩耍空间和洗澡方式的。

在洗澡前，除了注意浴盆里水不要装得太多，检查一下水温之外，还要做些必要的物质准备，比如海绵或毛巾、宝宝浴液、洗发精、尿布和干净衣服等，还应特别准备一个防滑的浴盆垫和防止洗发精流进宝宝眼睛里的护脸罩。

此外，给宝宝洗澡最应该注意的就是安全问题。为了避免在给宝宝洗澡时出现意外，你最好采取以下预防措施：

1. 把所有要用的东西都放在浴盆边的地上，并把防滑垫放在浴盆里。

2. 洗澡时，你也要坐个小凳子扶着宝宝，以免时间长了支撑不住。

3. 先把护脸罩给宝宝带上，这个月的宝宝还太小，哪怕是最柔和的洗发精也会对宝宝的眼睛产生刺激，再加上此时的宝宝还不懂得自我防护，当水流或洗发精从头上流下来的时候，也不会自动闭上眼或低下头。

4. 洗完之后，在原地给宝宝换衣服，不要把湿漉漉、滑溜溜的宝宝抱到椅子或什么光滑的物体上，以免摔着宝宝。

5. 在整个洗澡过程中，都不要让宝宝一个人待在浴盆里，即使他已经会坐了也不行。

睡眠问题

从第 4 个月开始，宝宝一般每天总共需睡 15 ~ 16 小时，白天睡的时间比以前缩短了，而晚上睡得比较香，有的宝宝甚至能一觉睡到天亮。每个宝宝在睡眠时间上的差异较大，大部分的宝宝上午和下午各睡 2 个小时，然后晚上 8 点左右入睡，夜里只起夜 1 ~ 2 次。如果家人觉都比较晚的话，那么宝宝也不会像以前一样早睡早起了，可能会到了晚上 10 ~ 11 点时才入睡，然后睡到转天早上的 7 ~ 8 点。

每个宝宝都有自己的睡眠时间及睡眠方式，爸爸妈妈要尊重宝宝的睡眠规律而不应强求，要保证宝宝醒着的时候愉快地好好玩，睡眠时好好安心地睡。如果宝宝白天睡得比较香的话，就不要干扰他，否则会影响宝宝睡眠，使宝宝烦躁哭闹，同时也会影响宝宝的食欲。如果宝宝在白天醒着的时间比较长，就应该在宝宝醒着的时候就多陪他玩玩，这样晚上他才能睡得更香，而且时间也比较长。注意的是，晚上入睡前不要逗宝宝玩，以免宝宝因过度兴奋而影响睡眠。

再有，这个时期的宝宝，大多都能在自然的"家庭噪声"背景下入睡，如说话声、走路声、适度的收音机或者电视机的声音，家长大可不必在房间里特意踮脚走动，不敢发出任何一点儿细微的声响。否则会令宝宝养成只有在人为刻意制造的极度安静的环境里才能入睡的不良睡眠习惯，而这种环境在现实中却是难求的，因此可能会使宝宝长大之后的睡眠质量较差。

一般来讲，发育正常的宝宝都会选择自己最舒服的睡眠姿势。所以，爸爸妈妈不必强求宝宝用哪一种睡眠姿势，如果看宝宝睡眠的时间较长，只要帮助变换一下姿势就可以了，但动作一定要轻柔，顺其自然，不要把宝宝弄醒。

如果宝宝有昼夜颠倒的习惯，即白天呼呼大睡，晚上怎么哄都不睡，半夜兴奋哭闹的话，那么家长就该有意识地纠正宝宝的这种睡眠习惯，否则不利于宝宝的身心健康，还会令大人疲惫不堪。研究证实，晚间睡眠不足而白天嗜睡的宝宝不仅生长发育比较缓慢，而且注意力、记忆力、创造力和运动技巧都相对较差。

家庭环境的支持

室外活动

这个月带宝宝到户外活动的话，不再仅仅是为了晒太阳、呼吸新鲜空气、增强体质了，还要加上运动，培养宝宝的各种能力。例如，在带着宝宝看外面的花花草草时，就可以告诉宝宝，这是红花，这是绿叶，并拉着宝宝的小手让他感受一下，这样可以使宝宝将他看到的、摸到的、闻到的，经过大脑进行整合，进而实现对自然界中的事物的全方位深层次感受。

通过室外活动，还可以初步训练宝宝的社交能力，有效避免宝宝出现"认生"。妈妈可以教给宝宝用微笑同人打招呼，当别人逗他时学会报以微笑，这些都有助于宝宝今后养成大方开朗的良好性格。

室外活动还应选在温度适宜的时间，如果是炎热的夏天，尽量选择上午8~9点钟，下午4~5点钟，在树荫下或屋檐下等背阴的地方活动，避免猛烈的阳光直接照射。冬天则应选择温度较高的中午。宝宝的活动能力增强了，所以在户外活动时更要注意安全。

玩具

过了4个月的宝宝，能够用双手紧紧抓东西并放到嘴里吮吸，能用脚踢着玩具玩。因此，这时给宝宝的玩具一定要非常干净，并经常做好清洁消毒，特别是大人碰过的玩具更要做好清洁，因为大人的手上有很多的细菌，而宝宝又总是把玩具放到嘴里，这就相当于宝宝把大人的手放到嘴里，从而使大量细菌通过口腔进入宝宝身体，造成诸多健康隐患。

给宝宝的玩具要经过严格的筛选，可以让宝宝玩弄用软塑料做的装有红色和黄色的珠子圆环和三角环，这种环一摇动就发出声音，里面珠子的滚动声可以锻炼宝宝的听力和注意力。也可以给宝宝玩专供宝宝舔弄的哑铃状玩具，或是能够挂在宝宝床上，下面垂有一根绳子，一拉绳子就会发出声音的玩具。

特别要注意的是比较小的玩具，这种玩具很容易被宝宝吞进肚子里或卡住喉咙，很不安全；小零件太多的玩具也不适合宝宝，因为这些玩具上的零件一旦松动掉落的话同样有被宝宝误吞的危险。掉色、劣质和容易啃坏的零件也最好不要给宝宝玩。

这个月的宝宝手眼配合能力有限，手里拿着玩具就有可能碰着脸，因此摇铃类的玩具最好不要让宝宝自己拿着玩，可以由妈妈拿着晃动声响来逗宝宝发笑，或是训练他抬头。所有给宝宝拿在手里的玩具，材料质地都要软而轻，尽量选择那些打到脸上也不会弄伤宝宝的材质做成的玩具。

不能过早使用学步车

有些家长比较心急，而有的家长则为了图方便，在宝宝到了四五个月时，就把宝宝交给了学步车，省去了整天要抱着看护宝宝的麻烦。但实际上，过早地使用学步车，对宝宝的成长发育是很不利的，存在着一些健康和安全隐患。

宝宝在1岁以前，踝关节和髋关节都没有发育稳定。虽然在学步车里，宝宝只需要用脚往后一蹬，车就能带着他满屋子跑，但这对他的肢体发育是很不利的，可能会导致肌张力高、屈髋、下肢运动模式出现异常等问题，会直接影响宝宝将来的步态，如走路摇摆、踮脚、足外翻、足内翻等，严重的甚至还需要通过手术和康复治疗来纠正。再有，学步车只能帮助宝宝站立，而不能帮助他们学会走路。不仅如此，由于学步车的轻便灵活，宝宝能借助它轻易滑向家里的任何地方，这无疑会使他们在无意中遭到磕碰，导致意外伤害的发生。

研究发现，经常待在学步车里的宝宝会爬、会走路的时间都要晚于不用学步车的宝宝，而且学步车还限制了宝宝活动的自由，会影响今后的智力发育。四五个月大的宝宝的腿脚还不结实，本应在地上爬以锻炼腰、腿、胳膊及全身，但进了学步车之后就仿佛有了一双"脚"，可以比较自由地在房间里移动，并追随大人，然而他们却很难掌握真正走路的感觉。正常的发育规律下，宝宝从爬到走，是需要一步一个脚印成长起来的，只有通过一次又一次的摔跤，才能帮助身体学会怎样摔不会受伤；可如果使用了学步车的话，则很难让身体学会如何很好地保护自己，因而使用学步车的宝宝在刚刚走路以后，往往会比正常学走路的宝宝更容易摔跤，也就增加了受伤的概率。

所以，为了宝宝的健康成长，家长不应太早地给宝宝选择学步车，让他自然而然地学会站立、走路，对他才是最好的。

与宝宝"交谈"

语言是开发智力的工具。在宝宝语言的发生和发展中，家长的引导非常重要，不管宝宝能否听懂，家长都要及早建立与宝宝间的对话交流习惯。

这个月的宝宝高兴的时候能发出一些单音节的字了，并且他会注意模仿大人的说话口型，有时还会对着他的玩具发出些大人看来莫名其妙的声音，这些都是宝宝开始学习用语言交流的"准备工作"。所以，家长要做好引导工作，一有空闲时间就和宝宝说说话，说话的时候要面对着他，让他看到你的眼睛和口型，并在说的过程中重视双方的交流，即你对着宝宝说说话，然后静待着宝宝"回应"你；或是宝宝对着你"咿咿呀呀"地"说话"，你也立即对他做出回应。这种方式会提高宝宝对"交谈"的兴趣和积极性，并且在这个过程中，他通常也表现得非常开心和兴奋，这也有助于宝宝情绪和性格的良好发展。

再有，和宝宝聊天的时候，家长的表情也十分重要。表情是情绪的指南针，感觉敏锐的宝宝会通过你的表情，感受到你的情绪，同时被你的情绪所传染。如果你在心情不好、烦躁的时候对宝宝说话，那么宝宝很可能会表现得比较沉闷，甚至皱着眉头想要哭出来。如果你的心情愉悦的话，那么宝宝就会感受到同样的快乐；如果你在快乐的情绪下，先故意皱着眉、用轻松愉快的音调和宝宝说话，然后再对宝宝报以微笑的话，那么宝宝就能察觉到你在和他"做游戏"，并因此会表现得更活跃，有更大的精神去配合你的"游戏"，从而使这种亲子交流的效果大大提高。

给宝宝听些好声音

这个月龄的宝宝听觉十分敏感，优美的音乐、动听的旋律不仅能够发展宝宝的听力，而且还有助于提高宝宝的音乐感知力和鉴赏力，还可以为培养宝宝将来的音乐才能打下基础。

除了妈妈温柔细腻的说话声之外，平时不妨多给宝宝听些优美的轻音乐，尽量将最好的音质呈现给宝宝，同时注意播放的音量要适当；或是让宝宝听听节奏欢快的儿歌，家长可以拿着宝宝的双手，随着儿歌的节奏有韵律的活动，这有利于发展宝宝的节奏感；还可以多带宝宝到户外，听听大自然的声音，如鸟叫声、水流声等，但不要让宝宝接受马路上汽车轰鸣的噪声和杂乱无章的鸣笛声。

给宝宝喂奶时放一些优美抒情、节奏平缓的曲子，会使宝宝的进食过程更加愉悦和放松，可以有效提高他进食的乐趣。如果在宝宝玩兴正浓的时候，放一些轻快活泼、节奏跳跃的音乐，宝宝就会很自然地把音乐中所表达的情绪和自己当时的心情联系在一起，而这种对音乐感受又会很自然地被记忆，日积月累的音乐印象，对提高宝宝对音乐感知力有很大的帮助。如果在临睡前给宝宝听些安静柔和、节奏舒缓的音乐，会令宝宝睡得更加香甜。

多给宝宝照镜子

多让宝宝照镜子可以促进宝宝自我意识的发展，妈妈可抱着宝宝让他面对着一面大镜子，敲敲镜子，让他看镜里面的自己。宝宝看到镜里的人会感到很惊奇，他会注视着前面的镜子。妈妈对着镜子笑，宝宝看着镜子里有他熟悉的妈妈的面孔，他会感到愉快，也会对镜子里的自己的影像感兴趣，并用手去拍打镜中的自己。经常让宝宝照镜子，让他摸摸镜中自己的脸、妈妈的脸，教他说"这是宝宝，这是妈妈"。随着月龄的增长，宝宝逐渐会对镜中人表现出友好和探索的倾向，渐渐认识到镜中的妈妈和镜中的自己，这对出现自我意识的萌芽有重要意义。

潜能开发游戏

扔东西

【目的】这项活动可训练宝宝的注意力、模仿力和掌握空间方向的能力，也能让他累积对事物特征的经验，例如积木会重重落地，羽毛会在空中飘再缓缓落地等。

【玩法】准备一些重量、质感不同的玩具，例如积木、羽毛、纸片、耐摔的小玩具、小塑胶碗等，让宝宝把玩，在宝宝的床下或者他经常出入的地方放一个大篮子，逗引他把手中的玩具往篮子里扔。扔完后，妈妈将物品集中篮内，再一一取出并介绍物品的名称和用途。一开始宝宝可能扔得不准，妈妈要抓着他的手教他对准。

跳跃运动

【目的】促进宝宝腿部的肌力、肌耐力、弹跳力的发展。

【玩法】爸爸或妈妈坐在椅子上，双手抱着宝宝，将宝宝的双腿放在自己大腿上，然后将脚跟有节奏地抬起、放下，从而使宝宝感受到跳跃的感觉。另外，在活动的同时还可以念一些有节奏的儿歌，以提高宝宝的活动兴趣。

5 ～ 6 个月

这个月的宝宝

5 ～ 6 个月时，宝宝体格进一步发育，神经系统日趋成熟。

体重

满 5 个月的男宝宝体重正常范围为 6.26 ～ 9.78 千克，平均为 8.02 千克；女宝宝体重的正常范围为 5.99 ～ 9.07 千克，平均为 7.53 千克。这个月内可增长 0.45 ～ 0.75 千克，食量大、食欲好的宝宝体重增长可能比上个月要大。需要家长注意的是，很多肥胖儿都是从这个月埋下隐患的，因此，如果发现宝宝在这个月日体重增长超过 30 克，或 10 天增长超过 300 克，就应该有意识调整奶粉和辅食添加量。

身高

男宝宝在这个月身高正常范围为 62.4 ～ 71.6 厘米，平均为 67.0 厘米；女宝宝身高正常范围为 62.4 ～ 71.6 厘米，平均为 65.5 厘米。本月可长高 2.0 厘米左右。需要家长注意的是，宝宝的身高绝不单纯是喂养问题，所以不能一味贪图让宝宝长个，还是要遵从客观规律，顺其自然。

头围

这个月宝宝的头围较上个月平均增长 1.0 ～ 1.1 厘米。男宝宝头围的正常范围为 40.6 ～ 45.4 厘米，平均 43.6 厘米，女宝宝头围的正常范围为 39.7 ～ 44.5 厘米，平均 42.1 厘米。

胸围

6 个月时，宝宝的胸围比上个月平均增长 0.9 ～ 1.0 厘米。男宝宝胸围正常范围为 39.2 ～ 46.8 厘米，平均 43.0 厘米；女宝宝胸围的正常范围为 38.1 ～ 45.7 厘米，平均 41.9 厘米。

囟门

这时宝宝的前囟门尚未闭合，为 0.5 ～ 1.5 厘米。

牙齿

多数孩子开始出下切牙（门齿）。长出乳牙的数目，有人采用（月龄－（4～6）＝出牙数）来推算。比如，宝宝6个月，出牙数应当是6－（4～6），也就是未出芽或开始出两个乳牙。

营养需求与喂养

营养需求

5～6个月的宝宝体内的铁储备已经快耗尽了，加上母乳和奶粉中的铁也很难提供宝宝的成长发育所需，所以从这个月开始要重点添加富含铁质的辅食。最适合这个月龄宝宝的辅食还是蛋黄，因为蛋黄中的含铁量很丰富而且也利于吸收。

如果上个月已经开始给宝宝吃1/4个蛋黄，并且宝宝吃得很好的话，那么从这个月开始可以把添加量增加到每天1/2个。如果宝宝的消化很好、同时又有铁不足的倾向的话，可以吃一个蛋黄。

如果宝宝有缺铁倾向的话，妈妈可以从宝宝的表征中看出来。一般来说，缺铁的宝宝的嘴唇、口腔黏膜、眼睑、甲床和手掌发白，精神萎靡，对周围环境反应较差，有食欲不振、恶心、呕吐、腹泻、腹胀或便秘等现象，严重者还会有异食癖，如吃纸、煤渣等。

母乳喂养

在5个月以前一直用纯母乳喂养的宝宝，多数在这个月也开始想吃辅食了，特别是看到大人吃饭时，他也会伸出双手或吧嗒着嘴唇表示想吃了。所以从这个月开始，可以做好断奶的准备了。

如果前5个月的下奶量一直很好、足够宝宝所需而从这个月开始奶量不足的话，就可以加一次奶粉了。刚开始加奶粉的宝宝可能会拒绝奶瓶，这时可以改用小勺来喂。如果宝宝拒绝奶粉的话，可以多给辅食加快半断奶的速度，以补充宝宝所需的能量。如果宝宝肚子饿的话，在这个月是不会拒绝辅食的。

如果这个月母乳量仍然很好的话，也应该给宝宝增加辅食，首先是因为宝宝此时需要的营养量更多了，因此需要更多的食物来源做补充；其次是为了让宝宝适应母乳以外的其他食物，为以后的断奶做好准备；再有就是锻炼宝宝的咀嚼和吞咽能力。

人工喂养和混合喂养

人工喂养和混合喂养的宝宝在 5 ~ 6 个月时，即使吃再多的奶粉也不会感到厌倦，因此就要警惕那些食量过大的宝宝，因为很多肥胖的宝宝都是这个月奠下"根基"的。

这个月给宝宝每天的奶粉量应控制在 1000 毫升之内，食量大的宝宝这时如果让他任意吃的话，就会长得过胖。所以，对于爱喝奶粉的宝宝，应该每隔 10 天就称一次体重，如果 10 天期的体重增加保持在 150 ~ 200 克之间，就是正常，如果超过了 200 克就要加以控制了，如果增加量到了 300 克以上，应该认识到宝宝正在成为肥胖儿，要严格控制饮食量了。

调节饮食量最好的办法就是利用辅食，可以让宝宝吃果汁、菜汁、菜泥、肉蛋和汤类，但要慎喂米面类的辅食，否则依然有过胖的危险。

如果宝宝食量较小的话，可以早些进行半断奶并加快半断奶的速度。对于食量小的宝宝，不必严格按照食谱上的食用量来喂，只给宝宝吃能吃下的量就可以了。一般来说，不太爱喝奶粉的宝宝，辅食吃的可能也不算多。这种吃多吃少是因人而异的，有的宝宝天生的食量就小，只要他的身体各项指标发育都正常的话，家长就不用担心。

宝宝添加辅食困难怎么办

这种现象在纯母乳喂养的宝宝中较为常见，一般混合喂养或人工喂养的宝宝都能高高兴兴地吃辅食，只有母乳喂养的宝宝，除了母乳之外不愿意吃任何东西。因此妈妈开始担心，怕宝宝长此下去会无法断奶，营养不良。

其实，一直不吃辅食，无法断奶的情况是不存在的，吃辅食只是时间早晚的问题，也不是说辅食添加的晚一些宝宝就会营养不良。宝宝不吃辅食有很多原因，有可能是妈妈的乳汁足够他日常所需，有可能是他暂时不能适应除母乳之外的其他食物的味道，也有可能是他习惯了妈妈的乳头而无法接受其他餐具。至于到每个不爱吃辅食的宝宝到底是其中哪个原因，只有宝宝自己才能知道。

对于此时不爱吃辅食的宝宝，妈妈应重点添加含铁丰富的辅食，其他类型的辅食可以先不添加，等下个月再说。等到妈妈的乳汁无法满足宝宝生长发育需要的时候，他自然会开始吃辅食，所以妈妈只要耐心等待，多尝试几回就可以了。

正式添加辅食

无论之前是纯母乳喂养还是喝奶粉的宝宝，这个月开始都要增加辅食了。此时的宝宝对乳类之外的食物已经有了较好的消化能力，而且也表现出了想吃辅食的愿望，加上这个时期宝宝需要更多的营养，因此就应该正式添加辅食，进行半断奶，为将来1岁以后由吃奶转变为吃饭做好准备。

虽然配方奶是按照宝宝各个月龄阶段成长发育所需营养量来配比的，能够满足宝宝的营养需求，但配方奶也不能一直吃到1岁以后直接转为喂辅食。要给宝宝的肠胃一个从奶类到饭菜类食物过渡的适应时间，才能保证宝宝更健康的成长。

早产的宝宝添加辅食的时间要更早一些。因为他们需要摄取更多的营养物质来赶上健康足月儿的生长发育水平，所以对于早产儿要尽早给予辅食，并保证所需营养物质的合理搭配。

如果宝宝对某种辅食表现抗拒，喂到嘴里就吐出来，或用舌尖把它顶出来，或是用小手把饭勺打翻、把脸扭向一边"不合作"

的话，就表示宝宝可能不爱吃这种辅食。这时候妈妈不应强迫宝宝吃，那种趁着宝宝张嘴大哭就赶紧喂进一勺食物的方法更是不可取，最好是先暂停喂这种食物，过几天后再试着喂一次，如果连续喂两三次宝宝都不吃的话，那么就先不要喂这种东西，很可能是宝宝真的不爱吃。

最佳补水时间

两顿奶之间

在两顿奶之间，可以适当喂宝宝一点儿水，尤其在秋、冬季节，还能起到清洁口腔的作用。

长时间玩耍以后

特别是对月龄大的宝宝，运动量比较大，流失的水分也就更多，家长要注意及时给宝宝喂水。

外出时

外出很容易流汗，所以妈妈应该随身准备一些水，在宝宝口渴的时候及时给他补充。

大哭以后

哭泣可是一项全身运动，宝宝经历了长时间的哭泣以后，不仅会流很多眼泪，还会出很多汗，所以需要补水。

洗完澡以后

洗澡对于宝宝来说也是一种运动，会出很多汗，所以洗完澡后应该给宝宝补充一些水分。

腹泻、呕吐

腹泻容易造成宝宝体内水分和电解质的丢失，如果不及时补充水分，可能会造成脱水休克。对于比较小的宝宝，肠胃发育尚不健全，如果出现呕吐、腹泻的症状，还是应及时到医院由专业医生来判断电解质、水、葡萄糖的补充，不要在家盲目补充。

感冒、发热

感冒以后，由于体温升高，身体会流失很多水分，宝宝比成年人更容易脱水，所以一定要注意及时补水。母乳或者奶粉里都含有宝宝需要的水分，仍要按时喂给宝宝。另外，多给宝宝喂一些白开水，补充水分，有助于退热。

炎热干燥的夏季

在炎热干燥的夏季，温度高，湿度低，宝宝比平时更容易流失水分，所以要特别注意及时补水。每天多喝些温凉的白开水，能迅速为人体补充水分，调节体温，帮助身体散热。喂水要少量多次，不要在饭前给宝宝喂水，这样容易稀释胃液，影响消化功能，降低食欲。

服用鱼肝油

鱼肝油中含有宝宝所需的维生素 D。缺少维生素 D 会影响钙的吸收，会导致宝宝患上佝偻病，而食品中没有足够的维生素 D，所以需要给宝宝服用鱼肝油来补充。

能力发展与训练

运动

随着头部颈肌发育的成熟，这月龄的宝宝在平躺时能稳稳当当地把头抬起来，喜欢把两腿伸直举高，并拉着脚放进嘴里。能用抬高、放落臀部来移动身体，或侧坐在弯曲的腿上用左手右脚、右手左脚的方式前进。可以侧身用双臂支撑着坐起来或以爬行的姿势将两腿前伸而独立坐起。当爸爸妈妈拉着宝宝坐起时，宝宝能腰背比较直挺并且主动地举头，还能自由活动身子不摇晃。

宝宝坐在椅子上能直起身子，不倾倒，当因为别的原因身子倾倒后能再坐直。让宝宝坐在硬板床或桌子、椅子上，宝宝的双臂能伸展，并用两只手支撑在平面上，躯干伸直与平面角度保持在 45° 以上。当宝宝趴着时，能用双手双膝撑起身体前后摇动，还能手和膝挨床面做爬行的动作；用手和膝盖向前爬时，腹部挨着床面，拖着自己匍匐前行，还可扭着屁股拖着自己一点点向前移动；能一手或双手握物的同时向前蠕行。当宝宝被拉着站起来时，腿保持直挺，能站立片刻；被扶着腋窝时，能负担身体重量站立，并上下跳跃，腿伸出行走，双眼注视脚部。

当递给宝宝一块积木时，他还不会用手指尖捏东西，只能用手掌和全部手指生硬地抓东西。宝宝能将一块积木传给左手，右手再拿第二块。如果妈妈逗宝宝玩，用布遮住宝宝的眼睛，宝宝能够用手抓住并且扯下来。虽然宝宝的手还不大会驱动手指，但已经能够自由地使用双手了，并且手、眼、口已经配合得比较自如了。

视觉

从第6个月开始，宝宝就可以注视远距离的物体了，如天上的飞机、路上的汽车、阳台上的花等。两眼可以对准焦点，会调整自己的姿势，以便能够看清楚想要看的东西。当坐起来玩耍时，双手可以在眼睛的控制下摆弄物体，会盯住他拿到的东西，手眼开始协调。在宝宝眼前出示玩具，并上下左右缓慢移动，宝宝会有意识地主动追随。这个阶段宝宝的视觉功能已比较完善了，开始能辨认不同的颜色，喜欢红、黄、橙等暖色，对绿和蓝等亮色也很感兴趣，特别是红色的物品和玩具最能引起宝宝的兴奋。温暖亮丽的颜色会让宝宝轻松愉悦，灰暗沉闷的颜色让宝宝烦躁不安，这些足以表明宝宝的视觉感官正在走向成熟。同时，宝宝的视觉条件反射也已经形成，如看见奶瓶会伸手要，嘴里会发出一些声音，意思是：我要喝奶！最喜欢的一件事情就是注视着镜子中的自己，乐此不疲。

听觉

到第6个月时，宝宝听力比之前更加灵敏了，已经能够集中注意力倾听音乐，并且对柔和的音乐声表现出愉悦的情绪，拍拍小手，蹬蹬小腿，而对于嘈杂或强烈的声音会表现出不快，甚至会哇哇大哭。当爸爸妈妈在另一个房间叫他，他会把头转向发出声音的方向，且能区分爸爸、妈妈的声音，听见妈妈的声音就会高兴起来，并且开始发出一些声音，似乎是对成人的回答，也好似表明自己的存在，有时甚至会发出频率很快的哼哼声，那是强烈的渴求妈妈温暖的怀抱。这时，宝宝已经知道自己的名字了。当大人叫他名字的时候，他会给你一个甜甜的笑做出应答，表示他会从一大堆他还听不懂的语言中听出自己的名字，并且表现出兴奋关注的神情。

言语

一般来说，6个月的宝宝，只要不是在睡觉，嘴里就一刻不停地发出"mama、baba、dada"等双唇音，但他并不明白话语的意思。宝宝已经开始尝试不同的声调和音量来引起注意，会根据声音和身体语言来表达情感，对自己玩弄出来的声音很感兴趣，同时对大人在和他接触时所发出的一些简单声音会有反应动作。宝宝还会制造出不同的声音，能模仿咳嗽声、咂舌声等，喜欢兴致勃勃地喷口水的声音。

嗅觉

6个月的宝宝已经能比较稳定地区分好的气味和不好的气味了，喜欢的气味会让宝宝愉悦起来。一旦闻到不喜欢的气味，宝宝会产生极大的厌恶感，皱眉头，甚至会啼哭。

味觉

到了第6个月时，宝宝已经能够比较明确而精细的区别酸、甜、苦、辣、咸等不同的味道，对食物的任何细微的变化都会非常敏感。比如，因为习惯母乳，极强烈地拒绝奶粉，对于味道香甜的米粉和水果泥表现出浓厚的兴趣。6个月是宝宝舌头上的味蕾发育和功能完善最迅速的时期，对食物味道的任何变化都会表现出非常敏感的反应并留下"记忆"，此时宝宝也比较容易接受新的食物，因此，这个阶段最适合给宝宝尝试添加不同的辅食。

认知

宝宝 6 个月大的时候，对周围的事物有了自己的观察力和理解力，似乎也会看大人们的脸色了。宝宝对外人亲切的微笑和话语也能报以微笑，看到严肃的表情时，就会不安地扎在妈妈的怀里不敢看。随着认知能力的发育，他很快会发现一些物品（例如铃铛和钥匙串）在摇动时会发出有趣的声音。当他将一些物品扔在桌上或丢到地板上时，可能启动一连串的听觉反应，包括喜悦的表情、呻吟或者导致物件重现或者重新消失的其他反应。他开始故意丢弃物品，让爸爸妈妈帮他拣起。这时可千万不要不耐烦，因为这是他学习因果关系并通过自己的能力影响环境的重要时期。

宝宝变得越来越好动，对这个世界充满了好奇心。这个阶段是宝宝自尊心形成的非常时期，所以爸爸妈妈要引起足够的关注，对宝宝适时给予鼓励，从而使宝宝建立起良好的自信心。当宝宝想做一些危险的事情或者干打扰家庭成员休息的事情时，爸爸妈妈必须加以约束，然而这时候处理这个问题最有效的方法是用玩具或其他活动使宝宝分心。当宝宝看见吸引他的东西出现在眼前时，不再两手同时伸出够取，而是伸出一只手去够。当宝宝拿到东西后，他会翻来覆去地看看、摸摸、摇摇，表现出积极的感知倾向。将能发声的小手鼓放到宝宝手里，宝宝会主动摇动手里的手鼓。让宝宝拿着一块积木，再将一块积木放在他身边，他会拿起第二块积木，并同时拿在手中几秒钟；如果宝宝手中已经拿了两块积木，再在他身边放一块积木，他会拿着两块积木，并试图去碰第三块积木。

心理

6 个月的宝宝，从运动量、运动方式、心理活动都有明显的发展。他可以自由自在地做翻滚运动。若见了熟人，会有礼貌地哄人，向熟人表示微笑，这是很友好的表示。不高兴时会用噘嘴、摔东西来表达内心的不满。照镜子时会用小手拍打镜中的自己。常常会用手指向室外，表示内心向往室外的天然美景。示意大人带他到室外活动。6个月的宝宝，心理活动已经比较复杂了。他的面部表情就像一幅多彩的图画，会表现出内心的活动。高兴时，会眉开眼笑，手舞足蹈，咿呀作语；不高兴时会怒发冲冠，又哭又叫。他能听懂严厉或柔和的声音。当你离开他时，他会表现出害怕的情绪。

社会交往

到了第6个月时，宝宝可以认出熟悉的人并朝他们微笑，但有些宝宝开始明显地认生，对陌生人表现出害怕的样子，不让陌生人抱，也害怕陌生的环境。如果宝宝不顺心，发起脾气也很厉害，会长时间地啼哭，拒绝吃东西，拒绝比较亲近的人的搂抱，而只让爸爸妈妈抱。很明显的，宝宝已有比较复杂的情绪了，高兴时会笑，不称心时会发脾气，爸爸妈妈离开时会害怕、恐惧。所以爸爸妈妈要特别注意不要在生人刚来时突然离开宝宝，也不能用恐怖的表情和语言吓唬宝宝，不能把自己的情绪发泄在宝宝身上，对宝宝冷落、不耐烦，甚至打骂。要让宝宝在快乐中成长，爸爸妈妈首先要保持一个良好的心态，因为爸爸妈妈的一言一行对宝宝的性格养成起着重要的作用。

手眼协调能力

训练宝宝手眼协调的能力有很多种方法，例如，把适宜宝宝抓握又能发声的玩具用松紧带悬吊在他能够着的地方，训练他用手去抓握；或是抱着宝宝坐在桌前，桌上放一些色彩鲜艳的糖块、水果等，引导宝宝去抓桌子上的东西，让他一手抓一个。

这个月的宝宝能够在俯卧的时候抬起胸部，所以可以在他俯卧着的时候先把玩具放在他伸手能够到的地方让他抓，然后再把玩具换个地方，让他转头或转身去找。当他找到时，就要鼓励他。宝宝在得到鼓励之后，就会更加积极地寻找玩具，准确度也会越来越高。这样在锻炼了宝宝头、颈、上肢的活动能力及动作的同时，也锻炼了其手眼协调的能力，还能有效存进触觉的发育和记忆能力。经过多次训练之后，大人还可以把不会发出声响的绒毛玩具扔到更远的地方，以此来锻炼宝宝的追寻能力。

此外，还可以利用拆装玩具的游戏来锻炼宝宝手眼协调的能力以及综合记忆能力。训练时，爸爸妈妈可以将一只能够拆装的玩具放在宝宝面前，先让宝宝玩一会儿，等到宝宝对玩具的整体熟悉之后，爸爸妈妈再当着宝宝的面把玩具拆散，再拆的过程中让宝宝看着，拆完之后再装回去，这样拆了装、装了拆反复进行多次，然后把玩具给宝宝，让他试着模仿爸爸妈妈刚才的动作。如果宝宝不太会动的话，爸爸妈妈可以拿着宝宝的小手来做。当然，对于这个月龄的宝宝来说，拆装玩具是有一定难度的，但是此时训练的目的只是一种示范，并不要求宝宝真的学会拆装。还有，在训练的过程中，爸爸妈妈一定要看好宝宝，防止宝宝将玩具的零件误吃到嘴里而发生危险。

匍爬训练

这个阶段大多宝宝已经能够熟练翻身，此时爸爸妈妈可以训练宝宝往前爬了。轻轻提起宝宝的双下肢使上肢充分负重，然后利用上肢往前匍行，最初只是原地打转或后退，以后爸爸或妈妈可以把一只手顶住宝宝的一个脚掌，当他用力往后蹬时身体会慢慢往前移动，然后再把手换到另一只脚帮助宝宝用力前进，使宝宝慢慢体会向前爬的动作。

日常护理注意问题

流口水

这个阶段的宝宝，由于出牙的刺激，唾液分泌增多，而宝宝又不能及时吞咽，因此就会出现流口水的现象，这是正常现象。如果出现这种情况，就要注意给宝宝戴围嘴，并经常换洗，保持干燥，不要用硬毛巾给宝宝擦嘴、擦脸，要用柔软、干净的小毛巾或餐巾纸来擦。

把尿打挺

这个月的宝宝依然不能自主控制大小便。爸爸妈妈要知道的是，建立宝宝对大小便的条件反射与宝宝学会控制大小便是两回事，如果前几个月训练好的话，那么这个月的宝宝当听到"嘘嘘"的声音或是遇到把尿、坐盆的动作，就能排出大小便，但这并不是说，宝宝已经能够控制自己的大小便了。更为准确的说法应该是，爸爸妈妈已经能够观察到宝宝大小便之前的信号，如面色涨红、暗自使劲、眼神突然呆滞等，因此能够实现顺利把尿把便。

这一时期的宝宝若出现把尿打挺、放下就尿的现象是很正常的。如果爸爸妈妈总是频繁的训练宝宝的大小便，一是没有意义，二是徒增宝宝的烦躁感。要是总是给宝宝把尿的话，会使宝宝建立起排尿非主观意识反射，只要大人一把，就算宝宝的膀胱并没有充盈到要排尿的程度，也同样会排尿，长此以往就可能会造成宝宝尿频。要是爸爸妈妈能够观察到宝宝要大便的话，就可以给他坐便盆，但如果不能准确判断的话就不要长时间地把着宝宝，因为这样很可能会造成他能力的衰退。

持续性咳嗽

这种持续性的咳嗽多发在秋冬季节，平时不怎么咳嗽的宝宝可能在夜里睡觉或早上起床之后会连续咳嗽一阵，如果是夜里的话，还有可能把晚上吃的奶粉都吐出来。但是宝宝白天却十分正常，精神十足，并且食量也没有减退的迹象。如果是以前一直爱积痰咳嗽的宝宝，妈妈就不会太担心，但若宝宝是刚刚出现这种现象的话，妈妈未免就会担心宝宝是不是生病了。

宝宝期的这种咳嗽多半是由体质造成的，宝宝的喉咙和气管里也总是呼噜呼噜的，仿佛有痰一样。只要宝宝平时不发热、没有异常表现，进食和大便都正常的话，家长就不用担心，也没有必要带着宝宝到医院去吃药打针，只要平时注意加强锻炼，多进行户外活动，多晒晒太阳，改善体质，随着宝宝渐渐长大，这种情况就会好转。一般情况下，宝宝时期的这种积痰、咳嗽很少会转成哮喘，但如果家长把这样的宝宝当作病人一般治疗的话，反倒有可能会令宝宝的体质衰弱、抵抗力下降，因而更容易招致疾病。

如果宝宝在一段时间里咳嗽严重、但除了咳嗽之外没有任何不适症状的话，家长就应该多给宝宝喂水，减少洗澡的次数，以避免积痰加重。如果非要洗澡不可的话，也尽量不要在晚上洗，最好是把洗澡的时间放在下午。平时多带宝宝进行室外运动，用室外空气锻炼皮肤和气管的黏膜，是减少积痰的分泌和缓解咳嗽的最好办法。

宝宝什么都放嘴里怎么办

6个月以前的宝宝吸吮手指、玩具等是很正常的现象，尤其是到了这个月，宝宝看见什么东西都会塞到嘴里啃啃，这与宝宝的"吸吮癖"无关，是成长发育的必然过程，家长不必过多干涉，到了6个月以后自然就会逐渐减少消失的。宝宝的吸吮啃食动作是他智力发育和多种知觉功能发育的要求，如果这个时候家长一看到他啃东西就急忙制止的话，非但不能制止住这种行为，还可能会挫伤宝宝的自尊心，使宝宝情绪低落、闹别扭、哭闹等。

家长担心宝宝形成吸吮习惯的心情是可以理解的，但与其生硬的禁止，不如以积极的方法来对待。比如当看到宝宝在啃手指或是吮吸自己的小拳头时，可以抱起宝宝把他的小手从嘴里拿出来亲亲，把玩具送到宝宝手里，或是喂宝宝喝些白开水和果汁，转移宝宝的注意力，避免宝宝吸吮手指成癖。

另外，这个时候的宝宝除了啃自己的小手，外界任何他接触到的东西，只要他能放到手里，那么下一步的动作必然就是放到嘴里。因此，这时候任何可能对宝宝造成危害的东西都不能放在他的身边，如糖块、纽扣、香烟等。给宝宝的玩具也要彻底清洁消毒，并且要确保玩具上不能有容易掉落的小零件，以免宝宝误吞造成气管异物窒息的危险。

不会翻身

大多数的宝宝在满 5 个月左右的时候就应能够翻身自如了，甚至有些宝宝早在 3 ~ 4 个月大的时候就开始努力翻身，能从仰卧位翻到侧卧位，再从侧卧位翻到俯卧位，唯独不会从俯卧位翻回侧卧位或仰卧位。

如果宝宝到了快 6 个月的时候还不会翻身，那么首先就要考虑到护理的问题。如果宝宝这个月是在冬天的话，那么有可能是因为穿得多导致宝宝负重过重而影响活动，难以翻身；如果宝宝在刚出生时用了蜡烛包，盖被子的时候两边被枕头压着，同样也会阻碍宝宝的自由活动而造成他学习翻身较晚；还有一种可能，就是家人没有对宝宝进行翻身的训练或是训练的次数不够。

对于还不会翻身的宝宝，这一时期应加强翻身训练，不过在训练之前要给宝宝穿得少一点儿。训练的过程很简单，可以从教宝宝右侧翻身开始，将宝宝的头部偏向右侧，然后一手托住宝宝的左肩，一手托住宝宝的臀部，轻轻施力，使其自然右卧。当宝宝学会从俯卧转向右侧卧之后，可以进一步训练宝宝从右侧卧转向俯卧：用一只手托住宝宝的前胸，另一只手轻轻推宝宝的背部，令其俯卧。如果宝宝俯卧的时候右侧上肢压在了身下，就轻轻地帮他从身下抽出来。呈俯卧位的宝宝头部会主动抬起来，这时就可以趁势再让宝宝用双手或前臂撑起前胸。以此方法训练几次，宝宝就能翻身自如了。

如果训练多次，宝宝依然还是不会翻身的话，那么最好带宝宝去医院做个检查，排除运动功能障碍的可能。一般来说，运动功能障碍不会仅仅是翻身运动落后，往往是多种运动能力都比同龄的宝宝落后许多。

麻疹

6个月以前的宝宝如果得了麻疹，多数都是被患有麻疹的宝宝传染上的，由于此时的宝宝还带有从母体中得来的抵抗力，所以即使得了麻疹，也能很快痊愈。

从被传染到发病一般都是10天左右的潜伏期，如果身体里抗体比较强的话，潜伏期就有可能会更长，有些会等到被传染后20天才出疹子。

5个多月的宝宝如果出了麻疹，在出麻疹前不会有打喷嚏、咳嗽、长眼屎等明显症状，只是体温会稍高于37℃，紧接着在颈上、前胸、后背处就会发出稀稀拉拉像被蚊子咬了一样的红点。如果宝宝的抗体比较少的话，发热的时间就会稍长一些，大概能持续一天半，疹子也出得比较多，但发病时不会因为咳嗽而十分痛苦，也不会诱发肺炎等并发症。

这个月的宝宝患上麻疹不需要采取特殊治疗，只要控制洗澡次数，防止宝宝受凉就可以了。由于麻疹有传染性，一旦感染了6个月以上的宝宝，就会患上普通麻疹，所以患了麻疹后要暂停户外活动。麻疹有终生的免疫力，只要患过一次，那么以后就不会再患了。

舌苔增厚

舌苔变厚主要是丝状乳头角化上皮持续生长而不脱落之所造成的。以乳类食品为主的宝宝舌面都会有轻微发白或发黄，只要宝宝吃奶好、大便正常的话，这就是正常现象，家长不必担心。

如果宝宝患有某些疾病，也可引起舌苔增厚，如感冒发热、胃炎、消化道功能紊乱等都是引起舌苔增厚的主要原因。如果舌苔出现偏厚或者发白等情况，而身体无其他不适症状的话，一般就是上火的表现，这种情况还通常还会伴有口腔异味甚至口臭；

权威金版育儿百科

如果舌苔在增厚同时发黄的话，就可能是胃肠方面的疾病或是出现某些炎症；如果宝宝在舌苔增厚的同时，一并出现食欲下降、消瘦或是发热等症状，最好是及时就医。

枕部扁平

宝宝枕部扁平一般从 3 个月左右开始显现出来，5 ~ 6 个月的时候最明显。很多家长为了防止宝宝枕部扁平，平时就总是抱着宝宝，也很注意调整宝宝的睡姿。但即使如此，有的宝宝依然还是出现了扁平头，一般都是右侧后部的位置被压扁，也有些是整个后头部都呈扁平形。

枕部扁平与大脑内部的功能没有关系，也不会影响宝宝智力的发展，后头部扁平的一般也不明显，大多数的宝宝到了 3 ~ 4 岁，这种现象就会消失，所以爸爸妈妈不用过多担心。而且，多抱少躺的方式也并不能解决宝宝时期枕部扁平的问题，爸爸妈妈只要耐心等待即可，随着宝宝慢慢长大，这个问题会自然好转的。但如果爸爸的枕部也很扁平的话，那宝宝就有可能受到遗传影响，终生都是扁平头。

耳垢湿软

有的宝宝耳垢很软，呈米黄色，常常粘在耳朵里，这种现象就是耳垢湿软。耳垢湿软是天生的，受父母的遗传，是由耳孔内的脂肪腺分泌异常所导致的，脸色白净、皮肤柔软的宝宝比较多见，并不是什么疾病。

宝宝的耳垢特别软时，有时会自己流出来，这时用脱脂棉小心地擦干耳道口处即可，平时洗澡的时候注意尽量不要让水进到耳朵里。不能用带尖的东西去挖耳朵，以免使用不当碰伤宝宝，引起外耳炎。耳垢软的宝宝，即使长大以后耳垢也不会变硬，只是分泌量会比较少。

如果爸爸妈妈不清楚宝宝是湿性耳垢的话，当看到宝宝的耳垢很软，就会担心宝宝患上了中耳炎。其实，中耳炎和耳垢湿软还是很好区分的。患中耳炎时，宝宝的耳道外口处会因流出的分泌物而湿润，但两侧耳朵同时流出分泌物的情况很少见。并且流出分泌物之前，宝宝多少会有一点儿发热，还会出现夜里痛得不能入睡等现象。而天生的耳垢湿软一般不会是一侧的，并且宝宝没有任何不适的表现。

睡眠问题

这个月的宝宝睡眠总体的规律是，白天的睡眠时间及次数会逐渐减少，即使白天睡觉较多的宝宝，一白天的睡眠时间也会减1～2个小时。具体到每天晚上应该睡多久，白天应该睡多久，每天一共应该睡几觉，则没有绝对的标准。能睡的宝宝这个月晚上能连续睡10多个小时，一觉到天亮，白天一般睡2～3次，上午睡1次，1～2小时；下午睡1～2次，2～3个小时。有的宝宝则开始习惯晚睡了，通常要到晚上10点甚至11点才开始睡，一直睡到转天早上7～8点，甚至8～9点。只要宝宝自己调节得好的话，家长就不必过多干预。

由于这个月的宝宝运动能力增强，即使白天睡觉，晚上也照样能睡得很好，因此家长再不用因为宝宝白天的睡觉问题而担心了。以前夜里要醒两次的宝宝，现在变为一次；而原来只醒一次的宝宝现在则可以一觉睡到天亮。

有些宝宝睡觉的时候总爱出汗，家长就要注意鉴别，分清楚是正常的生理出汗还是病态地出汗。出汗是受交感神经支配的，婴幼儿的交感神经兴奋性高，一般都比较爱出汗，所以如果宝宝是在入睡后不久出汗，过一段时间汗液就能消退而不再出汗的话，就没什么问题，是正常现象，是因为宝宝从兴奋状态逐渐进入抑制状态过程中，全身血流仍较快所导致的。家长可以在宝宝刚开始入睡时，不要给他盖太多的被子，等到他熟睡之后完全处于稳定状态时再将被子盖好，并要注意室内的空气流通。

如果发现宝宝入睡后，全身出汗很多，尤其头部表现更为突出。出汗的同时还常因汗多刺激头皮而摇头，宝宝的枕后部可见一圈脱发，伴有神经兴奋性增加的表现，如睡后突然惊醒、惊哭或者烦躁不安等，并同时还伴有骨骼的改变，如颅骨软化、肋骨外翻、前囟大、方颅等，就需要到儿童保健门诊做检查治疗，这有可能是佝偻病早期的症状。

如果宝宝在刚刚入睡时无汗，入睡一段时间后，尤其是下半夜出现全身大汗，这种叫"盗汗"。如果宝宝同时伴有面色苍白或苍黄、精神萎靡、食欲不振甚至低热和咳嗽等症状，就应到传染科做相关检查，排除结核病可能。

臀部护理

宝宝由于大小便次数较多，特别是母乳喂养的宝宝，有时候每天大便六七次，如果不注意臀部护理，极易出现臀红或者尿布疹。妈妈可以采取以下措施保护宝宝的小屁屁：

1. 及时更换尿布，以免皮肤长时间受到刺激；

2. 若使用布尿布或者纱布尿布，质地要柔软，应用弱碱性肥皂洗涤干净并暴晒；

3. 选择品质好、质量合格的纸尿裤；

4. 不要在宝宝身下垫橡胶、塑料等材质的垫子；

5. 大便后要用温水冲洗臀部，用干爽的毛巾沾干水分，再让宝宝的臀部在空气中或阳光下晾一下，不要马上包上尿片，以皮肤干燥。

牙齿护理

吃完换乳食物后，喂白开水

随着宝宝的成长，逐渐可以坐，甚至可以抓立，每天可以吃一次或两次换乳食物，牙床也可以磨碎些食物。下牙床的前齿会流出大量有杀菌功能的唾液，可以清除口腔中的脏物。在每次吃东西之后要用白开水冲洗口腔。

逐渐让宝宝习惯牙刷或纱布擦拭牙齿

为使宝宝即便将手指或者刷子放进口中也不感到惊慌，最初的时候可以用纱布或者湿巾擦拭宝宝嘴的周围及牙齿。当宝宝习惯了纱布以后，妈妈就可以一边小心地照看，一边像跟宝宝游戏一样用宝宝专用牙刷刷牙。

清理牙齿步骤

1. 将妈妈的食指套上宝宝专用牙刷刷牙。

2. 不要急于擦拭牙齿，首先为了使宝宝适应，可以先将嘴的周围及嘴唇擦拭干净。

3. 将手指慢慢伸进口中，轻轻地擦拭牙齿。

家庭环境的支持

室外活动

这个月的室外活动时间和次数和上个月没有太大区别，不过由于宝宝的活动能力增强了，所以更要注意室外活动的安全。

如果用宝宝车带着宝宝出去的话，要检查好宝宝车的安全，不要在宝宝车的车把上挂重物，以防在重力的作用下使宝宝车向后仰，给宝宝造成危险。

当在户外给宝宝喂奶时，不要把奶瓶放在宝宝的旁边，以防大人不注意的时候宝宝碰到奶瓶烫伤。

再有，带着宝宝到户外的时候，不要让宝宝触碰别人养的小宠物，更不能让宠物舔宝宝的手脚，以防宠物咬伤宝宝，引起不必要的后患。

玩具

适合5个多月的宝宝的玩具有很多，如不同材质的绒毛玩偶、丝织品小玩具、铁皮制成的小汽车、积木、橡胶或塑料制成的球、色彩鲜艳的脸谱、卡通形象的画册、塑料包边的镜子、塑料图形玩具、各种材质的动物造型以及风铃、八音盒、彩色小摇铃以及拨浪鼓等可以发出悦耳声音的玩具。

不过对于这个月龄的宝宝来说，宝宝玩具没有我们日常生活中的常用物品的吸引力大。此时的宝宝对那些大人根本不会在意的日用品更感兴趣，比如奶瓶、小勺等，常常是拿起来敲敲打打不厌其烦地玩个不停，并且十分开心。

这是宝宝发育过程中都要经历的阶段，家长不必过多干预，宝宝如果感兴趣的话，就尽管拿这些日常生活用品给宝宝玩，并且在他玩的时候给他讲讲这些东西的名称、用处，让宝宝边玩边认，在宝宝玩耍的同时，还能提高他的认知能力。

潜能开发游戏

抓东西

【目的】促进宝宝手部的小肌肉运动，发展手部的精细动作和手眼的协调能力。

【玩法】可以让宝宝在地上或床上坐着，然后家长滚一个球给他，让他去抓这个球；或是让宝宝抓小块的积木、糖果等便于抓取的东西。如果宝宝能很好地抓住东西，家长可以进一步锻炼宝宝手部的配合能力，可以先递给宝宝一块积木，然后再递给宝宝另外一块积木，看宝宝的反应。宝宝通常会做出三种不同反应，一是扔掉当前手里的积木，二是用另外空着的手接过积木，三是先把手里的积木挪到另外空着的手里，再用这只手接过积木。这三种不同的反应，可以折射出宝宝的思维发展阶段：如果宝宝懂得用另外空着的手接过积木或是先把手里的积木挪到另一只手再接过积木，就说明宝宝已经懂得了两只手可以分开以及配合使用。但如果宝宝只会将当前手里的积木扔掉后再接新的积木的话，就说明宝宝还没有这个意识，这时候就需要家长的启发，让宝宝知道，他还有另外一只手可以使用。

镜子里的我

【目的】锻炼宝宝的颈部肌肉、手臂肌肉和眼部肌肉，同时还可锻炼宝宝眼神对物体的追踪能力。

【玩法】把一面合适的镜子（面积稍大，四周不会划伤宝宝）放在地上。让宝宝腹部朝下，趴在镜子边沿（注意：3个月以下的宝宝需要用抱枕支撑头部和颈部），让宝宝往镜子里看。家长可以在宝宝的身边和他一起照镜子并和他玩"躲猫猫"的游戏，在玩的过程中可以跟宝宝说说镜子里的他："这是你的眼睛、嘴、鼻子、耳朵……"，还可以跟他玩"躲猫猫"的游戏。

抱枕上的平衡

【目的】让宝宝体验腹部所承受的压力以及平衡感，与此同时让宝宝练习抬头的能力。

【玩法】除了家长抱着宝宝做摇摆的练习，让宝宝趴着左右摇晃也能练习平衡哦！将宝宝放置在一个大的海绵抱枕上，也可以将大浴巾卷起来做成抱枕或用毛巾把厨房专用纸巾卷起来。可以在抱枕上先铺上一条羊毛毯，让宝宝趴在上面，用抱枕支撑着宝宝的胸部、腹部和大腿，把宝宝的头转向一边，轻轻地唱着曲儿并左右摇动宝宝。摇晃时，家长要注意扶稳宝宝，防止宝宝从抱枕上跌落。

6 ～ 7个月

这个月的宝宝

满半岁的宝宝身体发育开始趋于平缓。

体重

满6个月时，男宝宝体重的正常范围为6.66 ～ 10.3千克，平均为8.48千克；女宝宝体重的正常范围为6.16 ～ 9.52千克，平均为7.84千克。本月可增长0.45 ～ 0.75千克。

身高

男宝宝身高的正常范围为64.0 ～ 73.2厘米，平均为68.6厘米；女宝宝身高正常范围为62.4 ～ 71.6厘米，平均为67.0厘米。本月平均可以增高 2.0 厘米。

头围

男宝宝头围的正常范围为 41.5 ~ 46.7 厘米，平均为 44.1 厘米；女宝宝头围的正常范围为 40.4 ~ 45.6 厘米，平均为 43.0 厘米，这个月平均可增长 0.5 厘米。

胸围

男宝宝胸围的正常范围为 39.7 ~ 48.1 厘米，平均为 43.9 厘米；女宝宝头围的正常范围为 38.9 ~ 46.9 厘米，平均为 42.9 厘米，这个月平均可增长 1.3 厘米。

囟门

一般在这个月，宝宝的囟门和上个月差别不大，还不会闭合，但已经很小了，多数在 0.5 ~ 1.5 厘米之间，也有的已经出现假闭合的现象，即外观看来似乎已经闭合，但若通过 X 射线检查其实并未闭合。家长如果为了要弄清前囟是否真的闭合了，就去给宝宝做 X 射线检查，其实是完全没必要的。如果宝宝的头围发育是正常的，也没有其他异常体征和症状，没有贫血，没有过多摄入维生素 D 和钙剂的话，家长就不必着急，因为这大多数都仅仅是膜性闭合，而不是真正的囟门闭合。

牙齿

发育快的宝宝在这个月初已经长出了两颗门牙，到月末有望再长两颗，而发育较慢的宝宝也许这个月刚刚出牙，也许依然还没出牙。出牙的早晚个体差异很大，家长也不必太过担心。

营养需求与喂养

营养需求

6 ~ 7 个月期间，宝宝的主要营养来源是母乳或是配方奶，同时添加辅食。宝宝长到 6 个月以后，不仅对母乳或配方奶以外的其他食品有了自然的需求，而且对食品口味的要求与以往也有所不同，开始对成的食物感兴趣。这个时期有的宝宝会缺乏维生素 K，这是由于单纯的母乳喂养，而没有及时添加辅食。同时也要及时补充含铁丰富的饮食，如猪肝、鸡蛋、猪血等，由于胎儿期从母体得到的储备铁已消耗殆尽，饮食中得到铁质也较少，很容易发生营养性缺铁性贫血，尤其是慢性的腹泻病更容易发生。这个时期的宝宝仍需母乳喂养，因此妈妈必须注意多吃含铁丰富的食物。对有腹泻的宝宝，及时控制腹泻也极为重要。

半断奶期

这个月的宝宝开始进入半断奶期，需要添加多种辅食。适合这个月龄宝宝的辅食有蛋类、肉类、蔬菜、水果等含有蛋白质、维生素和矿物质的食品，尽量少添加富含碳水化合物的辅食，如米粉、面糊等。同时，还应给宝宝食用母乳或奶粉，因为对于这个月的宝宝来说，母乳或奶粉仍然是他最好的食品。

如果妈妈乳汁分泌尚好的话，可以一天给宝宝喂两次辅食，吃三次母乳，晚上再喂两次母乳。如果宝宝不好好吃母乳、妈妈感到乳涨的话，可以只给宝宝吃蛋类、蔬菜和水果，不吃米面，或是适当减少辅食的喂养量，要是宝宝同时在喝奶粉的话，奶粉量也可以酌情减少。如果此时母乳已经很少了，就可以停止母乳，改喂奶粉。

此时给宝宝完全断奶还有些过早。1 岁以内的宝宝应该是以乳类食品为主的，如果完全断奶太早的话，是不利于宝宝生长发育的。所以，如果宝宝在这个时候不爱吃母乳或奶粉，只爱吃辅食的话，可以多尝试着给宝宝喂几次奶粉，培养起宝宝喝奶粉的习惯。

开始喜欢辅食

这个月的宝宝，会比较喜欢吃辅食，家长可以按辅食添加顺序和宝宝适应程度，逐渐增加辅食种类和数量。但这个时期仅仅是半断奶的开始，添加辅食的目的是让宝宝逐渐适应吃奶以外的食品，补充奶类中不足的营养成分。如果妈妈把添加辅食作为这个月的头等大事，整天忙着做辅食，就会顾此失彼，忘记了更重要的事。

辅食供给

这个月辅食添加的方法，要根据辅食添加的时间、添加量、宝宝对辅食的喜爱程度、母乳的多少和宝宝的睡眠情况灵活掌握。

给宝宝断奶食品的选择，应包括蔬菜类、水果类、肉类、蛋类、鱼类等。如果宝宝已经习惯了辅食的话，只要宝宝发育正常的话就可以照之前的方法继续添加下去，不需要做过多的调整；如果宝宝的吞咽能力良好，并且表现出对辅食的极大渴望，那么不妨给宝宝一些面包或磨牙棒，让宝宝自己抓着吃；如果宝宝此时吞咽半固体的食物还有困难的话，可以多喂一些流质的辅食；如果宝宝每次吃辅食的时间都很长的话，爸爸妈妈就要尽快提高辅食的喂养技巧，暂时先不要增加每天喂辅食的次数；如果宝宝一天吃两次辅食，吃奶量就减少到3次或更少，那么就应减少一次辅食，以增加奶的摄入量。

宝宝到了7个月时，已经开始萌出乳牙，有了咀嚼能力，同时舌头也有了搅拌食物的功能，味蕾也敏锐了，因而对饮食也越来越多地显出了个人的爱好。因此，在喂养上，也随之出现了一定的要求。爸爸妈妈最好能多掌握几种辅食的做法，以适应宝宝不同的需要。不过对于辅食的做法，也没有必要恪守一些食谱，有的时候爸爸妈妈对着食谱满头大汗的做了半天辅食，结果宝宝还是不吃，白白浪费时间。只要把平时大人吃的饭菜煮烂一点儿，少放些盐，就可以给宝宝吃。要知道，这个时候给宝宝添加辅食，重要的是添加，是锻炼宝宝吃的能力，所以在一岁以前，只要让宝宝练习吃辅食就可以了。只要是健康又有营养的东西，就可以给宝宝吃，没有必要太花心思在这个上面。

能力发展与训练

运动

当宝宝平躺时，他会不停地运动，还会抓住自己的脚或身边的任何东西塞进口中。但他很快就不满足于仰卧位，现在他可以随意翻身，一不留神就会翻动，这时的宝宝翻身已经相当灵活了。

当宝宝趴着时，会弓起后背，以使自己可以向四周观看。宝宝已经有了爬的愿望和动作，爸爸妈妈可以推一推宝宝的足底，给宝宝一点儿向前爬的外力，会帮助宝宝体会向前爬的感觉和乐趣，为以后的爬打下基础。

宝宝从卧位发展到坐位是动作发育的一大进步，这个月的宝宝已经能独坐了，如果爸爸妈妈把宝宝摆成坐直的姿势，他将不需要用手支持而仍然可以保持坐姿。并能自如地伸手拿玩具，也开始学捡起玩具。会用双手同时握住较大的物体，两手开始了最初的配合。抓物更准确了，最让妈妈爸爸感到惊奇是，能把一个物体从一只手递到另一只手，这可是不小的进步。能用大拇指、食指与中指握住积木，大拇指与食指可合作拿东西，能拾起地上的小东西，能手拿着奶瓶，把奶嘴放到口中吸吮，迈出了自己吃饭的第一步。不高兴时，不喜欢手里的东西时，会把它扔掉，开始了自主选择。

这个月的宝宝能自己扶着物体或靠在物体上站立，当爸爸妈妈拉着手臂让宝宝站起来时，宝宝的一只脚会在另一只脚前面。

视觉

宝宝的远距离视觉进一步发展，能辨别物体的远近和空间，眼睛可以慢慢根据东西靠近或远离调整焦距来对焦了，能注意远处活动的东西，如天上的飞机等。这时的宝宝最喜欢寻找那些突然不见的玩具，爸爸妈妈可以经常跟宝宝玩"躲猫猫"的游戏，观察宝宝的兴奋程度和反应及时与否。

听觉

第7个月的宝宝的听力比以前更加灵敏了，能分辨不同的声音，并学着发声，在倾听自己发出的声音和别人发出的声音时，能把声音和声音的内容建立联系，如在宝宝面前呼唤"妈妈"，宝宝会把头转向妈妈。能熟练地寻觅声源，听懂差别语气、语调抒发的差别意义。

言语

7个月时，宝宝的语言发展进入敏感期，已经可以发出比较明确的音节，与人玩或独处时会自然地发出各种声音，很可能已经会说出一两句"papa""mama"了。宝宝开始模仿别人嘴和下巴的动作，如咳嗽等。也开始主动模仿说话声，会模仿大人的语调，会大叫，感到满意时会发声。在开始学习下一个音节之前，他会整天或几天一直重复这个音节。当宝宝听到"不"等带有否定意义的声音时，能暂时停下手里的动作，但很快可能又继续做他停下来的动作。当宝宝听到熟悉的声音时，会做出反应，如听到叫自己的名字、电话铃声等就会转头或转身。宝宝不仅能熟练地寻找声源，还能听懂不同语气、语调表达的不同意思。

现在宝宝对爸爸妈妈发出的声音的反应更加敏锐，并尝试跟着爸爸妈妈说话，因此要像教他叫"爸爸"和"妈妈"一样，耐心地教他一些简单的音节和诸如"猫""狗""热""冷""走""去"等词汇。尽管至少还需要1年以上的时间，爸爸妈妈了能听懂宝宝咿呀的语言，但宝宝现在就能很好地理解爸爸妈妈说的一些词汇。

嗅觉

到7个月时，随着宝宝大脑的发育，认知能力的提高，宝宝已经开始逐渐将气味记忆起来。这时，爸爸妈妈可以用醋和妈妈常用的比较清淡的香水，放在宝宝鼻子下方轻轻地晃动两三下，给予宝宝嗅觉的刺激，并告诉宝宝这是什么气味，那是什么气味。

味觉

7个月时，爸爸妈妈可以尝试给宝宝多一些味蕾的锻炼机会。随着辅食的逐渐增加，当宝宝吃甜品的时候，告诉宝宝这是甜味，给宝宝微酸的食物时，告诉宝宝这是酸味。

认知

7个月时，宝宝已经有了观察力的最初形态。这个时期的宝宝，对于周围环境中新鲜的和鲜艳明亮的活动物体都能注意。拿到东西后会翻来覆去地看看、摸摸、摇摇，表现出积极的感知倾向，这是观察的萌芽。这种观察不仅和动作分不开，而且可以扩大宝宝的认知范围，引起快乐的情感，对发展语言有很大作用。但是，宝宝的观察往往是不准确的、不完全的，而且不能服从于一定的目的。

这月的宝宝有了深度知觉，如抓取物体，感觉它的形状、大小，啃一啃；感觉它的软硬、滋味；把握在手里的东西，摇一摇，听一听它的声音；用手掰一掰，拍一拍，打一打，晃一晃，摸一摸，认识这种物体。对已经会的能力，不再感兴趣了，而对刚刚学会的，或还没有学会的，非常感兴趣，对新鲜事感兴趣，有探索精神，如大人将摇铃拿在手里摇晃，然后放到宝宝身边，宝宝会拿起摇铃，模仿大人主动摇铃。爸爸妈妈拿着洋娃娃逗引宝宝，宝宝会追逐大人手中的洋娃娃。将小球放在广口瓶中，然后拿给宝宝，宝宝能将广口瓶中的小球倒出来，当看到被他倒出来的小球时，他会伸手够取。

此时的宝宝，玩具丢了会找，能认出熟悉的事物。对自己的名字有反应。能跟妈妈打招呼了，会自己吃饼干了，出现认生的行为，对许多东西表现出害怕。能够理解简单的词义，懂得大人用语言和表情表示的表扬和批评；记住离别一星期的熟人 3 ~ 4 人；会用声音和动作表示要大小便。宝宝会的越来越多了，而爸爸妈妈参与宝宝的活动也越来越多了。

心理

7 个月的宝宝已经习惯坐着玩了。尤其是坐在浴盆里洗澡时，更是喜欢戏水，用小手拍打水面，溅出许多水花。如果扶他站立，他会不停地蹦跶。嘴里"咿咿呀"好像叫着爸爸、妈妈，脸上经常会显露幸福的微笑。如果你当着他的面把玩具藏起来，他会很快找出来。喜欢模仿大人的动作，也喜欢让大人陪他看书、看画，听"哗哗"的翻书声音。

7个月的宝宝不仅常常模仿父母对他发出的双音节，而且有50%～70%的宝宝会自动发出"爸爸""妈妈"等音节。开始时他并不知道是什么意思，但见到家长听到叫爸爸、妈妈就会很高兴，叫爸爸时爸爸会亲亲他，叫妈妈时，妈妈会亲亲他，宝宝就渐渐地从无意识的发音发展到有意识地叫爸爸、妈妈，这标志着宝宝已步入了学习语音的敏感期。父母们要敏锐地捕捉住这一教育契机，每天在宝宝愉快的时候，给他朗读图书、念儿歌、说绕口令等。

社会交往

宝宝已经能够区别亲人和陌生人，看见看护自己的亲人会高兴。开始观察大人的行为，当大人站在他面前，伸开双手招呼他时，他会微笑，并伸手要求抱。会模仿大人的行为，如大人给他一个飞吻，要求他也给一个，他会遵照大人的要求表演一次飞吻；当大人与宝宝玩拍手游戏时，他会积极配合并试图模仿。能听懂、理解大人的话和面部表情，并逐渐学会辨识别人的情绪，如被表扬时会高兴地微笑、被训斥时会显得很委屈、看到妈妈高兴时就微笑、听到爸爸责备时就大哭、强迫做他不喜欢做的事情时会反抗等。从镜子里看见自己，会到镜子后边去寻找；有时还会对着镜子亲吻自己的笑脸。如果和他玩"藏猫猫"的游戏，他会很感兴趣。这时的宝宝还会用不同的方式表示自己的情绪，如用哭、笑来表示喜欢和不喜欢；见到新鲜的事情会惊奇和兴奋，能有意识地较长时间注意感兴趣的事物，表现出想要融入小圈子的愿望。

早期智力开发

7个月宝宝智力开发的重点是首先要满足宝宝旺盛的好奇心，满足宝宝对亲人依恋的心理需求，然后再从训练他手眼协调能力、对语言的理解能力、鼓励模仿行为、学习指认生活中常见物品、认识自己身体各部位等入手，从身心各方面促进其全面发展。

点头肯定摇头否定

教会宝宝点头表示是，摇头表示不是，让宝宝懂得点头和摇头的含义，让宝宝初步明白不同动作所代表的而不同语言，进而起到开发智能的作用。

训练的时候，可以由妈妈先指着爸爸问宝宝："他是妈妈吗？"然后爸爸一边摇摇头，一边说："不"。接下来妈妈可以继续问："他是爸爸吗？"爸爸一边点头，一边说："是"。注意不要说得很复杂，例如"是的，我是爸爸"，因为这时的宝宝对单字更容易理解一些，简单的语言和动作会使宝宝更明白、学得更快。

连续翻滚

学会连续翻滚是宝宝学会爬之前唯一能移动位置的方法，是很重要的学习项目之一，能够锻炼前庭和小脑的平衡。

在做这项运动的时候要确保有足够的活动场地，可以在地板上或在大床上进行，活动之前要讲所有的障碍物移出。运动的时候，家长可以手拿玩具做引导，先将玩具放置一侧使宝宝侧翻；接着让他从侧翻变成俯卧；再从俯卧变成仰卧；最后学会连续打滚。为了拿到远方的玩具，宝宝就会做出连续翻滚向远方移动的动作。如果宝宝还比较困难的话，家长可以从旁用手轻推他的肩部和臀部，让他顺利翻身。

捡东西

让宝宝用手捡蚕豆般的小东西，借以训练宝宝拇指与食指的对捏拾取细小的物品能力，这一精细动作有利于促进大脑功能发展与手、眼的协调。可以准备一些蚕豆或其他细小的物品，让宝宝把东西捡到一个小盘子里，家长要从旁不断地进行指导和鼓励，并要做好看护，避免宝宝将东西直接放到嘴里，造成危险。

很多父母热衷于让宝宝玩大量的益智玩具，安排宝宝进行各种"开发智力"的活动，希望借此提高宝宝的语言、认知等能力。但如果学习压力过重会使宝宝的大脑不堪重负，从而使宝宝长大后易对事物缺乏兴趣和好奇心，竞争力弱，不善为人处世。所以，对宝宝的智力开发要适度，适可而止为最好。

坐立转身训练

当宝宝能稳定的独坐后，爸爸妈妈就可以着重训练宝宝的直立及平衡能力。让宝宝独自坐在床上或地毯上，等宝宝坐直后，爸爸或妈妈用一只手扶住宝宝的一侧大腿，另一只手用一个带响的小玩具吸引宝宝注意，在宝宝的左右侧交替摇响逗引使宝宝左右侧转身去寻找玩具，使宝宝在学习转侧中寻找到平衡点，并且学会用脚来支撑身体。

排便训练

添加辅食之后，宝宝的大便逐渐接近于成人，所以可以训练宝宝坐便盆排便。当家长发现宝宝有排便迹象时候，赶快抱他蹲便盆，就能顺利成功。但由于宝宝此时还不能完全控制自己的排便，加上有的排便时间没有规律，大便次数又多，所以不成功的情况也很常见。这时注意的是，不能强行把便。如果长时间让宝宝坐在便盆上的话，由于宝宝的肛门括约肌和肛提肌的肌紧张力较低，直肠和肛门周围组织也较松弛，加上其骶骨的弯曲度还未形成，直肠容易向下移动，所以很容易使得宝宝腹内压增高，直肠受到一股向下力的推动而向肛门突出，造成脱肛。

此外，处于生长发育期的宝宝，其骨组织的特点是水分较多而固体物质和无机盐成分较少，因而其骨骼比成人软而富有弹性。如果让婴幼儿长时间地坐在便盆上，就会大大增加其脊柱的负重，尤其是本身已患有佝偻病和营养不良的宝宝，更容易导致脊椎侧弯畸形，影响正常发育。因此，为了宝宝的身体健康，当宝宝有便意的时候就让他坐便盆，解便后应立即把便盆拿开，如果宝宝坐上一段时间仍没有便出的话，也要将便盆拿开，不能让宝宝久坐在上面。另外在给宝宝选择便盆的时候，还要注意高低适当。

日常护理注意问题

流口水

6个月以后，大部分的宝宝都开始萌出乳牙，原来不怎么流口水的宝宝，这个月开始口水慢慢开始变多，而原本爱流口水的宝宝在这个时候则更爱流口水了。因此，要多为宝宝准备几个柔软、略厚、吸水性较强的小布围嘴，以便及时更换。

虽然大多数宝宝流口水都是正常的，但如果不加以护理，则容易引发宝宝皮肤感染，也不卫生。所以，当宝宝口水流得较多时，要特别注意护理好宝宝口腔周围的皮肤，每天至少用清水清洗两遍，然后涂上一些宝宝护肤膏，让宝宝的脸部、颈部保持干爽，避免患上湿疹和红丘疹。不能用较粗糙的手帕或毛巾在宝宝的嘴边抹来抹去，否则会伤害到宝宝的皮肤。平时可以给宝宝一些磨牙饼干，以缓解萌牙时牙龈的不适感和流口水的现象，同时还能刺激乳牙尽快萌出。如果宝宝的皮肤已经出疹子或糜烂，最好去医院诊治。在皮肤发炎期间，更应该保持皮肤的整洁、清爽，并依症状治疗。如果局部需要涂抹抗生素或止痒的药膏，擦药的时间最好在宝宝睡前或趁宝宝睡觉时，以免宝宝不慎吃入口中，影响健康。

挑食

很多妈妈都有这种感觉：宝宝在6个月以前吃东西是很乖的，几乎是给他吃什么他就吃什么，怎么到了这个时候，反而挑起食来，不喜欢吃的东西他就会用舌头顶出来。这是因为随着宝宝味觉的提高，对食物的好恶就越来越明显，而且会用抗拒的形式表现出来。宝宝的这种"挑食"与大宝宝的挑食是不同的，在这个月宝宝不爱吃的东西到了下个月很可能就爱吃了，这是常有的事。所以，妈妈用不着太担心宝宝的这种"挑食"。那么宝宝"挑食"时，妈妈应该怎么办呢？

妈妈千万不可强迫宝宝，这次不吃，可以过一段时间再试试看，也不能因为一次吃，以后就永远不给宝宝吃；还可以通过改变一下食物的形式再喂给他吃，比如宝宝不爱吃碎菜或肉末，你可以把它们混在粥内或包成馄饨来喂；也可以选取营养价值差不多的同类食物替代宝宝不爱吃的食物。

不出牙

有些家长看到宝宝长出两颗乳牙了，就认为过不了几天上面的两颗乳牙也会冒出来。一旦它们迟迟不出现，家长就开始着急，以为宝宝是有了什么毛病。但实际上，出两颗牙以后往往有一段间歇期，间歇期的长短是因个人水平有一些差异的，有的宝宝可能过了不到半个月上面就出牙了，也有的宝宝要等一两个月之后才能见到上面的两颗牙齿，这些都是正常的，因此家长不用太着急。

有些宝宝在这个时候还未出牙。当爸爸妈妈看到别的同龄宝宝已经出牙了，而自己的宝宝却未出牙，自然着急，甚至有的怀疑是不是宝宝的智力有问题，这都是没必要的。

一般来讲，发育较早的宝宝可能5个多月就会出牙，而大多数宝宝到了6个月也开始出牙，出牙时先出的是下面的两颗小切牙，然后出上切牙，然后是两旁的侧切牙、尖牙。影响宝宝出牙的因素有很多，有一些是在胚胎期就已经决定了的，和遗传有关；也有些是受成长的环境因素所决定的，所以对于宝宝出牙的早晚，家长应抱着顺其自然的态度。换句话说，在这个时候宝宝如果出了两颗牙后迟迟不见动静，或是还未出牙，都是正常现象。

出牙的早晚与智力无关。牙齿萌出的早晚受着遗传和环境等因素的影响，每个婴幼儿之间多少会有些差异，但并不是说牙出得早、宝宝就聪明，出得晚宝宝就迟钝。只要宝宝是健康的，牙出得时间早晚与宝宝的智力没有任何关系。

家长们要做的，是保证宝宝钙质的摄入，避免宝宝缺钙，再有就是宝宝到了4个月以后按时添加辅食，还可以用还可用咬薄饼、馒头片这样的东西磨一磨，也对出牙有所帮助。

虽然某些全身性疾病如佝偻病、甲状腺功能低下等疾病是会影响宝宝的出牙时间，但就目前而言，下次定论未免过早。家长可以再耐心等待一段时间，如果宝宝过了几个月之后仍未出牙，就需要去医院查明出牙晚的原因。如发现的确是某些疾病所致，就要在治疗全身疾病的基础上促进乳牙的萌出。

"吃手"需注意

6个月以前宝宝吮吸手指是生长发育的正常现象，多半到了6个月的时候都会逐渐消失。但如果这个时候宝宝依然还总是"吃手"，或是突然出现"吃手"现象的话，就要引起家长的注意了。当然，对于这个月龄宝宝"吃手"的问题，不能一味强硬的禁止干预，应该从喂养环境和宝宝生长发育的阶段特点上找出原因，再有针对性地实施对策。

一般来说，人工喂养的宝宝比母乳喂养的宝宝更爱吮吸手指，这可能是因为母乳喂养的宝宝有更长的吸吮时间，并且是按需哺乳；而人工喂养的宝宝吸吮时间则相对稍短，并且是按时哺乳。要想让宝宝改掉"吃"手指的坏毛病，最好的办法是让他双手不空，充分发挥他的创造性，让他有事可做。这样就能在不知不觉中，让他淡忘这个习惯，改掉这个毛病。当发现宝宝"吃手"时，家长可以运用注意力转移法，在他"吃手"的时候把玩具递到他的手里，或是拉着他的小手挥动着玩一会，让宝宝忘记"吃手"。不能大声训斥或打宝宝的手，也不能用任何强制性和惩罚性的措施，也不建议以吮吸橡皮奶头代替"吃手"，否则会影响宝宝牙齿的发育，有可能会使宝宝形成"地包天"或"天包地"，或是乳牙不整齐，对以后牙槽骨的发育和恒牙的发育也会造成一定的影响。

乳牙萌出会使宝宝出现短时间的吮吸手指或啃手指的现象，如果这种现象只是偶尔出现的话，家长不需要过多担心和过多干预，可以多给宝宝一些磨牙棒之类有助于锻炼咀嚼和促进乳牙萌出的食物，帮助宝宝告别"吃手"的小毛病。

把尿不要太勤

这个月的宝宝正常小便次数应在每天 10 次左右，如果是夏天出汗多的时候尿量会适当减少。如果前几个月已经开始有意识地训练宝宝的尿便条件反射的话，那么给这个月的宝宝把尿一般不会出现太多的困难，宝宝都能比较顺利地排尿。但此时家长就需要注意一个问题，不要过于频繁地给宝宝把尿。

因为这个时期宝宝还不能自主控制自己的尿便，即使把尿成功，也只能说明初步建立好了一种条件反射，或是家长已经掌握了宝宝排尿便的信号。过于频繁地把尿，会使宝宝的尿泡变得越来越小，给将来自己控制排尿造成困难，而且还可能会造成尿频的问题。再有，过于频繁地把尿也会让宝宝觉得不舒服，从而出现哭闹、打挺等抗拒行为，这也不利于他将来自己的尿便控制。

对于这个月的宝宝，训练尿便仍然是要顺其自然，掌握好火候，千万不可过度。如果宝宝在排尿的时候总是哭闹并表现痛苦的话，那么就要警惕是否出现了某些疾病问题。女宝宝排尿哭闹且尿液混浊的话，就应想到尿道炎，需要及时到医院化验尿常规；男宝宝排尿哭闹的话，应先看看尿道口是否发红，如果发红的话可以用高锰酸钾水浸泡阴茎几分钟，还要想到是否有包皮过长的可能，不过这需要由医生来诊断。

喂药方法

对于 6 个月以上的宝宝，可先以言语沟通，让宝宝了解虽然药不好吃，但为了让身体迅速恢复健康，还是可以试着慢慢吃。吃药后记得给宝宝多喝开水。如果劝说不管用，则给予小饼干、糖果等当作奖励，激发宝宝的好胜心。

此外，中药药量较多，宝宝服以浓煎至 1/3 至半茶杯。当然不能煎煳，煎煳的中药是不能服用的。同时，婴幼儿服中药可增加服用次数，即每剂药可分两次甚至更多。

在喂药时一定要谨遵三不原则：

1. 药物不随便加入牛奶，加入前一定要先询问医师。此外，加入牛奶中如果没喝完也会影响药效，而且无法确定宝宝究竟吃了多少药。

2. 不使用奶瓶喂药，尤其是对满 3 个月的婴幼儿更要避免，以免宝宝对奶瓶产生不愉快的经验，进而抗拒喝奶。

3. 如果吃了药吐出来就不要再喂，因为宝宝已经吞下一些药物，如果再喂一次可能加重药量，可以等下一次再喂。

每次喂药时父母应该根据实际情况采用合理的方法。刚开始尝试时可能会有困难，一旦习惯了，父母会得心应手，宝宝也会慢慢接受了。

家庭环境的支持

室外活动

6 ~ 7 个月大的宝宝开始认生了，这是宝宝自我意识发展的正常反应，也是宝宝正常的依恋情结。此时，爸爸妈妈应借助室外活动，让宝宝有更多的机会和与不同的人接触，扩大宝宝的交往范围。可以带着宝宝到社区广场、花园绿地等场所，让宝宝看看周围新鲜有趣的景象，感知不同人的声音和脸相，特别要注意让宝宝体验与人交往的愉悦，逐渐地降低与陌生人交往的不安全感和害怕心理。

决定宝宝室外活动的时间和次数应考虑到室外的空气质量。空气质量指数是用来表示空气质量的好坏，而对流层中的臭氧含量也是被监测的物质之一。

当空气污染程度高到对人体有害时，应当尽量避免让宝宝在室外进行体育活动。一般来说，在下午接近晚上的那段时间，臭氧含量通常较高，室外活动应该避免这段时间。如果发现宝宝在一段时间内，在室外活动时总出现咳嗽、呼吸困难、总是大声喘气等现象的话，就要注意调整活动地点和活动内容。如果宝宝有哮喘的话，更要时刻小心，最好是出门的时候就把药物放在身边以防万一，同时还要听从医生的建议做适当的调整。

玩具

这个月龄的宝宝适用的玩具多半是哗啷棒、布娃娃、不倒翁、木制汽车、带弹簧的动物等，尤其喜欢电动玩具。如果让宝宝坐着，在离开宝宝一定距离的地方开动玩具，宝宝会非常高兴地欣赏着，身体还可能会自动向前倾斜变成俯卧位，企图去够玩具。这个动作是一个非常复杂的体位变化，即使不能成功，也可以有效促进宝宝运动能力的提高发展。如果让宝宝俯卧看运动着的玩具时，他就想伸手去拿。尽管这时候的宝宝还不能爬，但想拿的心情是会促进宝宝爬行运动的发展的。

如果在室外玩公众的大型器具，如秋千、滑梯、转椅等，会让宝宝特别开心，宝宝特别喜欢在秋千上摇晃，或是在滑梯上玩，但是要特别注意安全，家长必须不离身边。

玩玩具的时候，要注意安全问题，给宝宝的玩具每次在玩之前都要仔细检查，防止零件的松落给宝宝造成气管异物的危险。另外，还应该做好玩具的清洁消毒工作，特别是对大人碰过的玩具，更应立即消毒，并要看好宝宝，避免宝宝将玩具放进嘴里从而将细菌也带到口腔和体内。如果是在室外玩公共玩具的话，注意不要让宝宝吃手，并且在玩过之后要用湿毛巾、湿纸巾将手部清洁干净，回家之后做好进一步的清洁工作。

多爬少坐

6个月以后的宝宝，基本上会坐了，而且能坐得比较稳当。但不宜让宝宝久坐，因为此时宝宝的骨骼仍然比较柔软，骨组织中水分和有机物含量较多，而无机盐成分较少，因而当压迫受力时易变曲变形，加上此时的肌肉比较薄弱，骨骼无法得到肌肉的有效支持，就容易使身体的形态发生各种改变，能导致脊柱变形、脱肛等。

在这个月，如果用会动的玩具吸引宝宝的话，他会表现出明显的想要爬行的欲望，所以这个月不妨多多让宝宝练习爬行。爬行时需要全身各部位参与活动，通过爬行既可锻炼肌力、平衡能力、手眼脚的协调能力，为站立和行走打下基础，又可扩大宝宝的探索空间，促进感知觉和认知能力的发展。

在练习爬行的时候，家长可以在地上铺好一块毯子，让宝宝俯卧在上面，用上臂支撑上身。然后在离宝宝不远处放一个他喜欢的玩具，用双手交替轻推宝宝的双脚底，鼓励宝宝练习爬行并够到玩具。最好是爸爸妈妈一起来进行训练，由爸爸在宝宝身后给予助力，妈妈在宝宝前方拿着玩具逗引。开始的距离不宜过长，可以保证宝宝在经过努力之后顺利够到，以树立起宝宝的自信心，提高对爬行的兴趣，然后再随着宝宝能力的发展，逐渐加长玩具的距离。

有些宝宝在这个月仍然坐不稳，后背还需倚靠着东西，有时会往前倾，这些也是正常的。有的宝宝发育较晚，要到 7 ~ 8 个月的时候才能坐得很稳，所以看到宝宝此时坐不稳的话，家长也不必太着急，更不要就此认为是宝宝发育落后，可以在耐心等待一段时间，同时加强日常的动作训练。但是如果这个月的宝宝还一点儿也不会坐，甚至倚靠着东西也不能坐，给他扶到座位的时候他的头主动向前倾，下巴抵住前胸部，甚至会倾倒到腿部的话，就需要到医院进行相关检查了，因为这多半是一种病态表现。

潜能开发游戏

认识新朋友

【目的】锻炼宝宝最早期的交往能力，可以帮助宝宝在以后的成长过程中不认生。

【玩法】当家里面有客人来的时候，妈妈可以把宝宝抱到客厅当中去，让宝宝看到这些客人，妈妈可以一边抱着宝宝，一边向宝宝介绍这些客人，还可以抓住宝宝的小手向客人们打招呼，客人也要向宝宝打招呼，或者跟宝宝一起玩耍。

打电话

【目的】锻炼宝宝的听力，促进宝宝的语言能力发展，锻炼宝宝同别人交往的能力和自立的能力。

【玩法】妈妈把电话放在自己耳边，并同宝宝讲话："喂，是你吗？"然后妈妈把电话放到宝宝的耳边，重复同样的句子。这样重复几次后，可以用长句和宝宝交谈。说话的时候，尽量多使用宝宝的名字和宝宝能听懂的词语，然后把电话放到宝宝的耳旁，看宝宝是否也会对着电话说话。

7 ~ 8个月

这个月的宝宝

体重

这个月宝宝体重平均增长量 0.2 千克。男宝宝体重的正常范围为 6.92 ~ 10.72 千克，平均为 8.82 千克；女宝宝体重的正常范围为 6.37 ~ 10.05 千克，平均为 8.24 千克。

身高

这一阶段的宝宝身高平均增长约为 1.3 厘米。男宝宝身高的正常范围为 65.5 ~ 74.7 厘米，平均为 70.1 厘米；女宝宝身高的正常范围为 63.6 ~ 73.2 厘米，平均为 68.4 厘米。

头围

这个月宝宝头围平均增长 0.4 厘米。男宝宝头围的正常范围为 42.4 ~ 47.6 厘米，平均为 45.0 厘米；女宝宝头围的正常范围为 42.2 ~ 46.3 厘米，平均为 43.8 厘米。

胸围

这时的宝宝头围平均增长了 1.4 厘米。男宝宝胸围的正常范围

为 40.7 ～ 49.1 厘米，平均为 44.9 厘米；女宝宝胸围的正常范围为
39.7 ～ 47.7 厘米，平均为 43.7 厘米。

囟门

囟门还是没有很大变化，逐渐缩小。

牙齿

两颗下切牙开始萌芽。

营养需求与喂养

营养需求

这个月宝宝每日所需热量仍然是每天每千克体重千焦
398 ～ 419 千焦（95 ～ 100 千卡），蛋白质摄入量为每天每千克体
重 1.5 ～ 3.0 克，脂肪摄入量比上个月略有减少，每天摄入量应占
总热量的 40% 左右。

从这个月起，宝宝对铁的需求量开始增加。6 个月之前足月健
康的宝宝每天的补铁量为 0.3 毫克，而从这个月开始应增加为每天
10 毫克左右。鱼肝油的需要量没有什么变化，维生素 A 的日需求
量仍然是 390 微克，维生素 D 的日需要量为 10 微克，其他维生素
和矿物质的需求量也没有太大的变化。

这个月宝宝的喂养，要增加含铁食物的摄入量，同时适当减
少脂肪的摄入量，减少的部分可以以碳水化合物来做补充。

适量给宝宝喂点儿芝麻酱

家长可能想不到，平时当成调味品的芝麻酱，对宝宝
来说却是上好的食品。芝麻酱营养丰富，所含的脂肪、维
生素 E、矿物质等都是宝宝成长必需的，所含蛋白比瘦肉还
高，含钙量更是仅次于虾皮。

经常给宝宝吃点儿芝麻酱，对预防佝偻病以及促进骨
骼、牙齿的发育大有益处。芝麻酱含铁也很丰富，宝宝 6

个月后，容易出现贫血，常吃点儿芝麻酱，就可起到预防缺铁性贫血的作用。此外，芝麻酱含有芝麻酚，其香气可起到提升食欲的作用。

芝麻酱是芝麻制成的泥糊状食品，因此当宝宝六七个月添加辅食后就可以吃了。可以将其加水稀释，调成糊状后拌入米粉、面条或粥中。1岁以后，可用芝麻酱代替果酱，涂抹在面包或馒头上，还可以制成麻酱花卷、麻酱拌菜等给宝宝吃。但要注意的是，1岁以内宝宝吃的芝麻酱里不要放盐。1岁以后的，也要少放盐，以免加重肾脏负担。过多摄入糖对宝宝健康不利，因而麻酱饼也不建议宝宝多吃。

吃芝麻酱，要控制好量，宝宝一般一天吃10克左右，此外，宝宝腹泻时，暂时不要吃，因为芝麻酱含大量脂肪，有润肠通便的作用，吃后会加重腹泻。家长在购买芝麻酱时，应避免选瓶内有太多浮油的，那样比较新鲜，买回后尽量放在避光处。

断奶准备

满8个月的宝宝可以自由地向自己想去的地方挪动了，有时会主动趴到妈妈怀里要求吃奶。如果妈妈奶水还比较充足，能够满足宝宝的日常所需，那么宝宝基本就不怎么喝配方奶和辅食。但是，宝宝到了8个月还以母乳为主的话，就会因母乳中铁分不足而导致营养失调或贫血。所以，用母乳喂养的宝宝一满8个月，即使母乳充足，也应该逐渐实行半断奶，一天喂3～4次即可。因为母乳中的营养成分已不能满足宝宝生长发育的需要，所以这个时候必须要给宝宝添加辅食，而这个时候的宝宝也都爱吃辅食了。

虽然这个月没有必要完全断奶，但也应该为断奶提前做好准备。宝宝在这个月爱吸吮妈妈的乳房，更多的是对妈妈的依恋，而不是为了进食。妈妈的乳汁如果不是很多了，可以在半夜醒来的时候，以及早上起床和晚上临睡觉前喂母乳，其他时间吃牛乳和辅食。没有奶水的时候不能让宝宝吸着乳头玩耍，这会为以后断奶带来困难。

断奶方法

循序渐进，自然过渡

断奶不但是妈妈的一件大事，也是宝宝的一件大事，断奶的准备是否充分不但影响到宝宝身体的发育，同时也会对其心理发育和感情有很大影响。断奶需要一个过渡期，在这时期内要先用一种非母乳的半流体或固体的食物来供给宝宝的营养需要，到最后全部代替母乳。

断奶的时间和方式取决于很多因素，每个妈妈和宝宝对断奶的感受各不相同，选择的方式也因人而异。如果妈妈和宝宝都已经做好了充分的准备，那么就可以很快断掉母乳；但如果宝宝对母乳依赖很强，快速断奶就会让宝宝不适，加上有的妈妈也很不舍得给宝宝断奶，这种情况下就可以采取逐渐断奶的方法，从每天喂母乳6次，先减少到每天5次，等妈妈和宝宝都适应后再逐渐减少，直到完全断掉母乳。

少吃母乳，多喝奶粉和辅食

刚开始断奶的时候，可以每天都给宝宝喝一些配方奶。注意的是，要尽量鼓励宝宝多喝奶粉，但只要他想吃母乳，妈妈不该拒绝他。断奶期给宝宝添加食品应从一种到多种，从少量到多量，添加各种不同种类、性状的辅助食品，让其逐渐适应成人的进食方式、食物种类。

断掉临睡前和夜里的奶

大多数的宝宝都有半夜里吃奶和晚上睡觉前吃奶的习惯。宝宝白天活动量很大，不喂奶还比较容易，最难断掉的就是临睡前和夜里的奶了。不妨先断掉夜里的奶，再断临睡前的奶。在这个过程中，特别需要爸爸和其他家人的积极配合，例如在宝宝睡觉的时候，先暂时改由爸爸或其他家人哄宝宝睡觉，妈妈到别的房间里去，不让宝宝看到。

当宝宝见不到妈妈的时候，刚开始肯定要哭闹一番，但是过不了几天习惯了，稍微哄一哄也就睡着了，这个时候妈妈的心一定要"狠"一点儿，不能一听到宝宝哭闹就于心不忍地马上去抱去哄，这会使之前所有的努力都前功尽弃。刚开始断奶的时候，宝宝都会折腾几天，尤其是之前纯母乳喂养的宝宝，妈妈一定要有这个心理准备。

减少对妈妈的依赖

从断奶之前，就要有意识地减少妈妈与宝宝相处的时间，增加爸爸照料宝宝的时间，给宝宝一个心理上的适应过程。刚断奶的一段时间里，宝宝会对妈妈比较粘，这个时候爸爸可以多陪宝宝玩一玩，分散他的注意力。刚开始宝宝很可能会不满，但后来都能慢慢地习惯。对爸爸的信任，会有效使宝宝减少对妈妈的依赖。

辅食供给

从宝宝满7个月开始，可以增加泥状食物了。在增加辅食次数的同时，还要增加辅食的花样，以保证各种营养的平衡。为此，每餐最起码要从以下四类食品中选择一种：

主食

采用谷物类，如面包粥、米粥、面、薯类、通心粉、麦片粥、热点心以及各种婴幼儿营养米粉。

蛋白质

鸡蛋、鸡肉、鱼、豆腐、干酪、豆类等，建议每天食用1～2次，最佳搭配是一次进食动物蛋白，另一次进食植物蛋白。

蔬果类

四季蔬菜包括萝卜、胡萝卜、南瓜、黄瓜、番茄、茄子、洋葱、青菜类等；四季水果包括苹果、蜜柑、梨、桃、柿子等，还可以加些海藻食物，如紫菜、裙带菜等。这类辅食建议每天食用一次。

供给热能食物

如植物油、黄油、人造乳酪、动物脂肪和糖。在每餐辅食中添加少许即可。

	原料	做法
鱼肉松粥	大米、鱼肉松、菠菜各适量	1. 大米淘洗干净，开水浸泡1小时，连水放入锅内，旺火煮开，改用微火熬至黏稠 2. 将菠菜洗净，用开水烫一下，切碎末，放入粥内，加入鱼肉松、精盐，调好口味，用微火熬几分钟即成
梨子泥	梨适量	1. 用普通的锅把梨蒸熟 2. 把熟的梨去皮，放到搅拌机里搅拌，可适量加水 3. 成泥状时装碗即可
香蕉奶昔	香蕉1只，牛奶200毫升	1. 香蕉去皮，切小块 2. 和牛奶一起放入果汁机内，搅拌30～40秒 3. 倒出，装杯即可
鸡蛋布丁	鸡蛋、奶、糖各适量	1. 鸡蛋打散，加配方奶，加少量糖，以温开水调匀 2. 把奶缓缓倒入蛋液中拌匀 3. 放入锅中蒸熟，即可食用
蔬菜果泥	胡萝卜、南瓜、米粉、南瓜泥、黑芝麻各适量	1. 胡萝卜、南瓜煮、烂压成泥，黑芝麻压碎，和米粉调成泥，倒点儿苹果泥装在盘里 2. 将所有材料做成娃娃脸造型，即可食用

磨牙食物

出牙期的宝宝牙龈会痒，因此他们总是喜欢咬一些硬的东西来缓解这种不适感。市场上有很多专为宝宝设计的磨牙玩具，如牙胶、练齿器、固齿器等，但爸爸妈妈会发现，宝宝在用磨牙玩具磨牙时特别不老实，总是咬一咬就随手扔到一边了，等到他再想起来磨牙时，磨牙玩具上已经沾满了口水和灰尘，一般擦拭很难保证卫生，而次次消毒又太麻烦。

其实，食物是宝宝最好的磨牙工具。可以给他一些手指饼干、面包干、烤馒头片等食物，让他自己拿着吃。刚开始时，宝宝往往是用唾液把食物泡软后再咽下去，几天后就会用牙龈磨碎食物并尝试咀嚼了，因此也就达到了磨牙的效果。

妈妈可以把新鲜的苹果、黄瓜、胡萝卜或西芹切手指粗细的小长条给宝宝，这些食物清凉脆甜，还能补充维生素，可谓磨牙的最佳选择。还可以把外面买回来的地瓜干放在刚煮熟的米饭上闷一闷，闷得又香又软时再给宝宝，也是不错的磨牙选择。磨牙饼干、手指饼干或其他长条形饼干既可以满足宝宝咬的欲望，又能让他练习自己拿着东西吃，一举两得。有些宝宝还会兴致高昂地拿着这些东西往妈妈嘴里塞，以此来"联络"一下感情。不过要注意的是，不能选择口味太重的饼干，以免破坏宝宝的味觉培养。

如果想给宝宝换换花样，妈妈不妨给宝宝自制磨牙棒：

胡萝卜磨牙棒

将新鲜的胡萝卜洗净，刨去那层薄薄的外皮，切适合宝宝手抓的大小后隔水蒸，不放任何调料，蒸的硬度视宝宝的需要而定，最好煮成外软内硬的程度，这样既能让宝宝吃些胡萝卜，又不至于被他"消灭"得太快，起到磨牙的作用。

香菇磨牙饼

去掉香菇的根蒂部分，只保留顶盖备用。在沸水或任何的汤中投入整个的香菇顶盖，煮熟即可，千万不要炖到酥烂。等到香菇变凉了，就可以拿来当宝宝的磨牙饼，即鲜香又软硬适度，咬烂了就再换一片。宝宝较小的时候，最好用新鲜香菇，肥滑、弹性好、硬度较低；等到宝宝稍大些后，就可以改为水发香菇，加强韧度和硬度。

不过有一点要做好心理准备，就是当宝宝吃完这些磨牙食品后，通常都会弄个"大花脸"，这时就需要你多花点儿耐心来收拾这个"残局"了。

能力发展与训练

运动

8个月时，宝宝已经达到新的发育里程碑——爬。最初学习爬时，宝宝会经过不同的阶段，有的宝宝向后倒着爬，有的宝宝原地打转，还有的宝宝是匍匐向前，这都是爬的一个过程。等宝宝的四肢协调得非常好后，他就可以把头颈抬起，胸腹部离开床面，用手和膝盖爬了。

这个月的宝宝可以双手握着玩具独自坐稳，坐得很稳不摔倒，可以一边坐一边玩，还会左右自若地转动上身，转向达90°，也不会使自己倾倒。尽管他仍然不时向前倾，但几乎能用手臂支撑。随着躯干肌肉逐渐加强，最终他将学会如何翻身到俯卧位，并重新回到直立位。现在宝宝已经可以随意翻身，一不留神他就会翻动，可由俯卧翻成仰卧位，或由仰卧翻成俯卧位。所以爸爸妈妈要注意在任何时候都不要让宝宝独处。

这个月宝宝能手扶着物体站一会儿，站起来后会自己蹲下。少数宝宝可能还会扶着墙或家具侧走。宝宝的手指更为灵巧，会用食指挖洞或勾东西，可以拿住细小的东西，有时一次能捡起三个左右的小物件。为了去捡其他物体，宝宝会将一个物体放入口中，腾出手去拿其他东西。宝宝能自己拿着奶瓶喝奶，奶瓶掉了会自己捡起来。宝宝开始玩积木，能将两块积木叠起来，能将积木放入盒子里，还能再从盒子里取出积木。

视觉

8个月时，宝宝视觉的清晰度和深度已经基本上和大人一样了，距离感更加精细，并突然开始害怕边缘和高处。视神经充分发育，已经能够看到远处的物体，如远处的高楼、街上的汽车等。虽然宝宝现在的注意力更多的还是集中在靠近他的物体上，但他的视力已经足以辨认房间另一边的人和物体了，目光还能随着下落的物体移动，分辨颜色的能力也基本固定了，喜欢鲜艳明亮的颜色，尤其喜欢红色。不过，也许以后还会有细微的变化。

听觉

8个月时，宝宝的听力越来越敏感，将微弱声源靠近宝宝耳朵，宝宝都能再见并转头寻找声源。对外界的各种声音，如车声、雷声、犬吠声表示关心，会突然转头看。当听到一种声音突然变换成另一种声音时，能立刻表示关注。

言语

8个月时，宝宝明显地变得活跃了，发音明显地增多。当他吃饱睡足情绪好时，常常会主动发音，发出的声音不再是简单的韵母声"a""e"了，而是试着模仿声音及发音的顺序，在倾听自己和周围人的说话声时，将元音与辅音结合在一起发出各种声音，如"爸爸""妈妈""拜拜"等音。当然，宝宝还不明白这些词的含意，还不能和自己的爸爸、妈妈真正联系起来。但有了这样的基础，为时不久，宝宝就能真正地喊爸爸妈妈了，最终他会在想进行交流时才说。

宝宝在这个阶段还有一个特点是能够将声母和韵母音连续发出，出现了连续音节，如"ba-ba-ba""da-da-da"等。如果听到诸如犬吠的特殊声音，宝宝会学狗叫，发出"汪汪汪"的声音。宝宝开始厌烦做熟悉的事情，热情转向未知领域，当愿望达不到时，知道可以用哭声来吸引父母的关注并获得安慰。开始有明显的高低音调出现，会用声音加强情绪的激动。能模仿大人咳嗽，用舌头发出嗒嗒声或发出嘶嘶声。会注意听别人讲话或唱歌，对自己名字以外的一两个字有反应，如"不行"等。想让大人帮他拿某个东西时，会指着东西看着大人的脸发"啊啊"的音。

8个月的宝宝能喜欢模仿发音，这时爸爸妈妈一定要用正确的发音来引导宝宝学习说话，平时无论在给宝宝做什么事，最好边做边说。

嗅觉

8个月时，宝宝的嗅觉器官已相当成熟。之前，宝宝对特殊刺激性气味有类似轻微的受到惊吓的反应，这时宝宝渐渐地变为有目的地回避，表现为翻身或扭头等，说明这时宝宝的嗅觉已经变得更加敏锐。

味觉

8个月时，宝宝的味觉已经发育成熟，接近成人的标准。这一生长阶段的宝宝，较能接受新的口味和不同的食物材质。因此，爸爸妈妈需要给宝宝提供多种口味的食物，将来宝宝能接受的食物范围就会越宽。

认知

8个月时，宝宝开始对周围的一切充满好奇，对别人的游戏非常感兴趣，但注意力难以持续，很容易从一个活动转入另一个活动。对镜子中的自己有拍打、亲吻和微笑的举动，会移动身体拿自己感兴趣的玩具。看到盒子中的积木后，能从盒子中取出积木。当宝宝从盒子中取出积木后，会拿积木拍打盒子。当爸爸妈妈用布将积木盖住一大半，只露出积木的边缘时，宝宝能找出被布盖住的积木。

懂得大人的面部表情，能辨别出友好和愤怒的说话声，大人用温柔的语气、微笑着夸奖时，宝宝会很高兴；用大声的类似于训斥的声音、严肃的表情时，宝宝会表现出委屈或者会哭。这时的宝宝已经会区分"一个""两个"的概念了，数理逻辑能力有了很大的提高。

家长可以给宝宝不同数量的同类物品，变换数量，宝宝可能会在表情动作语言方面告诉你他能够感受到数量的变化。宝宝的思维能力经过前面的积累已经有了很大的提高，这时已经会去学着理解"里""外"的概念，还会回忆自己做过的行为，对不同大小、颜色和材质的物品，也有着强烈的兴趣，并且能做适当的区分。宝宝能理解简单的语言，并在爸爸妈妈的指导下用动作表示词组的含义，如用拍手表示欢迎，用挥手表示再见。宝宝会用手指去拿小东西，用双手去拿大东西。如果宝宝发现小洞，他会将手指伸入小洞。会一手拿一样东西，也会将手上的东西丢掉，再用手去拿另一样东西。

心理

8个月的宝宝看见熟人会用笑来表示认识他们，看见亲人或看护他的人便要求抱，如果把他喜欢的玩具拿走，他会哭闹，对新鲜的事情会引起惊奇和兴奋。从镜子里看见自己，会到镜子后边去寻找。8个月的宝宝一般都能爬行，爬行的过程中能自如变换方向。坐着玩耍已经会用双手传递玩具，并相互对敲或用玩具敲打桌面。会用小手拇指和食指对捏小玩具。如玩具掉到桌子下面，知道寻找丢掉的玩具。知道观察大人的行为，有时会对着镜子亲吻自己的笑脸。

8个月的宝宝常有怯生感，怕与爸爸妈妈尤其是妈妈分开，这是宝宝正常心理的表现，说明宝宝对亲人、熟人与生人能准确、敏锐地分辨清楚。因而怯生标志着爸爸妈妈与宝宝之间依恋的开始，也说明宝宝需要在依恋的基础上，建立起复杂的情感、性格和能力。

社会交往

如果对宝宝十分友善地谈话，他会很高兴；如果训斥他，宝宝会哭。从这点来说，此时的宝宝已经开始能理解别人的感情了。喜欢让大人抱，当大人站在宝宝面前，伸开双手招呼宝宝时，宝宝会发出微笑，并伸手表示要抱。对其他宝宝比较敏感，看到别的宝宝哭，自己也会跟着哭。看见妈妈拿奶瓶时，会等着妈妈来喂自己。宝宝喜欢玩捉迷藏、拍手等游戏，并会模仿大人的动作。

手部协调能力

这个月对宝宝手部协调能力的训练可以继续上个月的做法，着重锻炼宝宝抓取各种物品的能力，锻炼宝宝用拇指和食指捏取小的物品。拇指与食指的捏取动作时宝宝双手精细动作的开端，能捏起的东西越小、捏得越准确，就说明宝宝手的动作能力越强。当然，刚开始宝宝肯定不会像大人期待中那样准确无误地把小东西捏起来，这就需要大人耐心地进行重复练习，只要坚持锻炼，宝宝就能掌握这个动作。

爸爸妈妈可以给宝宝找一些不同大小、不同形状、不同硬度、不同质地的物体，让宝宝自己用手去抓。在抓的过程中，还可以给宝宝讲讲这些东西的名称、用途、颜色等，同时发展宝宝的多种感知觉，增强宝宝对物体的感受。不过在让宝宝捏东西的时候，大人一定要小心看护，以防宝宝把抓起来的东西放进嘴里。

还可以给宝宝准备一些小块的磨牙饼干、小水果块、蔬菜块等，让宝宝自己抓着放到嘴里吃，当然有可能一开始的时候他还不能把东西准确地放进嘴里，但过不了多久，他就能熟练的自己抓着东西吃了。

排便训练

到了这个月，很多宝宝已经可以坐在便盆上排便了。这时，爸爸妈妈可在前几个月训练的基础上，根据宝宝大便习惯，训练宝宝定时坐盆大便。在发现宝宝出现停止游戏、扭动两腿、神态不安的多便意时，应及时让他坐盆，爸爸妈妈可在旁边扶持。开始坐盆时，可每次 2～3 分钟，以后逐步延长到 5～10 分钟。如果宝宝不解便，可过一会儿再坐，不要将宝宝长时间放在便盆上。

这个月的宝宝依然是离不开尿布的，如果宝宝的小便比较有规律，爸爸妈妈可以掌握并能准确把尿接在尿盆里固然很好，但要是每次都试图让宝宝把尿尿在尿盆里，那就会非常疲惫，并且也容易令宝宝不适。

给宝宝的便盆要注意清洁，宝宝每次排便后应马上把粪便倒掉，并彻底清洗便盆，定时消毒。如果宝宝大便不正常，要用开水泡洗便盆，如用 1% 含氯石灰澄清液浸泡 1 小时后再使用，或选择适用的消毒液消毒后再使用。冬天要注意便盆不要太凉，以免刺激宝宝引起大小便抑制。如果宝宝一时不解便，可过一会儿再坐，不要让宝宝长时间坐在便盆上。更不要在坐便盆时，给宝宝喂饭或让宝宝玩玩具，不能把便盆当作座椅。如果有这种不良习惯，要及时纠正，要让宝宝从小养成卫生文明的好习惯。再有，用过的便盆要放在固定的地方，便盆周围的环境要清洁卫生，不要把便盆放在黑暗的偏僻处，以免宝宝害怕而拒绝坐盆。

不要让宝宝过早学走路

　　从宝宝运动发育规律看，7～8个月的宝宝正应该是学爬行的年龄，而不是行走的年龄。这个月龄会走，主要和家长把宝宝立起来有关，如果让宝宝站立数次，宝宝的站立欲望就会增强。站立起来的宝宝会表现出很兴奋，家长也觉得好玩，就经常把宝宝立起来逗宝宝；还有些家长时间让宝宝待在学步车里，不训练宝宝匍匐爬行；另一方面，宝宝刚刚会走时，那企鹅似的步态很惹人喜爱，而家长对宝宝会走的动作发育无论是从表情还是到语言以至于动作，都带有明确的鼓励色彩，不恰当的引导使宝宝较早地学会走路却不会爬。

　　从宝宝身体发育角度看，如果让6～8个月的宝宝站立，更客观地说让10个月以前的宝宝学会站立乃至走路都是不好的。为什么这么说呢？因为宝宝骨骼正在快速增长，骨质软，抗压力差，让宝宝过早的站立，身体重力的作用很容易使宝宝小腿弯曲，特别是那些体重较重的宝宝更容易出现小腿弯曲症状。

　　从临床观察看，即使让这样的宝宝减少站立或少走路，其恢复也较慢。很多站立过早的宝宝因腿弯常常被误认为是缺钙，补很多钙剂及鱼肝油，但效果欠佳。因此，宝宝的训练和早期教育可以在遵循自然生长规律的基础上略微超前，但不能违背客观规律，拔苗助长。

日常护理注意问题

吮手指

宝宝在 2 ~ 3 个月时，经常把小拳头放到嘴里吮吸，这是正常的，可以满足他吮吸的欲望，并且能帮助他认识自己的手。用嘴啃咬、吮吸事物是宝宝利用自己的触觉功能认识世界的手段，所以不需要干涉，只需把他的手洗干净，就可以放心让他吮吸。随着宝宝长大，吮吸欲望降低，而看、听、摸等各种手段都可以帮他认识世界，所以不再需要啃了。如果到了 7 个月以后，宝宝仍有吮吸手指的毛病，爸爸妈妈就要及时纠正。

7 个月以后的宝宝吮吸手指大多数都是存在不安全感的表现，一般在入睡前或离开爸爸妈妈的时候表现最明显。对待这样的宝宝，爸爸妈妈要多关爱，多陪伴。如果发现宝宝吮吸手指，不要呵斥，可以将他的手轻轻拿开，给他手里塞上玩具或者饼干，把手占住即可。

抽搐

引起宝宝抽搐的原因有很多种，如果抽搐时有发热、感冒等症状，就要考虑高热惊厥、脑炎、脑膜炎等情况；如果抽搐的时候没有发热，抽搐的时候会尖叫哭闹，则需要考虑宝宝痉挛征；如果是反复频繁无热抽搐，还要考虑癫痫可能。此外，电解质紊乱、玩具中的铅中毒、脑部的血管畸形、肾脏病引起的高血压、心脏病引起的脑血管栓塞等也会引起抽搐。再有些抽搐就是遗传性的了，需要根据遗传病症加以考虑。

这个月龄的宝宝最常见的是高热引起的惊厥抽搐，表现为体温高达 39℃以上不久，或在体温突然升高之时，发生全身或局部肌群抽搐，双眼球凝视、斜视、发直或上翻，伴意识丧失，停止呼吸 1 ~ 2 分钟，重者出现口唇青紫，有时可伴有大小便失禁。一般高热过程中发作次数仅一次者为多。历时 3 ~ 5 分钟，长者可至 10 分钟。

当发生高热惊厥时，家长切忌慌张，要保持安静，不要大声叫喊；先使患儿平卧，将头偏向一侧，以免分泌物或呕吐物将患儿口鼻堵住或误吸入肺；解开宝宝的领口、裤带，用温水、酒精擦浴头颈部、两侧腋下和大腿根部，也可用凉水毛巾较大面积地敷在额头部降温，但切忌胸腹部冷湿敷；对已经出牙的宝宝应在上下牙齿间放入牙垫，也可用压舌板、匙柄、筷子等外缠绷带或干净的布条代替，以防抽搐时将舌咬破；尽量少搬动患儿，减少不必要的刺激。等宝宝待停止抽搐、呼吸通畅后立即送往医院。如果宝宝抽搐 5 分钟以上不能缓解，或短时间内反复发作，就预示病情较为严重，必须急送医院。

一般来讲，出现高热惊厥过的宝宝对很多疫苗有不良反应，因此需要在打疫苗前向保健医生说明，通常出现高热惊厥后 1 年内不会进行免疫。

造成抽搐的原因很多，抽搐发作的形式也常不同，但必须都要带宝宝到医院检查，因为如果耽误的话很可能将会对宝宝的身心造成极大的伤害。所以一旦宝宝出现抽搐的话，就要密切观察抽搐情况，如什么时候会发生抽搐、抽搐时宝宝是什么样子、有没有大小便失禁、有没有精神意识改变、抽搐持续多长时间停止、是自行停止还是经处理后停止、抽搐后宝宝的精神状态如何等。抽搐有可能会遗留某些后遗症，所以最好是在抽搐急性期或者刚刚抽搐结束后立即到医院做下水电介质、血钙、血磷、血镁、头颅 CT、脑电图检查，做到有备无患。

腹泻

7 个月以后的宝宝随着添加辅食的种类的渐渐增多，胃肠功能也得到了有效的锻炼，因此这个时候很少会因为辅食喂养不当引起腹泻。如果是因为吃得太多引起腹泻的话，宝宝既不发热，也很精神，能在排出的大便中看到没能消化的食物残渣，这时只要适当减少喂养量，就能解决这个问题。

如果是夏天宝宝出现腹泻、精神不好、食欲不振，并且发热到37℃以上的话，可以怀疑是由细菌引起的痢疾，应尽快去看医生。如果家里有其他人也患有痢疾的话，就更要抓紧时间治疗，以防传染性菌痢。

如果冬天宝宝出现腹泻，多数是由病毒引起的，同时可能还会出现呕吐的症状，这种因为病毒引起的腹泻只要及时补充水分，就能缓解症状，不需要为了止泻就给宝宝停食或去医院打针吃药。

便秘

7～8个月的宝宝通常每天有1～2次大便，呈细条状或是黏稠的稀便，但如果宝宝2～3天甚至4～5天才大便一次，并且大便干硬，就可能为便秘。

这个月龄宝宝的便秘诱因很多，如挑食、偏食，活动过少，排便不规律或是患有营养不良、佝偻病等致使肠功能紊乱的疾病，对待不同原因造成的便秘，解决的方法也不尽相同。如果宝宝是因为挑食、偏食造成的便秘，就要在辅食中多添加蔬菜、水果，平时要多给宝宝饮水，还要适当吃些脂肪类的食物；如果是因为活动过少引起的便秘，就要加强宝宝日常的活动锻炼；如果是由于排便不规律造成的便秘，应加强宝宝的排便训练，让宝宝每天早上坐在便盆上排便，帮助宝宝形成按时大便的习惯；如果是因为某些疾病引起的肠功能紊乱进而造成便秘，那么就要及时治疗这些疾病，以改善便秘的症状。

如果宝宝是经常性便秘，可以每天早晨给宝宝喝一杯白开水以增加肠蠕动，或是适当服用一些含有正常菌群的药物以改善便秘。如果宝宝几天不解大便而难受哭闹时，可以切一小长条肥皂，蘸些水用手搓成圆柱形，塞入肛门，也可以用小拇指戴上橡皮手套后涂些凡士林或液状石蜡伸入孩子肛门，或用市售开塞露进行通便。但是还是要尽量少用肥皂条或开塞露辅助通便，以免宝宝对此形成依赖。如果宝宝在便秘同时伴有腹胀、呕吐等症状的话，就影响到先天性巨结肠、肠梗阻等可能，应及时就医诊断。

哮喘

婴幼儿时期的哮喘多数是由于呼吸道病毒感染所造成的，极少见由过敏引起的。随着宝宝慢慢长大，抵抗力增加，病毒感染减少，哮喘发作就能逐渐停止；但也有一些患儿，特别是有哮喘家族史及湿疹的患儿，就有可能会逐渐出现过敏性哮喘，最后发展为儿童哮喘。

如果属于有哮喘家族史及湿疹等的哮喘，就应及早到医院根据建议治疗护理。但这时候大多数的"哮喘"都并不是真正意义上的哮喘，而是积痰引起的痰鸣和胸部、喉咙里呼噜呼噜的声音。有这些现象的宝宝大多较胖，是属于体质问题，不需要打针注射治疗，只要平时注意护理、加强锻炼就可以了。

有的宝宝在气温急剧下降的时候特别容易积痰，所以这个时候尽量不要给宝宝洗澡，以免加重喘鸣。如果晚上特别难受的时候，也可以吃些医生许可的药物，但不能长期服用，也不能使用喷雾之类的吸药，因为这些吸药及时能起到作用，但还有着类似麻药的中毒作用，对心脏也会有影响。

积痰严重的宝宝平时应注意饮食，要多喂些白开水，只要室外的空气质量条件较好的话，就带宝宝多到户外进行活动，特别是秋冬季节的耐寒训练，对提高宝宝呼吸道的抵抗力特别有效。痰多的宝宝，家长平时也可以用吸痰器等帮宝宝将痰吸出来，此外还要让家里保持无烟的环境，避免宝宝受到更多的刺激。

干呕

宝宝 7～8 个月时可能会出现干呕的现象。这是因为宝宝一般 8 个月后开始出现敏感期，要添加一些固体食物，所以容易出现干呕；如果宝宝爱吃手，会把手指伸到嘴里，刺激软腭而发生干呕；这个时期宝宝唾液腺分泌旺盛，唾液增加，还不能很好地吞咽，很容易呛到气管里或噎着，而发生干呕。

当宝宝出现干呕的现象时，只要宝宝没有其他异常，干呕过后，还能很高兴地玩耍，就不要紧，也不用特别的治疗；要经常给宝宝喝几口白开水，量不用很多；家长一定不要过分紧张，因为七八个月的宝宝已经会观察家长的表情了，家长的紧张可能会传染给宝宝，让他不好度过这个阶段。

衣服被褥

这个月对衣物被褥的要求和上个月没有大的差别。衣服款式以舒适透气、宽松合体为宜，背带裤是宝宝的理想穿着，自己缝制时要注意裤腰不宜过长，臀部裤片裁剪要简单，裤腰松紧带要与腰围相适合，避免过紧，购买出售的有松紧带裤腰的背带裤时，要注意与宝宝胸围腰围相适合，避免出现束胸束腹现象。由于宝宝的皮肤娇嫩、体温调节机能差、新陈代谢快而出汗多，所以内衣应选择透气性好，吸湿性强，保暖性好的纯棉制品，新买来的内衣要先在清水中浸泡几个月小时以去除上面残留的化学物质。

给宝宝所有的衣物被褥不宜有纽扣、拉链及其他饰物，以防弄伤皮肤。如果衣物必须要用纽扣或拉链固定的话，可以将纽扣或拉链拆下来，改用布带代替。

睡眠问题

这个月的宝宝每天需要 14 ~ 16 小时的睡眠时间，白天可以只睡两次，上午和下午各一次，每次 2 小时左右，下午睡的时间比上午稍长一点儿；夜里一般能睡 10 小时左右，傍晚不睡觉的宝宝到了晚上八九点就入睡了，一直能睡到转天早上七八点。如果半夜尿布湿了的话，只要宝宝睡得香，就可以不马上更换。但如果宝宝有尿布疹或屁股已经红了，则要随时更换尿布。如果宝宝大便了，要立即更换尿布。

当宝宝睡觉的时候，爸爸妈妈要时刻关注宝宝的冷暖，特别是冬季和夏季更要注意。如果是冬季，可以给宝宝穿上连体的宽松套装，如果使用睡袋的话，只要给宝宝穿件背心，裹上尿布就可以了。宝宝在里面非常舒适，晚上也不会有把毯子或被子踢开。如果是夏季，则不用给宝宝盖什么东西，只要给宝宝穿件背心就可以了。如果天有些凉的话，可以给宝宝盖一条棉布单子。

如果总是担心宝宝睡觉时过冷或过热，因不好掌握而总放心不下的话，可以用手摸一摸宝宝的后颈，摸的时候注意手的温度不要过冷，也不要过热。如果宝宝的温度与你手的温度相近，就说明温度适宜。如果发现颈部发冷时，说明宝宝冷了，应给宝宝加被子或衣服。如果感到湿或有汗，说明可能有些过热，可以根据盖的情况去掉毯子、被子或衣服。

还有些妈妈喜欢紧紧搂着宝宝睡觉。但这么一来，被搂着的宝宝便呼吸不到足够的新鲜空气，吸入更多的是妈妈呼出的废气，对生长发育和健康都很不利，同时还可能传染到妈妈的疾患。此外，搂着宝宝睡还会使宝宝的自由活动空间受到限制，甚至难以伸展四肢，长期会使血液循环和生长发育都受到负面影响。所以，最好是不要搂着宝宝睡觉，让他在自己的小床上独立入睡，这也能够培养今后独自入睡的好习惯。

家庭环境的支持

室外活动

这个月宝宝各方面的能力都有了明显的增强，因此户外活动就显得更为重要、意义也更大了。最好能每天户外活动 1 ~ 2 小时，可以分开上下午两次活动或是三次活动，如果一次活动时间过长的话，会使宝宝感到疲累，耽误喂养。

此时的户外活动除了让宝宝进行空气浴、多呼吸新鲜空气之外，还要发展宝宝的认知能力和交往能力。当带着宝宝到户外时，要让宝宝多看、多听不同的东西，给宝宝讲讲他看到、听到的东西是什么样子的，还可以让宝宝摸摸某些东西，例如花草等，让宝宝从触觉上对这些事物形成认知。还可以借此锻炼宝宝的记忆和思维能力，例如，给宝宝看两种不同颜色的花，告诉宝宝你现在看到的这朵花是什么样子的，刚刚看到的那朵又是什么样子。虽然宝宝此时对这些内容的感受还很模糊，但这会为他将来这些能力的进一步发展打下坚固的基础。

这个月的宝宝会对妈妈有明显的依恋情绪，很难离开妈妈，并能区分出熟人和陌生人，陌生人很难将他从熟人怀里抱走。也有些宝宝有明显的"认生"表现，看见陌生人走过来就扎进妈妈怀里哇哇大哭。带着宝宝到户外，接触和他一样的小朋友以及小朋友的爸爸妈妈，鼓励宝宝多和小朋友接触交流，可以有效改变宝宝"认生"的现象，还能初步培养宝宝与人交往的能力。

让宝宝接触更多的人和物，才能真正做到发展宝宝的能力。如果只是把宝宝闷在家里教这些"知识"而不让宝宝亲身去感受的话，那么这种教育是很难收到成效的。

玩具

小算盘是这个月大宝宝一个比较不错的玩具，既可以让宝宝拨拉着玩，锻炼手部的运动能力，又能借此让宝宝对数字形成初步的印象。爸爸妈妈有空的时候，可以拨拉着算盘珠，告诉宝宝什么是1、什么是2，也可以和宝宝一起随意拨拉着算盘珠子，当宝宝听到拨动算盘珠发出噼里啪啦的声音时，会显得特别兴奋。

适合这个月宝宝的玩具很多，如毛绒娃娃、能发出声音的玩具琴、能拖拉的小车等，但宝宝此时似乎对日常用的小工具更感兴趣。他常常会高兴地玩弄茶碗、匙、台灯、电开关、门把手、抽屉的拉手、电视、收音机等，这是宝宝感知能力发展的需要，爸爸妈妈不应遏制，应因势利导，在宝宝对这些日常物品有好奇心想要拨弄的时候就可以让他拨弄或是拨弄给他看，给他讲讲这些东西的用处，也要告诉宝宝什么东西能碰、什么东西不能碰。也许这个月的宝宝并不能理解爸爸妈妈所说的话，但是他可以从爸爸妈妈的语气和表情，分辨出什么是对的、什么是不对的。所以，当宝宝碰到任何可能会对他造成危害的东西时，爸爸妈妈要严肃认真地告诉宝宝："这个不可以拿来玩"。

此外，任何容易发生危险的器具，比如打火机、钢笔、水壶、药瓶、热水瓶等，一定要收到宝宝够不到的地方，以免造成危险。

多爬行

爬行是宝宝成长发育过程中的一个阶段性的进步，对宝宝的发育十分关键。这个月的宝宝还不能很好地爬，快到8个月了可能会肚子不离床匍匐爬行，但四肢运动是不协调的。有的宝宝比较早就会爬，有的宝宝很晚才会爬。但无论早晚，爸爸妈妈都要把爬作为训练的重点。不能因为怕宝宝危险就不让宝宝爬，应该用各种各样方式鼓励宝宝爬行，以促进宝宝的健康成长。

宝宝从满7个月就进入了爬行的敏感期，这时应当每天都应该做爬行锻炼。刚开始训练时，时间不能过长，以免宝宝太累产生抵触心理。每天应多次练习，每次时间要短。另外，给宝宝选择爬行的场地要安全，不能太软，太软会增加爬行的难度。一般在地板上铺上地毯，或者铺上塑胶地垫都可以。

刚刚开始学习爬行的宝宝有个怪现象，就是在爬行的过程中非但不会向前爬，反而还向后倒退。这是因为宝宝对向前爬行有恐惧心理，所以爸爸妈妈就要帮助宝宝，使其克服害怕向前爬的心理，克服距离障碍。要让宝宝知道，向前爬并没有危险。可以在宝宝面前放上他喜欢的玩具，鼓励宝宝向前爬，够到玩具，并给予鼓励；

或是站在宝宝的前面呼唤他的名字，鼓励他自己爬过来，当宝宝爬过来后要把宝宝抱起来并给予鼓励和赞扬。如果宝宝胆小不敢爬的话，爸爸妈妈可以用自己的手掌心抵住宝宝的脚，施以外力，让宝宝在后面阻力的作用下，向前爬行。

潜能开发游戏

寻找声源

【目的】帮助宝宝练习他们的听力，开发宝宝的听觉定位技能。

【玩法】把宝宝放在你的前面，使你在他的视线范围以外，然后叫他的名字，观察宝宝的反应。如果宝宝没有反应的话，可以一边喊他的名字一边用手或者其他颜色鲜艳的东西在他的眼睛附近轻轻晃几下。

跳跃的气球

【目的】帮助宝宝开发视觉跟踪和视力集中的能力。

【玩法】给宝宝一两个气球看，家长会注意到当气球随风飘动时，宝宝会好奇地睁大眼睛。家长最好将气球离宝宝的距离控制在 30 厘米左右，因为这是宝宝看得最清楚的视野范围。在晃动气球时，速度不要太快，以方便宝宝用眼睛追踪它的动态过程。

"蹬车"

【目的】让宝宝感知自己的小腿和脚丫在以一种新的方式运动，帮助宝宝交替移动双腿可以锻炼下肢力量和协调性，为将来的爬行做准备。

【玩法】让宝宝平躺着，帮助宝宝轻轻地慢慢地移动双腿，做蹬车的动作，同时微笑着对宝宝讲话，鼓励他独立完成蹬车动作。在这个游戏过程中要和宝宝保持眼神的交流，爸爸妈妈的微笑和鼓励的话语都能使宝宝更积极参与这个活动。

8 ~ 9个月（**断奶期**）

这个月的宝宝

体重

这个月宝宝体重平均增长量9.10千克。男宝宝体重的正常范围为 7.16 ~ 11.04 千克，平均为9.0千克；女宝宝体重的正常范围为 6.72 ~ 10.4 千克，平均为 8.56 千克。

身高

这一阶段的宝宝身高平均增长约为 1.3 厘米。男宝宝身高的正常范围为 66.5 ~ 76.5 厘米，平均为 71.5 厘米；女宝宝身高的正常范围为 65.4 ~ 74.6 厘米，平均为 70.0 厘米。

头围

这个月宝宝头围平均增长 0.6 ~ 0.7 厘米。男宝宝头围的正常范围为 42.5 ~ 47.7 厘米，平均为 45.1 厘米；女宝宝头围的正常范围为 41.5 ~ 46.7 厘米，平均为 44.2 厘米。

胸围

这时的宝宝头围平均增长了 0.45 厘米。男宝宝胸围的正常范围为 41.0 ~ 49.4 厘米，平均为 44.1 厘米；女宝宝胸围的正常范围为 40.1 ~ 48.1 厘米，平均为 44.1 厘米。

囟门

囟门还是没有很大变化，和上一个月看起来差不多。

牙齿

8个月时，除个别情况外，绝大部分宝宝已开始长齐两颗下切牙。

营养需求与喂养

营养需求

这个月宝宝的营养需求与上个月没有什么差别，辅食量和奶量也没什么变化。食量较大的宝宝在这个月会开始发胖，还比较容易积食；而食量小的宝宝这个月则可能会被判定为营养缺乏。个别宝宝可能因为缺乏铁元素的摄取导致轻微贫血，缺钙的可能性不大。这个月仍要注意防止鱼肝油和钙补充过量，否则会致使维生素 A 或维生素 D 中毒症，以及软组织钙化。

辅食添加

这个月龄宝宝的辅食安排为每天 2 餐，第一餐可安排在早上 11 点左右，第二餐安排在晚上 6 点左右，中间穿插加两次点心水果。辅食的量要根据宝宝的适量而定，一般情况下每次为 100 克左右。

虽然这一月龄宝宝的消化能力已经有了一定的基础，但辅食添加仍要遵循从少量到多量，每次加一种，逐渐增加的原则。等宝宝适应且没有不良反应后，再增加另外一种，注意的是，宝宝只有处于饥饿状态下，才更易接受新食物，所以宝宝的新食物应在喂奶之前喂食，还要让宝宝逐渐认识各种味道，两餐内的辅食内容最好不一样，某些肉与菜的混合食物也可开始尝试添加。

宝宝的食物中依然不宜加盐或糖及其他调味品，因为盐吃多了会使宝宝体内钠离子浓度增高，此时宝宝的肾脏功能尚不成熟，不能排出过多的钠，使肾脏负担加重；另一方面钠离子浓度高时，会造成血液中钾的浓度降低，而持续低钾会导致心脏功能受损，所以这个时期宝宝尽量避免使用任何调味品。

此外，这个月辅食除了考虑营养因素外，还有一个重点，就是要注意食物有一定硬度，比如烤面包片、鱼片、虾球等用手抓着吃，可以提高营养量和帮助长牙、学习吃饭。咀嚼是一个必须学习的技巧，如果宝宝没有机会学习如何咀嚼，日后他们可能只会吃质感细腻的食物，难以接受其他食物。随着有硬度食物的添加，可以适量减少过于稀软或缺少动物性食物的辅食。

喂食辅食时，可将食物盛装于碗或杯内，以汤匙喂食宝宝，让宝宝逐渐适应成人的饮食方式及礼仪，如将牛奶和辅食混合制作时，尽量以汤匙喂食宝宝，避免以奶瓶喂食。

辅食变化

这个月的宝宝有些已经进入了咀嚼期，有些则还没有。判断宝宝是否进入咀嚼期的标准是：一餐中主食、蔬菜结合起来能吃10勺左右，则进入咀嚼期。这时如果宝宝很能吃的话，就可以增加咀嚼期食物的硬度，来锻炼宝宝的咀嚼能力。

咀嚼期是一个宝宝用舌头弄碎粒状或有形的食物，同时有意识地去咬的时期，这时如果总给他糊状的食物，那么就很难锻炼他咬的能力。给宝宝吃的食物的硬度可以以豆腐为标准，大人可以用手指弄碎来试一下，能轻易用手指弄碎开的程度最为适宜。当然，也有的宝宝贪求硬的食物，但不能很快增加食物的硬度，要让宝宝有意识地学会用舌头弄碎食物，再有牙齿咬和咀嚼，这是很重要的。

虽然宝宝进入了咀嚼期，但也不能立即让他吃硬的食物。对于难以吃下硬食物的宝宝，可以在像吞咽期那种硬度的糊状食物食谱中加入一些粒状的食物，让宝宝逐渐习惯咀嚼。在此期间，比起糊状食品，有些宝宝更喜欢吃有形状的、容易弄碎的食物，那么就可以在煮熟的南瓜、滑溜的土豆泥中加入碎蔬菜或剔下的鱼肉等给宝宝吃。

这个月的宝宝吃辅食也有些会"囫囵吞枣"，即当食物喂进宝宝嘴里后，他不咀嚼就直接吞下去。出现这种情况一般有两种可能，一是过去一直给宝宝喂很软的食物，当突然被喂进较硬的食物时，宝宝的舌头无法破碎食物，只好囫囵吞下。二是宝宝一直被喂食很软的食物，已经习惯了不必咀嚼地吃东西，所以就没有咀嚼的意识。这时可以将食物煮熟后改变硬度，试着喂宝宝，看他能否咀嚼着吃，也可以在吃的时候由家长做示范，让宝宝看着大人怎么咀嚼，鼓励宝宝去模仿。

宝宝到了8个月以后，可以把苹果、梨、水蜜桃等水果切薄片，让宝宝自己拿着吃；香蕉、橘子、葡萄可以整个让宝宝拿着吃，但吃葡萄等颗粒状的水果时，家长要在一旁看着，以防宝宝整个吞下去卡住喉咙。让宝宝自己吃水果，既能锻炼宝宝咬和咀嚼的能力，还能发展宝宝手部的活动能力。

再有，由于此时宝宝的活动量更大，所以很难让他坐在床上喂食了，宝宝常会吃到一半就开始玩。这时不妨给宝宝带到自己的小饭桌上，用他自己专用的餐具，这样会更好喂一些。

宝宝断奶食谱

宝宝在长到 6 个月以后，妈妈便可以尝试给宝宝断奶，并通过选择科学而营养的辅食来补充宝宝成长所需的营养。这个时期给宝宝添加辅食，不仅是为了全面补充宝宝的营养，给宝宝适应断奶的时间，更是为了锻炼宝宝的吞咽能力。所以，宝宝断奶食谱显得尤为关键。

宝宝断奶食物的选取原则：

1. 营养全面、比例恰当。

2. 不含任何激素、色素、糖精等不利于宝宝身体健康的化学添加剂。

3. 口感好、易于吞咽、好消化、易吸收。

4. 以蒸、煮的烹饪技法为主，避免宝宝食用煎、炸食物。

合理的营养搭配：

1. 每天宝宝要给喝 250 ~ 500 毫升牛奶或豆浆，补充钙质。

2. 主食以易消化的谷物为主，每天按时按量地给宝宝喂食小米粥、大米粥、烂面条、麦片粥或玉米粥等其中的一种，总量约200 克（3 小碗）。

3. 每天食用高蛋白的食物为 25 ~ 30 克，如鱼肉泥、鸡蛋黄、炖豆腐等。

4. 吃足量的新鲜蔬菜泥，每天为 50 ~ 100 克。

5. 将新鲜的水果制成果泥或果汁，喂给宝宝食用，补充各种维生素，提高机体免疫力。

6. 每周吃 1 ~ 2 次动物肝脏和动物血，为 25 ~ 30 克，有助于护肝明目，避免夜盲症。

给宝宝断奶是一个循序渐进的过程，不能说断就断，要给宝宝在心理和生理上一个适应的过程，这就要求爸爸妈妈在宝宝的食谱上花心思了。断奶初、中期，继续喂奶，但要注意量要逐渐减少，慢慢过渡到完全断奶。

断奶初期的食谱（4~6个月）

	原料	做法
大米汤	大米100克，木糖醇3克	1.将大米淘洗干净，用清水浸泡2个小时，捞出沥干水分 2.锅中加适量水，下入大米，大火煮沸后，转小火熬煮30分钟至大米熟烂、米汤黏稠，关火，用小碗盛出上层的大米汤，稍稍晾凉，即可给宝宝食用
牛奶小米糊	小米100克，牛奶1袋，冰糖5克	1.小米淘洗干净，浸泡3个小时，捞出沥干水分 2.锅中加适量水，大火烧沸，下入小米，煮至小米粒胀开，倒入牛奶，再次煮沸后，转小火熬煮至小米烂熟时，用勺子将小米搅拌成糊状后，加冰糖调味即可
苹果猕猴桃汁	苹果1/2个，猕猴桃1个，温水200毫升	1.猕猴桃洗净，去皮，切块；苹果去皮、子，洗净后切小块 2.将猕猴桃块、苹果块、温水一起放入榨汁机内搅打成汁，去渣取汁，即可给宝宝饮用

断奶中期的食谱（7~9个月）

	原料	做法
燕麦粥	燕麦100克，大米50克	1.燕麦、大米均淘洗干净，用水浸泡2小时 2.锅中加适量水，下入燕麦、大米，大火煮沸后转小火，熬煮至大米熟烂，盛出，稍稍晾凉后即可给宝宝食用
小米鳝鱼粥	小米100克，鳝鱼肉50克，胡萝卜30克，植物油5克，盐2克	1.小米淘洗干净；鳝鱼肉处理干净，切段，胡萝卜洗净，去皮，切块，放入搅拌机里搅打成泥 2.砂锅中加适量水，大火烧沸后下入小米，转小火煮约20分钟，再放入鳝鱼段、胡萝卜泥，加盐、油调味，煮约15分钟，关火 3.在给宝宝食用时，要将鳝鱼段拣出来，稍稍晾凉，趁热吃

| 猪血粥 | 大米 150 克，猪血 100 克，干贝 15 克，葱花 4 克，植物油 5 克，盐 2 克 | 1. 大米淘洗干净，沥干水分；猪血洗净，切块，放清水中浸泡 1 个小时
2. 锅中加适量水，大火煮沸，放入大米、干贝，大火煮 20 分钟后转小火熬煮至大米熟烂，放入猪血块、葱花，熬煮至粥成，调入盐、油，关火
3. 在给宝宝食用时，要将干贝拣出来，避免宝宝噎着 |
| 菠菜汁 | 菠菜 100 克，冷开水 50 毫升，冰糖 5 克 | 1. 菠菜洗净，切小段，放入沸水中焯烫片刻；把冰糖放入冷开水中，搅拌至融化
2. 将菠菜放入榨汁机中，倒入冰糖水搅打成汁后，去渣取汁，饭后给宝宝饮用即可 |

断奶后期的食谱（10 ~ 12 个月）

	原料	做法
猪脑粥	大米 100 克，猪脑 1 副，葱末 4 克，盐 3 克	1. 将猪脑放入清水中浸泡片刻，洗净血水，再下入沸水中余烫一下，捞出放入蒸碗里，加入葱末，上笼蒸熟；大米淘洗干净，放入清水中浸泡 1 个小时备用 2. 锅中加适量水，大火煮沸，放入大米，倒入蒸猪脑的原汤，熬煮成粥，再加入猪脑，并用手勺将猪脑捣散，待再次煮沸后，撒上葱末，加盐调味即可
鲜虾豆腐	嫩豆腐 200 克，虾仁、猪瘦肉各 50 克，植物油 8 克，盐 3 克	1. 豆腐去皮，切小块，用清水冲洗干净，沥干水分；虾仁去虾线，洗净，剁成泥；猪瘦肉洗净，切丁 2. 锅置火上，入油烧热，下入虾泥、猪肉丁炒散，放入豆腐块，加少许清水，煮熟，放盐调味，炒匀即可
冬瓜排骨汤	猪排骨 200 克，冬瓜 150 克，盐 3 克	1. 猪排骨洗净，剁成块，放入沸水中余去血水；冬瓜去皮，洗净，切块 2. 砂锅中加适量水，放入猪排骨，大火煮沸后，转小火煮煮 30 分钟，加入冬瓜块，炖至冬瓜熟软，加盐调味即可

和父母一起吃饭

有些宝宝到了这个月，会对大人吃饭很感兴趣，大人吃饭的时候他总爱过来凑热闹，并表现出强烈的参与欲望。这时完全可

268 权威金版育儿百科

以利用宝宝的特点，让宝宝和爸爸妈妈一起吃饭，这样既能满足宝宝的喜好，也能节省爸爸妈妈的时间，可以有更多的时间用来做户外活动和亲子游戏。

由于宝宝活动能力的增强，所以在抱着宝宝上饭桌吃饭的时候，一定要注意安全，不要把热的饭菜放到宝宝身边，以免宝宝碰到饭菜甚至是将饭菜整个打翻烫伤。宝宝的皮肤非常娇嫩，可能有的时候大人并不觉得烫的东西，也会把宝宝烫伤。吃饭的时候要培养宝宝的好习惯，不要让宝宝边吃边玩，也不要让宝宝拿着勺子或筷子敲敲打打，要教会宝宝规规矩矩地进食。在宝宝吃饭的时候，家长也不可以逗宝宝，以免分散他的注意力，引起呛咳等。

虽然可以给宝宝和大人一样的饭菜，但给宝宝的菜还需要特别加工才行，例如，煮得要烂一些，少放盐、糖、酱油、味精等调料，不能放任何刺激性的调料。要知道，和爸爸妈妈一起吃饭并不等于可以给宝宝吃和大人一模一样的食物，所有给宝宝的食物，都要经过精心的烹调才可以。

能力发展与训练

运动

9个月时，宝宝已经可以"坐如钟"了，坐得稳稳当当的，坐着的时候会转身，也会自己站起来，站起来之后可以坐下；可以用手掌支撑地面独立站起来。宝宝扶物站立时，能用一手扶物，再弯下身子用另一只手去捡起地上的玩具。可扶着家具一边移动小手一边抬脚横着走。宝宝能自如地爬上椅子，再从椅子上爬下来。宝宝爬行时四肢已经能伸直。大人扶住宝宝鼓励其迈步，宝宝能迈2~3步。

这个阶段的宝宝手指更加灵活了，拇指和食指能捏起细小的东西。宝宝可用一只手拿两件小东西，有些宝宝可能还会分工使用双手，一手持物，一手玩弄。将悬吊玩具用线悬挂好之后，宝宝能用手推使玩具摇摆。此时的宝宝会出现一个非常重要的动作，就是伸出食指，表现为喜欢用食指抠东西，例如抠桌面、抠墙壁。这些动作的出现不是偶然的，是宝宝心理发展到一定阶段表现出来的能力，是表示宝宝出现了一些探索性的动作。爸爸妈妈应提供机会让宝宝做一些探索性的活动，而不应该去阻止或限制他。

视觉

从第9个月开始，宝宝会有目的地看，对看到的东西记忆能力能够充分反映出来了。对颜色的认识能力也增强了，视觉范围也越来越广了，视线能随移动的物体上下左右移动，能追随落下的物体，寻找掉下的玩具，并能辨别物体大小、形状及移动的速度。宝宝能看到小物体，能开始区别简单的几何图形，观察物体的不同形状。宝宝开始出现视深度感觉，实际上这是一种立体知觉。

听觉

9个月时，宝宝的听觉越来越灵敏，能确定声音发出的方向，能区别语言的意义，能辨别各种声音，对严厉或和蔼的声调会做出不同的反应。能区分音的高低，如在和宝宝玩击木琴时，宝宝有时会专门敲高音，有时又专门敲低音。玩一会宝宝就知道敲长的木条声音低，敲短的木条声音高。

言语

9个月时，宝宝在有人逗他时，会发笑，并能发出"啊""呀"的语声。如宝宝发起脾气来，哭声也会比平常大得多。宝宝会叫"妈妈""爸爸"，还可能会说一两个字，但发音不一定清楚。宝宝会一直不停地重复某一个字，不管问什么都用这个字来回答。宝宝对熟悉的字会很有兴趣地听，能将语言与适当的动作配合在一起，对于某些指令能听得懂并能照着做，如"欢迎"与拍手、"再见"与挥手等。现在宝宝能够理解更多的语言，爸爸妈妈的交流具有了新的意义。在宝宝不能说出很多词汇或者任何单词以前，他可以理解的单词可能比大人想象的多。尽可能与宝宝说话，可增加宝宝的理解能力，告诉宝宝周围所发生的事情。此时宝宝也许已经能用简单语言回答问题；会做3～4种表示语言的动作；对不同的声音有不同的反应，当听到"不"或"不动"的声音时能暂时停止手中的活动，知道自己的名字，听到妈妈说自己名字时就停止活动，并能连续模仿发声。听到熟悉的声音时，能跟着哼唱，说一个字并表示以动作，如说"不"时摆手，"这""那"时用手指着东西。

嗅觉

9个月时，宝宝开始对食物的气味表现出很大的兴趣，喜欢吃添加的辅食，并且会对辅食的气味产生喜好表现，通过亲自尝试，开始理解"香""臭"的含义。

味觉

8～9个月的宝宝味觉发育最敏感。尤其喜好甜味和咸味，这可能是人的天性和本能。因为"甜"代表着糖和碳水化合物，而这两样物质是人类发育和生长的重要物质；"咸"代表着盐，它能保持宝宝体内电解质的稳定平衡。

认知

9个月时，宝宝也许已经学会随着音乐有节奏地摇晃，能够认识五官，会用手指出身体的部位，如头、手、脚等。宝宝能够认识一些图片上的物品，例如宝宝可以从一大堆图片中找出他熟悉的几张。有意识地模仿一些动作，如喝水、拿勺子在水中搅等。可能宝宝已经知道大人在谈论自己，懂得害羞；大人给他穿衣服时也会伸手帮忙。宝宝会与大人一起做游戏，如看到大人将物品藏起来，会去寻找被藏起来的物品，但即使宝宝看到物品被藏在很多地方，也只会在同一个地方寻找。如爸爸妈妈将自己的脸藏在纸后面，然后从某一个方向露出脸让宝宝看见，宝宝会很高兴，而且主动参与游戏，在爸爸妈妈上次露面的地方等待着大人再次露面。

宝宝喜新厌旧的速度加快，不喜欢做平日已经熟悉的活动，愿意做没有做过的事情，如拉掉帽子时觉得有趣。遇到感兴趣的玩具，宝宝会试图拆开，还会将玩具扔到地板上。对于体积比较大的物品，宝宝知道一只手是拿不动的，需要用两只手去拿。宝宝可以准确地找到存放自己喜欢的食物或玩具的地方。

宝宝在这个阶段的数理逻辑能力已经有所发展了，玩玩具的时候已经学着去观察不同物品的构造，会把玩具翻来翻去看不同的面。宝宝在摆弄物体的过程中能够初步认识到一些物体之间最简单的联系，如敲打物品可以发出声音，所以宝宝才会不厌其烦地反复地去敲，这是宝宝最初的一些"思维"活动，是宝宝认知发展的一大进步。

心理

9个月大的宝宝知道自己的名字，叫他的名字时他会答应，如果他想拿某个东西，家长严厉地说："不能动！"他会立即缩回手来，停止行动。这表明，9个月的小儿已经开始懂得简单的语意了，这时大人和他说再见，他也会向大人摆摆手；给他不喜欢的东西，他会摇摇头；玩得高兴时，他会咯咯地笑，并且手舞足蹈，表现得非常欢快活泼。

9个月的宝宝在心理要求上丰富了许多，喜欢翻转起身，能爬行走动，扶着床边栏杆站得很稳。喜欢和小朋友或大人做一些合作性的游戏；喜欢照镜子观察自己；喜欢观察物体的不同形态和构造；喜欢家长对他的语言及动作技巧能给予表扬和称赞；喜欢用拍手欢迎、招手再见的方式与周围人交往。

9个月的宝宝喜欢别人称赞他，这表明他的语言行为和情绪都有进展，他能听懂你经常说的表扬类的词句，因而做出相应的反应。

宝宝为家人表演游戏，大人的喝彩称赞声，会使他高兴地重复他的游戏表演，这也是宝宝内心体验成功与欢乐情绪的表现。

对宝宝的鼓励不要吝啬，要用丰富的语言和表情，由衷地表示喝彩、兴奋，可用拍手，竖起大拇指的动作表示赞许，大家一齐称赞的气氛会促进孩子健康成长。这也是心理学讲的"正性强化"教育方法之一。

社会交往

9个月的宝宝与大人的交流变得容易、主动、融洽一些了，宝宝会通过动作和语言相配合的方式与大人交往，当给宝宝穿裤子时，他会主动把腿伸直；听到他人的表扬和赞美会重复动作；对其他的宝宝较敏感，如果看到爸爸妈妈抱其他宝宝就会哭；别的宝宝哭时他也会哭。这时候的宝宝偶尔有点儿"小脾气"，例如他会故意把玩具扔在地上，让人捡起，然后再扔，他觉得这样很好玩。这个阶段的宝宝已经会抗议了，如果要从宝宝的手中夺走他喜欢的玩具，已经不容易了，如果是硬抢，宝宝会大声哭，以示抗议。宝宝开始表现出自己的个性特征。如有的宝宝不让别人动他的东西；有的宝宝看见别人的东西自己也想要；有的宝宝很"大方"地把自己的东西送给别人或与别人一起分享，也有的宝宝会伸手把玩具给人，但不松手。这个阶段的宝宝不喜欢大人总是用同样的方式逗他；会记得好几天前玩过的游戏；期望他成功的做完一个动作后大人能给他鼓励，期望得到他喜欢的人的关心；宝宝喜欢听到大人的赞扬，语言能力的发展让宝宝可以听懂大人所说的话也能够用简单的话回答问题，多赞扬宝宝，会让宝宝更加喜欢话语交谈。

模仿力

宝宝从出生的那一刻起就已具备模仿的能力，这个月大的宝宝更爱模仿大人的动作。爸爸妈妈可以根据宝宝的特点，多给宝宝做好的影响和示范，让宝宝尽快地学习更多的动作和技能。

这时的宝宝如果给他一个玩具的话，他就能立刻意识到，他不仅可以将他攥紧，也可以松手扔掉。这种意识可以促使他将行为与目的结合起来，此时模仿就可以对促进宝宝的行为发展起到很大作用。例如，当大人把手里的纸张揉成一团发出声音，宝宝会好奇地学着尝试，是否他也可以用手和纸制造出同样的音响效果。

最典型的模仿训练就是语言的模仿，从模仿中学习语言表达，是人类学习语言的重要方式之一。平时爸爸妈妈可以发出各种声音，并配合表情、肢体动作，让宝宝从中学习并模仿声量、高低或节奏的变化。比如模仿各种动物的声音给宝宝听，让宝宝了解同一种声音在不同状况下也会有所不同。在引导宝宝模仿着大人学说话的时候，请尽量让宝宝看清楚大人的口型，并通过声调和表情的变化来刺激宝宝集中注意力。

动作模仿也是比较常见的模仿训练。当宝宝在练习某种技巧或游戏的时候，刚开始都需要爸爸妈妈来做引导，特别是一些有难度的动作训练，如开关灯、拿取物品等，一般都要求爸爸妈妈先当着宝宝的面做动作，然后和宝宝一起重复动作，最后鼓励宝宝独立完成动作。通过这种模仿，就可以让宝宝很快地掌握各种技能，对促进成长发育大有益处。

爸爸妈妈要知道的是，要宝宝模仿并不是教他，而是应陪着他一起做宝宝要学的动作，等到宝宝做熟了之后，如果有不对的地方还要提醒他去修正。如果仅仅是"动口不动手"，那么宝宝很难真正地从模仿上得到锻炼。

扶站训练

在宝宝坐稳、会爬后，就开始向直立发展，这时爸爸妈妈可以扶着宝宝腋下让他练习站立，或让他扶着小车栏杆、沙发及床栏杆等站立，同时可以用玩具或小食品吸引宝宝的注意力，延长其站立时间。如果在以上练习完成较好的基础上，也可让宝宝不扶物体，独站片刻。此外，也可在宝宝坐的地方放一张椅子，椅子上放一个玩具，妈妈逗引宝宝去拿玩具，鼓励宝宝先爬到椅子旁边，再扶着椅子站起来。大人是宝宝扶站的最好"拐棍"，必要时刻站在宝宝旁边，让宝宝抓住你的手站起来。通过扶站练习，可以锻炼宝宝腿部或腰部的肌肉力量，为以后独站、行走打下基础。

教宝宝双手拿东西

大脑的发育离不开手部活动的促进，这个月的宝宝手部的活动能力又有明显的进步，他能用拇指和食指把东西捏起来，会模仿着大人拍手，会把纸撕碎并放进嘴里。如果把宝宝抱到饭桌上的话，宝宝会用两只手啪啪地拍桌子，会拿着勺子送到自己的嘴边，还会拉着窗帘或窗帘绳晃来晃去。

教会宝宝双手的协调和配合能力很重要。很多宝宝在这个月玩的时候不再只玩一样东西，可以同时玩两个或者两个以上的物体。喜欢用一样东西去碰击另一样东西，例如一只手拿起一块积木对敲，拿起摇铃敲桌子，也不管自己的手是否会敲痛。这正是宝宝锻炼手部运动和探索活动的开始，爸爸妈妈在鼓励宝宝的同时，也要注意观察宝宝会不会同时用双手抓握、敲打这些东西。有的宝宝在这个月，还总是用一只手抓握玩具玩，而另一只小手似乎总是"闲置"着。这样的宝宝很可能在这个时期还不懂得可以同时运用双手活动，爸爸妈妈可以耐心的启发、诱导他们，例如，先递给宝宝一件玩具，然后再递给宝宝第二件玩具，看宝宝的反应。如果宝宝真的是扔掉手里的玩具再接新的玩具的话，就说明他们还没能意识到可以用另外一只手来接玩具，这时候爸爸妈妈就应该告诉宝宝"宝宝还有另外一只手可以拿玩具啊"，并有意识地把玩具递到他两外一只手上，让宝宝学会双手持物。

有的宝宝在这个时候开始出现破坏行为了，他会把手里的纸撕碎，然后放进嘴里。爸爸妈妈不要小看宝宝撕纸的动作，这正是锻炼宝宝手腕肌肉和手部协调能力的大好时机。如果宝宝喜欢撕纸，爸爸妈妈不能因为怕宝宝把东西撕坏就制止他，这样无疑是剥夺了宝宝锻炼的机会，大可以任由他撕着玩。但注意的是，不能给宝宝报纸和其他印刷品纸张，因为上面沾染的油墨会对宝宝的身体健康形成危害。

排便训练

如果前几个月坚持排便训练的话，那么在这个月的宝宝多数都能乖乖地坐在便盆上排便了。注意的是，吃辅食之后宝宝尿便的颜色，可能会因为辅食的原因在某一天突然呈现异样，只要在没有吃这种辅食的时候尿便能恢复正常，就没有问题。此外，冬天里有的时候宝宝的尿液会发白发浑，这是因为尿酸盐结晶析出的原因，并不是肾炎，家长不用担心。

当然，此时的宝宝依然还不能真正做到自理，所以当家长掌握不好的时候，宝宝把尿便排在尿布里，也是常有的事。

宝宝大小便能否自理与智力无关。中国的传统观念，特别是老一代都认为，宝宝大小便训练越小开始越好，聪明的宝宝不尿裤子。其实这是一种错误的观念，宝宝是否能大小便自理，和宝宝的智力无关。智力是由头脑来决定的，与控制大小便的膀胱相隔很远。

要做到大小便自理，宝宝首先要能识别需要排泄的感觉，并通过语言、动作或其他方式表达这种感觉。其次，宝宝要能在短时间内控制肛门和尿道的肌肉运动。最后，宝宝要能理解并配合在适当的地点排泄。这些都只有等宝宝生理发育成熟到一定程度才能做到。如果家长在这个阶段硬要训练宝宝主动排尿排便的话，未免有些揠苗助长了。

每个宝宝的具体情况不同，所以也不存在一个训练尿便的固定的最佳时机。只有在宝宝乐意并主动配合大人时，训练才能事半功倍。所以对于宝宝的尿便训练，应本着顺其自然的态度，不要总是奢望这么大的宝宝真正懂得自己排尿解便。

日常护理注意问题

爱咬指甲

这个月的宝宝直接咬指甲是比较少见的，多数都是由吮吸手指变成了啃指甲，这种行为和乳牙的萌出有关。不对宝宝进行任何干预是不对的，但也不能采取强硬的措施硬性干涉。最好的办法是转移宝宝的注意力，给他手里递一些玩具，把他的手拿出来拉拉拍拍，都是比较不错的办法。

指甲和指甲缝是细菌滋生的场所，虫卵在指缝中可存活多天。宝宝在咬指甲时，无疑会在不知不觉中把大量病菌带入口腔和体内，导致口腔或牙齿感染，严重的还会引发消化道传染病，如细菌性痢疾、肠道寄生虫病如蛔虫病、蛲虫病等。

对于平时爱吮吸手指和咬指甲的宝宝，应注意做好手部的清洁卫生，勤给宝宝剪指甲，以免宝宝将手上的细菌带入口腔。当把宝宝的手从嘴里拿出来的时候，要把手上和嘴角的口水擦洗干净，以免长时间口水的堆积使手指或嘴角的皮肤发白溃烂。

一般来说，周岁以上到学龄前后的宝宝咬指甲可能与缺锌或是某些心理问题有关，但这个月龄的宝宝咬指甲通常和这些是没什么关系的，只要合理转移宝宝的注意力，基本上随着宝宝的成长，这种行为就会消失。

用手指抠嘴

宝宝吮吸手指的动作在这个月开始"升级"，演变为用手指抠嘴，严重时甚至会引起干呕，如果刚吃完奶的话很可能会把奶抠出来。可即使宝宝抠嘴抠到了干呕、吐奶，往往过不了几分钟后又会重蹈覆辙，继续抠，让爸爸妈妈很是头疼。

抠嘴是这一月龄宝宝的一个特征，过了这短时间都会好，但是抠嘴既不卫生，也会影响宝宝的发育，因此爸爸妈妈还是应当予以纠正。这个月的宝宝之所以爱抠嘴，一是因为手的活动能力增强了，可以自由支配自己的手指，二是因为出牙导致牙床不舒服，于是宝宝就总是试图把手指伸到嘴里去抠，希望能缓解出牙的不适。

当明白了宝宝为什么抠嘴，爸爸妈妈就知道如何去解决了。平时可以多给宝宝一些方便咀嚼的食物，让他磨磨小乳牙，以促进牙齿的生长，缓解牙床的不适，或是用冷纱布帮宝宝在牙床处冷敷，也能起到舒缓的作用。当看到宝宝抠嘴的时候，可以轻轻地把他的手从嘴里拿出来，给他点儿别的东西让他拿在手里，转移他的注意力。也可以轻轻地拍打一下他的小手，严肃地告诉他"不"，但不能严厉地打骂，否则会令宝宝恐惧大哭，也起不到任何积极有效的作用。

这么大的宝宝还听不懂爸爸妈妈长篇累牍的大道理，但对于大人的语气、表情和一些简单的如"好""不好"之类的判断词还是能够感受和理解的。所以家长及时再着急再生气，也不能把宝宝拉过来大声呵斥，更不能体罚，也没必要给宝宝赘述一堆大道理，只要用严肃认真的表情告诉宝宝"好""不好"或是"对""不对"就可以了。要知道，宝宝不会一直都这么做，只要过了这一阶段，都能慢慢地好起来。

不出牙

大多数宝宝到了这个月，都能萌出 2 ~ 4 颗乳牙了，有些出牙早的宝宝甚至能长出 6 颗乳牙，但也有的宝宝此时的乳牙还依然是"犹抱琵琶半遮面"，迟迟不肯出现。

宝宝出牙的早晚有很大的个人差异，一般来讲，女宝宝比男宝宝牙齿钙化、萌出的时间要早，营养良好、身高体重较高的宝宝比营养差、身高体重较轻的宝宝牙齿萌出早。另外牙齿萌出的早晚与种族、环境、气候、疾病等都有着密切关系。宝宝的乳牙早在胎儿期时就已经长出了牙龈，只是没有破床而出，长牙是迟早的事。也有的宝宝可能迟迟不长牙，但突然有一天，牙齿就像雨后春笋般冒了出来，所以此时的宝宝不长牙，爸爸妈妈可以耐心等待一段时间，没有必要视为异常，一周岁之后才出牙的宝宝也是有的。

为了长牙，就给宝宝补充大量的钙和鱼肝油是不可取的。因为过量的钙和鱼肝油非但对宝宝乳牙萌出没有任何积极的促进作用，反而有可能导致维生素过量甚至中毒，或是钙过量引起大便干燥，严重者还会造成肝、脑、肾等软组织钙化。为了促使宝宝的牙齿尽快长出来，可以多给宝宝吃点有咀嚼性的东西，例如磨牙棒、饼干、面包等。

家长要知道的是，婴幼儿的长牙周期都不尽相同，虽说应在6个月左右时长出第一颗牙齿，不过就乳牙而言，出牙的时间差距在半年之内都算正常，而恒牙萌出时间的合理差距甚至可延长至1年。所以，一般情况下没有必要过度担心，通常宝宝只是长牙时间的快慢不同，并不会影响到牙齿的功能。

爱出汗

汗是由皮肤汗腺分泌的，汗腺是人体皮肤调节体温的重要结构之一。婴幼儿皮肤的含水量较大，皮肤表层微血管分布较多，加上汗腺开始变得发达、新陈代谢越来越旺盛、平时活动量越来越大，因此宝宝特别爱出汗，身上总是汗津津的，特别是夏天的时候更是如此。

宝宝多汗大多是正常的，医学上称为生理性多汗，多在吃饭、睡觉、跑跳和游戏后出汗，大多数都是头部和颈部出汗。对于爱出汗的宝宝，爸爸妈妈要注意及时为宝宝擦干身上的汗液，保持身体的清洁卫生，按时洗澡，平时多注意补充水分，不要穿得过多，睡觉的时候被子也不要盖得太厚。如果看到自己的宝宝出汗比别的宝宝多，就认为宝宝是不正常的，这是完全没有必要的。每个人的体质都不相同，只要宝宝没有任何异常情况，精神十足，多出些汗也是无妨的。

爱哭闹

宝宝哭闹的原因有好多种，只要在哭闹的时候没有其他异常不适的症状，如腹胀、发热、大便异常等，就不是疾病原因。但宝宝如果每天总是无缘无故的持续哭闹好几个小时，怎么哄都哄不好的话，那么家长就要耐心寻找其中的原因了。

宝宝这种持续性的哭闹，有可能是因为食物过敏不适所造成的。对于母乳喂养的宝宝，妈妈要尝试改变她们自身的饮食习惯，减少对乳制品和咖啡因的摄入，避免辛辣和容易产生肠气的食物，例如洋葱或白菜等，观察宝宝是否会随着妈妈饮食的改变而减少哭闹；对于人工喂养的宝宝，可以尝试着改变配方奶的品种，如疑为牛奶蛋白过敏的话，就改为大豆蛋白配方奶喂养；对于添加辅食的宝宝，如对某种辅食过敏，除了哭闹之外还会出现消化、排便等其他异常表现，只要爸爸妈妈耐心观察，就能找到这种过敏食物。

改变宝宝的感觉刺激也能缓解宝宝的持续性哭闹，如当宝宝哭闹的时候，竖着将宝宝抱起来，让宝宝紧贴在妈妈的身体上，头靠着妈妈的肩膀，听着妈妈的心跳；轻轻摇动并安慰宝宝，用一块大而薄的毯子把孩子包在襁褓中，让她觉得有安全感；播放一些有助于平静的声音，如风扇的嗡嗡声或心跳的声音，这些能让宝宝回想起在胎中时的声音有助于使他们平静下来；用按摩油对宝宝进行腹部按摩，或是把温热的热水袋放在宝宝的腹部，但要注意水温不要太烫，避免将宝宝烫伤；抱起宝宝看看外面的环境或是新鲜的事物，转移宝宝的注意力；还可以给宝宝洗个温水澡，也能调整宝宝哭闹的状态。

如果宝宝哭闹并伴有枕秃、生长发育迟缓的话，就要考虑是缺钙的原因，应适当给宝宝补钙，多晒晒太阳，补充些含钙丰富的辅食。

宝宝不让把尿怎么办

这个月的宝宝可能会让妈妈成功把尿，但如果希望宝宝能把所有的尿都尿到尿盆里，那几乎是有些难为宝宝了，因为这时候的宝宝还不能控制自己的小便。

权威金版育儿百科

白天把尿一般都比较顺利，到了晚上如果宝宝因为膀胱里存尿不舒服醒了的话，妈妈把尿也能比较顺利，但如果强行给宝宝弄醒了把尿的话，宝宝自然就会反抗。如果宝宝晚上不醒的话，那么就不要打扰宝宝，让宝宝把尿尿到尿布上就可以了。

如果宝宝总是把尿打挺的话，也没必要强求，毕竟这个月的宝宝依然还是离不开尿布的。

长时间便秘

如果宝宝便秘比较顽固、甚至导致肛裂出血的话，可以为宝宝进行 1 ~ 2 次的开塞露注入或灌肠。开塞露主要含有甘油和山梨醇，能刺激肠子起到通便作用，使用时要注意，当将开塞露注入肛门内以后，爸爸妈妈应用手将宝宝两侧的臀部夹紧，让开塞露液体在肠子里保留一会儿，再让宝宝排便，这样的效果会比较好。也有些家长会用肥皂条帮助宝宝排便的，同样能起到一定效果。

但是，事实上，这些方法都会让宝宝的大肠撑得更大，像气球撑久了再放掉，已经没有弹性。这种慢性便秘，如果不治疗的话，长久下来会造成大肠无力症，就是排便无力的现象，最后的治疗，是把整段大肠完全切除。所以宝宝便秘，还是需要长时间慢慢治疗，千万不能急着用塞剂、灌肠快速处理，更不能经常使用，否则会造成严重的后果。

由于宝宝能吃的东西越来越多了，所以最安全的办法是通过饮食来解决便秘的症状。可以给宝宝多吃些胡萝卜、白萝卜、红薯、花生酱、芝麻油、芹菜、菠菜、小米面、玉米面等利于通便的食物，当然有的时候一种食物对宝宝无效，但只要家长有耐心多试几种的话，都能找到能治疗自己宝宝便秘的食物。

给宝宝吃的过于精细也会导致便秘，所以在日常饮食中应适当给宝宝加些粗粮。再有，钙片也会导致宝宝便秘，所以在给宝宝吃钙片补钙的时候，更应注意日常膳食的合理搭配，尽量避免宝宝出现顽固性便秘的症状。

烫伤

这个月的宝宝发生烫伤的很多，除了家长在护理过程中不小心之外，宝宝的调皮捣蛋也会令自己受伤。

烫伤的情况不一样，如果是碰到了烟头烫伤的话，一般都比较轻，是把手指表皮烧红，不用管它也会自然痊愈。但是如果打翻了热水瓶，或是碰翻了刚刚出锅的热汤，那这种烫伤就比较严重了，多半会令表皮迅速起疱、脱皮、组织液渗出，这时就要求在简单的紧急处理后立即送到医院请医生救治了，这种烫伤一旦拖延时间的话，就有可能使伤口感染、化脓，如果烫伤面积较大的话，甚至还会有生命危险。

当手、脚等裸露部位发生烫伤时，必须马上严格检查烫伤部位。如果烫伤的范围很小，如手指的一小部分或手掌的极小部分，烫伤处的皮肤只是稍微有点儿发红，可以用凉水冲洗烫伤处后擦干皮肤，在患处涂上抗生素软膏，用纱布轻轻包扎，并注意及时更换清洁就可以了，通常不会有什么大问题。如果烫伤处起疱、脱皮了，就要立即去医院请医生处理，绝不能自己在家把水疱挑破，或是在患处涂抹香油、酱油等东西，这些自行处理的办法往往是引起化脓，使烫伤部位留下伤疤的主要原因。

如果宝宝被开水泼到了身上，不能急着先脱衣服，应该先用自来水大面积冲洗开水烫到的位置，尽量降低开水的温度，缓解皮肤的疼痛。由于开水烫伤的情况多数比较严重，烫伤处会有起疱、脱皮等现象，所以最好是用剪子直接把宝宝的衣服剪开，因为这时衣服的某些地方很可能已经和破皮的皮肤粘连，脱衣服硬拉硬扯的话极有可能加大宝宝皮肤上的创伤面，这样就更难处理了。

如果宝宝是被硫酸、盐酸、硝酸、苛性钠等烧伤的话，应先用清水冲洗后立刻就医。当然，这种情况是比较少见的。

宝宝被烫伤以后都会大声哭闹，并且表现的痛苦，这时候的

权威金版育儿百科

家长千万不能看到宝宝痛苦就慌了手脚，当看到宝宝烫伤后，应第一时间先用自来水为烫伤处降温以缓解疼痛，然后再根据烫伤面积的大小、严重程度做进一步处理，但不能用冰块直接敷在患处降温，过冷的刺激会对皮肤造成更大的伤害；或是在患处搽酱油，这也不能起到对烫伤的缓解治疗作用；也不能涂抹护肤霜，避免引起进一步的过敏症状。

坠落

这个月的宝宝从高处摔下来也是比较常见的，最多的就是从大床上摔下来，或是翻过宝宝床的栏杆头朝下地跌下来。这种1米以内的坠落虽然会让宝宝立即哇哇大哭，但多数都不会有什么严重的问题，也不会留下什么后遗症。

如果宝宝坠落后立即哇哇大哭，且哭声洪亮有力，哭一会儿自己就能停止，又能像以前一样玩耍、吃东西的话，就没什么问题，家长不需要太担心，注意观察宝宝就行了。比较麻烦的是宝宝坠落后不哭不闹，面容呆滞，或是暂时性地失去知觉，这时就需要马上带着宝宝到医院做进一步的检查。如果宝宝坠落后出现呕吐的话，也应立即抱到医院请医生诊治。

由于宝宝头重脚轻，所以一旦坠落，多半都是脑袋首当其冲被撞个大包，这是由于头骨外部血管受伤引起出血所造成的肿块。这个时候千万不能揉肿块，否则会令出血更为严重，应用冷敷的方式来加快瘀血的散去。如果头皮被蹭破有轻微出血的话，可以涂抹一些红药水，并注意做好创伤局部的护理就可以了。如果宝宝外伤出血比较严重的话，就不能自行处理，需要到医院请医生帮忙处理。

除了在家里坠落，从楼梯上摔下来的情况也是有的。这种情况和从床上跌落一样，宝宝哇哇地哭一会，头上磕起了包，没有任何异常症状，基本都不严重。也有只注意头部而忽略了其他部位的创伤的，尽管这种情况很少，但也绝非没有，偶尔会出现因为从楼梯上坠落而上了脾或肾的。如果伤了肾，小便会因出血而发红；

如果伤了脾而出血，脸色会发灰，肚子肿胀，情绪不好，不爱吃东西。一旦发现有上述症状，就要立即送到医院，必要时需要通过手术止血。比较容易忽略的是锁骨骨折，表现为坠落一两天之后一抱宝宝的腋下，宝宝就因为疼痛而哭泣，让宝宝举起双手时，锁骨骨折这一侧的手很难举起来。

夜啼

前几个月一直有夜啼习惯的宝宝在这个月可能依然会夜啼，爸爸妈妈只要像以往那样哄一阵基本就能解决这个问题。对宝宝的夜啼，爸爸妈妈要有耐心和信心，要相信随着宝宝慢慢长大，夜啼的毛病都能慢慢消失。

当宝宝夜里哭闹的时候，如果爸爸妈妈将宝宝抱起来，又是哄又是颠，闹得比宝宝还热闹，这非但不能令宝宝安静下来，还会造成一定的危险。宝宝的脑袋无论长度、重量在全身所占的比例都较大，加上颈部柔软，控制力较弱，大人的摇晃动作易使其稚嫩的脑组织因惯性作用在颅腔内不断地晃荡与碰撞，从而引起宝宝脑震荡、脑水肿，甚至造成毛细血管破裂。所以这种行为是坚决要避免的，以免给宝宝带来不必要的伤害。

如果前几个月从不哭闹的宝宝在这个月的某一天突然开始哭闹，就要想到某些疾病的可能。因为一般来说，以前没有夜啼的宝宝在这个月不太可能出现夜啼，只要出现就说明可能有某些异常问题出现了，最好是请医生看一看那。如果宝宝是哭闹一阵后就停下来，过 3 ~ 5 分钟又开始哭闹，然后再安静下来。如此反复的哭闹就有肠套叠的可能，特别是比较胖的男宝宝更应高度怀疑，必须请医生帮忙诊治。

家庭环境的支持

室外活动

这个月宝宝的户外活动范围可以增大了，可以带着宝宝到稍远一点儿的公园，让宝宝有机会看到更多的外界景观。还可以让宝宝认识自然景观，给宝宝指认着太阳、月亮、星星、雨、雪、雾等，提高宝宝的认知能力。

可以告诉宝宝更多的东西，比如讲给宝宝听，太阳一出来，天就亮了；太阳一落山，天就黑了，星星就出来了，像宝宝的眼睛一样一眨一眨的。不要认为宝宝什么都不懂，要尽量多地将周围的事物描述给宝宝听，这样宝宝很快就能认识并了解这些东西。

除了给宝宝讲之外，也可以让宝宝自己去亲身感受。比如下雨的时候，可以让宝宝伸出小手接一接雨水，让宝宝感受雨水落在手心上的感觉，但注意不能让宝宝淋雨。遇到有风的天气，可以让宝宝感受下风吹在脸上的感觉，但不能让宝宝吹太猛烈的风。这些感觉上的体验都有助于强化宝宝的知觉，会让宝宝留下更深的记忆。

随着宝宝运动能力的加强，出去玩的时候危险性也就随着加强，所以带着宝宝户外活动的时候，家人必须一刻不离地盯着宝宝，同时也要远离任何可能会给宝宝带来危险的场所，例如公园的水池、小区里的电线电缆箱等。

玩具

容易抓取的小球、能发出响声的玩具、像小型汽车那样可拖拉的玩具、玩具电话，小木琴，小鼓，金属锅和金属盘、当挤压时可以吱吱叫的橡皮玩具及不易撕坏的布质的书都是宝宝不错的玩具，可以锻炼宝宝手部的活动能力；色彩鲜艳的脸谱、各种五颜六色的塑料玩具、镜子、图片、小动物、能发出悦耳动听的声音的小摇铃、拨浪鼓、八音盒、风铃、有不同手感不同质地的玩具如绒毛娃娃、丝织品做的小玩具、床头玩具、积木、海滩玩的球等，可以发展宝宝的视觉、听觉和触觉。

8个月大的宝宝已经有不少的发现，他们能够认识玩具、家具等多种用具，面对积木，宝宝会开始运用两只手，他们知道两块积木相碰会发出响声，一个叠在另一个上面就会比单独一块积木高，而且还可以用积木叠成多种不同的形状，所以这个时候，爸爸妈妈也可以给宝宝准备一套积木块让宝宝玩。

在为宝宝购置玩具的时候，除了玩具的材质、颜色和形状之外，还要考虑玩具的整体结构，因为玩具上的螺丝松动、小零件的脱落，再比如玩具娃娃的眼睛等，这些都有给宝宝带来危险的可能。给宝宝的玩具除了要定期消毒注意卫生之外，在每次给宝宝玩的时候，都要先认真检查一边，如果发现有安全隐患的话，就应该舍弃，不能再给宝宝玩。

防止物品依赖

这个月开始，宝宝除了吮吸手指、啃手指之外，还可能会吮吸身边的枕巾、毛巾被、衣服的袖口等。这种吸吮物品的现象，如果不及时加以纠正的话，长期下去就可能会使宝宝对这些东西形成依赖，变成恋物癖。有的宝宝到了六七岁甚至更大，还会在睡觉的时候找自己的枕巾、被单等，如果没有这些东西在枕边的话就很难睡着或睡不踏实，这就是一种对物品的依赖。这种依赖一旦形成习惯，就很难改掉，所以从现在开始，爸爸妈妈要注意观察自己的宝宝，如果宝宝这方面倾向的话，一定要及时予以纠正。

分散宝宝的注意力是最好的防止办法，当宝宝总是拿同样的东西吮吸，无论吃饭、玩耍还是睡觉都离不开这种东西的话，爸爸妈妈可以多给宝宝一些玩具，或是抱着宝宝到户外看看花花草草，使宝宝暂时忘记手里的东西。另外，要勤给宝宝更换身边的衣物，让宝宝没有固定的物品可以依赖。再有，平时要多陪宝宝，多和宝宝交流、玩耍、互动，当宝宝在睡觉的时候，清除身边一切多余的东西，不要让宝宝咬着或抱着东西睡觉。

多和宝宝说话

大约从 6 个月开始，由于视觉能力和运动能力的发展，宝宝不再满足于和妈妈面对面的两人互动，开始对外界物体表现出极大的兴趣。这时家长就可以改变策略，在洗澡、吃饭、游戏、看图等日常活动中，和宝宝共同注意、探索并交流外界的事物，在交流中提高宝宝的认知能力，同时还能促进宝宝的语言发展。

宝宝学会说话并不是一蹴而就的，离不开爸爸妈妈的引导和互动。这个月大的宝宝经常会发出一些单音节的字和简单的复音节，爸爸妈妈也要多多回应宝宝，不能置之不理。研究表明，宝宝更喜欢大人缓慢的语速、夸张的语气和高扬的声调，这种说话方式可以帮助宝宝从一串串连续的语句中识别某些重要的词语，从而使他更好地理解并学习这些词语。因此，当宝宝发出咿咿呀呀的语言时，爸爸妈妈要用这种儿童话的语音予以回应和交流，这样这种互动一方面有助于加强促进亲子关系的顺利发展；一方面也可以帮助宝宝日后成为一个乐于与人交往的人。

要知道，宝宝学会说话与爸爸妈妈日复一日的重复性的交流密不可分。父母是宝宝第一语言老师，这就要求爸爸妈妈尽量用清晰标准的发音和宝宝对话，对话时尽量面对着宝宝，让宝宝看到你的口型，并鼓励他去模仿。宝宝学习语言要有语言环境，要和周围的情景、实物联系起来，而通过电视、广播、电脑光盘等让宝宝学语言的方式，是很不可取的。

刚开始说话的宝宝，语言不清楚、片断化是很正常的，即使爸爸妈妈不明白宝宝在说什么，但也要保持安静、专注的神色倾听宝宝的表达。安静的神色和饶有兴趣的表情能鼓励宝宝更有信心地把自己的想法和感受表达出来，这会大大提高宝宝语言的发展速度。

潜能开发游戏

飘动的丝巾

【目的】刺激宝宝视觉系统的发育，培养宝宝的好奇心和注意力。

【玩法】把宝宝放在地板上或者宝宝车上，然后在宝宝面前或小手附近轻轻晃动丝巾。如果宝宝蹬腿、伸胳膊或者用手去抓丝巾，那么家长就会知道宝宝对丝巾的颜色、质地和运动有多么的感兴趣。

黑白黑白我最爱

【目的】锻炼宝宝的颈部自然转动及提升其注意力，增强其视觉认知能力，促进宝宝的视觉发展。

【玩法】准备一些自然的、线条清晰地、黑白分明的图像，放在离宝宝眼睛 20 ~ 25 厘米处，配合清晰的声音说明，不要过慢或间断，过程中需注意声音的亲切与抑扬顿挫，以吸引宝宝的注意。演示的动作及位置均可变化，使宝宝的颈部能够自然转动。

猜一猜，哪一边

【目的】训练宝宝手眼协调能力、促进脑部发育。

【玩法】准备一些颜色球、有声音的玩具或小乐器。拿一个色球在宝宝眼前晃动，或突然藏到背后再慢慢拿出来，让宝宝自然伸手抓取；当宝宝成功抓到时，不要马上放开，让宝宝体会抓取的感觉。可反复进行这个动作，当宝宝挥动自己的小手去抓玩具时，要适时给予赞美。

9 ~ 10 个月

这个月的婴儿

体重

10 个月的宝宝体重将增加 0.15 ~ 0.25 千克。男宝宝体重的正常范围为 7.32 ~ 11.36 千克，平均为 9.29 千克；女宝宝体重的正常范围为 6.71 ~ 10.79 千克，平均为 8.75 千克。

身高

这个月的婴儿身高增长范围为 1.0 ~ 1.5 厘米。男宝宝身高正常范围为 67.9 ~ 77.5 厘米，平均为 71.3 厘米；女宝宝身高正常范围为 66.6 ~ 76.1 厘米，平均为 71.3 厘米。

头围

宝宝的头围增长速度依然和上个月一样，男宝宝头围的正常范围为 43.0 ~ 48.0 厘米，平均为 45.5 厘米；女宝宝头围的正常范围为 42.1 ~ 46.9 厘米，平均为 44.5 厘米。

胸围

男宝宝胸围的正常范围为 41.6 ~ 49.6 厘米，平均为 45.6 厘米；女宝宝胸围的正常范围为 40.4 ~ 48.4 厘米，平均为 44.4 厘米。

囟门

这个时候有少部分宝宝还能看到囟门跳动，大部分宝宝的前囟已经看不到囟门跳动了。

牙齿

10 个月时，绝大部分宝宝已经长齐两颗下中切牙，有的已经开始长出两颗上中切牙。

营养需求与喂养

营养需求

这个月宝宝的营养需求和上个月相比没有大的变化，注意添加补充足量维生素 C、蛋白质和矿物质的辅食，还要通过奶粉补充足够的钙质，通过动物性辅食如瘦肉、肝脏、鱼类等补充必需的铁质。

补充益生菌

健康足月的宝宝，自出生后肠道从最初细菌定居到形成菌群平衡大约需要 2 周的时间，此时的有益菌约占肠道的 95% 以上，也是益生菌最多的时候，但肠道免疫系统尚未建立和成熟。

由于宝宝的免疫系统尚未成熟，所以宝宝在成长过程中很容易受到外界病菌感染，促使有害菌大量繁殖，导致宝宝体内有益菌减少，出现食欲下降、厌食不振、消化吸收功能下降、体质瘦弱、反复生病等病症，久而久之就会使体质变差，经常生病。宝宝生病之后很多时候都会应用到抗生素，这就会将宝宝体内的有害菌和有益菌一起杀死，使宝宝肠道缺乏免疫保护。

此外，宝宝生病、饮食不当、水土不适、食用残留农药的蔬果等，都会破坏体内的益生菌，引起菌群失调。如果此时能够及时为宝宝补充益生菌，就能帮助宝宝恢复肠道免疫力，促进消化吸收，从根本上解决宝宝厌食、体弱多病等症状。

益生菌是一种有助改善宿主肠内微生物的平衡的物质，它包括很多种，如乳酸杆菌（俗称 A 菌）、比菲德氏菌（俗称 B 菌）、酵母菌、保加利亚乳酸杆菌等，这些菌种可以产生有机酸及天然的抗生素，并激活免疫细胞，促进产生黏膜抗体免疫球蛋白 A，起到调整肠道菌落的组成、抑制有害菌的作用，进而增强消化道的防疫能力。除此之外，益生菌还可以产生 B 族维生素及 K 族维生素，能够促进钙、铁、磷、锌的吸收。

目前市场上的益生菌产品五花八门，有添加益生菌的婴儿配方奶粉、优酪乳、优格、益菌粉剂、益菌胶囊等，而宝宝对益生菌的摄取主要是通过饮用优酪乳、添加具活性的干燥粉末于婴幼儿配方奶或果汁中及医生开给的胶囊剂型来完成。

对于不足一岁的宝宝来说，由于此时肠胃消化系统发育尚未完全，所以不宜食用优酪乳和优格等牛奶发酵制品中的益生菌，最好的方式是喂哺母乳，或者使用含肠道益菌的合格婴儿配方牛奶，这样才能保障宝宝充分吸收其中的营养成分。

辅食供给

9～10个月宝宝辅食要逐渐增加，以满足宝宝的营养需求：这个时期应该给宝宝增加一些土豆、红薯等含糖较多的根茎类食物和一些粗纤维的食物，来促进宝宝的肠胃蠕动和消化。

另外，这时宝宝已经长牙，有了咀嚼能力，所以可以给他啃一些比较粗粒的食物，有些片状的食物也可以，但不能给宝宝糖块吃。这时的宝宝也不用再给果汁了，可以让他直接吃番茄、橘子、香蕉等，苹果可以切片，草莓可以磨碎。

一日辅食举例：

早晨 6 点：喂母乳或奶粉。

上午 10 点：稠粥 1 碗，菜泥或碎菜 2 ~ 3 汤匙，蛋羹半只。

下午 2 点：喂母乳或奶粉。

下午 6 点：喂稠粥或烂面条 1 碗，蛋羹半只，除菜泥外还可在粥中加豆腐末、肉末、肝泥等。

晚上 10 点：喂母乳或奶粉。

这个月辅食的品种变得多样，而且宝宝可以尝试小块的食物。大多数的宝宝能很好地吞咽常规的固体食物了，当然首先要把食物捣碎。此外，每当让宝宝尝试一种新的食物时，宝宝都会吞咽的很慢，妈妈要耐心地等待宝宝把东西吃完后再喂。

这个月要停止给宝宝喂泥状食物。如果给宝宝长时间食用泥状的东西，宝宝会排斥需要咀嚼的食物，而愈来愈懒得运用牙齿去磨碎食物。这对于摄取多样化的营养成分，以及对宝宝牙齿的发育，有很大的影响和阻碍，所以要鼓励宝宝去使用牙齿咀嚼食物。

因为宝宝现在是以吃食物为主了，而食物本身已有天然盐分，宝宝并不需要多余的盐，所以妈妈在准备宝宝的食物时别再放盐，更别提供咸的零食，以免宝宝口味太重。

再有，这个时候要让宝宝尽量多地接触多种口味的食物，只有这样他们才更愿意接受新食物。当宝宝对添加的食物做出古怪表情时，妈妈一定要有耐心，多给宝宝喂几次，宝宝大多都能接受。

如果发现宝宝的食欲下降，也不必担忧。吃饭时不要强喂硬塞，不要严格规定宝宝每顿的饭量，以免引起宝宝厌食，只要一日摄入的总量不明显减少，体重继续增加即可。

还要注意的是，如果家族成员中有明确过敏的食物，那么一定要避免给宝宝吃此类可能引起敏感反应的食物，以免宝宝也发生过敏反应。

让宝宝抓食

这个时候的宝宝开始变得有独立性了，他总是希望自己去完成一些事情，尤其是在吃东西的时候，可能不爱让妈妈喂了，更愿意自己去抓东西吃。有些家长认为宝宝抓食不卫生，是没规矩的行为，因此会去纠正宝宝的这种行为。但实际上，这种抓食的愿望是宝宝成长发育的需要，是宝宝锻炼手部能力的大好机会，只要把宝宝的小手洗干净，让他抓食也没什么问题。

宝宝用小手抓弄食物，不仅是为了吃，还是认识食物的一种手段，通过抓弄可以认识和了解各种食物的形状、性质、软硬、冷热等。从科学的角度讲，没有宝宝不喜欢吃的食物，关键在于宝宝是否熟悉它、宝宝抓食各种食物，有利于预防挑食、偏食的坏毛病。再有，让宝宝自己体会到进食是一件令他感到愉悦的事，可以增进他的食欲，提高他进食的信心。

当宝宝学着抓食时，自然也会存在一些安全隐患。最常见的就是宝宝将一些危险的、有毒的东西误吞了进去，或是卡在食管、气管里。但是，并不能因为担心危险的发生，就剥夺宝宝锻炼的机会，这就要求家长在日常生活中要绝对的细心，把任何食物颜色或气味相近、大小适合抓起并可能被宝宝吞食的东西收好，不要让宝宝有机会拿到。

即使是吃食物的时候，宝宝也有被卡到的可能。当发生噎卡的时候，家长千万不要着急，一定要冷静处理和对待。如果噎住宝宝的物体处于位置较浅的情况下，可以让宝宝采取俯卧位，用手适当用力捶压背部，就能使物体被吐出；但是如果被噎住的位置比较深，那么一定要马上将宝宝送往医院，路上注意不要让宝宝平卧，要采取俯卧的姿势。

能力发展与训练

运动

10个月大时，宝宝的活动量显著增长，身体动作变得越来越敏捷，能很快地将身体转向有声音的地方，并可以迅速爬走。宝宝现在经常能自得其乐地独自坐着玩一会儿，一只手可以拿两块小积木，手指的灵活性增强，两只手也学会了分工合作，能有意识地将手里的小玩具放到容器中，但动作仍显笨拙。这个月龄阶段的宝宝也是向直立过渡的时期，一旦宝宝会独坐后，他就不再老老实实地坐了，就想站起来了。

刚开始时，宝宝可能会扶着东西站起来，身体前倾，双腿只支持大部分身体的重量。可能会用双手掌撑地、伸直四肢、躯干上升的方式站起来，可能会弯曲双腿，由蹲姿站立，如果宝宝运动能力发育较好，还会拉着栏杆从卧位或者坐位站起来，双手拉着妈妈或者扶着东西蹒跚挪步，会一手扶家具蹲下去捡地上的玩具，大人拉着时会弯腰去捡地上的东西。

视觉

宝宝此时视觉的清晰度和深度感觉几乎和成人一样。虽然现在宝宝的视力仍是近处比远处要清楚，但他的视野已足够看清和识别整个室内的人物和东西了。也是在此时宝宝眼睛的颜色差不多接近最终的颜色，但仍然还在发育完善。这时期宝宝最大的特点是不但手眼协调发育进步很大，而且懂得常见人及物的名称，会用眼注视所说的人或物。能准确地观察爸爸妈妈及其他人的行为，对爸爸妈妈训斥或赞扬，有委曲或兴奋的不同表情。

听觉

10个月时，宝宝对细小的声音也能做出反应，声音定位能力已发育很好，有清楚的定位运动，能主动向声源方向转头，也就是有了辨别声音方向的能力。爸爸妈妈手拿风铃，分别在宝宝的上方和下方晃动出声，宝宝会跟着声音抬头，低头。

嗅觉

10个月时，宝宝的嗅觉开始完善，和成人基本无差异，已经拥有了灵敏的嗅觉，能够记住及辨别各种味道，借助嗅觉了解外界环境。因此，爸爸妈妈要多带宝宝到公园去接触不同的花草、树木的气味，家中也可以定期更换不同香味的香精油或者盆花来促进宝宝的嗅觉发育。

味觉

到了10个月，宝宝不仅能分辨味道，还能记忆味道，并逐渐地适应和接受各种辅食的味道。因此，要使宝宝的味觉得到良好的发育，爸爸妈妈应该特别重视宝宝辅食添加期的味觉体验。如果在这个感受性较强的时期，宝宝有了对各种食物的品尝体验，他就会拥有广泛的味觉，以后就乐于接受各种食物。这个过程不仅对宝宝的味觉发育有益，对宝宝的智力发展也有着十分重要的意义。

言语

10个月时，宝宝的语言能力开始得到体现，喜欢发出咯咯、嘶嘶、咳嗽等有趣的声音，笑声也更响亮，并反复重复会说的字，已能有意识地叫爸爸、妈妈。除了可以主动地叫爸爸、妈妈外，可能还会说些有意义的单字，如走、拿、水等。能够主动地用动作表示语言，也很喜欢模仿人发声，在模仿大人说话时，模仿的语调缓急、脸部表情比模仿的语音要准确；会不停地重复说一个词；懂得爸爸妈妈的命令，对要求他不去做的事情会遵照爸爸妈妈的要求去做，诸如"请把那个球给我"等简单指令。宝宝语言能力在实际锻炼中不断地提高，每天的语言变化都会使爸爸妈妈充满惊喜。

社会交往

10个月时，宝宝特别喜欢和爸爸妈妈在一起玩游戏，看图书，听大人给他讲故事，喜欢被表扬。宝宝喜欢和成人交往，并且会模仿成人的举动。宝宝会主动亲近小朋友。喜欢看其他小朋友玩耍，当有其他小朋友在旁边或者想分享他的玩具时，宝宝会显出对玩具明显的占有欲，宝宝会认为全部的东西是自己的，不愿和别人分享。随着时间的推移，宝宝的自我概念变得更加成熟。以前宝宝只要吃饱睡足情绪好，就会听爸爸妈妈的话，但是现在通常难以办到，宝宝会以自己的方式表达需求。当宝宝变得更加活跃时，爸爸妈妈会发现你要经常说不，以警告宝宝远离不应该接触的东西。但是即使宝宝可以理解词汇以后，宝宝也可能根据自己的意愿行事。爸爸妈妈必须认识到这仅仅是强力反抗将要来临的前奏。

排便训练

这个月的宝宝有可能会出现"能力倒退"的情况，即以前把尿把便都顺顺利利的，但是这个月突然开始把尿打挺、放下就尿，坐便盆的时候也开始不合作，甚至有的时候会反抗到把尿盆踢翻，令爸爸妈妈懊恼不堪，认为宝宝越长大反而越不如以前了。

其实，这并不是宝宝的能力真的在退步，只是因为宝宝长大了，有了自己的选择。宝宝这个时候本来就不具备控制尿便的能力，爸爸妈妈只是根据宝宝在排便前的反应判断后顺势接便，如果大人判断失误或是宝宝不愿意服从指挥让大人把的话，自然就会失败。

如果宝宝不喜欢大人把尿把便的话，那么不妨顺其自然及时放手，这样才能平息宝宝的反抗情绪。对于宝宝的排便训练，家长要有充分的耐心和信心，要相信宝宝最终是可以学会控制大小便的。

日常护理注意问题

吐饭菜

宝宝9～10个月时，自我意识增强了，个性越来越明显，在饮食上会有自己的选择，爱吃的就会很喜欢吃，不爱吃的就会把它吐出来，这是很正常的反应。如果宝宝是很理性地把饭菜吐出来，不是呕吐，也没有什么异常情况，多半是表示不喜欢吃，或是不想吃，这不是疾病的症状；如果宝宝把喂进去的饭菜吐出来，爸爸妈妈就不要再喂了，不要强迫宝宝吃不喜欢的饭菜。

吞食异物

家居生活里有许多潜藏的危险因子。宝宝一天一天长大，对于新的事物总是感到好奇，无论手什么东西，就往嘴里放。可是，万一把那些纽扣、硬币、别针、玻璃球等小物品吞食入口，极易掉进宝宝的气管，导致堵塞乃至窒息，以致引起小儿脑缺氧，脑细胞破坏直至死亡。因此，爸爸妈妈要当心孩子误食异物。

误食异物，预防为主

1. 给宝宝添加辅食时，要将食物切碎，并注意要其安静进食，勿乱动。

2. 不要让宝宝食用果冻、花生、瓜子、汤圆、荔枝等不适合宝宝吃的食物，有核的水果先去核再喂食。

3. 在宝宝爬行之前，先检查地面是否有纽扣、大头针、曲别针、纽扣电池、气球、豆粒、糖丸、硬币等小物品，有的话要清理干净。

4. 宝宝的玩具要定时检查，看看细小的零部件如螺钉、小珠子等有无松动情况。

5. 家中常备药品应放置在宝宝无法拿到的地方。瓶装药品要标签鲜明，不要与食物放在一起。

6. 家中不要用空的饮料瓶存放有毒及有强烈腐蚀性的液体，以防宝宝误服。

急救措施

1. 家长要采取鼓励宝宝咳嗽的方法，不要试图用手拿出堵塞物，否则可能使食物滑入喉咙更深处完全堵住气管。如果宝宝不能呼吸，脸色变紫，则表明堵塞物堵住了气管，要立即采取措施。

2. 将宝宝头朝下放在前臂，固定住头和脖子。对于大些的宝宝，可以将宝宝脸朝下放在大腿上，使他的头比身体低，并得到稳定的支持。然后用手腕迅速拍肩胛骨之间的背部四下。

3. 如果宝宝还不能呼吸，将宝宝翻过来仰卧在坚固的平面上，迅速用两根手指在胸骨间推四下。

4. 在经过上面的方法后，如果宝宝还不能呼吸，表明异物较大，可以用手提拉上颚，发现异物后，用手指将其弄出。

5. 如果宝宝不能自主呼吸，试着用嘴对嘴呼吸法或嘴对鼻呼吸法两次，以帮助宝宝恢复呼吸。吹气可能会将食物更加推深，但应先让宝宝呼吸以保全生命，然后再让医生取出留置于体内的异物才有意义。

6. 采取以上措施的同时，要拨打急救电话120，争取紧急救助。

其他部位异物急救

1. 鼻腔异物的急救：可用手指堵压无异物一侧鼻孔，让宝宝用鼻子出气，将异物排出；或用棉花、纸捻刺激鼻黏膜，使宝宝打喷嚏，喷出异物；或用镊子轻轻夹出异物。如上述方法无效，应立即送医院处理。

2. 耳内异物的急救：较软的异物可用镊子轻轻夹出；植物种子类应即刻送医院，千万不能用水泡软，使取出更加困难。如果昆虫飞进或爬入宝宝的耳朵，可将宝宝的耳朵对着灯光，昆虫会向亮处爬出；也可用植物油、烧酒或酒精滴入耳内，将昆虫杀死，再用耳镊取出。取异物时，要固定好宝宝的头部，以免碰伤皮肤或鼓膜。实在取不出，速到医院处理。

不出牙

正常情况下，这个月的宝宝至少能长出2颗乳牙，可如果此时宝宝依然不见牙齿的话，爸爸妈妈就要开始担心了，有些甚至开始加大给宝宝的补钙量。而事实上，这个时候不长牙的宝宝也是有的，即使带到医院，最多医生也就是建议拍个牙槽骨片，看看乳牙根的情况。大多数的宝宝都能见到发育正常的乳牙根，这就没什么问题，乳牙破床而出只是迟早的事。过多的给宝宝补钙非但不能促使宝宝萌出牙齿，还可以由于体内钙含量过多导致软组织疏松。事实上，有些宝宝要到1岁多才会出牙，这与个人的发育情况有关，但并非宝宝此时不长牙就意味着发育落后，只不过是个体之间的差异罢了。

母乳断不了

此时没有必要完全给宝宝断奶，只要掌握好喂奶的时间，不要让宝宝对母乳形成依赖就可以了。一般来说，这个时候除了在早上起床、晚上临睡和半夜喂母乳之外，其余的时间都应该让宝宝吃辅食。这个月龄的宝宝很多时候想要吃母乳并不是因为饿，而纯属是一种撒娇和依赖的心理。只要合理控制好喂奶的时间，不断给宝宝更换辅食的花样，绝大多数宝宝都能在白天高高兴兴地吃辅食。

不会站立

这个月宝宝不会站立的不多了，但也有的宝宝不会自己站起来。这不能说明宝宝的运动能力差，如果宝宝正赶上冬季，穿得很多，运动不灵活，可能就不会自己站起来。如果是老人或保姆帮助看护，对宝宝缺乏训练，运动能力可能就相对落后，不过经过训练会慢慢赶上的。如果确实不会站，就要看医生了。

夜间啼哭

有的宝宝白天睡得还好，一到夜里就哭闹不安。这样不仅宝宝休息不好，还吵得四邻不得安宁。如果只是啼哭一会儿，哄一哄就睡了，家长不会在意的。如果哭的时间很长，即使没有什么疾病征兆，家长也会很着急，把宝宝带到医院看医生。到了医院后，宝宝不哭了，可能会香香地睡着了，也可能对着妈妈笑，什么事也没有，回到家里宝宝不再哭了。第二天再哭的时候，爸爸妈妈就不那么着急了，但还是感到很疑惑，原来睡得一直很好，怎么都快10个月了，开始闹夜了。遇到这种情况，不要急躁，应认真分析原因。

生理性哭闹

宝宝的尿布湿了或者裹得太紧、饥饿、口渴、室内温度不合适、被褥太厚等，都会使小儿感觉不舒服而哭闹。对于这种情况，爸爸妈妈只要及时消除不良刺激，宝宝很快就会安静入睡。此外，有的宝宝每到夜间要睡觉时就会哭闹不止，这时爸爸妈妈如果能耐心哄他睡觉，他很快就会安然入睡。

环境不适应

有些宝宝对自然环境不适应，黑夜白天颠倒。爸爸妈妈白天上班，宝宝睡觉，爸爸妈妈晚上休息，宝宝"工作"。若将宝宝抱起和他玩，哭闹即止。对于这类宝宝，可用些镇静剂把休息睡眠时间调整过来，必要时需请儿童保健医生作些指导。

白天运动不足

有的宝宝白天运动不足，夜间不肯入睡，哭闹不止。这些宝宝白天应增加活动量，宝宝累了，晚上就能安静入睡。

午睡时间安排不当

有的宝宝早晨起不来，到了午后 2 ~ 3 点才睡午觉，或者午睡时间过早，以至晚上提前入睡，半夜睡醒，没有人陪着玩就哭闹。这些宝宝早晨可以早些唤醒，午睡时间做适当调整，使宝宝晚上有了睡意，就能安安稳稳地睡到天明。

疾病影响

某些疾病也会影响宝宝夜间的睡眠，对此，要从原发疾病入手，积极防治。患佝偻病的宝宝夜间常常烦躁不安，家长哄也无用。有的宝宝半夜三更会突然惊醒，哭闹不安，表情异常紧张，这大多是白天过于兴奋或受到刺激，日有所思，夜有所梦；此外，患蛲虫病的宝宝，夜晚蛲虫会爬到肛门口产卵，引起皮肤奇痒，宝宝也会烦躁不安，啼哭不停。

为了保证宝宝晚上及时入睡，请注意每天傍晚 4 点到 7 点不要让他睡。

高热

宝宝发热尤其温度较高时，常会因为身体感觉极度不舒服而得躁动哭闹不安，并可能伴有心跳加速、呼吸加快、食欲不振、全身乏力等现象。对于宝宝发热，爸爸妈妈不必大惊小怪，却也不能掉以轻心，导致病情不可收拾。只要学会适当的处理，就能帮助宝宝缓解病情。

当宝宝发热的时候，爸爸妈妈可以将宝宝身上衣物解开，用温水毛巾全身上下搓揉，如此可使宝宝皮肤的血管扩张将体气散出，另外，水汽由体表蒸发时，也会吸收体热，起到降温的作用；如果宝宝四肢及手脚温热且全身出汗，就表示需要散热，可以少穿点衣物；还要保持室内环境的流通，如果家里开冷气的话，要将室内温度维持在 25 ~ 27℃；给宝宝吃的食物要清淡，以流质为宜，并多给宝宝喝白开水，以助发汗，并防止脱水。可以给宝宝贴上退热贴，退热贴的胶状物质中的水分汽化时可以将热量带走，不会出现过分冷却的情况。

如果宝宝的中心温度（肛温或耳温）超过 38.5℃时，可以适度的使用退烧药水或栓剂，必要的情况下要到医院请医生治疗。

耳后淋巴结肿大

如果发现宝宝耳后或脑袋后面有小豆般大小的筋疙瘩，抚摸按压的时候宝宝并没有感觉疼痛不适，就应该是淋巴结肿大。耳后的淋巴结肿大有的在双侧，也有的是单侧，可能是由于蚊子叮咬、头上长痱子引起的，也有可能是急性化脓性扁桃体炎、反复感冒，以及一些少见的疾病如淋巴结核、恶性肿瘤淋巴结转移等引起的，但此时像后者的情况还比较少见，多数都是由于蚊虫的叮咬和痱子引起的。

这种筋疙瘩在夏天宝宝长痱子后最为多见，由于长了痱子后宝宝感觉特别痒，就总会用手指去抓挠。当宝宝用手指抓挠的时候，藏在指甲里的细菌就可通过挠破的皮肤侵入人体，淋巴结就会主动抵抗病菌侵害身体，因此发生肿大。这种淋巴结的肿大通常不会因为化脓而穿破，不需要特别处理，它会在不知不觉中自然吸收。

也有些时候，这种肿大的淋巴结要过很长时间才能消失，但也不需要特殊治疗。少数可见化脓时周围皮肤发红，一按就痛，或是数量增大、肿块变大，当出现上述情况时，就要到医院请医生治疗了。

家庭环境的支持

室外活动

多到室外活动是非常重要的，如果没有人帮忙的话，家长可以尽量简化辅食的制作，多腾出时间带宝宝到室外活动。这个月大的宝宝可以和大人吃一样的饭菜了，这就会为辅食的制作减轻不少负担。

这个月的宝宝活动量愈来愈强，也有了主动要求，早上一醒来就会要求爸爸妈妈抱到外面去玩耍。家长应满足宝宝的要求，多带宝宝到户外去活动，可以用小车推着到外面去玩，也可以抱出去散步、晒太阳，使宝宝呼吸到新鲜空气，同时还能使宝宝开阔眼界，心情愉快，学会与人交往，有利于宝宝的身心健康发展。

把宝宝抱到外面进行站立迈步的训练也是不错的选择。这一方面，宝宝的活动范围更开阔，另一方面室外的空气流通也较好，对宝宝的呼吸系统循环非常有利。但在室外进行这项训练的话，更要注意做好保护工作。另外这个月龄的宝宝在户外训练可能还有些难度，家长应当视宝宝的能力发展程度量力而行，不必强求。

一般来说，每天的户外活动的时间都不应少于 2 小时，但具体安排要根据气温和个体反应而定，体质较弱的宝宝要相对减少户外活动的时间，生病的宝宝要视情况决定削减户外活动的时间还是暂时停止户外活动。冬天气温较低的时候，可以选择在太阳下玩耍；夏天择应应选择在早晚进行户外活动，避免中午阳光的直射；而在春秋季节，如果天气晴好无风的话，白天任何时候都适宜出去玩耍。另外，一天中的户外活动要分次进行，每次时间不必太长，以防止宝宝过度疲劳。

玩具

9个月的宝宝不用扶也能坐很久，并会由坐姿改为爬行。只要扶着他的手，就能站起，甚至能扶着东西挪动。此时宝宝手的动作更加灵活，运动能力增强，也能进行简单的模仿，玩具在这个时候除了娱乐的作用之外，还能成为很好的锻炼发展宝宝能力的工具。

1. 小狗、小猫、小鸡、小鸭等动物玩具。这些玩具既可发展宝宝的认知能力，同时又可引导宝宝学小动物的叫声，提高宝宝的模仿力。

2. 有利于发展宝宝的动手能力的玩具。如积木或光滑的木块、大的底部较重但可推倒的充气玩具、一些互相撞击可以发出声音的玩具、成套的类似餐具的各种小物件之类的玩具。可以利用积木，教宝宝拿一块积木擦在另一块积木上，或是拿一个小筐让宝宝把积木放进去再拿出来；或是提供有盖子的小盒，小瓶等，让宝宝打开或盖上盖子；再或者教宝宝学开纸盒，在纸盒里可放入少量食品，如糖果、饼干等，让宝宝学着用小手打开盒盖，也可用手把纸盒捅破，把食品抠出来；还可以选购一些套塔套碗等套叠玩具，让宝宝将其拆开，再套上去，不一定要求按大小次序套好。

3. 有利于促进宝宝站立和行走的玩具。如可拉着走同时发出音乐或模拟声响的玩具、小推车、拖拉玩具等。可以在大人的帮助下，让宝宝扶着小车站立或推着小车慢慢步，或是扶着宝宝的一只手，让宝宝用另一只手拿着拖拉玩具，边走边拖，增加宝宝学步的兴趣。

如何清洗宝宝的玩具

玩具要定期进行清洗，时间可以根据宝宝接触玩具时间的长短来定，最少一个月清洗一次。另外，还要教育宝宝不要啃咬玩具，玩好后要收好玩具不要乱扔，要洗过手才能吃东西等，这样才能有效地保护宝宝。

毛绒玩具的清洗：

1.清洗前，将玩具身上的缝线拆开一点儿，把里面的填充物取出来，放到太阳下暴晒。

2.清洗玩具晾干，再把填充物塞进去缝好。这样做虽然麻烦点，但可以防止填充物霉变。

塑料玩具的清洗：

1.用水清洗表面灰尘。水是中性物质，70%～80%的细菌都可以用水冲洗掉。

2.充分浸泡后捞出。

3.放在阴凉处晾干。

木制玩具的清洗：

1.用3%来苏溶液或5%漂白粉溶液擦洗。

2.用清水冲干净后晾干或晒干。

铁皮玩具的清洗：

1.先用肥皂水擦洗。

2.清水冲干净后放在阳光下晒干。

帮宝宝站立

宝宝到了这个月，可能会越来越不安分，他已经不愿意总是一个姿势或总在一个小范围活动了，也不满足总是爬着运动，开始表现出想要站立的欲望。这时就要给宝宝准备出安全自由活动的地方，如带栏杆的小床、活动圈，或是在沙发前、床前空出一块地方，让宝宝扶着或靠着练习站立。刚开始的时候，宝宝可能像个不倒翁一样的摇摇摆摆，这时爸爸妈妈可以扶住宝宝的腋下帮助宝宝站稳，然后再轻轻地松开手，让宝宝尝试一下独站的感觉。或是刚开始的时候让宝宝稍靠着物体站立，以后逐渐撤去作为依靠的物体，让宝宝练习独自站立，哪怕只是片刻。但注意一定要保护好，以免摔倒而影响下一次的练习。

爸爸妈妈也可以先扶住宝宝的腋下训练宝宝从蹲位站起来，再蹲下再站起来。逐渐发展成拉住宝宝一只手，使宝宝借助爸爸妈妈的扶持锻炼腿部的力量。经过这样的训练，如果让宝宝扶着栏杆站立，宝宝常常会稍稍松手，以显示一下自己站立的能力，有时甚至能站得很稳，这时最好不要去阻止，而要及时给予鼓励和表扬。

还可以利用起立—坐下的练习，帮助宝宝练习腿部肌肉的力量。练习的时候，可以先扶着宝宝站着，然后有意识地把一些玩具放在他的下面，鼓励宝宝自己坐下去拿。刚开始的时候，宝宝可能是一下子摔坐下去，这时要注意保护好，可以扶着宝宝，给他一些辅助力量，让他可以缓慢地屈髋坐下。

在训练时，宝宝由于刚学会站，有时动作还不够稳定，这就需要继续加强训练，以提高站立的稳定性和持久性。但要注意的是，也不要让宝宝站立时间太长，以免因身体疲劳而使宝宝对学站失去兴趣。有的老人总是担心让宝宝站得过早，会长成罗圈腿，但每天如果只训练 5 分钟，是不会有问题的，并且宝宝在这个月龄的时候大多数都是小腿向外侧弯的，这是属于生理性的，所以不必要担心小腿弯曲。

潜能开发游戏

躲躲藏藏真有趣

【目的】训练宝宝的记忆、观察、思考、探索及语言学习等能力。

【玩法】在地板或铺上软垫的地面上，家长先将手中的玩具给宝宝看见，然后慢慢拿到各个方位，在他看得见时，让玩具消失不见，再问宝宝"玩具呢？玩具不见了！"并引导宝宝去寻找玩具，当宝宝找出玩具时，记得给予夸奖。

像什么

【目的】给予右脑细胞更多的刺激，启发宝宝的联想力和创造力。

【玩法】让宝宝面对一面没有过多视觉刺激的墙，爸爸妈妈手里拿着图画卡片或积木等，从宝宝的左耳后方进入他的左眼视野，问宝宝："你看这个像什么呀？"让他用自己丰富的想象来回答问题；或在晴朗的天气里，带着宝宝躺在草地上观察天上的云朵，启发他将不同形状的云朵看成动物、仙女、天使等。注意的是，爸爸妈妈一定不要问宝宝"这是什么？"因为这样的问题很容易得到单一答案，禁锢了宝宝的想象。

10 ～ 11 个月

这个月的宝宝

体重

到了 11 个月时，宝宝的平均体重每月增加 0.3 ～ 0.5 千克。这个月男宝宝体重的正常范围为 7.50 ～ 11.58 千克，平均为 9.54 千克；女宝宝体重的正常范围为 7.02 ～ 10.09 千克，平均为 8.96 千克。

身高

到了 11 个月时，宝宝的身体看上去越来越强壮了，与刚出生时的样子完全不一样了，这个月宝宝比上月身高增加了约 1.5 厘米。男宝宝身高的正常范围为 68.94 ～ 78.9 厘米，平均为 73.9 厘米；女宝宝身高的正常范围为 67.7 ～ 77.3 厘米，平均为 72.5 厘米。

头围

到了 11 个月时，男宝宝头围的正常范围为 43.2 ～ 48.4 厘米，平均为 45.8 厘米；女宝宝胸围的正常范围为 42.4 ～ 47.2 厘米，平均为 44.8 厘米。

胸围

到了 11 个月时，男宝宝胸围的正常范围为 41.9 ~ 49.9 厘米，平均为 45.9 厘米；女宝宝胸围的正常范围为 40.7 ~ 48.7 厘米，平均为 44.7 厘米。

囟门

到了这个月会有一部分宝宝前囟接近闭合。囟门缩小不明显的宝宝要具体分析情况。

牙齿

11 个月时，绝大部分宝宝已经长齐两颗下中切牙和两颗上中切牙。个别宝宝开始长出两颗下外切牙。

营养需求与喂养

营养需求

这个月宝宝的营养需求和上个月差不多，所需热量仍然是每千克体重 461 千焦（110 千卡）左右。蛋白质、脂肪、糖、矿物质、微量元素及维生素的量和比例没有大的变化。注意补充维生素 C 和钙，宝宝每天应保证吃到 400 毫升以上的奶粉；食品中虾皮、紫菜、豆类及绿叶菜中钙的含量都较高；小白菜经焯烫后可去除部分草酸和植酸，更有利于钙在肠道的吸收。

此外，在这个月可以开始用主食代替母乳，除了一日三餐可用代乳食品外，在上、下午还应该给安排一次奶粉和点心，用来弥补代乳食品中蛋白质、无机盐的不足。中午吃的蔬菜可选菠菜、大白菜、胡萝卜等，切碎与鸡蛋搅拌后制成蛋卷给宝宝吃。下午加点心时吃的水果可选橘子、香蕉、番茄、草莓、葡萄等富含维生素 C 的水果。

饮食安排

在这个时期宝宝的消化和咀嚼能力大大提高，可以给宝宝一天三餐吃断奶食品了，一日所需的营养逐渐由这三餐提供，家长需要在均衡营养上下点儿功夫，如果宝宝的饮食已成规律，数量和品种增多，营养应该能够满足身体生长发育的需要。而奶粉只要是在宝宝想喝的时候给予就可以了。当然，这不意味着不再吃奶，而是指不再以奶类为主食，仍要保证每天起码三顿奶。

一般情况下，这个时期正是断奶的完成期，只要按照一般方法做的食物都逐渐能吃了。宝宝的饮食仍要以稀粥、软面为主食，适量增加鸡蛋羹、肉末、烂菜（指煮得烂一些的菜）、水果、小肉肠、碎肉、面条、馄饨、小饺子、小蛋糕、蔬菜薄饼、燕麦片粥等，烹调方法要以切碎烧烂为主，多采用煮、煨、炖、烧、蒸的方法，不要只是给宝宝吃汤泡饭，因为汤只是增加滋味而缺乏营养，并容易让宝宝囫囵吞入影响消化。

此外，蔬菜的准备要多种多样，同时增添些新鲜水果。还要在辅食中要增加足够的鸡蛋、鱼、牛肉等，以免宝宝出现动物蛋白缺乏。对于不易消化，含香料多的菜要尽量少吃，所有的辅食中要少盐、少糖。

这时候宝宝的进餐次数可为每天5次，除早、中、晚餐外，另外上午9点和午睡后加一次点心，每餐食量中早餐应多些，晚餐应清淡些以利睡眠。

这个月宝宝的饮食个性化差异非常明显，有些宝宝能吃一小碗米饭，有的能吃半碗，有的就只吃几小勺，更少的吃1~2勺；有的比较爱吃菜，有的不爱吃菜；有的宝宝很爱吃肉，有的爱吃鱼；有的爱吃火腿肠等熟肉食品；一天能和爸爸妈妈一起吃三餐的宝宝多了起来；有的爱吃妈妈做的辅食，有的还是不吃固体食物，有的不再爱吃半流食，而只爱吃固体食物；有的宝宝还像几个月前那样，喜欢喝奶粉，有的则开始不喜欢奶瓶了，爱用杯子喝奶，有的还是恋着妈妈的奶，尽管总是吸空奶头，也乐此不疲；有的宝宝能抱着整个苹果啃，也不噎、不卡，有的宝宝吃水果还是妈妈用勺刮着吃，或捣碎了吃；有的宝宝特别爱吃小甜点；爱吃冷食、喝饮料的宝宝多了起来，爱喝白开水的宝宝越来越少了。

在这个时期的喂养，家长在保证宝宝正常生长发育基础上，尽量遵从宝宝的个性和个人好恶，给宝宝吃他喜欢的东西，让宝宝快乐进食。

如果宝宝在进餐过程中开始玩起来，妈妈就要协助宝宝在一定的时间内吃完，以每餐30分钟为好。在乳牙长出期间，家中要每天为宝宝清除牙齿上的菌斑、软垢保持口腔清洁，培养宝宝的卫生习惯，所以在饭后一定要让宝宝刷牙或漱口，也可以用纱布蘸上温开水给宝宝轻擦牙龈和口腔，以保口腔情节卫生。

零食挑选

零食不是主食的替代品，而是宝宝生活当中的一件快乐事。因为点心和零食的味道比较好，宝宝喜欢吃，所以可以这个月的宝宝可以吃些较软、易消化的小零食和小点心，如饼干、蛋糕等，以增添他快乐的情绪。但是注意不要吃太甜的东西，磨牙棒是不错的零食。

在给宝宝零食时，家长要掌握好给零食的时间。一般午餐到晚餐之间的间隔较长，在下午3点左右喂零食比较好。此外，早餐到午餐的时间间隔也比较长，也可以在上午10点左右给一次零食。

对于比较胖的宝宝，应谨慎选择零食的种类，尽量少给蛋糕之类的点心，多给一些好消化又富有营养的水果，如苹果、橘子等，但香蕉最好不要给，因为香蕉的热量很高，含糖量也很高。如果是体重正常的宝宝，可以在正餐之间随意添加适量的零食，只要是适合宝宝吃的健康食品就可以，但要注意零食的体积不要太大，如糖块、花生之类的硬质零食，很容易卡到这个时候的宝宝，家长应小心，给宝宝吃的时候最好是先给他磨碎了再喂。

辅食食谱推荐

	原料	做法
黄酸奶糊	鸡蛋1个，肉汤1小勺，酸奶1大勺	1. 将鸡蛋煮熟之后，取出蛋黄放入细筛捣碎 2. 将捣碎的蛋黄和肉汤入锅，用小火煮并不时地搅动 3. 呈稀糊状时便取出冷却 4. 将酸奶倒入锅中搅匀
蛋黄酱拌蔬菜	四季豆3～4根，蛋黄酱2小匙，熟鸡蛋1小匙，荷兰芹少许	1. 四季豆切5厘米长，用盐水焯熟 2. 将荷兰芹切碎用纱布包住揉洗 3. 将蛋黄酱与切碎的熟鸡蛋和荷兰芹一起拌匀，然后将拌好的蛋黄酱盖在四季豆上
白菜卷	白菜1/2片，猪碎肉4小匙，洋葱、胡萝卜、面包屑、蛋各1小匙，汤20毫升，盐少许，糖3小匙，番茄酱1/2大匙，青豆5粒	1. 白菜焯熟；洋葱、胡萝卜切碎与肉拌好，再放入面包屑、散蛋、盐拌好后用白菜包成草包状 2. 将包好的白菜卷放入用糖、番茄酱、盐调好味的汤中煮，加入焯熟的青豆

能力发展与训练

运动

到了这个月，宝宝的运动能力比上个月强多了。11个月宝宝的特点是变得越来越独立了——能独自站立、弯腰和下蹲。上个月时，宝宝好不容易才能抓住一样东西站立起来，到了这个月，宝宝自己能够抓着东西站立了。上个月能扶着东西站立的宝宝，现在都扶着东西走了。发育快的宝宝，能什么也不扶而独自站立一会儿了。挪动方式也是多种多样的，有爬的，有扶着东西走的，有坐着挪动的，有东倒西歪地独自走的，等等。如果爸爸妈妈握住宝宝的双手，让他站立起来，许多宝宝就会双脚交替地迈步，可以让宝宝少量的练习走步。到了这个月，宝宝也许能够很好地手膝并用爬行了，并且能保持上身与地板平行，许多宝宝在此之前都曾试着爬行，但要到现在才能真正掌握这一技能。（一些宝宝会跳过爬行阶段，从小手撑在地上挪动小屁股滑行直接进入站立阶段。）

进入第 11 个月，宝宝手的动作更加自如了，手指变得越来越灵巧。他已经能够用大拇指和食指像钳子似地把小东西捡起来了，宝宝可能已经不需要将手腕倚在坚硬的表面上，就可以捡起一小片吃的东西或其他小物品。宝宝能推开较轻的门，能拉开抽屉，能把杯子里的水倒出来，能双手拿着玩具玩，能指着东西提出要求。宝宝能学着大人的样子拿着笔在纸上涂鸦。有的宝宝还会搭积木。

视觉

从半岁到 1 岁，是宝宝视觉的色彩期，11 个月的宝宝能准确分辨红、绿、黄、蓝四色。此时宝宝特别喜欢看颜色鲜艳的、对称的、曲线形的图形，更喜欢人脸和小动物图画，喜欢看活动着的物体。

听觉

这个时期的宝宝说话处于萌芽阶段，尽管能够使用的语言还很少，但令人吃惊的是他们能够理解很多大人说的话。对成人的语言由音调的反应发展为能听懂语言的词义。如问宝宝"电灯呢？"宝宝会用手指灯。问宝宝"眼睛呢？"宝宝会用手指自己的眼睛，或眨眨自己的眼睛。听到大人说"再见"，宝宝会摆手表示再见。听到"欢迎、欢迎"的声音，宝宝也会拍手。

嗅觉

到了 11 个月时，宝宝的嗅觉已经发育接近成熟，几乎和成人一样了，能区别不同的气味。开始闻到一种气味时，有心率加快、活动量改变的反应，并能转过头朝向气味发出的方向，这是宝宝对这种气味有兴趣的表现。爸爸妈妈可以给宝宝闻各种花的味道或者一些香水的味道，能很好地锻炼宝宝的嗅觉，也可以适当地给宝宝闻一些醋的酸味和臭豆腐的臭味之类，让宝宝的嗅觉更全面。

但是不要过多地让宝宝闻不好的味道，这会让宝宝难受。

味觉

到了 11 个月时，宝宝的味觉已经很敏锐，对味道的包容也各不相同，味觉非常敏感的宝宝一般食量都较小；不管什么都吃得很多的宝宝，对食物的味道就不太计较。因此爸爸妈妈要更多耐心给挑剔的宝宝喂食。

言语

11 个月大的宝宝，在大人的提醒下会喊爸爸、妈妈，会叫奶奶、姑姑、姨等。会一些表示词义的动作，如竖起手指表示自己 1 岁。能模仿大人的声音说话，说一些简单的词。宝宝还可以正确模仿音调的变化，并开始发出单词。宝宝能很好地说出一些难懂的话，对简单的问题能用眼睛看、用手指的方法做出回答，如问他"小猫在哪里"，宝宝能用眼睛看着或用手指着猫。宝宝可以控制音调，会发出接近父母使用语言的声音，并反复重复会说的字。11 个月的宝宝，能听懂 3 ～ 4 个字组成的一句话，能够理解很多大人说的话，对成人的语言由音调的反应发展为能听懂语言的词义。这个阶段的宝宝，已能模仿和说出一些词音，宝宝常常用一个单词表达自己的多种意思，如"外外"，根据情况可能是指"我要出去"或"妈妈出去了"。

现在，宝宝开始明白很多简单词语的意思，所以，这时候不断和宝宝说话比以往任何时候都更重要。爸爸妈妈应该用成人的语言把宝宝说的词语再重复说给他听，这样宝宝会从一开始就会接受良好的语言模式。比如，如果宝宝要"叭叭"（杯子），你要很温和地强调这个词的正确发音，反复问他"你要杯子吗？"在这个阶段，爸爸妈妈最好尽量避免使用儿语。

认知

11 个月时，宝宝的认知能力发展仍较快，宝宝乐于模仿大人面部表情和熟悉的说话声，自言自语地说些别人听不懂的话。不过，宝宝现在已经会听名称指物，当被问到宝宝熟悉的东西或画片时，会用小手去指，大人给予鼓励时，更能激发宝宝的学习兴趣；还会试着学小狗或小猫的叫声。现在，宝宝开始把事物的特征和事物本身（如狗叫声与狗）联系起来，对书画的兴趣越来越浓厚。宝宝喜欢摆弄玩具，对感兴趣的事物会长时间地观察，会把东西放入容器中再取出来，如把小东西放进杯子里并取出来。如果大人将玩具藏起来，宝宝会主动找被藏起来的玩具，而且会不只找一个地方，如盒子里、枕头底下等都会翻找。新买回来的玩具，宝宝能自己打开玩具的包装。宝宝开始进行有意识的活动，将事物之间建立联系的能力继续增强。例如宝宝知道木球和瓶子之间的关系，知道拿起木球投到瓶子里；逐步建立了时间、空间、因果关系，如看见妈妈倒水入盆就等待洗澡。此时的宝宝已经能指出身体的一些部位；具备了初步的自我意识，不愿意妈妈抱别的宝宝。知道常见物品的名称并会表示，宝宝能仔细观察大人无意间做出的一些动作，头能直接转向声源。这一阶段也是宝宝词语、动作条件反射形成的快速期。

心理

11 个月的宝宝喜欢和爸爸妈妈依恋在一起玩游戏、看书画，听大人给他讲故事；喜欢玩藏东西的游戏；喜欢认真仔细地摆弄玩具和观赏实物，边玩边咿咿呀呀地说着什么。有时发出的音节让人莫名其妙。这个时期的宝宝喜欢的活动很多，除了学翻书、听故事外，还喜欢玩搭积木、滚皮球，还会用棍子够玩具。如果听到喜欢的歌谣就会做出相应的动作来。

11 个月的宝宝，每日活动是很丰富的，在动作上从爬、站立到学行走的技能日益增加，他的好奇心也随之增强，喜欢把房里每个角落都了解清楚，都要用手摸一摸。

为了宝宝心理健康发展，在安全的情况下，尽量满足他的好奇心，要鼓励他的探索精神，千万不要随意恐吓宝宝，以免伤害他正在萌芽的自尊心和自信心。

社会交往

11个月时，宝宝意识到他的行为能使大人高兴或不安，因此也会想尽办法令爸爸妈妈开心。宝宝已经能很清楚地表达自己的情感。有时，他独立的像个"小大人"，而有时又表现得很淘气。宝宝有时会将玩具扔在地上，然后希望大人帮他捡起来，但大人捡起来后宝宝还会再扔，并在反复扔玩具的过程中体会乐趣。宝宝对陌生的人和陌生的地方依然感到害怕，和妈妈分开会有强烈的反应。宝宝会表现出对人和物品的喜爱。

这个阶段的宝宝，反抗情绪增强，有时会拒绝吃东西，还会在妈妈喂食或睡午觉时哭闹不休。宝宝喜欢模仿大人做一些家务事，如果家长让宝宝帮忙拿一些东西，他会很高兴地尽力拿，同时也希望得到大人的夸奖。这个阶段的宝宝已经能执行大人提出的简单要求。宝宝会用面部表情、简单的语言和动作与成人交往。宝宝会试着给别人玩具。

这个阶段的宝宝，心情也开始受妈妈的情绪影响。宝宝喜欢和成人交往，并模仿成人的举动。在不断的实践中，宝宝会有成功的愉悦感；当受到限制时（尤其是成人总说不要、不能）、遇到"困难"时，仍然会以发脾气、哭闹的形式发泄因受挫而产生的不满和痛苦。

宝宝现在和其他宝宝在一起时，也会坚持一下自己的意愿了，为宝宝找一些经常在一起玩的小伙伴，是鼓励宝宝发展社交技能的好方法。但是，爸爸妈妈要知道这个年龄的宝宝仍然太小，还不能理解交朋友是怎么回事，安排宝宝和小伙伴们一起玩可以为宝宝学习与别人交流、互动打下良好基础。同时，宝宝可能从这些小伙伴身上学到新的玩法。

自我意识

这一时期宝宝的自我意识，已经发展到了能够通过镜子模模糊糊感觉到镜子里面的人可能就是自己的阶段，但他们还不能很明确地认识到，镜子里的人就是自己。一般来说，这种确切的认知要到一岁之后才能形成，而在这个时期，爸爸妈妈可以做的，就是强化宝宝的自我意识。

照镜子仍然是发展自我意识的最佳途径，爸爸妈妈可以平时多让宝宝照照镜子，对着镜子拿着宝宝的手，让他指着自己的五官，与此同时让宝宝朝镜子里看，告诉宝宝"这是宝宝的大眼睛"，"这是宝宝的小鼻子"，等等。还可以让宝宝摸摸爸爸妈妈的眼睛、鼻子，然后对着镜子告诉宝宝"这是爸爸/妈妈的眼睛"，然后再把手放到宝宝的眼睛上，告诉宝宝"这个是宝宝的眼睛"。通过这种方式，可以让宝宝感觉出自己与他人的区别，从而强化宝宝对自我的认知。

记忆力

这个月的宝宝开始有了延迟记忆能力，对于家长告诉他的事情、物体的名称等，能够维持几天甚至更长时间的记忆。这一时期是对宝宝进行早期教育的开始，如果教育得当的话，可以让宝宝学会很多的东西。不过这种教学最忌讳的就是揠苗助长，最好的方法是利用游戏加强锻炼学习，让宝宝边玩边学。

例如，这一时期宝宝对于图画的兴趣很高，所以可以把印有动物、用品、食物等图片的认知卡放在桌子上，先将每张图片上的内容名称告诉宝宝，给宝宝讲讲这种东西的特点、用处等，然后再由大人说出名称，让宝宝在一堆图片中找出所对应的图片。通过这个游戏，除了可以锻炼宝宝手脑并用、学会听声辨图之外，还能发展宝宝手部的活动能力。在手、脑、眼的协作下，还能有效提高宝宝的记忆能力。但是，刚开始教宝宝认识这些图片的时候，往往需要花一些时间，反复多次进行，并在学习的过程中注意多鼓励，培养宝宝的兴趣。

在玩游戏的过程中注意的是，如果宝宝失去耐心、显得比较抗拒的话，家长就要停止这种训练游戏，以免宝宝对这些小游戏彻底失去兴趣。

日常护理注意问题

踢被子

原因

1. 被子太过厚重

因为总担心宝宝受凉，所以给宝宝盖的被子大多都比较厚重。其实除新生儿或 3 个月以内的小婴儿的大脑内的体温调节中枢不健全，环境温度低（如冬天）时需要保暖外，绝大多数宝宝正处于生长发育的旺盛期，代谢率高，比较怕热；加上神经调节功能不成熟，很容易出汗，因此宝宝的被子总体上要盖得比成人少一些。

如果宝宝盖得太厚，感觉不舒服，睡觉就不安稳，最终以蹬掉被子后才能安稳入睡；而且，被子过厚过沉还会影响宝宝的呼吸，为了换来呼吸通畅，宝宝会使劲把被子蹬掉，结果宝宝夜间长时间完全盖不到被子，就容易受凉。因此，给宝宝盖得太厚反而容易让宝宝蹬被子受凉。少盖一些，宝宝会把被子裹得好好的，蹬被子现象也就自然消失了。

2. 睡眠时感觉不舒服

宝宝睡觉时感觉不舒服也会蹬被子。不舒服的常见因素有：穿过多衣服睡觉、环境中有光刺激、环境太嘈杂、睡前吃得过饱等。这样，宝宝会频繁地转动身体，加上其神经调节功能不稳定，情绪不稳或出汗，结果将被子蹬掉了。

3. 患有佝偻病或贫血等疾病

佝偻病或贫血是宝宝生长发育过程中的常见疾病。当宝宝有佝偻病或贫血时，神经调节功能就不稳定，容易出汗、烦躁和睡眠不安，这些情况下，宝宝均容易蹬被子。

4. 感觉统合失调

正常人的大脑皮质对所接受的感觉信息，包括视觉、听觉、嗅觉、触觉、味觉、皮肤感觉、体位感觉等，会进行汇总分析后做出恰当的反应，这个过程就是感觉统合作用。大脑皮质发出的信息正确，身体的协调性就好。反之，如果宝宝对所接受的各种感觉信息不能做出恰当的反应，即感觉统合失调，身体的协调性也就差了。

部分蹬被子的宝宝存在感觉统合失调，表现为当身体处于睡觉体位时，大脑内的睡眠指挥信号不通畅，大脑皮质的兴奋性仍不能降低，宝宝往往还同时有多动、坏脾气、适应性差和生活无规律等特点，所以睡觉体位和盖在身上的被子不能成为安稳睡觉的信号，尤其是身上的被子稍热就很不舒服，便用蹬被子来缓解。

对策

1. 被子要轻柔、宽松

有时你可能也觉得宝宝盖得太厚或者被子过重了，需要减轻一点儿，但真做起来却又会情不自禁地给宝宝多盖一些，所以你首先要战胜自己。

不妨做一个实验，看什么样的被子宝宝睡觉最安稳。第一天先按你的想法盖被子，四周严实；第二天稍减一些被子，四周宽松；第三天再减一些被子，脚部更轻松一些。每天等宝宝睡熟 2 ~ 4 小时后观察情况，你会发现，被子越厚，四周越严实，宝宝蹬得越快。所以，建议你给宝宝少盖一些，宝宝就会把被子裹得好好的，蹬被子现象自然消失。

2. 去除引起宝宝睡眠不舒服的因素

除少盖一些让宝宝舒服外，还要注意睡觉时别让宝宝穿太多衣服，一层贴身、棉质、少扣、宽松的衣服是比较理想的。此外，宝宝睡觉时还应避免环境中的光刺激，要营造安静的睡觉环境，睡前别让宝宝吃得过饱，尤其是别吃含高糖的食物等。总之，尽量稳定宝宝的神经调节功能，使宝宝少出汗，从而避免蹬被子。

3. 对症治疗

对有佝偻病或贫血等疾病的宝宝，要在医生指导下进行治疗。

4.心智运动训练

对无上述原因，却蹬被子明显，尤其是同时伴有多动、坏脾气、适应性差和生活无规律等特点的宝宝，有可能是感觉统合失调的缘故。此时，需要以有效的心智运动来改善宝宝大脑皮质对睡觉体位和被子的感觉信息反应，发出正确的睡眠指挥信号。

具体方法：每晚睡觉前，先指导宝宝进行爬地推球 15 ～ 20 分钟，然后挺胸变换走步（有专门的脚步训练器）。你也可简单地在地板上画出红、蓝两条直线（两线距离以 10 厘米为宜），然后让宝宝沿线走 20 分钟以上（可选择两足交替走、单足跳行、双足直向跳行、双足横向跳行和双足前后向跳行等多种方式）。只要坚持引导宝宝做，就会有意想不到的大收获——你会发现，宝宝不仅不蹬被子了，而且多动、坏脾气、适应性差和生活无规律的现象也逐渐消失了。

腹泻

婴儿腹泻分为感染性腹泻和非感染性腹泻，感染性腹泻主要是由病毒（主要是轮状病毒）、细菌、真菌、寄生虫感染肠道后引起的，非感染性腹泻主要是由于喂养不当，饮食失调所致。

如果给宝宝的食物一直很注意卫生，并且家里没有其他人有腹泻症状的话，那么多数都是非感染性腹泻，例如母乳不足或人工喂养的宝宝，过早过多地添加粥类与粉糊，宝宝摄入的碳水化合物过多，在胃里发酵就会致使消化紊乱从而出现腹泻。如果未能在断奶前按时添加辅助食品，一旦突然增加食物或改变食物成分，宝宝就很有可能因为无法适应造成消化紊乱，出现腹泻。此外，不定时的喂养、进食过多、过少、过热、过凉，突然改变食物品种等，都会引起腹泻。还有些腹泻，是于食物过敏、气候变化、肠道内双糖酶缺乏引起的。

造成宝宝腹泻的原因多种多样，家长不能随便用药，一定要慎重对待。腹泻患儿的饮食应以稀软的营养饭食为主，未断奶的婴儿可照样喂奶；尽量多喝水，水中加少量盐饮用更佳。此外，照护腹泻患儿的家长要随时洗手，防止病菌扩大传播。此外，学会观察宝宝腹泻时的表现，有助于帮助家长以最快的速度，找出导致腹泻的原因。

观察精神状态

如果宝宝除了腹泻之外，没有什么异常变化，精神状态良好，喜欢笑、爱玩玩具、爱和大人玩，一般就没什么问题。如果宝宝出现精神萎靡、嗜睡、抽搐、惊厥、抽风、昏迷等症状，就要引起警惕。如果宝宝在腹泻的时候出现喷射状呕吐的话，就要立即入院治疗。

观察体温

在腹泻病例中，由于饮食不洁而致使带有细菌、病毒或细菌产生的毒素进入体内引起的腹泻最为多见，称为感染性腹泻。感染性腹泻占腹泻病例的85%左右，这类腹泻大多容易出现体温异常，容易在腹泻出现之前或腹泻初期时发热，一般体温都在38℃左右。同时，宝宝还会表现出精神萎靡、食欲低下、磨人哭闹等异常状态。注意的是，一旦宝宝在腹泻之前出现超过39℃的高热，就要及时就医，防止较为严重的中毒性菌痢。

观察大便性状

婴幼儿腹泻常见的是稀便、水样便、蛋花样便、黄绿色便或有少量黏液，每天腹泻5次左右，大便量不很多，无明显脱水现象，家长就不需要太过担心。但如果是便中带有血丝，或血水样便，或脓血样便，且每次便量较少，坐便盆不愿起来，就有可能是痢疾，或是空肠曲菌腹泻，或是出血性大肠杆菌腹泻，应立即就诊。宝宝腹泻次数多，排便量大，就容易出现脱水的症状，需要立即到医院输液补充体内流失的水分和电解质，以防酸中毒。

观察有无并发症

如果宝宝在腹泻时，出现呼吸不畅、高热、头痛、喷射状呕吐，四肢尤其是下肢瘫软无力，尿量减少，尿中有蛋白，皮肤出现皮疹、瘀斑等症状，往往是并发症的早期表现，应及时就诊。

观察药物反应

如果宝宝在吃了治疗腹泻的药物2天内未见疗效，或是出现了一系列不良反应，就要立即停止用药，并咨询医生，选择另外的治疗方法。

便秘

如果以前大便一直正常规律的宝宝，到了满10个月的时候，大便突然变得困难起来，甚至2～3天才排一次大便的话，首先要考虑是不是吃得少了，或是给的食物太软。

可以通过宝宝体重的增加情况来衡量，如果宝宝每天的体重增加不到5克，就可以让宝宝多吃一些，特别是多给一些鱼类和肉类的辅食。如果宝宝每天的体重增加在7～8克却依然便秘，就要考虑是不是给的食物太软，可以给宝宝一些纤维丰富的食物，如菠菜、卷心菜等，但吃菠菜的时候注意要先将菠菜焯过水之后再给宝宝，避免影响铁的吸收。也可以将这些蔬菜剁碎，放到鸡蛋里做成软煎蛋卷给宝宝，或是给一些稍微硬点的食物，如豌豆等，刺激宝宝胃肠的蠕动。此外，平时还要多给一些水果，也有助于缓解便秘的症状。

有些宝宝并不是到了这个时候才开始便秘，家长可以根据宝宝的具体情况来选择调理的方法。最好的办法是通过饮食，即平时多给一些蔬菜、水果和粗粮的辅食，不要吃得太过精细，再有就是多到户外进行锻炼或多进行室内运动，也可以有效刺激胃肠运动。

不建议经常使用开塞露之类的栓剂以及肥皂条之类辅助通便的物品，更不要经常利用灌肠来帮助通便。

有些习惯性便秘的宝宝，是因为此时还没有定期排便的规律。因此，家长要加强对宝宝的排便训练，可以每天定时让宝宝坐在便盆上排便，刺激宝宝的条件反射，协助宝宝形成固定的排便规律，这在某种程度上也会有效缓解或解决便秘的问题。

鼻子出血

外伤是导致鼻出血的最常见原因，除此之外，天气干燥、上火、鼻腔异物等也会导致鼻黏膜干燥或破坏，造成鼻出血。再有，某些全身性的疾病，如急性传染病、血液病、维生素 C 和维生素 K 缺乏等也同样可能造成鼻出血。

当发现宝宝鼻子出血以后，应立即根据出血量的多少采取不同的止血措施。当出血量较少的时候，可以运用指压止血法，方法是让宝宝采取坐位，然后用拇指和食指紧紧地压住宝宝的两侧鼻翼，压向鼻中隔部，暂时让宝宝用嘴呼吸，同时在宝宝前额部敷上冷水毛巾，在止血的时候，还要安慰宝宝不要哭闹，张大嘴呼吸，头不要过分后仰，以免血液流入喉中。一般来说，按压 5 ~ 10 分钟就可以止住出血。

如果出血量较多的话，只用指压止血的办法可能一时间就无法止住出血了，这时可以改用压迫填塞法来止血。止血的时候，将脱脂棉卷成像鼻孔粗细的条状，然后堵住出血的鼻腔。填堵的时候要填的紧一些，否则达不到止血的目的。

如果上述办法均不能奏效的话，就需要立即送往医院止血，止血之后还需要查明出血原因，并对症做进一步相应的治疗。

捏鼻止血时，经上述处理后，一般鼻出血都可止住。如仍出血不止者，需及时送医院。在医院除继续止血外，还应查明出血原因。

警惕传染病

宝宝从 6 个月之后，开始要运用自身的抵抗能力来抵御外界的侵袭了。但由于不足 1 岁的宝宝自身的抵抗能力还较弱，所以极易受到外界致病菌的攻击侵害，特别是可通过各种方式传播的致病菌，所以家长有必要了解宝宝此时较为常见的几种传染性疾病，以及必要的防护措施，尽最大的可能保护好自己的宝宝，让他能够安全健康的成长。

流行性感冒

简称流感，是婴幼儿最为常见的传染病。流感起病急骤、高热、畏寒、头痛、肌肉关节酸痛，全身乏力、鼻塞、咽痛和干咳，少数患者可有恶心、呕吐、腹泻等消化道症状，一般在发病前三天传染性最强，主要通过飞沫传染。

预防流感最重要的是增强体质，即平时多注意锻炼，多喝水，及时补充含维生素 C 和维生素 E 的食物，根据季节变化及时增减衣物，保持足够的休息睡眠，增强机体的抵抗力。如果有家人患病的话，一方面要隔离病人，另一方面要做好室内的消毒，可以用食醋蒸熏的办法。在流感高发的季节，应尽量避免到人多的公共场所，更要避免与患上流感的人接触，外出的时候可以给宝宝带一个小口罩，回家之后要先洗净双手，也可以根据宝宝的月龄大小给予一些预防流感的药物，如板蓝根等。

水痘

水痘好发于 6 个月 ~ 3 岁的婴幼儿，主要通过飞沫传染，皮肤疱疹破溃后也可经衣物、用具等传染。水痘是由水痘病毒引起的呼吸道传染病，具有很强的传染性，多发于冬春季节。发病初期先是高热，体温达 38 ~ 39℃，宝宝能看出明显的烦躁和食欲不振。而后由头皮面部开始出红疹并逐渐蔓延到全身，1 天之后变为水疱，3 ~ 4 天后水疱干缩，结成痂皮。

水痘没有专门的治疗方法，要做的就是发病初期随时给宝宝测体温，如果体温持续升高的话要多喝水，如果体温超过了 38.5℃，可以用退热药降温，但要避免使用阿司匹林；用温水给宝宝洗澡，洗过之后要穿宽松的棉质衣服并勤换内衣，以减轻瘙痒不适。患上水痘之后，宝宝常会不自觉地抓挠疱疹，为了防止宝宝将疱疹抓破发生溃烂感染，就要把宝宝的指甲剪短并保持清洁，必要时给宝宝带一副防护手套。

如果有极为严重的瘙痒或疱疹周围皮肤色红或肿胀，有脓液渗出，就说明疱疹已受感染，要立即去看医生。如果宝宝患有肾脏病、哮喘、血液病或代谢病等而正在使用糖皮质激素的话，一旦得了水痘要立即去看医生。

预防水痘主要就是避免宝宝与患了水痘的患儿接触，尽量少到人多的公众场所，并且要勤换勤洗勤消毒宝宝的日常衣物，随时保持各种用品的卫生清洁。

麻疹

麻疹是由麻疹病毒引起的一种急性呼吸道传染病，好发于 6 个月 ~ 5 岁的婴幼儿，传染性极强，多由飞沫和空气传播，常在冬末春初时流行。如果宝宝如未患过麻疹而抵抗力又比较差的话，就很容易被感染麻疹病毒继而发病。

小儿麻疹临床表现为发热、咳嗽、流涕、睑结膜充血及口腔黏膜有麻疹黏膜斑，发热 3 ~ 4 天后出现全身红色斑丘疹，经一周左右可自然恢复，但要注意防止肺炎、心肌炎等并发症的出现。

对于 8 个月以上从未患过麻疹的宝宝，可以在麻疹流行前 1 个月皮下注射麻疹疫苗，但如果宝宝有发热、患严重慢性病或急性传染等病症时，不能注射麻疹疫苗。此外，有免疫功能缺陷以及过敏体质的宝宝，也不宜注射麻疹疫苗。预防麻疹最主要的办法就是在麻疹流行期间，尽量少带宝宝去人多的地方，更要避免与患上麻疹的宝宝接触。如果患上麻疹的话，要注意及时隔离治疗，并保持室内的空气流通。

细菌性痢疾

即为菌痢，是由痢疾杆菌感染所引起的一种婴幼儿常见的肠道传染病，主要通过病菌污染的食物和水传播，也可通过苍蝇和带菌的手而间接传播，以夏秋季节最为常见。

婴幼儿是中毒型菌痢的主要年龄群，表现为急骤起病、高热、腹痛、呕吐、腹泻等，大便呈脓血黏液状，次数多而每次量少，多数在胃肠道症状出现前就表现高热惊厥或微热或超高热，并出现休克、烦躁或嗜睡、昏迷等

菌痢是一种严重的传染性疾病，如治疗不及时的话就会引起

患儿脱水、休克甚至死亡，所以一旦发现宝宝有菌痢症状出现的时候，就要立即隔离并及时送往医院治疗，不能耽误。

预防菌痢主要在于养成宝宝良好的卫生习惯，饭前便后要洗手，不能喝生水，给宝宝所有的食物要保证干净卫生。当宝宝患上菌痢之后，要保持卧床休息，体温超过38.5℃，可给退热剂，同时注意水分和盐分的补充，禁食1~2天后逐步添加易消化、少渣食物，并少量而多餐。

适当拒绝宝宝的要求

10个月之后的宝宝，已经能够听懂大人简单的指令了。他们在这一时期总是表现得特别淘气，总会做出很多试探性的动作，这有的时候是出于好奇心而来的探索，有的时候则是故意试探大人对自己所做行为允许的尺度。

这么大的宝宝并没有安全意识，他不会明白哪些动作行为可能会给自己以及他人造成危害，这就需要大人来强化宝宝的危险意识，一旦发现宝宝做出可能发生危险的动作，就要果断的制止。当然，最直观的办法就是一边制止宝宝的动作，一边告诉宝宝"不"。有的宝宝在大人对他说"不"时，可能会故意装作没听见而继续重复之前的动作。这个时候，大人就需要用严肃的表情，让宝宝知道"这样不行，爸爸/妈妈不喜欢"。当宝宝通过大人的表情和语气，知道他的这种行为会令大人不快的时候，就不会再继续了。不过家长此时还没必要给宝宝罗列一堆"为什么不行"的原因，因为宝宝基本上是听不懂你在说什么的。

此时的宝宝自我意识比较强，并明显地表现出了自己的个性，因此这一时期也是宝宝很多不良习惯形成的阶段。所以，此时爸爸妈妈学会对宝宝说"不"就显得尤为重要，一味顺从溺爱的话，只会让宝宝越来越任性，稍有不顺的话就哇哇大哭的闹情绪。

不要认为10个多月的宝宝还不懂得什么叫好，什么叫坏，不管他干什么都置之不管，这是不对的。尽管这时的宝宝还不能判断好和坏，但能感到大人是高兴还是生气。如果让宝宝觉得大人绝对不会对自己发脾气，那就会助长他为所欲为的风气。

为了让大人的话更有分量，也不要要太轻易而频繁地对宝宝说"不"，应该在设定重要规矩的时候才用这个词，不然宝宝就会听"疲"了，这些禁止的话也就失去了作用。有的宝宝总是做不让他做的事，对这样的宝宝，只能在他做特别危险的事时严厉地批评，凡是可用来"淘气"的东西首先应该收拾起来但是，无论宝宝多么淘气和任性，都不应该体罚宝宝，这是所有家长都应该注意的。

家庭环境的支持

室外活动

这个月的宝宝对室外活动的主动性比上个月要强了，有的宝宝在上个月还不懂得自己要求出去玩，但从这个月开始也渐渐懂得发出想要出去玩的愿望了，而且这时如果是平时不熟悉的陌生人，如果说要抱着宝宝出去玩，宝宝也会愿意去。因此可以看出来，此时的宝宝对户外活动有着多么强烈的需求。

由于此时的宝宝已经能吃和大人一样的饭菜了，所以爸爸妈妈不妨减少准备辅食的时间，多带宝宝出去呼吸呼吸新鲜空气，看看外界的事物，让宝宝和邻居家的小朋友多些交流。这一阶段不应该吝啬室外活动的时间，只要宝宝身体情况良好，天气晴好，室外空气也较好的话，只要宝宝想出去玩，就带着他出去待一会儿。

但是，此时室外活动的时间也不宜太长，以免宝宝"玩疯了"。可以采取多活动次数、少活动时间的办法，即每天多出去活动几次，每次活动时间相应减少，这样一来可以满足宝宝想要出去的愿望，二来也不至于让宝宝太过疲累，而影响他的休息睡眠。

教宝宝说话

教宝宝说话是家长和宝宝双方不断"学习"的过程，宝宝在未开口说话之前就已经注意倾听和模仿大人的言语，而家长同样要学会宝宝的"语言"，才更有利于交流。很多人都会发现，当这个月大的宝宝含糊不清地与他人"交谈"时，对方几乎是听不懂他说的是什么，但妈妈或每天陪着宝宝的亲人却都能知道他在说什么。只有当你懂得宝宝的词语和手势，以及他指指点点、嘟嘟囔囔是要干什么以后，你才能真正地与他交流，教他说话。和宝宝对话是鼓励他提高语言技能的一个好方法，当宝宝对着一个东西嘟嘟囔囔的时候，你要马上告诉他这个东西的名字，或者你主动指着东西说出名字，帮助宝宝学会叫出这样东西的名字。

很多家长在跟宝宝说话时，都喜欢用叠字或者婴儿化的语言，例如把吃饭叫作"饭饭"，把爽身粉、护肤油叫作"香香"。在宝宝很小的时候，你可以这么哄他，但当开始真正教宝宝说话之后，就不要再这么与他对话了，一定要用成人的语言把宝宝说的词语重复说给他听，比如当宝宝叫"饭饭"的时候，你就应该告诉他"吃饭"。虽然婴儿化的语言很有意思，但是作为家长你要知道，只有正确的发音和语言表达，才能有利于婴儿的健康成长。

教宝宝说话并不需要刻意进行，只需要在生活中潜移默化就可以了。比如，你可以把你自己正在做的事情一步步讲给宝宝听，也可以一边唱儿歌一边配合歌词做动作表演给宝宝看，这样宝宝就能很快将词汇和意思联系起来，用不了多久，他就会正式地和你"对话"了。

但是有个问题需要家长注意的是，如果家里成员来自不同地方、同时用多种方言的话，在教宝宝说话期间，尽量营造一个说普通话的环境，家中成员都说普通话，以此来促进宝宝的语言学习。如果做不到都用普通话的话，那就固定一种方言口音和宝宝交流、教宝宝说话，否则多种方言容易给宝宝学说话带来干扰。

教宝宝看图画书

这个月的宝宝看的能力大大增强，是时候准备一些好看的图画书了。这时的宝宝大多数都喜欢色彩鲜艳的大块图案，图画书在此时不仅能够迎合宝宝的喜欢，还能借此来提高宝宝的认知力、记忆力和思维能力。

好的图画书，画面的色彩形象应当真实准确，符合实物，并且根据这个月龄宝宝的特点，尽量选择单张图画简单、清晰的图画书，最好是选择实物类的图画，而不以选择卡通、漫画等，也不要选择背景复杂、看起来很乱的图画书，这会使宝宝的眼睛容易疲劳，辨认困难。

可以给宝宝准备一些认识蔬菜、水果、人物或其他生活用品之类的图画书，每天带着宝宝认 1～2 种，并把图片上的东西和实物联系起来，比如教宝宝认识图画书上"苹果"的时候，就可以拿着一个苹果给宝宝看看、抓着玩玩，这样可以提高宝宝的理解力和记忆力。由于此时宝宝的能力水平有限，所以一次最多不宜让宝宝识记超过 2 件以上的物品，否则会使宝宝发生记忆混淆。这么大的宝宝集中注意力的时间很有限，所以应当遵从宝宝的喜好和心情变化，适可而止，以免宝宝看得心烦。

每次给宝宝看新的图画之前，要先给宝宝看看之前一天看过的图片，以加深宝宝的印象。只有这样的不断重复，才会让宝宝记住所学所看的东西。再有，在给宝宝讲述物品名称的时候，名称一定要从头到尾保持固定和准确，以免宝宝产生混乱或错误的印象。

潜能开发游戏

光影秀

【目的】培养宝宝的视觉能力。

【玩法】坐在地板上，让宝宝坐在你的腿上或你旁边。把手电光或灯光打到墙上，然后把手放在光源和墙之间，这样就成了你表演手影的屏幕。刚开始，你可以做些简单的动作，例如挥手或竖起手指表示不同的数字，然后你可以用手做出小动物的形状，比如狗或鸭子。还可以帮助宝宝挥动双手，在墙上显出晃动的影子，然后让宝宝看他的手影比你的小多少。最后，你还可以握着宝宝的手，帮宝宝做出不同的手影形状，对宝宝说晚安。

超级分类

【目的】锻炼宝宝的精细动作，培养宝宝的手眼协调能力。

【玩法】准备几个小碗、带盖的小容器以及能用手指拿的食物。用小碗装上宝宝爱吃的、各种颜色的、能用手指拿的食物，比如小块的软水果，或煮透的蔬菜、谷物，切小块的鸡肉丁或鱼肉丁，奶酪块或煮鸡蛋。再给宝宝几个空碗碟，鼓励他把各种食物混合搭配在一起，或是把食物从一个碗移到另一个碗里。如果宝宝已经掌握了开关盖子的技巧，你就可以给他几只带盖子的塑料容器，鼓励他自己打开。

晃起来，宝宝

【目的】训练宝宝的听觉反应，培养宝宝的节奏感。通过鉴别不同的声音可以训练宝宝耳朵对音色和音量的识别，而通过跳舞、摇摆或玩乐器则可以训练宝宝创造性表达。

【玩法】将大米、干豆或硬币分别装入几个小塑料瓶，把瓶盖拧紧后摇晃瓶子，然后把瓶子递给宝宝，并对它发出的独特声音做出评价；可以选几首熟悉的不同节拍的歌曲，鼓励宝宝随着节拍晃动瓶子和身体。

11 ~ 12 个月

这个月的宝宝

体重

到了第 12 个月，宝宝看上去更匀称和机灵了，生长指标也呈现缓慢的增长，宝宝的体重比 11 个月时平均增长 0.23 千克左右。男宝宝体重的正常范围为 7.68 ~ 11.88 千克，平均为 9.78 千克；

女宝宝体重的正常范围为 7.21 ～ 11.21 千克，平均为 9.2 千克。

身高

这个月宝宝身高比 11 个月时平均增长了 1.2 厘米左右。男宝宝身高的正常范围为 70.1 ～ 80.5 厘米，平均为 75.3 厘米；女宝宝身高的正常范围为 68.6 ～ 79.2 厘米，平均为 74.0 厘米。

头围

到了第 12 个月，头围比 11 个月时平均增长 0.33 厘米左右。男宝宝头围的正常范围为 43.7 ～ 48.9 厘米，平均为 46.3 厘米；女宝宝头围的正常范围为 42.6 ～ 47.8 厘米，平均为 45.2 厘米。

胸围

到了第 12 个月，宝宝的胸围几乎等同于头围，男宝宝胸围的正常范围为 42.2 ～ 50.2 厘米，平均为 46.2 厘米；女宝宝胸围的正常范围为 41.1 ～ 49.1 厘米，平均为 45.1 厘米。

囟门

宝宝的前囟继续缩小，一般到 12 个月 ～ 18 个月时闭合。这个月里宝宝前囟接近闭合的速度逐渐增加。

牙齿

这个月的宝宝开始长出下外切牙。

营养需求与喂养

营养需求

快满周岁的宝宝，营养需求和上一个月一样，每日每千克体重需要热能 461 千焦（110 千卡），其他必需营养物质如蛋白质、脂肪、碳水化合物、矿物质、维生素、各种微量元素及纤维素的摄入，也和上月基本相同。这个月的辅食添加侧重依然和上月类似，通过食入蛋类、肉类、鱼类、虾类、奶类和豆制品来获得蛋白质，通过食入肉类、奶类、油类获得脂肪，通过摄入粮食获得碳水化合物，通过蔬菜、水果获得维生素以及纤维素，通过多种的食物获得不同的矿物元素和微量元素。

补充动物蛋白质

这个月的宝宝正处于生长发育期，对蛋白质的需求量相对要高于成年人，因此要供给足够的优质蛋白，以保证宝宝的成长所需。

最好的优质蛋白仍然是动物性蛋白，以鸡蛋、鱼的蛋白质最好，其次是鸡、鸭肉，接下来是牛、羊肉，最后是猪肉。虽然植物蛋白如大豆蛋白也属于优质蛋白，但却不如动物蛋白容易被宝宝吸收。1 岁的宝宝每天需要蛋白质 35 ~ 40 克，等同于进食 400 ~ 500 毫升奶制品、1 个鸡蛋和 30 克瘦肉的总量。为了保证宝宝食物的多样化，可以每周吃 1 ~ 2 次鱼、虾，2 次豆制品，平时也可以将鸡、鸭、牛、猪肉变换着吃，让宝宝在摄入营养的同时，充分享受进食的乐趣。

水果供给

1 岁以前的宝宝吃水果有三种方法：一是喝新鲜果汁，选择新鲜、成熟的水果，如柑橘、西瓜、苹果、梨等；用水洗净后去掉果皮，把果肉切小块，或直接捣碎放入碗中，然后用汤匙背挤压果汁或者用消毒纱布挤出果汁，也可用榨汁机取果汁。二是煮水果，将水果用刀切小块，放入沸水中，盖上锅盖，煮 3 ~ 5 分钟即可。三是挖果泥，适合 4 ~ 5 个月大的宝宝，先将水果洗净，然后用小匙刮成泥状。最好随吃随刮，以免氧化变色，也可避免污染。

快满 1 岁大的宝宝可以吃多种水果，但要注意水果必须洗净、去皮，吃葡萄、樱桃等小而圆的水果要特别小心，防止发生呛噎、窒息危险。由于此时宝宝的消化系统的功能还不够成熟，所以吃水果的时候也要注意选择种类及控制数量，避免宝宝出现不适症状。一般来说，苹果、梨、香蕉、橘子、西瓜等比较适合宝宝吃，苹果有收敛止泻的作用，梨有清热润肺的作用，香蕉有润肠通便的作用，橘子有开胃的作用，西瓜有解暑止渴的作用。但无论什么水果，一天都不能吃得太多，而且种类也不要太多，一般以 1 ~ 2

种为宜。

由于水果含糖比较多，奶前或餐前食用会影响正餐进食量，所以给宝宝吃水果最好安排在喂奶或进餐以后，以免耽误宝宝的正常饮食。

让宝宝自己吃东西

1岁的宝宝，不但具有了肌肉的控制力，而且还有了良好的手眼协调能力，已经能够很好地控制手的动作了。宝宝已经知道，拿小勺舀饭的时候，应该凹的向上，宝宝拿小勺的位置、手的角度掌握得都比较好，已经能够轻易地把食物舀起来，送到自己的口中。

但是，有的宝宝仍然还不能很好地控制自己的动作，可能会把食物弄得到处都是，甚至抓翻了碗，弄洒了汤汁。在这种情况下，爸爸或妈妈不要怕弄脏了衣服，或者弄脏了桌子、地板，应该鼓励宝宝再继续吃。

另一方面，爸爸妈妈也不能完全让宝宝自己来。因为宝宝尽管每次开始吃饭时总可能表现出足够的热情，但过不了多久随着这股热情的消失，就会不耐烦了，这时就需要妈妈来喂宝宝吃东西，以免让宝宝饿着。

能力发展与训练

运动

现在宝宝站起、坐下，绕着家具走的行动更加敏捷，爬行的速度越来越快，各种体位转换都更加熟练了。宝宝站着时，能弯下腰去捡东西，也会试着爬到一些矮的家具上去。宝宝在父母之间，可以不用扶着独自行走2～3步。有的宝宝甚至已经可以蹒跚地自己走路了，尽管时常要摔跤，但对走路的兴趣很浓，总想到处转转。

宝宝双手的协调能力已经越来越强了，喜欢将东西摆好后再推倒，喜欢将抽屉或垃圾箱倒空，喜欢把玩具一样样扔进箱子里。宝宝手指也更灵活了，用拇指和食指拿取小物品时腕部已能离开桌面，与成人相似。宝宝会熟练地将铃和拨浪鼓摇动发出声音；宝宝用手指拿东西吃得很好，但用勺吃东西时还需要大人帮助；宝宝会打开瓶盖和盒盖拿东西，已经会用手掌握笔涂涂点点了，还能够和爸爸妈妈一起互动玩游戏，相互滚球或扔球玩。宝宝能听从命令将积木从盒子里取出，部分宝宝已能将两块小积木搭在一起，还能和妈妈一起翻书看。

视觉

到了第 12 个月，宝宝两眼的调节功能已经比较好了，能区别垂直线与横线，能分别物体的大和小，目光能跟随坠地的物体。视觉能力发展较快，能有意识的集中注意力，视觉记忆也不断提高，宝宝喜欢认图片，并能够对物品的细小部分进行区别，比如一个带红色小花的玩具和一个不带红色小花的玩具。

听觉

到了第 12 个月，宝宝的听觉已经越来越灵敏了，并且对听音的理解与转化能力也越来越强。不仅能够听懂大人们一些简单的吩咐，而且还能够会意大人语调变换的含义，能按大人的指令行事。对一些轻音乐，比如"催眠曲"等会表现出愉快的情绪，而对于那些节奏强烈的声音，则会表现出不愉快。

嗅觉

第 12 个月也是宝宝嗅觉发展比较灵敏的一个时期，宝宝尤其喜欢那些芳香的气味，但偶尔用一些稍稍刺鼻的宝宝不太喜欢的气味（如酸醋），或者宝宝不小心拉的大便的味道等刺激一下宝宝，也能够增加宝宝的嗅觉经验，间接让宝宝知道大便的气味不好闻而不能随处大小便，养成良好的生活习惯。

味觉

12个月宝宝的味觉已经和成人的能力大体相当了，对于自己喜好的甜味或者盐的咸味，宝宝会用表情表现出来。这个时候是宝宝味觉发育的关键期，这段时间最好让宝宝尝试尽可能多种类的食物增加不同经验。宝宝通过品尝各种食物，可促进对很多食物味觉、嗅觉及口感的形成和发育，也是宝宝从"流食——半流食——固体食物"的适应过程。如果在这个感受性较强的时期，宝宝有了对各种食物的品尝体验，他会拥有广泛的味觉，以后就乐于接受各种食物。

言语

12个月的宝宝见到爸爸和妈妈时，能主动称呼"爸爸""妈妈"，出现有意义的语汇，还会说"奶奶""娃娃""狗狗"等。宝宝还会使用一些单音节动词，如"拿""给""掉""打""抱"等，用来表示自己的一个特定的动作或意思。宝宝会利用惊叹词，例如"oh-oh"等。宝宝能听懂大人的命令，听故事的时候还会有表情反应等。

日常生活中宝宝可以和爸爸妈妈进行简单的语言对话了，虽然可能发音还不太准确，而且常常会说一些让大人莫名其妙的言语。爸爸妈妈呼唤宝宝的时候，他能用声音回应，或用一些手势和姿态表示出来，宝宝已经知道挥手是"再见"，拱手是"谢谢"等。这个月的宝宝能根据他所听到的声音模仿简单的发声，能够指认出周围常见的物品并能用自己的语言表述出来。宝宝不管用什么样的语言方式表达出来，爸爸妈妈都不要抢先阻碍了他开口的机会（如在宝宝发出"拿"的声音前，就将他想要的东西给他，阻断了宝宝讲话的机会），这样就会造成语言发展滞后，宝宝说出来后要给予表扬，而且不要故意学宝宝错误的发音，否则错误的发音就固定下来，以后很难纠正。

认知

这个阶段的宝宝记忆力发展飞速，已经能够指认身体的4～5

个部位，还能认出几种简单的动物，能够分清物品的大小，对生活中的各种事物都充满了好奇。宝宝将逐渐知道所有的东西不仅有名字，而且也有不同的功用，他将这种新的认知行为与游戏融合，喜欢用新方法玩玩具，而不是单纯的敲敲打打。比如，宝宝拿起电话的时候，已经不会满足于用整个手掌抓或是在桌子上敲，而是会细心地观察上面的按键，会用一个手指去按，宝宝可能已经会反射性地意识到，当爸爸或妈妈不在家的时候，用它就能找到他们。

宝宝开始深入探究事物的奥秘，隐约知道物品的位置，当物体不在原来的位置时，他会到处寻找。宝宝此阶段最主要一个成就是获得客体永久性的概念，也就是知道一个物体或人在眼前消失并不表示永远消失，物体或人依然存在着。宝宝已经具备了看书的能力，他们可以认识图画、颜色，能听大人的指令指出图中所要找的动物、人物。当然，这需要妈妈的指导和协助。宝宝对上升与下降的概念也有了初步的了解。另一方面，宝宝的自我意识也不断增强，开始要自己吃饭，自己拿着杯子喝水等，不断地模仿着爸爸妈妈的一切。宝宝可以识别许多熟悉的人、地点和物体的名字，也开始懂得选择玩具，并希望经常和爸爸妈妈一起玩。

社会交往

这个月的宝宝比以前更喜欢情感交流活动，还懂得采取不同的方式，已初步建立起害怕、生气、喜爱、妒忌、焦急、同情等感情。宝宝对父母的情感依赖也更加强烈，对特定的人有强烈的正面或负面的情绪反应。宝宝独自玩简单的玩具让他觉得惊奇时，宝宝也会突然自己发笑。此时的宝宝开始倔强，还会当众炫耀自己，当宝宝做了某件事引起爸爸妈妈或客人的哈哈大笑或夸奖时，他会得意地一遍遍重复这个动作，逗别人高兴。宝宝已经能意识到什么是好，什么是坏，而且能够听从爸爸妈妈的劝阻，对大人们否定的语言、语气甚至眼神也能应答。比如听到妈妈喊"不要动、不要拿"的时候，宝宝会把正要拿起的物品放下，或者用手势表示自己简单的需要。

这个时候的宝宝还显示出更大的独立性，不喜欢被大人搀扶和抱着，喜欢自由自在的活动；但又喜欢和成年人交流，为了引起大人的注意，宝宝会主动讨好大人或者故意淘气；还特别喜欢模仿大人做一些家务事，希望尽可能多的得到大人的鼓励和肯定；宝宝还喜欢到户外去活动，观察外边的世界，对外面的小朋友表现出极大的兴趣，愿意与小朋友接近、游戏，即使只是看小伙伴玩耍，也会高兴得拍手。但是很多时候宝宝之间只是以物品为中心的简单交往，还不是真正意义上的交往。

智力开发

快满1岁的宝宝特别喜欢摆弄玩具及一切他感兴趣的东西，并且他对某种事物越感兴趣，观察和注意的能力也就越持久。如果此时爸爸妈妈能够借机引导宝宝多认识这种事物，或是借由这种事物让宝宝认识更多相关的事物，就能极大限度地提高宝宝的认知能力和对语言的理解能力。

此时的宝宝已经有了记忆力，他会记住一些熟悉的事情，当听到他听熟悉的儿歌时会显得非常兴奋地，并跟着儿歌的节奏发出"呼呼"的声音；当妈妈说到小狗的时候，宝宝不用看实物或图片就能明白妈妈指什么，并能有"汪汪"来表示。藏找东西是非常好的开发宝宝记忆力的游戏，而且大多数宝宝也会非常喜欢这个游戏，当然这需要爸爸妈妈和宝宝共同开心的玩耍，才会达到效果。

日常生活和实际活动是宝宝思维发展的源泉，而且完全可以借助宝宝的好奇心来发展。例如，在家里的时候可以在宝宝面前放一大盆水，然后让宝宝蹲着或坐着，看着爸爸妈妈将不同质地的东西，如塑料小鸭子、玻璃球、积木块等东西放进水里，让宝宝观察哪些东西会沉到水里，哪些东西会附在水面上，也可以让宝宝把不同的东西扔进水里观察不同的变化。长时间进行这种训练，就会让宝宝明白，重的东西会沉到水里，而轻的东西则能浮在水面。

家长要明白的是，知识不全靠机械的记忆，知识更多的是在实践中发现获得，宝宝掌握规律性的知识越多，就越能促进判断和推理思维的发展。因此，要尽量让宝宝在玩耍中探索和获得知识，而不是呆板的教学；要多鼓励宝宝主动探索周围世界的奥秘，满足宝宝寻找事物原因以及事物间本质联系的求知欲望，引导他去多多发现身旁的事物。

平衡能力

此时的宝宝走路总是摇摇晃晃地像个醉汉，除了因为骨骼较软之外，平衡能力较差也是其中的一个原因。因此，此时锻炼宝宝的平衡能力，就显得尤为重要。

平时在家的时候，可以让宝宝学着爸爸妈妈的样子踮起脚尖走路。由爸爸在宝宝前面踮着脚走，让宝宝跟着模仿，妈妈在后面保护，直到宝宝能走得很好了，才可以脱离保护让宝宝自己来走。

也可以事先准备一些卡片，然后用几根曲别针把卡片别在一根长线上，爸爸妈妈在两边拉住长线，高度以宝宝伸手、踮脚尖能够到并摘下为宜，然后鼓励宝宝自己动手去摘卡片。如果宝宝刚开始够不到，或根本不愿踮脚的话，可以先降低一点儿高度或用手往下压压卡片，让宝宝一下就能摘下，体会成功的乐趣，激发宝宝更大的动力。一旦宝宝有了兴趣，就可以慢慢提高高度，让他踮脚自己够。刚开始踮脚的时候，可以先稍稍扶他一下，让他有安全感。

训练宝宝的方式多种多样，但无论哪种方法，都要注意做好防护措施，避免宝宝以外受伤。此外，训练还要适度，不能让宝宝一次练得太久，玩得太疯。再有，所有的锻炼游戏，最好都是由爸爸妈妈和宝宝一起进行，这样既能提高宝宝游戏的积极性和乐趣，也能有效增进亲子间的交流，使宝宝和爸爸妈妈的感情更为深厚。训练的方式切忌过于超前，揠苗助长，这不但无利于宝宝的成长，反而很容易使宝宝由于达不到目标而产生挫败感，长期下去很容易造成胆小、不自信的个性，严重影响宝宝的心理发展。

排便训练

2周岁之前，很多家长都希望自己的宝宝能主动告诉大人要求排便，但一般情况下，到了1岁半的时候能懂得这些就已经很不错了，在刚满1岁的时候，还不要太指望宝宝有这个本领。

不冷不热的季节，给这么大的宝宝把尿便通常能够比较顺利，但如果是在天气较冷的冬天，宝宝就会因为怕冷而不愿意让大人解开尿布，因此就出现把尿便困难。这是可以理解的，要是宝宝不愿意让大人把，那么就还是应该顺其自然，遵从宝宝的个性，也不用担心宝宝因此患上尿布疹，这么大的宝宝，患尿布疹的可能性已经很小了。

炎热的夏季会使宝宝排尿的间隔延长，因此妈妈之前掌握的规律可能就不怎么奏效了。宝宝不想尿尿，妈妈到了那个时间还是硬把，这势必会引起宝宝的挣扎反抗，给他坐便盆他可能也不太愿意。这时大人不要心急，也不要认为宝宝是越大越"笨"了，要相信宝宝早晚有一天能够控制好自己的大小便。

这个月，宝宝夜里小便的情况也是各种各样，有的宝宝在临睡前把尿之后能安安静静的一觉睡到大天亮，也有的宝宝晚上还要尿1~2次。只要宝宝没因为憋尿或尿湿了惊醒的话，就没有必要刻意把宝宝吵醒了把尿，让他尿到尿布里，早上起来时再更换就可以了。如果宝宝感到不舒服的话，他会自己想方设法地把大人叫醒给自己换上干净的尿布，要是宝宝没有这个要求，那么家长就不用过多地去管他。

日常护理注意问题

恋物

有吸吮手指习惯的宝宝，到了这个月龄，可能不再吸吮手指，而开始寻找安抚物了。宝宝用的枕巾、小毛巾被、布娃娃、绒毛小狗，都可能成为宝宝的安抚物。宝宝开始把这些东西作为自己的安抚物，对这些东西产生某种依恋。家长可以尽量避免宝宝寻找安抚物。发现有这种倾向时，不能加以鼓励，如果宝宝很喜欢绒毛小狗，就要有意把小狗拿走，换上其他玩具。不断更换宝宝的用物，就可避免宝宝寻找到安抚物。

没出牙

快到1岁的宝宝还不出牙，家长也不必盲目给宝宝补钙或是带着宝宝到医院去拍片子检查。牙齿的萌出与遗传和营养有关，发育较慢的宝宝出牙时间就晚，如早产儿、先天性营养不良的宝宝和人工喂养的宝宝，就有可能在这个时候依然不出牙。

只要宝宝非常健康、运动功能良好，家长就不用太过担心，只要注意合理、及时地添加泥糊状食品，多晒太阳，就能保证今后牙齿依次长出来。

但是，如果宝宝到了1岁半的时候还不出牙，就要注意查找原因了。最常见的是佝偻病，这种病除了迟迟不出牙以外，还能看到明显的身体异常，如骨骼弯曲、头部形状异常等。除此之外，还有一种罕见的疾病——先天性无牙畸形，这种患儿不仅表现在缺牙或无牙，而且还有其他器官的发育异常，如毛发稀疏、皮肤干燥、无汗腺等。另外，口腔中的一些肿瘤也可能引起出牙不利。

如果此时宝宝还不出牙，建议爸爸妈妈可以综合考虑宝宝有无其他发育异常的状况，如果没有的话不妨再耐心等待几周。如果宝宝过了周岁生日之后，还迟迟不见出牙，也可以到医院就诊，这样不仅大人放心，对宝宝也比较好。

顽固湿疹

随着乳类食品摄入的减少、多种不同食物的增加，大多数宝宝在婴儿时期的湿疹到了快周岁的时候基本就都能痊愈了。也有些宝宝到这时候，湿疹仍然不好，并且从最初的面部转移到了耳后、手足、肢体关节屈侧及身体的其他部位，变成苔藓状湿疹。

这种顽固性湿疹不愈的宝宝，多数都是过敏体质，当吃了某些致使过敏的食品之后，湿疹会明显加重。多数含蛋白质的食物都可能会引起易过敏宝宝皮肤过敏而发生湿疹，如牛奶、鸡蛋、鱼、肉、虾米、螃蟹等。另外，灰尘、羽毛、蚕丝以及动物的皮屑、植物的花粉等，也能使某些易过敏的宝宝发生湿疹。

除了过敏体质以外，缺乏维生素也会造成湿疹不愈。此外，宝宝穿得太厚、吃得过饱、室内温度太高等也都可使顽固不愈的湿疹进一步加重。

关于湿疹的治疗，目前还没有一种药物可以根治，尤其是外用药，一般只能控制和缓解症状而已。如果宝宝此时湿疹仍然不愈，应首先到医院，请医生诊断出具体原因，然后视情况决定治疗的方式。

当宝宝得了湿疹后，除了用药物治疗、忌用毛织物和化纤织物之外，如果宝宝还吃母乳的话，妈妈要多注意自己的饮食。少喝牛奶、鲫鱼汤、鲜虾、螃蟹等诱发性食物，多吃豆制品，如豆浆等清热食物。不吃刺激性食物，如蒜、葱、辣椒等，以免刺激性物质进入乳汁，加剧宝宝的湿疹。此外，给宝宝的辅食要避免海鲜类，笋类，菌菇类，这些都容易导致过敏症状的产生，还要谨慎添加鸡蛋蛋白、大豆、花生等容易引发过敏的食物。

当湿疹发作严重时，可以适当用激素药膏缓解不适感，但不要长期使用，以免产生依赖性。平时不要用过热的水给宝宝洗手、洗脸或洗澡，尽量选择温和的皂液，不能使用碱性太强的皂液。还要勤给宝宝剪指甲、清洁双手，以免宝宝过分搔抓湿疹部位引起破皮、感染等。

宝宝喜欢踮脚尖走路怎么办

宝宝终于开始蹒跚着行走了。可是有些妈妈发现，宝宝经常用脚尖踮着走。有的宝宝妈妈说是用学步车的宝宝常会出现这种情况，慢慢可以纠正。

宝宝刚开始学会走路，姿势不正确很正常，不用担心。有的宝宝开始走路时，一条腿看上去成"罗圈腿"，另一条腿好像拖拉着，像个"小拐子"，这也是正常的。宝宝学习走路是有个过程的，等宝宝慢慢地会走了，走稳了，这些不良的姿态自然就会改过来了。

如果宝宝经常踮着脚尖走，没有其他方面的发育迟缓，可能是宝宝在闹着玩，挑战自己的平衡能力，过一阵就不再这样了。

腹泻

轮状病毒在干燥、寒冷季节容易爆发，每年10月到转年的2月，是轮状病毒腹泻发病高峰。由于6个月到2岁的婴幼儿局部免疫力和肠道消化系统发育未完全成熟，很容易感染轮状病毒而引起腹泻。轮状病毒腹泻是自限性的，病程一般5~10天，多数患儿如果护理得当，愈后不会有问题。

除了轮状病毒腹泻外，引起婴儿腹泻的原因还有饮食因素（如喂养方法不当、食物不适宜或突然改变、食物量过多或过少）、肠道内感染、环境因素、体质因素（如营养不良、维生素缺乏症），都有腹泻症状。婴儿腹泻一年四季都可能发生，快满周岁的宝宝患上腹泻，由于所处的季节不同，治法也不尽相同。

如果是在6~9月份出现腹泻，就要想到是不是吃了什么不干净的东西。如果宝宝在腹泻出现较急，并同时伴有发热、烦躁不安、情绪欠佳，以及大便中带有黏液、脓状物和血液的话，基本就能肯定是这种情况，应及时到医院请医生诊断治疗，最好是能把腹泻便带到医院，方便医生尽快诊断。这种细菌性的腹泻只要及早使用抗生素治疗，多半都不会留下什么后患。

夏季腹泻除了细菌性腹泻外，还有痢疾及其他可能，不过腹泻时宝宝的状态如何，最好是都带到医院做个详细诊断。

冬季腹泻多半是由于吃得太多或是吃了不好消化的食物，有时还会伴有合并呕吐、发热、精神不佳、食欲不振、大便混有血和脓等症状，当出现这些情况的时候，最好是请医生看看。

也有些宝宝是因为肚子着凉或是受了风之后腹泻，所以当冬天宝宝出现腹泻时，如果最近几天进食量都正常，并且没有给宝宝新添任何辅食，就应想到这种情况。

也有的宝宝，体重比同月龄大多数宝宝的体重要轻，大便总是很软、黏黏呼呼的，这也会让爸爸妈妈以为是腹泻。但实际上，这种软便是不成形的粪便，原因是宝宝吃得太少，只要给宝宝加大辅食的量，或是给些硬点儿的辅食来刺激肠胃，多吃些米饭、稠粥、蛋、肉泥、鱼类等，并每天监测体重的变化。如果发现体重开始有显著的上升，那么过不了多久这种"腹泻"就会自愈。

呕吐

呕吐是由于各种原因引起的食管、胃和肠管的逆蠕动，同时伴腹肌和膈肌的强烈痉挛收缩，迫使食管和胃肠道内容物从口中涌出的一种症状。由于宝宝脾胃不足，脏腑薄弱，外感风寒、伤食、代谢紊乱、消化道畸形、中枢神经感染、脑损伤等，都可能引起脾胃功能失调而发生呕吐。

一般的呕吐在吐前常有恶心，然后吐出一口或连吐几口，多见于胃肠道感染、过于饱食和再发性呕吐。急性胃或者肠炎引起的呕吐，多伴有腹泻和腹痛。平时积痰多，胸中呼噜呼噜发响的宝宝，在晚饭后刚要睡下时，也可能由于发作一阵咳嗽并呕吐起来；吃了某些药物后，胃肠道不适也可能引起呕吐。这些呕吐的问题都不大，只要纠正原发问题，呕吐就不会再发生。对于呕吐的宝宝，要注意饮食上的调理，给以清淡、少油、少渣、稀软、易消化食物，如米汤、稀粥等，并注意少量多餐，补充些淡盐水。呕吐时要让宝宝取侧卧位，或者头低下，以防止呕吐物吸入气管。

如果宝宝的呕吐是经常性发作，首先就要排除器质病变和消化道炎症。如果确定宝宝并没有器质病变，也没有消化道炎症的话，那么大多数就是胃食管反流。对于胃食管反流引起的呕吐，可以让宝宝的头呈侧俯卧位，每次20分钟，每日2～4次，以降低反流频率，减少呕吐次数，防止呕吐物误吸，避免吸入性肺炎及窒息的发生。但是俯卧期间一定有专人护理，防止呼吸暂停。

如果宝宝出现喷射状呕吐，即吐前无恶心，大量胃内容物突然经口腔或鼻腔喷出，则多为幽门梗阻、胃扭转及颅内压增高问题，需要立即就医。此外，这种喷射状呕吐也多出现在脑部撞伤、摔伤或有外伤的情况下。

如果呕吐的同时，宝宝不发热，但有严重的腹痛，并突然大声啼哭，表情非常痛苦，持续几分钟便停止，隔几分钟后又像之前一样哭闹，重复多次，就要想到肠套叠。肠套叠是婴儿一种较为严重的急病，需要立即就医治疗。

这么大的宝宝有时在进食的时候，会出现吐饭的情况，这与呕吐有着明显的区别。吐饭可能是宝宝吃饱了、不想吃、不爱吃，喂饭的时候刚把饭喂到宝宝嘴里，他就用舌头尖把饭抵出来。这时只要家长不再继续喂就可以了。

对于宝宝的呕吐，家长要注意呕吐的方式、次数，呕吐物的形状、气味与进食的关系、精神状态、食欲、大小便情况及呕吐时的伴随症状，在就医时及时向医生讲明，有助于医生的诊断和治疗。

贫血

宝宝的贫血多数是缺铁性贫血，是由于营养不平衡、胃肠功能障碍或造血物质相对缺乏造成的。健康足月的新生儿在出生时体内已经储存了足够支持3～4个月生长发育所需的铁，这些铁在宝宝半岁左右将全部消耗。从半岁到周岁的这半年里，宝宝的生长发育非常迅速，周岁时体内，血量较出生时能增加2倍，血红蛋白的总量翻一番。因此，此时的宝宝尤其需要铁质，如果没能及时为宝宝添加含铁的辅食，或添加的量太少的话，都会使宝宝为缺铁而患上缺铁性贫血。

患上缺铁性贫血的宝宝脸色蜡黄或显得苍白，头发又细又稀，容易烦躁，怕冷，身体抵抗力较差，很容易患感冒、消化不良、腹泻甚至肺炎，经检查可发现血红蛋白每 100 毫升少于 11 克。

要预防宝宝缺铁性贫血，就要在辅食中添加含铁丰富的食物。由于蛋黄中的铁易于被吸收利用，所以蛋黄必不可少。此外，还可以给宝宝吃些绿色蔬菜泥、碎肉、肉松、动物血、肝泥等以及富含维生素 C 的水果。

众所周知，菠菜中的含铁量比较高，但用菠菜给宝宝补铁，很可能会越补越缺。这是因为，虽然菠菜中含铁量很高，但其所含的铁却很难被小肠吸收；而且菠菜中还含有一种叫草酸的物质，很容易与铁作用形成沉淀，使铁不能被人体所利用，从而失去治疗贫血的作用。同时，菠菜中的草酸还易与钙结合成不易溶解的草酸钙，影响宝宝对钙质的吸收。可见，婴儿期的宝宝常吃菠菜，不但达不到补血的目的，还会影响宝宝的生长发育。

除了由于饮食中缺乏铁能引起缺铁性贫血外，失血、感染、胃肠紊乱也是缺铁性贫血的原因。如果长期给宝宝喝未经煮沸的牛奶的话，也可能导致宝宝肠道少量出血，诱发缺铁性贫血。因此，给宝宝喝的牛奶一定要煮沸后再食用。

需要小心的是，不能盲目用铁剂给宝宝补铁，因为铁剂过多会以引起宝宝中毒。一旦发生铁剂中毒，宝宝就会表现出恶心呕吐、烦躁不安、昏睡、昏迷甚至死亡。所以，铁剂并不是越多越好，没有贫血的话就不应给宝宝服用铁剂或含铁量很高的婴儿食品，即使患上缺铁性贫血，也应在医生指导下服用铁剂。

避免不良习惯养成

揉眼

有的宝宝总是用手揉自己的眼睛，这就会使手上的细菌进入眼里，造成沙眼、倒睫或抓破眼角而引起红肿、感染等。纠正宝宝揉眼的办法是，转移宝宝的注意力，当宝宝揉眼的时候，轻轻把他的手从眼睛处拿开，并给他的手里及时递上一件玩具或者一小块零食，让他忘了慢慢忘记不自觉地揉眼动作。

伸舌头

婴幼儿时期伸舌头是一种不自觉的活动现象，但久而久之就会形成难以克服的坏习惯。经常伸舌会使门牙受到挤压，进而出现排列不齐或向前突出的现象，影响牙齿的健康和美观。防治的办法是，经常逗宝宝玩玩和笑笑，使其转移注意力。

吮手指

有的宝宝在这个时候还有吸吮手指的毛病，尤其是睡觉的时候，非得啃着自己的手指头才能睡着。这时就要加以纠正了，否则会致使宝宝形成吮指癖，不但容易把细菌带入消化道，刚萌出的牙齿还可能会把手指咬破，造成出血、感染等。要改掉宝宝吮手指的毛病，可以在宝宝的手指上涂一些"有异味的东西"，如黄连、一点点咸味、一点点辣味，这对刚刚形成吮指习惯的宝宝很有用。如果宝宝吮吸手指频繁的话，只要他白天醒着，就不让他的手闲下来，在他刚要把手伸到嘴里时，把他的手指拿出来，逗引他看垂挂的玩具、听你唱唱歌，转移他的注意力。

物品依赖

有吮指习惯的宝宝多数也有对某种特定物品的依赖，如特别依恋自己的小毛巾、小被子，或是某个娃娃等，无论吃饭、玩耍还是睡觉，都要把这种东西带在身边，否则就心神不宁烦躁不安。这种依赖的坏习惯必须尽早改掉，解决的办法是，常常更换宝宝身边的常用物品，永远让他处于一种"非熟悉"的状态，这样他就找不到可以依赖的东西了。

咬嘴唇

咬嘴唇时间长了，就造成上门牙前突，开唇露齿，翘嘴唇等畸形。防止宝宝咬唇的办法是，不要总是呵斥宝宝或对着宝宝摆出严厉的表情，如果发现宝宝见到生人怕羞而咬唇时，应设法阻止，不使其养成习惯。

舔牙

当宝宝在萌牙时，常因牙龈发痒而用舌舔，这会影响牙齿的正常发育，还会刺激唾液腺的分泌，引起流涎。可以经常逗宝宝笑笑，分散他的注意力，或是给他一些能够锻炼咀嚼的食物，让他忘记舔牙。

任性娇弱

这完全是大人"宠"出来的坏习惯。宝宝比较弱小，大人保护他是应该的，但过分的保护就会致使宝宝容易哭闹、任性撒娇、情绪多变等，同时还会使宝宝的能力发展缓慢。对于这么大的宝宝，大人应当在适当时候理智地学会对他说"不"，不要让他觉得他想要什么大人都会满足他。另外，宝宝在学走路的时候，少不了磕磕碰碰，出现一点儿小伤也是常有的事，这些事情发生之后，大人要鼓励宝宝坚强独立的面对，而不是显得比宝宝还紧张、痛苦，否则必然会使宝宝变得脆弱不堪。

家庭环境的支持

室外活动

这个时候的室外活动，除了让宝宝沐浴阳光、接受新鲜空气以及开拓宝宝的认知世界之外，还要趁势发展宝宝的交往能力。可以让宝宝和邻居家同样大小的宝宝一起玩玩，引导宝宝把自己的玩具、小零食送给别的小朋友，让宝宝学会分享。还要教会宝宝一些社交礼仪，例如看到熟人的时候，先举着宝宝的手冲对方摆一摆，告诉宝宝笑一笑，这样时间一长，宝宝就学会了见到人要主动打招呼。此外，还可以教给宝宝一些简单的动作，例如举起食指，告诉叔叔阿姨"我1岁了"、准备回家的时候，冲着邻居家的阿姨和小朋友摆摆手，告诉对方"再见"等。

从宝宝开始懂得主动要求出去玩以后，就有"玩儿疯"的可能，他可能无时无刻地想要出去，比如喂饭的时候、洗澡的时候等，建议家长此时最好能固定宝宝每天外出活动的时间，让宝宝知道，到了那个时间才能出去，其他的时间都不出去。但是不要和宝宝讲条件，例如"吃完水果就带你出去"等，这会埋下宝宝今后爱和大人讲条件的隐患，必须注意防范。

玩具

快满周岁的宝宝能玩的东西也越来越多，比如能帮助他们锻炼行走技能的牵拉玩具，能帮他们发展动作技能的球类玩具，能训练手的精细动作的玩具如套环、套筒，能促进语言和认知能力的玩具如小动物、交通工具、图画书，能训练思维和动手能力的玩具如积木类拼搭的玩具等。再有，像沙子、水等，也是这个时期的宝宝特别喜欢玩的东西。

不管给宝宝什么样的玩具，家长都要知道，玩具并非越贵越好，更并非多多益善。例如，花几十块甚至上百块给满岁的宝宝买辆玩具小汽车，结果没过两分钟车玩坏了，宝宝不感兴趣了，反而对包小汽车的盒子很感兴趣，玩了很多天。这就说明，玩具应适合儿童心理发展的需要，特别要根据宝宝年龄特点来选择玩具，盲目地给宝宝买一大堆玩具，是完全没有必要的。

学脱鞋袜

这个月可以让宝宝自己用手脱去鞋袜，而不是用脚去将鞋袜踢掉。脱下以后，要将鞋袜放好，宝宝能够坐在小椅子上先将鞋脱去，然后把袜子脱去，把袜子塞进鞋里，把鞋放在平时放鞋的地方，然后再坐下来玩。如果宝宝全部完成，妈妈要及时表扬。这个可以让宝宝锻炼自理能力，养成把东西放在固定地方的习惯。

上台阶

这各阶段，家长带宝宝从外面回家时，牵着宝宝上台阶。初学时，宝宝会先迈上一级，双脚站稳后再迈第二级，爸爸或妈妈可以在宝宝上台阶的时候替宝宝数数，一级、二级、三级地一直数上去，宝宝一面学上台阶时一面学数数。让宝宝练习高空平衡。每上一级台阶身体要适应一种新的高度，在上台阶时身体的重心先落在下面的单足上，然后重心移动上了高台阶的单足，重心不断转移而使身体不断适应并保持新的平衡。

潜能开发游戏

管子游戏

【目的】让球从管子里落下然后去抓球，可以锻炼宝宝的动作技能以及手眼协调能力，也能促进宝宝的参与意识；通过不同大小的球，还能帮宝宝区分大小。

【玩法】用大的塑料管或硬纸管把网球或其他软球（直径至少4.5厘米，以防宝宝把球放进嘴里）放入管子一端，将管子倾斜，这样球在里面滚下去，让宝宝从另一端把球取出来，重复几遍。换不同大小的球，让宝宝看哪些球能放进去，哪些放不进去。

宝宝投篮

【目的】宝宝练习瞄准，有利于提高手眼协调能力和大动作技能；如果家长在宝宝扔进球后大声数数，就会为宝宝理解数字打下基础。

【玩法】收集几个中等的球，然后把它们放入一个大一些的容器内，如洗衣篮、硬纸盒或塑料盆。给宝宝示范怎样把球倒在地板上，然后再把球一个个放入篮中。等他熟练后，让他往后站，试着把球扔到篮子里。在房间四周摆上几个容器，以增加难度，鼓励小运动员尝试不同的目标。

小猫吃鱼

【目的】训练宝宝的活动能力和抓取能力。

【玩法】画好几条鱼，涂色剪下，分列摆在2层以上的台阶上，让宝宝扮作小猫，家长一边说儿歌："小花猫，上高台，吃完鱼，走下来。"一边教宝宝自己走上台阶去拿小鱼（可蹲下，也可站在低层弯腰取高层的小鱼），再从台阶上自己走下来。

第四章

1~3 岁幼儿

虽然1~3岁的宝宝成长速度不像新生儿时期那样快，但是成长中的问题却越来越多了，尤其是宝宝的运动和思维能力的发育，让很多爸爸妈妈都感到头疼。本章我们会通过详细讲解，帮助爸爸妈妈一起解决宝宝这个阶段遇到的问题，同时加入游戏和训练等早教的内容，关注宝宝健康聪明的成长。

1 岁到 1 岁半

这个年龄的幼儿

体重

男宝宝体重的正常范围为 9.1 ~ 13.9 千克，平均为 11.5 千克；女宝宝体重的正常范围为 8.5 ~ 13.1 千克，平均为 10.8 千克。

身高

男宝宝身高的正常范围为 76.3 ~ 88.5 厘米，平均为 82.4 厘米；女宝宝身高的正常范围为 74.8 ~ 87.2 厘米，平均为 81.0 厘米。

出牙

宝宝已经长好了 12 ~ 14 颗乳牙。

前囟

这个阶段，宝宝的前囟已经闭合。

营养需求与喂养

营养需求

宝宝过了周岁，与大人一起正常吃每日三餐的机会就逐渐增多了。但此阶段的宝宝，乳牙还没有长齐，所以咀嚼的能力还是比较差的，并且消化吸收的功能也没发育完全，虽然可以咀嚼一些成形的固体食物，但依旧还要吃些细、软、烂的食物。根据每个宝宝的实际情况，为宝宝安排每日的饮食，让宝宝从规律的一日三餐中获取均衡的营养。要根据宝宝的活动规律合理搭配，兼顾蛋白质、脂肪、热量、微量元素等的均衡摄取，使食物多样化，从而促进宝宝的进食兴趣和全面的营养摄取。

断奶后的营养补充

宝宝断奶后，应该用代乳品及其他食品来取代母乳。这是一个循序渐进的过程，从流质到糊状，再到软一点儿的固体食物，最后到米饭，每一个时期都要先熟悉之后再慢慢过渡。断奶后，宝宝每天需要的热能是 1100 ~ 1200 千卡（成年人一天需要的热能是 2000 千卡），妈妈可以根据食物的热量信息来调配宝宝的饮食。

断奶后宝宝每日进食 4 ~ 5 次，早餐可供应奶粉或豆浆、鸡蛋等；中午可为吃软一些的饭、鱼肉、青菜，再加鸡蛋虾皮汤；午前可给些水果，如香蕉、苹果片、鸭梨片等；午后为饼干及糖水等；晚餐可进食瘦肉、碎菜面等；每日菜谱尽量做到轮换翻新、荤素搭配。

宝宝断奶后不能全部食用谷类食品，主食是粥、软一些的米饭、面条、馄饨、包子等，副食可包括鱼、瘦肉、肝类、蛋类、虾皮、豆制品及各种蔬菜等。主粮为大米、面粉，每日约需 100 克，豆制品每日 25 克左右，鸡蛋每日 1 个，蒸、炖、煮、炒都可以；肉、鱼每日 50 ~ 75 克，逐渐增加到 100 克；豆浆或牛乳，从 500 毫升逐渐减少到 250 毫升；水果可根据宝宝的口味来，不要强制他吃水果。

添加固体食物

在这个阶段，如果妈妈还不敢给宝宝吃固体食物，不但会使宝宝乳牙萌出时间推迟，还会影响宝宝咀嚼和吞咽能力的发展，尤其是吞咽和咀嚼协调能力的发展，导致日后吃饭困难。如果宝宝出生后一直不让其吸吮，宝宝一直都不会吸吮，这就是"关键期"的意义。宝宝在整个发育过程中，有几个关键期，错过了发育关键期，宝宝的发育就会落后，甚至停滞。以后即使付出百倍的努力，都难以达到应有的发育水平。

饮食习惯培养

宝宝断奶后，除了营养问题，就是饮食习惯问题最令爸爸妈妈头痛。既要让宝宝吃下去各种各样的食物，又要让宝宝不因为吃饭而养成拖拉、要脾气的坏习惯，这需要爸爸妈妈在宝宝吃饭的过程中多加注意。

首先，宝宝的饭量并不是根据吃米饭的量来衡量的。实际上这个时期的宝宝并不那么喜欢吃米饭，为了让宝宝多吃米饭，妈妈会严格要求，这样一来，宝宝有限的饭量就全部用来吃米，而其他营养食物的摄入量就会降低，另外也会引起宝宝讨厌吃饭的情绪。如果宝宝不爱吃米饭，那么让他吃点儿土豆泥、面条一类的主食也是可以的。

其次，当宝宝刚开始吃饭的时候，不要要求他一定要用筷子。大部分宝宝要到两3岁才会使用筷子，只要宝宝有食欲，让他用勺子自己吃，哪怕会撒到桌子上，家长也不要太在意了，因为弄撒了饭粒而挨骂，也会降低宝宝的食欲。

在吃饭之前，妈妈爸爸要带着宝宝去洗手，养成吃东西前先洗手的习惯；吃饭的时候，关掉电视机，大家坐在一起和和气气地吃饭，宝宝也可以和爸爸妈妈一起上桌，但另外给他准备餐具，按时吃饭，这些都是养成饮食好习惯的细节。

饮食搭配

开始吃饭的宝宝的饮食主要由主食、副食和牛奶、鸡蛋、稀果汁组成。主食可吃软米饭、烂面条、粥、煮烂的馄饨等；副食可吃肉末、碎菜及鸡蛋羹等；奶粉不仅易消化，而且有着极为丰富的营养，能提供给宝宝身体发育所需要的各种营养素，是宝宝断奶后每天的必需食物；自己榨的新鲜果汁，可以用温水兑稀一点儿给宝宝喝。

食谱推荐

	原料	做法
牛奶蛋	鸡蛋1个，牛奶1杯	1. 将鸡蛋的蛋黄、蛋白分开，把蛋白搅打起泡，待用 2. 在锅内加入牛奶、蛋黄和白糖，混合均匀，用微火煮一会儿，再用勺子一勺一勺地把调好的蛋白放入锅内稍煮即成 3. 注意制作中一定要把蛋黄、蛋白分开
鱼蛋饼	鸡蛋半个，净鱼肉20克，番茄沙司净葱头 各10克，黄油6克	1. 葱头切碎末；鱼肉煮熟，放入碗内研碎 2. 将鸡蛋磕入碗内，加入鱼泥、葱头末调拌均匀成馅 3. 把黄油放入平底锅内熔化，将馅团成小圆饼，放入油锅内煎炸，煎好后把番茄沙司浇在上面即成 4. 煎饼时不要煎老，以免影响婴儿食用
黄鱼小馅饼	净黄鱼肉、牛奶各50克，鸡蛋1个，葱头25克，植物油、淀粉、精盐各适量	1. 黄鱼肉洗净，剁成泥；葱头去皮，洗净切末 2. 鱼泥放入碗内，加入葱头末、牛奶、精盐、淀粉，搅成稠糊状有黏性的鱼肉馅，待用 3. 平锅入油，把鱼肉馅制成8个小圆饼入锅内，煎至两面呈金黄色，即可食用 4. 注意鱼饼中要加些谷物（小米面、玉米面），否则煎时易碎
鱼肉水饺	鲜净鱼肉、面粉各50克，鸡汤25克，肥猪肉7克，韭菜15克，香油、酱油、精盐、味精、料酒各少许	1. 鱼肉、肥肉洗净，一同切碎，剁成末，加鸡汤搅成糊状，再加入精盐、酱油、味精，继续搅拌成糊状时，加入韭菜（洗净切碎）、香油、料酒，拌匀成馅 2. 将面粉用温水和匀，揉成面团，揪成10个小面剂，擀成圆皮，加入馅包成小饺子 3. 锅中倒入清水煮沸，下入饺子，边下边用勺在锅内慢慢推转，待水饺浮起后，见皮鼓起，捞出即成。 4. 鱼肉一定要剔净鱼刺，面皮要薄，馅要剁烂，水饺多煮一会儿，以利消化
红豆泥	红豆50克，红糖、植物油各少许	1. 红豆拣去杂质洗净，放入锅内，加入凉水用旺火烧开，加盖改小火焖煮至烂成豆沙 2. 锅中倒入少许油，下红糖炒至溶化，倒入豆沙，改用中小火炒好即成 3. 注意煮豆越烂越好，炒豆沙时要不停地擦着锅底搅炒，小火以免炒焦而生苦味

能力发展与训练

言语

1岁到1岁半是"被动的"言语活动期，其特点是听得多，说得少，理解多，表达少。这时期宝宝的语言特点是：以词代句，一词多义，重叠发音，以音代词，并伴有动作和表情。如说"妈妈"这个词，是代表一句话，可能是"要妈妈抱"，也可能是"妈妈不要走"，或是"妈妈给我玩具"，可能有多种不同的意义。有些词发音太难，宝宝常常以音代词，重叠发音。如以"喵喵"代表猫，"汪汪"代表狗。由于宝宝掌握的词少，常以动作来补充语言的不足。如要戴帽子出去玩，就会说"帽帽"并拍拍头，指指大门。这时期宝宝的语言发展一般能掌握100个词左右，但彼此之间差距很大，多者可达200个词左右，少者只能说几个词。宝宝说话少，并不都是语言发展落后，而往往是这些宝宝开口晚，但他能将听到的话都储存在大脑里，以后会突然开口，非常爱说话，词汇增加很快，甚至在短时期超过一些讲话早，说话多的宝宝。

爸爸妈妈在宝宝开口学单词并积极理解语言的时期，应利用各种机会与宝宝交谈，让他多听、多看、多理解日常生活中所接触的事物的名称，如衣、裤、菜、饭、花等。理解各种动作，如坐、走、抱、拿、吃等。理解爸爸妈妈对他的要求，如张嘴吃饭，摔跤爬起等。并能在理解的基础上模仿成人发音、运用单词来表达自己的愿望和要求。这时应该用实物、玩具、图片来启发宝宝学习。

认知

刚过周岁的宝宝对理性教育缺乏兴趣，对记忆性、理解性的东西很快就会忘记，集中注意力的时间也比较短。但宝宝越小，对感兴趣的事物和现象越容易着迷，喜欢长时间重复它。

到了1岁2个月左右，宝宝大约能够认出10种以上的常见物品，且对客观事物也有了从表象到抽象的认知能力。当宝宝看不到这些物品时，也能想象出这些物品的样子。宝宝已经能分清物体的形状，最先会认圆形，但很快就能确认方形和三角形，而且能指认出哪些生活用品是自己的。到了1岁半时，爸爸妈妈如果同宝宝一起看书时，会发现宝宝已经具备了心领神会的能力，并且能用声音和表情回答。

心理

宝宝已经能准确地表示愤怒、害怕、嫉妒、焦急、同情等情感；喜欢模仿大人的动作；能听指令帮忙拿东西；会表示自己的情绪，有时好发脾气、扔东西；对陌生人表示新奇。宝宝能认出家中其他的人，会拿凳子让大人坐下，会告诉大人要大小便。对一些图片中的画面有记忆；能玩简单的想象游戏，如轻拍或摇动玩具娃娃；能在柜子里或橱里找东西；用手指或东西戳洞。

社交能力

不到1岁的宝宝很少会去挑战爸爸妈妈的权威，然而到了1岁以后，就会有所变化了，他不想吃的东西，爸爸妈妈很难再按照自己的想法喂给宝宝。不喜欢的东西宝宝会毫不犹豫地扔到地上。如果爸爸妈妈强烈干预，就会招致宝宝大声哭闹或大呼小叫。

到了1岁半的时候，宝宝开始对小朋友有亲近感，但不会主动与小朋友在一起玩。这个年纪不要奢望宝宝会与别的小朋友分享，对他来说，自己的就是自己的，把别人的东西据为己有和独占自己的东西，也是宝宝有独立意识、保护自己权利的一种表现。

随着月龄的增加，宝宝开始逐渐喜欢和小朋友在一起玩，并慢慢地学会分享，这对宝宝的心理发育是很重要的，学会与人分享，是良好人际关系的开端。

自我意识

1岁宝宝的自我意识，表现为知道自己的名字，对周围充满好奇，会根据别人的反应来调节自己的行为。同时，凡事都要自己去做，并能较好地独立完成一些基本的事情，如自己吃饭、穿衣、收拾玩具等。

宝宝的自我意识，随着自己力所能及的事情增加而增加的。因此，要尽量让宝宝在感兴趣的事情上自己动手，或者用"你可以自己来试一试"这种方式来诱惑宝宝去动手，例如让他们自己用手抓饭吃，自己穿鞋，自己拿出玩具、收拾玩具等。

平衡能力

一个人长大之后的平衡感和小时候的训练是分不开的，而小时候的平衡感训练是从"头"开始的。可以说，抬头是我们一生当中进行的第一个具有革命意义的动作，那意味着我们已经开始感受到平衡了，没有平衡，人类至今都无法行走。

人的平衡感是否有天生的强弱呢？事实上未出生的宝宝在孕期的第 5 个月时，耳朵里面精密的平衡系统就已经发育成熟，一出生就能正常工作了。只是出生后宝宝的脖子还没有力气，不能完成各种动作，但宝宝的平衡感是有的。

帮助宝宝锻炼平衡能力，可以从日常生活中去寻找一些机会。例如，端塑料水杯（水杯里可以适当放一点儿温水）的时候，走路的时候，还有玩耍的时候，都可以有意识地训练宝宝。

常见的方法有：爸爸跷起二郎腿，让宝宝坐在翘起的那只腿上面，然后扶着宝宝的双手，开始晃动腿，让宝宝用双手来控制平衡，当然爸爸的双手是不能离开的。或者让宝宝端着一个水盆走路，盆中放少量温水，走路时让宝宝尽量不要弄洒盆中的水；或者是让宝宝用头顶住布娃娃等轻一点儿的东西，看看能走几步。和宝宝玩投球的游戏，选择一些轻柔的皮球，投给宝宝让他接住，在接球的动作中，宝宝也会自动地谐调身体各部位的平衡。

好奇心

一个身体健康的 1 岁多宝宝，好奇心是非常强烈的，他们从什么都要往嘴里送的阶段走向了用手去感知的阶段，生活中他们会用手摸任何摸得着的东西，把手指伸进小孔中，想要看看玩具里面有些什么东西，等等。

宝宝这一阶段的好奇心是不用刻意去培养的，如果一个宝宝对什么都没有兴趣，精神状态不佳，那么爸爸妈妈要带着宝宝去医院看看是不是身体不舒服，或者心理上有压力。

有的宝宝虽然好奇心很强烈，但是也十分胆小。遇到新事物的时候会害怕，不敢去碰一下。这时候需要爸爸妈妈去鼓励他，并给他示范。例如，摸摸动物，和新朋友握握手等，宝宝会在多次演习之后自己学会。

爸爸妈妈可以和宝宝玩猜猜有什么的游戏，用一个塑料的不透明的盆罩住宝宝平时爱玩的玩具，然后问问"里面会有什么呢？"然后打开一看，原来是布娃娃，这样的游戏会引起宝宝的兴趣参与游戏。或者用多个小盆，猜猜糖果在哪个盆下面。但是在玩这样的游戏的时候，要注意安全，不要用瓷器，怕摔坏后伤害到宝宝。

模仿力训练

宝宝很多能力都是通过模仿而获得的，可以说爸爸妈妈要做的不是培养宝宝模仿能力，而是激活宝宝模仿的兴趣来。

这里又要提到故事书的作用。一般有插图的故事书都会画上各种动物、小朋友等，这时候爸爸妈妈可以在讲故事时加入一些动作，例如大象、鸭子、飞机等，这也需要家长发挥想象力，在家长的感染下，宝宝也会跟着模仿起来的。

在扮演图书中的故事的时候，爸爸妈妈和宝宝可以轮流来扮演不同的角色，比如说动物大会相关的故事，可以今天宝宝扮演大象，明天宝宝扮演鸭子，这样就能增加他模仿的机会。有时候爸爸还可以模仿动物的叫声，让宝宝猜猜是什么样的动物。不过这种模仿能力是基于宝宝对被模仿者本身有一定的了解基础之上的。

走路训练

1岁多的宝宝有很强的走路的欲望，这也许是由于人类的天性中有一种追求自由的本能。当他们可以站立的时候，就希望能很快跑起来。可以说学走路的心情，宝宝比任何人都心切。

宝宝开始学走路的时候，很多人学步车来教宝宝走路，但是也有人反对用学步机。总结起来，主要是这样一些方面：

好的方面

1. 降低了宝宝学走路的难度，使宝宝能轻易成功地独立行走。

2. 比扶桌腿或其他物品学走更稳当。

3. 解放了家长，不必夹着、扶着、拉着宝宝学走路等。

不好的方面

1. 限制了宝宝自由活动的空间。

2. 减少了宝宝锻炼的机会。正常的学步过程需要宝宝运用身上的各种肌肉，达到身体的平衡，哪怕是摔倒，也对他的成长有好处，摔倒之后站起来更有自豪感，对增强其自信心很有好处。

3. 容易发生意外。有的妈妈认为宝宝有了学步机，可以自己玩一会儿，自己就去忙别的。如果这时候正在煮东西，是非常危险的。宝宝可以靠近煮着的东西，如果伸手勾把手，后果不堪设想。

4. 宝宝容易罗圈腿。由于宝宝在使用学步机的时候没有很好地运用肌肉，腿容易变形。

总体说来，使用学步机的弊大于利，所以，妈妈们还是不辞劳苦地帮助宝宝学会自己走路吧，这个过程一般一个月，在学习走路的过程中，也增加了亲子之间的互动和情感交流，一举多得。

排便训练

宝宝开始吃米饭和面条了，自然他们的排便也就更有规律了，这时候训练宝宝上厕所是最好的。但是，上厕所也是因人而异的，有的人很早就能自控，而有的人需要很长的时间来学会自己上厕所。排便训练在温暖季节比较容易进行，宝宝需要大小便时能告诉妈妈，脱裤子也很方便。太冷的时候，宝宝的尿会增多，可能会尿裤子。

训练宝宝上厕所，可以从便盆开始。现在有专门为宝宝设计的便盆，妈妈可以让宝宝自己选一个便盆，在没有便意的时候坐在上面熟悉一下，不要害怕。等到要便便的时候，妈妈带着宝宝去便盆那里，帮助他坐下来。

如果宝宝不小心尿床了，或者把便便弄到裤子上了，妈妈们不要烦躁地批评宝宝，本来他们自己也会有一种失败感，妈妈要安慰宝宝，告诉他以后要提早一点儿和妈妈说，或者"嘘"一下表示要便便。

宝宝上厕所、刷牙、洗澡等，都是慢慢训练过来。爸爸妈妈一定要有耐心，相信宝宝很快就能自控，自信的宝宝能更早学会自控排便，而自卑、胆小的宝宝的控制能力会差一些。

日常护理注意问题

边看电视边吃饭

满1岁后，宝宝已经能够自己拿勺吃饭了，坐在儿童专用餐椅里，和爸爸妈妈一同进餐，其乐融融。很多家庭喜欢边看电视边吃饭，这样的进餐方式不利于营造一个整体的进餐气氛；分散宝宝吃饭的注意力，影响食欲，还影响消化功能。进餐时胃肠道需要增加血液供应，但宝宝看电视，把注意力集中在电视上，大脑也需要增加血流量。血液供应首先是保证大脑，然后才是胃肠道，在缺乏血液供应的情况下，胃功能就会受到伤害。

人多时幼儿耍闹

带着宝宝逛街，如果宝宝突然哭闹起来，引起了路人的围观或抱怨，是一件很令家长尴尬的事情。有的人为了不"丢人现眼"，会马上满足宝宝的要求；有的人看到宝宝"丢脸"了，更加生气地呵斥宝宝。前一种办法会让宝宝学会在大庭广众之下"要挟"爸爸妈妈，后一种不利于宝宝自尊心的培养。

当宝宝在大庭广众之下哭闹的时候，如果可以就把宝宝带到人少的地方去教育；如果他坐在地上哭闹，要求不合理，爸爸妈妈还是不能让步。宁可让宝宝感受一下别人目光的滋味，也不要放弃做父母的原则，不能买的东西坚决不能买。

不会说话

通常1岁多以后宝宝就能说一些简单的日常用语了，但也有例外。很多心急的爸爸妈妈看到和自己宝宝同岁的小孩已经可以叫人了，但是自己的宝宝还是"嗯嗯啊啊"地不能说话，就会很着急，有的甚至去咨询儿科医生。要知道，说话的早晚和智力并没有太大的关系，说话晚的宝宝也一样很聪明。

说话的早晚和宝宝所处的环境关系密切。如果爸爸妈妈经常能和宝宝对话，会征求宝宝的意见，遇到问题的时候注意观察宝宝的行为，帮助他们表达自己的意思，这些行为对宝宝说话有很好的引导作用。但如果家里人不喜欢说话，爸爸妈妈不在宝宝身边等，会让宝宝说话晚一些。

也有人担心宝宝是不是在发声器官上有问题，这个从宝宝的哭声中是可以听出来的。哭的时候正常发声的宝宝是可以说话的。如果担心宝宝听力不好，可以测试一下。妈妈在宝宝的身后叫他们的名字，如果宝宝能够回过头来，说明宝宝能够听到。万一听力有问题，应该及早学习聋哑儿童的教育方法，宝宝在年幼时的学习能力是最强的，不管怎样都不要错过了学习的时机。

如果检查是宝宝的舌系带过短，影响他说话，可进行一个小手术，就能矫正舌系带。最晚的宝宝到3岁多才能很好地讲话，知道了这种情况，1岁多不会讲话就不算什么了。

不会走路

现在由于独生子女家庭居多，很多父母是"新手"，对宝宝什么时候学会说话，什么时候开始走路没有概念。看到别的宝宝已经开始走路了，自己的宝宝还不能走，就很着急。其实，宝宝在1岁半的时候不太会走路是正常的，爸爸妈妈不必觉得自己的宝宝笨。

一般来说，夏天和秋天是比较适宜宝宝学走路的时候。一方面因为天气热，宝宝穿得少，便于活动；也因为这个季节里人们外出的机会多，过敏源少。如果爸爸妈妈要教宝宝学走路，最好在这两个季节里开始。宝宝学走路的时候，注意把尿布撤掉，这样他的腿更加自由一些。

不认输

宝宝天生不认输。当宝宝搭建的积木发生突然倒塌时，绝对不会就此罢手，会一遍遍地去搭。这时的宝宝靠的不是耐心，而是兴趣和不服输的精神。如果这时爸爸妈妈站出来帮助宝宝，宝宝并不领情，可能还会遭到宝宝拒绝。刚才还兴致勃勃的宝宝，会因为妈妈的参与而生气，或者把积木扔掉，或用两手胡乱拨拉积木。

如果宝宝一遍遍地搭建，但总是在他没有完成搭建任务时就倒塌了，宝宝是否会一直做下去呢？宝宝也会失去兴趣，还有可能生自己的气，把积木扔掉。出现这种情况时，爸爸妈妈怎么办呢？爸爸妈妈任何安慰的话语都是苍白无力的，告诉宝宝成功的方法，并演示给宝宝看，或许宝宝不能认真听你讲的方法，也不认真看你的演示。不要紧，关键的问题时让宝宝学会遇到困难和挫折时的处理方法，提高宝宝在困难面前心理的承受能力。凡事都有解决的办法，或许宝宝现在明白这个道理，但宝宝不断接受这样处理问题的方法，就会在潜移默化中不断进步起来。

不合群

满1岁后，有的宝宝开始喜欢和小朋友在一起玩耍，有的却仍然喜欢独自玩耍。那些喜欢和小朋友一起玩耍的宝宝中就会发生特殊状况：有的宝宝会对小朋友发起攻击，面对受到攻击而哭泣的小朋友，无动于衷。遇到这种情况，家长往往会担心宝宝是不是有攻击性且内心冷。

宝宝与小朋友最初的交往，大多是围绕着玩具和某样东西展开的，对一起玩耍的小朋友本身并不感兴趣。这时的宝宝仍然喜欢和父母在一起，把爸爸妈妈当作最好的伙伴。宝宝和哪个小朋友玩耍，不是主观选择的，其他小朋友和宝宝玩耍也不是主观选择的，吸引双方在一起玩耍的媒介，往往是某个他们共同感兴趣的玩具。既然宝宝不把小朋友作为交往的主体，当然对小朋友就不会关心了，甚至还会因为小朋友占有他喜欢的玩具而发起进攻。这么大的宝宝对东西的归属权还不理解，在宝宝眼里所有的东西都是他的。

发脾气

1岁多的宝宝已经渐渐有脾气了，有的宝宝发起脾气来，不让大人抱，努力挣脱大人的手，拿到什么东西都扔掉。如果这种情况经常出现，爸爸妈妈要带着宝宝去医院检查一下，是否缺少某种营养元素。有一些微量元素会造成宝宝的脾气暴躁。

如果是外部的事情引起幼儿发脾气，家长要注意好处理方式，切记先严后松，打完宝宝后又去道歉，这样会增加宝宝的委屈感，也会助长宝宝的坏脾气。

处理宝宝发脾气的最好办法，就是家长克制住自己的情绪，用一种冷静、理性的态度来对待正在哭闹的宝宝，不让他觉得哭闹可以引起家长格外的注意。

在平时的生活中，家长要注意生活的氛围，长期生活在争吵和不和的家庭中的宝宝成长会受阻，那些从来不爱发脾气的宝宝也是需要爸爸妈妈注意的，偶尔发一次脾气之后就忘掉，这样的宝宝性格更加健康。

不能控制便尿

有的宝宝在1岁时就能把尿便排在便盆中，可到了1岁半，能力却又退回去了，重操旧业——兜尿布，不然的话只能尿得到处都是。宝宝自己可能也搞不清为什么不爱坐便盆了。如果妈妈和宝宝较劲，必须让宝宝坐便盆，宝宝就会哭闹，妈妈也会动肝火，结果只能是更糟糕。爸爸妈妈这时的宽宏大量不是放纵，而是给宝宝以自尊。但是这并不是让家长不要继续训练宝宝控制尿便了，在这种情况下，爸爸妈妈需要以更大的耐心等待宝宝的进步。

宝宝走路外八字怎么办

宝宝走路外八字（X形腿），或内八字（O形腿），很多父母不仅认为宝宝走路姿势不对，还会觉得是因为缺钙（佝偻病）带来的后果。如果医生查看也不能确定是否正常，可能会让宝宝拍摄X光片。这在大多数情况下是没有问题的。可是，家长要注意，宝宝接受X光射线并不是没有负面作用的，所以最好不要轻易给宝宝照X光射线。

如果宝宝走起路来像只鸭子，要及时看医生，排除髋关节半脱位，或髋关节畸形。如果宝宝至今还是用脚尖走路，腿硬硬的，很不协调，或软软的，站也站不稳，即使爸爸妈妈扶着还不能迈步走路，就要引起妈妈注意了，除了看普通儿科外，最好看一看神经科，以排除脑部病变导致运动障碍的可能。

干呕

干呕是指只发生呕吐样动作而没有吐出物。由于大脑呕吐中枢的感受器分布比较广泛，除了胃肠道之外，其他很多器官在受到刺激时都会将刺激信号通过传入神经传送到呕吐中枢，导致产生呕吐反应，其中最常见的部位是胃肠道，比如有的宝宝患有贲门松弛症，进食时容易发生呕吐。如果宝宝的胃幽门狭窄，食物不容易从胃内排入肠道，也常会发生呕吐。另外，患有食管裂孔疝的宝宝，多是在出生1个月之后发生间断呕吐。但胃肠道疾病导致的呕吐反应多伴有食物吐出。

除了胃肠道疾病外，当咽部受到刺激时，会自动关闭鼻咽与会咽通道，扩张食管，避免吐出物进入气管或鼻腔，形成呕吐或干呕样反应动作。为了查清宝宝干呕的原因，你可细心做如下观察：

如果宝宝吃正餐时很正常，吃干燥的膨化食品或特别甜的东西后发生干呕，很可能是食品刺激咽部引起的干呕。

看宝宝是吃东西前还是吃东西后干呕，如果吃完东西后短时间内出现干呕，很可能是胃功能发育不完善，吃的东西过多造成的。如果是吃东西前出现干呕，很可能是经常强迫宝宝吃饭，使宝宝产生厌食引起的。

如果经过观察仍找不到原因，可带宝宝到医院做相关检查，检查结果正常即属非病理性干呕，随着宝宝的成长可逐渐好转。

挑食

1岁多的宝宝在吃饭的时候表现出一些偏好，例如不爱吃米饭，或者是不爱吃青菜，这些都不会特别影响宝宝的营养。越是爸爸妈妈强行要求他们去吃的东西，宝宝往往越是不喜欢吃。如果宝宝偶尔一次没有吃青菜或者米饭，妈妈千万不要说"你不吃完就不许玩。"这样会加深宝宝的逆反感。

吃饭、喝水是我们每天都会做的事情，爸爸妈妈最好不要在这些事情上太在意。宝宝自己知道要不要喝水、要不要吃饭，如果他不饿不渴，爸爸妈妈要求他吃饭喝水是没有道理的，宝宝不配合的时候，爸爸妈妈就会认为宝宝太刁，偏食或是胃口不好，然后总是对宝宝说"你不爱吃饭""你不爱喝水"之类的话，会让宝宝真的以为自己是偏食，结果就人为地变得偏食了。

愤怒性痉挛

1岁多的宝宝发泄情绪的方式，主要是哭泣、发怒。如果妈妈要离开一会儿，或者别人要从他手里强行拿走东西，都会让宝宝哭得很严重。有时候会像抽风一样，全身发抖，这种情况就是人们说的"愤怒性痉挛"。

这种愤怒性痉挛与宝宝的性格有关，脾气大性格脆弱的宝宝容易出现这样的情况，但并不是癫痫。这种情况会随着宝宝年龄的增加而减弱，爸爸妈妈注意的是，不要在平时太娇惯宝宝。平时总是被爱护得很好的宝宝，往往受不了一点儿委屈，将来上学后老师批评一两句可能会哭得死去活来，表现得自尊心太强则不利于宝宝的成长。

持续高热

持续高热是指发热到 3 天以上的情况，没有患过突发性发疹的宝宝可能连续高热 3 天，但第 4 天就退热了，病也就好了。常见的高热不退是扁桃体发炎引起的，特别是腺窝性扁桃体炎，一般都用抗生素来处理，高热会持续 3 ~ 5 天。如果扁桃体上出现的白点，没有打过白喉疫苗则可能是白喉杆菌。

流行性感冒也可连续发热 3 天，如果周围的人或者宝宝活动过的区域中出现过感冒患者，则可发生麻疹时，在疹子出来之前，也有持续高热。1 岁多一点儿的宝宝如果出现发热，爸爸妈妈可以脱光宝宝的衣服检查一下全身有无异常。

半夜哭闹

对妈妈的依赖

有的宝宝已经在夜间断奶了，可是偶尔会突然半夜醒来要奶吃。这时，如果妈妈不满足宝宝的需要，宝宝就大声哭闹，而且持续时间较长，甚至一连几周都这样。妈妈不必大惊小怪，越大越"倒退"的现象是正常的。

这个阶段的宝宝，正处于独立性与依赖性并存的时期。宝宝一方面寻求独立，不再像婴儿期那样任妈妈摆布；一方面又产生很强的依赖感，这种强烈的依赖感，是宝宝成长过程中寻求安全感的表现。随着月龄的增长，宝宝的安全感会越来越强，依赖性会越来越弱，就不再那么依赖妈妈了。这种情况发生时，妈妈可以顺从宝宝，给他吃几口奶，就能让宝宝很快地入睡就可以了。

肚子痛

宝宝可能会因为睡觉前吃得过饱，或白天吃得不对劲引起肚子痛，不正常的胃肠蠕动把宝宝从熟睡中扰醒，醒后第一表现就是哭闹。

肚子痛时，宝宝会突然在熟睡中哭闹，常常是闭着眼睛哭，两腿蜷缩，拱着腰，小屁股撅着，或手捂着肚子。即使是会说话的宝宝，半夜因肚子痛，醒后也只会用哭声告诉妈妈。这种情况下，妈妈一般就会帮助宝宝揉一揉肚子，不揉还好，一揉宝宝哭得更厉害了。这是因为肚子痛时，宝宝的肠管处于痉挛或胀气状态，当妈妈用手刺激腹部时，会加剧宝宝的疼痛感。

妈妈对宝宝常有一种直觉判断能力，能够很快判断宝宝可能病了或肯定没病，只是要赖而已。妈妈的这种直觉大多数时候都是准确的。所以，如果你认为宝宝是因为肚子痛而哭闹，而且哭得很厉害，就要马上看医生，因为一两岁的宝宝和婴儿期一样，也有发生肠套叠的可能。如果你感觉宝宝没什么问题，就不必把闹夜的宝宝带到医院。

噩梦惊醒

成年人有时在睡梦中会被噩梦惊醒，这时的宝宝也有可能做噩梦，噩梦醒后，宝宝不会像成年人一样自我安慰，"只是个梦而已"，宝宝的反应往往是受到惊吓后的失控。白天受了惊吓，打了预防针，看了可怕的电视镜头，被"汪汪"叫的小狗吓着了，摔了重重的一跤，爸爸妈妈或看护人训斥了宝宝，从床上掉了下来或者没有明确原因都可能引起噩梦惊醒。被噩梦惊醒的宝宝，通常是突然大声地哭喊，两眼瞪得溜圆，表现出惊恐的神态，或到处乱爬，或一个劲地往妈妈怀里钻。妈妈往往会把宝宝紧紧抱在怀里，告诉宝宝："妈妈在这里，爸爸也在这里，有爸爸妈妈陪着宝宝。"

这时，妈妈不要说"宝宝不要怕。"不要提"怕"字，也不能说"妈妈把大恶魔打跑了"之类的话。只需给宝宝以正面的鼓励和安慰，使宝宝安静下来。对于这个阶段的宝宝，如果妈妈说"不要怕"，一个"怕"字会加深宝宝的恐惧感。所以，用否定的语言不如用肯定的语言。

环境不好

到了幼儿期，宝宝因为环境太热、太冷、太干燥、太闷而哭闹的不多了，但也不总是这样。如果是在酷暑，气压很低的夏夜，宝宝因睡眠不安而哭闹的情况也会有的。这时爸爸妈妈也会感到不舒服，改善一下睡眠环境，宝宝就会安静地入睡了。

什么原因也找不到

什么原因也找不到的情形是常有的，一连几个晚上宝宝都半夜醒来哭，需要带宝宝看看医生。如果医生也找不到宝宝哭夜的原因，可以认为宝宝的哭夜是正常的，只是他成长过程中的一段哭夜小插曲。不要烦恼，不要生气，不要训斥宝宝，家长不要相互埋怨。可以一人一夜轮流照看哭夜的宝宝。如果是全职妈妈，就由妈妈一个人照看宝宝，白天当宝宝睡觉的时候，妈妈也要抓紧时间睡觉。

安静地对待哭夜的宝宝，而不是比宝宝闹得还厉害，大声地哄，大幅度地摇，甚至抱着宝宝急速地在地上来回走动，或在床上颤悠，把床搞得咯咯响……这样不但不会让宝宝安静下来，还会使宝宝闹得更厉害。妈妈要轻声细语，动作温柔，无论宝宝怎样闹，妈妈始终如一，用不了多久，宝宝就会在某一个晚上不再哭闹了。

睡眠问题

1岁多的宝宝大多在晚上九点前后睡觉，早晨七点到八点之间醒来。乡村的宝宝可能晚上七点就睡觉，早上六点就和父母一起起床。中途的午睡，有的宝宝可能睡一次，有的宝宝可能根本睡不着，这个根据宝宝的身体状况和生活习惯来决定。

这个时期的宝宝反常的睡眠问题是，有的半夜要起来玩。宝宝睡到深夜醒来，要么吵得家人无法入睡，要么自己一个人玩大人不放心，最好的办法是让宝宝白天有足够的运动，能量代谢掉了，晚上的睡眠就会更加踏实。

家庭环境的支持

玩具

1岁到1岁半的宝宝一般来说是学习走路的关键期，在精细动作方面，1岁到1岁半会乱画，有意识叫爸爸妈妈，能够听懂家长简单的语言和简单的指令，会指认自己的五官，用单一表情、手势表达意见和需要。在这个基础上，推介宝宝可以选择下面几类的玩具。

木制的学步车

宝宝可以通过彩色玩具车来对车的结构的认识，不同的颜色可以提高颜色的辨别能力，还可以锻炼宝宝的手脚灵活性。让宝宝在玩学步车的过程中，让宝宝知道上面有什么，让宝宝自己推动小车，还可以告诉宝宝们小车上有哪些颜色，可爱的小动物增加了宝宝的兴趣，宝宝在玩的过程中还会边玩边数，最重要的是宝宝可以在推动学步车的时候学习走路。

木制拖拉走动的玩具

一岁左右因为宝宝刚刚学会走路，所以对走路非常喜欢，我们可以让小家伙用小推车或者小拖车做一些送东西的游戏，反复地教宝宝说并且明白、来、去、送一两个字以内的话。在这个时期，当我们宝宝拉着这些会走动的小车或小动物走的时候，他们会觉得非常有趣，而且慢慢地他们就会从这种游戏中理解一根绳子原来是可以拖动玩具行走的。这样玩具比那些用干电池遥控的玩具对宝宝发育更有帮助。爸爸妈妈在玩的时候给宝宝讲故事，引导宝宝的思维，发挥想象力，增加游戏趣味性。培养宝宝对事物充满好奇和神秘，从而提高宝宝对学习的积极性。

木制蔬菜水果切切看、角色扮演类仿真玩具

这些像是一种生动而形象的"过家家"游戏，仿真的面包、水果、蔬菜能够让宝宝在游戏中体验日常生活中的基本小常识。这些玩具会让宝宝对面包、水果、蔬菜有一个感性的认识，训练宝宝手指的灵活性；培养宝宝以正确的姿势使用小刀，训练宝宝的手眼协调能力；准确使用木刀切东西，培养宝宝等分概念，和睦可爱的一家人，让宝宝融入其中培养良好的亲情、友情、体会家的魅力与温馨，提高宝宝对生活无限探索的兴趣。

学习用杯子喝水

应该锻炼1岁多的宝宝独立喝水，具体的步骤建议如下：

1. 先给宝宝准备1个不易摔碎的塑料杯或搪瓷杯。带吸嘴且有两个手柄的杯子不容易抓握，还能满足宝宝半吸半喝的饮水方式；应选择吸嘴倾斜的杯子，这样水才能缓缓流出，以免呛着宝宝。

2. 开始练习时，在杯子里放少量的水，让宝宝两手端着杯子，爸爸妈妈帮助他往嘴里送，要注意让宝宝一口一口慢慢地喝，喝完再添水。千万不能一次给宝宝杯里放过多的水，避免宝宝呛着。当宝宝拿杯子较稳时，爸爸妈妈可逐渐放手让宝宝端着杯子自己往嘴里送，这时杯子里的水也该渐渐增多了。

3. 宝宝练习用杯子喝水时，爸爸妈妈要用赞许的语言给予鼓励，比如："宝宝会自己端杯子喝水了，真能干！"这样能增强宝宝的自信心。

4. 爸爸妈妈不要因为怕水洒在地上或怕弄脏了衣服等，让宝宝停止用杯子喝水，这样会挫伤宝宝的积极性。

游玩场所

为了宝宝的安全，帮他建造一个玩耍的角落是十分必要的，一方面可以解决玩具无处放、宝宝找不到自己的玩具的问题，另一方面可以让父母放心地让宝宝在角落里面自己玩，不用担心他跑远了找不到。

这样的角落可以像肯德基里面的儿童游乐区，有一些简单的娱乐设施，滑滑梯什么的，如果条件不允许的话，给宝宝的角落垫好拼图板，用小箱子装一些玩具也能玩得津津有味。

注意的是，宝宝玩的角落最好不要有书柜、衣柜这样的设备，更不要摆放复杂的装饰，最好是在比较空而开阔的地方，头上没有东西，也没有插座和电线走过。

潜能开发游戏

找朋友

【目的】练习简单社交礼仪，增加宝宝的社会交往意识。

【玩法】全家人围坐在一起，宝宝一边蹦蹦跳跳地走，一边拍手念儿歌："拍拍手，向前走，向前走，找朋友，找到朋友握握手。"念完，宝宝握住爸爸（或其他人）的手说："我和爸爸是好朋友！"爸爸就跟宝宝一起说："好朋友，好朋友，握握手来点点头！"便说边做动作，然后宝宝再重复念儿歌，找其他人做朋友。

玩沙子

【目的】训练宝宝的小动作技能，刺激他的触觉。

【玩法】找一个有沙子的地方，如沙滩上或是操场上，家长先向宝宝示范怎么使用工具在沙子里做出图案，如用耙子拉出直线和波浪线、用烤盘压出大大的圆形、用空的酸奶盒和湿沙垒起高塔等。还可以向宝宝示范怎么一抹或倒水，就能拆除他的沙子杰作，然后让宝宝重新独立创作，做几次都可以。

捉迷藏

【目的】锻炼宝宝对声音的识别能力和辨认能力，增强宝宝的愉悦感。

【玩法】家长可以躲起来，对宝宝喊："我藏起来了，快来找我"。当宝宝寻找时，家长可以用声音鼓励他走近。当宝宝顺着家长的声音寻找到自己后，要拥抱和祝贺他。还可以教宝宝藏起来，通常他会露出小腿或小手在外面，家长假装没看到，然后看到宝宝时假装大吃一惊。

1岁半到2岁

这个年龄的幼儿

体重

男孩体重的正常范围为 12.0 ~ 14.0 千克，平均为 13.0 千克；女孩体重的正常范围为 11.0 ~ 13.0 千克，平均为 12.0 千克。

身长

男孩身高的正常范围为 89.0 ~ 93.0 厘米，平均为 91.0 厘米；女孩身高的正常范围为 87.0 ~ 90.0 厘米，平均为 88.5 厘米。

胸围

男孩胸围的正常范围为 48.0 ~ 50.0 厘米，平均为 49.0 厘米；女孩胸围的正常范围为 47.0 ~ 49.0 厘米，平均为 48.0 厘米。

牙齿

这个阶段的孩子基本已经长好了 16 颗乳牙。

营养需求与喂养

营养需求

这个阶段的宝宝已经陆续长出 20 颗左右的乳牙，有了一定的咀嚼能力。在这一阶段如果还没断母乳的宝宝应该尽快断奶，否则将不利于建立宝宝未来适应生长发育的饮食习惯，而且不利于宝宝的身心发展。1.5 ~ 2 岁的宝宝胃容量有限，适宜少食多餐。1.5 岁之前给宝宝在三餐后加两次点心，1.5 岁之后减为三餐一点，点心可以加在下午。加点心一定要适量，而且不能距离正餐太近，不要影响宝宝正餐的食用。在给宝宝配餐的时候要注意多加蔬菜、水果。家长在烹饪的时候也可把蔬菜加工成细碎软烂的菜末炒熟调味。适量摄入动植物蛋白，可用肉末、鱼丸、鸡蛋羹、豆腐等易消化的食物喂给宝宝。奶粉富含钙质，因此宝宝此时每天应摄入 250 ~ 500 毫升。还应注意给宝宝的主食粗粮、细粮搭配，这样可以避免缺乏维生素 B_1。

饮食安排

宝宝开始学会吃饭后，妈妈要注意在饮食上给宝宝合理搭配，蔬菜、水果和粗粮都不要少，如果宝宝不爱吃蔬菜，尽量换一种方式来烹饪。

蔬菜、水果、鱼、鸡肉等是对心脏健康有好处的食物，妈妈可以鼓励宝宝多吃一些。肥肉、糖果、巧克力属于高脂肪、高胆固醇、高糖食品，宝宝也容易上瘾，要控制着给他。多奶油的食物也要少吃。鸡蛋每天一个就够，做成鸡蛋羹既清淡又便于吞咽。

宝宝和大人一起吃饭菜的话，盐、味精、酱油应尽量少放，这对宝宝和大人的身体都有好处。另外，这个时期可以给宝宝多吃一些含钾、钙的食物——橘汁、胡萝卜汁、乳类、虾皮、海带、紫菜、绿叶蔬菜、乳类、豆制品、粗米等。

吃水果的注意事项

冬夏两季要挑选与时令性质相反的水果，如夏天可吃西瓜、梨、猕猴桃、橙子、苹果、香蕉之类寒凉或平性水果；必须挑选新鲜的水果给宝宝吃，如发现水果果肉颜色不正、发暗、发黑或有异味等，就不要给宝宝食用。

循序原则

刚开始给宝宝提供辅食时，要注意先蔬菜，后水果。蔬菜可以从泥开始，水果则先提供汁，等宝宝适应后再提供鲜果泥。这个顺序主要是考虑到先尝过甜味水果的宝宝，往往不再喜欢吃蔬菜。因此，应该先给 4 ~ 6 月龄的宝宝提供蔬菜，如胡萝卜泥、土豆泥、青菜泥、豌豆泥、番茄泥等，然后再提供水果汁，如橙汁、苹果汁等。起初，果汁与凉开水以 2：1 的比例调制，慢慢过渡到直接提供鲜果泥，如苹果泥、香蕉泥等。

适量原则

由于宝宝的胃容量小，水果吃得太多，会影响喝奶和吃饭菜，造成热能和营养素摄入不足，不能满足宝宝的需要，影响生长发育。有些父母给小宝宝每天吃一只苹果，一根香蕉，这样的量就偏多了。水果中的纤维素和果胶，既不能被消化吸收，又会产生饱胀感，同时也不能提供热能，而且水果中蛋白质、脂肪的含量很低，因此吃水果要适量，并要选择合适的时间。宝宝可在午睡之后吃，1 岁以上可安排在饭后。

个体化原则

有些水果属温热性，有些水果属寒凉性，也有些水果属平性。在给宝宝吃水果时，不要总是盯着一种水果，例如常吃橘子或杧果，对内热体质的宝宝就容易上火，可出现口腔溃疡、大便偏干；常吃西瓜或梨，对虚寒体质的宝宝来说，就可能引起肠道不适或腹泻。因此，要经常变换水果的品种，尤其要适合宝宝的体质情况。冬夏两季要挑选与时令性质相反的水果，如夏天可吃西瓜、梨、猕猴桃、橙子、苹果、香蕉之类寒凉或平性水果。冬天可吃杧果、橘子等热性或平性水果。挑选适合宝宝体质的水果才有利于宝宝的健康。

新鲜原则

水果采集后仍具有活性，而且它本身含有氧化酶和过氧化酶，所以当水果外表破损时，容易发生腐败变质。水果表面又常沾有微生物，这些微生物的生长繁殖也会引起水果变质，有时甚至产生毒素，食用后会危害健康。因此必须挑选新鲜的水果给宝宝吃，如发现水果果肉颜色不正，如发暗、发黑或有异味等，就不要给宝宝食用。

卫生原则

由于水果在生长过程中使用了农药，在采集、运输、销售过程中又极易沾染微生物，特别是致病菌和寄生虫卵或其他有害物质。因此水果在食用前必须清洗干净。比如在制作橙汁时，可先用固本肥皂将橙子洗净、擦干后再榨汁。有些皮很薄的小水果，如葡萄、草莓、杨梅、樱桃、杏等，在清洗掉表面的灰尘杂物后，最好在淡盐水中浸泡 10 分钟，然后用流动水冲洗干净；或用蔬菜水果洗涤剂浸泡 15 分钟后，再用流动水清洗干净。过去常用高锰酸钾杀菌，但效果较差，目前已不推荐。一些个头大的水果，如苹果、梨要削皮后吃。杧果去皮后，或木瓜去子后，可用勺子将果肉挖出，做成果泥，拌在原味酸奶中吃。家长在制备水果过程中，要注意将双手用肥皂认真清洗，所用的水果刀和案板都要清洗或消毒。否则容易引起宝宝肠道感染，甚至中毒。

食谱推荐

	原料	做法
滑炒鸭丝	鸭脯肉150克，湿淀粉、玉兰片各5克，香菜梗2克，蛋清1克，精盐、料酒、葱姜丝、味精、植物油各适量	1. 将鸭脯肉切丝；玉兰片切丝；香菜梗洗净切3厘米长的段 2. 鸭丝放入碗内，加入盐、味精、蛋清、湿淀粉抓匀；另一碗内放入料酒、味精、盐、葱姜丝，调成清汁 3. 锅置火上，放油烧至六成热，将鸭丝下锅，滑透后立即捞出 4. 锅中留少许底油，倒入鸭丝、玉兰片、香菜梗，烹入清汁，颠翻数下，出锅即成 5. 注意鸭丝不要滑炒时间太长，以免老化
香菇鸡茸蔬菜粥	鸡胸1块，干香菇4朵，胡萝卜、芹菜各1根，姜1小块，大米50克，盐1克	1. 大米洗净后，用清水浸泡。趁着这个时间，将鸡胸先切片，再切碎末，放入盐腌制 2. 干香菇要提前2小时用温水浸泡，浸泡时，在水中加一点儿白糖，这个方法可以让香菇的味道更浓。将浸泡好的香菇取出后，用清水冲洗干净，挤压出水分后，切小碎丁 3. 胡萝卜去皮切碎末，芹菜去叶，只留梗，也切碎末。姜去皮切细丝 4. 锅中倒入清水，大火煮开后，倒入大米搅拌几下后，改成中小火，煮30分钟 5. 待米开花后，粥变得黏稠后，放入鸡肉末、香菇碎、胡萝卜碎、姜丝，搅拌均匀后，改成大火继续煮10分钟，在煮的时候，要不停地用勺子搅拌，以免煳底 6. 最后，放入芹菜末即可

沙丁鱼粥	白粥适量，小沙丁鱼一小匙，番茄末、洋葱末各少许	1. 小沙丁鱼用热水迅速烫过，沥净水分，煮烂 2. 将所有材料放在一起捣烂后加热即可食用
干贝冬瓜泥	冬瓜100克，胡萝卜小半根，干贝2个，蟹腿肉1杯，高汤3杯，盐少许	1. 冬瓜去皮，切片，蒸熟后趁热碾碎。 2. 胡萝卜去皮，刨丝；干贝洗净泡软，蒸烂后撕成细丝，蟹腿肉用开水加1大匙酒余烫过捞出。 3. 调料烧开，放入所有材料煮滚即熄火，盛出食用。
香香骨汤面	猪或牛胫骨或脊骨200克，青菜50克，龙须面5克，精盐、米醋各适量。	1. 将骨砸碎，放入冷水中用中火熬煮，煮沸后酌加米醋，继续煮30分钟。 2. 将骨弃之，取清汤，将龙须面下入骨汤中，将洗净、切碎的青菜加入汤中煮至面熟；加盐推匀即成。

不要让宝宝吃汤泡饭

宝宝的饮食关系到宝宝的身体健康成长，有的父母为了让宝宝多吃一点儿，而由于牙齿没有长全，或者为了方便食用，喜欢给宝宝吃一些汤泡饭。这些汤泡饭很容易被宝宝吃下去，但是宝宝的这种进食方式好不好呢？

研究结果表明，食物咀嚼时间越长，磨得越细，越有利于营养素的消化吸收。同时，有些食品中含有的黄曲霉毒素等致癌物，在唾液的作用下可部分分解、解毒。汤泡饭容易不经咀嚼就被吞下，故而也就没有这样的好作用。此外，吃"汤泡饭"时由于食物在口腔中停留的时间很短，未经初步加工的各种食物很快地被送进胃里，会加重胃的负担。同时，大量的汤冲淡了胃中的消化液，会减弱胃的消化功能，影响吸收。宝宝的胃肠道娇嫩，所受伤害会更大。

吃"汤泡饭"不好，并非说不能让宝宝喝汤。吃饭前喝一点儿汤，可湿润食管，提高食欲，吃饭时也可喝少量汤，但注意不要把汤泡在饭里。总之，为了不加重宝宝的胃负担，也为了宝宝的身体健康，父母应该少让宝宝吃这些汤泡饭。

零食供给

宝宝在午餐之间可以吃一点儿零食，但最好是水果和粗粮制品。零食放在宝宝能够拿到的地方，他有饥饿感的时候可以自己拿了吃。但是家长需要和宝宝说明，吃东西的时候自己的手要洗干净，把吃东西和洗手养成一组条件反射。

这个时期的宝宝喜欢吃各种各样的糖果，但吃太多糖会破坏胃口，对宝宝的牙齿也不是很好。这个时候不要给宝宝吃巧克力，也不要让宝宝喝咖啡。

能力发展与训练

运动

宝宝能稳稳当当地走路了，也不再用脚尖踮着走（如果宝宝偶尔脚尖踮着走，是在玩耍）。两条腿之间的缝隙变小了，两只胳膊可以垂在身体两侧规律地摆动了。宝宝站在那里，两条腿直溜溜的，真的长大了。有的宝宝已经会一脚上一个台阶，但如果你的宝宝还是一个脚迈上一个台阶，另一个脚也迈上同一个台阶，也不算落后，有的宝宝要到2岁半才能一脚上一个台阶。

言语

接近2岁的宝宝可以理解家长简单的要求和命令。"不要碰电器"，"不要开开关关冰箱门"等，宝宝是可以听懂的。但是这歌年龄段的宝宝对"不要"这个词往往有"免疫力"，有时候大人越是说"不要"，宝宝越是会"要"。那么家长不妨换一种说法。例如，"不要碰电器"可以变成"电器可能漏电，会伤害宝宝，我们远离它"；"不要开开关关冰箱门"可以变成"冰箱会坏掉的，那样我们就不能吃冰西瓜了"。

可不要觉得这样说很麻烦，因为家长在这样说的同时，宝宝就在理解自己的行为可能带来的后果。这对宝宝来说是一种理解能力的锻炼。

另外，家长还可以在和宝宝讲故事的过程中培养宝宝的语言理解能力。在讲故事的好似后，增加一些丰富有趣的语言，帮助宝宝理解剧情，也可以增加他的词汇量。

当宝宝对家长的话没有什么反应的时候，可能就是没有听懂。这时候家长要用另外一种方式表达。有时候表情、肢体语言比我们的话语更能传达出丰富的信息来。

心理

平常注意教授给宝宝一些与人交往的技巧，如要对人有礼貌，要对别人有爱心，要懂得与人分享和合作等，当宝宝掌握了这些基本的交往技巧后，就可以在与其他小朋友交往时减少冲突的发生。当冲突发生时，让宝宝自己解决冲突。

很多家长都这样：一看到几个宝宝起了冲突，就会立即冲上去，或斥责自己的宝宝，或指责别人的宝宝，这样，宝宝们只能不欢而散，对宝宝的人际交往能力的提高不仅没有促进作用，甚至还会误导宝宝.让他们以后也粗暴地对待冲突。建议家长看到宝宝们冲突时，先不要参与，静静地站在一旁观看宝宝是怎样以自己的方式解决的，如果解决得好，家长可以对宝宝进行鼓励和表扬，如果解决得不好，家长再去帮忙也不迟。

如果宝宝被人欺负了，怎么办？家长最好的做法是：找个舒适便于交流的位置和宝宝待在一起，让宝宝顺畅地表达自己的想法，家长则认真倾听宝宝表达自己的愤怒，帮助宝宝找到正确的方法缓解他的愤怒。

总之，宝宝之间发生冲突毕竟是不好的，但"吃一堑，长一智"，如果大人能引导宝宝从冲突中学到更多、更好的社交技巧，那也是一种很不错的教育方式。家长要善于把握这样的机会，对宝宝进行合理的引导和教育，让宝宝们学习一些避免发生冲突的方法，从而减少冲突的发生。

模仿力

由于2岁左右的宝宝能跑能跳了，相应的模仿能力也就更强了。模仿青蛙的时候可以双脚跳，模仿鸭子的时候会把手放在身后慢慢地走来走去。这个时候模仿已经不是什么很困难的事情了。

但有时候不是宝宝肢体上不允许做模仿的动作，而是宝宝脑袋里对模仿的对象没有概念。没有看过鳄鱼的宝宝是无法模仿鳄鱼的；见过静静地潜在水里的鳄鱼的宝宝，也还是很难找到模仿的点。所以需要家长亲自做示范，最好是爸爸来做示范。

我们今天怎样来模仿鸵鸟，往往是我们看到别人怎么模仿就跟着模仿，可见模仿力本身是需要创意和想象的，而这是最难的一步。当宝宝自己想出来一种模仿的方式时，家长要及时鼓励和配合。为了增强宝宝的模仿能力，可以带他去各个地方看看，动物园是必去的地方之一。另外，除了形态上的模仿能力之外，还有声音模仿，学别人说话的声音也是模仿，但是小宝宝模仿别人的时候也许会学会骂人的话，家长不要鼓励这样的模仿。让宝宝学绘画也是一种模仿，2岁的宝宝只能画简单的圆形和线条，但这样也可以开始写写画画了。如果宝宝画人物，可能掌握不好比例，但他们对大的肢体位置还是能掌握的。一切创造都是从模仿开始的，家长可不要因为觉得模仿不文雅，就禁止宝宝去模仿。

认知

宝宝的形状感知能力进一步提高。宝宝不仅仅局限于知道物品的名称，他渴望家长给他讲解关于这个物品的知识。当宝宝遇到困难时，会尝试着不依赖大人帮助的情况下自己解决问题；当别人夸宝宝的时候，会表现得特别高兴，宝宝开始凭借经验做事，喜欢看镜子中的自己；可以分出自己的左右手，能够记住他曾经感兴趣的事情或事物，能够清晰地回忆起他曾经玩过的东西；能够区分物品的大小，能够比较出一些不同物品的差异；宝宝现在对想要做的事情特别有主见。注意力集中时间延长，记忆力增强；宝宝能够在头脑中形成图像、组织分类，并按顺序排列东西等；宝宝越来越意识到男女的区别了，女宝宝会开始模仿女性的行为，而男宝宝则会模仿男性；通过重复看一本书、玩一个游戏，体验规律和顺序。

社交能力

2岁的宝宝独立性不断增强，开始有了自律能力，并特别在意自己的感受。宝宝开始尝试着做自己喜欢的事情，开始感受父母对他的情感。宝宝开始喜欢和小朋友玩耍，但还缺乏合作精神，还不懂得和小朋友分享快乐。

协调力训练

如果父母是瑜伽爱好者，可以带着宝宝一起做瑜伽。瑜伽是一种很好的训练肢体平衡的运动方式。另外，小区里面常见的健身器材中，有很多也是全身调动，手脚并用的。父母可以带着宝宝去玩一玩。

很多音乐小神童都是从一两岁开始学习乐器的，而乐器最大的好处就是可以训练手、脚、脑之间的协调性。如果有条件也可以让宝宝去学一学乐器，但不要抱着发现一个音乐天才的功利想法来做。

绘画也是一种协调能力训练的方式，如果宝宝不爱画画，可以让他从涂颜色开始。一般的宝宝都喜欢涂颜色。宝宝可以根据参考图的颜色来涂上相应的颜色，这是一种手与眼的配合。此外，练习翻书、模仿动物等，也是在训练宝宝的协调能力。

让宝宝自己学习穿衣服和脱衣服也是很好的一种方式。

排便训练

当宝宝有了自我意识之后，鼓励他们自己的事情自己做，排便则是最私人的事情。2 岁以后的小孩，是一定要学会自己上厕所的。如果他到了幼儿园，自己不能上厕所，可能会有人际交往的压力，也会给幼儿园的老师带来很大的工作负担。

过了 1 岁半的宝宝，可以在春暖花开的时候进行排便训练。小便多的宝宝可能很难控制，小便间隔在 1 个小时以上的，就能规定小便时间，完全不用尿布。而大便相对来说是比较容易控制的，一般饮食规律的宝宝大便也比较规律，使用便盆也很方便。

宝宝学会排便的一个重要的因素就是有便意的时候要知道告诉妈妈。有的宝宝会自己蹲下来，有的宝宝会嗯嗯啊啊，妈妈可以告诉宝宝，要便便的时候就说"嘘嘘"，当宝宝学会用"嘘嘘"的时候，要及时地鼓励他。

如果没有说"嘘"而尿裤子了，妈妈不要因此打他的屁股。最好的做法是帮他把打湿的衣服换下来，用温水帮他擦干净屁股，温柔地告诉他尿裤子容易生病，以后要对妈妈说"嘘嘘"。

在气候温暖的时候，宝宝半个月时间就能自己学会用便盆。无论是男孩还是女孩都很难在排便之后自己擦屁股，这件事情还是要妈妈协助完成。

2 岁不用尿布是比较正常的，但是也由三四岁了依然用尿布的情况。妈妈不能为了训练宝宝不用尿布，就把宝宝关在厕所里，要告诉他排完便才能出来。换掉尿布也需要在温暖的季节或者是夏季进行。宝宝因为怕冷而不愿意撤掉尿布也是可能的。

宝宝要大便，可以告诉他用"嗯嗯"来表达。有一本童书就叫《是谁嗯嗯在我头上》，很有趣，这个故事可以帮助宝宝建立大便和"嗯嗯"之间的联系。

冬天的时候，小宝宝容易夜尿增多，父母要提醒宝宝睡前上厕所，晚上起来上一次厕所。天气太冷了尿床也是情有可原的，妈妈不要发大火。

日常护理注意问题

咬指甲

很多人认为咬指甲是一种因为精神紧张而导致的行为，但事实并非完全如此。对于2岁左右的宝宝来说，精神紧张仅仅是他咬指甲的一个因素，还有很多别的因素也会导致宝宝的这种行为习惯。比如，对指甲产生了好奇，感觉很无聊，压力大，或者因为指甲过长、没有及时修剪而感觉不舒服，等等，所有这一切都可能让宝宝养成这样一个坏习惯。那么怎样才能让宝宝不再咬指甲呢？

及时为宝宝修剪指甲

指甲过长或凹凸不平时，宝宝会感觉不舒服而啃咬，有的宝宝可能觉得指甲的模样太丑，所以想用自己的小牙把他们"修剪"得漂亮点儿。爸爸妈妈一定要及时给宝宝修剪指甲，防止因为指甲带来的不舒服刺激这种行为，还可以在宝宝想咬指甲的时候没有东西可以咬。慢慢地，他就会对咬指甲的行为失去兴趣。

别过分在意

对2岁左右的宝宝来说，咬指甲更多的是一种无意识行为，他根本就不知道自己究竟在干什么，直到爸爸妈妈注意他的行为。爸爸妈妈要用自己的方式，如把他的小手拿开，让他意识到原来他是在咬指甲。因为无意识，家长的唠叨和惩罚对改变这一行为习惯不会有什么大的帮助。相反，过分关注这一行为习惯只会让他咬指甲这一行为变得更加频繁。另外，家长长时间的唠叨和惩罚还会让他更加依赖这种行为来排解内心的压力。

别让宝宝的小手闲着

仔细观察，看看宝宝在什么情况下会热衷于咬指甲，每到这个时候，就给宝宝一些替代品，如手指偶、可以挤压的软球或者他喜欢的其他玩具等，将这样的玩具塞进宝宝的手里，他就会有些事情可做，忘记咬指甲的工作。

不可采取强制的办法

给宝宝的指甲上面涂上带苦味的食物对改变这一行为也没有什么帮助，因为对于 2 岁左右的宝宝来说，根本就理解不了这是家长的一种惩罚措施，相反，这种古怪的味道会更多地提醒他反复回味咬指甲的快乐，使他的行为朝着父母期望的相反的方向发展。所以，一旦发现宝宝有咬指甲的行为，一定不要大惊小怪，要通过转移注意力的方式来帮助他忘掉这个行为习惯。

用手抓饭

1 岁多的宝宝就有自己就餐的冲动，但又不会使小勺，因此很爱动手抓。这是很自然的，不能为此就拒绝让宝宝上餐桌。家长可以告诉宝宝，给宝宝禁止的信号，例如妈妈绷着脸，说不能抓。但不能惩罚宝宝，最常见的是家长打宝宝的手，这是不好的。家长应该知道宝宝抓饭也有好处的：

将来不容易养成挑食的习惯

1 岁多的宝宝正处在学习自己吃饭的时期，学吃饭实质上也是一种兴趣的培养，这和看书、玩耍没有什么两样。从科学角度来说，在人类的食谱里根本就没有宝宝不喜欢吃的食物。宝宝对食物感兴趣的程度更多地取决于他与食物接触的频率，而不是食物的种类。只有反复接触，才能使婴儿对食物越来越熟悉，越来越有好感，以致将来不容易养成挑食的习惯。

增强进食的自信心，促进食欲

宝宝自己动手进食，会增强进食的自信心，促进食欲，还可促进孩子手指的灵活性，促进肌肉发育。如果父母担心不卫生，只要注意将宝宝的小手洗干净，就可以让他尽情地"玩"食物。待孩子逐渐长大，手指肌肉发育到一定程度，可以很好地拿筷子、刀叉，他们就会不再用手抓饭吃了，所以没有必要担心孩子养成用手抓饭吃的不文明习惯。

家长对待这样的宝宝，可以给他配一个大围嘴，或者围上一件旧衣服，这样可以有效地保护宝宝的小衣服不会被污染；可以准备两块湿毛巾，及时擦干净宝宝弄脏的小手小脸；每次只给宝宝少量小块的食物，这样既方便宝宝进食，也防止宝宝将食物弄得到处都是；尽量为宝宝提供那种不会弄脏小手指的食物，比如面包、米饭、水果丁、煮烂的蔬菜等，这样可以降低宝宝将衣物和餐桌弄得一团糟的概率；一旦宝宝对食物失去兴趣，赶紧撤走餐具，并把宝宝面前的桌面打扫干净。

饭后漱口

为了保护好宝宝的乳牙，从这个时候起就应开始训练宝宝早晚漱口，并逐渐培养宝宝养成这个良好的习惯。

训练时可先为宝宝准备好水杯，并预备好漱口所用的温白开水（夏天可以用凉白开水）。为什么不用自来水呢？这是因为宝宝在开始时不可能马上学会漱口的动作，往往漱不好就会把水咽下去，所以刚开始最好用温（凉）白开水。初学时，家长要为宝宝做示范，把一口水含在嘴里做漱口动作，而后吐出，反复几次，宝宝很快就会学会。这里提醒家长，不要让宝宝仰着头漱口，这样很容易造成呛咳，甚至发生意外。在训练过程中，家长要不断地督促宝宝，这样天长日久，宝宝就会养成习惯。

教幼儿用筷子

如果宝宝开始自己吃饭了，勺子也用得不错，很少撒出来，就可以考虑让宝宝学习用筷子了。用筷子对锻炼宝宝的大脑和手指的灵活程度都有帮助，但记住用筷子并不是一件简单的事情。很多人到了成年拿筷子的姿势都不太好看，妈妈如果有兴趣教宝宝用筷子的话，一定要有耐心，不要操之过急，影响了宝宝吃饭的积极性则得不偿失。

使用筷子的好处

强化手的精细协调动作

使用筷子夹食物时，不仅是5个手指的活动，腕、肩及肘关节也要同时参与。日本科学家研究发现，使用筷子是一种复杂、精细的运动，可涉及肩部、臂部、手腕、手掌和手指等30多个大小关节50多条肌肉，一日三餐使用筷子，对宝宝来说，是锻炼手功能的好机会。

促进视觉发育

其实在使用筷子夹食物之前，离不开眼睛的视觉定位，即两眼注视同一目标，再将它们分别所得的物像融合成一个单一具三维空间完整的像。这一过程看似简单，但需要两眼外肌的平衡协调，视网膜黄斑中心凹有共同的视觉方向，以及大脑皮质中枢对成像的完善的融合机制，不是短期能形成的。因此，经常使用筷子能促进宝宝视觉的发育，对于预防斜视和弱视都是大有帮助的。

健脑益智

正如前面所讲，使用筷子需要依赖手部的精细动作和眼睛的视觉定位，但更离不开脑部通过神经反射，对它们的调节和修正，此即手脑和眼脑反射。从大脑皮质各区分工情况来看，控制手和眼部肌肉活动的区域要比其他肌肉运动区域大得多，肌肉活动时刺激了脑细胞，有助于大脑的发育，从而起到健脑益智的作用。

一般宝宝到了1~2岁，就喜欢模仿大人用筷子吃饭，有拿筷子的要求，这时家长就应当因势利导，让他们学习用筷子进餐。对初学用筷的宝宝来说，用毛竹筷为宜，一是四方形的筷子夹住东西后不容易滑掉，二是无色无毒。初学时，先让宝宝夹一些较大的、容易夹起的食物，即使半途掉下来，家长也不要责怪。应给予必要的鼓励。

咬人

1岁半以前的宝宝咬人，可能是想要表达什么想法但是自己说不清，或者是下意识地什么都咬，可包括人。但是1岁半以后，宝宝能知道哪些可以吃哪些不能吃，也不再把什么东西往嘴里送了。如果宝宝这个时候咬人，妈妈可以表现出很痛的样子，告诉他这样不对。宝宝会收敛这种行为。

如果宝宝总是一咬人为乐，怎么说也不听，家长可以问问他假设被别人咬了是什么感受。让宝宝从别人的角度来考虑，他们能意识自己这样做是不对的。

也有的宝宝看到别的宝宝咬人，就跟着学。如果妈妈知道宝宝是因为跟着别的宝宝学来的咬人现象，要告诉他这样做不对。

如果宝宝是在闹着玩，那么家长就主动提出来玩一个有趣的游戏，来分散宝宝的注意力。

流口水

2岁半以前的宝宝流口水比较常见，但要注意排除舌系带过短的问题。如果宝宝伸出舌头，舌尖中部向内凹陷，或往上翘费劲，发"姥姥"等卷舌音时不清晰，要带宝宝去五官科明确诊断。如果没有这些情况，宝宝也不是舌头总吐出嘴外，可以耐心等待。等宝宝的20颗乳牙出齐后，口水自然就会减少。平时经常给宝宝把口水擦干净，并在下巴处经常涂抹儿童润肤露，以免皮肤因为口水的刺激而发红。还可以经常给宝宝戴个小围嘴，方便换取，也避免浸湿衣服。

不坐着吃饭

各阶段的宝宝不能安静地坐在那里吃饭，不是异常表现。因为宝宝注意力集中时间很短，通常情况下在10分钟左右。食欲好、食量大、能吃的宝宝，能够坐在那里吃饭，一旦吃饱了就会到处跑。食欲不是很好食量小的宝宝，几乎不能安静地坐在那里好好吃饭。

所以，爸爸妈妈帮助宝宝养成坐下来集中时间吃饭的习惯，最好的方法是让宝宝坐在专门的吃饭椅上，以免宝宝乱跑。爸爸妈妈最好不给宝宝边走边吃的机会，其他人也都不要追着喂宝宝吃饭。

不能长时间蹲便盆

在训练宝宝尿便时，应注意不要长时间让宝宝蹲便盆，也不要让宝宝养成蹲便盆看电视、看书、吃饭的习惯。长时间蹲便盆不但不利于宝宝排便，还有导致痔疮的可能。蹲便盆看电视会减弱粪便对肠道和肛门的刺激，减慢肠道的蠕动，减轻肠道对粪便的推动力。让宝宝长时间蹲便盆是引起宝宝便秘的原因之一。

如果爸爸喜欢蹲在卫生间里看书、看报、抽烟，宝宝多会模仿爸爸的做法，把卫生间当作另一个书房。成人这样做是好是坏这里姑且不做评价，但有一点是清楚明白的：不想让宝宝养成蹲便盆看书的习惯，家长最好不要蹲在卫生间看书。

降低餐桌高度

如果宝宝对一起用餐很有兴趣，喜欢和爸爸妈妈一起吃饭，这时候最好是换一张矮一点儿的餐桌，让宝宝坐着和大人一起用餐。这样一个小细节是对宝宝积极性的鼓励，要知道，很多教育都是从餐桌上开始的。

大喊大叫的幼儿

很多人最怕带着宝宝在公共场合的时候，他突然大喊大叫。这个时候给他讲道理是没有用的，纵容他或者迁就他又会养成坏习惯，怎么办才好呢？其实，宝宝喜欢大喊大叫，一般人是可以理解的，家长最注意的是他第一次出现这种情况的时候怎样来处理。如果是在家里，宝宝高兴的时候大喊大叫，家长可以用玩别的游戏的方式来转移他的注意力，不要让他觉得大喊大叫可以引起家长的注意很好玩；如果实在公众的场合，宝宝第一次因为发脾气的大喊大叫，家长要用眼神告诉他这样做很不好。宝宝对家长的眼神是很敏感的。

如果宝宝对家长制止的目光没有反映，你可以用平静的语气告诉他："你打扰到别人了，大家都在看你。"大部分宝宝会停止哭闹的，但也有极少数宝宝性格太强，即使有人在议论他也万全没有收敛。这时候家长也只能听之任之。

如果宝宝在家里总是大喊大叫，很明显是他的精力很旺盛。一个没有精神的宝宝是不会这样的。如果家长能够找到渠道来帮助宝宝解决自己的精力过剩的问题，和他一起玩各种游戏，这个问题也就不治而愈了。

情绪不稳定的幼儿

1岁半以后，特别是接近2岁的时候，宝宝的情绪会进入一个不稳定的时期。因为这个时候的宝宝渐渐有了自我意识，他们会希望在家长之外有一个独立、自由的自我。所以当家长要求他们做不太情愿的事情的时候，宝宝就会表现得很不配合，有时候耍脾气也很令家长头痛。

其实性格问题不是一天能够解决的，同样性格问题也不是一天形成的。那些脾气不好的宝宝，往往就是在有情绪的时候没有得到家长的理解和疏导，结果情绪酝酿得变大了。因此，在对待宝宝的情绪不稳定的事情上，家长一定要多一点儿耐心，就像理解一个青春期叛逆的宝宝一样去理解他，从他的角度来考虑问题。当宝宝感觉到自己正在被人重视和理解的时候，他们就不会用发脾气的方式来引起父母的注意了。

睡眠问题

白天的时候活动较多的宝宝，晚上都能睡得香。而白天不怎么动，身体也不太好的宝宝，睡眠上就会有各种各样的问题。多运动、健康饮食和健康睡眠是一个正向的循环，运动促进饮食和睡眠，好的睡眠又利于身体发育。因此，要解决宝宝身体不好、睡眠不踏实的问题，从根本上还是要多鼓励宝宝活动，手脑并用、手脚并用，在玩好的同时合理饮食。如果有一个环节出了问题，其他环节也很容易出现问题。

家庭环境的支持

陪幼儿看图讲故事

适宜2岁左右的宝宝看的图片书渐渐多了，但是大部分都是引自国外的，有一些可能对中国的小宝宝来说有点儿理解难度，需要父母讲解。

给宝宝讲图画书上的故事，并不是想象中那么简单的事情。因为宝宝的理解能力可能会没有父母想的那么好，有时候父母讲了半天宝宝还是不知所云。为了避免这种情况，父母要在讲解的过程注意宝宝的反映，用他生活中用得到的语言来讲故事。

讲故事的时候和宝宝一起面朝着图片，让宝宝坐在你的怀里听故事，看图。如果要训练宝宝的听力，可以让宝宝坐在对面听自己讲，然后请宝宝复述。

讲故事就是简单的情感交流，父母不要抱着强烈的教育的目的，要宝宝记住三字经中的典故，这样会增加故事的难度，让宝宝心理上有负担，喜欢听故事的宝宝也变得不热心了。

多鼓励幼儿

1岁半以后的宝宝是可望得到鼓励的，所以家长不要忽略了宝宝这颗小小的心灵。当宝宝自己穿衣服，自己吃饭，自己玩耍和看图的时候，妈妈要肯定他。

有的父母虽然很愿意给宝宝鼓励，但除了说"你真棒""加油吧"之外就没有更好的说法了。其实，指向明确对宝宝来说很重要。宝宝有帮忙做事情的欲望但是不太自信的时候，妈妈可以提前假设如果这件事情做好了会怎样，帮助宝宝往好的方面想。例如，宝宝想要和陌生的小朋友玩但是又有点儿怕生，这时妈妈可以说："那个小孩也一定想和我们宝宝玩呢，你们在一起一定能玩得很高兴""他一定会喜欢你的，因为你是一个懂礼貌的好宝宝。"这种暗示对宝宝来说很有效。

如果宝宝摔坏了东西、弄丢了东西，也不要责骂他，哪怕东西很贵重。我们是在养育宝宝，而不是在保护器物。宝宝的成长过程中总会有一些小损失，但那是值得的。

念儿歌

儿歌朗朗上口，语言简单，贴近生活，是很好的学习工具。

现在有专门的儿歌专辑和儿歌书，爸爸妈妈可以和宝宝一起学习儿歌。2岁以后，如果有条件可以给宝宝放一些英文儿歌，和他们一起唱。但需要爸爸妈妈帮助解释里面的意思。

潜能开发游戏

搔痒痒

【目的】增加宝宝的愉悦感，提高宝宝的记忆力。

【玩法】把宝宝的手掌心朝上，放在爸爸或妈妈的左手上。一面唱童谣，一面配合着节奏做动作（父母右手的动作）：

"炒萝卜，炒萝卜，（在宝宝手掌上做炒菜状）

切——切——切；（在宝宝胳臂上做刀切状）

包饺子，包饺子，（将宝宝的手指往掌内弯）

捏——捏——捏；（轻捏宝宝的胳臂）

煎鸡蛋，煎鸡蛋，（在宝宝手掌上翻转手心手背）

砍——骨碌头！（伺机向宝宝搔痒）"

当宝宝对歌谣内容熟悉后，可以反过来让宝宝一边念歌谣，一边重复上述动作，爸爸妈妈可以适当地给宝宝提醒，引导宝宝接下来要做什么。

打气球

【目的】训练宝宝的手脚协调能力和动作力量。

【玩法】爸爸或妈妈用手吊一个气球，高度随时调节，让宝宝伸手跳起拍击；也可把气球抛给他，让他用脚踢，在游戏的时候可以用儿歌鼓励："打球、踢球，宝宝，玩球！"

粘贴纸

【目的】训练宝宝的语言理解能力、对事物的认知和方位感。

【玩法】准备一些不同颜色的粘纸，让宝宝把花花绿绿的粘纸根据爸爸或妈妈的要求，贴到爸爸或妈妈的鼻子上、后背上或鞋子上；也可以让宝宝贴到自己的肚子上，脸蛋上；还可以叫他贴到椅子上、沙发上或杯子上。宝宝贴对了就给予表扬，错了就给予启发和纠正。在宝宝贴的时候，爸爸或妈妈可以念儿歌："贴，贴，粘贴纸，宝宝贴对（错）了！"

2 岁到 3 岁

这个年龄的幼儿

体重
男宝宝体重的正常范围为 12.2 ~ 13.8 千克，平均为 13.0 千克；女宝宝体重的正常范围为 11.6 ~ 13.4 千克，平均为 12.5 千克。

身高
男宝宝身高的正常范围为 87.9 ~ 95.1 厘米，平均为 91.5 厘米；女宝宝身高的正常范围为 86.8 ~ 94.2 厘米，平均为 90.5 厘米。

牙齿
在 2 岁半左右，宝宝的 20 颗乳牙基本出全。

营养需求与喂养

营养需求
这个阶段的宝宝，一般乳牙都出齐了，咀嚼能力有了进一步的提高，但与成年人相比还是有差距。为了便于宝宝咀嚼、吸收。烹调的时候仍应以细软为主。蔬菜切得细碎些，肉类应切细丝、丁块、薄片，不宜给宝宝多食用油腻、油炸等难以消化的食物，忌吃刺激性食物，少吃零食，讲究饭菜的色香味。要想使宝宝身体健康、大脑发育良好，就必须让宝宝摄取比较全面的营养。各种各样的营养对于 3 岁的宝宝来说都是极为重要的，特别是蛋白质、脂肪维生素、无机质等，更是缺一不可。此时的宝宝喜欢吃甜点，以前吃点心的时候家长总是看着吃，现在宝宝总有各种机会自己接触到糖果。家长此时就要注意了，要控制宝宝对糖果的摄入量，降低宝宝龋齿发生概率。

食谱推荐

	原料	做法
番茄猪肝	番茄 80 克，猪肝（熟）30 克，油、盐各少许	1. 猪肝洗净、切片；番茄洗净、切块 2. 锅置火上，入油烧热，放入番茄炒软；再加入猪肝拌炒，调味即可
蔬菜牛肉粥	牛肉 40 克，米饭 1/4 碗，菠菜 1 棵，肉汤 1/2 杯，土豆、胡萝卜、洋葱 1/5 个，盐适量	1. 准备牛肉精肉并磨碎 2. 将菠菜、胡萝卜、洋葱、土豆炖熟并捣碎 3. 将米饭、蔬菜和肉末放入锅中煮，并用盐调味
苹果色拉	苹果 20 克，橘子 2 瓣，葡萄干、酸奶酪、蜂蜜各 5 克	1. 苹果洗净，去皮后切碎；橘瓣去皮、核、切碎；葡萄干温水泡软后切碎 2. 将苹果、橘子、葡萄干放入小碗内，加入酸奶酪和蜂蜜，拌匀即可喂食。制作中，要把原料切碎，块不宜大，以适应婴儿的咀嚼能力
金菇虾肉饺子	瘦猪肉 200 克，金针菇 100 克，虾皮 50 克	1. 金针菇煮熟去汤，虾皮温水略洗，与瘦猪肉共同剁碎 2. 将上述三物共剁成泥，加调味品制成馅，包成饺子（或馄饨）煮食，可分数次食用

饮食调节

这个时期的宝宝喜欢吃偏干的食品，所以为了增进宝宝增进食欲，可以按照宝宝的口味和喜好调整饮食，但也不要让宝宝饮食过量。这个时候。家长们可以让宝宝吃一些刺激性辣味了，比如做菜的时候可以放一些辣椒。据专家研究，辣味食品有健脑的作用。但是吃辣的东西也要适量，否则会影响宝宝的味觉，而且还会让宝宝食欲降低，容易偏食。

微量元素缺乏的症状

缺钙

1. 夜间多汗、睡眠不安、易醒、易惊、摇头、枕秃、白天烦躁、坐立不安; 体征颅骨软化、囟门大不易闭合(正常是 1 ~ 1.5 岁闭合), 出牙晚(正常 6 ~ 8 个月开始出牙, 10 个月后长牙算做稍微晚的), 站不稳(正常 8 月左右可扶站或独占, 很稳);

2. 阵发性腹痛、腹泻, 抽筋, 胸骨疼痛;

3. 鸡胸(逐渐出现肋下缘外翻或者胸骨异常隆起), X 形腿、O 形腿, 指甲灰白或有白痕;

4. 1 岁以后宝宝容易烦躁, 注意力不集中, 反应冷漠的同时又有莫名其妙的兴奋, 健康状况不好, 容易感冒等。

缺铁

1. 长期缺铁易导致缺铁性贫血: 头晕, 头痛, 面色苍白, 乏力, 心悸, 毛发干燥, 指甲扁平, 失光泽, 易碎裂; 抗感染能力下降, 在寒冷条件下保持体温能力受损, 使铅吸收增加等。

2. 少微笑。婴幼儿体内缺铁会导致组织细胞内低氧而使活动能力下降, 出现不爱笑、疲倦、食欲减退、烦躁、不安及破坏行为等症状。

缺硒

主要是脱发、脱甲, 部分患者出现皮肤症状, 少数患者可出现神经症状及牙齿损害。人轻度或中度缺硒, 其征兆或症状不明显。

缺锌

喜欢吃那些平常不能吃的东西, 例如泥土、火柴杆、煤渣、纸屑等, 厌食、生长迟缓等。其他症状: 智力低下, 反应迟钝, 发育迟缓; 易反复上呼吸道感染, 易消化不良、肠炎、腹泻等胃肠道疾病; 经常出现舌头溃烂(地图舌)、口腔溃疡; 头发发黄、稀少、干燥无光泽、头发竖立; 手指甲根部没有半月状的健康环, 或者只有拇指甲上有; 身体的伤口易感染, 创伤久久不能愈合。

缺碘

脑发育障碍，智力低下，身材矮小。

缺维生素A

出现夜盲症，眼角膜或结膜干燥，角膜溃疡或瘢痕等临床表现。

缺维生素D

1. 佝偻病。小儿易激惹、烦躁、睡眠不安、夜惊、夜哭、多汗，由于汗水刺激，睡时经常摇头擦枕。随着病情进展，出现肌张力低下，关节韧带松懈，腹部膨大如蛙腹。患儿动作发育迟缓，独立行走较晚。重症佝偻病常伴贫血、肝脾肿大、营养不良，全身免疫力减弱，易患腹泻、肺炎，且易成迁延性。患儿血钙过低，可出现低钙抽搐（手足搐搦症），神经肌肉兴奋性增高，出现面部及手足肌肉抽搐或全身惊厥，发作短暂约数分钟即停止，但亦可间歇性频繁发作，严重的惊厥可因喉痉挛引起窒息。

2. 头部颅骨软化多见于 3 ～ 6 个月宝宝，以枕骨或顶骨为明显，手指压迫时颅骨凹陷，去掉压力即恢复原状（如乒乓球感觉）；6 个月后颅骨增长速度减慢，表现为骨膜下骨样组织增生，额骨、顶骨隆起成方颅、严重时就呈十字颅、鞍状颅。此外还有前囟迟闭，出牙迟，齿质不坚，排列不整齐。

3. 胸部两侧肋骨与肋软骨交界处呈钝圆形隆起称"肋串珠"，以第 7 ～ 10 肋为显著；肋骨软化，受膈肌牵拉，其附着处的肋骨内陷形成横沟（称为赫氏沟）。严重佝偻病胸骨前突形成鸡胸；胸骨剑突部内陷形成漏斗胸，由于胸部畸形影响肺扩张及肺循环，容易合并重症肺炎或肺不张。以上畸形多见于 6 个月 ～ 1 岁宝宝。

4. 脊柱及四肢可向前后或侧向弯曲。四肢长骨干骺端肥大，腕及踝部膨大似"手镯""脚镯"，常见于 7 ～ 8 个月，1 岁后小儿开始行走，下肢长骨因负重弯曲呈 O 形或 X 形腿。O 形腿凡两足靠拢时两膝关节距离在 3 厘米 以下为轻度，3 厘米以上为重度。X 形腿两膝靠拢时两踝关节距离及轻、重判定标准同 O 形腿。

缺维生素 E

形成疤痕；牙齿发黄；引发近视；引起残障、弱智儿。

缺维生素 B_1

可发生脚气病、食欲不振、乏力、膝反射消失等，母乳严重缺乏可使宝宝患心力衰竭或抽筋、昏迷等；宝宝缺乏可引起糖代谢障碍。

缺维生素 B_2

眼、口腔、皮肤的炎症反应。眼部症状为结膜充血、角膜周围血管增生、睑缘炎、畏光、视物模糊、流泪；口腔症状为口角湿白、裂隙、疼痛、溃疡，唇肿胀以及舌疼痛、肿胀、红斑及舌乳头萎缩，典型症状全舌呈紫红色中间出现红斑，清楚如地图样变化；皮肤症状主要表现为，一些皮脂分泌旺盛部位，如鼻唇沟、下颌、眉间以及腹股沟等处皮脂分泌过多，出现黄色鳞片；影响宝宝的生长发育。

缺维生素 B_6

虚弱、神经质、贫血、走路协调性差、脱发、皮肤损伤、眼睛、嘴巴周围易发炎、口臭。

缺维生素 B_{12}

通常性体虚、神经衰弱、恶性贫血、行走说话困难。

缺维生素 C

坏血病，表现为毛细血管脆性增加，牙龈肿胀与出血，牙齿松动、脱落、皮肤出现瘀血点与瘀斑，关节出血可形成血肿、鼻出血、便血等；还能影响骨骼正常钙化，出现伤口愈合不良，抵抗力低下等。

零食供给

宝宝喜欢吃甜食，其实与宝宝运动量大需要能量补充也是有关的。但甜食吃太多容易蛀牙，也容易长胖，因此甜食不要给他很多，每天定量几粒糖就可以了。

这个年龄段的宝宝可以吃水果了，多给他们吃水果有助于消化和吸收。也可以给宝宝们喝果汁，最好是新鲜的果汁，很多便宜而又颜色鲜艳的果汁可能含有很多化学物质，尽量少让宝宝喝。

这个时期的宝宝最好不要吃巧克力，是因为一旦吃了巧克力他们对别的零食就失去了兴趣，会一直吵着要。巧克力吃多了会引起恶心、烦躁、出鼻血和蛀牙等问题，加上宝宝在这个年龄段性格很不稳定，家长最好不要让宝宝吃巧克力。

有的亲友和长辈为了表达对宝宝的喜爱，会带着他去超市让他随意选自己喜欢的东西，对大部分宝宝来说，他们都不会客气。这样容易养成坏习惯。家长不要这样做，也告诉亲友们不要这样做。

如果别人给宝宝零食，要告诉他如果接受并鼓励宝宝说"谢谢"，告诫宝宝，不要吃陌生人给的东西。

营养过剩

为了让宝宝健康点儿，很多妈妈总是希望宝宝能吃得越多越好，小时候长得胖乎乎的更可爱，将来长大了自然就不会胖下去了。其实这样的想法是危险的，吃得太多或者补得太多，一方面引起小儿的肥胖，不利于肢体灵活，另一方面可能引起性早熟，甚至对儿童智力发育也会构成负面影响。

营养过剩对儿童智力的影响主要是引起"不协调性"，表现为视觉与运动之间协调性差，瞬间记忆与手眼运动配合能力差。这种"不协调性"使得儿童的动作显得笨拙，反应能力不如同龄的正常体重儿童，对儿童日后的学习与生活有一定的不利影响。研究还证实，"不协调性"的程度与营养过剩的程度成正比，因而在重度营养过剩（重度肥胖）儿童身上这种"不协调性"的现象尤为突出，使得这些儿童的总智商低于正常儿童。

因此，父母们要特别关注儿童的营养问题，自幼给予科学喂养，既要防止营养不良又要避免营养过剩。如果儿童呈现营养不良或营养过剩，那么，家长不仅要加强儿童饮食结构的调整，以改善营养失衡状况，还要注意观察儿童的智力状况，加大教育力度，以促使其像其他宝宝那样发育正常。

营养过剩与我们总是把"最好的"东西给宝宝吃有关。我们通常理解的"最好的"，就是价格不菲的、难得见到的、进口的和营养丰富的。很多家长疼爱宝宝，就总是极力在饮食上满足他，给他吃"最好的"食品。

事实上一个宝宝在成长期所需要的营养是有限的，也不需要专门吃那些精加工深加工的食品，对宝宝来说，天然的、高纤维的、颜色丰富的食物就很好了，没有必要追求大人心目中"最好的"标准。

能力发展与训练

言语

这时的宝宝进入了口语发展的最佳阶段。在这个时期，宝宝说话的积极性很高，特别爱模仿大人说话，言语能力迅速发展，掌握了最基本的词汇，可以用语言与他人进行基本的日常交流。2岁半以后，宝宝渐渐地会掌握基本的语法和句法，会说出较比完整的句子，开始会用"你、我、他"人称代词，至此宝宝的言语能力进入了一个新阶段。

认知

2岁半的宝宝大多能进行颜色命名，但正确率不高。他们这时候已经有自己喜欢的颜色了，红、黄、绿、橙、蓝等鲜明的颜色都很受这个年龄段宝宝的欢迎。

80%的宝宝能用语言表达出物体大小的感觉，也能从大小不等的东西中找到自己想要的。但2岁多的宝宝对时间还没有明确的概念，他们可能知道有关时间的词语，但不能正确地运用。一些刚刚教会的东西，隔几十天或几个月再看，还能回忆起来。

这歌年龄段的宝宝的认知能力已经大大提高了，他们开始熟悉周围的环境，能够知道左右，对方位也有了感觉，并且知道常见物品的用途。如果宝宝还不能达到上述水平，父母可以有意识地帮助宝宝提高。比如给他购买一些颜色不同的玩具，给宝宝的小房间里布置不同颜色的装饰物品；可以悬挂一些小物品，在不同的层次安放各种装饰物，也可以自己画一些小汽车、飞机等和宝宝一起认。

这个阶段的宝宝模仿能力很强，所以父母在这个时候，就不要再把宝宝当成什么都不懂的小不点儿了，要做好父母的表率工作。

心理

宝宝只有知道自己确实是存在的，才能知道如何爱护自己。对于此阶段的宝宝已经明确了自己的存在，知道自己的身体部位，也能表达自己的各种感觉，如疼痛感、饥饿感等。但因为年龄关系，他们仍需要深化对自己外在特点的认识，这样才能逐渐使宝宝在心理上形成对自己的深刻认识。因此，父母们要在日常生活中，通过各种方式来训练宝宝认识自我。

每天坐下来和宝宝说会儿话，不带任何个人主张，我听你说或你听我说，无论宝宝说什么话，都不要训斥宝宝。对于年龄较小的宝宝，他们的语言表述能力还不完善，所以家长在跟他们聊天时，宝宝总会出现言语不连贯、用语不当、重复等情况，对此，家长不可当面指责，只要多示范，宝宝渐渐就会进步了。

社会交往

2 ~ 3岁的宝宝自我意识有了很大的发展，意识到"我"就是他自己，产生了强烈的独立性倾向，什么事都想要自己去做，尽管做不好也不要别人帮忙；有时表现为不听大人的话，对大人的要求产生对抗，宝宝已进入心理学上所称的"第一反抗期"。而且，宝宝想要与外界沟通的兴趣逐渐增大，希望与他人交往，希望有小伙伴。这时，如果让宝宝如愿和其他小朋友一起玩，却又很难玩到一起，这主要是由于他们的社会适应能力还有限，自我意识还比较强，所以家长应该多鼓励宝宝和小朋友一起玩。

独立性

对 2 ~ 3 岁的宝宝来说，有几样事情是值得骄傲的：不用尿布和纸尿裤了，可以自己吃饭了，可以说一些词汇来表达自己的想法，和大人在一起的时候渐渐拥有了"发言权"……这些对他们来说，都是人生中的一次跨越。

如果正处于上述变化的过渡时期，例如还不能完全去掉尿布，吃饭需要家长喂、说话不是很积极，发音也极不标准，那就需要爸爸妈妈的帮助，让宝宝顺利完成"蜕变"。

去掉尿布是一个循序渐进的过程，有的妈妈喜欢等宝宝完全能控制小便之后再抛弃尿布，有的妈妈宁愿让宝宝尝一尝尿裤子的苦头，也要强制性地换掉尿布。这两种都没有错，不过妈妈们需要明白，宝宝对新的环境和便盆、坐便器可能会有恐惧，由于紧张而便不出来也可能出现，家长需要帮助宝宝熟悉环境，不要让他们害怕厕所。有的宝宝很害怕冲水的声音，但是冲水几次之后，宝宝就会开始喜欢放水冲厕所。于是宝宝们会希望上厕所，这样他们就可以冲水玩了。

很多宝宝在第一次坐到坐便器上去的时候会害怕掉进去。宝宝坐在坐便器上的时候，家长要扶着宝宝，让他对坐便器不要有恐惧和排斥感。

不能自己吃饭的宝宝，多半是家长太宠爱他们了，其实让宝宝自己学会用勺子，对他们的平衡感和手腕的灵活度的提高都有帮助，家长应该把这样的学习机会还给宝宝。即使宝宝经常把米饭喂到自己的鼻子上，他们也会慢慢想办法下一次更准确一点儿。妈妈们要多给点儿耐心，让宝宝一步一步学会。

有的宝宝说话早，有的宝宝说话晚，但普遍在 2 岁以后都能请教长辈、说常用的词语。如果 3 岁以后还不能开口说话，家长要去医生那里看看宝宝的发音器官是否健康，或者是否有发音上的心理障碍。

很多家长在和宝宝说话的时候，不自觉地就用一种不自然的语气和语调，其实和宝宝交流，只要把语速稍为放慢一些，吐字清楚就可以了，没有必要可以说"宝宝们的话"。

模仿力

2岁多的宝宝的家长们都会感慨，宝宝的模仿能力实在太强了。一般去医院看到医生给病人打针，宝宝们回家之后都能准确地模仿出推注射器、用棉签消毒、打针和按住针扎的地方这一系列的动作。看到爸爸刮胡子，男宝宝一般都会很感兴趣，学着刮自己的脸，所以，家里有一个超级模仿秀时，除了骄傲和惊讶之外，爸妈也要开始注意自己的言行了，因为宝宝正在观察你！

如果宝宝的模仿能力不是很强，对新事物也没有表现出很大的兴趣，那么爸爸妈妈可以引导宝宝开始模仿。如果在床上模仿大象走路，和宝宝看完画册之后，可以和他一起模仿其中的动物、人物和对话。

生活中还有很多可以模仿的地方，比如公交车报站、开车、超市结账等，爸爸妈妈可以带着宝宝一起做游戏，来完成这些事情。

有的宝宝看到别的宝宝吃奶，他们会掀起自己的衣服给布娃娃或者动物"喂奶"，要不要阻止这种行为呢？或许在我们成年人看来，这样做不是很文雅，但小宝宝其实就是在简单地模仿而已，没有别的意思，家长没有必要批评他。很多小孩都经历过学妈妈哺乳的时期，过了这个时期就好了，有时候可能只会学一次就没有兴趣了。

创造力

创造力和注意力总是结合在一起的，宝宝的专注时间越长，他们越有可能进行创造性的活动。宝宝的注意力从1岁起开始不断地发展，一般来说，1岁半时的注意力在5～8分钟，2岁10～20分钟，2岁半10～20分钟，到了3岁时间更长一点儿，他们能长时间地注意一个事物，自己也能独立地玩较长的时间。

如果家长给宝宝一些画笔和纸，2岁的宝宝画出来的往往是不规则的圆和一些简单的线条，他们这时候还不能画出四边形、米字格。家长可以提供一些可供模仿的作品，买一些专门给宝宝学画画的画册或者积木。

如果宝宝开始模仿大人，或者模仿别人说话、做事，哪怕这些事情的内容不是很体面，家长也不要大惊小怪加以制止。让宝宝自由地模仿任何他有兴趣的事情，也是在培养他们的创造力。

合作精神

这个时期的宝宝主要还是和家人接触，有一些上了幼儿园或者托班可以和同龄宝宝接触了，但"交际圈"还是很简单的。由于2岁的宝宝正处于形成自我意识的阶段，难免有自私、发脾气、极端和依赖大人的情况，这时候给他们讲道理会比较困难，要培养合作意识，也就只能从生活细节中下手。

例如，和宝宝一起上街，可以请宝宝帮忙提着轻一点儿的东西，并鼓励他做得好，让他觉得能帮忙做事情是一件很快乐的事情。家里来了客人，请宝宝拿出水果来招待别人，对方通常都会说"你真乖""谢谢"这样的话，对宝宝积极做事情是有激励作用的。

如果宝宝特别不愿意将自己的东西让给别人，父母不要在这个时候强制拿走他的东西。等到事情过去，宝宝的情绪稳定之后，父母可以和他谈谈这个事情，告诉他不要再这样做。父母多给宝宝一点儿时间和机会做事情，他们会更乐于合作。

自我解决问题

宝宝在成长的过程中会遇到各种各样的问题，例如，吃饭不能准确地喂到嘴里、说话不清楚、尿裤子、和小朋友抢东西、走路经常摔倒等，随着年龄的增长，他们还会遇到新问题，哪怕成年之后，也还是要面临成年人应该面对的问题。所以，让宝宝拥有自己解决问题的能力，是一件让他们受益终身的事情。

对一个成年人来说，独立解决问题需要经验、判断力、执行力和耐心，还需要学会合作，其实这些对一个 2 岁的宝宝来说也是一样的。由于宝宝的经验很少，他们遇到问题的时候常常只能用自己最本能的方法来解决，但随着经验的增加，他们就会学会怎样处理问题。家长需要在出现问题的时候，给予指导而非直接替他们完成。

排便训练

2 岁多的宝宝是可以自己控制上厕所的，但不排除个别情况。家长在培养宝宝上厕所的时候，要知道以下情况是不适合宝宝养成排便习惯的：

1. 家里有新生婴儿；

2. 新保姆接手；

3. 宝宝换床；

4. 搬家；

5. 家庭关系出现问题；

6. 有家人生病的时候。

有一些迹象可以看出宝宝能够开始用厕所了：

1. 每天有几个小时尿布都是干的；

2. 对他人上厕所很感兴趣；

3. 大便的时间很有规律；

4. 要大便的时候会有所反应，例如蹲下或者会发出声音。

家长可以用便壶来帮助宝宝学会排便。便壶让宝宝觉得这种转变是非常新奇刺激的活动，但不要强迫宝宝坐便壶。这样只会让他们觉得很不高兴，这对学习的过程没有任何帮助。

很多宝宝会害怕听到冲厕的声音或者不喜欢看到粪便被冲走，如果你的宝宝是这种情况的话，可以先让他们去玩然后再冲厕。

如果遇到状况的时候尽量不要跟宝宝发脾气，注意继续鼓励他。另外，记住教宝宝如厕后要洗手，从一开始就让他们养成便后洗手的习惯。

日常护理注意问题

攻击行为

2岁多的宝宝处于不断说"不"的对抗期,这是他的自我意识萌芽了,这种自我意识是人的综合性智能的根基,不应抑制,而应该正确引导。如果父母滥用权威命令,强迫宝宝,会导致宝宝日后出现各种破坏性和攻击性行为。

2～3岁宝宝表现出来的对抗期,从心理学上说是"母子分离"期,即幼儿要离开父母独立的时期。这个时期,宝宝的行为大多属于探索行动,原来在父母的保护之下所看到的物体,现在自己想去接近它们,摸一摸,弄清楚这究竟是什么东西。这是宝宝智能发展的表现,对此,父母应该高兴才是。

宝宝到2岁前后,不要任何人教,就自然地想脱离父母,原因之一是宝宝运动功能发达,能够自由行动了。加之其语言能力也迅速发展了,能理解物体和语言的关系了,这更加勾起了宝宝的好奇心。另一个原因是在这之前已经建立了牢固的亲子关系,宝宝产生了安全感,即使离开父母也不要紧。

许多宝宝在2岁左右还会平生第一次大发脾气。宝宝在小的时候也许发过火,但随着其预见能力越来越强,其失望感也就越来越强烈。期望值越高,其失败感越强。起初,对大多数对抗期幼儿来说,他们的愤怒情绪多半都是由某件东西诱发的,如卡在椅子背后的玩具,或者拼板塞不进拼图框里去。随后,越来越多的情况是,有些宝宝的怒气指向了父母:妈妈不肯打开冰箱的门,或者爸爸把面包切了两半,而他要的是一个完整的面包。

对发脾气的幼儿,父母最好采取不予理睬的态度,不要试图去安抚宝宝。其实,宝宝的怒气转瞬即逝,其情绪很快就会变得好起来。一些父母认为对发脾气的宝宝应进行惩罚。他们确信发脾气是宝宝难以与人相处的迹象，对这种行为要尽早处置。实际上，如果大人对宝宝发脾气的问题关注较多，无论这种关注是积极的还是消极的，都有可能产生相反的效果。当宝宝大声尖叫时，父母总是不拿它当一回事也许很难，但这却是使宝宝少发脾气的最有效的办法之一。

龋齿及预防

"虫牙"或"蛀牙"是民间形容牙面上有了洞眼，牙齿硬组织受到损害的一种俗称，医学上称为龋齿，是人类口腔最常见的多发病之一，现已被列为心血管疾病和癌症之后的第三位疾病。

龋齿的起因至今尚未弄清，过去有个别江湖郎中为了愚弄人，故作玄虚地从牙齿上捉下"虫子"给人看，其实并不是真正的"虫子"在作怪，而是和口腔中的细菌、食物有关。由于人们吃的食物越来越精细，甜食也越来越多，龋齿的发病率也越来越高，所以又称它为"文明病"。儿童龋齿的发生不仅和生活环境、物质条件有关，也与牙齿本身的发育结构、饮食习惯和口腔卫生状况有关。

龋齿刚发生时，患儿并没有任何感觉，更不会引起疼痛，这时候不易引起父母的重视。当龋齿破坏较深后出现大小不等的龋洞，遇食物嵌入或酸甜冷热刺激后就会发生疼痛，这时病变已开始涉及牙髓，如不及时治疗，可引起牙髓病变，但一般不会出现那种成人典型的自发痛、夜间痛，而表现明显的牙龈肿胀。当炎症继续发展到牙根时，就会引起持续性疼痛，牙齿不能咬合，形成牙龈瘘管，甚至成为一个病灶，引起全身性疾病。

所以家长在帮助宝宝刷牙时，若发现龋齿就应立即带宝宝看牙科，进行早期治疗，有道是"小洞不补、大洞吃苦"，延误治疗会增加宝宝的痛苦。

说听不懂的语言

如果宝宝突然说一些我们听不懂的话，或者是大人从来没有说过的话，家长可以问问他"你说的什么，妈妈没有听清楚，再说一遍。"也可以不理会，也许宝宝正在回忆什么。

宝宝有时候"自言自语"也使正常的，特别是家里只有一个宝宝的情况下，宝宝 2 岁的时候会自己给自己假想一个朋友，和他对话，过家家等。

也有的宝宝因为发热而说话不清楚，妈妈要摸摸宝宝的头。如果家里有癫痫病史的，也有可能宝宝有癫痫的症状，但同时会伴有其他不常见的行为，会比较明显。

自我中心化

3 岁是宝宝发展中的一个重要阶段。宝宝在这个时期有一个相当明显的心理倾向，那就是以自我为中心。以自我为中心是人类从幼年走向成熟的一个自然的、必经的阶段。以自我为中心会影响幼儿对自己、对他人的认识，影响他与别人的友好关系。因此，父母要帮助自己的宝宝逐步摆脱以自我为中心的状态。以自我为中心是儿童早期自我意识发展的一个必然阶段。儿童早期自我意识发展的体现：入园时大哭大闹，打滚要赖，拼命拉住家长不放手，不吃饭，不上床睡觉；总是不明原因的大哭，有时是因为受了小伙伴的欺负，有时是因为想小便，总之，什么事都用哭来表达；不由分说地抢玩具，一边抢一边说："我的，我的"，当老师告诉他不能抢玩具时，通常他会若无其事地说："我要玩"；有的宝宝远离群体，喜欢一个人玩，嘴里还念念有词；共同进行活动时，宝宝也经常各做各的，互不理睬，活动室中安安静静；在一些合作活动时，宝宝不会主动寻找合作伙伴，而是原地不动，等待着别人；自己的东西不允许别人碰，大人等现象屡见不鲜；不听父母的话，觉得自己说的就是对的；没有容忍度和宽容度，常常是别的小朋友打自己一下就要还手。

父母可以运用以下方法帮宝宝摆脱以自我为中心的状态：

转移家庭注意的焦点

这里所说的转移家庭注意的焦点是指父母和祖辈不要把注意力全集中于宝宝身上，这样很容易溺爱宝宝。而溺爱更强化了宝宝的以自我为中心的意识，这样很容易使宝宝认为"自己是世界的中心"，其他人理所当然围着自己转。父母应有意识地转移家庭注意的焦点，把宝宝视为与其他家庭成员平等的一个人。这样宝宝才能正确地认识自己，看到别人的存在，弄清楚人与人之间的关系。

运用启发式问答

比如上面提到的案例，宝宝问："黄瓜不是绿色的吗？应该叫绿瓜才对。"这时候运用启发式回答更合适。比如说："对呀，黄瓜是绿色的应该叫绿瓜才对，妈妈也觉得叫绿瓜才合适。但我们去菜市场买菜的时候，说绿瓜人家知道是什么吗？冬瓜也是绿色的，丝瓜叶是绿色的，好多瓜都是绿色的呀。"用这种启发式的问答来引导宝宝去思考探索，让宝宝在思考的过程中，改变自己错误的思路。

让宝宝多参加集体活动

过度限制、封闭或是保护宝宝也是非常不利的。应该让宝宝多参加一些集体活动。集体活动能使宝宝接触更多的人，体验到与他人合作的意义，从而走出自我的圈子。

偏食

刚刚从流质食物变成正常饮食的宝宝，有可能偏食。有的父母为了让宝宝开始吃饭，就给他们买一些零食，或者许诺吃了饭就可以喝饮料，这样一来，宝宝就容易只喜欢吃一样东西或者是零食了。

现在的商家为了让食品尝起来更加可口，会加入一些膨松剂、保鲜剂等的东西，虽然都是可以食用的，但对幼儿来说，这些化合物可能会影响他们的身体发育。在城市里长大的宝宝普遍比乡村里长大的宝宝早熟，其中有很大的原因就是城市的宝宝吃的东西中的化合物成分比乡村宝宝要高得多。但是现在，乡村里面的宝宝也可以吃到各种各样的零食了，接近天然食品的优势渐渐不能发挥出来了。

控制宝宝的零食，最好从小时候就开始重视，不要给宝宝吃太多零食，鼓励宝宝多吃青菜和水果，养成良好的饮食习惯。

如果宝宝一开始就不爱吃胡萝卜，不论是煮了吃还是炒了吃都没有兴趣，家长可以告诉宝宝小兔子也是吃胡萝卜的，和宝宝讲讲小兔子的故事，然后请他扮演兔子，开始吃胡萝卜，这样的办法也可以帮助一些不吃青菜的宝宝改过来。

一方面妈妈们要想办法转换思路，让宝宝爱上吃青菜，另一个方面，宝宝实在不愿意吃的东西，家长也不必勉强，一样不吃也不会对身体有很大的影响。

腹泻

2岁多的宝宝腹泻多半是由于病毒感染而引起的，感冒后腹泻、消化不良引起的腹泻，实际上也是病毒所致。但是这样的腹泻也容易治疗：

腹泻的宝宝暂时不要吃东西，想吃点儿东西的话，就喝温热的粥，这样对刚刚腹泻的小孩肠胃上有一个缓冲。肠胃还没有调整好又吃零食或者水果，都会造成消化的负担；

让宝宝的肚子保持温暖，如果是在冬天，就让宝宝在温暖的地方休息，如果是夏天不要让他喝凉水、吃冷饮。

一般过一天之后，宝宝的腹泻就会好起来。

如果宝宝腹泻的时候有血，但没有其他的问题，可能是直肠息肉。如果由于感染了痢疾而拉肚子，或者一家人中有好几个都拉肚子，那么一定要去医院治疗，防止相互传染。

认生

当不太熟悉的人要抱小孩的时候，宝宝会哭闹，有新面孔出现在家里的时候，宝宝也很烦躁不安，这些就是我们常说的认生。认生和怕黑一样，是宝宝的性格中的一部分，父母可以帮助宝宝慢慢改变，但是不能因为宝宝认生就觉得他没用、没出息。

长期只和父母在一起的宝宝比较容易认生，而大杂院里面长大的宝宝胆子就大一些，敢和别人对话。所以父母要尽量帮助宝宝和同龄的或者相仿年龄的宝宝对话，一起相互熟悉，这样可以帮助宝宝降低认生的感觉。

磨牙

肠道寄生的蛔虫产生的毒素刺激神经，导致神经兴奋，宝宝就会磨牙。同样，蛲虫也会分泌毒素，并引起肛门瘙痒，影响宝宝睡眠并发出磨牙声音。过去，家长们都认为磨牙的宝宝是长了寄生虫，但现在有蛔虫病、蛲虫病的宝宝越来越少了。

如果宝宝白天看到了惊险的打斗场面，或者在入睡前疯狂玩耍，精神紧张，这样也会引起磨牙；宝宝白天被爸爸妈妈责骂，有压抑、不安和焦虑的情绪，夜间也可能会磨牙；晚间吃得过饱，入睡时肠道内积累了不少食物，胃肠道不得不加班加点地工作，由于负担过重，会引起睡觉时不自主的磨牙；另外，缺少微量元素也使磨牙的原因，钙、磷、各种维生素和微量元素缺乏，会引起晚间面部咀嚼肌的不自主收缩，牙齿便来回磨动。牙齿替换期间，如果宝宝患了佝偻病、营养不良、先天性个别牙齿缺失等，使牙齿发育不良，上下牙接触时会发生咬合面不平，也是夜间磨牙的原因。

磨牙对宝宝的身体是不利的，如果宝宝有肠道寄生虫，要及早驱虫；宝宝有佝偻病，要补充适量的钙及维生素 D 制剂；给宝宝舒适和谐的家庭环境，让宝宝晚间少看电视，避免过度兴奋；饮食宜荤素搭配，改掉挑食的坏习惯，晚餐要清淡，不要过量；要请口腔科医生仔细检查有无牙齿咬合不良，如果有，需磨去牙齿的高点，并配制牙垫，晚上戴后会减少磨牙。

口吃

2 岁多的宝宝说话不是很明晰，表达上拖拖拉拉，或者一句话重复很多遍，大部分都不是真正的病理上的口吃，而是还不太习惯说话而已。等到宝宝年龄增加，说话多了，就不会有这样的情况了。

家长要注意的是，不要因为宝宝说错了话，觉得很好玩而哈哈大笑，或者是觉得宝宝说错话的事情可以拿出来和亲友们讲一讲，就总是反复学宝宝，这样会影响宝宝学说话的信心，严重的就会形成心理障碍，以至于总是有点儿结结巴巴。

当宝宝出现口吃的症状时，父母先不要在意，而是用正确的语言来引导宝宝说话，也不要叫他"小结巴"，这样的称呼也会让宝宝以为自己口吃是正常的。

控制吃饭时间

宝宝小的时候，总是饿了就要吃，但如果习惯不好，容易引起小儿消化不良、肥胖、胃口不佳等问题。因此，控制好宝宝的进餐时间也很重要。

一般来说，这个年龄段的宝宝进食的节奏是：早餐、午餐、下午加餐、晚餐和睡前的奶粉。宝宝已经长出了乳牙，他们的食物从液态逐渐转换成固态，可以开始吃炒的肉丝、硬皮的面包、生菜、萝卜、芹菜和藕等。

控制宝宝吃饭的时间，并不需要特别的窍门，主要是和爸爸妈妈吃饭的时间保持一致。早上 8 点早餐，中午 12 点到 1 点之间中餐，下午三四点可以加餐吃一点儿零食，晚上六七点晚餐，睡觉之前喝一杯 200 毫升奶粉。如果宝宝不肯在吃饭的时间吃饭，而等到不是吃饭的时间又要吃东西怎么办？最好是不要迁就他，除非是生病了，起床太晚了或者晚上有事情睡得较晚。偶尔饿一饿也不会有问题，让宝宝养成良好的进餐习惯更重要。如果宝宝没有食欲，看看是不是身体不舒服，另外，运动量小的宝宝胃口也没有喜欢动的宝宝胃口好。

3 岁前的宝宝，最好不要给他吃巧克力。

入幼儿园前准备

有的宝宝 2 ~ 3 岁就会被送到幼儿园，他们这时候会妈妈有依赖性，比 1 岁多的宝宝容易认生，所以正式入园之前，需要妈妈陪读一段时间。

一开始妈妈可以和宝宝一起待在院里，帮助宝宝熟悉老师和同学，最好能认识一些比较玩得来的同伴。这样坚持 1 周或者 10 天之后，幼儿园的老师和宝宝们渐渐熟悉了，他们就能离开妈妈了。

妈妈或者爸爸去接宝宝的时候要准时，否则容易引起宝宝的不安。在入园之间，爸爸妈妈也要想好接送宝宝的时间问题，不要等到入园之后才发现自己没有时间管。

睡眠问题

2岁多的宝宝喜欢咬手指，有时候他们也会咬着手指入睡。很多宝宝到了3岁以后就没有这个习惯了，如果妈妈想要尽早改掉他的这个习惯，可以在宝宝入睡前轻轻握着他的手给他讲故事，坚持一段时间，宝宝就能自觉忘了咬手指的习惯。

有的宝宝喜欢跟着大人一起看电视，然后不知不觉中睡去，爸爸妈妈再把他抱上床。其实这样并不好，宝宝希望能够和爸爸妈妈多待一段时间，那么爸爸妈妈最好能够和宝宝讲点儿故事，不要光顾着自己看电视。成人的电视节目宝宝看不懂，但会留下一些印象。宝宝晚上做梦如果容易惊醒，家长一定要停止睡前看电视的这个习惯。如果宝宝晚上睡觉喜欢抱着毯子入睡，可能是在寻找妈妈拥抱的感觉，以后慢慢会好的。2岁多的宝宝最好不要太晚睡觉，养成了晚睡的习惯，对父母来说也是一件很麻烦的事情。

家庭环境的支持

游戏场地

这个年龄的宝宝在室内玩弄玩具的时间充其量不过20分钟左右。宝宝喜欢在室外玩，想骑三轮儿童车也是在这个年龄。开始只能是自己坐在车上让别人推着，或者是自己推着车子走。快到3岁时，就可以自己骑车子走了。

玩沙子、玩水，也是这个年龄的宝宝所喜爱的游戏。但是，无论有多少小铲、小水桶、小筛子，只有1个宝宝在沙场上也是玩不了多久的。玩水也是如此。如果来个同年龄的亲戚小孩一起玩，就可以玩个把小时。如果同附近大些的宝宝一道玩水，就会把午睡的时间都玩忘了。

这个年龄的幼儿游戏，比起玩具来更需要的是游友，这一点做家长的应当明白。给宝宝提供游玩场所，还要给宝宝准备小伙伴。有了小伙伴才会玩得高兴。现在玩具也不再是与小朋友们一道玩的入场券了，而是成了在自己家里玩耍的私有财产了。所以，即使妈妈煞费苦心地把邻居的宝宝叫来一起玩，宝宝也不会把自己的玩具借给对方。

带宝宝去儿童公园打秋千和爬积木时，开始时会玩得很愉快。但是，如果宝宝被妈妈带着像做功课那样天天去做的话，他们或许就会感到这好像是一种强制劳动吧。这时，再跟他说去公园处，他就会说不愿意去。

在家里一边听收音机播放的童话故事，一边和妈妈合唱倒是件乐事。可是，如果只同妈妈一起唱是不会坚持下去的。宝宝能很快记住电视中的广告歌曲。

大多数宝宝迫不得已才一个人在家里玩积木、拼图、看摆小汽车、玩弄吃奶的木偶等。喜欢画画的宝宝会用蜡笔使劲地画画，但是还不会画人的脸。

在今天，比起考虑给宝宝买什么样的玩具来，更重要的是妈妈要想办法给宝宝找到游戏的伙伴。

给幼儿安全感

有的家长不主张在宝宝哭闹的时候不抱宝宝，提出"一哭就抱"的教育原则。虽然是否有必要做到一哭就抱，每个人都有不同的看法，但有一点是共识性的——那就是在宝宝哭闹的时候，要确保他不是因为没有安全感而感到害怕的。

有的人觉得吓唬吓唬宝宝也没有什么不好，给他们一点儿颜色这样以后宝宝就乖了。于是会对宝宝说"不要你了""把你让到外面去""不听话小心大灰狼来吃小孩"等，表面上看去好像很管用，宝宝一下子就不哭了，但事实上，宝宝是被迫听话，他内心除了委曲之外还有害怕的成分，缺少安全感的宝宝成长、发育都会比正常状态慢。

家长教育宝宝或者惩罚宝宝的错误时，一定要记住的一条就是，不能让他觉得自己是被抛弃了，也不要拿"不要你了"这样的语言来吓唬宝宝，或者对宝宝说"你是路边捡来了的""你是杜妈妈生的"，宝宝会信以为真，这样对他的成长不利。

性别教育

让孩子知道自己的性别，而且对异性有一定的认知。这里的有性别意识，和青春期之后的性别意识是不一样的，家不用讲很多生理上的区别等，只需要告诉他"你是男孩""你是女孩"，同时也知道陌生人的性别就可以了。

很多家长觉得自己的儿子有点儿胆小害羞，像女孩一样，而女儿的个性又太野，和男孩子差不多，这时候该不该要求他们"男孩有男孩的样子"呢？其实，这种要求不是通过语言这种渠道来完成的，而是通过父母双方的示范实现的。孩子可以从父母身上感受到男女的区别，男孩会趋向于模仿父亲，而女孩则喜欢模仿母亲和姐姐。

如果是单亲家庭的孩子，家长则更需要用心。没有父亲的家庭里，家长最好能帮孩子找更多的男性朋友，如果有父亲形象的替代者，则更好。父亲对孩子的逻辑思维、性格和智商都有很重要的影响作用。

如果家里没有母亲，父亲需要对女儿温柔一些，另外注意他们的一日三餐和学习。到了 6 岁以后，就不要再把孩子当成没有性别的天使来看待，而是要用言语和行动来暗示他们，哪些事情不该做，哪些行为可以保护自己。

如果家长担心女孩在学校受欺负，可以告诉她，衣服遮住了的地方不要让别人碰，除非是医生检查。

培养自豪感

2 岁多的宝宝也有自豪感吗？答案是"有！"

如果让两个 2 岁多的宝宝帮妈妈拿衣架，一个妈妈对宝宝说"谢谢你帮忙，等衣服晒干了穿上一定很柔软。"另一个妈妈对宝宝什么也不说，那么下一次晾衣服的时候，被表扬的宝宝一定主动地帮助拿衣架，而另一个宝宝则可能不会表现出很大的兴趣。

宝宝2岁多的时候，对自己的认识是从别人的语言中获得的，如果爸爸妈妈不仅能表扬宝宝，而且可以让宝宝对自己的劳动有一个更明确的认识，这样有助于帮助宝宝建立自豪感。自豪是对自己的肯定和信心，也是和荣誉感紧密相连的一种宝贵情感。

多夸奖一下宝宝，肯定他的创造和想法，这是一种科学的教育习惯。

选择幼儿园

3岁以上的宝宝会在集体生活中受益，因为在上学前，集体生活可以给他一个培养良好社交技能的机会，并且可以建立一种积极的学习模式。一个追踪宝宝接受早期学校教育的研究发现，那些接受高质量的幼儿园教育的宝宝，在语言和数学方面表现更优秀。他们大多能更好地集中精力，也更擅长交际，并且行为问题出现得比较少。如果你正在为宝宝寻找一个幼儿园，尽量选择一家满足下列条件的：

1. 气氛友好而快乐；

2. 干净且井井有条；

3. 那儿的宝宝看上去很喜欢他们的活动；

4. 宝宝向幼儿园的职员提出请求时很愉快；

5. 幼儿园的职员对宝宝说话很和气，对宝宝提出的要求也很和气；

6. 大部分的幼儿园的职员都是经过培训的；

7. 幼儿园提供的设备和活动都能很适合宝宝的个性——比如，一个非常活泼好动的宝宝，应该找一个有柔软的房间和户外运动场地的幼儿园。

潜能开发游戏

海绵谜语

【目的】锻炼宝宝配对、分类和解决问题的能力以及手眼协调能力。

【玩法】准备几块薄而平整的海绵或工艺泡沫材料，用记号笔和小刀在海绵或泡沫中央割一些小图形，如心形、圆形、方形或星形，取出这些形状，放在一边，让宝宝将它们放回到正确的位置。

小图形找大图形

【目的】锻炼宝宝配对、形状和数数技能。

【玩法】剪好不同大小的三角形、心形、星形、圆形和方形各 10 个，然后拿 5 张纸板，各画上一个大大的三角形、心形、星形、圆形和方形，并在纸板上方写上数字 1 到 9。教宝宝将与大图形一致的小图形找出来，并按数字相应在粘在大图形上。

神奇的纸盒

【目的】锻炼宝宝的识别能力。

【玩法】把家里使用过的纸巾盒留下，往里面放一些玩具、糖果、水果等，让宝宝摸一摸，请他在拿出来之前说出名称，或者给他指令，请他按指令拿出东西来。对大一点儿的宝宝，家长可以给他否定的指令。如："请你把不可以吃的东西拿出来""请你把不是圆的东西拿出来"等。为了增加趣味性，也可以使用一些奖励的方法。比如拿对了糖果，就把糖果奖励给宝宝吃，拿错了，糖果就归妈妈吃等。

猜猜我是谁

【目的】锻炼宝宝的听觉判断能力，刺激宝宝的右脑功能。

【玩法】爸爸或妈妈在被窝里发出不同的动物的叫声，比如狼叫声、狗叫声、狮子的叫声等，让宝宝猜猜藏在被窝里的是什么动物。

第五章

3~6 岁儿童

中国有句民谚:"三岁看小,七岁看老。"意思是说,小孩子三岁时候的脾气禀性,可以预测他老年时的心理、行为表现。3岁是宝宝语言能力发展的重要时期;到了4岁宝宝开始富有傲慢、自信和独立的反抗意识;5岁的宝宝已经逐步开始了自己的社会交往;6岁是儿童大脑发育的黄金时期。弗洛伊德认为3~6岁这个阶段是一个动荡不安的时期,不是没有道理的。所以,掌握这个年龄段宝宝的养育知识,帮助父母顺利应对宝宝成长的中的各种问题,对于宝宝健康成长是非常关键的。

3 岁到 4 岁

这个年龄的儿童

体重

男孩儿体重的正常范围为 14.8 ~ 18.6 千克，平均为 16.7 千克；女孩儿体重的正常范围为 14.3 ~ 18.3 千克，平均为 14.8 千克。

身高

男孩儿身高的正常范围为 98.7 ~ 107.1 厘米，平均为 102.9 厘米；女孩儿身高的正常范围为 97.6 ~ 105.6 厘米，平均为 111.0 厘米。

营养需求与喂养

营养需求

3 ~ 4 岁幼儿的身体正处于生长发育阶段，对于能量和各种营养素的需求量相对较多，所以，幼儿在一日三餐之外吃些有益的零食，可为身体补充一些营养素，对身体的发育成长是有好处的。但吃零食要适度，要防止吃得不合适造成消化不良或营养不良。

吃零食要掌握的原则：

1. 不宜贪多、过频，以免影响正餐。

2. 品种的选择。最好是高营养素、低糖食品，如水果、牛奶、酸奶及各种果仁类小食品。干果可提供广泛的微量元素和一定量的蛋白质、脂肪等，例如核桃仁，营养丰富，每百克含蛋白质 16%（主要是亚油酸），碳水化合物 10%，还含有钙、磷、铁、锌、锰、胡萝卜素、维生素 B_2，维生素 E 等，具有强肾补脑功能；花生仁含脂肪50%左右，大多为油酸和亚油酸等不饱和脂肪酸，含蛋白质24%～36%，还含有多种维生素和矿物质。花生蛋白质中含较多的谷氨酸、天门冬氨酸，对促进脑细胞发育和增强记忆力有良好作用，可弥补正餐之不足。

3. 安排好吃零食的时间。午睡起床后，可吃水果、含糖量低的糕点、酸奶或花生、核桃等干果类食品；饭后一小时，可吃水果、红枣、番茄或花生、核桃等干果类食品。还可以两餐之间或睡觉前，吃些牛奶、酸奶、牛肉干、水果以及干果类食品。安排好吃零食的时间很重要，如控制不好，会干扰幼儿对正常膳食的兴趣，扰乱幼儿进餐规律。有的家长怕孩子正餐吃的量少，用零食补充，习惯在饭前或饭后给孩子吃雪糕、冰激凌、巧克力等，认为这些食品里也含有牛奶、鸡蛋等有营养的东西。这样既不利于培养幼儿良好的饮食习惯，也有碍健康。因为这些食品含糖量高，其他营养素少。

饮食安排

3岁以后，很多宝宝就上幼儿园了，在家里吃饭的时间就相对少了，爸爸妈妈用在宝宝饮食上的精力也要少一些了，但是这不意味着爸爸妈妈就可以不注意孩子的饮食。很多宝宝因为饭菜不合胃口或者挑食而在幼儿园吃不饱或者吃不好，针对这种情况家长在接孩子的时候一定要向老师了解一下宝宝这一天在幼儿园的吃饭情况，如果孩子没吃好，应该给孩子适当补充一些食物。但是也不能让孩子形成依赖心理，认为反正在幼儿园吃不好回家也有吃的。

一些宝宝在双休日或节假日过后，回到幼儿园时会有食欲下降、肠胃不适等现象。这是因为在节假日中，一些父母忽视了宝宝的饮食节制和规律，造成宝宝肠胃功能出现问题。不管是在幼儿园还是在家，爸爸妈妈一定要注意保证宝宝饮食的定时、定量。宝宝的消化系统仍不太完善，不按时吃饭，吃得太少或者太多都会加重肠胃的负担，造成肠胃的不适。很多爸爸妈妈在节假日的时候会放纵一下宝宝，给宝宝一些喜欢吃的零食，少吃一点儿饭也没关系。这样做会造成宝宝本来养成的饮食规律混乱。因此爸爸妈妈在家要配合幼儿园的吃饭时间，控制吃饭的量，保证孩子饮食的规律。

食谱推荐

	原料	做法
拔丝苹果	苹果 2 个，鸡蛋清 1 个，白糖、香油、淀粉、面粉、食用油各适量	1. 苹果削去皮，去核，洗净，切大滚刀块，将面粉、鸡蛋清、淀粉及适量清水调成浆，苹果块放入拌匀上浆 2. 锅烧热，倒油烧至六成热，将挂好浆的苹果块逐块下锅，炸至淡金黄色捞出，原锅置小火上 3. 另用净锅，加入少许油滑一下，加入白糖炒至溶化，至淡金黄色时，端锅离手，手不停地转动锅 4. 将苹果块放入原锅油中，开大火复炸至表皮鼓起，捞出倒入糖汁，颠锅翻动，待糖汁包住苹果块，盛入事先抹过香油的盘里即可
花生黑芝麻粥	大米 1 杯、熟花生 1/2 杯、熟黑芝麻 1/2 杯	1. 大米淘洗干净，熟花生洗净 2. 所有原料一齐放入自动豆浆机，制熟即可
香菇炒猪肝	新鲜猪肝 200 克，香菇 30 克，黑木耳 20 克	1. 香菇、黑木耳分别洗净，温水中泡发，胀发后，捞出，浸泡水不要倒掉，备用 2. 香菇洗净切片，黑木耳撕成花瓣状，洗净 3. 猪肝洗净，除去筋膜，切片，放入碗中，加葱花、姜末、料酒、湿淀粉，搅拌均匀，待用 4. 炒锅置于火上，加入植物油烧至六成热，放入葱花、姜末翻炒出香，加入猪肝片，以急火翻炒，加入香菇片及木耳，继续翻炒片刻 5. 加入适量的鸡汤或鲜汤，及香菇、木耳浸泡液的滤汁，加入精盐、味精、酱油、红糖、五香粉等配料，以小火煮沸，用湿淀粉勾芡，淋入麻油即可

熊猫咖喱饭	土豆、胡萝卜、洋葱、猪肉、米饭、咖喱块各适量	1. 土豆、胡萝卜、洋葱、猪肉分别洗净，土豆、胡萝卜分别切块，洋葱切丁 2. 在小锅里放入清水，烧开后，倒入猪肉焯水，洗净 3. 平底锅烧热后放油，到入肉和土豆块、胡萝卜块、洋葱丁，翻炒一下，盛出倒入大深锅，加清水，炖15分钟左右 4. 加入咖喱块，边搅拌边用小火煮均匀，在做好的咖喱汤里加入适量的蜂蜜 5. 将肉和土豆块、胡萝卜块、洋葱丁倒入咖喱汤里，炖煮片刻盛出 6. 用白米饭捏成熊猫形状，放入做好的咖喱汤里
胡萝卜饼	胡萝卜250克，面包125克，面包渣75克，鸡蛋3个，牛奶、植物油、白糖各少许	1. 胡萝卜洗净，切碎，放入锅中，注入沸水，使水刚刚漫过胡萝卜，加入少许白糖，盖锅焖煮15分钟 2. 面包去皮，在牛奶里浸片刻，取出，同胡萝卜放在一起，研碎，加入鸡蛋液调匀，做成小饼，上面涂上打成泡沫的蛋清，蘸匀面包渣 3. 平底锅中倒入植物油，烧热，入做好的小饼坯，煎熟即成。煎饼时火不宜太旺，否则饼外糊里生
油泼莴笋	嫩莴笋、葱丝、橄榄油（或花生油）、盐、味精水、花椒各适量	1. 莴笋去皮洗净，切6厘米长条状 2. 烧锅加水，待水开后，放入莴笋，大火滚开，关火；放入盛有冷水的容器中，过水后捞出放入盘中，撒少许盐、味精、水腌制，并摆放好葱丝待用 3. 热锅下油至80°左右，放入适量花椒粒，煸至花椒变黑，关火；捞出花椒粒，将油淋入摆放好的莴笋上即可

能力发展与训练

认知

3 ~ 4 岁的幼儿具有明确的时间概念，还能回忆起一部分听过的故事，理解相同和不同的概念，但是他们的推理能力仍然是单方面的，只能从一个方面考虑问题。

社会交往

3~4岁的宝宝一般都上幼儿园了，会和老师、同学有交往，同时也会出现很多问题。例如不敢认识新人，不主动去和陌生孩子一起玩，不喜欢让别人碰自己的玩具，对很好的朋友也"斤斤计较"，等等。家长遇到上述情况往往会从"讲道理""训斥"甚至打骂的角度解决问题，其实这样做对纠正孩子的一些不良习惯并没有很好的效果。

同样是三四岁，为什么有的孩子合群，有的孩子不合群呢？我们需要了解是什么原因导致了孩子不合群。

一般来说，孩子不合群与家庭环境有重要关系。有的父母对孩子过度关切，事事代为安排，在这样的家庭中成长的孩子就很少向人打招呼，因为总是父母先开口，教他叫叔叔或阿姨。还有的父母对孩子管得过严，平时不准孩子串门、找小朋友玩耍。长期失去了与人交往机会的孩子，也会习惯性地畏惧陌生人。如果父母的感情不和，孩子很容易在学校表现出暴躁、偏执或者孤僻的倾向。

家长如果发现孩子不太合群，不必过分担心，或者说"你怎么这么胆小"之类的话，只要家长抽出时间来亲近孩子，他们很容易在交往上树立兴趣和信心。

比如说节假日，可以带孩子去公园或亲朋好友家走走，积极创造条件让孩子与小伙伴一起玩耍。在这个过程中，父母开始时可陪伴在旁与他们一起做游戏，当熟悉之后可让他们自己玩。如果孩子之间发生了纠纷，家长不要只站在自己的孩子立场上去说话，也不要只批评自家的孩子。在处理小朋友的矛盾时，家长要鼓励孩子说说自己的想法，另外鼓励相对弱势的一方积极争取属于自己的游戏权利。不论是和谁的小孩在一起玩，也不论孩子之间的年龄相差多大，家长都要做到一视同仁。

鼓励孩子参加体育活动也是一个很不错的培养交往能力的办法。体育是一种直接与人正面接触和竞争的群体活动。鼓励孩子经常参加各种体育活动,既有利于提高孩子的身体素质,培养兴趣,也有利于提高交际能力。如果孩子在上小班,家长可以问问他今天有没有做游戏,做得怎么样等。让孩子回忆在学校和哪些人一起玩,成绩怎么样等,也是在帮助孩子体验合作的乐趣。

自理能力

3～4岁幼儿的肢体基本动作已经比较协调,也有了自理的愿望,如果父母引导及时,就能帮助孩子在这个阶段养成独立生活的能力,家长们可以参考以下几个方面:

在讲故事的过程中,有意识地让孩子知道"自己做"

比如给孩子讲了《大公鸡和漏嘴巴》的故事后,孩子进餐时就能有意识地看看自己是不是拖拖拉拉或者是个"漏嘴巴";《三只小猪》的故事能让孩子明白,要想住进安全漂亮的房子就要不怕苦不怕累,动脑筋等。通过孩子经常接触到的文学作品中的情节来培养孩子的自立意识,是一件潜移默化的也极容易做到的事情。

让孩子尝试一些平时我们会帮忙做的事情

例如,吃鱼的时候,家长可以先让孩子观察大人是怎样摘鱼刺的,之后让他动手自己摘,家长在旁边指点;如果妈妈要去买菜,可以请孩子帮忙提着空篮子;如果有条件住在乡下,可以让孩子一起去田间摘瓜果,这些对孩子来说都是非常有趣的事情。

用儿歌,让孩子学习穿脱衣服

处于这个阶段的孩子思维的特点还是以直觉行动思维为主,他们的模仿性强,儿歌对他们来说是最合适的一种学习方法。

穿脱衣服对这个年龄段的孩子来说有一定难度。如果家长对孩子说"先解开纽扣,再扯一边的袖子……"孩子一个是根本听不进去,另外下一次还会忘记。如果家长能用一些儿歌来引导孩子,效果就会好一些。例如,《穿衣歌》:抓领子,盖房子,小老鼠,出洞子,吱溜吱溜上房子……《叠衣歌》:关关门,关关门,抱抱臂,抱抱臂,弯弯腰,弯弯腰,我的衣服叠好了……妈妈一边唱着这些儿歌，一边鼓励孩子跟上节拍，他们在不知不觉中就能学会常见衣物的穿脱。

如果你的宝宝常有左右脚穿反的现象，妈妈可以和孩子一起"问问脚踇趾"：如果脚踇趾舒舒服服地，那就穿对了；如果脚踇趾被挤着，说明它不愿意这样穿，再脱下来重新穿。

其实我们回忆自己的成长经历，很多人已经不记得自己是怎样学会穿鞋子、拿筷子的了，好像自然而然就会了。自理能力确实是一个时间加锻炼的过程，家长千万不能操之过急。有的妈妈对4岁的小孩非常严格，训练他们自己起夜上厕所、10分钟内穿衣起床、主动请教长辈等，有一些成功的案例，但家长们不要以此为一个"竞争标准"，有的孩子成长节奏会比别人慢一些。

如果孩子表现出很优秀的自理生活能力，家长可以鼓励一下，但不要以此作为炫耀经常在家人朋友面前炫耀，这样会滋长孩子不健康的好胜心；对于自理能力差的孩子，家长们要反思一下是不是自己平时做得太多了，或者是没有给孩子教方法，不要批评孩子，影响他的自信心。说到底自理生活谁都能学会，只是早晚的问题。

创造能力

3~4岁是培养幼儿创造性的黄金时期，我们可以看看著名的蒙特梭利教育法中对孩子成长敏感期的总结：

语言敏感期（0~6岁）

孩子开始注视大人说话的嘴型，并发出牙牙学语的声音，就开始了他的语言敏感期。学习语言对成人来说，是件困难的大工程，但幼儿能容易的学会母语正因为儿童具有自然所赋予的语言敏感力。因此，若孩子在两岁左右还迟迟不开口说话时，应带孩子到医院检查是否有先天障碍。语言能力影响孩子的表达能力。为日后的人际关系奠定良好的基础。

秩序敏感期（2~4岁）

孩子需要一个有秩序的环境来帮助他认识事物、熟悉环境。

一旦他所熟悉的环境消失，就会令他无所适从，蒙台梭利在观察中，发现孩子会因为无法适应环境而害怕、哭泣，甚至大发脾气，因而确定"对秩序的要求"是幼儿极为明显的一种敏感力。幼儿的秩序敏感力常表现在对顺序性、生活习惯、所有物的要求上，蒙特梭利认为如果成人未能提供一个有序的环境，孩子便"没有一个基础以建立起对各种关系的知觉"。当孩子从环境中逐步建立起内在秩序时，智能也因而逐步建构。

感官敏感期（0～6岁）

孩子从出生起，就会借着听觉、视觉、味觉、触觉等感官来熟悉环境、了解事物。3岁前，孩子透过潜意识的"吸收性心智"吸收周围事物；3～6岁则更能具体地透过感官判断环境里的事物。因此，蒙特梭利设计了许多感官教具，如听觉筒、触觉板等以敏锐孩子的感官，引导孩子自己产生智慧。您可以在家中用多样的感官教材，或在生活中随机引导孩子运用五官，感受周围事物，尤其当孩子充满探索欲望时，只要是不具危险性或不侵犯他人他物时，应尽可能满足孩子的需求。

对细微事物感兴趣的敏感期（1.5～4岁）

忙碌的大人常会忽略周边环境中的细小事物，但是孩子却常能捕捉到个中奥秘，因此，如果你的孩子对泥土里的小昆虫或你衣服上的细小图案产生兴趣时，正是培养孩子巨细靡遗、综理密微习性的好时机。

动作敏感期（0～6岁）

2岁的孩子已经会走路，最是活泼好动的时期，父母应充分让孩子运动，使其肢体动作正确、熟练，并帮助左、右脑均衡发展。除了大肌肉的训练外，蒙特梭利则更强调小肌肉的练习，即手眼协调的细微动作教育，不仅能养成良好的动作习惯，也能帮助智力的发展。

社会规范敏感期（2.5～6岁）

两岁半的孩子逐渐脱离以自我为中心，而对结交朋友、群体活动有了明确倾向。这时，父母应与孩子建立明确的生活规范，日常礼节，使其日后能遵守社会规范，拥有自律的生活。

书写敏感期（3.5～4.5岁）

进入书写敏感期的孩子，一般需要经历用笔在纸上戳戳点点，来来回回画不规则的直线，画不规则的圆圈，书写出规整的文字等几个阶段。只要家长适时给宝宝创造书写的环境，那么他的书写敏感期就会提前出现或者爆发得更为猛烈些。

阅读敏感期（4.5～5.5岁）

孩子的书写与阅读能力虽然较迟，但如果孩子在语言、感官肢体等动作敏感期内，得到了充足的学习，其书写、阅读能力便会自然产生。此时，父母可多选择读物，布置一个书香的居家环境，使孩子养成爱书写的好习惯，成为一个学识渊博的人。

文化敏感期（6～9岁）

蒙特梭利指出幼儿对文化学习的兴趣，萌芽于3岁，但是到了六至九岁则出现探索事物的强烈要求，因此，这时孩子的心智就像一块肥沃的田地，准备接受大量的文化播种。成人可在此时提供丰富的文化资讯，以本土文化为基础，延伸至关怀世界的大胸怀。

（以上引自《蒙特梭利教育法》）

我们可以看到，3～4岁的孩子除了"阅读敏感期"和"文化敏感期"还尚不够之外，其他的几个敏感期正是这个年龄的特点。因此我们也可以进行有针对性的训练，而关于孩子创造性的训练就可以基于这些敏感期的观点而展开。

当然，个别幼儿可能会提早进入阅读敏感期，也有一些孩子的敏感期较晚，这时候需要家长区别对待。

这个年龄段的孩子，可以多看一些有手工的书，例如《我四岁了》这本书中有很多和孩子一起找不同、贴纸、数数的游戏，很多孩子都特别喜欢。

当然，在培养孩子的创造性的同时，也要兼顾"社会规范"等的教育。

进食训练

宝宝刚学用汤匙吃饭时，兴致非常高，就是吃不好，汤匙对不准嘴巴，往往弄得杯盘狼藉、遍地都是，但是"包办代替"是学不会自食的，只有宝宝通过自己反复实践，才能掌握吃饭的技能。一旦他能把饭菜送进嘴里，那高兴的劲儿可难以形容了，成就感油然而生。宝宝学会了独立吃饭，爸爸妈妈一定要大加鼓励、表扬，使他信心百倍。

3岁以前用汤匙，3岁以后用筷子进食。用筷子是一种复杂的协调动作，有利于刺激大脑的发展。爸爸妈妈千万不能贪图省事，一直让宝宝用匙吃饭，而要鼓励他逐渐学会用筷子。还要教宝宝饭菜交替吃，不能光吃菜不吃饭或者光吃饭不吃菜。鼓励咀嚼，用镜子让宝宝看看自己的牙齿，或者你张开嘴让他看。让宝宝知道有门牙和大牙，门牙是专门把食物咬断的，大牙是把食物嚼碎的，二者功能不同。教会宝宝细嚼慢咽，充分品尝食物味道，不要长时间把食物含在嘴里，或者不用牙齿咀嚼，囫囵吞下。咀嚼不但能促进下颌骨的发育，使宝宝面容端庄，还能刺激唾液的分泌，减少食物残渣留在牙缝中，减少龋齿的形成。

在教会宝宝自己吃饭的同时，也应当注意饮食卫生和就餐礼貌。食前便后洗手。家里最好实行公筷制。培养宝宝进餐时上身保持端正；饭和菜交替吃；不把喜欢吃的菜肴搬到自己面前，旁若无人；更不要用筷子把盘中的菜肴乱挑、乱翻，专拣自己喜欢的吃；或使筷子与别人的筷子"打架"；或用手去乱抓菜肴，在餐桌乱吐残渣；用餐时不要大声喧哗；吃饭时不要发出食物的咀嚼声，喝汤时不发出吸食的响声，汤匙轻拿轻放，碗与筷、碗与汤匙相碰时要避免发出声音；绝对不要用筷子敲打碟碗，等等。

穿衣服训练

有时孩子穿衣不让帮助，一定要自己完成，即使外出时间快到了，父母也不要催促、训斥，而要告诉孩子，"要帮助你啊！"

如果还无效，就和蔼地对孩子说，"让爸爸妈妈帮帮啊，不然出去玩就来不及了。"在孩子练习自己穿衣服的阶段，家长应注意给孩子准备易脱、穿的衣服。孩子的衣服要容易穿，这样孩子才能自己穿，为此产生自豪感。

裤腰用松紧带比用扣或钩好，3~4岁的孩子大部分可自己系扣，但扣儿要大，扣眼儿大小适中；V字领的棉毛衫比翻领的或小圆领的容易穿；5~6岁的孩子该上学了，还不会解系鞋带，2~3岁小孩的鞋应选孩子自己方便穿的鞋；如穿带拉锁的裤子，拉锁的拽头要选大的能让孩子的小手拿得住。

怎样为宝宝选鞋子

1.剪鞋样，用鞋垫

这种方法需要做些前期的准备工作：妈妈拿一张硬一些的白纸，让孩子光着脚站在纸上，然后沿着他的脚丫画出轮廓。买鞋时，将剪下的纸样放进鞋的里面选大小，留出1.5厘米左右的空间，鞋子就会比较合适。

2.试穿时1个指头的富余度

这是最传统的、用得最多的一种给孩子试鞋的方法。让孩子穿上鞋后站好，如果孩子的后脚跟和鞋帮之间刚好能塞进大人的食指，说明鞋的号码是合适的。

3.适中的软硬度

选鞋时，用手折一下鞋底，如果很轻易就能折弯，说明鞋底太软了，孩子穿上脚不容易吃住劲儿；如果很费劲才能折弯，又太硬了，孩子穿着也不舒服。质量好的品牌童鞋都是根据孩子的生长发育特点来设计的，买这样的鞋能保护孩子的脚，还能让他穿得舒服。

特别提醒：

有的家长会觉得"孩子的脚长得太快，鞋买大一号，能多穿些时候。"千万别这么做，鞋不合脚，不仅孩子穿着不舒服，还有可能让他因为拖着太大的鞋而摔倒、扭伤；
相反，鞋太小的话，会影响脚部的血液循环和脚关节的活动。
孩子的脚可塑性非常强，受到挤压会变形，如果鞋子太瘦
太小，孩子的脚趾就会被挤得摞在一起，时间长了，就会
形成嵌甲，脚趾也会变形。

日常护理注意问题

啃指甲

很多小孩都有啃指甲的毛病，也有很多家长小时候有过类似
的经历，都说自己是不知不觉就好了。其实咬指甲在高度紧张的
孩子中比较常见，而且还有遗传倾向。这些孩子一感到紧张就开
始咬指甲——例如，在学校等待探访的时候和看到电影中的恐怖镜
头的时候。如果孩子平时很快乐，也很有成就，那么，他即使有
这种习惯，也不一定是个不好的迹象。尽管如此，这种现象还是
值得认真对待的。

有的父母从健康方面考虑，用责骂或者在孩子的手上涂黄连
制止孩子啃指甲，但这些行为只会让孩子更紧张，也就无法停止
啃指甲的行为。因此，比较好的做法是找出孩子的压力是什么，
然后再想办法排除这些压力。

"小孩子能有什么压力？"有的家长可能会这样说，事实上
很多对我们来说习以为常的事情对孩子来说也是有压力的。他是
不是不停地受到催促、纠正、警告或者责备？你是不是对他的学
习期望得太多？他是否适应学校的节奏和同学？是否看过暴力、
血腥的影视作品？

如果你的孩子在其他方面都表现得很好，就不要过多地说他
咬指甲的事了。但是，如果他是表现不好的孩子，那就需要找学
校的心理医生咨询一下，或者找家庭机构的社会福利工作者商议

权威金版育儿百科

一下。总之，应该注意的是导致孩子焦虑的原因，而不是咬指甲这一行为本身。

有些孩子咬指甲只是一种与其他无关的紧张习惯。

咬指甲的行为虽然不好看，但也不是什么大不了的事情。多数孩子最终都会自愿地停止这种行为。因此，不要把这个小习惯看得太严重，不要让它影响你和孩子之间的关系，也不要把本来与此无关的孩子个性问题牵扯进去。

应对"十万个为什么"

宝宝总有那么多"为什么"比如：为什么要吃饭？为什么要买鞋？为什么人会哭……几乎所有宝宝天生就是提问大师，总是有"十万个为什么"，要怎样来应付呢？

对孩子来说，这个世界很"奇怪"。每天早上太阳升起，晚上太阳消失在地平线；只要按一下按钮，电视里的人就像是活了似的；钟摆摆动，钟就可以敲响。在孩子生命初期，他们惊奇地接受这些现象，渐渐认识这些"规则"。过后，孩子会对认识的事物进行归类，然后提问太阳每天早上都升起吗？如果我没看见，它也升起吗？风是从哪里来的？雨呢？

这个问题令很多父母疲于回答，而且父母会发现，孩子对答案根本不感兴趣。这并不表示孩子捣乱，而是说明我们没有真正理解孩子的问题。

1.孩子是带着深刻的真理和生命的智慧来到这个世界的；他们感悟我们生命中的真实事物。比如他们并不想知道太阳距离地球有 1.496 亿千米，他们只是想知道，太阳为什么发光。诸如"因为生物需要阳光和温度"的答案对他们来说就足够了，而不是那些针对成年人的、合理的解释。

2.通过这类答案，孩子们相信，在这个世界，一切事物都有它的合理性。孩子们仅仅是想确认，他们是安全的，明天将发生的事情和今天相同。

3. 不断出现新的提问说明就像孩子们每天晚上听同样的声音讲故事一样，孩子也希望，他们提同样的问题，得到的也是同样的回答。

知识赋予孩子们这个激动的、快速发展的生命阶段以安全感。

为什么，为什么，为什么

和大人谈话，孩子们会有没完没了的问题，这对家长的耐心是个考验。

"那个阿姨为什么走得这么快？"

"因为她有急事。"

"她为什么有急事？"

"可能她不想误车吧。"

"她为什么要乘那趟车啊？"

"因为她要到某个地方去。"

"为什么？"

孩子们会乐此不疲地连环提问。由此证明他们不满足现有的答案，同时也表明，他们希望交流。成年人聪明的答案是："你觉得，那位阿姨为什么走得这么快呢？"这样可以暂停连环套，将谈话引向一个孩子真正想了解的话题上。

共同寻求答案

上学后孩子提问的质量会有所改变。孩子们想得到信息，想知道信息间的相互联系。家长的知识要经受考验了。

1. "我不知道"是家长们的忌语。因为如果孩子经常听到"我不知道"这样的回答，这个"我不知道"会铭记在心，致使孩子懒得深究答案，失去应有的好奇心。而这种好奇心使人思维活跃，富有创造性。

2. 不说"我不知道"，取而代之是"看看，我们是能找到怎样的答案"。然后一起从书籍中、网上寻找答案，共同研究以及相互提问。

3. 同时孩子还学会了今后可以自己解答疑惑的方法。而这种共同调查研究为双方带来比正规教学书籍更多的好处。

4. 没有与孩子们年龄不相符的提问，只有与年龄不相符、不适合的回答。家长要设身处地，站在孩子的角度，以孩子的眼光观察世界。孩子提的每一个问题都表明，他对世界充满好奇，愿意和家长一起了解生活。

哄孩子入睡

对很多爸爸妈妈来说，让孩子闭上眼睡觉似乎是一个很难完成的任务，不少爸爸妈妈经常会因为孩子不肯睡觉而打他两下，或者是严厉批评他，让他带着泪痕进入梦乡，这样孩子容易生病。其实，让孩子快速入睡是有方法的。

在孩子睡觉时间快要到了的时候（3～4岁最好在8点入睡），要慢慢地使他安静下来。让他离开兴奋的事情，比如在睡觉前十几分钟孩子玩挠痒痒的游戏，孩子体内的肾上腺激素不会让他那样快速安然地入睡。那是你在给自己制造麻烦。你可以在即将睡觉的时候，停下自己和孩子手中所有的事情，做一些安静的交流或者是讲故事。

让孩子保持按时睡觉的惯例。每天都在同样的时间督促孩子睡觉。在睡觉前十几分钟，提醒他要开始把手中的活动放下，提醒他去刷牙，换睡衣。或许在睡前可以讲一个故事。然后安抚他慢慢睡着。如果孩子不愿意睡觉，你可以让他感觉到你希望他早睡早起，是为了明天有更充沛的精力玩得更开心。每天晚上重复相同的步骤，这样孩子也会形成习惯。

如果孩子怕黑，恐惧独自睡觉，要不要容许他们开着灯呢？最好是鼓励孩子不要害怕，如果一定要点灯的话，最好换成亮度较暗的灯。在强光下入睡的孩子容易早熟。家长可以在孩子没有入睡前多安抚他一会儿，在他入睡前再去探望他几次，让他知道自己很安全。父母一定注意不要以不屑或者不理解的语气来对待怕黑的孩子，或者嘲笑他怕黑，那会让他情绪更不好。

如果孩子睡到半夜突然惊醒，家长察觉之后一定要第一时间出现在他面前。让孩子心灵上觉得爸爸妈妈一直都在。另外，孩子入睡之后，父母最好不要再次叫醒他，有什么事情等到睡够了再说。

关于孩子看电视

三四岁的小孩也会看电视，父母担心养成看电视的习惯会对孩子不好，其实这也是需要控制好量的。

3～4岁的宝宝，可能对很多不了解的事情都感兴趣，甚至是古装片，他们自己会选择哪些要看哪些不要看，所以家长最好能够在孩子旁边帮助他们挑选一下。现在的影视作品比较开放，有不少家长发现哪怕是4岁的宝宝对电视中成人亲密的动作都会有特别的反映，而且专家指出长期看电视会导致孩子性早熟，所以家长最好能控制孩子看电视的时间。

教育家有一个观点，爱读书的孩子比爱看电视的孩子思维更活跃一些，这是因为书本给人的想象空间更大，而电视画面往往是文化快餐，不需要多思考。

电视可以看，但是不要长期看，一个是对孩子的身体发育不好，长时间看电视可能影响骨骼和形体的发育；另外一个是会影响孩子的阅读能力和阅读兴趣。如果孩子因为喜欢电视而不愿意看书，实在是一件很不好的事情。

当然家长尤其是妈妈也要自觉地少看电视，如果你一般要求孩子去学习或者睡觉，一边自己看电视哈哈大笑，这样对孩子来说是很不公平的。

家长最好一开始就不让孩子养成依赖电视的习惯，这当然也需要家长找到另外一些电视的替代品，比如游戏、书本等。如果孩子交给亲戚带，要嘱咐不要给孩子太多的看电视的时间。

如果孩子因为看不到电视而哭闹，父母要找一些别的东西分散他的注意力，或者是找游戏来做。最好不要用"电视台已经下班了"或者是"老师不许你在家看电视"这样的理由来敷衍孩子。

另外，让孩子看电视，至少要距离电视机 2 米以外，以防近视。

教幼儿认字

处于 3 ~ 4 岁的孩子一般都开始识字了，市面上也有一些专门针对这个年龄段的孩子的识字读本，父母可以选择字大好认的版本来教孩子识字，另外不要选择太过花哨的识字本，会让孩子的注意力不能集中在认字上面。

孩子的阅读跟识字是相辅相成的，所以父母最好能够把识字和阅读结合起来，而不要单纯地为了让孩子识字而识字。比如说家长可以一边指着读本一边念故事，让孩子知道纸面上的文字和故事之间有一定的联系，并且是一一对应的关系，这样孩子就会对文字产生兴趣。父母也可以在孩子熟悉了故事情节之后，就让孩子来讲一遍，一般来说孩子会模仿家长的动作，一个一个指着念，这样孩子就在不知不觉间学会识字了！有的家长很不喜欢孩子用手指着念字的习惯，总是强迫孩子不要把手放在书上。其实，这个习惯会随着孩子年龄的增加而消失，家长不用特别在意这个。反倒是家长可以强调识字的身体姿势，会让孩子把注意力从识字、阅读和理解文意转移到其他方面，对孩子的智力成长都是不好的。

在孩子识字和听故事的过程中，家长切记不要心急，希望孩子能很快识字，或者要求孩子每个时间段都要学会 100 个生字等，因为孩子认字是有阶段性的。

另外，每个孩子都是不同的，有的孩子对字很敏感，他们听妈妈读书的时候就主动看字，时间长了自然就能"对号入座"；可有的孩子在听妈妈读书的时候，要么注意的是手边的其他东西，要么只看了图画，可能没有妈妈预想的那么配合，就要用识字卡等方式来加强一下。

家长注意的是，孩子识字的速读和效果是没有定量的，每个孩子的情况不同，家长切记不要为了展示"我的孩子 4 岁能读 1000 个字"而强迫孩子学习，那样就会破坏孩子学习的热情，坏的影响会持续孩子的整个学习阶段，是极其糟糕的。

识字的过程中，不要忘了让孩子得到快乐。

突然发热

幼儿的体温在某些因素的影响下，会出现一些波动。这些情况下幼儿体温上升是正常的：傍晚时体温比清晨时高、宝宝进食、哭闹、运动后，衣被过厚、室温过高等。如果只是暂时的、幅度不大的体温波动，家长不必担心。如果家里有体温计，可以测量一下，以下是一组健康体温数据：

口腔体温范围：36.7 ~ 37.7℃

腋窝温度范围：36.0 ~ 37.4℃

直肠温度范围：36.9 ~ 37.9℃

如果幼儿突然发热又不方便去医院，可以采取下列措施降温：

将湿毛巾敷于发热宝宝的前额，2 ~ 3分钟换1次；把冰块捣碎，与水一起装入冰袋（或热水袋）内，排出空气后，拧紧袋口，放在发热宝宝的枕颈部；让发热宝宝在30℃左右的温水中沐浴20 ~ 30分钟；用30% ~ 50%的酒精或冷水浸湿纱布，洗擦发热宝宝的上肢、下肢、额部、颈部、腋下及腹股沟等处。

给发热幼儿用药不可操之过急，用量不可太大，服药需间隔4 ~ 6小时，不宜在短时间内让宝宝服用多种退热药，降温幅度不宜太大、太快，否则宝宝会出现体温不升、虚脱等情况。

幼儿发热时，身体新陈代谢加快，对营养物质的消耗会大大增加，体内水分也会明显消耗。同时，由于发热，体内消化液的分泌会减少，胃肠蠕动减慢，消化功能会明显减弱。所以，爸爸妈妈一定要注意饮食调理，高热量、高维生素的流质或半流质食物是最佳的选择。可以给幼儿喝一些米汤、绿豆汤、鲜梨汁、苹果汁等。

如果幼儿因为发热食欲不好，不要勉强他吃东西，但要尽量补充水分。另外不要给他增加以前没有吃过的食物，以免引起腹泻。

体温升高也可能引起惊厥，6个月至5岁的儿童都有可能发生，这种病很可能有家族遗传史。发热惊厥可能持续数分钟之久，症状和其他类型的惊厥相似：失去知觉，四肢剧烈抽搐，恢复知觉后昏睡。

在孩子第一次出现发热惊厥时，应该去看医生。惊厥的第一次发作对疾病的正确诊断很重要。如果发作当时，父母可以将孩子平放在远离尖锐器物的地上，头侧向一边，这样污浊物就能从口腔流出而不被吸入；可能的话，将他的衣服脱光，或用湿毛巾给他擦身降温，千万不要把孩子放在火炉或取暖器旁。不要让孩子嘴里咬东西，这样做会损伤牙齿，弊大于利。

感冒

幼儿感冒常常是因为运动过后大量流汗，没有及时增减衣物或者被流行感冒病毒感染而引起的。幼儿感冒后会拉肚子、没有气力、食欲不振、昏昏欲睡等。一般用针对小儿的感冒药即可，在服用的时候要注意剂量。6岁以下的孩子很容易引起病毒或者细菌感染，所以准备好一些抗生素防患于未然最好。可以选择阿莫西林（青霉素一类）或头孢拉定的小儿冲剂。

常有家长抱怨小孩常感冒，虽然很细心地照顾，但小孩的感冒不愈，吃药打针，但一停下来小孩又流鼻水、咳嗽，反复地出现感冒症状。其实这些小孩子并不都是患了感冒，有一部分属于过敏体质。因此并不是每次流鼻水、咳嗽症状都是感冒所引起的，只是呼吸道的过敏症状和感冒的症状很相同罢了。

一般我们说的感冒是身体受到病毒或细菌的感染所致，除了会流鼻水、咳嗽外，通常小孩常会有喉咙痛和发热的现象，食欲及体力也会变差，但有过敏体质的小孩，并不是受到感冒病毒的感染才会有流鼻水、咳嗽的症状，像突然的温差变化，如从外面炎热的天气进到冷气房内，或吸到汽车的废气，进入刚油漆过的房间，早上醒来翻动棉被而吸入棉絮或灰尘，和小猫小狗玩，吸到动物的毛屑，剧烈的运动等，都可能出现打喷嚏、流鼻水、咳嗽等症状，但这些小孩的精神状况和食欲仍很好，所以一个常打喷嚏、流鼻水或咳嗽的小孩，应该考虑其症状并不是每次都是由感冒病毒所引起的，是不是还有其他的因素呢？

孩子免疫能力的提高需要采取多方面的措施，最重要的是饮食与锻炼。目前对孩子的免疫系统功能提高有益的营养素，越来越多地受到父母的重视，比如"核苷酸类"食物的添加。富含"核苷酸"的食物有：鱼、肉、海鲜、豆类食品等。此外还要注意饮食结构的合理性，不要一味地高蛋白饮食。另外要多带宝宝到户外，叫孩子多运动，晒晒太阳，在大自然当中锻炼，最好能让小孩学游泳，少吃冰冷食物。孩子的免疫力提高了，感冒自然就少了。

锻炼身体

3～4岁的健康宝宝都可以自由行走了，也能在小区的健身区里面找到自己想要玩的东西，所以如果不是专门训练运动员或者表演家，就不必进行格外的训练，只要让他自己行走、玩耍、拿东西都能起到锻炼身体和训练协调能力的效果。

但是有的家长喜欢抱着孩子，哪怕已经三四岁了也总是让叔叔阿姨等长辈抱来抱去。其实很多孩子到了三四岁就不喜欢被人抱了，因为他觉得不太自由。

家长还可以和孩子玩一些小游戏。比如说让孩子双手掌支撑，爸爸妈妈抬起孩子的双腿玩推车的游戏，或者用小镜子反光的原理，让孩子踩地上的光点；如果孩子的动手能力不强，可以和孩子一起玩撕报纸的游戏，看看谁能猜出来对方撕的是什么。

如果爸爸妈妈有晨跑的习惯，可以带着宝宝跑步，但以轻松不累为限，10～15分钟就够了，中间休息两三分钟。

如果是想要特别培养一下孩子的柔韧性、协调性，或者希望孩子将来能够跳芭蕾等，可以去报专门的幼儿班，幼儿班针对3～5岁间的小孩有专门的幼儿基本体操，以最简单、最基本的队列队形练习、徒手体操、简单的垫上练习和基本的舞蹈动作组成。全面锻炼幼儿的协调能力；柔韧、力量等身体素质；也可以培养孩子勇敢、坚持等意志品质和韵律节奏等审美情趣。

家庭环境的支持

玩具

对孩子来说玩游戏就是最好的学习。玩具是孩子认识世界的一个重要途径，通过玩具能促进儿童身体精细动作和语言的发育，提高孩子的注意力、观察力以及认知能力，发展他们的想象力和思维能力，培养孩子之间相互友爱、爱护公物的良好品质，培养愉快的情绪和对美的感受力，刺激他们的视觉、听觉和触觉，增强求知欲和好奇心，促进儿童智力的发展。怎样为孩子准备玩具，帮助他们的智力发展，这是家长需要注意的。

三四岁的孩子开始有了形象思维，这时可用多种形象玩具帮助他认识事物，也可以用玩具做情节简单的游戏。

这个年龄的孩子发音正确，能用语言表达自己的思想感情，对感兴趣的东西好奇好问。好模仿，因此要给儿童准备户外运动的玩具，启发他进入角色，懂得上下、左右等反义词，能复述图画内容，选择能显示大小、快慢、长短、高矮等相反意义的玩教具或配对图片等。为孩子提供小动物玩具，交通玩具以及木制、布制玩具。让孩子学会说出玩具物体的名称、外形特征，借助玩具多看、多听、多说。借助玩具做一些模仿游戏、角色游戏，在游戏中发展孩子的语言能力、认知能力。

选择一些结构玩具，如积木，不同形状的厚板、三合板、胶泥、橡皮泥及一些废旧材料，让孩子进行一些结构游戏，利用这些材料造房子、搭大桥、建火车、塑动物、做桌椅等，进行创造性游戏，发展孩子的创造力和想象力。

数数器、形盒、简易拼图是这个阶段应有的玩具，市面上也很常见，容易买到。还有下列的玩具可供参考：

1. 园林用具：橡胶桶、锄、铲、喷水壶；

2. 手工用具：圆头剪刀、胶水、废旧图书、报纸；

3. 泥工用具：橡皮泥；

4. 绘画用具：蜡笔、水彩笔、各种颜色的电光纸；

5. 音乐用具：铃鼓、小沙锤、收录机，有条件的可以从这个时候开始学习乐器；

6. 运动玩具：球；

7. 多米诺骨牌。

另外也可以鼓励孩子骑童车。童车是孩子的最好玩具之一，既可以锻炼身体，又可使手、眼、脚的动作协调一致，掌握平衡和控制的能力。

每位家长还可以根据自己的条件来选择玩具，不过选择的时候要注意，最好不要选过于成人化的玩具，另外不要选择味道很大的塑胶玩具，会对孩子的身体不好。

满足好奇心

三四岁正是对自然界与社会现象产生强烈好奇心的年龄。如果语言能力逐渐发展，他们对新的、特殊的语言就会感到好奇。如果手脚愈来愈灵活，对破坏或组合的东西也非常热衷。另外，他们会不停地发问。比如，住在自然环境较好的孩子，就会对植物和昆虫产生好奇，问这是什么那是什么；而居住在工地附近的孩子，可能就会对混凝土、搅拌器、起重机等感到好奇，只问相关的问题。

令家长头痛的是，大多数的孩子常有弄坏闹钟、窥探电视机内部、移动厨房用具的情形发生。此外，由于好奇心的驱使，很多四岁儿会收藏一些破铜烂铁，然后骄傲地拿回家向家人炫耀，或是带到幼儿园给老师和小朋友看。而在幼儿园里感觉比较新奇的东西，也会偷偷放进口袋带回家。很多大人认为不喜欢孩子有太强烈的好奇心，殊不知"好奇心"是孩子长知识很重要的基础之一。

对任何事物都没有好奇心或兴趣的孩子，反倒是值得担忧。

如何培养和保护孩子的好奇心呢？这里有一些方法家长可以参考：

带宝宝一起外出散步时，爸妈可以表现出对一草一木，太阳星星及其他事物的兴趣和探索愿望；如果宝宝喜欢音乐，就常常放给他听，和他一起玩乐器；如果宝宝对昆虫感兴趣，就陪他一起捉、养昆虫。如果孩子总是喜欢问这问那，而家长又不太能用科学的解释打发孩子，最好不要粗暴地制止孩子问问题，而是鼓励孩子想办法去寻找答案。比如说孩子问"我是从哪里来的"，爸爸妈妈不要支支吾吾地不做回答，如果有动物世界的节目，可以和孩子一起看动物的交配繁殖理解这个问题。另外家长可以多问问孩子的感觉："你觉得怎么样……""幼儿园里今天发生了什么事？"此类开放式的提问能够让宝宝表达自己的想法，展现他的爱好和兴趣。还可以通过装饰孩子的房间，多增添一些艺术品，来激发孩子的欣赏能力和思考能力。如果孩子喜欢把玩具到处乱扔，或者做一些影响整洁的游戏，家长最好不要因此而制止他，给孩子建一个游戏角，让他在"自己的区域里"自由玩耍，也有利于保护他的好奇心。

这个阶段重要的是语言发展，动作发展，会玩，有好奇心，喜欢活动。至于能不能做得很好，是否能弹一首钢琴曲等，并不是最重要的，家长不要本末倒置。

让孩子帮忙

我们从小所受的教育是"劳动最光荣"，其实劳动不仅带来荣誉感和成就感，对小孩而言能帮助他们训练平衡感、合作精神、统筹能力、锻炼身体等，可谓一举多得。

三四岁的宝宝虽小，但他们也具备帮忙做家务的能力了，有些事情家长可以放心地交给他们。例如给室内养的花卉浇水，用餐前擦桌子，摆放小勺、杯子，用餐完毕之后收拾桌子，整理衣物等。家长让孩子帮忙的时候，忌没有耐心，见孩子做得不好就干脆自己做；也不要对他说："你自己去玩吧，不要给我添乱。"这样的话，对孩子的积极性和自信心都不好。

让孩子保持好心情

大部分孩子是容易情绪兴奋，而且乐于参与活动的。但是也有一些孩子因为在学校被欺负，或者是被老师批评，或者是感到不被接纳而闷闷不乐。如果孩子在家中有这些表现，家长需要注意。

快乐的心情能够滋养出很多乐观、优秀的品质，而阴郁的心情对成长中的孩子来说是一个"杀手"——对孩子的身心发育都有影响。所以家长要留意孩子的情绪变化。一般来说，不要在孩子吃饭、睡觉前责骂他，即使有很严重的错误，哪怕不让他吃饭也不能一边吃一边教训他。

如果家长在工作上、社交上出现了问题，或者夫妻之间出现了误会和感情裂缝，一定要克制自己不要在孩子面前发作，对孩子来说，没有什么比父母不和更可怕的了。

很多家长觉得奇怪，为什么我带他去游乐园玩，给他买很好的玩具，他还是不开心。那么家长需要问一问自己，家庭中的氛围是否融洽。很多家长以为三四岁的孩子不能明白大人之间的事情，但事实上家人之间是否有爱，孩子完全可以感觉到。

有幼教经验的老师也常常提醒，那些家庭关系不好的孩子在学校容易不开心。

有的家长担心家庭条件不够好，会让孩子过得不开心，其实这是多虑了。如果家长意识到自己的条件有限，更要想办法多让孩子感受到爱和快乐。父母微笑就是最好的引导方式。

教孩子洗手

刚学会走路的孩子常常弄得脏兮兮的，这是难免的。在沙坑和公园里玩一整天之后，晚上洗澡是一个最简单的保持干净的方法。但是在此期间，饭前便后以及换过尿布之后让他洗手也非常重要。因此，应尽早培养这种有规则的洗手习惯，这是个好主意。在大约3岁以前，孩子仍一直需要你的帮助。

你还可以搭个小台阶，以便能让孩子站在台阶上，伸手到洗脸盆里，教他认识热水和冷水的不同。演示一下如何使用冷水龙头。要教育孩子不要去碰热水龙头，并且应当考虑到把供应热水的温度调低到55℃以下，以防止意外烫伤事故的发生。开始洗手时，自己在手上涂上肥皂，然后缓慢而温柔地给孩子的小手也涂上肥皂。你可以让洗手也变成一种乐趣，比如向空中吹个泡泡，或者跟孩子来一场洗手比赛。

教孩子刷牙

假如孩子不愿意让你给他刷牙，你可以首先让他尝试给你刷牙，或者去刷一个可爱的牙齿模型玩具。清洁牙齿非常重要，即使训练起来十分困难，也要坚持让孩子刷牙。作为一门必修的"功课"，你可以试着让孩子在晚饭之后刷牙，这可能要比睡觉之前刷牙效果更好。当你去看牙医时也可以把孩子带上。孩子在大约2岁之前不需要牙齿矫正，但是如能在很早之前就让他熟悉牙医的诊疗室和那把"特殊的椅子"，对他会很有好处。

体罚要不要

3～4岁的孩子，还没有很明确的自我保护的意识，也不懂得区分好坏，可能会做触摸电源或者在危险的地方玩耍的举动，也可能在学说话的时候跟着学一些不文明的语言。这时候要不要打孩子呢？

对于危险的动作，比如说到高处玩耍、拔插座玩、拿水果刀玩等，父母最好能够在当时马上打一下小孩的手，很严肃地说："不可以。"这是可以让孩子通过肉体疼痛来记住哪些事情不能做。但是父母们要注意，发现孩子在做危险的事情时应该马上去处理，让孩子知道为什么会挨打，不要等到事情过去了或者爸爸听到妈妈说了这个事情再去打孩子，那就失去了形成反射记忆的效果了。

当然家长也没有必要故意把危险的东西放在孩子能拿到的地方，趁他动手的时候去打他。一般来说危险的物品都尽量放到孩子够不着的位置为好。

如果是孩子不吃饭、不请教长辈或者是不睡觉等"发横"的时候，最好不要打他。因为3岁的孩子如果出现上述的这些问题，可能是因为身体不舒服，或者是感到害怕但是无法表达，或者是在幼儿园里面有不愉快的经历但是说不清楚等，父母最好给点儿耐心，如果不问清楚就打孩子，可能会让孩子更"横"。

那么用什么方式来替代体罚又能起到很好的效果呢？这里推荐家长采取"冷处理"的方式来表达自己对孩子发横时的态度。"冷处理"就是孩子在不讲道理的时候，家长既不要费心去解释什么，也不要动手打他——这两种方式最后都会导致家长要么爱唠叨要么爱动手的坏习惯，家长最好是能够用很平常的态度对待他，就像没有发生什么事情一样。当孩子发现自己的这样无礼行为没有被关注也没有起到很明显的"恐吓"效果的时候，他就不会再采取类似的方式了。

选择幼儿园

为宝宝选择幼儿园时，家长首先应掌握幼儿园的硬件设施以及软件情况，最好进行实地考察，从而对幼儿园进行较为系统，全面的评价。主要包括以下几个方面：

向园长进行咨询

询问办园宗旨、工作目标，制度建设等问题。在交谈过程中，掌握幼儿园的整体发展方向，并从中了解园长的管理水平。如果园长信心百倍、思路清晰、充满创造力、富有追求，想必幼儿园也不错了。即使这里收费低廉，目前硬件条件一般，也值得考虑。

与保教老师交流

在交流过程中体会对方的敬业精神、责任心、个人修养、教育思想、教学方法，同时观察对方的精神面貌。还可以提出诸如"您认为幼教工作者最重要的品质是什么"之类的问题，进一步考核老师的素质。

参观环境设施，了解课程设置

观察周边环境以及内部设施，尤其是厨房和卫生间，能够直观地反映卫生状况。向老师了解课程设置情况，平时做哪些游戏，每天在户外的活动时间有多长，如何进行保健工作，这些都对宝宝有着最直接的影响。

需要家长做哪些工作

幼儿园与家长的联系代表着对宝宝的重视程度。如果幼儿园定期举办家长学校、亲子课堂，制订联系手册与家长保持沟通，说明幼儿园是真正关心下一代的。

观察宝宝的反应

如果可能，带宝宝到幼儿园看看，让他和老师接触一下，观察宝宝的反应如何。只有宝宝喜欢老师了才会喜欢上幼儿园。如果你有意将宝宝送到这里，请一定查看该幼儿园是否有"示范幼儿园"或"合格幼儿园"的牌照。如果是私立幼儿园，请仔细了解这里的卫生、安全状况，是否通过有关部门的审批。

选择合适的幼儿园

从理论上讲，幼儿园硬件条件好，宝宝接触到的东西就多，这当然是好事。除此以外，还要考虑以下2点：

1.是否适合宝宝。3岁左右是宝宝安全依恋发展的关键期，此时如果能天天与妈妈见面，有助于建立安全感。因此，建议家长尽量为这个年龄段的宝宝选择全日制幼儿园。如果宝宝情绪发展正常，喜欢与人交往，也有自理的愿望，也可以尝试寄宿制幼儿园。

2.是否适合家长。离家远、收费昂贵的幼儿园，不仅会使家长感到辛苦，还易造成经济紧张。幼儿园只是宝宝教育的起步阶段，今后他还要上小学、中学、大学，经费开支将不是小数目。所以，选择幼儿园时，应根据自身情况量力而行。

潜能开发游戏

滚球

【目的】帮助宝宝掌握滚球的基本技能，锻炼手的肌肉和身体的协调能力。

【玩法】在天气好的时候，妈妈可以和宝宝一起到户外，妈妈用砖垒成一个小球门，告诉宝宝："把球滚进球门里去！"还可以指定其他方向让他滚，如"把球滚到大树那里去！"

打夯

【目的】练习双脚原地向上跳，发展弹跳力。

【玩法】爸爸和宝宝面对面站立，宝宝双手在头上相握。爸爸拉紧宝宝的双手，一边唱着打夯的号子："我们打起夯——哟，嗨—嗨—哼——啊！"一边按节奏把宝宝提起、放下。要求宝宝能顺势向上跳起，落下时前脚掌着地并屈膝。

投沙包

【目的】练习投掷动作，发展宝宝的上肢力量，培养动作协调性。

【玩法】用花布缝几个小袋，内装些米、豆子或沙子做成沙包。让宝宝拿在手里，胳膊屈肘上举用力向前投出。家长可先做示范投掷动作让宝宝跟着学，比赛看谁投得远。

以字连词

【目的】启发宝宝的联想能力，练习使用名词。

【玩法】由爸爸妈妈或爷爷奶奶说出一个简单的字，然后让宝宝说出和这个字相连的词，说得越多越好。如爸爸说出"花"字，可以让宝宝联想说出：花篮、花环、鲜花、花坛、花布、花手绢、花边、花蝴蝶、花盆、花架、玫瑰花……照以上的玩法，还可以提出其他的字，让宝宝来连词。

4 岁到 5 岁

这个年龄的儿童

体重

男孩儿体重的正常范围为 16.6 ~ 21.0 千克，平均为 18.8 千克；女孩儿体重的正常范围为 15.7 ~ 20.3 千克，平均为 18.0 千克。

身高

男孩儿身高的正常范围为 105.3 ~ 114.5 厘米，平均为 109.9 厘米；女孩儿身高的正常范围为 104.0 ~ 112.8 厘米，平均为 108.4 厘米。

营养需求与喂养

营养需求

该年龄段的孩子基本上已能够和成人一样安排进餐，时间为一日三餐。但因为此时期小儿的胃肠道尚未发育完善，其胃容量还小，热能需要又相对较高，而主要提供热能的碳水化合物在体内贮量较少，所以在正餐之间定时给予一些小食品是需要的。饮食的安排应当是三餐一点。注意的是，点心的安排应该不影响正餐的食欲且应有营养。此外，在热能的供给上，如不足，有的孩子会无形中以减少活动量来适应这种状况，继而影响孩子的生长发育和智能的全面发展；如热能摄入过量又会成为童年过胖的因素。本年龄段儿童每日的热能需要量可达 1450 千卡（1 千卡 ≈ 4.186 千焦），蛋白质需要量约为 50 克。

此外，丰富的维生素和微量元素对孩子的发育十分重要。在一日的饮食中可以安排 1 瓶牛奶，1 个鸡蛋，70 克肉类，200 克粮食，200 ~ 250 克蔬菜，1 个水果，适量加些豆制品。在制作小儿的主食品中需要注意粗细粮搭配。因为粗细粮同时食用可互相补充各自必需氨基酸的不足，使几种必需氨基酸同时消化吸收入血液内，利于组成机体蛋白质。如果两种食物摄入时间相距过长，就不能使食物中的不同蛋白质起到互补作用。此外，粗粮中还具有比细粮更多的营养物质，如小米所含蛋白质、脂肪、铁都比稻米高，维生素 B_1、维生素 B_2 的含量高于大米和白面。在为儿童制作食品时，还要将食物切小块或细丝，以便于儿童咀嚼。

饮食安排

这个阶段的孩子乳牙已经出齐，咀嚼能力大大提高，食物种类及烹调方法逐步接近于成人。但是，孩子的消化能力仍不太完善，而且由于这个时候生长速度比较快，需要大量的营养素和热量，因此在为儿童安排每天饮食时要注意以下几点：

合理搭配，保证营养的全面

坚持粗细粮搭配、主副食搭配、荤素搭配、干稀搭配，粗细粮合理搭配有助于各种营养成分的互补，还能提高食品的营养价值和利用程度；肉类、鱼、奶、蛋等食品富含优质蛋白质，各种新鲜蔬菜和水果富含多种维生素和无机盐，荤素搭配不仅营养丰富，又能增强食欲，有利于消化吸收；主食可以提供主要的热能及蛋白质，副食可以补充优质蛋白质、无机盐和维生素等；主食应根据具体情况采用干稀搭配，这样，一能增加饱感，二能有助于消化吸收。

选择合理加工与烹调方式

孩子的食物在加工时应尽可能注意减少营养素的损失，比如淘米次数及用水量不宜过多，避免吃水泡饭。为了减少 B 族维生素和无机盐的损失，蔬菜应整棵清洗、焯水后再切，减少维生素 C 的丢失和破坏。烹饪的时候要避免使用刺激性强的调味品和过多的油，食物烹调时还应具有较好的色、香、味、形，引起孩子的食欲。

合理安排进餐时间，养成规律的进餐习惯

如书中之前所提过，帮助孩子养成定时、定量的进食习惯是

很重要的一个方面。

营造安静、舒适的进餐环境

安静、舒适、秩序良好的进餐环境，可以让孩子专心吃饭。嘈杂的进餐环境，或者是吃饭时看电视，会转移孩子的注意力，让他们处于兴奋或紧张的情绪状态，从而抑制食物中枢，影响食欲与消化。

注意饮食卫生

孩子身体抵抗力弱，容易感染，因此对孩子的饮食卫生应特别注意。要让孩子养成餐前、便后要洗手的习惯；瓜果要洗干净才能吃，不吃不干净的食物，少吃生冷的食物。

注重季节差异，适应季节变化

在饮食上要注意季节的差异。夏季给孩子的食物应清淡爽口，适当增加盐分和酸味食品，以提高食欲，补充因出汗而丢失的盐分。冬季饭菜可适当增加油脂含量，以增加热能，提高御寒的能力。

零食供给

适当的零食有助于孩子快乐地成长，但过量的零食就会造成一些健康隐患。因此，当给孩子零食的时候，要注意以下几个问题：

控制孩子吃零食的时间

孩子吃零食也要有一定的时间规律，一般可在午饭前、午饭后加些零食，以补充体力活动的消耗。选择的零食应该能够补充正餐中不足的一些营养，比如吃一些水果，正餐很少吃到水果，在餐前或者餐后食用一些水果可以补充维生素。此外也可吃小点心、饼干、一两块糖果或其他不太甜、无色素、易消化的小食品。

限制孩子零食的数量

不要让孩子养成什么零食都吃，没有数量限制的习惯。如果孩子整天吃零食，势必不能好好吃正餐，肠胃也得不到休息。一次性的大量吃零食也会造成肠胃的负担，容易得肠胃病。过多的吃一些高热量的零食，例如油炸食品，巧克力等也容易引起孩子的肥胖。

不能把零食当作主食

零食在色、香、味上都比较吸引孩子，很多孩子大量把零食当作主食吃。主食中含有人体所需的碳水化合物和一些 B 族维生素，虽然很多零食是以谷物为主料，但是为了提高口感，添加了很多的调料，经过很多特殊的加工过程，这样大量的维生素被破坏，缺少优质蛋白。因此长期把零食当作主食，会造成营养不良、贫血。如果孩子因为吃零食而不吃主食，可以考虑不要给孩子吃零食。

不在孩子玩耍时或者哭的时候给孩子零食

家长要避免在孩子玩耍的时候给孩子零食吃，果冻、棒棒糖等都可能危及孩子和其他的孩子。在孩子哭闹时也不能给孩子吃零食，比如果冻、豆子之类的零食，很有可能造成孩子的气管阻塞，发生窒息。

能力发展与训练

自理能力

四五岁的孩子能自己完成多少生活小事，完全是因父母的态度和教育方法而定的。一般来说，扣扣子、系鞋带、上厕所、洗脸、刷牙、洗手、在幼儿园自己领餐吃饭、看完书玩完玩具后放回原处、请教常见的长辈，这些事情 5 岁的孩子是可以做到的。有的家长说："我的宝宝才四岁多，这些还不会没关系吧。"孩子肯定不能在 5 岁的一夜之间什么都会了，任何事情都是慢慢训练出来的。

也因此很急性子的妈妈在孩子学习自理生活的时候，就显示出来了性格的弊端，反而是那种有点儿漫不经心，不太着急的性格的父母，他们的孩子更容易学会新动作、自己照顾生活。这是因为，脾气火爆或者心急的妈妈，看到孩子扣个扣子也要半天时间，不如自己 3 秒钟帮他弄好算了。这样求急是孩子成长中的大忌，妈妈虽然暂时省心了，但从长远地看，对孩子学习新事物是很不利的。

除了克制自己的脾气之外，家长还要起好很好的带头作用，比如说饭前洗手，按时睡觉，经常微笑，乐观开朗等。孩子是模仿着父母长大的，从零岁到十八岁成人之前，父母任何时候都要尽量去树立正面的榜样作用。比如说爱看书的父母，通常能影响孩子爱看书；喜欢说脏话的父母，孩子的说话也不文明；经常吵架的父母，孩子的脾气比较古怪。父母无论何时都要明白，孩子正在看着你。

社会交往

四五岁的孩子通常都有自己的朋友了，可能是学校的同学，也可能是周围的小伙伴。如果孩子的社交能力差，主要体现在两方面：

在幼儿园里没有朋友

有的孩子进幼儿园两三个月了，但还是没有朋友，在班上总是孤零零一个人。通常这样的孩子多老实而又害羞，即使偶尔有机会别人找他们玩，他们也会很紧张，不知道怎么办才好。也因此而错失了很多交朋友的机会。细心的妈妈们去幼儿园接小孩，就能看出他是否有朋友，如果总是孤零零一个人，妈妈们该怎么做呢？

首先想一想，是不是自己的家庭问题。上面我们说过，家庭不和谐的孩子，通常不愿意主动和别人认识，也总是不开心。如果真的有家庭问题，请年轻的父母们从孩子的角度来考虑应该如何对待。然后看看是不是自己平时对孩子的肯定和鼓励不够。自信心不足的孩子也不愿意认识新朋友，他们很胆小自卑，如果能在家里得到赞许和肯定，他们会显得自信一些。有的孩子可能在家里、生活的小区里面玩得很好，但是到了学校就像变了一个人一样，既不活泼也没有朋友，那么可能就不是自信心的问题，而是在学校有什么不愉快的事情发生。

只要孩子每天情绪很正常，也愿意到学校去，那么即使没有朋友也不是什么重要的事情。这里家长需要有判断力，即使老师叫过去说你的孩子不合群或者性格孤僻，但每天和他生活在一起没有觉得他有很明显的孤僻倾向，就不要干预孩子的生活。要知道，你建议他去交新朋友，他未必能做到。也许在我们看来很孤独的生活，在他看来还不错。只要让孩子懂得基本的礼貌，对人不会谎话连篇，他是可以交到自己认为不错的朋友的。

在生活的小区里没有朋友

很多人生活的小区有健身、休息的地方，在这里大人们可以聊天，孩子们也可以交到新朋友。如果你的孩子在有很多小孩的地方也没有人请他一起玩，或者是一开始玩了一会儿就不愿意和别人玩了，可能是因为孩子之间有矛盾，或者他让原本很快乐的游戏变得不顺利了。

有的妈妈很头痛，自己从来没有教过孩子打人、独占、不讲道理，但是自己的孩子在和别人玩的时候，总是发现孩子身上有这些不好的毛病。从大人的角度来说，这样的孩子是道德品质不好，让大人觉得很丢脸。但从孩子们看来，并没有那么严重，只是他们都没有找到合适的方式解决问题，于是执拗于坚持自己的意见。如果是小区的孩子和自己的孩子发生纠纷，父母们最好不要批评任何一方，而是从鼓励大家解决问题的角度来提一些建议，让孩子们自己解决。如果孩子头天还和小伙伴打架，第二天又去找他们玩，家长也不要笑话他没有骨气。

四五岁的孩子还很难有自觉性，主动谦让对他们来说有一定难度。所以家长在和他们商量和别人交换东西的时候，要鼓励孩子从对方的角度来思考问题。只要你的孩子不是脏话连篇、动手打人的那种，他们在正常的人际交往上面是没有太大问题的。如果家长自认为可以帮孩子交朋友，那么最好的办法是参与到孩子的游戏当中，或者给孩子们讲故事，成为他们的一员，而不是做他们的审判长。

创造能力

在美国学者的研究中，创造性儿童特征主要有：

1. 常常专心致志地倾听别人讲话，爱细致地观看东西；

2. 爱寻根究底地弄清事物的来龙去脉，有较强的好奇心；

3. 说话或作文时，常常使用类比和推断；

4. 能较好地掌握阅读、书写和描绘事物的技能；

5. 喜欢对权威性的观点提出疑问；

6. 常常能从乍一看互不相干的事物中找出相互间的联系；

7. 喜欢对事物的结果进行预测，并努力去证明自己预测的准确性；

8. 常常自觉或不自觉地运用实验手段进行研究；

9. 常常将已知的事物和学到的理论重新进行概括；

10. 喜欢寻找所有的可能性，如解题时爱提出多种办法；

11. 即使在干扰严重的环境中，仍能埋头自己的研究，不太注意时间；

12. 喜欢自己决定学习或研究的课题。

当然，我们不能仅以某一方面的测定来确定儿童的创造性，但6岁以前确实是培养孩子创造能力的黄金阶段。许多儿童教育领域的研究者通过对学前儿童的绘画音乐、故事、手工以及发散性思维测验等的分析，研究幼儿创造力的萌芽表现和发展特点。例如给幼儿若干积木、木偶和常见工具，让孩子们建造尽可能多的东西、做尽可能多的事情。他们认为3～5岁是创造性倾向发展较高时期，5岁以后是下降趋势。

影响孩子的创造性的因素有很多，主要来说包括社会环境因素、学校教育方式、家庭教育方式和孩子自己的性格。科学家是最具有创造性的一群人，很多人研究历史上有杰出成就的科学家的成长，发展他们在家中有较多的独立自主性。他们的父母对自己的孩子有充分的信任和尊重，从小就给他们探索的自由，并对他们早期表现的兴趣给予引导和鼓励。生活在民主、自由的家庭中的儿童，独立性强、创造力水平也较高。生活在专制、支配、娇惯家庭中的儿童，依赖性强或惯于服从，创造力水平低。

更有学者强调，父子关系与儿童创造力水平高低有较高的正相关，创造力高的儿童同父亲接触较多。也就是说，得到父亲关爱足够多的孩子，他们的创造性更强一些。

日常护理注意问题

偏食

如果爸爸不吃洋葱，可能妻子做了他也不去吃，但是别人吃他不会反对；如果妈妈不吃洋葱，她可能干脆不做，家里也就不会出现洋葱这道菜了。但是如果孩子不吃洋葱而父母都吃，父母往往会强迫孩子一定要吃，让每次吃洋葱都变成一场战争，父母总是坚持从营养均衡的角度来考虑，但是对孩子的"压迫"远远高于偏食带来的危害，因为不吃一种食物并不会引起严重的疾病，家长可以通过改变食物的形状和做法来让孩子改变态度，或者通过吃其他的东西来弥补营养上的不足。所以，当孩子选择不吃某样东西的时候，家长不要大惊小怪，也不要骂孩子"不乖"，或者因为孩子寄托在爷爷奶奶家就说爷爷奶奶太宠孩子了。

孩子偏食和我们不喜欢某种材料的衣服是一样的，但是家长的强调往往会让孩子更加在意自己是否吃某样东西。"你不吃大蒜，所以我没有放。"妈妈说这样的话的时候，就是在强调孩子不吃某样东西，这会让他更加确信自己是不能吃它的。

所以当孩子表现出不爱吃什么的时候，家长最好不要在意，自己吃自己爱吃的，让孩子也自由选择。如果孩子只是因为到别人家看到有的小孩不吃萝卜，回家也学着不吃萝卜，家长可以和孩子一起洗萝卜、煮萝卜，孩子多半会很乐意尝一尝自己亲手做的东西。

人的喜好会随着年龄而发生变化的。有的孩子3岁前不喝牛奶，到了 5 岁的时候爱喝了，这样的情况很多。建议爸爸妈妈都不要太看重偏食这件事，它对孩子的身体伤害并没有想象的那么大。

腹泻

四五岁的孩子发生腹泻的概率会比两岁以内的小儿低很多，而这个年龄段的孩子腹泻的可能病因有：感冒、吃坏东西、病毒感染等，由于起因不同，治疗的方式和用药也不能一概而论，家长不要根据判断给孩子吃药。

如果孩子的腹泻次数较多，为了防止脱水，可以用温盐水给孩子喝，补充水分。腹泻之后的小孩不要大量吃东西，最好少量饮食，清淡为宜，让肠胃慢慢适应。

抽搐

抽搐和惊厥是小儿神经科常见的临床症状之一，抽搐是指全身或局部骨骼肌群异常的不自主收缩、抽动，常可引起关节运动和强制，惊厥表现的抽搐一般为全身性、对称性，伴有或不伴有意识丧失。

通常感冒发热后，孩子会出现抽风，这是常见的，家长不用紧张。如果孩子在不怎么发热的时候也有抽搐的症状，家长最好带去医院检查，有癫痫的可能。

有的孩子突然抽搐，也有可能是之前撞击脑部所至，有的孩子摔了脑袋，但当时觉得不严重就没有在意，可能过一两天之后才有症状。另外，如果孩子的脑子里长了瘤，也会引起抽风。

很多家长担心孩子抽搐会导致以后智力、运动方面的障碍，简单型的高热惊厥对智力、学习、行为均无影响。随着年龄的增长和大脑发育逐步健全，一般不会再发生高热惊厥。

呕吐

呕吐往往是由感冒、扁桃体炎、阑尾炎引起的。孩子突然呕吐时，先摸摸他的额头，看看有没有发热。头热、全身发热时，是由发热起的呕吐。

发高热呕吐时，应去看医生，呕吐物最好能带给医生看。呕吐后，让孩子漱口，喝少量的水。如果孩子还是发热，家里有冰袋也可以放在孩子额头上降温。

如果呕吐后神情没有异常，仍然有气力玩耍，则可能是吃得过饱的缘故。如果呕吐后，孩子没精打采，昏昏欲睡，就让他去睡一两个小时，看看能否缓解。

如果孩子不发热，但是呕吐，腹部剧痛，可能是肠梗阻。有时候咳嗽也会把吃下的东西倒吐出来，这类孩子可能胸内有积痰。

流鼻血

每到秋冬季节，北方空气特别干燥，不论是成年人还是孩子，早上起床都会觉得鼻腔里有血块，这种情况不要紧。如果是晚上莫名其妙流鼻血，孩子没有感到疼痛也没有奇怪，这种情况也不是什么严重的病症，家长不用太过担心。

第一次鼻出血时，最好找儿科大夫看看。脱光孩子的衣服，细心查看身上有没有皮下出血的地方。如果是紫癜或白血病的话，全身到处都容易出血。如果邻近地区流行麻疹，孩子发热和咳嗽时鼻出血，就可能是患麻疹的前兆。

如果没有什么其他症状，这种鼻出血可以说没有什么关系。

出鼻血没有什么预防办法。如果知道孩子吃了花生米和巧克力之类的食物会出鼻血，就要限制他吃这类食品。吃水果可以帮助减少流鼻血。一旦发生出鼻血后，有时会持续1个月左右（每天都出），但用不着担心。为防止贫血，可让孩子吃肝、紫菜及鱼等。

另外，有的孩子晒太阳的时候会流鼻血，这种症状有遗传性，并不要紧。

经常性发热

由麻疹、水痘、流行性腮腺炎引起的发热，是非得一次不可的，家长没有必要大惊小怪。如果平均每个月发1次高热，每次高热都需要打退热针才能好转，就需要妈妈注意是不是孩子的身体不健康，或者去医院做个常规的检查。

常见的发热是由于"扁桃体发炎""感冒""腹泻"之类的疾病引起的。这些病种类繁多，也没有可预防的疫苗，有时候可能会体温升高，但过一夜就能完全好了。发热的小孩最好放在家里过一夜，如果第二天继续发热就及时送到医院就诊。

有人担心发热的孩子身体会很弱，其实随着他年龄的增加，加上平时注意锻炼，是不会对身体有很大的影响的。

说谎话的孩子

孩子从幼儿园回来衣服脏兮兮的，他解释说自己刚刚和一条恶犬进行了搏斗，然后绘声绘色地说他是怎么打败那只像狼狗一样凶猛的恶犬的，你知道他在撒谎，需要揭穿吗？

其实家长如果能够理解，孩子说谎是为了讨家人的欢心，另外也是为了不要收到责骂，就不会特别在意孩子的撒谎。与其说"你在撒谎吧"，不如说"是吗，快来洗手"然后该做什么做什么。这样做一方面是为了保护孩子的自尊心，另一方面也是要让他知道，这样撒谎并不会引起妈妈特别的关注，著名的儿童作家黑柳彻子的母亲就是这样做的。

还有一种情况下，孩子会撒谎，那就是逃避责任。比如说孩子打碎了盘子，但硬说是小狗打碎的，这样做是因为之前他做错事情承认之后，收到了严厉的责罚。

其实像打碎东西、弄坏了艺术品之类的事情，发生在孩子身上一点儿也不奇怪，家长没有必要大动肝火，这样也会降低孩子说真话的勇气。所以，当孩子做错了事情撒谎的时候，妈妈可以说："我知道真相。"让他明白自己骗不了人，另外也和他商量解决问题的办法，而不是发泄自己愤怒的情绪。

不喜欢幼儿园

一个孩子痛哭流涕地坐在地上，喊着不清楚的话，而家长坚持要扯着孩子往前走，多半就是因为孩子不想上幼儿园。

其实，对于刚入幼儿园的孩子来说，他们需要时间去发现入学的乐趣，也需要时间认识新朋友，嘴里说着不想去幼儿园的人很多，但只要父母多鼓励几句，告诉他可能会有新朋友，会有很有趣的事情，会学到很多东西回来给妈妈讲，他们还是会勉为其难地去的。

但也有孩子说什么都不想去幼儿园，那么就需要妈妈耐心地问问他，如果妈妈在幼儿园陪他一会儿再走是否可以，或者是不是有其他原因。妈妈也要主动和老师沟通，当作寻常的感谢，然后问问孩子在学校的表现如何。

有的孩子因为人际压力而害怕入学，例如同班个子较大的欺负他，或者老师教的东西他学不会等，或者学校食堂做的饭菜他吃不完，因为剩饭而受到同学的嘲笑，这些原因都可能导致孩子厌学。越是这样的情况，越需要家长鼓励孩子去上学。家长听出孩子是因为心情而不想上学的时候，要果断地说"我送你去"，不要提出什么交换条件，更不要说"我们知道你很小，很可怜"之类的降低孩子士气的话。

如果孩子上了一个学期，也交不上什么朋友，你任何时候去看望他，他总是孤零零地一个人，无精打采。那么最好考虑在他回家之后，问问他是不是很难交到朋友，或者给他介绍一些同龄人一起玩，不要让这种孤独持续下去。

也有极少的受过高等教育的父母，把孩子接回家自己带，自己安排课程，编写教材。这样做也不是不可以，只是对父母投入的精力有更高的要求，一般人可能应付不过来。等到孩子满了上小学的年纪，就必须接受国家规定的义务教育了。

在幼儿园没有好朋友

当孩子离开朝夕相处的爸爸妈妈，爷爷奶奶来到幼儿园这个陌生的环境时，难免会焦虑不安。如果能在幼儿园交到自己的好朋友，孩子会很快平息这样的不安情绪，但实际上，很多小朋友并没有在幼儿园找到自己的好朋友。幼儿是渴望交往的，好朋友对孩子来说非常重要。那么如何让孩子交到好朋友呢？

提高孩子的交往技能

家长应该多带孩子去户外走走，接触大自然，认识其他小朋友，让宝宝与其他孩子共同玩耍，增强孩子的交际能力，也可以通过角色扮演的游戏，让孩子多开口说话，学会与不同类型的人接触交往。

让孩子学会分享

会与其他小朋友分享的孩子，是幼儿园受欢迎的小朋友，家长应该培养孩子分享的理念。平时可以带些小玩具去幼儿园，让孩子邀请其他的小伙伴玩耍。如果家里有条件，周末可以让孩子邀请其他小朋友来家里聚会，让孩子用自己的玩具、零食招待小朋友。

帮助孩子分析问题

当孩子回来告诉家长在幼儿园没有好朋友时，家长不要只顾着安慰，也不要对宝宝说，不愿意和宝宝交朋友是其他孩子的不对，当然更不能因为孩子没有朋友而责骂孩子，怪他没本事。当孩子告诉你之后，应该和孩子好好沟通，与老师联系交流，找到孩子没有朋友的原因，再根据原因帮助孩子分析及确定解决办法。

不要让孩子挑朋友

有的家长害怕自己的宝宝结交了不乖的孩子，总跟宝宝说某某孩子喜欢拿别人的东西，人不好、不喜欢他等，这样的话语很容易让孩子养成"挑朋友"的坏习惯。家长应该让孩子结交不同个性的朋友，让孩子学会跟不同个性的人交往的方式。

让孩子变得平和

爱打架或者爱抢别人东西的孩子总是不受欢迎的，家长应该让爱打架的孩子变得平和起来。家长要以身作则，不要暴力对待孩子，让孩子时刻感受的爱。也不要让孩子看一些暴力画面的书籍或电视，另外，家庭和睦对孩子的个性成长也很关键。

锻炼身体

四五岁的孩子，一方面是可以进行体力锻炼，例如，和爸爸一起跑步、在小区健身区域跟着做一做小幅度的体操和运动，但主要还是在日常生活中加强身体锻炼。例如和家人一起郊游、买东西、逛公园、走亲访友等，这些都让孩子自己走，少让别人抱着，另外可以和爸爸做一做骑马、翻跟斗这样的游戏，对孩子的体格有帮助。

如果孩子能够到乡下去住一段时间，和孩子们一起抓抓蝴蝶，躲避狗的袭击等，其实就能起到很好的锻炼作用。

孩子如果想要学滑旱冰，家长可以给他报个低年级的班，最好不要在马路上滑，很不安全。另外防护的工作要做好。

家庭环境的支持

玩具

儿童玩具是专供幼儿游戏使用的物品。玩具是儿童把想象、思维等心理过程转向行为的支柱。儿童玩具能发展运动能力，训练知觉，激发想象，唤起好奇心，为儿童身心发展提供了物质条件。适合 4 ~ 5 岁宝宝的玩具分为以下几类：

1. 发展小肌肉系统，完善各种动作的协调性、准确性和灵活性的玩具：各种球类，羽毛球、乒乓球、毽子、跳绳、自行车等。

2. 能够丰富宝宝的生活经验、培养各种技巧、发展宝宝智力的玩具：玩娃娃家的各种用具，小锅、小碗、小家具，木工玩具；各种交通和运输工具，大卡车、消防车、警车等；各种组装玩具，积木，建筑模型，七巧板等；各种棋类，如跳棋、五子棋等。

3. 激发宝宝数学兴趣和科学爱好的玩具：计算器、学习机、电脑、遥控汽车等。

4. 培养兴趣、陶冶性情、发展审美能力的玩具：电子琴、铃鼓、木琴等。

和孩子一起读书

5岁的孩子要不要上学读书是现在很多家长疑惑的问题，因为有的家长常年上班，没有时间带孩子，还不如把孩子交到学校，让老师帮忙教育。有的地方5岁的小孩就入学了，其实5岁入学还有点儿早。

那么孩子在家学习，应该读一些什么样的书呢？很多家长以为，那些有学问的人都是从小就饱读诗书、对传统经典倒背如流、对中外名著了如指掌的人。因此让孩子读经，或者买一堆儿童必读书之类的经典放在家里让孩子自己读。其实，读经是可以的，问题是选择什么样的版本，而经典名著对5岁的孩子来说，则有点儿太早了。

比如给孩子选择《三字经》《千字文》《百家姓》这样的读本时，哪些才是适合儿童的呢？很多人想当然地以为，颜色最鲜艳，里面的卡通人物画的最可爱的，也就最适合孩子来读，或者选择那种字号很大，标注了拼音的版本。另外还有一些版本有专门的版块来介绍经文背后的故事，让孩子明白做人的道理等。那么我们来看看一位师范大学中文系毕业的妈妈是怎么选择的。

这位妈妈觉得，如果让孩子读经，不要读那种花里胡哨的版本，因为经文本身就有很丰富的内涵，如果为了吸引眼球画上很多不需要的信息，只会分散孩子的注意力。同时，我国的蒙学经典也有几百年的历史了，在传抄的过程中不免会有失散，也会有一些后人增删的东西。是不是要读新中国时期的版本，还是读最初的版本，这些她也都慎重考虑了。最后她还是选择了比较接近原版的版本，后来的国学大师章炳麟曾经专门为《三字经》续后，但还是古老的版本比较有原汁原味。

版本选定之后，妈妈再考虑字体、字号等问题。最后她自己从字库里面找了正楷毛笔字，按照《三字经》的顺序合定成一本书，让孩子在读经的过程中，也充分欣赏汉字的书法之美。

相信很多人都会说，我自己没有这位妈妈的水平，那怎么选择版本呢？如果是图画书，可以选择一些绘画的风格完全不一样的读本，例如《猜猜我有多爱你》和《大卫上学去》就是风格迥异的，现在《不一样的卡梅拉》很火，但除了这一系列之外，还有《可爱的鼠小弟》等丰富的读本。孩子读绘本很快，也可以反复读，将来还可以给别的孩子读，所以妈妈们可以多选择一些。

读绘本的时候，家长要和孩子一起读，有一本专门讲给孩子朗读的书，叫作《朗读手册》，家长们可以借来看一看里面的教育思想和具体的做法。这本书的开头有一句话很动人：你或许有无限的财富，一箱箱的珠宝与一柜柜的黄金。但你永远不会比我富有——我有一位读书给我听的妈妈。的确，对孩子来说，有一位会读书的妈妈，也就意味着有了智慧的启蒙师了。

如果是选择国学传统经典，最好不要选择拼音、注释和故事很多的那种，只是为了让孩子从小记住，将来长大了再慢慢体会其中的道理的话，可以选择简洁、容易辨认的版本。

孩子上学前必须写字吗

在上小学前就会写字的孩子已经很多了，他们不仅认识简单的汉字，也认得数字。家长不要错误地认为这是教育有方的"成绩",孩子认字完全是靠自己的记忆力和思维来完成的,家长只是提前给他一个认字的环境而已,所以不会认字的孩子也没有必要被看成是"笨小孩",如果他们处于相同的环境,也可以认字的。

其实,教孩子认字万全可以自然而然地进行,我们生活的世界总是被文字和符号包围,广告、公交站牌、地图、报纸、电视上都会有字,孩子看的画册上也会有字,如果爸爸妈妈在平时的生活中喜欢读书看报,孩子很容易就形成认字的意识。有的妈妈会惊讶怎么孩子可以认识比她想得多的字,这里的奥妙就在于,孩子观察了生活。

但是有的家长为了进行"早教",买了很多字帖、笔画拆开的练习册,让孩子一个一个认。还是和前面提到的那样,如果认字和阅读、理解完全脱节,效果就难以理想了。单纯的认字就像我们凭空记单词一样,是很难记住的,但是要和故事结合起来,就会容易很多了。

认字之后要不要学会写呢?答案是没有必要。写字比认字又更难很多,家长不要急功近利,破坏了孩子的积极性。在很多英语国家中,孩子都是先会说,会用之后,再去认识音标、学习写单词的,这与我们对语言的认知是相同的。鼓励孩子认识和会用,比会写更重要。

亲子游戏

很多父母在家和孩子大眼瞪小眼,感到无事可做。有的父母想要和孩子做游戏,但是又不知道做什么好。值得庆幸的是,有细心人专门整理了父母和幼儿做游戏的亲子游戏书,爸爸妈妈可以去购买专门讲做游戏的书回家自己学。不过,在购买的时候要注意一下操作性,随手看看里面的内容,我们在家能不能做到,有没有条件。因为有的外国引进过来的游戏书,有一些器材在我们这里不容易找到。最好是选择那种能够在家里很容易做到的游戏书。这里也可以介绍一两个培养孩子能力的小游戏。

培养孩子的反应速度

爸爸妈妈和孩子站成一排，两个人玩就战成面对面，然后轮流喊口令。比如"大西瓜""小西瓜""苹果""菠萝"等，让对方根据自己喊出来的口令比画出形状和大小。这里要注意的是，不要喊"梨""番茄"这种大小差不多的水果，也不要喊"香蕉"这样的形状不规则的水果。看看孩子的反应能力。这样玩了一组之后，还可以换来玩反着做的游戏，这时只能喊几组，比如喊"大西瓜"，对方就要做"小西瓜"的动作，对方喊"向左走"，小孩就要做"向右走"的动作，训练孩子的逆向思维和迅速反应的能力。

培养孩子的运算能力

有的 5 岁小孩已经能简单的加减法了，为了训练孩子算数的能力，可以在玩"捉狼"的游戏时，运用上简单的数学加减法。例如，一个人被狼抓到了，狼要出一个题："3+2"，被抓到的人马上说出"5"，就可以继续逃跑。

这里只是列举，还有很多的游戏，等待着父母去创造和发现。

潜能开发游戏

踩老鼠

【目的】训练宝宝的奔跑能力，培养宝宝动作的敏捷性。

【玩法】找一只旧袜子，里面塞满棉花或碎布头，用绳子将袜口扎紧做"老鼠"，家长牵着"老鼠"跑，宝宝追，踩住袜子就算逮到了"老鼠"。注意，做这个游戏的时候一定要注意安全，不要摔倒宝宝。

猜猜什么声音

【目的】增强宝宝对不同声音的敏感性并训练他的集中注意力。

【玩法】家长指给宝宝看他平时常用的不同物件，然后请宝宝闭上双眼，或者转过身去，或者蒙上眼睛，然后请他仔细地去听，并且猜猜家长发出的是什么声音。家长可以躲在椅子后面，然后发出不同听声音，如拍球、打蛋器之声、上钟表发条声、打字、玩一种乐器、订书机的声音、用剪刀剪布或剪纸、撕报纸等。

自己的天空

【目的】让宝宝感受作画的乐趣，提高宝宝的想象力和创造力。

【玩法】准备一面涂鸦墙（可以在房间墙面上帖上一张较大的纸，最好比人高）让宝宝在涂鸦墙上自由彩绘，还可以贴上生活照。同时也要让宝宝知道，唯有这片墙才是他能自由发挥的天地。每隔一段时间，家长可以把宝宝挥洒的墙面画取下，记录好日期和他表达的意思，收存在宝宝专用的柜子里，等他稍大之后取出来欣赏，一定别有一番滋味哦！

谁躲起来了

【目的】培养宝宝的注意力和记忆能力。

【玩法】准备若干个不同的玩具或物品，一块布。游戏开始时，爸爸（妈妈）说："今天我们家来了很多客人。"然后介绍："小兔妹妹，积木宝宝"等（一开始时放的物品稍微少点儿，可以3~5个），接着说："待会儿，这些客人要和你做捉迷藏的游戏，你要记住他们是谁。"让宝宝多看一会儿，然后用布把"客人"盖起来。让宝宝想想有哪些客人，想出一个让一个客人出来。等到这个游戏玩熟了以后，可以不用布让宝宝闭起眼睛，拿走一个物品，让宝宝猜猜谁躲起来了。

巧巧对

【目的】提高宝宝辨别图形、数量的能力和记忆力。

【玩法】将空白纸裁成大小相同的卡片数张，每两张卡片上画的图形的形状和数量都相同。由家长随意取出一张卡片，让宝宝说出它的数量与图形，等宝宝能够辨识每一张卡片以后将卡片正面朝下，任意排列在桌上，让宝宝随意翻开两张卡片。如果两张卡片上的图形与数量都一样，则拿到一旁；如果两张不同，把卡片返回原来的位置，直到所有的卡片都配成对为止。家长可以根据宝宝的能力增减卡片的组数。

默契大考验

【目的】加强宝宝辨别形状的能力，增进和宝宝的感情。

【玩法】准备若干形状、大小不等的积木，将积木分为两组（两组各有相同的大小及形状的积木），家长和宝宝各一组。游戏开始时，家长和宝宝分别闭上眼睛各自选取一块积木，握在手心，由宝宝发号施令："一、二、三，张开眼睛！"然后打开手心，侃侃彼此所拿的积木是否相同。若相同则拿出来放在一旁，直到所有积木都拿走后结束游戏，进入下一轮。

5 岁到 6 岁

这个年龄的儿童

体重

男孩儿体重的正常范围为 18.7 ~ 19.7 千克，平均为 19.2 千克；女孩儿体重的正常范围为 17.7 ~ 18.7 千克，平均为 18.2 千克。

身高

男孩儿身高的正常范围为 109.9 ~ 113.1 厘米，平均为 111.5 厘米；女孩儿身高的正常范围为 108.4 ~ 111.6 厘米，平均为 110.0 厘米。

营养需求与喂养

营养需求

5 ~ 6 岁孩子正处在生长发育阶段，新陈代谢旺盛，对能量和营养素的需要量相对比成人高，必须满足孩子的营养需求，才能保证其体格与智能发育正常，形成良好的身体素质。

这时家长要注意为孩子提供平衡膳食，以补充充足的谷类或根茎类（土豆、薯类等），为身体成长提供基本的热量；其次要含有动植物蛋白质，如肉、鱼、奶、蛋、禽、豆类及其制品，提供优质蛋白质；再有要含有丰富的蔬菜和水果，提供身体必需的维生素和无机盐。最后脂肪、油、糖也是必不可少的，满足热能需要。

为给孩子提供丰富的营养，不仅要重视膳食结构，做到主副食搭配，粗细粮搭配，荤蔬菜搭配，而且还要重视合理分配各餐热量。俗话说，早餐要吃好，午餐要吃饱，晚餐要吃少是有道理的。早餐热量应占全天热量的30%~35%，午餐占40%，晚餐占25%~30%。每天除了三顿主餐之外，可以在早、中餐之间和中、晚餐之间各加一次点心，如少量的糖果、糕点或豆浆等，以弥补主餐的营养平衡。

饮食安排

5~6岁孩子应进一步增加米、面等能量食物的摄入量，各种食物都可选用，但仍不宜多食刺激性食物。满5岁时，孩子量每日每千克体重需热量90千卡，虽然此时膳食可以和成人基本相同，但营养供给量仍相对较高。对孩子的日常膳食安排，应注意营养素的平衡，保证热量及各种营养素的摄入量。荤素要搭配，米面要交替，品种要多样。还要注意培养良好的饮食习惯，纠正挑食、偏食及吃零食的坏习惯。

6岁左右孩子开始换牙，所以仍要注意钙与其他矿物质的补充，可继续在早餐及睡前让孩子喝牛奶。在不影响营养摄入的前提下，可以让孩子有挑选食物的自由。此外，仍应继续培养孩子形成良好的饮食习惯，讲究饮食卫生，与成人同餐时不需家长照顾等好习惯，不要让孩子养成一边看电视一边吃饭的坏习惯。

零食供给

很多爸爸妈妈都在为怎样控制孩子的零食而烦恼，不想给孩子吃吧，可又承受不了孩子的眼泪攻势，那要怎样控制孩子吃零食的习惯呢？

不要因为宠爱而纵容孩子吃零食

有些妈妈虽然知道零食的危害，但是受不了孩子的眼泪攻势，一味地迁就孩子吃零食，这就是妈妈本身的问题了。其实妈妈只要稍微想想办法就能有效地控制宝宝吃零食了。比如，把零食藏在孩子看不到的地方，在给孩子零食的时候，只拿出要给孩子吃的一部分，孩子吃完看到没有了也就会善罢甘休了。

不要用零食作为孩子的奖品

一些爸爸妈妈把零食作为鼓励孩子做事情的奖品，比如"你今天在幼儿园表现好的话，放学的时候妈妈给你买一个冰激凌"，这是很多爸爸妈妈鼓励或是"引诱"孩子的办法。这种办法虽然很管用，但是并不提倡，因为这样容易使孩子养成被动、消极的做事习惯。

孩子的饭菜要有吸引力

很多孩子吃零食是因为正餐时吃不饱，一般都是由于饭菜没有吸引力造成的。如果饭菜外观不漂亮，口感不好，孩子就失去吃饭的兴趣。为了吸引孩子吃饭的兴趣，妈妈可以给饭菜起一些有趣的名字，或者把饭菜做成有趣的形状来吸引孩子。孩子正餐吃好了，对零食的兴趣自然也就降低了。

家庭成员要保持统一的原则

针对孩子吃零食的问题，家庭成员之间应该保持一致的原则，一些爷爷奶奶比较宠孩子，只要是孩子想吃就给买，久而久之，孩子吃零食的要求在爸爸妈妈处得不到满足就会转向爷爷奶奶，这样孩子吃零食的习惯就得不到很好的控制。

以身作则

很多爸爸妈妈就有吃零食的习惯，自然孩子看到后也会要吃。因此一些爱好零食的爸爸妈妈要适当地控制下自己，以身作则，给孩子树立一个好的榜样。如果实在没办法改掉吃零食的习惯，也不要当着孩子的面吃，以免给孩子树立一个坏榜样。

能力发展与训练

自理能力

五六岁的孩子，已经进入学习的另一个重要阶段了——那就是适应社会、学习知识、开始独立的阶段。

上学之后的孩子会面临很多问题，比如老师布置的作业、学习新的东西、接受考试、同学之间可能已经有了比较的意识、自己在学校的关系等。如果家长很忙碌没有时间管孩子，这时候他们会自己安排时间，决定什么事情先做什么事情后做，对朋友采取什么样的态度等，其实他们可以做到。

但是有的家长总觉得需要提醒孩子，"该做作业了，该休息了，该……"这样是在帮助孩子养成不好的习惯。即使孩子有一次没有做作业，家长也知道，但是克制自己不去提醒他，让他为自己的偷懒和疏忽吃点儿苦头，下一次父母再在适当的时机提醒一下："上次你忘了做作业……"这样孩子就能自觉地安排自己的生活了。

孩子上小学之后，接触外面世界的机会越来越多，认识的人和看到事情也会越来越多，家长要做好安全教育工作，这也是孩子自理生活能力培养的一部分。

社会交往

孩子的社交能力主要是在日常生活中得来的，他们不会和成年人一样有意识地去学习社交礼仪、社交技巧等。所以家长一方面要做好正确的示范，对他人讲礼貌、用尊重的语气对话，另一方面可以鼓励孩子和比自己年长的人、和自己同龄的人、比自己年幼的人建立友谊。

和长辈做朋友

和长辈做朋友，孩子可以得到更多的关爱和指导，如果附近的公园中有很多年老的人去健身，可以带着孩子去那里，很自然地认识一些长辈。这样也有一个好处，当家里没有人的时候，可以把孩子托给他们照看。当然，父母也需要表达谢意。

和同龄人做朋友

家长可以趁给孩子办生日聚会的时候，鼓励孩子邀请一些朋友到家里来玩。如果孩子们把家里弄得很乱，最明智的做法就是鼓励孩子们一起收拾好。这样做可以让孩子们在劳动中增进友情，也可以培养孩子们的责任心、协作能力，同时不会有一个人收拾郁闷的情况。如果孩子和同龄人闹了矛盾，家长不了解情况就不要做判断，让孩子们自己去解决问题。

和比自己小的人做朋友

和比自己小的人做朋友，可以让孩子知道照顾小孩的感受，懂得谦让和帮助别人，也可以让他在帮助、指导别人的过程中得到满足感和成就感。鼓励孩子和更小的人玩耍，对孩子来说是一件很有积极意义的事情。

创造能力

五六岁的孩子创造性很活跃了，如果这个时期他们表现出对某一方面感兴趣，那么家长要尽可能提供条件让他们去了解自己的兴趣点，知道自己有没有这方面的特长。著名的昆虫学家法布尔，就是从小开始观察昆虫，最后写成了《昆虫记》这样的著作的。

如果孩子的兴趣很广但是没有常性，家长也不必太着急，他正在寻找适合自己的东西，不适合的东西不如尽早地放弃。

如果家长只是为了训练孩子的协调性和左右脑而给孩子报钢琴班，那么就不要抱着兴许他是钢琴神童的想法去强迫他学习。一个孩子有了健康的身体，积极乐观的性格和礼貌的教养，他学什么都还来得及。

技能才艺训练

很多家长希望孩子可以早早学芭蕾、钢琴、体操，并且成为这一行中最优秀的人才。家长可以培养孩子的多方面的兴趣，但切忌过早给他一个职业化的定向。培养孩子的两个方向，第一是把喜欢的事情变成事业，第二是不遗余力的投资教育。孩子选择了五六样乐器，可能到第七样他才真正感兴趣，当孩子不喜欢的时候，家长不要过分要求，当孩子对某样东西有了兴趣，他就愿意主动去学习，不用家长督促。

不要指望给孩子报个什么特长班，他将来就真能成为这方面的大师。职业化的人不是培养出来的，而是靠悟性，真正的大师都是有这个天分。比如说搞音乐的孩子，他有音乐方面的灵性和悟性，家长不用刻意培养他也能发挥他天生的这种才能。很多教育家都认为，幸运的人是跟天分学到一块儿了，不幸运的人是把非天性的东西错误培养了。

日常护理注意问题

咬合不正

如果孩子的牙齿出现了龅牙、犬齿突出、咬合处错开、牙齿参差不齐等情况，都属于咬合不正。咬合不正会影响咀嚼和发音，并影响脸部的发育，因此要尽早治疗。

咬合不正与遗传有关，遗传性的咬合不正需要等到孩子长大后手术治疗，但孩子后天的生活习惯也有很重要的影响。例如大舌头、上下颌骨发育不全、习惯啃手指等坏习惯、换牙也可能引起孩子的牙病。

5岁以前，孩子是不是咬合不正还不能明显看出来，因为那时候他们的身体还在发育，在孩子6～12岁的时候，家长就要开始注意孩子的咬合问题了，很多孩子到了小学体检的时才发现咬合不正。

为了预防咬合问题，家长要注意观察孩子学说话时候的发音，吃东西的习惯。在恒齿开始长出来的六至七岁间，要注意儿童的咬字和咀嚼机能，尽早治疗，可以借着发育的趋势，矫正齿列。在中、小学念书时期，是矫正的适龄期。

矫正治疗一般不必拔牙，在齿和颌部使用矫正装置予以矫正就可以了。通常要先用 X 射线检查，每月做一次检验，渐渐促使咬合正常。有的矫形治疗需要数年的时间。15 岁以上施行口腔的外科手术。

慢性鼻炎

慢性鼻炎主要是间歇性鼻阻塞，鼻涕增多，常流脓鼻涕。出现咳嗽、多痰、咽部不适等症状。小儿慢性鼻炎可影响孩子面部发育以及记忆力，有 40% 的病人可伴发哮喘，长期鼻炎还可引发分泌性中耳炎，导致患儿听力下降；鼻炎引发鼻塞，还会影响患儿夜间睡眠质量，严重的会有夜间睡眠呼吸暂停。

预防鼻炎，注意不要让孩子长时间待在空调房里，温差较大时要注意增减衣服；炎夏时大量喝冷饮，也可能导致鼻炎；夏季鼻炎患者游泳时，要注意水进入鼻腔而感染。儿童鼻塞时，不要强行给他擤鼻涕，以免引起鼻腔毛细血管破裂带菌黏液逆入鼻咽部并发中耳炎。

如果家里有慢性鼻炎患者，可以用按摩的方式来治疗和缓解，需要家长对常规学位比较熟悉，然后让患儿坐位或仰卧，家长以拇、食二指点按鼻唇沟上端尽处，时间为 1 ~ 3 分钟；或者以双手拇指按压攒竹穴 1 分钟；以拇指指腹沿鼻梁两侧，自上向下推擦，以局部产生热感为止；或者患儿俯卧，家长横擦背，以透热为度。

扁桃体炎

让孩子张大嘴巴，压低舌头，发出"啊"的声音，可看见咽喉部两侧粉红色的小肉团，就是扁桃体。扁桃体自 10 个月开始发育，12 岁左右基本定型。作

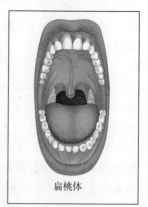

扁桃体

为呼吸道的门户，扁桃体是个活跃的免疫器官，尤其在小儿时期，含有各个发育阶段的淋巴细胞及免疫细胞，能抑制和消灭自口鼻进入的致病菌和病毒。也因为它最先受到病毒的侵犯，所以经常会有炎症。

扁桃体反复发炎，易引起咽炎、喉炎、气管炎、肺炎；中耳炎；鼻炎、鼻窦炎，淋巴结炎等；扁桃体的病原体，最易使免疫系统功能紊乱而引起全身并发症。如风湿热（风湿性关节炎，风湿性心脏病）、皮肤病（牛皮癣、渗出性多形性红斑）、心肌炎、肾病、肾炎、哮喘、糖尿病、血液病等难治性疾病。

扁桃体发炎后，可以选择用抗生素治疗，见效快，可很快控制急性期的症状，但容易反复。反复使用抗生素，对身体也不好，易产生耐药性，并会损害肝肾功能，降低免疫力，破坏人体正常菌群。也可以选择含片，如果经常含服含片会使病菌产生抗药性，口腔正常细菌也会受到损伤。

那么是否要进行扁桃体切除术呢？我们已经知道了扁桃体的作用，就轻易不要切除，切除扁桃体等于失去了呼吸道的屏障，会影响人体整个免疫系统。但并发严重、全身疾病的儿童，也不排除手术治疗。

如果总是扁桃体发炎，要注意加强锻炼，增强体质，以提高机体免疫力。

尿床

孩子到了五六岁，夜间还频繁尿床，这是让家长很烦恼的事情。小孩的神经系统的发育从胎儿到出生之后是一个连贯的过程。有些神经反射是先天已经发育完成的，比如饿了要吃、不舒服了要哭。但排尿的反射，需要成千上万次的训练才可以达到完善。一般来说，孩子在3岁的时候可以基本完成排尿反射的建立，但是这种反射仍然需要巩固。比如小孩子很容易短时间将注意力集中在一件事情上，就会出现暂时忽视这种排尿信号的刺激；再比如，小孩子在哭得厉害的时候，也容易出现尿裤子的现象。到了5岁以后，排尿反射就应该已经相当健全了。要是5岁以上的小孩还频繁出现夜晚尿床、白天尿裤的现象就可能存在一些问题了，大致包括以下几种因素。

遗传

有国外资料和数据显示，74%的男孩和58%的女孩儿，他们的父母双方或其中一方有遗尿的历史。所以，父母可以回想一下是否自己也有过遗尿的经历。

睡前喝水过多或白天喝水太少

晚饭喝了很多粥，或者是吃咸了，喝很多水，就特别容易造成尿多、尿床。白天喝水太少，尤其是女孩，尿液中的代谢物就会比较浓，表现出来就是尿黄的现象。但其中浓缩的代谢物残留在尿道，对尿道口就是一个刺激。夜间这种刺激就会使得孩子不自觉地尿尿。

梦境

很多孩子都觉得自己好像是做了一个梦，梦见上厕所，于是就尿床了。因为这种原因而尿床的孩子，家长不必在意。睡觉的时候孩子的脚露到被子外面，感到凉，会刺激想要尿尿；孩子在睡觉，家长在洗澡，睡梦中孩子听见水声也是一种刺激，下雨天也一样。

排尿反射没有建立好

有的孩子从小穿纸尿裤、开裆裤，家长就容易疏忽孩子排尿反射的训练。孩子的神经系统没有建立起自觉的排尿反射，不能把排尿和尿盆或厕所联系在一起，也就不能很好地控制自己的身体。

心理因素

父母吵架、亲人病逝、长时间与父母分离、搬家、上学、受到惊吓等因素都可能导致孩子遗尿。而孩子尿了床之后，家长的责备、无意的嘲讽也会给孩子造成严重的心理负担，给他压力，更加紧张，越紧张越尿床。而心理因素甚至会可使已有控制排尿能力的孩子发生遗尿，给孩子的心理和身体都造成伤害。

如果孩子没有建立好排尿反射，要耐心继续帮助孩子训练控制自己的排尿习惯。夜间孩子入睡后3小时，叫他起床上厕所。使起床排尿和膀胱充盈的刺激联系起来，训练一段时间，孩子就能自行被尿意刺激唤醒了。同时，把喝水的时间集中在白天，晚饭前。晚饭后少吃甜食和高蛋白饮料，避免口渴。可以吃些水果。避免白天过度劳累。中午睡一觉，可以使孩子不那么疲劳，夜间也就可警醒一些。临睡前一定叫孩子上厕所。

另外，对于尿床的孩子，一定要用宽容和爱护的心态对待。千万不要责备、打骂或者嘲笑他们。父母首先要帮助孩子平复心中的压力和负担，然后耐心地和孩子一起面对和调整。父母不要把孩子尿床的事情当成笑话讲给别人，这样孩子的心理负担会更重。

晕车

晕车与耳朵中有平衡功能的前庭器官的兴奋性有很大关系。如果行驶中的车辆颠簸得厉害，就有可能导致孩子前庭器官兴奋性增高，引起孩子晕车。一般来说，小孩的症状比大人重，也更为普遍。因为4岁以前，孩子的前庭功能正处在发育阶段，4岁后不断趋于完善，16岁完全发育成熟。随着前庭功能的逐步完善，孩子晕车的症状会越来越轻，以至消失。

为加强前庭功能的锻炼，增强孩子的平衡能力，可以抱着孩子原地慢慢地旋转。稍大的孩子，可以带他们荡秋千、跳绳、做广播体操；在父母的扶持下，让孩子走高度不高的平衡木；教会孩子沿着地上的细绳行走，身体尽量不要晃动；乘车前，不要让孩子吃得太饱、太油腻，也不要让孩子饥饿时乘车；上车前，可在孩子肚脐处贴块生姜，以缓解晕车症状；晕车厉害的孩子，乘车前最好口服晕车药，剂量一定要小；带孩子乘车应尽量选择靠前颠簸小的位置，以减轻震感。打开车窗，让空气流通。

孩子晕车时，妈妈可以用力适当地按压孩子的合谷穴。合谷穴在孩子大拇指和食指中间的虎口处。用大拇指掐压内关穴也可以减轻孩子的晕车症状。内关穴在腕关节掌侧，腕横纹正中上2寸，即腕横纹上约两横指处，在两筋之间。

哮喘

过了5岁开始哮喘的孩子，家长不能光希望靠药物治疗或者自愈，采取积极的措施更有助于孩子摆脱疾病。例如，在药物治疗的同时，让孩子像健康的儿童一样上学、锻炼、自己做事情，这些对于他的体质增强和自信心提高都有好处。

跑步后气喘吁吁，并有呼噜的声音的孩子，容易积痰引起哮喘。如果是这种情况，也不要就完全禁止孩子跑步，他可以把运动量调节得小一些。另外，经常泡温水澡对哮喘有很好的作用。

腿痛

小儿腿痛的原因很多，我们最常说的就是"生长痛"。五六岁时孩子身高增长快，又超过体重增加，所以，生长痛常发生于5～7岁的孩子。如果孩子白天玩得很好，在休息时和晚上睡前发生疼痛，腿部没有异常。这种就是生长痛，是暂时的，不必治疗。痛时可在局部按摩一下，或让孩子看画报、玩玩具、做游戏等，转移孩子的注意力。

如果孩子除腿痛外，还伴有发热、关节局部红肿，有触痛或其他关节红肿、疼痛等异常情况，那么，这种腿痛是不正常的，应到医院进行检查治疗。有些孩子小时候患过佝偻病，出现了两下肢骨骼的轻度畸形，如O形腿、X形腿或军刀腿，使膝关节韧带松弛，关节面受力不均衡，出现关节左右松动不稳，当活动过量时，孩子也会感到腿痛。还有些孩子得了上呼吸道感染时，由于病原体的作用，也会引起一时性膝关节滑膜炎，因而出现关节酸痛的情况。上呼吸道感染治愈后，腿痛也自行缓解。

有的家长认为腿痛可以补钙，但钙的吸收不是一时弥补就能变好的，家长最好在孩子成长期开始注意营养搭配。

低热

妈妈通常不会给神气活现的孩子量体温，只有当孩子出现问题的时候，才会记得量一量体温。这时候常常会发现，孩子低热。

其实，大部分孩子的体温都会出现超过37℃的低热，如果妈妈经常量一量孩子的体温，就会发现这个问题了。如果孩子不精神，有点儿低热，最好让他好好休息一下，另外问问是不是吃了什么东西，没有必要送到医院检查拍片。

近视

近视是由于遗传或眼调节肌肉睫状肌过度紧张造成的眼轴变形，导致看不清楚远处的物品的眼病。成年人戴镜后矫正视力，多可恢复正常，也可以通过激光手术治疗，但激光手术需要等到孩子成年之后再做。

孩子如果在5～6岁就出现近视，可能与生活习惯、弱视有关。弱视是一种视功能发育迟缓、紊乱，常伴有斜视、高度屈光不正。弱视是很难矫正到正常的眼病。弱视治疗与年龄密切相关，年龄越小效果越好。3～7岁为最佳治疗期，80%～90%都可治愈，7～10岁尚可治疗，10～12岁不易治疗，12岁以后治疗效果微乎其微。

父母注意给孩子在饮食上多安排一些动物性食品，动物的肝脏、蛋类、鱼类、奶类、甲壳类、绿色蔬菜、新鲜水果，对孩子的视力有好处。

不安静的孩子

好动是很多家长头疼的一个问题，从2岁到7岁之间都有，而五六岁的时候是"高发"的阶段，他们喜欢在上课的时候摸摸这里，看看那里，让他们像小猫一样安静地坐在椅子上是一件很困难的事情。

如果孩子总是动来动去不安静，有时候大喊大叫，破坏了老师讲课的秩序或者是家长的心情，往往会受到斥责。其实这样对他们来说是很委屈的，孩子只要在正常的生活中一切都没有异样，只是听课或者挨批的时候，忍不住动，是很正常的现象。如果父母和老师都把这个孩子当成多动症要去看医生，或者是被称为"坏孩子"，这会损害孩子的自尊心。如果孩子喜欢拉大嗓门哭喊，偶尔一次家长不用在意。孩子哭得很尽兴，过了之后就忘了。那种隐忍着眼泪扑扑往下掉的孩子，其实更容易有心理上的一些问题，因为那不符合他们的年纪。如果孩子住在闹市，因为哭喊会打扰周围邻居，家长最好在孩子安静之后，带着他去给别人道歉，这样会让他以后有自觉性。最坏的做法就是家长大声呵斥和打骂孩子。

不听话的孩子

怎样的孩子算"不听话"呢？可能每个家长的尺度不一样，能够容忍的孩子的行为也就不一样。在家境宽松的家庭里面，孩子不想吃饭就不吃，等饿了再吃也可以；但是在作息规律严格的家庭，如果孩子不按时吃饭就会当成不听话。有的父母乐于看到孩子有自己的见解，鼓励孩子有自己的想法，和父母交谈，而有的父母不希望孩子从小就"顶撞"长辈，对孩子各方面的要求都很严格。

在生活上，比如说孩子喜欢穿一两件衣服，喜欢在睡觉前喝果汁，喜欢把汤倒到饭里一起吃，这些无伤大雅的喜好都不能看作是不听话。

如果父母带着孩子外出的时候，孩子一定要一样东西，不买就不走，甚至赖在地上大哭大闹，弄的父母很尴尬，那么是不是也就一定说明孩子不听话呢？这样的孩子，肯定不是突然这样的，在出门逛街之前的日子里，他一定是认为哭闹对解决问题有帮助，有什么很小的事情，他哭过之后父母满足了他，他才会故伎重演。孩子的很多问题都是慢慢积累出来，父母不要等到问题暴露了再发火，而是要防患于未然，不要让孩子养成蛮横的性格。

那么孩子用哭闹来和父母抗议的时候，父母应该怎么办呢？这要视当时的情况而定。如果父母错怪了孩子，要马上道歉，不要让孩子觉得不公平、很委屈;如果孩子是真的不讲道理,父母最好不要迁就他,不要理他,让他冷静下来,再说说自己的想法,这样的效果更好。

就算孩子的性格很倔强,家长也没有必要总是因为性格问题而责骂他。孩子一般到了高年级,就会慢慢懂事了,家长要多给孩子一些耐心和关爱。

体弱多病的孩子

孩子是否体弱多病,不是看他的身高体重,而是看他的身体状况和精神状况。很多非常瘦的小男孩,精力很旺盛,身体灵活,完全没有必要当成体弱的孩子来格外呵护;有的孩子长得像"小胖墩",但是经常感冒,身体很虚,其实也属于体弱的范畴。

如果孩子突然消瘦,精神状态也不好,那么可能是患病的表现,家长要带他去医院检查。如果孩子突然长胖,也要注意是不是营养品的问题,或者是内脏的病变。

有的孩子从小就是个"药罐子",可能与早产、母亲在孕期接触了有毒的物质有关,这时候需要父母多带他到户外锻炼,而不是四处求医问药。

父母的精神状况和对孩子的态度,对孩子的影响有着超乎我们想象的作用。也正因为如此,如果我们总是肯定孩子,多对孩子微笑和鼓励,孩子会在潜意识中把自己当成一个健康聪明的人来对待;如果我们总是传达"你身体不好,需要格外注意"这样的信息,孩子也会默认自己是比常人娇弱的。而娇弱的孩子在以后的社交中会有很多问题,家长那时候也是很难纠正的。

家庭环境的支持

给孩子更多空间

要想发现孩子的天赋和创造性,就必须有一个宽松的家庭环境。这里不用列举出怎样的环境才是宽松的,但是可以知道怎样的环境是不宽松的。正如法律一样，不是告诉人们可以做什么，而是告诉公民不可以做什么——除了这些之外，你什么都可以做。

宽容的家庭环境不会因为孩子说出自己的奇怪的想法，而觉得他很异类；不会因为孩子写的字没有印刷品那么整洁而挨骂；不会要求孩子做自己特别不愿意做的事情，不会强迫孩子学习艺术、吃不喜欢的东西，不会禁止孩子带自己的朋友回家……很多事情，父母都可以用换位思考的方法来做出判断，孩子对尊重和理解的渴望，和我们成年人一样强烈。

但是宽松的家庭环境也不是没有教养的家庭，孩子说脏话、骂人、拿别人的东西肯定是不能允许的。

这里说的给孩子一个展示活力的平台，就是接纳孩子超出你期待的部分，例如他的性格没有你想的那么开朗，他的语速和语调有时候显得不聪明，他做事情的时候会有点儿磨蹭，他忘记了自己该做的事情（例如做作业），这时候家长要懂得给他一个空间，去展示自己的优势和劣势，并且为此付出一些代价。

如果孩子喜欢唱歌跳舞，你希望她是一个淑女，那么显然你还是应该去鼓励她唱歌舞蹈。有的孩子的活力就是体现在运动上，而有的孩子的活力体现在想象上。他们浮想联翩，有时候问一些奇怪的问题，那也是在展示他们的活力。

如果是孩子说脏话

孩子说脏话是家长最头痛的问题，而且一般都会用打孩子来解决。其实，6岁的孩子对父母的表现是很敏感的，有一个小男孩对自己的妹妹说了脏话，他只是发泄一下自己的情绪，并不是这话的意思，他的家长是怎么做的？妈妈把他拉出门外，对他说："我很遗憾，我没有教育好你，让你说了这种令自己羞愧的话。"那个孩子说："我是和同学学的，他就是这么对妹妹说话的。"这时候妈妈说："那个人不应该这样对妹妹说话的，他可能自己都不知道这句话的意思。这是很不好的语言，以后不要在我们家出现，我们谁都不许说，好吗？"这段对话的过程中，妈妈一直用很严肃但是很平静的语气在和孩子对话，孩子意识到自己做错了，马上回去对妹妹道歉："我刚才说了不好的话，很抱歉，我以后不会再说了。"无论是小男孩还是年龄更小的妹妹，都学到了人生中很重要的一课。

当孩子出现骂人的情况时，家长不要只顾着发泄自己失望、愤怒的情绪，而要告诉他，这样做不好，不要再这样了。

如果孩子的朋友中有一些喜欢说脏话，那么妈妈最好提醒孩子，不要学别人不好的方面，让孩子明白是非对错。

潜能开发游戏

气象预报

【目的】培养孩子勇敢无畏的精神及动作的敏捷性。

【玩法】准备 1 只乒乓球，选一人当预报员，其他游戏者面对着他站成一列横队，相距 3 米远，游戏开始。当预报员发出各种气象预报时，全体游戏者要做出勇敢的反应，如：

"刮大风！"——"不怕！"

"下大雨！"——"不怕！"

"有大雾！"——"不怕！"

"下大雪！"——"不怕！"

唯独听到"下冰雹喽！"时，所有参与游戏者必须赶快转身抱头蹲下，要是动作迟缓被预报员用乒乓球击中了就算失误，双方互换角色。接着游戏开始，谁失误三次就要表演一个节目。

夹跳比多

【目的】培养孩子的合作性，发展夹跳能力。

【玩法】适合多个家庭共同游戏。准备若干矮条凳和大可乐瓶，参赛家庭的爸爸（妈妈）与孩子相对而站，中间布置一只矮条凳，发令后依次用双足夹抛一只大可乐瓶（里面盛适量的沙子）过条凳，每成功一次算一分，在规定的时间内，积分多的家庭为胜。

装卸木材

【目的】培养孩子干活细心认真的品质。

【玩法】桌子的一端放 1 只铅笔盒，盒上横放 10 支铅笔，另一端放 1 只纸叠蓬蓬船，大小如同铅笔盒，再配备 30 厘米长的细绳拴住的钥匙圈 2 根。游戏时，家长和孩子分别站在桌子两边，拿起带圈的绳子，发令后，用圈插进铅笔两头，保持好平衡，把铅笔一支支抬到船上，圈不许碰到桌面或铅笔盒，否则重做。裁判员计时，哪队完成得快并且质量好的为优胜。

扔瓶进筐

【目的】培养孩子空间方向判断能力及投掷的正确性。

【玩法】适宜多个家庭共同游戏。准备若干个空箩筐、镜子和空可乐瓶，参赛家庭家长和孩子依次背对一只 3 米远的空箩筐，左手持一面镜子，右手拿起一只空可乐瓶扔向筐内，每扔进一只就再有一次机会，直至失误为止，扔进积分多的家庭为胜。

少了什么，丢了什么

【目的】提高孩子的形象记忆能力。

【玩法】给孩子看一张图片，上面有动物、食物、用品等。让孩子指出哪些是食物，哪些是用品。然后再换另一张，上面比第一张有增有减，让孩子说说少了什么，多了什么。

专题：入学准备

物质上的准备

在孩子进入小学前，会收到学校的通知书，一般上面都会罗列上学需要准备的物品。比如文具，有的地方需要自带餐具，有的地方午休需要带被子。

上学是孩子人生中很重要的一件事，家长有必要做准备，但是也不用什么都买最好的，特地告诉孩子他的书包是从香港买的，比全班同学的都好等，这样容易滋长孩子的攀比心理。

在购买文具的时候，最好能够和孩子一起去选择，尊重他的爱好，这样也可以增加他学习的兴趣。

心理上的准备

有的孩子以为上小学还和幼儿园一样，但是去了之后发现很多地方不同，比如说要求更严格、开始写作业，往往会需要一段时间适应。家长能在孩子入学之前，带孩子去将要念书的地方看一看，另外聊一聊小学的事情，并且带着赞赏的口气说他已经长大了，父母觉得很高兴等，这样他上小学时自信心会强一些，也可望成为一名小学生。

家长要注意的是，决不能拿上小学来吓唬孩子。很多家长常说"你再不听话，让学校的老师管你。""学校的老师会收拾你的。"这样说会让孩子内心产生排斥感，在上学的时候不敢发挥自己的想象力，变成完全听老师话的"小绵羊"。

对上学有抵触情绪的孩子

如果家长发现孩子对上学有抵触的情绪，听到上学就会很烦躁，甚至哭闹不肯上学，那么就要考虑是不是因为他听说了上学的不好的事情产生恐惧心理，或者是担心自己被父母抛弃，等等。

孩子到了6岁，完全可以讲明自己的想法，家长只要让他讲一讲原因，并且承诺帮助他打消顾虑，孩子都会讲实话。

家长不要用打骂的方式要孩子上学，更不要说"我们辛辛苦苦就是为了让你上学"这样的话，这些都不能帮助他消减抵触的情绪。

如果有机会，家长还可以带着孩子去看一看希望小学的宣传片，让他知道读书上学是一件很值得珍惜的事情，同时也用他的名义去帮助同龄人上学读书，或者是捐出自己的书给贫困地区的孩子，这些方式能对孩子的心灵起到激励的作用。

不爱与人交流的孩子

当一个人用很友善的语气和孩子对话，说的内容孩子也完全能听懂，但是孩子却毫无反应或者走开的时候，可能是因为对方比骄傲陌生，让孩子有不安全的感觉。如果不论对谁，孩子都表现出不理睬的情况，则可能是因为孩子的性格不爱与人交流。

只要孩子能够应付日常的生活，在学习上也没有障碍，能够表达自己的想法，即使不像同龄人那样爱说爱笑，也不要紧。每个人都有自己的性格，那些安静的孩子可能喜欢自己一个人研究一些有趣的事情，或者觉得一个人的时候更自在，家长就不要强迫他去认识新朋友或者改变这种性格，那只会给双方造成痛苦。

如果孩子连平常的交流都不愿意，可能是心理上有障碍。会不会因为他之前的说话被父母忽视，或者他在别人面前没有说话的机会。

大人往往以为孩子心里面不会有什么事情，就对孩子赌气的行为毫不理睬，这样也不太好。有的孩子比较早熟，他们对别人的态度很敏感，也许就是一句很普通的话，会让他觉得自己不受关爱。"我再也不对你们说了"，有的孩子有超出成年人想象的恒心，所以大人对待小孩的时候，也要尊重第一，不要总是否定他的想法。

另外很多家长喜欢帮孩子回答问题。亲戚朋友们见面了，难免会问小孩"今年多大了""要去哪个小学念书""有没有认识的朋友等"，如果家长总是抢了孩子的话，替他回答，也会让孩子有种不自信的感觉，慢慢就不爱说话了，等着父母来替他发言。所以父母不要着急替孩子回答，即使他说得不好，也要让他说。

多动的孩子

多动的孩子和不安静的孩子不完全一样，多动的孩子只是不停地动来动去，但不喊叫。这比不安静的孩子要好多了。其实，好动的孩子更有创造性和探索精神，他们更容易注意到变化，也给人健康活泼的印象，家长不要对孩子的"好动"反感。从成年人的心理来说，如果你越是注意孩子不安静，就越是会觉得他真的一点儿都不安静。而且如果家长情绪不安、烦躁，更容易引起孩子的多动，形成负面的影响。

如果孩子的注意力不能集中，精神涣散，那么父母可以做一些培养注意力的游戏，最简单的就是"木头人"，父母也可以研究一些类似的游戏玩。

如果你的孩子回家报怨有的小朋友总是喜欢动来动去，要鼓励孩子接纳那样的人，不要和别人一样排斥多动的孩子。

需要克服的坏习惯

入学之前，孩子需要克服的主要是生活习惯。例如，赖床、绕头发、咬指甲、挖鼻子、咬衣服等。家长一看到这些动作，就会批评他们，不停地念叨让他不要这么做，实际上还会起反作用，孩子不是故意要让你烦，这类习惯是他们应对紧张情绪的一种方式。只从负面关注孩子的这种习惯，会让他更紧张，也更不容易让他改正坏习惯。

相反，你应该以一种更不经意的方式跟他谈一谈。给孩子把这种习惯指出来，并告诉他不要这样做的合理原因，注意你的理由一定要简单明了，能让6岁的孩子听懂。如"咬指甲会感染，可能会很疼"，或者"你的头发已经留了很长时间了，如果你继续揪头发，我们也许就得给你剪掉了，因为这个习惯太不文雅了。"

你可以让孩子帮你一起想办法来改掉他的坏毛病。例如，当他咬衣服的时候，不妨约定以秘密的眨眼或手势来提醒他。还可以给他一些奖励来进一步帮他改正：如果他能一个月不咬他的衣服，你就给他买一件他一直想要的运动衫。

随着孩子渐渐长大并学会其他处理焦虑的方法后，大部分这些不让人喜欢的习惯都会消失。同伴的压力也会有帮助，很多孩子都不喜欢自己的同学抠鼻孔。

家长要做好的配合工作

给家长的10条建议：

1.尽量表扬孩子，让孩子每天都感觉到他在学习上取得了进步；

2.多关心孩子的学习内容和实际进步程度，多询问孩子最近学了什么，掌握得如何等；

3.经常给孩子制订几个容易达到的小目标；

4.刺激孩子的学习欲望，抓住生活中的各种机会让孩子学习；

5.帮助孩子树立责任心。让孩子学会洗碗、洗手帕等，尽到他的责任；

6.在孩子面前做表率；

7.尽量不要在孩子面前议论老师，尤其不要在孩子面前贬低老师；

8.定下家庭学习规范，并自始至终严格执行，让孩子养成良好的学习习惯和作息习惯；

9.引导孩子善于提出问题，培养孩子多问一个"为什么"；

10.要使孩子重视上学，尽量避免缺课。

第六章

安全与健康

本章主要针对婴幼儿的安全与健康问题做了详细的介绍。在安全方面，分别从家庭内、儿童玩具和户外三个方面出发，涵盖了扭伤、摔伤、婴儿寝具、餐具、乘坐汽车、自动扶梯、电击等方方面面，为家长提供了安全提示，帮助宝宝安全成长。在健康方面，介绍了一系列的体检和疫苗接种，为宝宝的健康成长保驾护航。

家庭内的安全

扭伤

宝宝贪玩，常常会不小心扭伤脚踝或手臂。如果爸爸妈妈没有掌握正确的急救方式，对宝宝的处理手法不正确，往往会使扭伤部位伤痛更加严重。

爸爸妈妈需要能根据扭伤后宝宝的不同症状，判断扭伤的程度：扭伤的部位疼痛，局部肌肉有压痛，碰触或活动时疼痛加剧，为轻度扭伤；扭伤部位出现不同程度瘀血，局部青紫或红紫，常围绕受伤关节，为中度扭伤；关节扭伤部位出现不同程度肿胀，为重度扭伤；脚扭伤后出现运动障碍，宝宝走路出现不平衡，跛行，为高危扭伤。

急救方式

1. 冷敷。爸爸妈妈在发现宝宝子扭伤后，<u>应立即让宝宝停止</u>运动，将扭伤部位的衣物或鞋带松解；如果是脚踝扭伤，应先用枕头把宝宝小腿垫高；刚扭伤时千万不要按摩、揉搓，以免加重损伤；用冷水或冰块冷敷受伤部位约 15 分钟；用手帕或绷带扎紧扭伤部位固定受伤关节，也可减轻

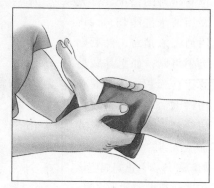

肿胀。

2.热敷。48 小时后，可对伤口进行热敷，或按摩，以促使血液循环加速，消退肿胀；扭伤常伴有骨折或关节脱位，当宝宝觉得疼痛日渐加重，应去医院就诊。

提醒爸爸妈妈注意的是，先冷后热这个救治顺序。宝宝受伤后，要首先采取冷敷，可减缓炎性渗出，有利于控制肿胀；一般来说48 小时后可转为热敷，加速血液循环；不要颠倒二者的顺序，否则会加剧炎性渗出，导致剧烈肿胀。

摔伤

很多爸爸妈妈几乎都经历过宝宝摔床、摔跤后的那份心疼和懊悔。但是宝宝摔伤真是一件难以避免的事。一旦发生摔伤，爸爸妈妈也不要过于惊慌，不要心急如焚地将宝宝从地上抱起，动作也不要过猛，以免导致其他不必要的伤害。

急救方式

宝宝摔跤后，如果能够马上大哭，可以将脑部受伤的可能性排除，爸爸妈妈们可以即刻将宝宝抱起来，边检查伤口边安慰宝宝，如果宝宝的摔伤的部位肿大，并且有瘀青，可以在洗净后，用冰块冷敷，尽量不要让宝宝的摔伤部位活动；如果宝宝摔伤部位有出血的情况，首先要用清水洗净伤口，再用消毒水消毒，然后贴上创可贴；如果摔跤后的擦伤面积太大，并且伤口上沾有无法清洗掉的沙粒、玻璃碎等，或宝宝伤到的是重要部位，如脸部等，爸爸妈妈应该在进行基本的护理之后，

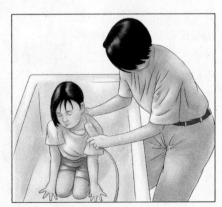

立即将宝宝送往医院包扎，避免破伤风或者留下伤疤等；如果宝宝在摔跤后两天内，出现了反复性呕吐、嗜睡、精神疲乏、瞳孔灰暗或剧烈哭闹等现象，那宝宝可能因为摔跤造成脑震荡了，爸爸妈妈应该立即送宝宝去医院检查治疗。

烧烫伤

宝宝对周围的事物容易产生好奇心，见到什么都想用手去抓，而有的爸爸妈妈又很粗心，没有注意放好暖水壶、汤锅之类的物品，造成宝宝烫伤。但是，如果宝宝不幸烧伤、烫伤了，爸爸妈妈要保持冷静，采取相应的措施。

急救方式

1. 用凉水冲洗伤口。如果宝宝被烫伤或烫伤，爸爸妈妈应赶紧检查宝宝烧伤、烫伤的部位、面积、深度，有无严重的并发症如脑外伤、内脏破裂、骨折等。并立即用干净的凉水冲洗烫伤的部位，一般来说，宝宝烫伤后，越早用清水冲洗，效果越好；水温越低效果越好。

爸爸妈妈可以把宝宝烫伤的局部用凉水浸泡 30 分钟以上，这样可以及时散热，减轻烫伤程度，缓解宝宝的疼痛感。

2. 不能乱涂药膏。注意的是，爸爸妈妈不要在宝宝烫伤的部位涂抹药水或未经消毒的药膏，因为这些药物可以通过烫伤的创

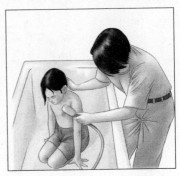

面进入血液，容易引起汞中毒。

3. 防止休克、窒息。在宝宝发生烧伤、烫伤后，要预防宝宝出现休克和窒息的现象。如果宝宝的头、面部及呼吸道烧伤，最容易发生窒息。要及时清理痰液、呕吐物，保持呼吸道通畅，必要时做人工呼吸。

4. 保护创面。烧伤、烫伤发生后，还要及时预防创面感染，注意保护创面，用干净的毛巾、纱布或其他软织物包裹、覆盖宝宝的烧烫伤创面，及时将宝宝送往医院进行救治。

蚊虫叮咬

炎炎夏日，爸爸妈妈喜欢带宝宝去树下乘凉，但是夏天是蚊子、虫子活动的活跃时期，宝宝很容易被毒蜂、蚊虫等咬伤，尤其是当宝宝穿着短衣短裤，肆无忌惮地玩耍时更容易发生。宝宝被蚊虫叮咬后，会出现局部瘙痒、肿胀，严重时可伴有疼痛、头晕、恶心、呕吐、发热和过敏等全身症状，而皮肤袒露部位更容易出现微小刺眼或红肿的包块。

尤其是被一些有毒的虫子咬伤后，其毒液除了会引起局部反应外，还会通过血液的循环扩散至全身，导致出血及中枢神经系统抑制现象，严重时还会出现休克，呼吸、心搏骤停，甚至突然死亡或数日内死亡等现象。因此，爸爸妈妈一定不能不以为然，以免宝宝遭遇不必要的危险。

急救方式

1. 止痒。宝宝被蚊虫叮咬之后，爸爸妈妈可先用流动的清水冲洗，尽可能冲掉毒毛、毒液，擦干后，可在叮咬部位涂些花露水来止痒。

2. 涂药膏。如果局部出现过敏性水肿，最好涂抹消炎药膏。如果宝宝奇痒难耐，可将 1 ~ 2 片阿司匹林研碎，用小量凉开水调成糊状，涂于蚊叮处，即可消肿止痒。尽量不要让宝宝挠抓被叮咬的部位，容易产生感染。

切割伤和擦伤

多动、爱玩是宝宝的天性，在日常生活中切割伤、擦伤都是在所难免的，所以爸爸妈妈们要了解一些关于宝宝切割伤和擦伤后的急救措施，可以减轻宝宝的疼痛感。

割伤的急救方式

如果宝宝被割伤后，伤口不是很深，那爸爸妈妈也不必太担心，只需要将宝宝割伤的局部用清水冲洗干净，消毒后，贴上创可贴即可。如果宝宝被严重割伤后，可能会使血流不止，很难治疗，爸爸妈妈首先用流动的清水将伤口冲洗干净，并用消毒水消毒，然后用一块干净的棉花压住伤口，阻止出血，用绷带固定后，将宝宝送去医院包扎疗。

擦伤的急救方式

宝宝擦伤以手掌、膝盖、脸部居多，处理不好易留下瘢痕。所以爸爸妈妈不能小觑擦伤。宝宝擦伤后，试着轻轻地擦掉伤口上的污物或细砂粒，这会引起轻微的潮红和出血，再用流动的自来水将伤口及周围部位清洗干净，消毒后贴上消毒纱布，用纱布包扎好。

如果无法擦掉伤口内的污物，或者出血较多，可以先清洗伤口并消毒后，用纱布止血，然后迅速将宝宝送往医院，正确的治疗，可防止伤口愈合后留下疤痕，如果没有接种破伤风疫苗的宝宝必须到医院打破伤风针，以免出现感染。

眼睛里进异物

宝宝在玩耍的时候，难免会有异物进入眼睛里，如何处理才不会给宝宝的眼睛带来伤害呢，这就要求爸爸妈妈必须注意两点：第一，不能让宝宝揉搓眼睛；第二，不能乱用眼药水。

进沙尘类异物的急救方式

沙尘等进入宝宝的眼睛后，爸爸或妈妈要用两个手指捏住宝宝子的上眼皮，轻轻向前提起，并向眼睛内轻轻地吹，刺激宝宝的眼睛流泪，将沙尘冲出。这一方法如果不奏效，则轻轻地翻开眼皮，先让宝宝眼睛向上看，再用手轻轻扒开下眼皮寻找异物，下眼皮与眼球交界处的皱褶内易存留异物。如果没有找到，再翻开上眼皮寻找异物，注意眼皮的边缘和白眼球，找到异物后用干净的棉棒将异物轻轻取出。如果进入眼睛内的沙尘较多，可用凉开水或矿泉水冲洗。

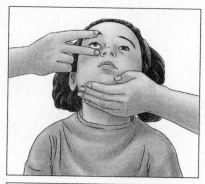

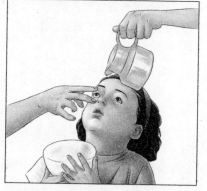

进铁屑、玻璃、瓷器类异物的急救方式

有铁屑进入宝宝的眼睛后，尤其是在黑眼球上，爸爸妈妈要安抚宝宝的情绪，并告诉宝宝尽量不要转动眼球，让宝宝躺着，用翻开眼皮的方式寻找并取出异物，如果取出有困难时，不要勉强，应该让宝宝始终闭着眼睛，并立即将宝宝送去医院。

进化学物品类异物的急救方式

当有强腐蚀性的化学物品不慎溅入宝宝的眼睛里时，要立即就近寻找干净的水冲洗宝宝伤的眼睛，冲洗时，用食指和拇指扒开眼皮，用水持续冲洗 5 ~ 10 分钟，尽可能使眼内的腐蚀性化学物品全部冲出。如果有条件的话，可以接一盆清水，将宝宝的脸（鼻子以上的部位）浸入水中，让宝宝做睁眼闭眼运动，通过不断地开合上下眼皮，以及转动眼球使眼内的化学物质充分与水接触而稀释。眼睛冲洗完毕后，应立即将宝宝送去医院接受眼科医师的检查和处理。

进生石灰类的异物急救方式

若是生石灰溅入宝宝的眼睛内，要切记一定不能直接用清水冲洗，不能用手揉搓，因为生石灰遇水会生成碱性的熟石灰，同时释放大量的热量，会烧伤眼睛。正确的方法是：用棉签或干净的方巾将生石灰粉擦出来，然后再用清水不间断地反复冲洗宝宝的眼睛，至少冲洗15分钟，冲洗后再将宝宝送去医院检查和接受治疗。

进洗涤剂类异物的急救方式

洗涤剂、清洁剂种类繁多，无论哪一种多是含有不同程度碱性化学成分，如果不小心进入了宝宝的眼睛，对结膜、角膜上皮有损害，会使结膜充血、角膜上皮点状或片状破损，影响角膜透明度，看东西模糊。由于刺激了角膜上皮丰富的感觉神经末梢，宝宝会出现怕光、流泪、不敢睁眼和疼痛等情况。所以洗涤剂一旦溅入宝宝的眼里，一旦发生，要立即用大量清水冲洗，冲洗干净后，用干净的棉花或毛巾等吸干宝宝眼部的水，让宝宝尽量闭着眼睛，等眼睛无刺痛感后再睁开。

头部损伤和脑震荡

如果宝宝的头部在发生剧烈碰撞后，表现出短暂的意识丧失，可能是脑震荡，但不一定是脑组织损伤。爸爸妈妈可让宝宝安静地休息，并在宝宝头部发生撞击后的第一次睡觉时，叫醒他 1 ~ 2 次，观察一两天，并做好记录，判断宝宝是否有更加严重的不适感。如果宝宝表现出：清醒时，宝宝看起来非常疲惫、四肢乏力、目光呆滞、嗜睡，或者在宝宝睡觉时，爸爸妈妈难以把宝宝唤醒；持续性头痛，容易激怒，有的宝宝也有出现呕吐的现象；宝宝的神经状态、肢体协调等明显出现需要医生处理的变化，如上下肢无力、行走笨拙、言语不清、头晕目眩等现象，那爸爸妈妈要立刻送宝宝到医院进行检查。

急救方式

宝宝头部损伤后，出现意识丧失超过 5 分钟以上，应立即让宝宝平躺，不宜摇晃宝宝，如果怀疑宝宝的颈部可能损伤，抱起宝宝时要托着头部，动作尽量轻柔，以免加重损伤。然后检查宝宝是否有呼吸，如果没有呼吸，应即刻采用心肺复苏法和人工呼吸。如果宝宝的头部在撞击后出现流血现象，爸爸妈妈要用凉开水清洗伤口后，用纱布按住伤口，等待医护人员的到来或者马上送往医院就诊。

窒息

窒息多见于婴幼儿时期的宝宝，盖住宝宝面部的任何东西都有可能阻塞宝宝的口鼻，加上这个阶段的宝宝力气太小，无法挣脱开一些如被褥等稍重的东西，使宝宝因为呼吸困难而造成窒息。

急救方式

首先把宝宝抱起，检查宝宝是否神志清醒，是否有呼吸。如果宝宝神志清醒，爸爸妈妈要抚慰宝宝，使宝宝不那么紧张害怕，因为呼吸极度困难的时候，宝宝会很焦虑恐惧，爸爸妈妈的安抚会使宝宝有安全感；对于有呼吸但神志不清的宝宝，一定要马上送去医院抢救，如果医院太远可直接拨打 120 进行急救；如果宝宝

没有呼吸，应将宝宝平躺，摆放成最自然最舒服的姿势，立刻开始为宝宝进行人工呼吸并拨打急救中心的电话（120），进行急救。

食物中毒

宝宝很容易误食各类非食品类的异物，或者爸爸妈妈给宝宝吃了有毒的食物，造成宝宝食物中毒。所以爸爸妈妈要掌握一些基本的宝宝容易误服毒物，懂得宝宝食物中毒的现场急救常识，往往能在关键时刻为宝宝争取更多宝贵的时间。如果宝宝发生食物中毒后，只想到送医院治疗，很可能会因为救治太晚或者中毒太深而对宝宝生命造成威胁。

急救方式

1. 催吐。宝宝发生食物中毒之后，首先爸爸妈妈要查出宝宝中毒的原因，家里随处摆放的消毒剂、漂白水、去污粉等洗涤用品，都有可能是宝宝误食的对象。如果宝宝是因为误食了洗涤剂而中毒，那么爸爸妈妈一定要先把手指伸到宝宝的喉咙处，给宝宝催吐（患有严重心脏病、食管静脉曲张的宝宝不能催吐），把胃里的有毒物质吐出来，并马上送往医院救治，如果医院离家较远，则要呼叫救护车，并把宝宝误食的东西和宝宝的呕吐物，一起带往医院检查化验。

2. 误服强酸强碱要喂牛奶、豆浆。如果宝宝中毒后已经出现了昏迷，或者误食的是汽油、煤油等石油产品，这种情况下为防止窒息的发生就不能进行催吐了。另外，如果宝宝误食的是强酸、强碱性化学液体，爸爸妈妈千万不可以用清水及催吐的方式急救，而是应该立即给予宝宝喝牛奶、豆浆或鸡蛋清，起到稀释的作用，以减轻酸碱性液体对宝宝胃肠道的腐蚀。

3. 农药中毒喝肥皂水。现在的农作物种植，大多是用农药来驱虫，瓜果蔬菜中难免会有农药的残留。如果引起宝宝食物中毒，是因为吃了含有机磷农药的瓜果蔬菜，那么他们呼出的气息中能闻到一种类似于大蒜的味道。这时，爸爸妈妈用一小块肥皂用温水化开，给宝宝喝下，有解毒的功效，同时立即送往医院急救。

吞食异物

宝宝在5～6个月以后逐渐能够用手抓东西吃了，但此时他们还没有危险意识，好奇时总会把手边能拿到的东西都往嘴里送，如弹珠、橡皮、硬币、钉子、橡皮泥等。宝宝极有可能因误吞了这些小东西而阻塞食管或者气管，造成严重的后果。

急救方式

宝宝的呼吸道非常狭窄，代谢速率高，氧气需求量大，如果不能及时将异物移出，气管被阻，就会造成低氧，脸部发黑，在短时间内宝宝可能就会停止呼吸甚至死亡。所以爸爸妈妈在发现宝宝吞食了异物后，先将帮帮脸部朝下，放在大腿上，用手指伸到宝宝的喉咙内强制宝宝将异物吐出，并轻拍宝宝的背部，减轻宝宝的不适感。如果用催吐的方式无法让宝宝将异物吐出，那爸爸妈妈应该立即把宝宝送往医院，情况严重的应毫不犹豫地拨打急救电话。

误服药物

宝宝对什么都充满好奇心，有时连小小药丸也不肯放过，爸爸妈妈一不留神，宝宝就可能误吃了药。因此，妈妈应及早了解有关知识及急救措施。以便在送宝宝去医院前，或等待救护车到来之间，爸爸妈妈可以自行急救，为宝宝争取高贵的治疗时间。

急救方式

如果宝宝误服的是维生素、止咳糖浆等毒性较小的药物，爸爸妈妈可以让宝贝多喝凉开水，稀释药物并及时排出体外即可。

如果宝宝误食另外癣药水、止痒药水、驱蚊药水等，爸爸妈妈应该立即让宝贝喝尽量多的浓茶水，因为茶叶中含有鞣酸，有沉淀解毒作用。

如果宝宝误服的是安眠药、退热药、镇痛药、抗生素及避孕药之类的药物，在到达医院之前，爸爸妈妈可以用手指、筷子等刺激宝宝的喉咙处催吐，再给宝宝喝大量的茶水或肥皂水反复催吐、洗胃，然后喝一些牛奶和 3 个生鸡蛋清，以起到解毒的功效。

如果误服的是强酸、强碱等腐蚀性很强的药物，则不宜采用催吐法，应该给宝宝喝冷牛奶或豆浆，避免腐蚀肠胃，然后立刻往医院治疗。

如果误服的是碘酒，那爸爸妈妈要赶紧给宝宝喝面糊、米汤等含淀粉的流食，因为淀粉与碘发生反应后能生成碘化淀粉，可减小毒性；然后再把催吐，把胃里的物质吐出来，反复多次，直到宝宝的呕吐物不显蓝色为止。

户外安全

乘坐汽车

交通安全研究显示，每小时 48 千米的时速下的碰撞，足以在一个 7 千克重的宝宝身上产生 140 千克的前冲力，这个前冲力足以造成宝宝因撞击而受重伤，如出现脑震荡、脑出血、骨折等，或者宝宝会由于惯性而造成整个身体被向前抛出，严重的甚至导致宝宝撞死。如果这样的前冲力在爸爸妈妈无准备的情况下出现，是无法控制的。因此，爸爸妈妈一定要了解宝宝乘坐汽车时的安全知识。

带宝宝乘坐汽车的注意事项

1. 不能让婴幼儿坐副驾驶座：副驾驶座对与宝宝来说很危险，当车子急刹车时，副驾驶位置上的宝宝如果没有得到有效的固定，颈部因遭受巨大的外力而向前冲，会伤及颈椎，严重时甚至损伤脑部。

2. 学龄宝宝要系安全带：学龄宝宝在体格、意识都发育到了一定的程度了，在坐车时，应该跟大人一样系上安全带。这时，安全带对于学龄宝宝来说，难免有些大，但是不能不系，稍紧一点儿即可。

3. 不能让宝宝将头、手伸出窗外：在宝宝坐车时，爸爸妈妈一定好将宝宝看管好，不能让宝宝将头、手伸出窗外，以免飞驰而过的汽车将宝宝的头、手撞伤。

4. 婴幼儿不宜让大人抱着坐：对于比较小的宝宝，许多爸爸妈妈在乘车时抱着孩子，以为这样很安全。但事实上，因为宝宝坐得比较低，头部刚好在大人的胸部位置，加上宝宝的头骨比较脆弱，如果发生猛烈碰撞，大人的胸部会自然向下压，正好压在宝宝的头颈，对宝宝造成极大的损伤。所以宝宝在乘车时，应该用宝宝专用的安全座椅。

5. 婴幼儿不宜系成人安全带：婴幼儿宝宝不宜使用成人的安全带，因为如果系得太紧，在急刹车时可能会造成致命的腰部挤伤或脖子、脸颊的压伤；如果系得太松，在发生猛烈碰撞时，宝宝可能会滑出安全带向前冲，造成撞伤。

6. 开车时不能让宝宝在车内玩耍：车辆在行驶过程中，宝宝会随着车子的运动而摇晃。而且宝宝会因为专注于玩耍会忽略自我保护，很容易发生撞伤的意外。

7. 宝宝在车上睡着了，爸爸妈妈要在宝宝的头部及其周围，垫上柔软的被褥或毛巾，或者由爸爸妈妈将宝宝的头部托住，避免因为车子晃动而发生撞伤。

8. 带婴幼儿宝宝乘坐汽车，特别是乘坐公共汽车时，千万不能将宝宝背在后背上。因为将宝宝背在后背上，由于看不见宝宝，加上人多拥挤，可能造成宝宝因为帽子或被单遮住鼻子而窒息。

如果宝宝不小心发生了意外，爸爸妈妈一定要冷静应对，并采取相应的急救措施。

在大街和马路上

宝宝在大街和马路上的安全，主要是针对学龄儿童和会走路的宝宝。8岁以下的宝宝还不能正确判断车速、周围环境，更不用说复杂的交通规则，所以学龄前的宝宝在马路上行走，必须有大人看管。绝不能让他们在机动车道和马路上玩耍。爸爸妈妈要把过马路的规则一遍又一遍地讲给5～9岁的宝宝听，让宝宝牢记。跟他们一起过马路的时候，给宝宝做好安全示范，告诉宝宝红绿灯和人行横道线的使用规则，还要跟他们讲过马路之前先看左边，后看右边，然后再看左边的重要性。哪怕前面是绿灯，那也要仔细地看清楚。

对于正在学走路的宝宝，爸爸妈妈一定要让他们抓着你的手。即使是你购物完后要往车里装东西的短短几分钟时间，也不要大意，一定要先把宝宝放在购物推车里，或者放在汽车里，再安放东西，避免宝宝因为被其他食物吸引而独自走开。

学龄儿童是最容易遇上交通事故的，因为他们经常在道路上行走，却又缺乏应对交通情况的能力。所以，许多学龄儿童都不知道什么时候过马路才是安全的。爸爸妈妈要记住，宝宝至少要到9岁或者10岁的时候周围视觉才能发育完全，这时才可以让他独自穿越交通繁忙的街道。爸爸妈妈在决定让宝宝独自在大街或马路上行走之前，一定要考虑宝宝的必经之路，并像探险家一样跟宝宝一起走一走这些路线，再确定一条最安全也最容易过马路的路线，让宝宝以后就按指定的路走。

自行车意外伤害

幼儿学骑自行车是一种很重要的体格锻炼方式，不仅可以增强他们的活动能力、锻炼胆量，还可促进骨骼和肌肉的发育，但宝宝骑自行车的时候，总会出现一些或大或小的意外，有可能会伤害到宝宝。爸爸妈妈掌握一些儿童自行车意外伤害的急救措施是非常必要的。

急救方式

如果宝宝是从自行车上摔下来，爸爸妈妈要在第一时间把自行车挪开，并检查宝宝的摔伤部位，对于宝宝神志清醒，可以问宝宝哪里疼，以确定受伤部位。不能随意挪动宝宝，因为宝宝有发生骨折的可能，挪动宝宝可能引起骨头错位。万一宝宝真的骨折了，爸爸妈妈要找来比与骨折部位长度稍长的木片，将骨折的部位固定住，再将宝宝小心地送往医院骨科治疗；如果宝宝只是轻微的擦伤，则可以将宝宝抱起，用流动的清水冲洗伤口，用消毒液消毒之后，进行包扎即可；如果宝宝从自行车上摔下来，神志不清了，爸爸妈妈一定要用食指掐住宝宝的人中穴，并做心肺复苏，与此同时，应该拨打急救中心的电话，等待急救。

有的自行车意外伤害也不一定就是宝宝自己骑自行车造成的，爸爸妈妈在用自行车带宝宝的时候，也有可能发生自行车意外伤害，比如绞伤等。因为宝宝的年龄较小，顽皮好动，待在自行车座椅上的时间一长，会感觉腿脚被束缚不舒服，就想活动一下腿脚，却忽视了脚的位置，很容易被急速滚动的车轮轧进去而被绞伤。当宝宝的脚被卷进车轮里时，一般会突然大声啼哭，这时车上的爸爸或妈妈要立刻刹车停稳，并将宝宝的脚从车轮里取出，查看宝宝的伤势。如果宝宝只是擦伤表皮，清洗伤口之后，用红汞药水涂擦，敷上消毒纱布即可。如果发现有青紫的血肿，但皮肤没有破损，应马上用冰块做局部冷敷，使局部毛细血管收缩，忌用热水热敷或涂上活血药去揉脚，因为这么做只能加重出血。冷敷之后要马上送医院。

自动扶梯

新闻上经常看到关于自动扶梯事故的报道，出事的以没有自我保护能力的宝宝居多。爸爸妈妈在带宝宝去商场购物时，往往因为要看一件商品而松开了宝宝的手，加上宝宝天生的好奇心，经常会被能自动滑动的扶梯所吸进，有没有任何的安全意识和自我保护意识，于是很有可能发生意外。

宝宝搭乘自动扶梯注意事项

1. 爸爸妈妈不能让宝宝独自搭乘扶梯，一定要有大人的监护。如果宝宝够高，告诉他们要抓紧扶手；如果宝宝不够高，必须由大人拉着宝宝的手。

2. 爸爸妈妈要确保宝宝所穿的衣服、鞋子和身上挂件等，不会因为太长而被卷入或卡在扶梯的末端。

3. 禁止宝宝在搭乘扶梯时嬉戏、打闹、蹦跳，或者直接坐在扶梯上。

4. 对于稍大些的宝宝，在搭乘扶梯时，宝宝和要爸爸妈妈站在同一梯级上，或让宝宝站在爸爸妈妈的前一梯级，以便更好地留意宝宝的安全。

5. 对于婴幼儿宝宝，如果还使用婴儿车，在搭乘扶梯前，爸爸妈妈必须要把宝宝抱出来，收起、折叠好婴儿车在搭乘扶梯。

6. 扶梯到达末端后，爸爸妈妈应该立即让宝宝远离扶梯，不要在出口区域逗留，以免后续下梯者会对孩子造成冲撞。

宝宝自动扶梯事故急救方式

如果宝宝被自动扶梯卡住手或脚时，爸爸妈妈一定要保持冷静，立即拨打120急救中心的电话和119消防中心的电话，同时以最快的速度叫来商场的保安，让保安将自动扶梯关闭。这时宝宝一定痛苦得大声啼哭，爸爸妈妈要安抚宝宝的情绪，尽量不要让宝宝乱动。如果爸爸妈妈能够将宝宝被卡住的部位取出，那就尽快取出，并送往医院包扎；如果取不出也不要勉强，免得伤势越来越严重，等待急救中心和消防中心的救援。

户外运动和娱乐

经常带宝宝出去进行户外运动，有利于宝宝骨骼的生长和身体的健康。但是很多爸爸妈妈因为宝宝太淘气，害怕宝宝在户外运动和娱乐的过程中发生安全问题。在这里我们给爸爸妈妈们支支招，降低宝宝运动和娱乐的危险系数。

1. 在出门之前，爸爸妈妈要为宝宝选择一身舒适的连体衣，婴幼儿宝宝最好穿全裆裤，不宜穿开裆裤，避免细菌感染生殖器官，面料最好是防水布或是尼龙布。这种面料的衣服比较贴合身体，方便宝宝活动。宝宝穿连体裤能够确保宝宝不会在玩耍时发生上下身衣服脱节的情况，也能保证宝宝的肚子不着凉。

2. 在宝宝的背部垫一块小毛巾，因为宝宝的神经系统尚未发育完善，在进行户外活动时比较容易出汗，颈背部出汗最多，小毛巾可起到吸汗的作用，并有防止宝宝感冒生病的功效。

3. 给宝宝穿上运动鞋，宝宝在户外运动娱乐的时候，会兴奋得到处乱跑。这时，一双合脚而舒适的运动鞋显得尤为重要，不仅能使宝宝活动方便，达到运动健身的效果，还能保护宝宝的小脚丫，避免摔跤、扭伤等意外发生。

4. 爸爸妈妈必须带上水、水果和小点心。因为宝宝在运动的过程中会消耗很多的水分和能量，如果不及时补充会造成宝宝因为低血糖而晕厥。

5. 爸爸妈妈要留意宝宝的活动区域，不要让宝宝跑去危险的地方玩耍，例如井盖、公路、水沟等，以免发生意外。

6. 爸爸妈妈要掌握好宝宝的运动和娱乐时间。因为很多宝宝到了户外，就像出笼的小鸟一样，玩入迷了根本不会有时间概念。所以，爸爸妈妈应该根据宝宝的自身体质和身体状况，控制好宝宝运动娱乐的时间。

7. 在宝宝运动出汗的时候，往往会觉得很热，吵着要脱衣服，但是爸爸妈妈要注意了，这时坚决不能给宝宝脱衣服。因为这时脱衣服会加快汗液的蒸发，带走宝宝皮肤表面的温度，容易造成宝宝感冒。

8. 爸爸妈妈也可以随身携带一些消毒液、清凉油之类的药品，在宝宝不小心被蚊虫叮咬或擦伤的时候，可以派上用场。

动物抓伤、咬伤

很多家庭都养有宠物。饭后，在小区内带宠物散步的现象随处可见。正在小区内玩耍的宝宝们都很喜欢和宠物狗、猫等小动物亲密接触，但又不懂如何与它们安全相处，所以宝宝被动物抓伤、咬伤的现象也较多见，但随着宝宝年龄的增长而减少。

急救方式

当爸爸妈妈发现宝宝被动物抓伤或咬伤之后，爸爸妈妈要挤出宝宝伤口里的血，并用肥皂水反复冲洗伤口，再用大量清水冲干净，然后涂抹碘酒，但是要注意不要包扎伤口，以免不透气，造成发炎。做完这些急救措施之后，应该立刻带宝宝去医院注射狂犬疫苗。

为了防患于未然，家养的宠物一定要注射狂犬病疫苗。有了宝宝以后的家庭，建议不要养宠物，等宝宝稍大点儿之后再养。因为宠物会带来许多传染病如狂犬病、炭疽、结核病、出血热、猫搔病、疥癣等，而宝宝的免疫功能系统尚未发育完全，极易感染上疾病。

晒伤

带宝宝出门之前，虽然爸爸妈妈已经做了精心的防晒措施，但宝宝还是不慎晒伤，这时父母该怎么办？

急救方式

1.轻度晒伤的急救方式。宝宝出现轻度晒伤后，局部的皮肤会变红、鼻尖、额头、双颊等部位可能会有轻微的脱皮现象。这时，爸爸妈妈要马上带宝宝躲进树荫或其他阴凉处，并尽快帮孩子的肌肤补充水分；可将干净的毛巾沾冷水后，轻轻地放在宝宝的脱皮部位，冷敷10分钟这样可以减轻宝宝的灼热感，使皮肤逐渐恢复；也可以给宝宝洗个澡，并在洗澡水里加一小勺苏打粉。让宝宝泡澡，这样也可以为皮肤降温，缓解红肿，起到让皮肤镇静、舒缓的作用。但是爸爸妈妈要注意，给宝宝洗澡时，不要用任何洗涤用品，以避免刺激伤处；在给宝宝洗完澡之后，可以给宝宝涂一层保湿乳液，或者涂一层薄荷膏。

2. 严重晒伤的急救方式。如果宝宝晒伤的程度特别严重，比如局部皮肤出现水疱、红肿、并出现大面积脱皮现象，宝宝出现灼痛、瘙痒的感觉。那么宝宝已经被严重晒伤了。

如果宝宝晒伤的是肩膀、胸部及背部这些面积较大的地方，爸爸妈妈可以用纱布浸泡在生理盐水或清水里，放入冰箱里稍稍冷冻后，放在宝宝刺痛部位冷敷，然后送宝宝到医院，可以消除灼热感。如果宝宝被晒伤的是腿部，而且脚部出现水肿，最好将宝宝的腿抬高到高于心脏的位置，并且用沾满生理盐水的冰冻过的纱布，冷敷宝宝的腿部，可缓解不适，更重要的是爸爸妈妈应立即带宝宝去医院皮肤科就诊。

溺水

宝宝喜欢玩水几乎是天性，所以宝宝因游泳溺水，或者因为自己玩水摔进浴盆里而溺水的报道屡见不鲜。爸爸妈妈除了尽量避免这种情况发生以外，还要学会一些急救技巧，避免在宝宝出现溺水之后束手无策。

急救方式

宝宝溺水后，马上检查宝宝的意识是否清醒，有无呼吸和心跳，要是没有呼吸，应立即拨打120，同时爸爸妈妈也要先采取一些急救措施。

首先将宝宝侧躺在一个空气流通的地方，让肚子里的水流出来后，再用手指轻轻抬起宝宝下巴，保证气管通畅，同时进行人工呼吸。如果宝宝没有心跳，就马上做心脏按压，进行心肺复苏抢救，然后再帮助宝宝把肚子里的水吐出来。如果宝宝上岸后，呼吸和心跳都正常，可以用浴巾或毛巾擦干宝宝的身体，让宝宝感觉到温暖，然后让宝宝侧身静躺一会儿。

有的宝宝溺水后，虽然表面没有什么大碍，但水有可能进入宝宝肺部引起感染。所以，爸爸妈妈最好还是带宝宝去医院检查一下。另外，注意的是如果宝宝溺水之后，出现意识模糊的情况，禁止给宝宝喝水或其他饮料，因为这时给宝宝喝水容易造成水流进气管，轻者会呛到宝宝，重者会造成宝宝窒息。

帮助宝宝吐水的方法：对稍大一些的宝宝，可将宝宝的一条腿屈起，让宝宝俯卧在膝盖上，脸部朝下，轻轻拍打或按压宝宝的后背，让肚子里的水顺势吐出来；对于不满一周岁的宝宝，要让宝宝趴着，然后用手轻轻将宝宝托起，轻轻拍打宝宝的后背。

电击

发现宝宝被电击后，千万要冷静，忌惊慌失策，耽误宝宝的抢救时间。

急救方式

1. 切断电源、拨打120、人工呼吸、心肺复苏。要在保证自己不直接接触电的情况下，首先要切断电源，然后一边拨打120叫救护车，一边观察宝宝的意识、呼吸和脉搏情况。

当宝宝的意识不清时，立即注意保证宝宝的气管通畅，如果呼吸停止的话，要马上进行人工呼吸，心跳停止的话，要用大拇指按压宝宝的人中穴，并进行心脏按压。保证宝宝气管通畅，用拇指将孩子的下唇向下推，使下齿较上齿略向外突出，再将下巴抬起，让嘴张开或用一只手轻轻地将孩子的额头向后倾，注意不要用力过大，一边用另一只手的拇指按住下齿，用中指和食指将

下巴拾起。当宝宝意识清醒时，让宝宝以比较舒服的姿势休息，同时赶紧叫救护车。宝宝呼吸和心跳都基本正常的话，让宝宝头部向后仰，以侧躺的姿势为好。

2.处理电灼伤口。宝宝被电击后没有大碍，只是被电灼伤时，可以用冰块或冷毛巾冷敷患处，然后进行消毒后，涂抹一些烫伤的药物，如果灼伤的面积较大，将宝宝立即送往医院包扎治疗。

体检与疫苗接种

0～1岁宝宝需要做哪些体检

通常情况下，宝宝出生42后会安排一次体检，宝宝3个月、6个月、9个月、12个月大的时候分别做一次。宝宝体检的项目比较多，不要漏掉其中的某一项。

身高、体重、头围

身高、体重、头围这三项是宝宝体检的基础项目，是衡量宝宝生长发育状况的标准。如果宝宝的身高、体重、头围没有增长或增长得比较慢，那爸爸妈妈就要在医生的指导下进行干预，一般可以追上正常发育的水平；有的宝宝也有增长超标的情况，这时爸爸妈妈就要改善喂养方式了，调整宝宝的饮食结构，以免造成宝宝患肥胖症。

皮肤、囟门、牙齿

宝宝的皮肤比较娇嫩，给宝宝的皮肤做检查主要是看宝宝有没有感染皮疹、湿疹等皮肤病；检查囟门的闭合情况，是宝宝体检中比较重要的一项，会关系到宝宝脑部组织的发育；检查牙齿主要是看宝宝的出牙情况以及是否存在牙胚先天性缺失或者是否有龋齿。

心、肺、肝等功能

这个项目主要是检查宝宝的心律，心脏是否有杂音，肝的排毒功能是否正常，心肺有无异常等，做到早发现早治疗，以免错过治疗时机，留下后患。

听力筛查

宝宝出生后就要进行听力筛查，如果出生的时候没过，那么在第一次体检再做一次，直到通过为止。如果还没过，那么爸爸妈妈就要带宝宝去耳鼻喉科，做进一步的检查。

智力筛查

8个月以后的宝宝可以做智力筛查，所以在宝宝9月龄的体检时，会进行一次智力筛查。对于早产儿、双胞胎、有出生后窒息低氧史的宝宝，在3、8、12月龄的时候分别再做一次智力筛查。

血红蛋白、微量元素检查

在宝宝8～9个月的时候对其进行血红蛋白、微量元素检测，主要是检查宝宝有无贫血现象以及有没有微量元素缺失的情况。

宝宝需要接种哪些疫苗

由于宝宝的免疫力低下，容易被细菌、病毒所感染，所以爸爸妈妈应该尽早为宝宝开始接受疫苗接种的准备。我国规定的疫苗所预防的大多数疾病都是宝宝最容易感染的，因此爸爸妈妈要清楚地知道宝宝到底需要接种哪些疫苗，并在规定的时间带宝宝去医院或者卫生防疫站接种疫苗。但许多疫苗都需要宝宝不止一次地接种才能形成完备的免疫反应。所以有的疫苗在宝宝开始接种的第一年要反复接种几次，才能有完善的免疫功能。

宝宝计划内的疫苗接种表

月龄	接种疫苗	次数	预防疾病
出生时	乙肝疫苗 卡介苗	第一次 第一次	乙型病毒性肝炎 结核病
满 1 月	乙肝疫苗	第二次	乙型病毒性肝炎
满 2 月	麻痹糖丸疫苗	第一次	脊髓灰质炎（小儿麻痹）
满 3 月	麻痹糖丸疫苗 百白破疫苗	第二次 第一次	脊髓灰质炎（小儿麻痹） 百日咳、白喉、破伤风
满 4 月	麻痹糖丸疫苗 百白破疫苗	第三次 第二次	脊髓灰质炎（小儿麻痹） 百日咳、白喉、破伤风
满 5 月	百白破疫苗	第三次	百日咳、白喉、破伤风
满 6 月	乙肝疫苗 流脑疫苗	第三次 第一次	乙型病毒性肝炎 流行性脑脊髓膜炎
满 7 月	无计划免疫针		
满 8 月	麻疹疫苗	第一次	麻疹
满 9 月	流脑疫苗	第二次	流行性脑脊髓膜炎
满 10 月	无计划免疫针		
满 11 月	无计划免疫针		
满 12 月	乙脑疫苗	第一次	流行性乙型脑炎
满 18 个月	百白破疫苗 甲肝疫苗 麻风腮疫苗	第四次 第一次 第一次	百日咳、白喉、破伤风 甲型病毒性肝炎 麻疹、风疹、腮腺炎

满 24 个月	乙脑疫苗 甲肝疫苗（与前剂间 隔 6 ~ 12 个月）	第二次 第二次	流行性乙型脑炎 甲型病毒性肝炎
满 3 岁	流脑疫苗 麻痹糖丸疫苗	第三次 第四次	流行性脑脊髓膜炎 脊髓灰质炎（小儿麻痹）
满 4 岁	百白破疫苗	加强	百日咳、白喉、破伤风
满 6 岁	麻风腮疫苗 乙脑疫苗	第二次 第三次	麻疹、风疹、腮腺炎 流行性乙型脑炎

宝宝接种疫苗的注意事项

疫苗虽然能在宝宝体内产生抗体，帮助宝宝抵御疾病，但是在给宝宝接种疫苗时，还有很多需要注意的事项。

1. 从宝宝一出生，医生就会发给一本小册子，上面会详细写有宝宝应该注射的疫苗种类和注射时间，爸爸妈妈要严格按照规定的免疫程序和时间进行接种，不要半途中断。如果因为粗心错过规定的注射时间，一定要向医生说明情况，另外约定时间再注射。

2. 接种前要向医生说明宝宝的健康状况，如果宝宝是早产儿或者有营养不良症状，最好不要立即接种疫苗，要向医生咨询，让医生进行评估后再根据建议选择合适的时间再注射。

3. 宝宝的第一剂乙肝疫苗和卡介苗在出生后直接接种，但是只有体重大于 1250 克的宝宝才能接种。

4. 给宝宝接种疫苗后，要在接种场所休息 30 分钟左右，并密切监视宝宝情况。如果宝宝出现高热和其他不良反应，可以及时请医生诊治。

5. 宝宝在接种疫苗以后，爸爸妈妈要保证接种部位的清洁卫生，擦洗时要尽量避开接种针孔的位置，以防止局部感染。

6. 宝宝接种以后，应避免剧烈运动。父母要细心观察宝宝的反应，如果有轻微发热、食欲不振的现象，这是正常的，一般 1 ~ 2 天会自动消失。但如果反应强烈且持续时间很长，就可能有过敏现象，应立刻带宝宝去医院请医生诊治。

7. 爸爸妈妈在给宝宝口服糖丸疫苗之前的半小时内，不宜喂奶，以防宝宝吐奶时将疫苗一同吐出。宝宝吃完糖丸疫苗之后的半小时内，不宜喝热水或热奶等。

8. 对牛奶及牛奶制品过敏的宝宝禁服糖丸型疫苗，可改服液体疫苗。

9. 百白破疫苗有无细胞和全细胞之分，全细胞是免费的，但接种后副反应可能较大，接种了全细胞疫苗后，可改接种自费的无细胞疫苗，但接种了无细胞疫苗后就不能反过来接种全细胞疫苗。

10. 麻疹疫苗第二剂可以用麻风腮疫苗代替，但对鸡蛋过敏的宝宝不宜接种。

11. 乙脑疫苗有减毒和灭活之分。灭活疫苗第一次接种是在宝宝8月龄的时候，一周接种第二针；减毒疫苗只需要在宝宝8月龄的时候接种一针即可。

12. 所有的疫苗接种后都可能会有发热现象，要特别留意宝宝的体温变化。

第七章

培养精神健康的孩子

与身体健康比较而言，孩子的精神健康也是很重要的。首先，父母与孩子的关系是对孩子最直接的影响，父母的照顾、关注、表扬、尊重、期望等，可能父母对孩子的一次不经心的话语，都会对他们的关系造成很大的伤害。其次，每个孩子所面对的家庭环境是不同的，遇到的问题也是多种多样的，如独生子女家庭、离婚的家庭、单亲家庭、再婚家庭以及收养家庭，这些状况都是家长需要特殊对待的。

关注孩子的需求

孩子有非常强烈的亲近与关爱的需求，也就是说，他们希望感受被关爱、呵护以及安全。他们希望自己的亲人在身边。因此，以各种形式制定规则，比如：定期全家一起就餐，或者一起游戏。这期间，特别是对大孩子来说，聚在一起的时间长短不重要，重要的是大家在一起时的聚会质量。

孩子有强烈的关注与被关注以及评判的需求。他们的自尊、自信心因此而得到发展。孩子希望体验自己对别人的影响，有人愿意倾听他的愿望。这并不是说，对孩子的每个愿望都要做出让步。恰恰相反，孩子由此知道，并不是每个愿望都能实现的；孩子还要学会有耐心。重要的是，要告诉孩子，家长已经明白他的需求。可以直截了当地考虑孩子的愿望，这样有变通的余地，或者恰当地向孩子做出解释，为什么有些事情行不通。孩子明白他的愿望得到关注，就不必为引起别人注意而绞尽脑汁，他由此心满意足并且更加冷静了。

孩子有知情与安全需求。孩子想了解世间万物。如果家长向孩子解释世间的事物，告诉他们事物的名称，帮助他们对自己所拥有的物品进行分类，这会使孩子更容易理解这个世界。如果孩子的生活有规律、有条理，孩子会感觉很舒服。这样他们就会熟悉正常生活过程，适应生活环境。对孩子来说，家长的行为举止应该有透明度、可预见性。如果成年人总是发无名火，或者做出其他什么令孩子无法理解的事情，这会使孩子产生危机感。家庭内部环境越是和谐、相互尊重，孩子越有安全感。因此，家长之间的冲突尽量不要让孩子知道，特别是幼小的孩子，因为他无法理解究竟发生了什么事情。

孩子是小小探索家。仅有信任对他们还远远不够，他们对周围世界充满好奇。缺少变化或者缺少探究的机会使他们感到百无聊赖，致使他们有破坏性行为。因此，给孩子提供机会，让他感受有益的探究带来的愉悦，满足他求知的渴望，发挥他学习的动力。至于以什么形式提供这些机会，应该视孩子的年龄以及兴趣而定。

孩子希望自己不断成长，变得有能力并强大，按照自己的个性以及个人需求生活。对此，摆在家长们面前的任务是，接受孩子的优、缺点，不要对孩子发展的空间做出错误判断。重要的是，发挥孩子的长处，认可孩子的短处，让孩子得到均衡发展。

家庭中促进孩子心理健康发展的机会很多。如果能关注孩子的需求，可以使教育变得更加轻松。家长与其对某些特定的状态表现得很恼火，比如对孩子的哭闹纠缠，还不如将注意力转移到考虑孩子为什么哭闹上来。做这样的换位思考可以营造解决问题的有利氛围。

安全感的需求

任何人都需要安全感，有的人的安全感来自家庭，有的人的安全来自于物质，给宝宝的安全感就应该从小培养，让宝宝不会有心灵缺失，安全感能让孩子尽快地融入社会，孩子的自信心也与是否有安全感相关，孩子的安全感主要是来自于家庭，爸爸妈妈的爱能够成就更多自信的宝宝。

安全感是孩子心灵成长的一块重要基石，是孩子适应与融入社会，充满信心地生活与学习的前提条件。孩子安全感的建立，和家庭与生活环境的影响有着密切的联系。宝宝的安全感，是父母给予的。而原始安全，绝对可以影响孩子的一生。宝宝的安全来自妈妈，妈妈的安全感很大程度来自自己和家庭的支持。因此，全家人相互理解，相互扶持，就带给宝宝安全的爱。

家庭成员之间融洽的关系，是孩子建立安全感的重要基础。对于孩子来讲，爸爸妈妈就是他的整个世界，是他生活的楷模。如果孩子经常看到爸爸妈妈之间的冲突，孩子会感到极大的不安与畏惧。幼小的心灵会埋下阴影。从这个意义上来讲，爸爸妈妈能送给孩子最好的礼物，就是美好的婚姻，这会直接影响孩子安全感的建立，以及影响社会化、人际关系等诸多方面。因此，拥有一个健康快乐的生长环境，对孩子安全感的建立是至关重要的。对于孩子来说，爸爸妈妈就像是玩伴一样重要，缺少了爸爸妈妈的陪伴，孩子将很难养成良好且规律的生活习惯，安全感自然也就无从建立和培养了。

家庭温柔的陷阱，特别是"隔代疼"，把孩子保护得太好，为孩子成长的每一步，准备好了"清道夫""铺路石"，剥夺了孩子面对困难的机会，使孩子胆小、畏惧困难，自然自身也失去了安全感。因此，应让孩子学会自己的事情自己做，成人不要包办代替。如让孩子适时学会自己吃饭、自己穿衣服、自己收拾自己的物品，自己解决与小朋友的纠纷等，尝试成功，建立自信，只有让孩子多次获得成功的心理体验，才能应对失败的考验。

爸爸妈妈要调整对孩子的教育方式，允许孩子身上存在不好的习惯和小毛病，多一些鼓励和肯定，少一些批评和指责，多陪孩子玩一玩，给孩子一些空间。平时加强与孩子沟通互动的时间，给予孩子更多的情感支持和无条件的关爱。

孩子的安全感是需要爸爸妈妈用心去呵护的，一个拥有安全感的孩子，会很自信、独立，能与其他人友好地相处。如果一个孩子从小就没有培养起健全、足够的安全感，那么成年后心理上的缺陷将可能无法完全修复，所以从小培养宝宝的安全感是非常重要的。

情感的需求

　　情感是人在社会活动中对客观事物所持态度的体验。丰富而健康的情感是人们精神生活得以高度发展的必要条件。"没有人类的情感，就没有人类对真理的探求"，家庭教育不仅是认识的过程，更是情感交流的过程。国内外的许多研究资料表明：幼儿有很多情感需要。家长需要满足孩子的各种情感需要，才能使其人格得到健康的发展。

　　被别人爱的需要

　　爸爸妈妈要经常给孩子以鼓励、赞扬的表情或亲切、温和的问候，对他提出的正当要求尽可能热情、友好地接受并帮助解决，从而让他感受到：爸爸妈妈喜欢我，希望我能进步。

　　取得好成绩的需要

　　如果幼儿在生活中老是体验失败的感受，他就会变得灰心丧气。因此，爸爸妈妈一方面应注意向幼儿提出的要求不宜过高，以免超出孩子的能力限度而使他受挫，另一方面，在提要求时要考虑幼儿特长，使他能够在某一方面取得进步或成绩，并享受到由此带来的乐趣。

　　归属集体的需要

　　孩子往往很喜欢和别的小朋友一起玩，一起学习，在集体中得到快乐。如果长时间独处，孩子的情绪就会受到压抑，产生抑郁情绪。爸爸妈妈应该设法为孩子创造与同伴共同游戏、学习的机会和条件。即使他暂时不得不离开集体（如生病住院、放假回老家等），爸爸妈妈也要设法通过捎口信等多种方途径，让孩子了解到小伙伴对他的思念，从而让他时刻体验到集体的温暖。

　　自尊的需要

　　孩子学什么、怎样学，玩什么、怎样玩等不应由爸爸妈妈硬性规定。爸爸妈妈应明智地激发孩子自己开动脑筋去想去做，并让他在自我评价中增强责任感。孩子一旦有了进步，则应及时做出肯定的评价和积极的鼓励。

摆脱过失感的需要

有些孩子犯了过错或经历了几次失败，就精神不振，爸爸妈妈此时若再盲目指责，就更容易使其形成压抑的心态。因而，爸爸妈妈要心平气和地对待孩子的过失和失败，让他知道，每个人都会犯错误，只要改正了就是好孩子。

克服胆怯的需要

当孩子对陌生的活动产生胆怯心理而不愿参加时，父母的任务不是催逼他去做或者吓唬他，而是有意识地引导他避免经历不幸和伤害。当孩子不小心跌倒磕破膝盖，流了血，他会很害怕，这时父母不能大惊小怪地制造恐怖气氛，而是安慰他：不要紧张，流出的血还会在身体里长出来的。对孩子害怕的事情，父母要加以科学的解释，以消除他的顾虑。

情感的建立会形成一种无声的教育动力，情感过程也是相互影响、相互作用的过程。父母心里有了孩子，孩子就愿意和父母在一起就产生了亲切感，父母尊重、理解、关心孩子，孩子就更加尊敬爸爸妈妈。这样不仅可以促使孩子自觉地接受爸爸妈妈的教诲，还可以使孩子的学习兴趣得以提高，良好的学习习惯得以养成。

朋友的需求

友情对儿童的认知发展、社会与道德发展起着重要作用。在儿童必须脱离对家长依赖性时，同龄人、好朋友是很重要的，因为这种关系结构对孩子提出了特殊的挑战。如果说孩子与爸爸妈妈的关系是通过上下级、权威与服从形式表现的，那孩子与朋友间的友情关系，则常常是在同龄人基础上，更多的是以平等、同一层次以及相互间的关系形式表现出来的。

朋友数量以及性别

在一次问卷调查中，几乎所有的儿童都表示，自己有一个最好的朋友。

越是年幼的孩子朋友越多，但他们说不清究竟有几个。这包括同龄人，以及家长、老师，甚至宠物。对幼儿来说，朋友就是所有与自己友好相处的人（以及动物）。按照这样的标准，朋友数量剧增就不足为奇了。

随着年龄增长，朋友数量开始下降。8岁、10岁，特别是12岁的孩子通常称自己只有一个"最好的朋友"，而且严格限制为同性朋友。

同类抑或异端

我们选择的朋友都是些怎样的人呢？"物以类聚，人以群分"无疑是源自生活经验的总结，在年龄、出生、志趣相投、对建立友谊关系的观点方面的相似性与同感在交友方面是起决定性作用的。当然也有与此相反的生活经验，就如俗话所说的那样："异性相吸"。上述几个方面看，是否只有差异才是保持友谊关系的基础，也就是说，是否只有这种友谊关系才能提供建立轻松的氛围以及对自己的生活发展有帮助的机会。对孩子而言，回答是很明确的：朋友就是和自己一样的同龄人。

友谊的宗旨

所有5岁以及几乎是所有6岁的孩子都在问卷调查中表示，需要有一个朋友一起玩耍。

从8岁开始，儿童便将朋友视为自己重要的帮手，比如，当自己被人威胁，或者被殴打了；自己要背负重物；自己完不成作业或者陷入困境时。儿童常常以体力上的困境，而青少年则以心灵、精神或道德方面的困境为例，在这样的困境中，他们期望朋友的陪伴或者支持。朋友同时还是聊天的伙伴，是可以帮助自己排解孤独的人。6岁的孩子还强调："独自待着或者自己一人玩很无聊，所以我需要朋友。"

这个观点对青少年也很重要。他们的表达更带有普遍性，更中肯："否则很孤单，不知道自己该干啥……"人总是需要朋友的，这样不至于独自度过一生。

一个或者许多朋友可以提供一个受保护的社会空间，有保障的安全性、可靠性定性。各个年龄段的人对这个空间都有不同的设想。5 岁或者 6 岁的儿童认为朋友外在的行为方式很重要：朋友首先要"友好"，亦即朋友不能有挑衅性的行为举止。多数 8 岁的儿童也希望自己有很"友好"、符合自己需求的朋友："他必须爱我；他必须经常来看我；来接我；和我一起玩我想玩的游戏。"

论及自己对朋友的安全感与信任度的期望值，10 ~ 12 岁的孩子是这样表达的：一方面他应该和蔼可亲、助人为乐、有一定的承受能力、善于交际；另一方面要守口如瓶，不得告状、泄密。男孩子特别强调的观点是形影不离、严守秘密，即"同谋"（哥们义气）。对女孩们来说，（女性）朋友是守口如瓶的、善解人意的谈话对象，可以向她倾诉自己的烦恼，而不必担心她会向其他人，比如向母亲泄密的人。与注重哥们义气的男孩们相反，女孩们更强调交流私人事宜方面的信任度。

对如何建立安全的社会空间，尽管观点各异，但与此同时也发展了"信任"这个概念。当 5 岁的孩子对这个词还是一知半解时，6 ~ 8 岁的孩子认为这更多的是涉及外在的行为举止："信任就是，你手头有许多钱，但是你没有放钱的口袋。而朋友有个大口袋。你可以把钱放在他的口袋里，事后他把钱还给你。"

信任，12 岁的孩子认为这是保持友谊最重要的条件。随着年龄增长，它的含义也不断扩展到各个方面：12 岁的孩子认为是共守秘密，青少年与成年人认为信任意味着不得传播隐情。

公平、公开地交际

与儿童交往时使用平等的语境对儿童的发展以及培养儿童的

自我价值感非常重要。儿童有权利要求坦率的交往方式，因为他们也正需要学习这类方式。这里有一些建议是需要家长们注意的：

避免使用讽刺挖苦、冷嘲热讽的语言。由此，儿童不仅无法交流，更何况他们也不懂这种句子所隐含的意思。如果孩子将牛奶洒了，而家长却说："你干得太漂亮了！"这样孩子会迷惑不解的。

不要发出自相矛盾的信号。注意你的语言与非语言的行为要一致。如果你以一种悲伤的表情对孩子说："你来了，太好了"孩子不会对这样的说法感到高兴，反而有负罪感。

不要对感觉状况做规定。如果孩子抱怨有疼痛，那就是疼痛。因为孩子相信那就是疼痛。不要规劝孩子，让他相信那不是疼痛。因为那样会使孩子对自己本身的感觉麻木不仁。

如果有失望，就明确告诉孩子，不要对此隐瞒什么。面对当今错综复杂的世界，孩子或许比成人更坦然。

通过坦率、公平地与孩子交往，孩子会赢得更大的力量与更多的自信。

如何给孩子立规矩

规矩是建立在充满爱的关系、负责任的、成熟的行为基础上的。"孩子需要规矩"并不是说，家长可以以孩子需要学习其他东西为借口而发挥自己的权威。规矩指的是：负责任地给孩子指明方向、谨慎地制止、在共同生活的价值和守规则方面以身作则，给孩子做出榜样，有意识地遵守规矩。

显然，制定规矩要求家长有毅力。正是由于对是非判断的标准前后不一，许多家长感到无助。害怕失去孩子的爱，与其他家长的竞争（玩具或者零花钱方面），或者出于自己小时候所经历的严格的、无意义的、与不合适的规矩带来的痛苦，家长们往往迷茫，在需要遵守规矩的时候，反而放弃了规矩。

给孩子立规矩意味着，家长要承受实施教育的不舒服的一面——唱白脸，承受孩子给自己带来的愤怒和烦恼。典型的情况以及如何处理孩子有许多事与愿违的行为，如孩子不听话，不乖，不认真对待家长的意见。下面是一些典型的情况以及如何处理：

发问、请求、苦苦哀求

"你不认为自己甜食吃多了吗？"

"你不觉得电视看够了吗？"

"你没发现和你一样大的孩子，这时候都上床睡觉了吗？"

在这些问题背后通常蕴藏着明确的、认真的意思，即什么是应该遵守的规矩。为了避免表现出高高在上的权威性，家长们不是直截了当对孩子把话挑明，而是提问，因为家长暗自希望孩子同意自己的意思，由此而避免冲突。

正确的方法是直截了当把话挑明：

"我想，你可以打住了，你吃了太多的甜食。"

"请把电视关了！"

"天已经很晚了，我想让你现在去睡觉。"

间接要求

孩子在干其他事情时（玩耍、做手工、看电视、吵架等），家长从其他地方发出指令，就是说，从另外的房间（厨房、地下室等），而不是直接面对孩子以有目光交流的形式发出指令。

"整理好房间！"

"把衣服挂好！"

"不要吵了！"

儿童有一个理会的范围，他们听不见对自己不利的指令，会对此不理不睬，因为他们的注意力集中在手头的事物上。另外孩子会猜测，这类间接的指令到底有多少认真的成分，如果不理睬，是否可能"没有危险呢"。

正确的方法是直接面对你的孩子。

不中听的指令要这样发出：直接走向孩子，与孩子平视；如果有必要，可以握住他的手，明确、清楚地说明，他应该干什么。

过于仓促地中断联系

由于生活节奏太快，许多家长往往做出这样的举动：对孩子发出指令（把衣服挂好），然后就转身离开，去干其他事情。回头家长感到惊讶的是：衣服并没挂好，而孩子不见了。

正确的方法是等着，直到孩子做出反应为止。

这个例子的意义在于，家长发出指令（把衣服挂好），并站在那里等到孩子接受指令，并按指令行事。由此使得指令明确得到解释，同时，如果孩子及时做出反应，应予以表扬；如果孩子没有按照指令去做，要再次重复指令。

以禁止替代指令

"停止争吵！"

"不要乱动！"

"不要这样乱抹！"

成年人常常告诉儿童，他们不该干什么，应该干什么，什么不好，会影响谁。他们对可能发生的不良行为做出限制。可是，儿童并不能十分明白，大人期望由此得到什么。

正确的方法是以正面解释的方式明确表达你的愿望。

"你们好好考虑，你们该如何做。"

"请坐下！"

"用勺子，不要用手！"

这样孩子得到明确的指令，明白大人希望他们做什么。

没有预先警告就下指令

"就此打住！"

"马上过来！"

儿童经常是很注重自己上心的事情。他们不会像成人希望的那样，马上停止自己的事情，为此他们需要一定的时间。

正确的方法是留出"启动时间"。

"再过5分钟就要吃饭了，准备结束游戏了。"

"再过10分钟我们就要出发了。"

"如果这一轮游戏结束了，就不要重新开始了，我们必须马上看牙医了。"

问为什么

"你为什么这么做？"

"你为什么又哭了？"

"你为什么欺骗我？"

"你们为什么又争吵？"

提问"为什么"并不一定真是想探究原因，而是让孩子承认错误，有负罪感。孩子常常感觉到被逼得没有退路。他们试图找借口（比如说"我不知道"）过关，但往往陷入更加无望的境地（比如家长会说"你怎么会不知道啊"！），结果家长和孩子不欢而散。

正确的方法是寻找解决的办法。

"请放好！"

"你们怎样才能重新和好？"

"你有解决的办法吗？"

"你们有可能不再争吵，以后友好相处吗？"

孩子不是陷入防御状态，没有必要找借口解释原因，而是在解决问题方面得到支持。此外，假定他们是有能力解决问题的。

寻求理解

"你应该明白，这部电影对你不合适。"

深深地叹气，家长不停地唠叨，想引导孩子接受成年人的观点，不愿接受这样的事实：孩子是依据自己成长的经历对事物做出判断的，他们的感觉与成人不同。

正确的方法是解释、说明你期望什么。

"我希望你把电视关上，因为我觉得，这部电影对你不合适。"

发出不现实的惩罚指令

"如果再不关电视，你将 6 周不得出门。"

"如果你不按时回家，我们休假时就不带你出去。"

"如果你不吃干净，就不再给你吃饭了。"

通过这样的或者是类似的威胁，孩子会感到恐惧和不安；抑或看穿了家长只是说说而已，吓唬自己。

正确的方法是说明实在的、可信的结果。

"如果你不顾我们的反对，再打开电视机，那你这一天都别想再看你最喜欢的电视节目。"

"你不按时回家，我们会担心，不知道你究竟在哪里。那你第二天就得在家待着，不准出门。"

"如果你不饿，可以不吃光。当然你也就不用吃餐后甜点了。"

如何让孩子遵守规矩

家长可以通过以下办法来让孩子遵守规矩。

采取预防措施

关注好的、值得表扬的和正确的事情：

"太好了，你能按时回来。"

"太棒了，你会帮我了！"

"很好，你想到这个了。"

"你能这样考虑，多好啊！"

儿童对自己所关注的举动具有足够的注意力，不需要通过特殊的举动吸引他们的眼球。

恰当地表扬

儿童很愿意展示符合成人期望的事情，比如，按时高质量完成作业，这样的可能性通过褒扬和支持得到强化。一个基本规则是即便出现意外（如不准时现象），也应该表扬正常的行为（如准时现象）。

遵守家规

"吃饭时不得看电视。"

"每个人都把自己的餐具放到洗碗机里。"

"在家穿拖鞋。"

每个人必须遵守的、明确的家规可以使共同生活简单化，避免多余的、经常出现的冲突。重要的是要不断检查这些家规是否适合目前的家庭状况，或者随着情况的变化做

出的调整是否合适。家规可以通过家庭谈话形式制定，也可以由家长做主制定。

有效的要求

家长通过合适的预防措施将冲突消灭在萌芽状态，可以通过明确的要求给孩子定方向。如果家长注意到以下几点，那对孩子的要求才会奏效：

只有在你也能做到时，才提出要实施的要求；

提出要求之前，先考虑好，实施要求可能导致的积极和消极的后果；

如果孩子已经由于电视、录像或者电脑分散注意力，而对你视而不见时，不宜宣布要求；

关注一下，看你和孩子谈话时，他是否注意力集中（目光交流或者肢体语言的交流）；

明确说明要求，而不是以请求的形式；

每次只宣布一个要求，并让孩子复述这个要求；

近距离观察，直到孩子按要求做了为止。

惩罚以及符合逻辑的后果

家长总是强调，自己试图给孩子立规矩的所有努力都付诸东流，唯一的法宝是惩罚。如果家长坚信有必要实施惩罚，一定要牢记以下几点建议：

即便在教育儿童时发生了冲突，成人的行为举止仍然可以通过威严、不失态、谨慎和冷静来表现。像对待自己那样对待你的孩子。在实施惩罚之前，做几次深呼吸，提醒自己——我是成年人。

如果在日常生活中，常常惩罚儿童，那就应该扪心自问，自己的心理状况如何。多数惩罚是由于家长本身过于焦虑而造成的。因此，关于孩子是否应该惩罚的问题，首先是由家长的疲惫程度

决定的，然后才是孩子所犯的错误或不当行为造成的。

如果考虑了所有的因素，仍然坚信需要惩罚孩子，就请注意有效的惩罚应该是：

有前因后果的；

尽可能直接与某事相关，而不是即兴随意发作的；

要对孩子公平；

事先商谈过的；

根据情节而定；

对事不对人；

必须事先警示。

家长应该明白，随意性的、不受重视的、没有分寸的惩罚会使你对孩子的教育毁于一旦。

家长应该考虑到，自己也曾经是个孩子；自己受到家长惩罚时，是何状况。有时，回忆自己孩童时期发生的类似情况，自己家长如果不是实施惩罚，那将会是何种后果，可能会产生哪些良好的、有益的结果，这样考虑对自己是很有帮助的。

表扬孩子的注意事项

"乖，你真棒！""妈妈为你感到骄傲！"我们经常这样赞扬孩子，然而，看似简单的赞扬都存在着这样那样的问题。例如，"乖，你真棒！"这个赞扬就过于笼统，孩子根本无法感知自己究竟为什么棒？"妈妈为你感到骄傲！"这个赞扬过分地强调了别人的感受，而不是孩子！其实，这样的赞扬忽视了孩子的行为的具体过程，忽视了能力，而强调了结果。久而久之，在无形之中强化了孩子这样的观念——除非获得赞扬，否则，我所做的都是没有价值的。很容易使孩子形成自私自利的性格，害怕甚至经不起失败。家长给孩子的应该是鼓励，而不是赞扬。鼓励是对孩子能力的尊重和信任，赏识的是孩子的努力过程。鼓励多用

"你……"的句式。例如，对正在画画的孩子说"你的色彩搭配得真好！"强调是细节和孩子的感受。多用鼓励之后，你会发现，孩子培养了自我意识，平静地承认不完美的现实。

表扬的目的是给孩子们营造一种内部激励机制，让孩子做了好事、完成某项任务时，能从中获得满足感和成就感。这也是孩子成年后从事工作和社会活动的原动力。所以，对孩子的"表扬""鼓励"是为了今后不必再进行针对具体事件的强化，是为了"不表扬"。家长必须充分认识到这一点。另外，家长在奖励孩子时还要注意奖励的方向性和教育性。奖励孩子一定要掌握好方向性问题，不宜单纯为了奖励而奖励。要让孩子明白对他的奖励绝不是对他做的事情的本身，而是奖励他做事的态度。例如，对于孩子的助人为乐的行为进行奖励，通过奖励要让孩子知道怎样做人、做什么样的人。奖励的教育性是通过奖励，使孩子有光荣感和幸福感，从而增强孩子的自尊心和自信心。表扬孩子固然重要，但如果表扬不注意方法和技巧，非但起不到应有的作用，有时还会适得其反。

具体说，在表扬孩子时，应该注意以下问题：

1.表扬不要敷衍。家长在表扬孩子之前一定要想想孩子是否真的值得表扬，随口就来的表扬，实际上是对孩子不负责任的敷衍，这不是促进孩子健康成长应持的态度。长期敷衍孩子会影响家长在孩子心中的形象与威信。因此，父母应该有一种责任感，应该将表扬孩子看作一件重要的事情，不能漫不经心，张口就来。即使自己忙、情绪不好或有其他原因，也不能用一两句话连哄带骗地表扬打发孩子。

2.表扬孩子要讲究技巧。一般来说，表扬孩子分为物质奖励和精神奖励。父母在奖励和表扬时要注意孩子的年龄特点和性格特征，将二者巧妙结合，灵活运用。

3.3岁以前的孩子，经验很少，他们对某些精神奖励方式缺乏体验，而更看重物质奖励，比如好吃的糖果、点心、漂亮的衣服、玩具等，所以，对于这个年龄阶段的孩子来说，父母应当多采用物质奖励的手段，并适当运用积极鼓励的语言来强化孩子的好习惯和好行为。

随着孩子年龄的增长，可以慢慢过渡到诸如口头表扬、赞许、点头、微笑、注意或认可等精神奖励为主的阶段。比如对三四岁的孩子，父母对于孩子的良好表现，就可以用给他讲一个有趣的故事、带他到户外或公园游玩、和他一起下棋、做游戏等作为奖励。

培养孩子的兴趣爱好

孩子对周围世界充满了好奇心，对社会、自然及各方面的知识都会产生浓厚的兴趣。兴趣是求知的动力。孩子对某一方面知识产生了兴趣，必然会不断地接触、探求，使孩提时代的兴趣逐步强化，从朦胧、不稳定的意会，变为较明确、相对稳定的志趣。志趣进一步发展，则成为终身为之奋斗的志向，儿童兴趣爱好非常广泛，但保持时间短，特别是新鲜劲一过或一遇到困难便会退缩、回避。所以，培养儿童的正当爱好和兴趣，对一个孩子成材至关重要。如何才能正确引导和培养孩子的兴趣爱好呢？

1. 培养孩子的兴趣爱好要针对孩子的特点，不能完全凭家长的好恶而主观臆断。要根据孩子的性格选择最适合孩子的项目，要尊重孩子。

2. 家长要循循善诱，使孩子的爱好相对稳定，步步深入，在众多爱好中形成一个中心爱好。由单纯从兴趣出发转到有目的地去发展特长的轨道上。不能见异思迁，要持之以恒。特别是当孩子在前进的道路上遇到困难和挫折时，更要鼓励他战胜困难，坚持到底。要通过兴趣的培养提高孩子做事认真坚毅的意志品质。在具体的过程中，家长可提一些有效有益的建议启发孩子去思考，鼓励他动脑筋，想办法克服困难取得成功。

3. 儿童分辨是非的能力较差。易被冒险、赌博等事物所吸引，如迷恋电子游戏机、扑克、麻将牌的儿童越来越多，这些游戏和娱乐对儿童的心理健康影响颇大。所以，家长要从小注意为孩子提供良好的环境和有意义的兴趣爱好，逐渐引导孩子形成健康积极的兴趣爱好。

4.提供孩子可发挥创造性思维的环境，不要一切包办，要珍惜孩子的好奇心，要耐心、仔细地引导孩子打开创造性思维的大门，满足他们的求知欲。引导孩子认真观察周围的世界，一旦他有了浓厚的观察兴趣，就会主动持久地去认识世界。社会、自然界中的各个领域都是丰富的知识宝库，父母的责任是引导孩子去探索，在培养孩子兴趣的同时培养他们勇于克服困难的性格，使他们逐步养成有毅力、不怕困难、通过努力战胜困难的良好意志品质。

如果孩子遭到性侵犯

现在人们对这一问题所倾注的关注度远远不够，首先要说的是"恋童癖"：恋童癖者利用孩子来满足自己的性冲动，包括爱抚、摩擦、裸露，却不发生真正的性关系，这种人经常存在于跟孩子非常接近的人群中：家人、朋友、邻居、经常去的朋友圈子。大多数情况下，孩子都会接受这些邪恶的行为而不说什么，因为对他们来说，还不能分辨什么是好，什么是坏，因此也不会明确地接受或者拒绝，但是这对孩子却会造成很严重的心理伤害。

孩子有压力，出现经常性的神经紧张，失眠，发育停止或迟缓，心不在焉，和同伴玩性游戏等，都是应该引起父母警觉的标志。作为家长，应该注意孩子周围所有人的行为：孩子的祖父母、叔伯，你们的邻居、朋友，甚至是你的配偶，儿童精神科医生认为，表示亲热的动作和挑逗的动作之间的界限确实很模糊要提高警惕。

儿童性侵犯一直存在，但是我们的社会拒绝承认和揭露它，在一些专家的督促下，报纸和杂志现在已经开始谈论这个话题了，并且出现了一些新的管理机构，保护这些受侵犯的孩子以及他周围的人。

在看完所有的报纸和电视节目关于性侵犯对儿童造成的伤害的评论后，父母往往考虑的是如何向孩子谈论这个问题。最好的预防方式就是提前向孩子说明这件事。

我们可以根据孩子的理解能力在他 3 ~ 4 岁的时候跟他讨论这个问题。例如，你可以向孩子解释："有些成年人与你的肢体接触是不怀好意的，这些行为包括目光、语言、动作，这些对你来说都是非常危险的。"

你也可以警告你的孩子，这些有可能对他造成伤害的成年人有可能是他以前就认识的，你要向孩子说明，如果这个人对他说，他们之间所做的、所说的都是一个秘密，不能向别人说的时候，就意味着他将伤害孩子。

最后，要同时告诉孩子，不要跟着一个不认识的成年人或者比自己大的孩子到陌生的地方，即使这个人看起来很友好；如果孩子面对这种情况，他应该毫不犹豫地大声呼喊、反抗、挣扎、伺机逃跑，并且及时通知家长。

当然，你不可能一口气把所有事情都交代给孩子，特别是当他年纪还非常小的时候，但是可以分步进行。例如，让孩子看一本关于这一问题的书，这种书籍数量众多，并且在警示的同时不至于使孩子感到害怕，由于它的评论非常到位，所以不会在孩子脑海中产生不良形象，以至于让孩子误入歧途。你可以根据孩子的年龄以及你个人的喜好来选择这种书籍。

任何人怀疑或者了解有对未满 15 岁的未成年人或由于年龄、疾病、残疾而无力自我保护的人进行虐待的事件，都应该向有关机关检举揭发。这样做并不容易，这很容易使人联想到告密。此外，如果我们不能确保事件的真实性（一个孩子可能在放学的时候讲述他的某个同学挨打，或者某个小女孩受到了猥亵，而这一切不过是他在操场听来的），我们情愿保持缄默。

怎么办？怎么讲？这不是孩子的编造或者臆想吗？我们能把这与某些家庭发生的同类事件混为一谈吗？一般说来，受害儿童由于害怕受到责骂，担心不被信任，或者出于害羞，都在犹豫着要不要向大人和盘托出。但是他们会向自己的同学讲述自己到底遭受了什么。

如果碰到这类情况，请把你听到的告诉负责儿童事务的专职人员，这些人会把情况汇报给主管机关，并且采取你不知道如何实施的行政和司法步骤。拨打报警电话同样会有人给你提供相关帮助。同时，负责未成年人事务的司法警察拥有一支专业化队伍，他们也会聆听孩子们的倾诉。

尊重孩子的羞耻心

不管我们愿不愿意，现在，孩子和我们一样，都能天天看到裸露的画面：电视上、杂志上、广告牌上，等等。正因为如此，谈论孩子的羞耻心问题对我们来说才显得很重要，这并不是一个已过时的或陈旧的观点，这种很自然的情感在孩子的成长和教育中都占有一席之地，虽然在前几代人"隐藏一切""都是可耻的"的观念和现在"展示一切""一切都允许"的观点之间有时很难找到平衡，我们还是应该做一些努力。

羞耻心，首先是当我们裸体时被别人看到或看到他人裸体时，本能地感到不舒服。"让我一个人待在这儿。"小女孩跟妈妈说。但羞耻心也是这样一些情绪：不愿意展示那些真正让我们有感触的东西，不想让人知道自己经历的痛苦。

孩子是怎样产生羞耻心的呢？2岁的时候，孩子们都很喜欢光着身子；在海边时，他们很快就换上了游泳衣，或者根本不穿游泳衣。但是，随着他们渐渐长大，一些孩子会因为自己裸体的样子被拍下来而感到后悔；他们要求从相册里或客厅里拿走这些照片；或者，他们有这样的想法，却不敢说。

羞耻心从2岁半到3岁的时候开始表现出来，根据孩子的性格和家庭环境的不同，时间也会有差异。同时，这个年龄的孩子开始发现性别的差异了，他们对于男孩女孩身体上的不同很感兴趣，对大人和孩子间的区别也有兴趣。这就要求大人有分寸地回答孩子们的问题，纠正他们的不当行为。

尊重孩子的羞耻心，也有助于不让孩子尴尬。例如，孩子2岁半或3岁时，我们并不建议大人和孩子一起洗澡。一些人错误地认为，如果在洗澡、穿衣服等方面不做任何限制的话孩子就不会过分地害羞。很多孩子长大成年后都会说，因为父母那些毫不害羞的行为让他们受到了很大的伤害，甚至让他们有罪恶感。

我们的社会忽略了，身体和情感是不可分离的。对孩子来说，身体不仅是医学意义上或科学意义上的范畴，还包括全部来自于他所看到的，或他人的目光引起的兴奋情绪和感受。这就要求大人们敏感、体贴和尊重孩子。

帮孩子克服自卑感

现实生活中，许多孩子存在着对自己缺乏信心，瞧不起自己，认为自己什么都不行、无法赶上他人的自卑感。自卑是一种不健康的心理、一种人格缺陷，会影响到人格的健康形成，甚至对人的一生产生消极的影响。自卑往往源于孩子的幼年时期，受很多因素的影响，尤其是父母的早期教育。作为孩子的父母，一定要在早期就注意帮助孩子避免自卑感的形成。

自卑感会使人害羞，让人长期缺乏勇气，害怕失败，同时也可能出现相反的表现（表面上看来）：好斗、过度自信，蔑视他人，实际上这些都是为了掩饰自信心的不足，是自我防御的表现。这种自卑感是一种障碍：孩子会感到痛苦，与他人保持距离，而且感到不被理解。

怎么做才能让孩子增强自信心呢？一定不要重复对他说"你永远都做不到的"，"你不行"，"你不知道"。特别要避免的是在他做完一件事之后，没有站在他的立场上考虑，没有站在他的立场上说话。而是应该让他有时间说出他的想法，饶有兴致地对他的问题做出答复。渐渐地，孩子就对自己有了信心，他就会表现出主动性，不再害羞。

培养孩子的自信心

自信心对于孩子非常重要。自信心是孩子成才与成功的前提条件，很难想象一个缺乏自信的人能够真正做成什么事情。一个缺乏自信、充满自卑的孩子，即使脑子很聪明，反应灵敏，但在学习中稍遇困难和挫折就会发生问题。自信心可以使孩子不怕困难，积极尝试，奋力进取，取得更多的知识和经验，争取更好的成绩。鼓励、赞扬对增强孩子的自信心是很有益的。幼儿阶段是孩子形成自信的重要时期，培养孩子的自信心，可以从以下几个方面入手：

赏识孩子的点滴进步，多说"你真棒"

比如让4岁的孩子自己穿衣服，不要说："你现在自己穿上衣服，下午就给你买雪糕。"而只需说："我想你已经长大了，能够自己穿上它了。"在这样的提示下，他努力穿好了，就会感到自己确实已长大了，就会在此后每天的努力中巩固这种感觉，从而自信心大增。

家长的评价对孩子产生自信心理至关重要。幼儿时期，家长对孩子信任、尊重，承认，经常对他说"你真棒"，孩子就会看到自己的长处，肯定自己的进步，认为自己真的很棒。反之，经常受到家长的否定、轻视、怀疑，经常听到"你真笨、你不行、你不会"的评价，孩子也会否定自己，对自己的能力产生怀疑，从而产生自卑感。因此，家长必须注意自己对孩子的评价，多为孩子的长处而骄傲，不为孩子的短处而遗憾。要以正面鼓励为主，要善于发现孩子身上的闪光点，不盲目地拿自己的孩子同别的孩子比较，而是多拿孩子的过去与现在比较，让孩子知道自己长大了，进步了，从而产生相应的自信心理。尤其是特别要给予发展慢的孩子以更多的关怀和鼓励，让孩子懂得人人都有长处，使这些孩子逐渐树立对自己的正确评价。

创造机会，在实践中培养孩子自信心

家长可以给孩子制定一些可以完成的任务，比如摆碗、盛饭、给爷爷拿眼镜、到信箱拿报纸等，他做到了就表扬。有时也帮他做一些比较困难的事，如洗手绢、擦皮鞋、整理玩具上架等，会做了更要大为表扬，树立她的自信心。早上起床和晚上睡觉要让他自己穿脱衣服，锻炼独立性。须知自信心和独立性要从一点一滴做起，不是抽象的。因此家长应该正确认识到孩子的缺点和优点，正确把握，创设良好的机会和条件让孩子去尝试和发现，发展孩子的各种能力，并在孩子取得成绩时，及时表扬，充分肯定进步，才能让孩子体验到成功的喜悦，产生积极愉快的情绪体验。

用鼓励的方法培养孩子的自信心

鼓励是培养孩子最重要的一个方面，每一个孩子都需要不断鼓励，就好像植物需要阳光雨露一样。没有鼓励孩子不能健康成长。但我们往往轻视对孩子的鼓励，往往忘记鼓励。许多人错误地认为孩子需要的就是教育，不断地教育，而教育更多的就是灌输和训导。

当孩子试着做一件事而没有成功时，我们应避免用语言、用行动向他证明他的失败。我们应该把事和人分开，做一件事失败了并不意味这个孩子无能，只不过他还没有掌握技巧而已。一旦技巧掌握，他就能把事情做好。如果我们采取指责的态度，孩子的自信心就会受到伤害，这个时候就不像掌握技巧那样简单了。孩子可能永远做不成这件事情。对家长而言，我们自己首先不能泄气或失去信心。

想要鼓励孩子，最重要的两条是：第一，不要讽刺他，使他受到不同程度的打击；第二，不要过分地赞扬他，以免产生骄傲情绪。我们对孩子的教育过程中，必须时刻顾及这一点：不要使孩子失去对自己的信心。同时，我们应该知道，如何鼓励孩子的自信心。

让孩子从成功的喜悦中获得自信心

培养孩子自信心的条件是让孩子不断地获得成功的体验，而过多的失败体验，往往使幼儿对自己的能力产生怀疑。因此，老师、家长应根据孩子发展特点和个体差异，提出适合其水平的任务和要求，确立一个适当的目标，使其经过努力能完成。他们也需要通过顺利地学会一件事来获得自信，另外，对于缺乏自信心的孩子，要格外关心。如对胆小怯懦的孩子，要有意识地让他们在家里或班级上担任一定的工作，在完成任务的过程中培养大胆自信。创造民主、和谐的家庭气氛像人类赖以生存的阳光、空气那样，无时无刻不在影响着孩子的身心健康和智力发展。

此外，我们还可心帮助孩子，发扬优点，以己之长，克己之短的方法来培养、提高孩子的自信心、上进心。

家长对孩子的期望

在孩子出生之前，准父母们就开始憧憬未来宝宝的模样，希望自己的宝宝漂亮、聪明、健康，幻想他将来成为什么样的人物，探讨用什么样的方法去培养他。当孩子出生后，初为父母的人们满怀激动地端详着自己创造的可爱生命，暗暗发誓要让孩子拥有自己所能奉献的一切，愿意付出所有将他塑造得更加完美。随着孩子的长大，父母对他表现出的每一样才能都惊喜不已，然后欢欣而郑重地商讨孩子未来的发展方向。父母所有的这些美好愿望和期冀是十分可贵的，也是成为好父母、培养出好孩子的前提。只是有时，望子成龙心切的家长难免一厢情愿，使期望脱离了现实的基础，为孩子设定了很多扭曲的目标。孩子是父母爱的寄托和快乐的源泉，但不应是生活的全部。在孩子成长过程中，家长对孩子的期望有些误区是应该注意的：

不要认为一味希望孩子像自己

有些家长希望孩子继承自己的某些性格优点或是具备自己所

欠缺的特质，有些家长希望孩子"子承父业"或是从事自己曾经梦想却未能如愿的事业。期望或未尽的期望，不知不觉地背负在孩子的肩上，如果孩子恰好能如父母所愿，皆大欢喜。但如果孩子并不想或不能成为父母所希望的那样，孩子会承受巨大的心理负担和不必要的内疚，而父母则无尽失落，无论是孩子还是父母都不快乐。与其这样，为什么不顺其自然，让孩子沿着他自己的轨迹运行，施展他最擅长的才能，发挥他自己的个性呢？孩子长大成为什么样的人，不是父母的心愿所能控制的，孩子最适合干什么，取决于他自己的个性、兴趣、特长，还有环境和机遇。

不能只认为学习好才是有出息

没有人不希望自己的孩子将来有出息。但什么算是有出息，理解各不相同。有人认为世上"唯有读书高"，孩子读大学、硕士、博士，书读得越多越有出息；有人认为无论干什么，只要干出名，就是有出息；有人认为要能挣大钱，也是有出息。家长谈论出息的时候，多半是指孩子未来的学业发展和事业走向，淡化了孩子的健康和品德养成。只有孩子患了重病，家长才真正意识到身体和心理健康的难得。直到孩子犯了大错，家长才认识到性格和品德的培养多么重要。其实，拥有活蹦乱跳的乖孩子的父母也都不要忘记，孩子健壮的体魄、良好的性格和高尚的品质就是成就，就是出息，这才是最值得我们去为之努力和珍惜的。

不要认为孩子是自己的成就

有些家长将孩子视作自己创作的产品，孩子相貌、学习成绩、所得的奖项成了家长与朋友、同事、亲戚攀比、炫耀的资本。每当客人来访，有些家长总要让孩子出来表演节目，在客人的恭维声中感到得意与满足。孩子不愿意或表现不好，家长就生气，责备孩子。很多家长爱对孩子说单位同事的孩子成绩怎么好，邻居小孩怎么出色，发现自己的孩子不如人就乌云满面。这样的做法实际上是忽视了孩子的独立人格，把孩子看作自己的附属品，十分不利于孩子的自信和自尊的培养。如果孩子只是因为物质的成就而被认可，他会觉得只有这些才能获得父母的喜爱。渴望让父母满意的孩子会为此做出超负荷的努力。然而，并不是所有的孩子都能轻松地满足父母的愿望。最终在经历了多次打击和失望之后，孩子会觉得没有了那些成就，自己毫无价值。家长也会因失望而怨恨，甚至惩罚孩子。父母与孩子之间难以建立爱的纽带。

不能认为养孩子是一种投资

有些时候孩子被看作是能给家庭带来收益的劳动力的来源。还有些家长希望养儿防老，指望着孩子将来照顾自己的晚年。养育孩子是对将来养老的一种投资。还有少数的家长希望通过管教孩子感受权力，建立权威。也有家长不自觉地希望孩子永远长不大，永远需要父母的呵护。如果这些期望在家长的心目中占据太大的比例，会严重地影响亲子关系的和谐。

孩子对家长的期望

孩子有什么需求？美国的心理学家亚伯拉罕·马斯洛在几十年前就已经对此给出答案。他认为，人的需求是分级别排列的。在更高一级的愿望出现并实施之前，首先要满足基本生理需求。马斯洛的需求等级首先是生理需求，然后是安全需求（对稳定、安全、无恐慌等的需求），对归属、爱的需求以及价值观的需求，最高等级的需求是实现自我。

当然不可能满足儿童所有的需求。大量挫折也是难以避免的。儿童就是在挫折中成长，在与困难做斗争中、在逆境中练就新能力。但是特别重大的、持续性的挫折也会起长期的副作用。家庭的长期不和谐、贫困、心理障碍、病态的成瘾、家长的犯罪行为，或者与同龄人不良的关系等都属于儿童发育的重要危险因素。同时，我们也应知道，即便这些现象在孩子出生的头几年就出现，这些负面的影响不一定就会自动演变成儿童成长的障碍。有些儿童几乎不受负面影响的伤害，另一些儿童则日后凭借积累正面的经验得以"康复"。

在积极的条件下，儿童可以毫无困难地生长发育。当然积极的家庭生活状况就像精神健康的人群一样稀缺，家庭以它各式各样的人际关系、规则、价值观以及教育方式等给孩子提供生长的条件。积极的生活状况并不表示没有矛盾、没有压力，或者没有问题的家庭生活。起决定作用的是，家长以有利于生长发育的方式和孩子共同生活。

美满婚姻的意义

夫妻是家庭的建筑师，他们通过自己的个性以及行为来决定孩子如何为自己的发展获得积极的条件。心理学家马斯洛发现，人们不断看到自己基本需求得到满足，然后努力实现自我，内心得到发展。他们中大部分人都有自己的生活目标。他们注重现实、反应灵活、感情专一。他们接受自我与他人，没有依赖性，量力而行，有能力与他人建立深厚的友情。

成年人的心理健康以及良好的关系与儿童的需求究竟有什么联系呢？对此的答案众说纷纭：

心理健康的成人是好榜样：儿童从他们那里学到理性思维，带着感情、问题、冲突以及积极的交流方式面对周围环境。

婚姻美满，孩子在家庭中有安全感。他们不会被牵扯到家庭冲突中；不会常常处于紧张状态；没有父母分居、离婚的顾虑。他们可以培养自己的信任能力，而这种能力对积极探究自己周围的环境十分必要。

美满的、经常交流的婚姻对儿童而言是塑造自己有教养形象的模式。他们由此了解了人际关系与个人教养之间的内在联系。

家长认可配偶的独立性与个性，由此也给孩子树立了榜样。孩子可以由此而自由发展，实现自我。

家长心理健康、对自己的婚姻表示满意，他们就不必将孩子作为自己的"第三者"，或者作为满足自己需求的对象，不会将孩子作为私有财产看待，不妨碍孩子的生长发育，亲情与规矩之间的互换可以被认可。

如果家长有明确的规矩与一定的威望，儿童可以明确自己的目标，信赖他们的家长。

由此可见，家长的表率作用以及他们的婚姻关系是何等重要，它关系到共同生活的质量。

父母与孩子之间的关系

在一个健康的家庭里，夫妻都制定了明确的规则，它可以根据运行的情况，灵活执行。它针对孩子对夫妻关系做出限制，照顾家庭成员的各种需求。家庭有公平的分工，发挥家庭功能，家庭成员明白自己的责任和义务。角色定位要考虑到年龄、性别、个人兴趣爱好以及能力。家庭成员之间的关系以及角色可以转变。家庭内部保持灵活的平等，对外表现出有透明度界限。

孩子不需要那种学过最先进的教育学、心理学理论与实践这类技巧的家长。与此相反，孩子希望活跃的对话氛围与相互理解。此外还有些性格特征对搞好关系十分必要：可信与持之以恒、信任与安全、认可与自我认可、自主与团结。双亲要抽出足够的时间与孩子共处，既不冷落，也不溺爱孩子。应该给孩子提供一个可正常生长发育的生活空间；承诺更多的责任，向孩子提供许多积累经验的机会与学习的刺激；引导孩子富有创造性地学习，自我认可；获得实践的乐趣；增强他们的自信。他们要接受并促进孩子的成长变化。

儿童比成人有更大的需求

儿童需要家庭之外的健康成长条件：他们需要祖父母和其他的亲戚，这些人对孩子的生长感兴趣，愿意花时间培养孩子。

儿童需要同伴，和同伴在一起他们感觉惬意、相互认可、相互取长补短。如果家长没时间，他们可以相互照顾。

他们需要这样的学校：在那里老师们能全面地看待他们，而不是由于某门功课不理想而贬低他们；在那里，他们得到全面发展并得到公正的评价；在那里老师和他们建立良好的关系，关心他们。

他们需要健康的环境和居住条件、探索大自然的奥秘、体育运动、玩耍、嬉闹；他们也需要休息、允许和其他人会面等。

当然，不可能给孩子营造如此完美的家庭与生活环境。以上所说的许多内容也没有必要；儿童也会承受许多负面的影响，在矛盾冲突与压力中成长。

孩子对死亡的认识

所有的孩子对死亡都非常感兴趣，在通常情况下，他们对死亡概念的认知都早于我们的想象，这也就是很多家长在面对孩子提出关于死亡的问题时目瞪口呆的原因。但是孩子对于死亡的印象与成年人的完全不一样，因为孩子生活在一个想象中的世界，这个世界与我们生活的世界截然不同。孩子经常无法分清现实与想象中的世界；他们生活的世界具有双重性，一方面，他们依赖于成人世界，另一方面，他们自我感觉非常强大，要求成年人满足他们的一切需要。

孩子对于死亡的认识是随着年龄的变化而变化的，3岁、10岁和青年期对死亡的印象是完全不同的。

3岁以下

在3岁以前，死亡对于孩子来说是非正常的；死亡是可以逆转的，我们可以再活过来，就像我们重新醒来一样（在游戏中孩子会对同伴说"我死了"，然后过一会儿他又醒过来了）。但是对死亡的印象经常会使孩子感到恐惧，他们认为死亡是可以传染的，因为在孩子们看来，别人会死，所以他们也会死。

在3岁以前，死亡对于孩子来说就是离开的一种形式，或者说是消失，如果家长不能向孩子说明的话，事情将会变得非常有戏剧效果。

3～4岁

死亡被理解成为身体重要功能的停止：当我们死了以后，我们就不能移动，不能说话，不能吃东西，不能生孩子（对小女孩来说）。这也就是为什么在很多小孩看来，睡觉和死亡差不多：当我们睡觉的时候，我们就什么也感觉不到了；孩子半夜醒来，即使大声呼喊也没有人过来，房子笼罩在一片死亡一般的寂静当中，孩子就会起床，去确定一下他的父母是否还有呼吸，并且拒绝自己一个人睡觉。在这个年龄段的孩子，需要我们告诉他睡眠对身体和精神的好处。

5～8岁

孩子们终于理解人死不能复生，虽然他们理解了，但是还要很多年他们才能接受。

9～10岁

孩子对死亡有了整体的把握，他接触了许多东西，尤其是老人。在这个年龄，父母可以跟孩子谈论死亡和现实生活的不可分离的关系。孩子有能力理解死亡同生活紧密相连，是生活的一部分。

不管孩子的年龄多大，孩子对于死亡的想法以及感觉取决于他周围人给他灌输的思想以及他生存的环境，所有的孩子必然有近距离面对死亡的那一刻。孩子们在家中和在学校中听到的关于死亡的消息是完全不一样的，但是有一件事是肯定的，他们在电视上看到的死亡是非正常死亡，这种形式的死亡在他们喜欢的电子游戏中也经常出现，但这并不意味孩子能非常平静地面对亲人的死亡。

年龄、环境、事件都在影响着孩子对于死亡概念的把握，孩子们性格的不同，决定了他们对死亡的反应各不相同，即使他们是处在同一个家庭中。有些孩子并不表现出他们的痛苦，他们正常的作息习惯也不会改变，以至于他们的家长认为，他们是漠不关心的甚至是自私的。事实上，有些孩子性格内敛、有节制，他们不轻易把感情外露。

独生子女的成长

"独生子女家庭"这个现象，在短短几十年间，由特例变为常见的家庭模式。独生子女在现今显示出他们没有兄弟姐妹的缺点。人们指责他们自私、不合群、早熟、娇生惯养、少年老成、孤僻。这些观点是建立在广泛的、严谨的科学基础上的。

一些独生子女通常是随单亲父母生活、成长，并经历了他们父母的离婚或者再婚过程。也就是说，他们比常人更缺少延续性的关爱照顾。此外，科学研究支持这样的观点，即独生子女比多子女家庭的孩子更能胜任独立工作。或许是因为他们不是从小就习惯和其他孩子共处。他们的闲暇通常是自己独处，比如看书、听音乐、做手工劳动、照看宠物等，常常都没有亲朋好友在场。

也有例外，比如大量独生子女能迅速准备为某件他直接或间接参与的事件承担责任。但还没有证据表明独生子女具备有别于多子女家庭的孩子的典型个性特征。独生子女与多子女家庭的孩子的个人发展是由日常教育以及社会经验决定的，而不是由他本身是独生子女还是有兄弟姐妹而定。

手足间的敌意

多个子女的家庭中，兄弟姐妹之间的敌意是他们成长过程中必然要经历的部分。兄弟姐妹间的竞争在多子女家庭中也很常见。如果这种敌意不太严重，对孩子并没什么坏处，反而可以帮助孩子们成长为更加宽容、独立和慷慨大方的人。

一般说来，爸爸妈妈关系越融洽，这种敌意存在的可能性就越小。当所有的孩子都得到想要的温暖和关爱，他们就不会去嫉妒其他兄弟姐妹了。如果孩子觉得爸爸妈妈爱他，接受他原本的样子，他就会安全感。

爸爸妈妈或者亲属应该区别的对待不同的孩子，要根据他们的需要分别对待。如果父母每次都给所有孩子一样的待遇，结果往往会是哪个孩子都不满足，他们充满怀疑地仔细研究是否有什么区别，反而会加重孩子的嫉妒心理。

另外，除非有身体伤害的威胁，应尽量别让自己卷入孩子们的辩论。这将迫使孩子们自己解决他们之间的争论，要比依赖父母解决问题好很多。这样的做法也能降低父母无意识的偏心所带来的风险。

如果父母离婚

如今，人们越来越关注孩子的早熟，他们对周围环境的依赖以及周围环境对他们的身心健康的影响。一个婴儿，生来就对别人和周围环境有依赖，因为他们软弱无力，需要在一个充满爱的环境里成长。然而同时，离婚率在逐年递增，每年都有很多孩子在离了婚的父母之间"左右摇摆"。

我们建立一个家庭，我们证明孩子需要这个家，然而我们却破坏了它，甚至在很早的时候就破坏了它，有很多的离婚是在结婚不到4年的时间里发生的。

怎样理解这种反常现象？如果我们做出的决定经常损害孩子的利益，我们怎样才能既维护家庭，又满足孩子的需要？我们必须接受离婚率上升的现实，同时，如果你在夫妻生活中已经失败了，那么努力在为人父母中获得成功吧。

通常，两个人一旦决定离婚，任何东西都无法改变他们的决心。多熬一年只会更加激化夫妻双方的矛盾，使彼此的关系更加恶化。但有时候，分开几个月可能更有利于夫妻复合。这期间父母可以有时间思考一下了。很多夫妻都忘了，他们首先是孩子的父母，即使他们离婚或不再生活在一起了，他们也将一直处于这种关系。在他们吵着要离婚时，孩子像是一个人质，变成了父母争吵的关键，纠纷的起因。父母形象是很重要的，要为你的孩子保持一种你们很团结的印象。这确实不容易做到，但是要知道，孩子的童年转瞬即逝，我们不能将其破坏。因此，为了孩子的利益，父母是能够保持共同的观点的。

这项努力需要你遗忘一些东西，为孩子的未来着想，通常第三方（如：心理医生、儿科医生）的介入会使事情明朗化，但这需要时间（一年　两年或者更久）。这就是为什么分手或离婚时，处理家庭事务的法官会要求他们减少争执。

离婚之后，大多数孩子还梦想着他们的父母可以复合，尤其是当父母还保持一定的联系时。这个念头是很容易理解的：所有的孩子都是父母结合产生的，然而在他成长的过程中，父母却分开了。当孩子知道父母由于一些很严重的问题不能再在一起了，这种情况不是他造成的，他也无法改变这种状况时，孩子就会感觉舒服一些。对父母来说，不要给孩子一种错觉——他们还可以回到从前，或者是孩子可以使他们重修旧好。

幸运的是，也有许多离异的家长可以为了孩子的利益，寻求出一种比较平衡的生活方式。最重要的是，要向孩子说明，尽管父母已经分开了，但是还是会像以前一样爱他，并且，父母分开并不是孩子的错。这些父母知道，这对于孩子来说，不仅仅是一种希望，同时也是一种对生活的承诺，他们决定要实现这份承诺。

如何告诉孩子父母将离婚

与孩子的谈话是家长能够给予孩子的最重要的支持，它可以帮助孩子适应由于父母分居而造成的所有变化。谈话的目的是避免孩子产生错觉，这种错觉给许多父母离异的孩子带来麻烦，感觉自己成了边缘人，不被重视，他们在成长中感到无助。应该通过谈话内容产生这样的效果："我为你而活，你对我很重要。"这话适合各种年龄段的孩子。有些幼儿的家长认为，解释是多余的，孩子还小，不能理解如此复杂的事情。但研究表明，没有经过有关谈话的年幼孩子特别易怒与胆小。

当最终决定产生以后，而家长也能够想象得到，今后的日子会发生哪些改变，家庭应该适应哪些（有关住处、照顾孩子、走亲访友、电话等）规定，这时是恰当的谈话时机。家长向孩子介绍的有关今后日常生活的信息越详尽，孩子就越容易适应。

在和孩子说明自己将离婚，结束自己的婚姻之前，先和自己的配偶讨论一下，自己将和孩子说什么，怎么说。如果有可能，最好和配偶一起向孩子谈论你们的决定。这样，孩子会明白，这是你们两人的决定。应该告诉孩子，你们两人都为孩子的健康成长担忧，同时也关心他的健康成长。至于具体说什么，当然要根据孩子的年龄和具体的情况而定。如果孩子还很年幼，家长要着重强调最重要的信息。因为年幼的孩子不可能像大孩子那样承受那么多事情。当然，在这种情况下，家长无论如何不应该争吵，也不应该相互指责。

不必和孩子解释所有的关系，孩子没有必要知道所有细节。首先要考虑什么对孩子最重要。许多孩子对自己未来的生活担忧，他们会有非常具体的问题。孩子也必须知道，将离开家的这位家长情况如何，他将住在哪里，是否有床，有吃的。如果家长不仅提到将要改变的内容，而且也提到自己知道的某些不会改变的，对孩子非常重要的事情（比如，下午到祖父母那里去、定期和离开家的父亲或者母亲去游泳等）。

在谈论到有关的信息时，父母要给孩子这样的提示：虽然父母不可能再作为夫妻共同生活，尽管家人不住在一起，但父母都不会离开孩子，都还是孩子的家长。

继父母与孩子

继父母与孩子的关系大多是由亲生父母而定的。亲生父母可以通过自己的行为举止影响孩子，决定孩子是否接受继父母。许多亲生父母虽然希望对方插手孩子的教育，但又不想拱手出让自己在孩子心目中的领导地位，不希望继父母插手自己与孩子相对密切的关系。因此，特别是母亲们，她们仅仅只是将小部分教育任务和权利转交给继父们。当继父母与孩子的关系得到积极发展时，某些亲生父母则会感到妒忌。一旦亲生父母认为继父母获得了太多的教育权利，他们就会在对后者所做教育方面的努力暗中作梗。

虽然大多数继父母在再婚前都尝试过和孩子建立联系。但是继父母不可能立即被孩子接受。年幼的孩子自然比青少年更容易接受继父母。如果这位"新人"教育责任心太强、太急切，孩子的抵触情绪就特别大，他们期望对方立即表现爱心和接受自己的尊严。直到孩子真正接受继父母的教育方式，那时继父母应该与孩子已经建立很深的感情，这通常要1～2年以后。

即便继父母与孩子已经关系密切，但也会有很大的抵触情绪。因为后者唯恐继父母再婚后会影响到自己的地位，继父母会抢走自己亲生父母对自己的爱。孩子们由此而表现出妒忌与愤怒，抵制继父母对自己的教育。

如果要求孩子将继父母作为亲生父母接纳，孩子会表现出倔强、敌意、掩饰情感流露、内疚感等情绪。孩子对离家在外的亲生父母感情越深，这种情绪表现得就越强烈。许多家长无法容忍孩子成为两个家庭的成员，只爱自己已分开的亲生父母。

即便孩子接受了这一切，他们也可能会有强烈的背叛父母的内疚感，特别是在继父母非常值得爱的情况下。这时．如果亲生父母能明确地允许孩子与继父母发展关系，那会起积极的作用。

如果家中又有孩子降生．继父母与孩子的关系有可能会改变。夫妻共有的孩子可能会导致非亲生的孩子受冷落。有时，如果孩子爱继父母，将继父母作为自己的亲生父亲或者母亲看待，这样可以减轻压力，致使家中的紧张氛围得以缓解。但更多的情况是孩子会妒忌，感到自己被亲生父母冷落，受歧视。

第八章

幼儿常见疾病

本章介绍了婴幼儿在成长过程中遇到的常见疾病，分别从腹部和胃肠道，胸部和肺脏，耳、鼻、喉，眼睛，泌尿生殖道，头、颈和神经系统，心脏，肌肉骨骼疾病，皮肤，慢性疾病等方面进行了讲解。针对每个疾病，从发病的症状、原因以及应对方法三个方面做了详细介绍，帮助家长正确护理生病的婴幼儿。

婴幼儿患病前的常见征兆

情绪不稳

健康宝宝在通常状态下，不哭不闹，精神饱满，容易适应环境，但生病的宝宝往往情绪异常。例如烦躁不安、面色发红、口唇干燥，可能是发热；目光呆滞、直视，两手握拳可能会是惊厥；哭声微弱或长时间不出声有可能是病情严重。此外，如果宝宝表现出萎靡不振、烦躁不安或爱发脾气的情绪，父母要仔细观察，及时就诊。

很多年轻的父母由于没有经验，也缺少耐心，往往会对哭闹的宝宝非常恼火，不明就里地呵斥孩子。因此要提醒父母们一定要控制好自己的情绪，记住宝宝是还不能表达的幼儿，在宝宝情绪异常的时候，父母要及时检查并细心地照顾他。过于严肃的苛责和不理睬都有可能让宝宝的情绪恶化，加重病情。

呼吸不匀

婴幼儿患病时通常会表现出呼吸异常的情况。例如宝宝呼吸变粗、频率加快或时快时慢，伴有面部发红等症状，可能是发热；用嘴呼吸或有深呼吸时的声音可能是鼻子不通气；呼吸急促，每分钟超过 50 次（情绪正常情况下一呼一吸为一次），鼻翼扇动，口唇周围青紫，呼吸时肋间肌肉下陷或胸骨上凹陷，则可能是患了肺炎、呼吸窘迫症、先天性横隔膜疝气等病，家长切不可掉以轻心。

有时小儿身体发热，不能平卧，频繁咳嗽，可能会患有支气管炎；如果突然出现的咳喘伴哮鸣音，则是哮喘发作。小儿经常面色灰青、口唇发紫、家长要提防是心肌炎或先天性心脏病。

进食变化大

健康儿童能按时进食，食量也较稳定。如果发现宝宝食欲突然减少或者增加，往往是患病的前兆。消化性溃疡、慢性肠炎、结核病、肝功能低下、寄生虫病、蛔虫病、钩虫病等都可能引起食欲不振，缺锌、维生素 A 或维生素 D 中毒也都可能引起食欲低下。

如果婴儿平时吃奶、吃饭很好，现在突然拒奶或无力吸吮，或不肯进食或进食减少，则可能存在感染的情况。

食欲增加也可能是疾病所致，最典型的就是儿童糖尿病，总是吃不饱，或者吃得多体重不升反降，就需要家长带到医院去做检查。

如果孩子在饮食上突然有改变，家长也不要对其责骂，先检查清楚是否因为健康问题。

体重异常

婴幼儿出生后，体重增加速度会很快。如体重增长速度减慢或下降，则应怀疑疾病的影响，如腹泻、营养不良、发热、贫血等症状或疾病。作为父母，对婴幼儿吃、玩、睡和精神状况，经常注意观察。

婴儿体重的计算标准：

1 ~ 6 个月：出生体重 (kg)+ 月龄 ×0.6= 标准体重 (kg)

7 ~ 12 个月：出生体重 (kg)+ 月龄 ×0.5= 标准体重 (kg)

1 岁以上：8+ 年龄 ×2= 标准体重 (kg)

但由于人的体重与许多因素有关，一般在标准体重在上下10%浮动都属于正常范围。超过标准体重20% 是轻度肥胖，超过标准体重 50% 是重度肥胖。低于标准体重 15% 是轻度消瘦，低于标准体重25% 是重度消瘦。轻度肥胖和轻度消瘦属于轻度营养不良，重度肥胖和重度消瘦属于重度营养不良。

睡眠异常

正常婴儿一般入睡较快，睡得安稳，睡姿自然，呼吸均匀，表情恬静。而生病的宝宝通常夜间睡眠状况不好，如睡眠少、易醒、睡不安稳等。牙痛、头痛和神经痛等都会使宝宝夜间睡眠不好，瘙痒、肠胃系统疾病或呼吸性疾病也会使宝宝从夜间睡眠中惊醒。

如果宝宝睡前烦躁不安、睡眠中经常踢被子、睡醒后颜面发红、呼吸急促，可能是发热；如果宝宝入睡前用手搔抓肛门，可能是患了蛲虫病；常会在睡眠中啼哭，睡醒后大汗淋漓，平时容易激怒的宝宝可能患有佝偻病；睡觉前后不断咀嚼、磨牙，则可能是白天过于兴奋或有蛔虫感染。

父母在宝宝入睡前检查时还要注意是否有疹子、发热或咳嗽等症状。

排便异常

便秘和腹泻都预示着宝宝身体不适。95%的便秘可以通过多吃些蔬菜或其他高纤维食品解决。同时应该鼓励孩子多活动，增强参与排便肌肉的肌力，养成每天定时排便的习惯。但如果是新生儿出现便秘，最好还是就医问诊。

如果宝宝腹泻，可以从大便的性质来分析腹泻原因，如小肠发炎的粪便往往呈水样或蛋花汤，而病毒性肠炎的粪便多为白色米汤样或蛋黄色稀水样。

在宝宝腹泻期间，父母要为他控制食量，使肠道得到合理休息。母乳喂养的孩子要少吃油腻食品，以免消化不良而加重腹泻。同时，每次便后要用温水清洗宝宝臀部，用毛巾擦干，涂些爽身粉，避免细菌感染和不适感。

腹部和胃肠道

腹痛

腹痛是儿童常见的一种病状，多由于腹部器官病变所引起的，大体上有两种病理形式造成，一种腹部的管状器官如胃、肠痛、胆道、输尿管等痉挛或梗阻引起阵发性腹部绞痛；另一种是腹部肝、肾等脏器肿胀，引起其被膜牵扯，而产生持续性的钝痛。

腹痛的症状

年龄较大的儿童，腹痛时常常会自己诉说。年龄较小不会说话的宝宝，要判断有无腹痛，爸爸妈妈必须仔细观察宝宝的表情。

1. 如果宝宝腹痛，一般会发出尖锐而持续不绝的哭声，并出现腹部胀满、身体蜷缩、两手握拳、脸色苍白、烦闷冒汗等现象。

2. 如果用手按摩宝宝的腹部，宝宝停止哭泣或哭得更厉害则应考虑有腹痛的可能性。

腹痛的原因

引起宝宝腹痛的原因比较复杂，但人们常常从腹痛的性质这个角度寻找原因。

1. 引起宝宝功能性腹痛的原因是腹部着凉、饮食不当、消化不良等。

2. 宝宝器质性腹痛多由胃炎、胃溃疡、肠炎、肠梗阻、肠穿孔、腹膜炎、肝脓肿等引起的。

宝宝腹痛怎么办

1. 宝宝功能性腹痛，疼痛不会太剧烈，持续时间也不会太长，引起严重的后果的可能性较小，妈妈可以用温开水浸湿的热毛巾热敷宝宝的腹部，并摩擦搓热双手按摩宝宝的腹部，很快就能缓解宝宝的疼痛。

2. 如果通过热敷和按摩的方法都不能缓解宝宝的痛苦，一定要去医院检查，弄清起因。

3. 在未弄清腹痛的原因之前，爸爸妈妈不要给宝宝吃任何东西，因为进食会加速肠道蠕动，加重腹痛。不要乱用止痛药，以免掩盖病情，检查不出病因。

4. 在医生的指导下给宝宝服用药物，以及为腹痛宝宝烹调营养美味的专用膳食。

阑尾炎

阑尾炎是指阑尾在多种因素作用下而形成的炎性改变，是最常见的腹部外科疾病，其病情取决于是否及时的诊断和治疗。如果早期诊治，患儿多可在短期内康复，死亡率极低。如果延误诊断和治疗会引起严重的并发症，甚至造成死亡。

阑尾炎的症状

小儿急性阑尾炎一般没有典型的症状，年龄越小越难判断。但是如果宝宝出现一下现象则可考虑宝宝患阑尾炎的可能性。

1. 阵发性哭闹、拒按腹部、不愿活动，往往提示有腹痛。

2. 宝宝出现持续低热，且有升高的趋势，伴有恶心、呕吐、发热、便秘、腹泻等症状。

3. 宝宝的疼痛部位由心窝逐渐转移到右下腹部，并且越来越剧烈。

阑尾炎的原因

1. 由于宝宝上呼吸道感染、扁桃体炎等使阑尾壁反应性肥厚，血流受阻，也会造成小儿急性阑尾炎。

2. 宝宝受凉、腹泻、胃肠道功能紊乱等原因造成肠道内细菌侵入阑尾，导致阑尾发炎，也是小儿急性阑尾炎的原因。

3. 阑尾腔被粪石、异物或寄生虫等堵塞，造成阑尾腔的内容物引流不畅，导致细菌繁殖，这也是引发小儿急性阑尾炎的原因。如果阑尾腔被长时间阻塞就会引起阑尾本身的血液循环障碍，导致组织缺血，从而引发阑尾坏死穿孔。

宝宝阑尾炎怎么办

1. 假如宝宝的疼痛感非常剧烈或疼痛持续超过 6 小时，那么就应马上就医。如果阑尾炎未得到及时的治疗，就很可能造成阑尾破裂，脓汁蔓延至腹腔，引起感染，导致患儿死亡的弥漫性腹膜炎。

2. 当宝宝开始发生腹痛，不能判断情况是否危急的情况下，可以用毛巾包裹热水袋来热敷宝宝的腹部。

3. 不能让宝宝服用解热镇痛剂溶液或是其他的止痛剂，因为这会造成医生诊断上的困难。同时，也不能让宝宝进食，以防需要手术治疗。

4.急性阑尾炎是可以消退的，但消退后约有1/4的患儿会复发。目前医院对于急性阑尾炎一般采用手术的方法，绝大多数手术效果是良好的、安全的。

5.非手术疗法主要是抗感染，但应做好随时住院治疗的准备工作，以免延误治疗使病情发展到严重程度造成治疗困难。

便秘

小儿便秘是指发生于小儿的以大便干燥坚硬，次数减少，排便间隔时间延长，大便秘结不通为主要表现的疾病。

便秘的症状

判断宝宝是否便秘，不能以排便频率为标准，而是要对宝宝大便的质和量进行总体观察，并且要看对宝宝的健康状况是否有影响。每个宝宝各自身体状况都不同，因而每日正常排便次数也有差别。判断宝宝是否便秘可从以下方面观察。

1.便秘的宝宝他们的排便周期延长（3~5天），在临床上如果宝宝排便的时间间隔超过48小时，即可视为便秘；

2.宝宝在排便时小脸涨得通红，双拳紧握，大便难以排出或排出的大便又干又硬；

3.同时还伴有肛裂疼痛，排便哭闹，粪便污染内裤，腹部胀满，食欲减退等症状。

便秘的原因

小儿便秘的原因总结为以下几个方面：

1.宝宝饮食过少，或饮食中糖量不足，造成消化后残渣少，大便量少。

2.饮食中蛋白质含量过高使大便呈碱性，导致大便干燥，排便次数减少。

3.食物中含钙过高也会引起便秘，如牛奶含钙比人奶多，因而牛乳喂养比母乳喂养发生便秘的机会多。

4.膳食纤维摄入量不足，食用过多高脂肪、高胆固醇的食物，造成肠胃蠕动缓慢，消化不良，食物残渣在肠道中停滞时间过久，从而引起便秘。

5. 佝偻病、营养不良、甲状腺功能低下等会引起腹肌张力差、肠胃蠕动缓慢，也可导致小儿便秘。

6. 个别宝宝也会因为环境的变化而产生便秘。

宝宝便秘怎么办

对于严重便秘的宝宝，一定要及时地送到医院做先关检查并对症下药，轻度小儿便秘一般可通过以下方法缓解和治疗。

1. 食疗法。给宝宝准备一些润肠通便的食物，使宝宝大便顺畅。

核桃粥：核桃仁富含脂肪、蛋白质、碳水化合物、磷、铁、β-胡萝卜素、核黄素等，具有润肠通便，治疗便秘的功效。可以将核桃研成细末，与大米一起熬煮成粥，给宝宝食用，不仅可治疗便秘，还可以补脑益智。

红薯粥：红薯营养较丰富，具有一定的医疗价值，有补血、活血、暖胃、润肠的功效。红薯含碳水化合物、粗纤维、钙、磷、铁和维生素 A、维生素 C，其所含的蛋白质比大米、面粉要高出很多倍。便秘的宝宝吃几次就能好转。

熟香蕉：香蕉含有丰富的膳食纤维和糖分，润肠通便功能明显。但是，这种作用只有熟透的香蕉才具备，生香蕉可能会适得其反，因此在用香蕉给宝宝治疗便秘时，一定要将香蕉蒸透。

南瓜粥：南瓜含有淀粉、蛋白质、胡萝卜素、维生素 B、维生素 C 和钙、磷等成分。具有厚肠通便的功效。南瓜与大米熬煮成粥，加入少许蜂蜜，按量给宝宝食用，有助于宝宝排便顺畅。

决明茶：决明子含有多种维生素和丰富的氨基酸、脂肪、碳水化合物等成分，宝宝饮用决明茶后不仅能缓解便秘，还可以清热解毒。

2. 训练排便习惯。排便是反射性运动，宝宝经过训练能养成按时排便的好习惯。一般 3 个月以上的宝宝可开始排便训练，每天清晨喂奶后，由爸爸或妈妈两手扶持宝宝，帮助宝宝进行排便训练，连续按时执行 15 ~ 30 天即可养成习惯。

3. 按摩法。爸爸或妈妈将双手摩擦变热后，右手四指并拢，放在宝宝的肚脐上，按顺时针方向轻轻推揉按摩。这样不仅可以缓解便秘、帮助排便，更有助消化。

4. 肥皂条通便法。将肥皂削成铅笔杆粗细、约 3 厘米长的肥皂条，用温开水润湿后插入宝宝的肛门，可以刺激肠壁引起排便。

腹泻

小儿腹泻根据病因分为感染性和非感染性两类，是由多病原、多因素引起的以腹泻为主的一组临床综合征。发病年龄多在 2 岁以下，1 岁以内者约占 50%。腹泻的高峰主要发生在每年的 6 ~ 9 月以及 10 月至次年的 1 月。宝宝夏季腹泻通常是由细菌感染所致，多为黏液便，具有腥臭味；秋季腹泻多由轮状病毒引起，多为水样便或稀糊便，但无腥臭味。

腹泻的症状

不能单纯地从宝宝的排便次数来判断宝宝是否患了腹泻，而是要观察宝宝大便的状况。

1. 患有腹泻的宝宝排出来的是稀水便、蛋花汤样便，有时甚至是黏液便或脓血便。

2. 同时会伴有吐奶、腹胀、发热、烦躁不安、精神不佳等症状。

3. 宝宝轻型腹泻无脱水及中毒症状，宝宝无明显异常，食欲受轻微的影响。

4. 患中型腹泻的宝宝会出现轻度至中度脱水症状，有轻度中毒迹象。

5. 重型腹泻的宝宝会出现重度脱水，表现出烦躁不安、精神萎靡、面色苍白等明显中毒症状。

腹泻的原因

引起小儿腹泻的原因多种多样，因为 1 ~ 2 岁的宝宝生长发育迅速，身体需要较多的营养及热能，但是消化器官尚未完全发育成熟，分泌的消化酶较少，消化能力较弱，容易发生腹泻。

1.病毒引起的肠胃炎是小儿腹泻最常见的原因。

2.细菌、轮状病毒、寄生虫、饮食不当、口服药液的副作用、食物中毒等，也是导致小儿腹泻的重要原因。

3.现在的宝宝多为配方奶喂养，很多父母选用了高脂肪的配方奶，导致宝宝消化不良，或者不定时、不定量地喂养，使得宝宝的肠胃功能紊乱，造成腹泻。

4.由于天气多变，宝宝添衣不及时，造成腹部着凉，也会导致腹泻。

宝宝腹泻怎么办

治疗小儿腹泻没有特别有效的治疗药物，2岁以下的宝宝使用非处方的抗腹泻药物，在给较大的儿童使用时也要在医生的指导下谨慎使用。因为这些药物经常使肠道损伤恶化。

1.如果宝宝属于轻型腹泻，不必紧张，只需停止给宝宝喂养配方奶，用一些清淡的食物代替，如米汤、淡粥、淡盐水、淡糖水等，宝宝可很快恢复。

2.给宝宝准备膳食的时候，瓜果蔬菜要彻底洗净，确保无农药残留，烹煮肉类、水产类时一定要煮熟透，避免寄生虫的滋生。

3.定期给宝宝的餐具消毒，还要注意宝宝的个人卫生，饭前便后要洗手，以免病从口入。

4.宝宝中型或重型腹泻，必须送往医院检查，并且注意在检查之前不要让宝宝进食，以免干扰医生的诊断。医生将会根据宝宝的情况和类型进行治疗。

呕吐

小儿呕吐是指小儿的胃或部分小肠里的内容物被强制性地从口排出，伴有恶心、腹肌收缩的疾病。由于宝宝的胃肠功能尚未健全，呕吐是常见现象。

呕吐的症状

1. 宝宝呕吐常常伴有恶心、腹压增高、烦闷不安、吐奶次数频繁、呕吐量较多等症状。

2. 呕吐物往往含有奶块和胃部内容物，甚至混有绿色的胆汁，有时呕吐呈喷射状。

3. 宝宝在呕吐时还会表现出表情痛苦，哭闹不止，呕吐后会无精打采、昏昏欲睡，甚至还会出现发热等并发症。

呕吐的原因

1. 新生儿时，喂奶过量，或者在哭闹时喂奶，造成宝宝吞入大量空气，也会导致呕吐。

2. 配方奶选用不当，蛋白质或脂肪过高，造成宝宝消化不良，这也是导致宝宝呕吐的原因之一。

3. 如果宝宝的呕出物中混有黄色胆汁，则可能是肺炎、败血症、肝炎及其他腹部器官的器质性病变造成的。

4. 如果宝宝胃部的内容物急剧有力地从口中喷出，呕吐之后宝宝仍然大叫啼哭或昏睡，不想吃奶和进食，这多由脑炎、脑膜炎、脑脓肿、脑出血等中枢神经系统疾病引起.

5. 食物中毒也是呕吐的原因之一，往往会伴有哭闹不安、消化不良、胃肠痉挛等症状，应及时就诊。

6. 消化道感染性疾病，如胃炎、肠炎、痢疾、阑尾炎等，也会因为局部刺激而引起反射性呕吐，此时多伴有恶心、腹痛及腹泻等症状。

7. 感冒或其他呼吸道感染也可能引起呕吐，因为这时宝宝容易被鼻涕堵塞，从而产生恶心的感觉。

宝宝呕吐怎么办

宝宝呕吐了，怎么办？如果病情严重，必须立刻就诊，并且在诊断之前不宜给宝宝喂食任何事物，以免造成误诊，确诊之后宝宝的一切护理都应在医生的指导下进行。如果宝宝只是轻微呕吐，细心的妈妈做到以下几点，可以减少宝宝呕吐之后的痛苦和恐惧。

1. 要让孩子坐起，把头侧向一边，以免呕吐物呛入气管；不要经常变动宝宝的体位，也不要抱起宝宝轻晃，否则容易再次引起呕吐。

2. 注意观察呕吐情况、呕吐与饮食及咳嗽的关系、呕吐次数、吐出的胃内容等。

3. 呕吐后要用温开水给宝宝漱口，清洁口腔，去除异味。较小的婴儿可通过勤喂水，清洁口腔，少量多饮，保证水分供应，以防失水过多，发生脱水。

4. 宝宝呕吐后，妈妈可以通过给宝宝按摩来缓解宝宝的痛苦。搓热双掌，沿着宝宝的天柱骨往下推拿，一开始轻轻推，再慢慢加重力道，推到皮肤微微发红即可。坚持每天都推，不仅可以缓解和治疗呕吐，还可以有效的缓解宝宝嗓子痛。

5. 注意宝宝的饮食，不要喂食过量，尽量少食多餐。忌食油腻辛辣的食品，以免刺激胃肠。吐后先给宝宝食用清淡的流食、半流食（如大米粥、烂面等），再逐渐过渡到普通饮食。

肝炎

小儿肝炎又称病毒性肝炎，是婴幼儿常见病、多发病。主要由于巨细胞病毒、EB病毒、柯萨奇病毒、单纯疱疹病毒等引起。根据病原体类型分为甲型、乙型和非甲非乙型肝炎，以夏秋季的发病率为较高，爸爸妈妈应提高警惕。

肝炎的症状

1. 厌食。宝宝患了肝炎后，食欲下降，饭量比正常时下降，看到油腻的食物会出现恶心、呕吐的现象。

2. 精神萎靡。宝宝变得活动量少、精神不振、嗜睡、浑身乏力。

3. 面色发黄。患肝炎的宝宝，他们的面部特别是巩膜和结膜处发黄，并逐渐发展到周身皮肤发黄。

4. 大小便异常。宝宝大便不成形，颜色变浅，如白陶土状，有时伴随着腹泻；小便呈深黄色，如浓茶水一样，有时尿液浸在尿布或衣服上留有黄色痕迹，这些都是黄疸型肝炎的早期症状。

5. 腹痛。患肝炎的宝宝，右上腹经常有隐痛或连续性胀痛感，个别宝宝还会表现为脾脏肿痛，并自己用手按抚上腹部。

肝炎的原因

儿童肝炎通常是由于巨细胞病毒、EB 病毒、柯萨奇病毒、单纯疱疹病毒等病毒从口腔侵入，再由血液将病毒输送到肝脏造成的。最容易影响儿童的肝炎是急性甲型肝炎。儿童患病的病情比成人患病的病情要轻微一些。患肝炎后的不适感及症状，因宝宝而异。通常经过四到六周之后，症状会逐渐消失。

宝宝肝炎怎么办

1. 在肝炎急性期的时候，宝宝最好卧床休息，休息好了往往比用药物治疗更为重要。

2. 在肝炎稳定期虽然不必绝对卧床休息，但是也要尽量减少运动，避免疲劳。

3. 患病期间宝宝的饮食应清淡、易消化，荤菜以新鲜鱼虾为宜，但是在烹饪这些食物时，一定要煮熟透，以免细菌滋生，多吃新鲜的蔬菜水果，补充维生素。

4. 肝炎急性发作的时候，要将宝宝与家人隔离，对宝宝的排泄物要用漂白粉消毒，隔离期从发病起 1 月左右。

5. 不能私自用药，有些药物如四环素、红霉素等有损害肝脏的副作用，长期服用会引起药物性肝炎，爸爸妈妈一定要在医生的指导下给宝宝用药。

蛲虫

蛲虫，亦称屁股虫或线虫，多寄生于人体大肠内，有时见于小肠、胃或消化道更高部位内。蛲虫是宝宝最常见的蠕虫感染疾病。

蛲虫病的症状

1. 患蛲虫病的宝宝表现为烦躁不安、食欲减退、夜间磨牙、消瘦、夜间反复哭闹，睡不安宁。

2. 在宝宝排便时，宝宝大便中可能会有 1 厘米左右白色线状的虫子在蠕动。

1.雌蛲虫在夜间爬到宝宝的肛门处，在周围皮肤上产卵，引起发痒，宝宝用手指抓痒而沾染虫卵，在拿食物吃或吮吸手指时吞入虫孵；

2.宝宝食用了被污染虫卵的食物，造成虫卵在体内寄生；

3.宝宝的玩具被虫卵感染，玩了玩具之后没有吸收就拿食物吃，或者经过口鼻，吸入空气中的虫卵，导致蛲虫感染。

宝宝蛲虫病怎么办

1.培养宝宝良好的卫生习惯，做到饭前、便后勤洗手。

2.勤为宝宝剪指甲，避免细菌滞留，改正宝宝吮吸手指的坏习惯。

3.不要让宝宝饮用生水，不吃生冷的蔬菜、肉类等。

4.保持居室内的清洁卫生，经常清洗孩子的餐具、玩具等。

5.勤为宝宝换衣裤，衣裤、被单应用开水烫洗，被褥要经常晾晒，以杀灭虫卵。

6.给宝宝穿满裆裤，防止宝宝用手指接触肛门，每天早晨用肥皂和温水为宝宝清洗肛门周围的皮肤。

腹股沟疝

腹股沟疝俗称疝气，是指腹膜或肚子里的肠子突然下坠到腹股沟（大腿根部），形成与腹腔间的通道，当腹压增加时，可以使腹膜和肠子随着通道进入阴囊内形成疝，使阴囊突然肿大而引起疼痛的疾病。

腹股沟疝的症状

1.宝宝大腿根部会鼓起一个如乒乓球大小的肿块，用手轻轻推动，才能回到原位，如果腹部再度用力，还会出现脱出的现象。

2.在宝宝哭闹、运动剧烈，因大便燥结而用力排便时，在腹股沟处会有一个突起的块状肿物，有时会延伸至阴囊或阴唇部位，在平躺或用手按压时会自行消失。

3.疝气包块无法回到原位时，宝宝的会出现腹痛、发热、恶心、呕吐、厌食、哭闹、烦躁不安等症状。

腹股沟疝的原因

1.宝宝患腹股沟疝的原因很多，主要是由于宝宝的腹壁和股沟区薄弱，再加上血管、精索或子宫圆韧带穿过，给疝的形成提供了通道。

2.过早教宝宝站立、行走；造成宝宝肠管下坠，形成腹股沟疝。

3.宝宝由于便秘而在排便时用力过猛，或者在咳嗽时用力过大，致使腹压升高，为疝的形成提供了动力。

宝宝腹股沟疝怎么办

1.给宝宝洗澡的时候，应仔细检查女宝宝的腹股沟是否有鼓起，男宝宝的阴囊处是否有肿胀。

2.对于1岁以下的宝宝，不要将他们的腹部裹得太紧，以免加重腹腔的压力。

3.不要过早的教宝宝站立，以免造成宝宝的肠管下坠，形成腹股沟疝。

4.多给宝宝吃一些易消化和含粗纤维较多的食物，以保持大便通畅。在宝宝大便干燥时，应采取通便措施，不要让宝宝用力排便。

5.患咳嗽的宝宝要在医生指导下适当吃些止咳药。尽量减少宝宝大声啼哭、大声咳嗽等现象，防止腹压升高。

吸收障碍

吸收障碍是指宝宝肠胃里的酶无法在消化过程中发挥催化作用，导致所摄入的营养成分不能被身体充分吸收的功能性障碍。吸收障碍造成有的宝宝即使按照平衡食谱进食，仍然会引起营养不良。

吸收障碍的症状

1.患吸收障碍的宝宝易出现呕吐、腹痛等现象，并频繁排出松软块状的有燃料气味的大便。

2. 宝宝的脂肪减少、肌肉萎缩，容易发生感染，出现干燥的有鳞的皮疹。

3. 宝宝营养不良，发育迟缓，体重增长缓慢，有的宝宝甚至体重减轻。

4. 免疫力低下，以感染流行性疾病。

吸收障碍的原因

1. 由于宝宝的消化功能尚未完善，小肠里的化学物质以及酶无法在消化过程中发挥辅助作用。

2. 宝宝的小肠内膜的吸收表面发生器质性变化，无法让足够的营养通过肠壁。

3. 此外，缺铁性贫血、维生素 B_{12} 缺乏性贫血以及胰腺炎等，也是造成宝宝吸收障碍的原因。

宝宝吸收障碍怎么办

1. 保证宝宝的饮食中营养齐全，不要让宝宝因缺乏某种营养素而导致其他疾病。

2. 给宝宝食用易消化、吸收的食物，如豆腐、肉泥、青菜等。

3. 适当多增加宝宝的户外运动，多晒太阳，增强宝宝的机体免疫力。

4. 情况严重的宝宝，应立即将其送往医院就诊，在医生的指导下用药，并为宝宝安排合理的膳食。

乳糜性肠病

乳糜性肠病是由于麦胶所引起的一种可以导致吸收不良的肠道疾病。

乳糜性肠病的症状

1. 主要表现为腹痛、腹泻，并且大便的颜色比较淡，量比较多，呈油脂状或泡沫状，常飘浮于水面，常常散发着恶臭，宝宝每天排便的次数从几次增至十几次。

2. 如果宝宝患了乳糜性肠炎后不及时治疗，就会出现生长迟缓、体重下降、贫血、倦怠乏力等现象。

3. 有的宝宝还会出现毛发稀少、发色枯黄、下肢水肿等。

4. 极少数宝宝可见皮肤可出现色素沉着、湿疹、剥脱皮炎等，严重的甚至还可出现口角炎、舌炎、低血压。

乳糜性肠病的原因

1. 遗传是造成宝宝患乳糜性肠病的原因之一。

2. 麦胶是宝宝患乳糜性肠病的主要原因，因为患此病的宝宝平时经常吃面食，在停止食用面食之后，症状即可缓解，因此证明麦胶是本病的致病因素。

宝宝乳糜性肠病怎么办

1. 宝宝在患了乳糜性肠病之后，要避免给宝宝食用含麦胶的食物，如大麦、小麦、燕麦及裸麦等。

2. 如果宝宝出现并发症，入腹泻、贫血等，爸爸妈妈要带宝宝去医院检查，并对症下药。

3. 给宝宝补充各种维生素、B族元素以及叶酸等。

4. 给宝宝多喝水，最好是淡盐水，可以起到清洗肠胃的作用。

牛奶过敏症

宝宝牛奶过敏症，实际上是指宝宝对牛奶中所含的蛋白过敏，也就是说，是宝宝体内的免疫系统对牛奶蛋白过度反应而造成的。牛奶过敏症是宝宝出生后第一年最常见的食物过敏，大约有2.5%的宝宝会出现牛奶过敏症。

牛奶过敏症的症状

1. 宝宝牛奶过敏症的症状集中表现为，宝宝的皮肤或身体会出现红疹、风疹或湿疹；

2. 宝宝普遍出现多痰、打喷嚏、咳嗽或气喘等现象；

3. 在宝宝的肠胃道方面，经常伴有腹部绞痛、呕吐及腹泻的症状，他们常常在喂奶后烦躁不安、哭闹不止；

4. 部分宝宝可能会拒绝吃奶，食欲减退，严重的宝宝会因为哭闹而引起休克；

5. 牛奶蛋白过敏症的症状出现的时间因宝宝而异，有的宝宝在喝下牛奶后立刻产生过敏反应，有的宝宝经过数小时才出现过敏反应，甚至有少数宝宝在数天后才开始显示过敏症状。

牛奶过敏的原因

1. 由于宝宝的肠道中缺乏乳糖酶，对牛奶中的乳糖无法吸收，消化不良，从而引起宝宝的牛奶过敏反应，如腹痛、腹泻等，如果停止奶水，则症状很快会改善。

2. 宝宝对牛奶中的蛋白质产生过敏反应，是造成宝宝过敏症的直接原因。每当宝宝接触到牛奶后，身体就会发生不适症状。

3. 对于较小的宝宝，除了母乳、配方奶之外，牛奶是宝宝主要的食物营养来源，所以是最容易发生牛奶过敏的时期。

宝宝牛奶过敏怎么办

1. 在不知道宝宝为什么出现过敏的现象的情况下，爸爸妈妈要带着宝宝去医院，请医生做婴儿牛奶过敏的专门检查。在检查之前，爸爸妈妈要向医生仔细描述宝宝的病史和体格发育状况，以便于医生做出判断。

2. 如果宝宝喝了牛奶之后，出现过敏的现象，爸爸妈妈要马上停止给宝宝喝牛奶，能母乳喂养尽量用母乳喂养，如果母乳不足，可以给宝宝吃一些深度水解的配方奶，等宝宝大一些后症状会慢慢缓解。

3. 暂停一切与牛奶有关的食物，给宝宝添加清淡、易消化的辅食，如红薯泥、南瓜泥、大米糊等。

胸部和肺脏

哮喘

哮喘全称支气管哮喘，是一种常见、多发病，是由于通向肺部的纤细的空气通道变得狭窄而引起的，哮喘反复发作，容易造成呼吸困难，严重时可导致窒息死亡。

哮喘的症状

1. 宝宝会产生咳嗽，尤其在夜间或运动后更明显。

2. 呼吸时伴有轻度喘鸣样的鼻音及气喘，感冒期间特别显著。

3. 哮喘发作期，宝宝会有窒息的感觉，呼吸困难，并且皮肤苍白、易出汗。

4. 宝宝患了哮喘，他们的舌头及口唇周围发青，口舌干燥。

5. 宝宝发育迟缓、智力下降、机体免疫力低下，容易引起并发症。

哮喘的原因

1. 引起小儿哮喘的原因有很多，包括感冒、天气变化、运动过量、过度劳累等，其中感冒引起宝宝哮喘是最常见原因；

2. 某些药物也能导致哮喘，如阿司匹林以及一些非激素类消炎药。

3. 吸二手烟及长期闻油漆、油烟等刺激性气味，也是引发哮喘的因素。

4. 此外，小动物的皮毛、室内的粉尘、真菌、花粉等，也能诱发宝宝患哮喘。

5. 家庭成员里有患哮喘、湿疹或过敏性鼻炎的，宝宝患哮喘的概率较高。

宝宝哮喘怎么办

一般的哮喘对宝宝的生长发育影响不大，但是哮喘反复性发作或长期应用肾上腺皮质激素，就有可能给儿童的生长发育带来较大影响。所以爸爸妈妈不能掉以轻心。

1. 让宝宝自然地坐在爸爸或妈妈的大腿上，并使宝宝稍微向前倾，这样能使宝宝呼吸顺畅。

2. 对于喜欢自己坐着的宝宝，放一些柔软的物体支撑宝宝的前臂，比如枕头、娃娃等，以便宝宝能够向前屈身俯靠。

3. 经常用吸尘器清理室内的灰尘，避免宝宝吸入过多粉尘。

4. 宝宝哮喘病发作时，一定要做好记录，以便找出引起宝宝哮喘发作的原因。

5. 如果宝宝的情况较为严重或出现紧急症状，应立刻送往医院治疗。

咳嗽

咳嗽是一种保护性呼吸道反射，是呼吸道受到刺激后的一种生理反射，可以排出呼吸道分泌物或异物，保护呼吸道的清洁和通畅。宝宝咳嗽多数是由普通感冒或流行性感冒引起，持久而剧烈的咳嗽会消耗宝宝的体力，影响睡眠，情况严重的可引起肺泡壁弹性组织的损坏，诱发肺气肿、支气管炎等并发症。

咳嗽的症状

1. 宝宝咳嗽常常表现为喉咙干痒、咳嗽带痰，并伴有呼吸困难。

2. 宝宝声音沙哑、夜间难以入眠、易咳醒、精神萎靡。

3. 宝宝咳出的痰液的黏稠程度因宝宝而异，宝宝可能还不会吐痰，咳到口腔的痰液都吞咽胃里，如果宝宝咳嗽 1 ~ 2 声，痰的声音就没有了，或者不咳了，说明痰液不是很黏稠；如果咳嗽 5 ~ 6 声感觉痰液还在气管里，那么表明痰液比较黏稠。

4. 宝宝有时候会单声咳出，有时会连声咳出，有时咳嗽从咽部附近发出，有时咳嗽的声音比较沉闷，此时往往表明病变已经到了气管。

咳嗽的原因

1. 由感冒、腺病毒感染、鼻炎、扁桃体炎、急慢性咽炎、急慢性喉炎、喉结核等上呼吸道疾病所致。

2. 传染病、寄生虫病、百日咳、白喉、麻疹、流感、肺吸虫病、肺包虫病、钩虫病都可能引起宝宝咳嗽等。

3. 呼吸道吸入有毒、有害的刺激性气体，如油烟、辣椒味、二氧化硫、臭氧、硫酸、盐酸等，均能刺激呼吸道引起咳嗽。

宝宝咳嗽怎么办

1. 如果宝宝的咳嗽是突发性的，爸爸妈妈要仔细检查宝宝是否误食一些小物品，比如糖块或玩具的螺丝钉。如果这种情况，就要设法把它取出来，将宝宝脸朝下，放低头部，稍用力拍打宝宝的背部，让宝宝吐出来。

2. 在宝宝咳嗽并伴有呼吸困难、痰液黏稠时，可以将宝宝横向俯卧在你的膝盖上，然后有节奏的轻拍他的背部，要帮宝宝把痰液从胸腔咳出来。

3. 注意给宝宝的保暖，避免宝宝感冒或感染其他疾病，从而引起咳嗽。

4. 多给宝宝喝点儿水，水能稀释黏稠的分泌物，如果宝宝干咳，睡前给宝宝喝温开水，可使后来得到滋润。

5. 可以给宝宝煮一些清热解毒的止咳茶水，比如冰糖雪梨水、雪梨猪肺汤以及荸荠水等。

6. 对于过敏体质的宝宝，家里最好不要养宠物、养花，不要让宝宝抱着长绒毛玩具入睡，以免引发咳嗽。

哮吼

哮吼是一种因喉部病毒感染而产生的疾病，通常伴有流涕、咳嗽等呼吸系统感染症状，是婴幼儿常见疾病之一。主要是应为喉咙周围组织出现炎症反应、气道痉挛、黏液分泌物阻塞气道，造成宝宝呼吸困难，每次吸气时气流强行通过狭窄的气道而发出刺耳的吼声。

哮吼的症状

1. 宝宝出现呼吸困难，每次呼吸时颈部肌肉、肋骨、胸骨都有明显的起伏。

2. 宝宝不能按正常语速说话，容易出现上气不接下气的情况。

3. 持续咳嗽，呈犬吠样咳嗽，声音沙哑，伴有吸气性喉鸣。

4. 宝宝患了哮吼，常常会出现发热的现象。

哮吼的原因

1. 流感病毒、A 型流感病毒、多核呼吸病毒、鼻病毒等都可能是引起宝宝哮吼的传染源。

2.宝宝身体抵抗力差，病毒通过感染者打喷嚏、擤鼻涕和鼻腔分泌物在空气中传播污染，使宝宝感染致病。

宝宝哮吼怎么办

1.用吸尘器清洁宝宝的房间，并在室内开加湿器，保持空气流通，改善宝宝的呼吸环境。

2.蒸汽可稀化黏痰，缓解咽部痉挛。可以打开淋浴喷头，使浴室中充满蒸汽，再将宝宝抱到浴室中，使宝宝呼吸畅通。

3.冷空气有时可缓解哮吼，早晚相对较冷，空气较新鲜，爸爸妈妈可带宝宝去公园散步。

4.在医生的指导下，按规定剂量给宝宝服用适当的退热药，可退热，降低宝宝呼吸频率。

5.让宝宝多喝水，补充身体所需的水分，稀释呼吸道的黏液。

6.如果宝宝哮吼伴有高热热，体温超过39.5℃；宝宝呼吸急促，频率每分钟超过50次，表情痛苦，不能讲话。

7.如果宝宝出现皮肤苍白、发绀等严重的呼吸窘迫症状，应立即拨打120，进行急救。

流感

流行性感冒简称流感，是由流感病毒引起的一种急性呼吸道传染疾病，传染性强、发病率高，容易引起暴发性流行疾病。流感主要通过病毒的近距离空气飞沫进行传播，或接触患者以及被病菌污染的物品也有可能感染流感。

流感的症状

1.宝宝患了流感会出现畏寒高热的症状，体温可达39～40℃，三四天后会自行退热。

2.伴有头疼、浑身肌肉酸痛、精神萎靡、活动量减少等症状。

3.有的宝宝也会出现恶心、呕吐、腹泻、咳嗽等并发症。

流感的原因

1.流感主要通过近距离空气飞沫传播，即流感患者在讲话、咳嗽或打喷嚏的过程中，将含有流感病毒的飞沫排放到空气中被宝宝吸入而感染致病。

2. 流感病毒也可通过口腔、鼻腔、眼睛等处黏膜直接或间接接触传播。

3. 接触患者的呼吸道分泌物、体液和感染了病毒的物品也可能造成宝宝被流感病毒感染。

4. 宝宝的身体抵抗力差，对病毒的抵御能力不强。

宝宝流感怎么办

1. 将宝宝送往医院及时就医，在医生的指导下用药。

2. 不要带宝宝去人多的地方，以免传染给其他人，或者宝宝感染到其他疾病。

3. 给宝宝准备的食物一定要清淡、易消化、营养全面，有利于体力的恢复，增强宝宝的免疫力。

4. 保持室内空气流通，以免流感病毒在密闭的室内繁殖，造成宝宝二次感染。

肺炎

小儿肺炎是婴幼儿临床常见病，四季均易发生，以冬春季为多，如治疗不彻底，易反复发作，影响宝宝的生长发育。

肺炎的症状

1. 儿童罹患肺炎时大多有发热症状，体温多在38℃以上，持续两三天时间，退热药只能使体温暂时下降一会儿，不久便又上升。

2. 患肺炎的宝宝会出现持续咳嗽，呼吸困难，呼吸时胸壁里会发出细小水泡音。

3. 部分患肺炎的宝宝口周、指甲出现轻度发绀，并伴有精神萎靡、烦躁不安、食欲不振、哆嗦、腹泻等症状。

患肺炎的原因

1. 由于宝宝的免疫系统尚未发育完全，被细菌、病毒性的感染后很容易感冒，如果宝宝感冒不得到及时有效的治疗，就会发展成肺炎。

2. 有些宝宝患肺炎是因为不小心将某些微量物体吸入肺部，在肺部形成小的炎性斑块，造成肺部感染，导致肺炎。

3. 此外，宝宝吃太多过甜、过咸或油炸等食物，造成积食，产生内热，在遇到风寒后，肺气不顺畅，导致宝宝患肺炎。

宝宝肺炎怎么办

小儿肺炎只要及时发现和有效的治疗，宝宝就可以很快康复。但情况严重的宝宝易出现下列并发症，如果不及时治疗，会出现心力衰竭、呼吸衰竭、脓气胸、低氧性脑病、中毒性休克以及中毒型肠麻痹等并发症。所以爸爸妈妈要警惕小儿肺炎，并采取相应的措施。

1. 对患肺炎的宝宝，爸爸妈妈要仔细、耐心，注意宝宝的体温和呼吸的情况，并做好记录，以便观察宝宝的变化，协助医生诊断。

2. 给宝宝准备易消化、高营养和富有维生素的食物，最好是流食，有利于宝宝的消化和吸收。

3. 多给宝宝喝水，水可以稀释痰液，有利于痰液的排出，润肺的饮品效果更佳，如冰糖雪梨水、甘蔗水、绿豆汤等。

4. 如果宝宝的房间太干燥，可以用加湿器提高空气湿度，有助于宝宝呼吸。

5. 注意加强宝宝的锻炼，多带宝宝到户外活动，增强体质。

6. 对于重症的宝宝，要及时将其送往医院就诊。肺炎的治疗原则是应用消炎药物，杀灭病原菌，医生会根据宝宝的情况选用敏感的药物，或住院治疗。

百日咳

百日咳是婴幼儿常见的急性呼吸道传染病，百日咳杆菌是本病的致病菌。其特征为阵发性痉挛性咳嗽咳嗽末伴有特殊的吸气吼声，病程较长，可达数周甚至 3 个月左右，故有百日咳之称。

百日咳的症状

1.宝宝患了百日咳初期的症状类似感冒或流感,宝宝会打喷嚏、流鼻涕和轻微咳嗽,这种症状的持续约两周时间,接着宝宝会开始严重地、痉挛性地咳嗽;

2.宝宝患了百日咳后,还会伴有腹泻、发热、支气管肺炎、百日咳脑病等并发症;

3.会出现连续咳嗽、呼吸困难、表情痛苦、焦躁不安、夜间难以入眠、精神萎靡等症状;

4.宝宝食欲下降、脸色苍白、发育迟缓。

百日咳的原因

1.宝宝没有接种百白破疫苗是造成百日咳的原因之一,这种疫苗可以预防百日咳、白喉和破伤风,由于宝宝免疫力低下,不接种该疫苗,患百日咳的概率比较大;

2.由于百日咳非常容易传染,宝宝直接接触了患百日咳的病人,或者通过近距离的空气飞沫,都很有可能感染病毒而致病;

3.百日咳病菌一般通过鼻子或喉咙进入宝宝体内,宝宝的呼吸道的卫生或者进食不卫生,都是造成百日咳的原因。

宝宝百日咳怎么办

1.及时就医,并将宝宝隔离起来,在医生的指导下给宝宝用药。

2.由于剧烈的咳嗽会消耗体力,使宝宝身心俱疲,所以要不断给宝宝补充能量,尽量减少宝宝的体力消耗。

3.因为咳嗽容易引起呕吐,要给宝宝准备清淡的、易消化的食物,并且要少量多餐地喂给宝宝吃。

4.给宝宝洗澡时,要提前将淋浴开一会儿,让浴室充满温热的蒸汽再把宝宝抱进浴室,有助于缓解宝宝的咳嗽。

5.使用加湿器增加室内的湿度,这样有助于宝宝的呼吸顺畅;同时还要保证室内经常通风换气,每日用紫外线消毒病房,杀死病菌。

支气管炎

支气管炎是指气管、支气管黏膜及其周围组织的发炎的病症，由病毒或细菌通过鼻子、咽喉侵入到支气管而引起的支气管黏膜发炎，也有的是由支气管直接感染病毒或细菌引起的。

支气管炎的症状

1.宝宝患病初期表现为干咳，慢慢有痰咳出，如果是细菌感染，会咳出黄色的痰液，咳嗽一般延续7～10天，有时可迁延2～3周，或反复发作。

2.宝宝会有发热的症状，一般可达38～39℃，偶尔会达到40℃，高热最多可2～3天即可退热。

3.宝宝会出现精神疲乏、四肢无力、睡眠质量差以及食欲下降等症状。

4.有的宝宝可能发生呕吐、腹泻、腹痛等消化道症状。

5.宝宝在咳嗽严重的时候会伴随着呼吸困难、不能说话和喘息的现象。

支气管炎的原因

1.引起支气管炎的病毒有很多种，如腺病毒、副流感病毒等可引起冬季感冒，并附着在支气管黏膜上，因此冬季为宝宝患支气管炎的多发季节；

2.宝宝感染了麻疹病毒、流感病毒也会引起支气管炎；

3.宝宝由于患感冒、咳嗽等病，没有及时治疗，也是导致宝宝患支气管炎的因素之一。

宝宝支气管炎怎么办

1.随气温的变化及时给宝宝增减衣物，以免造成宝宝感冒，加重病情。

2.患了支气管炎的宝宝要多喝水，尤其要给宝宝准备止咳润肺的汤水，如枇杷水、鲜藕饮等。

3.患病期间的宝宝饮食要清淡、营养充分，以易消化的流质或半流质食物为主，少量多餐地给宝宝喂食，避免一次吃太多，会造成呕吐。

4. 宝宝咳嗽，吐出痰液，可将病毒排出，因此爸爸妈妈要轻拍宝宝的背部，帮助宝宝将痰液咳出。

5. 宝宝体温在 37 ~ 38.5℃时，一般无须服用退热药，如果体温过高，应及时送往医院就诊。

耳、鼻、喉

喉炎

婴幼儿喉炎是以声门区为主的喉黏膜被病毒或细菌感染，导致的炎性反应，多见于 6 ~ 36 个月的宝宝。喉炎是一种常见的上呼吸道疾病，可分为急性和慢性两种。急性喉炎常常是由病毒引起，其次为细菌所致，冬、春两季为发病高峰期。慢性喉炎主要是由于急性咽喉炎治疗不彻底而反复发作转为慢性，或者是因为患有各种鼻病，造成鼻孔阻塞、长期张口呼吸，以及物理、化学因素等经常刺激咽部所致。

喉炎的症状

1. 宝宝患了喉炎会出现发生区水肿。

2. 宝宝会出现呼吸困难，呼吸时伴随着喉鸣。

3. 宝宝会出现声音嘶哑、声音粗涩、低沉、沙哑，其他症状可能还有咳嗽多痰、咽喉部干燥、刺痒、异物感。

4. 宝宝所出现的呼吸困难为吸气性困难，可表现为胸骨上窝、锁骨上窝和肋间隙的吸气性内陷。

患喉炎的原因

1. 大部分宝宝是因为细菌感染而患上喉炎，以链球菌、葡萄球菌和肺炎双球菌为主。

2.某些急性传染病，如麻疹、猩红热、流感和百日咳等疾病，也是诱发宝宝患喉炎的原因。

3.宝宝吸入粉尘、烟雾、刺激性气体等也可能导致喉炎。

4.发热、感冒引起的咽喉肿痛，如果不及时治疗，也是引发喉炎的因素之一。

宝宝喉炎怎么办

1.小于2岁宝宝的喉炎常是病毒性的，无须使用抗生素，只需给予抗病毒药物和止痛药即可。

2.用食盐水给宝宝漱口或少量饮用，可清楚喉咙部位的细菌，也有消炎的作用，同时服用维生素A、维生素C、维生素E也有利于喉部黏膜的再生。

3.宝宝的饮食要清淡，尽量少吃油腻和刺激性食物。

4.多给宝宝食用吃西瓜、甘蔗、梨子、萝卜、荸荠、鲜藕、罗汉果、胖大海、菊花、阳桃、柠檬等食物，可以滋润宝宝的喉咙。

5.注意给宝宝保暖，避免宝宝感冒。

6.不要让宝宝避免接触污浊的空气、少带宝宝去人多的公众场所，保持室内空气流通。

7.爸爸妈妈不要长时间和宝宝讲话，更要避免宝宝声嘶力竭地喊叫或者哭闹。

口角炎

在气候比较干燥的季节，诸如春季和夏季，宝宝的嘴角经常会出现小泡，并有渗血、糜烂、结痂或者口唇干裂、嘴角裂口等症状，这在医学上称为口角炎。

口角炎的症状

宝宝在患上口角炎之后，嘴角周围发红、发痒，接着出现糜烂、裂口、嘴角干疼。于是宝宝会用舌头去舔，因为在舔过之后会有片刻的舒服感，于是宝宝经常去舔，但是唾液不能保湿，它的蒸发会带走皮肤的水分，导致宝宝的嘴角越来越干，开裂处越来越多，这样就加重口角炎的症状。

口角炎的原因

1. 宝宝患口角炎主要由于缺乏维生素，尤其是缺乏维生素 B_2。

2. 病毒、细菌、真菌等感染，也是引发宝宝口角炎的重要因素，其中白色念珠菌、金黄色葡萄球菌、链球菌是最常见的微生物感染。

3. 由于宝宝接触了某些过敏物质，如唇膏、油膏、香脂等化妆品，引起过敏反应，造成嘴角溃烂。

4. 此外，宝宝营养不良也会导致宝宝患口角炎。

宝宝口角炎怎么办

1. 对于宝宝的口角炎，首先要纠正其偏食、挑食的不良习惯，让宝宝多吃新鲜的蔬菜和水果，多吃富含维生素 B_2 的食物，诸如奶类和豆制品。

2. 清洁宝宝的嘴角之后，给宝宝涂擦一些紫药水、红霉素软膏或者防裂油等药物，可促使局部结痂。

3. 症状较重的宝宝，可以给宝宝口服维生素 C 和维生素 B_2。

4. 用加湿器提高室内的湿度，使宝宝的皮肤不至于太干燥，增加皮脂腺的分泌。

中耳炎

中耳发炎简称中耳炎，俗称"烂耳朵"，是婴幼儿常见的一种疾病，常发生于 8 岁以下宝宝，其他年龄段的人群也有发生，但是数量较少。它经常是普通感冒或咽喉感染等上呼吸道感染所引发的疼痛并发症。

中耳炎的症状

1. 宝宝的耳内有闷胀感或堵塞感，听力减退，出现及耳鸣等最常见症状。

2. 患了中耳炎的宝宝常表现为听力不灵敏，反应迟钝或注意力不集中。

3. 宝宝患有中耳炎后，初期会突然全身发冷、发热，体温可达 38 ~ 40℃，有的宝宝高热而且数日不退，常出现痉挛及不省人事的现象。

4. 宝宝会出现烦躁不安、啼哭不止、面部发红、呼吸深而快的症状。

5. 宝宝的耳朵内部会有水样的液体渗出，并逐渐变得浓稠，直至变成黄色的脓液。

患中耳炎的原因

1. 宝宝的免疫系统正处于发育阶段，功能尚未健全，极易受到感冒或其他病毒的感染。

2. 妈妈长期不恰当的喂奶姿势，使部分奶水流向宝宝的咽鼓管，造成咽鼓管阻塞，细菌繁殖，导致中耳炎。

3. 宝宝长期吸二手烟，感染上呼吸道疾病，导致中耳炎。

4. 不恰当的擤鼻涕方式，如用力过猛，两侧耳朵一起擤，造成中耳受压而造成炎性。

宝宝中耳炎怎么办

1. 当宝宝患上中耳炎后，应该给宝宝服用解热镇痛剂溶液，并且让宝宝把耳朵靠在包裹着毛巾的热水袋上，让头部疼痛的那一侧朝下，以便让耳朵的渗出液排出来。

2. 如果宝宝出现耳痛，则用一条柔软的热毛巾紧靠在宝宝的耳朵，可缓解疼痛。

3. 如果宝宝的耳朵有出脓的现象，应先用 3% 过氧化氢清洁耳道，然后再滴药。给宝宝滴药时，药液的温度要与体温相近，如果药液过冷的话，应该稍稍加温，以免孩子在药液滴入后出现恶心、呕吐等不良反应。

4. 避免宝宝反复患上呼吸道感染，当患了感冒或其他呼吸道感染时，一定要及时治疗。

5. 对于较小的宝宝，妈妈在给宝宝喂奶时，避免婴幼儿仰卧位吃奶。

6. 宝宝患中耳炎后，应忌食辛辣刺激食品如姜、胡椒、羊肉、辣椒等，多食有清热消炎作用的新鲜蔬菜如芹菜、丝瓜、茄子、荠菜、蓬蒿、黄瓜、苦瓜等。

7. 不能强力给宝宝擤鼻涕和随便冲洗宝宝的鼻腔，帮宝宝擤鼻涕时不能同时压闭两个鼻孔，应该先擤完一侧再到另一侧。

8. 给宝宝洗澡、洗头发时可用干净脱脂棉球塞入耳道，或用手堵住外耳道口，免被污水灌入耳道。

流鼻血

宝宝流鼻血是个很常见的现象。夏天气候炎热，冬天室内干燥，这两个季节是最容易出现流鼻血现象的，特别是有的宝宝经常会在夜间流鼻血。

流鼻血的症状

1. 鼻腔前部出血：鼻腔前下部血管交汇区出血，是宝宝最常见的出血部位，有些宝宝喜欢挖鼻孔，甚至可以直接损伤该区域的血管丛，引起出血。该区域出血特点多为出血量不大，持续时间短，易止血，严重的宝宝也可能大量出血，需要住院处理。

2. 鼻腔中上部出血：多为外伤引起，常为动脉性出血，出血量较大，不易止血，如筛骨（头骨之一，位于鼻腔的顶部）骨折引起的筛前动脉出血可以造成宝宝失血性休克。

3. 鼻腔后部的出血：常见于老年人，但宝宝有时流鼻血的区域也会出现在鼻腔前后部。

4. 鼻腔黏膜弥漫性出血：多是由全身慢性疾病引起，如白血病、肝肾功能障碍的儿童；维生素及营养障碍的儿童也会引起弥漫性鼻腔出血。

流鼻血的原因

1. 当宝宝的鼻腔黏膜干燥、毛细血管扩张、有鼻腔炎症或受到刺激时就容易出现流鼻血。

2. 气候条件差，如空气干燥、炎热、气压低、寒冷、室温过高等都可以引起宝宝流鼻血。

3. 有的宝宝有用手抠鼻孔的不良习惯，在鼻黏膜干燥时很容易将鼻子抠出血。

4. 有的宝宝因挑食、偏食、不吃青菜等，缺乏维生素，也会造成流鼻血的现象。

5. 同时，某些全身性疾病如发热、动脉硬化、白血病、血小板减少性紫癜、再生障碍性贫血等，也会引起流鼻血。

宝宝流鼻血怎么办

1. 如果宝宝流鼻血了，要将宝宝的头仰起来，并用凉水轻拍宝宝的额头，擦干净鼻子里的血，知道止住血才让宝宝低下头。如果血流不止，应立刻送往医院处理。

2. 如果出血量较小，但又无法确定出血部位，可以用棉花或没用过的压缩面膜纸塞在宝宝的前鼻腔，可以减少宝宝的痛苦。

3. 如果出血量较大，又一时无法判断出血部位，可以采用凡士林纱条填塞前鼻腔，达到压迫止血的目的，在前鼻腔填塞后仍有咽部出血的宝宝，还应进行后鼻孔联合填塞，并将宝宝送往医院止血。

4. 用加湿器保持室内的空气湿度，避免宝宝因呼吸摩擦鼻腔而造成鼻腔出血。

5. 帮助宝宝改掉抠鼻子的换习惯。有的宝宝喜欢有用手抠鼻孔，鼻黏膜干燥时很容易将鼻子抠出血。

6. 饮食上要给宝宝补充多种维生素和矿物质，不要让宝宝因为挑食、偏食而造成维生素缺乏。

还可以用球囊扩张压迫止血，宝宝的痛苦较小，同时取消压迫压力时对鼻黏膜的损伤也较小，不会引发二次出血。但球囊压迫止血一般建议在鼻内镜下进行，必须明确鼻腔出血部位后进行。

耳部感染

宝宝出现的耳部疾病，大多数是由外耳道或中耳感染引起的。

耳部感染的症状

1. 外耳感染的症状：宝宝的外耳道发红；耳朵内侧发痒；宝

宝触摸自己患有外耳感染的耳朵时，耳内疼痛加剧；宝宝的耳朵内有渗出液流出。

2. 中耳感染的症状：宝宝患有感染的耳朵疼痛感很强烈，有时甚至会痛得睡不着；对于较小的宝宝，会表现为哭闹、摩擦或用力拉扯有感染的耳朵；体温升高；严重的宝宝可能出现部分耳聋。

耳部感染的原因

1. 在给宝宝洗头时，不小心将水弄进宝宝的中耳鼓室区域，没有及时擦干，造成细菌滋生，就很容易造成耳部感染。

2. 宝宝患感冒、鼻窦炎或者过敏时，咽鼓管常常被堵住，为细菌营造了一个黑暗、温暖、潮湿的滋生环境，造成耳部被细菌感染。

3. 宝宝的咽鼓管比较短（大约 1.27 厘米），而且是水平的，不利于进入咽鼓管的液体流出，因此耳朵容易发炎。

宝宝耳部感染怎么办

1. 给宝宝洗澡时，动作要轻柔，避免洗澡水进入宝宝患有感染的耳朵内，最好用湿毛巾擦的方法给患有耳部感染的宝宝洗头，而不直接用水洗。

2. 将热水袋稍微加热后，用毛巾包好，让宝宝患有感染的耳朵靠在热水袋上，可以减轻宝宝耳朵的疼痛。1 岁以下的宝宝一般不用这种方法，如果太热，害怕宝宝因自己不会推开而被烫伤。

3. 如果宝宝患有感染的耳朵，并伴有很大的疼痛感，可以按规定的剂量给宝宝服用对乙酰氨基酚（扑热息痛）酏剂。

4. 如果发现宝宝的耳内有渗出液流出，不要试图擦掉它或探查宝宝的耳朵，只要在有渗出液流出的耳朵外边放一条清洁的手帕，并让宝宝侧卧，将患有感染的耳朵朝下，使得渗出液能够流出。

单纯疱疹

单纯性疱疹是宝宝长的密集型的小水疱或是脓疱，一般发生在口腔周围，但有时也发生在口唇周围，也有可能会发展到口腔内部，或者是其他部位。

单纯疱疹的症状

患有单纯疱疹的通宝宝，经常看到他们口唇周围的皮肤有发红、微微高起的区域，伴有麻痹感或发痒。1天后会形成小的、疼痛的黄色水疱，几天后小水疱结痂。宝宝第一次发病时较重，可能有发热及全身不适等症。如果宝宝的症状较重，如宝宝的单纯性疱疹开始有液体渗出或扩散、病发在眼部附近，这时要及时去医院治疗。

单纯疱疹的原因

1. 单纯性疱疹是由病毒感染引起的，具有很强的传染性，一般的肢体接触都有可能感染单纯疱疹。

2. 宝宝一旦感染，病毒就会潜伏在皮肤内，偶尔会突然发病的情况，如果宝宝患过单纯性疱疹，将来容易再次发生。

3. 有患单纯疱疹史的宝宝，在强烈的日光照射下很容易复发。

4. 一些轻微的疾病，如感冒等，也能激发单纯疱疹。

宝宝单纯疱疹怎么办

1. 当宝宝出现第一个症状时，要用冰块包在毛巾里敷在患处，可以减少扩散。

2. 注意宝宝和其他小朋友的接触，在宝宝患单纯疱疹期间，尽量不要和其他的小朋友亲密接触，以免传染给其他小朋友。

3. 如果宝宝总是反复患单纯性疱疹，可以在患处涂上防晒霜，以免强烈的日光暴晒。

4. 医生给宝宝确诊之后，可能会开一种抗生素药膏，爸爸妈妈要在宝宝开始有发病迹象时就涂上它，可以缓解症状，并防止病情进一步发展。

咽喉肿痛

咽喉肿痛是口咽和喉咽部病变的主要症状，又称"喉痹"。咽部最大的淋巴组织是扁桃体，在儿童时期特别活跃，而扁桃体发炎会直接造成宝宝咽喉肿痛。因此，咽喉肿痛是儿科中最常见的疾病。

咽喉肿痛的症状

宝宝咽喉肿痛集中表现为咽喉部红肿疼痛，吞咽有梗阻感或吞咽困难、吞咽时咽痛加剧等，有时还会伴有发热、耳痛、局部淋巴结肿大等症状。咽喉肿痛在各个年龄段都比较常见，并且常常伴有其他疾病，如普通感冒和流行性感冒等，大多数轻微的喉咙痛在几天内就会消退，但是严重的感染，如感染侵犯了两侧扁桃体时，宝宝会发热，喉咙痛感强烈，造成吞咽困难和吞咽疼痛。

咽喉肿痛的原因

1. 由于宝宝大量进食辛辣的食物，造成肺胃郁火上冲，引起咽喉肿痛。

2. 外感病中的风热感冒也是引起宝宝咽喉肿痛的重要因素。

3. 扁桃体在宝宝的儿童时期比较活跃，而扁桃体发炎的直接症状表现就是咽喉肿痛。

宝宝咽喉肿痛怎么办

宝宝出现咽喉肿痛时，首先要分辨宝宝咽喉肿痛的性质，看看是单纯内热大造成的，还是宝宝体内同时有寒气。因为这两种情况在治疗方法上有很大的不同。

内热引起的咽喉肿痛的处理方法

1. 宝宝要多喝水，早上起床的时候爸爸妈妈可以给宝宝喝淡盐水，去内热的效果更明显。

2. 多给宝宝吃一些清热去火的水果，如苹果、香蕉、梨、猕猴桃等，较小的宝宝可以榨汁饮用。

3. 给宝宝烹饪食物时，尽量要清淡，少用或不用煎、炸的烹饪方法，少用多种调味料，避免宝宝上火。

4. 3岁以上的宝宝，配合刮痧的方法效果会更明显。刮痧时要沿着宝宝的脊柱两侧，在宝宝的脖子到腰的部位涂上麻油，再用刮痧板从上往下轻轻地刮，宝宝的皮肤比较娇嫩，刮的时候动作一定要轻柔。宝宝内热重时，很容易看到宝宝的背部发红，一般刮十几下即可，刮完后让宝宝多喝温水，有助于体内毒素热火的排出。

5. 如果宝宝太小或者爸爸妈妈不会刮痧，可采用按摩的方法。先搓热宝宝的背部，主要是脊椎和两肩胛之间，再搓宝宝的胳膊，主要是从大拇指向上的内外两侧，连搓十几下，然后再搓宝宝手上的大鱼际，按压手上的合谷穴，这些都是治疗咽喉肿痛的主要穴位，对与缓解宝宝咽喉肿痛非常有帮助。

寒气重、受风寒引起的咽喉肿痛的处理方法

1. 随着天气给宝宝增减衣服，避免宝宝感染风寒；宝宝睡觉时不要吹对流风，宝宝容易着凉。

2. 可以给宝宝煮红糖姜葱茶，有很好的驱寒效果。但是，爸爸妈妈要注意观察，当宝宝的舌苔不发白、小便颜色变深时即可停止。

3. 经常给宝宝泡脚，泡脚的水以 40℃为宜。

细菌性感染的咽喉肿痛的处理方法

1. 宝宝轻微喉咙肿痛不需要特殊治疗，如果医生怀疑是细菌性感染，可能给宝宝开一些抗生素治疗。

2. 给宝宝准备富含 B 族维生素的食物，如动物肝脏、瘦肉、鱼类、奶类、豆类、新鲜果蔬等，有利于促进损伤咽部的修复。

3. 保持宝宝的口腔卫生，养成宝宝晨起、睡前刷牙漱口的习惯。

4. 定期清洁宝宝的房间，保持室内空气流通。

外耳道炎

有些宝宝总是不经意的抓耳朵，摇头不安，哭闹不止，那么宝宝可能是患了外耳道炎了。外耳道炎会出现外耳道内产生灼热、疼痛、发痒等症状，病情严重的会伴有全身发热、耳周淋巴结肿大等不适感。

外耳道炎的症状

外耳道炎根据病程可分为急性弥漫性外耳道炎和慢性外耳

道炎。

1. 急性弥漫性外耳道炎的症状：宝宝会伴有耳痛的症状，发病初期耳道内有灼热感，随着病情的加重，耳道内胀痛，咀嚼或说话时有疼痛感，并且疼痛逐渐加剧，有的宝宝甚至坐卧不安，哭闹不止；病情的发展到一定程度时，宝宝的外耳道内有分泌物流出，并逐渐增多，初期是稀薄的分泌物，逐渐变稠成脓性，并散发出异味。

2. 慢性外耳道炎的症状：宝宝患了慢性外耳道炎后，耳道内总是奇痒难耐，经常用手去抓挠，不时有少量分泌物流出。

外耳道炎的原因

1. 给宝宝洗澡时不慎进水，又没有及时用棉棒吸干耳内的积水，使耳道内壁的敏感皮肤长时间处在阴湿的环境里，会使外耳道发炎。

2. 给宝宝清洁耳朵时，由于用力过猛或用的棉棒太硬，刺激或擦伤耳道内壁，也很容易使宝宝患上外耳道炎。

3. 因长期不清洁耳朵，引起耳垢阻塞耳道，也会使宝宝发生外耳道炎的概率提高。

4. 温度升高或空气湿度过大，使宝宝的腺体分泌受到影响，降低了局部的防御能力，也是造成宝宝患外耳道炎的原因。

5. 由于中耳炎的脓液流入外耳道内，刺激、浸泡耳道内壁的敏感皮肤，使皮肤损伤感染。

宝宝外耳道炎怎么办

1. 在宝宝患外耳道炎期间，不能给宝宝挖耳朵，在清洁渗出液时一定不要用水清洗，要用干净的手巾浸上少许的橄榄油，轻轻地擦拭。

2. 平时给宝宝清洁耳内污垢的时候不能用发夹、火柴等硬物，一定要用柔软的消毒棉棒，以免刺激耳道内的敏感皮肤。

3. 给宝宝洗澡、洗头时一定要格外小心，以免洗澡水流入耳道内。

4.注意宝宝耳部以及周围的清洁卫生，防止宝宝的口水、眼泪等分泌物的侵入。

5.给宝宝烹饪食物时，忌一切海味鲜发物和榨菜、芥菜、雪里蕻等食物，一定要清淡，并且多喝温开水。

鼻窦炎

鼻腔和鼻窦位于颅脑下面，居于咽喉与口腔的上方，在人体的两个眼眶之间，它们之间相互为邻，关系密切。鼻腔和鼻窦发生病变时经常向附近组织蔓延，因而会引起各种各样的并发症。一个或多个鼻窦发生炎症称为鼻窦炎。鼻窦炎它是鼻窦黏膜的炎症，在各种鼻窦炎中，以上颌窦炎最多见，依次为筛窦、额窦和蝶窦的炎症。

鼻窦炎的症状

1.宝宝患了鼻窦炎一般会出现鼻塞的现象，鼻塞的程度时轻时重，造成宝宝呼吸困难，难以入眠。

2.有的宝宝还会并发鼻息肉，鼻息肉的直接后果是使宝宝的鼻子完全堵塞，导致出现暂时性嗅觉障碍。

3.患上鼻窦炎的宝宝都会流脓鼻涕，鼻涕的颜色大多数是黄色或黄绿色，比较黏稠。

4.有的宝宝会感觉到喉咙里面有痰，其实是脓鼻涕太多了流到喉咙里面产生的，咳出后，会闻到臭的味道。

5.患了鼻窦炎的宝宝还会感觉到头痛或者头晕，失眠健忘、焦躁不安、易怒等，严重的患儿还可伴有畏寒，发热，食欲减退，便秘，周身不适症状。

鼻窦炎的原因

1.宝宝过度疲乏、受凉受湿、营养不良或者维生素缺乏等，会造成全身抵抗力降低，导致患上鼻窦炎。

2.宝宝患有贫血，内分泌功能失调，或者患有急性传染病如流感、麻疹、猩红热、白喉等，都可以诱发鼻窦炎。

3.宝宝患的一些鼻腔疾病如鼻中隔偏曲、中鼻甲肥大、鼻息肉、变态反应性鼻炎、鼻腔异物或鼻腔肿瘤等，也会引起鼻窦炎。

4.宝宝扁桃体发炎或腺样体肥大等症，也是引发鼻窦炎的原因。

5.此外，鼻窦外伤骨折，污水进入鼻窦内，没有及时清理干净，或鼻腔分泌物吸入鼻窦等也能造成鼻窦炎发病。

宝宝鼻窦炎怎么办

鼻窦炎的治疗分为全身及局部两类。全身治疗主要是使用抗生素，因为鼻窦炎大部分是因为细菌引起的，特别是化脓菌，所以抗生素是做有效的方法，而且肌肉注射或静脉注射要比口服见效快，但是医生要特别注意宝宝用药后的反应。

局部治疗主要是引流脓鼻涕，以及在患病的局部滴药，常用的局部引流方法叫阴压法，要到医院去做，这种疗法每天一次，5天为一疗程，通常进行几个疗程之后，就会收到良好效果。进行局部治疗时，要在宝宝的鼻腔内滴药，这样药液可以直接接触鼻黏膜，充分发挥药效，但是在滴药后，药液容易流到咽喉部，宝宝会感觉不适，所以爸爸妈妈要事先准备好一杯温开水，滴药后及时给漱口。

中药疗法也是治疗小儿鼻窦炎的有效方法，常用姜氏鼻炎膏，采用"外用塞鼻法"，对小儿鼻窦炎有很好的效果。

此外，还应该注意加强宝宝的营养，让宝宝多休息，增强宝宝的体质；要定期清洁宝宝的房间，保持空气流通，避免灰尘刺激鼻道；在宝宝患上感冒、扁桃体炎等疾病时，一定要及时治疗，避免引发鼻窦炎。

淋巴结肿大

淋巴结是人体淋巴系统的重要组成部分，主要功能是产生淋巴细胞，为身体构建防御屏障，阻拦和吞噬病菌，防止病变蔓延。淋巴结肿大是因为淋巴结内部细胞增生或肿瘤细胞浸润而造成淋巴结体积增大的现象。临床常见的体征。淋巴结肿可见于多种疾病，发生于任何年龄段人群，有良性，也有恶性，所以重视淋巴结肿大的原因，及时就诊是非常重要的，避免贻误治疗的时机。

淋巴结肿大的症状

1. 宝宝淋巴结肿大可表现为，在宝宝的耳后、颈部或下颌处，可以触摸到绿豆大小，并能够来回活动的小疙瘩。

2. 淋巴结肿大的宝宝会出现精神萎靡不振，在触摸那些肿大的淋巴结时，宝宝会有疼痛或哭闹的现象。

3. 有的淋巴结肿大的表面会出现发红、发烫的情况，经常伴有发热、咽喉肿痛等并发症。

4. 病情严重的宝宝会出现持续 1 ~ 2 周发热未退的情况，而且面部、足部、手心的皮肤会发红，眼球结膜、口腔黏膜也很红，颈部淋巴结凸起特别大，在这种情况下，如果不及时治疗，宝宝很有可能引起心脏病。

淋巴结肿大的原因

1. 慢性的局部炎症如口腔内扁桃体炎、龋齿、牙周炎、脂溢性皮炎、中耳炎等，均可引起颌下、枕部、耳后的淋巴结肿大。

2. 结核性炎症感染结核杆菌，也会引起淋巴结肿大，同时还伴有低热、盗汗、消瘦等表现。

3. 传染病以及全身感染，如宝宝患有麻疹、水痘、传染性单核细胞增多症、白血病等疾病时，可在患儿全身各浅表部位摸到肿大的淋巴结。

4. 感染：急性感染，细菌、病毒、立克次体等引起，如急性蜂窝织炎、上呼吸道感染、传染性单核细胞增多症、恙虫病等；慢性感染：细菌、真菌、蠕虫、衣原体、螺丝菌病、丝虫病、性病性淋巴结肉芽肿、梅毒、艾滋病等。

5. 淋巴组织的细胞增生、代谢出现异常，以及恶性淋巴瘤都是造成淋巴结肿大的原因，并且会扩散到身体其他部位，引起病变。

宝宝淋巴结肿大怎么办

淋巴结遍布人体各个部位：颈部、颌下、腋窝、胸内、腹内和腹股沟等，是人体免疫系统的重要组成部分。淋巴结就像是宝宝的过滤器，当血液或皮肤被细菌感染后，血液内的细菌、微生物就会被淋巴结清理干净，在清除过程中，淋巴结就会变大；某些毒性比较强的微生物会在宝宝的身体抵抗力较弱的时候进入淋巴结内部，导致淋巴结自身感染。

如果宝宝的淋巴结属于突发性肿大，且肿大程度异常，应及时将宝宝送往医院接受身体检查，以确定是否存在潜在身体疾病。

在发现宝宝的淋巴结肿大后，要仔细检查淋巴结肿大的部位、大小，看能不能移动，并试着用手按住肿大的区域，看宝宝有没有疼痛感；同时还应该拿出体温计给宝宝测体温，观察宝宝的体温和淋巴结的变化情况。如果宝宝的淋巴结没有继续肿大，很活泼，不发热，胃口也很好，那爸爸妈妈就可以放心。

一般来说，小儿淋巴结肿大不需要太多拍片检测的手段，在密切观察后，有时医生会建议给宝宝服用抗生素；症状明显时，医生也会建议给宝宝做血液检测，以便确定病因。

如果宝宝淋巴结肿大是被自身所感染，并且在服用抗生素后症状仍未见好转，医生会给宝宝做淋巴结活组织切片检测，并对症下药。

此外，平时要让宝宝多喝水，使病毒随着尿液排出；宝宝的饮食要清淡，易于消化；并且要让宝宝注意多休息，恢复体力。

扁桃体炎

扁桃体是人体的一个免疫器官，可抵御侵入机体的各种致病微生物，而扁桃体炎即是扁桃体的发炎。扁桃体在宝宝2岁以后开始发炎，4~6岁为扁桃体的活动特别活跃，很容易造成扁桃体发炎，如果扁桃体发炎不及时治疗会引起一系列的并发症，严重影响宝宝的健康。

扁桃体炎的症状

1.宝宝患了扁桃体炎后，扁桃体区域会出现红肿、灼热、发烫等症状。

2.宝宝会感觉到咽干涩、发痒、有异物堵塞感，还会出现刺激性咳嗽，呼气时会有口臭。

3.有的宝宝还会伴有消化不良、头痛、乏力、低热等症状；如果扁桃体过度肥大，可能会出现呼吸困难和说话、吞咽疼痛。

4.患儿的下颌角淋巴结肿大，可以明显看出凸起。

扁桃体炎的原因

1.扁桃体炎的致病原以溶血性链球菌为主，其他的如葡萄球菌、肺炎球菌、流感杆菌以及病毒等也可以引起扁桃体发炎。

2.因为扁桃体窝最易积存细菌和代谢物，是藏污纳垢的场所，只要湿度和温度适宜，很容易被细菌感染。

宝宝扁桃体怎么办

1.宝宝患了急性扁桃体炎，要送去医院就诊，并在专业医生的指导下进行药物治疗，很快就可以治愈。但是对于患慢性扁桃体炎的宝宝，药物治疗效果不明显，只能暂缓病情的发展而不能彻底清除扁桃体陷窝内的细菌，一旦身体抵抗力下降，又会重新发作。

2.扁桃体具有一定的免疫功能，并且手术切除扁桃体具有一定的风险，对于宝宝而言，不建议做切除扁桃体手术。

3.在宝宝扁桃体第一次发炎时，一定要彻底治愈，这样可以减小复发的概率。

4.早晚让宝宝用淡盐水漱口，也可以让宝宝在早上喝点儿温的淡盐水，可以起到消炎的作用，但是晚上千万不要让宝宝喝淡盐水，只要用淡盐水漱口就好。

5.督促宝宝多喝水，多吃新鲜青菜、水果，多吃清淡的食物，忌食辛辣刺激性的食物。

6.要根据天气给宝宝增减衣物，避免宝宝着凉，因为小儿扁桃体发炎多是受凉引起的。

上呼吸道感染

上呼吸道感染是指自鼻腔至喉部之间的急性炎症的总称，是小儿常见病、多发病，一年四季均可发病，尤其在冬季最容易发病。

上呼吸道感染绝大部分是由病毒引起，细菌感染常继发于病毒感染之后。常常在宝宝的身体抵抗力下降时入侵，如生病、疲乏、缺乏营养元素时。上呼吸道感染的病原体主要侵犯鼻、咽、扁桃体及喉咙等部位，如果炎症仅局限于某一局部即按该部炎症命名，如咽炎、扁桃体炎等，否则统称为上呼吸道感染。

上呼吸道感染的症状

1.3 个月以下的宝宝患了上呼吸道感染疾病，集中表现为低热、鼻塞，并伴随着哭闹不安、吸吮困难、张口呼吸、拒绝喂奶，严重时还会出现呕吐、腹泻等症状。

2.宝宝患上呼吸道感染疾病时，突发性发病没有明显征兆，出现不规则发热，并伴有流涕、打喷嚏、头痛、咽痛、胃寒等症状。

3.上呼吸道感染的宝宝会咳嗽的现象，可分有痰和无痰两种，有痰的咳嗽又分咳白痰和咳黄痰两种，宝宝咳白痰说明由病毒感染引起，若咳黄痰，则多为细菌感染所引起。

4.3 岁以上的宝宝一般不出现发热的现象，如果发热多为低热，少数也有高热，一般伴有全身酸困、食欲减退、声音嘶哑及咽部疼痛等。

5.部分宝宝的肚脐周围以及右下腹会出现明显的疼痛，稍加按摩疼痛会减轻。

上呼吸道感染的原因

上呼吸道感染大多是由于病毒感染，少部分是由细菌感染引起的，极少数是原发感染的。

1.病毒感染占急性上呼吸道感染 90% 左右，常见的病毒有粘病毒包括流行性感冒病毒、副流感病毒、呼吸道合胞病毒等。

2.细菌感染多为继发，因为病毒感染损害了上呼吸道局部的防御机能，致使潜伏在宝宝上呼吸道内的细菌有了可乘之机。

3.少数为原发感染，常见细胞为 β 型 A 族溶血性链球菌、肺炎球菌、葡萄球菌及流感嗜血杆菌等，也可以使宝宝患上呼吸道感染。

4. 宝宝的身体抵抗力差，使病毒、细菌等容易入侵，是最直接的原因。

宝宝上呼吸道感染怎么办

1. 及时退热。宝宝患上呼吸道感染后，可能会引起发热，甚至出现发高热，并且出现高热惊厥，因此要用退热的方法将宝宝的体温控制在 38.5℃以下，当超过 38.5℃时，应及时将宝宝送往医院治疗。

2. 抗感染。上呼吸道感染多由病毒引起，在治疗的时候主要以抗病毒为主，所以不能随意给宝宝服用抗生素，应该在医生的指导下用药。如果确定了是某种细菌感染，医生会对症下药给予有效的抗生素。

3. 局部治疗。对于宝宝咳嗽、流鼻涕、鼻塞、打喷嚏、流眼泪等症状，服用各类感冒药即可缓解这些症状，但是要去专门的药店购买小儿专用药物，并在医生和说明书的指导下给宝宝服用药物。

4. 让宝宝充分休息。宝宝在患上呼吸道感染时，身体比较虚弱，尽量不要逗宝宝玩，应该让宝宝充分休息，有利于身体的恢复。

5. 让宝宝多饮水。水不仅可以缓解宝宝咽部干涩、喉咙发痒等症状，而且能将病毒稀释，并通过尿液和汗液排出体内，有利于身体的恢复。

6. 饮食要清淡。在宝宝患病期间，要给宝宝准备清淡、易消化的食物，多吃新鲜的水果蔬菜，避免大鱼大肉。

7. 注意给宝宝保暖。根据天气变化给宝宝增减衣物，以免造成宝宝着凉；还应将宝宝与其他宝宝隔离起来，避免交叉感染。

8. 保持室内空气流通，并用加湿器增加室内的湿度，保证宝宝呼吸流畅。

眼睛

弱视

弱视是由于视觉剥夺和或双眼相互作用的异常引起的单眼或双眼视力低下的现象。弱视的宝宝眼部没有直观的器质性病变，也没有出现器质性改变及屈光异常现象，但是视力异常低下，远视力低于0.9，经过矫正后仍达不到正常的水平。弱视可以发生于一只眼睛，也可以同时发生于两只眼睛。弱视中最主要的为斜视性弱视，半数以上的弱视与斜视有关，从症状上来看，斜视为眼位异常，弱视是视力异常。

弱视的症状

1. 宝宝弱视的主要症状是视力下降，配戴眼镜后的矫正视力低于0.9，达不到正常水平。

2. 宝宝弱视会出现眼位的偏斜、脸面不对称、头颈歪斜和脊椎侧弯等，严重破坏宝宝的形体美，对宝宝以后的身心健康不利。

3. 弱视的宝宝眼位会出现异常，如斜视，而且出现内斜视比外斜视更为常见。

4. 弱视的宝宝看事物的眼神跟正常人不一样，正常人眼的注视为中心注视，而弱视的眼睛往往在注视目标时，出现目标偏差，会让人感觉他不在注视那一个目标，称为异常注视或偏心注视。

5. 弱视的宝宝在看事物时，往往会伴有眼球震颤。

弱视的原因

弱视除了遗传外，还有可能是因为宝宝的眼睛在发育过程中，眼部某处的关键神经细胞得不到足够的成像刺激，造成视觉紊乱，导致弱视。0～2岁是宝宝眼睛发育的第一个关键阶段，也是预防弱视的关键阶段。5岁以内是视功能发育的重要时期，视觉发育一直延续到6～8岁。如果这个时期宝宝出现视觉障碍，视细胞就得不到正常的刺激，视功能就会停留在一个低级水平，双眼视力低下，不能矫正，就形成了双眼弱视；若只能用一眼看事物，看事物的那只眼睛经过反复刺激后，视觉发育了，而不能看事物的另一眼发育迟缓，就形成了单眼弱视。所以，要科学地给宝宝的眼睛有利的刺激，并要随时关注宝宝的视力问题，早发现早治疗。

宝宝弱视怎么办

弱视治疗是一项耗时长、疗效慢的医疗工作，需要爸爸妈妈的密切配合，才能更好地帮助宝宝治疗弱视。

1. 爸爸妈妈要多了解育儿知识，细心留意宝宝的视力、看东西的眼神是否异常，如果怀疑宝宝弱视，通过戴眼镜视力也不能达到0.9以上，应尽早带宝宝去医院检查，早发现早治疗，以免贻误病情。

2. 爸爸妈妈对弱视要有深刻认识，充分认识弱视的严重性，并引起重视，切不可抱着无所谓态度。因为弱视治疗需要耗费很长的时间，宝宝年龄小，耐性差，因此爸爸妈妈督促宝宝坚持训练，以免耽误宝宝最好的治疗时机。

3. 弱视的宝宝在接受治疗时，首先要矫正屈光不正，配镜前必须用阿托品散瞳验光（在医院眼科可以做），取得精确的验光度数后，再给宝宝配合理的治疗性眼镜，每隔 6 个月要复查一次。在治疗的过程中，眼科医生会给宝宝进行各种矫正弱视的训练，如红光闪烁训练、光刷训练、光栅训练等，爸爸妈妈必须按医生要求，让宝宝配合治疗。

沙眼

沙眼是由沙眼衣原体引起的一种慢性传染性结膜角膜炎，是致盲眼病中的一种。因其在睑结膜表面形成粗糙不平的外观，形似沙粒，所以取名沙眼。沙眼是儿童少年常见的慢性传染性眼病，儿童多见，常双眼急性或亚急性发病。

沙眼的症状

患沙眼的宝宝会出现眼睛发痒、有烧灼感、流泪、怕光、眼中有异物感、眼分泌物多而黏稠等表现。1~2个月后转变为慢性期，睑结膜变厚。在急性期、亚急性期及没有完全形成瘢痕之前，沙眼有很强的传染性。随着病情的进展，角膜可出现新生血管，像垂帘状长入角膜，称之为沙眼角膜血管翳。沙眼的严重危害在其并发症和后遗症，迁延不愈的重症沙眼可引起睑内翻倒睫、实质性结膜干燥症、角膜溃疡、慢性泪囊炎等，并常引起视力障碍。

沙眼的原因

沙眼主要通过接触传染，凡是被沙眼衣原体污染过的物体，如手、毛巾、手帕、脸盆、水及其他公用物品都可以传播沙眼。宝宝患上沙眼大多是由于其他家庭成员也患有沙眼，并通过日常接触传染给宝宝。一般生长在无沙眼患者家庭的宝宝的沙眼患病率为 37.7%，而有生长在有沙眼患者家庭的宝宝，其沙眼患病率高达 82.5%。此外，宝宝在幼儿园或者小区内与患沙眼的宝宝玩耍，也可能患上沙眼。

宝宝沙眼怎么办

1. 沙眼主要与预防为主，从小教育宝宝注意个人卫生，养成爱洗手的好习惯，不要随意揉搓眼睛。

2. 发现宝宝患了沙眼，应在眼科医生的指导下，选用利福平、磺胺醋酰钠、硼砂金霉素或氯霉素眼药水滴眼，晚上用金霉素眼膏涂于眼内，一般连续用药 3 ~ 6 个月可以治愈。

3. 宝宝患了沙眼会出现发痒的感觉，爸爸妈妈要时刻关注宝宝的举动，不要让宝宝用手揉眼睛。在宝宝奇痒难耐时，爸爸妈妈洗干净双手，并让宝宝闭上眼睛，用指腹给宝宝按摩眼部。

4. 宝宝治疗沙眼期间，爸爸妈妈要格外注意宝宝的个人用品卫生，如毛巾、衣物等，最好重新消毒一次，避免再次感染。

5. 爸爸妈妈切勿和宝宝子共用手帕、洗脸盆、毛巾、洗脸水也应分开使用，以防沙眼交叉感染和传播。

白内障

先天性白内障是儿童常见的眼病，在宝宝出生后第一年出现晶体部分或全部混浊的，称为先天性白内障。由于宝宝在婴儿出生时已有引起晶体混浊的因素，但还未出现白内障，但在 1 岁之内出现晶体混浊，因此先天性白内障又称为婴幼儿白内障。

白内障的症状

宝宝患了白内障往往会出现视物模糊，并随着时间的推移，视力迅速减退，视野也越来越模糊。宝宝患了白内障通过外部观察眼睛就可以看出来，如果宝宝的眼睛中心部分，一开始看起来是灰色的，然后渐渐发白，那么可以断定宝宝患了白内障。宝宝的先天性白内障可以是家族性的也可以是散发的；可以单眼发病也可以双眼发病；可以单独发病也可以伴发其他眼部异常；另外，多种遗传病或系统性疾病也可伴发先天性白内障；但是最多的还是只表现为白内障。由于先天性白内障在早期即可以发生剥夺性弱视，因此治疗宝宝先天性白内障的方法又不同于一般成人白内障的治疗方法。

白内障的原因

宝宝患白内障除了遗传因素之外，孕妈妈在孕期大量服用维生素 A，也可能可能导致胎儿发生先天性白内障；风疹、麻疹等病毒也可以通过胎盘感染胎儿，使胎儿发生先天性白内障，所以孕妈妈要避免与风疹、荨麻疹等病人接触；孕妈妈在孕期服用四环素类抗生素也会使宝宝在出生后有患白内障的危险。

宝宝白内障怎么办

1. 白内障治疗的目的是恢复视力，首先应注意防止剥夺性弱视的发生。如果发现宝宝有弱视的现象，即 2～3 月的宝宝出现眼球震颤，表明没有建立固视反向，因此必须早期治疗先天性白内障，使固视反射能正常建立。4 月前治疗剥夺性弱视是可逆的，6 月后治疗效果很差。

2. 一旦发现宝宝患有白内障，要及时将宝宝送往医院检查，由医生按病情和宝宝的年龄决定是否做手术。做到早发现，早干预，早治疗。

3. 对于需要手术的宝宝，爸爸妈妈要尽量安慰宝宝，消除宝宝的畏惧感，并协助医生完成手术。术后爸爸妈妈要按照医生的嘱咐，对宝宝进行术后护理。

4. 风疹综合征的患儿不宜过早手术，因为在感染后早期，风疹病毒还存在于晶体内。所以，如果宝宝患有风疹综合征，在就诊时一定要向医生说明。

5. 平时要尽量避免宝宝被紫外线照射，在户外的时候，要给宝宝戴上帽子，或者给宝宝打伞，以遮挡紫外线。

6. 给宝宝多喝水，并避免宝宝过多哭闹，流泪太多对白内障患儿的眼睛有害。

7. 给患白内障的宝宝多吃一些动物的肝脏，因为动物肝脏富含维生素 A，可以营养眼球，收到养肝明目的效果。

青光眼

青光眼是一种发病迅速、危害性大的致盲眼病之一。视神经由很多神经纤维组成，当眼内压增高时，会导致神经纤维损害，引起视野缺损。早期轻微的视野缺损伤通常难以发现，如果因疏忽而造成视神经严重受损，可导致失明。青光眼属双眼性病变，可双眼同时发病，或一眼起病，尽早地进行青光眼的检查、诊断，早发现，早治疗是防止视神经损害和失明的关键。

青光眼的症状

1. 有的宝宝患上了青光眼之后，不痛不痒，不红不肿，就像无症状一样，只是视线渐渐模糊。这就需要爸爸妈妈用心关注宝宝。

2. 宝宝患青光眼时，发病比较急骤，并表现出患眼的侧头部产生剧痛，眼球充血，视力骤降的典型症状。

3. 宝宝表现出畏光、流泪及眼睑痉挛；角膜混浊；眼底发生改变；眼球增大。当宝宝的角膜水肿后，眼球壁受到压力的作用而扩张，使整个眼球不断增大，呈水眼状。

4. 患青光眼的宝宝眼压迅速升高，眼球坚硬，并经常引起恶心、呕吐、出汗等症。

5.有的患儿在看白炽灯时，会看到白炽灯周围出现彩色晕轮或像雨后彩虹，即虹视现象。

6.有的患儿也可出现畏光、溢泪、眼睑痉挛和大角膜，严重的甚至渐渐出现失明，在急性发作期24～48小时即可完全失明。

青光眼的原因

1.宝宝患有青光眼，是因为眼的前房角发育不良，输淋氏管未发育好，房水不能正常排出眼外而使眼压升高。

2.遗传也是宝宝患先天性青光眼的一个重要因素。

3.情绪波动，使眼压升高，也是诱发青光眼的原因。

4.对于学龄的宝宝，在光线较暗的地方停留过久，或者长时间低头阅读，致使眼部疲劳无法缓解等，也可能诱发青光眼。

宝宝青光眼怎么办

1.发现宝宝患了青光眼，要将宝宝送往医院接受治疗，并在医生的指导下给宝宝用药。

2.对于需要做手术的宝宝，爸爸妈妈一定要劝说和安慰宝宝，让宝宝配合医生进行手术，叮嘱宝宝在手术的过程中一定不能咳嗽，因咳嗽会增加眼压不利手术进行。爸爸妈妈要做好宝宝的术后眼部护理工作，给宝宝滴眼药水时，一定要洗净双手。

3.平时让宝宝多喝水，但一次不宜喝的过多，尽量少量多次。

4.如果宝宝的眼内经常有积液，可以给宝宝食用具有吸收水分与排出水分作用的食物，如金针菜、绿豆、西瓜、丝瓜、冬瓜、胡萝卜等。

5.不要让宝宝的情绪产生过大的波动，生气和着急以及精神受刺激，很容易使眼压升高，会对病情不利。

6.保证宝宝充足的睡眠，可以使宝宝的眼睛得到很好的休息，如果宝宝睡觉爱哭闹，睡眠质量差，可以在睡前1个小时，给宝宝喝半杯温牛奶，可以促进宝宝的睡眠。

眼睑的问题

眼睑——能够活动的眼皮盖，俗称眼皮，位于眼球前方，构成保护眼球的屏障，分为上眼睑和下眼睛。眼睑除了保护眼球之外，还能最外部的易于受伤的角膜，并具有将泪液散布到整个结膜和角膜的作用。

宝宝常见的眼睑问题

1. 眼睑炎症。眼睑湿疹：眼睑湿疹是一种过敏性皮肤病，可单发于眼睑部也可为全身、面部湿疹的一部分。患眼睑湿疹患儿的眼睑处会出现丘疹、脓疱、溃疡、眼球运动障碍等症状。

眼睑炎：眼睑炎即眼睑发炎，在临床上分为葡萄球菌眼睑炎、脂漏性眼睑等。宝宝患了眼睑炎，可以可用抗生素局部涂抹在宝宝的患处，也可以给宝宝服用规定量的抗生素。治疗的目标在于减轻症状，保持视力以及遏止并发症。

眼睑癌：眼睑癌是指发生在眼眶缘区域内恶性肿瘤，其发病率居眼部恶性肿瘤的首位。由于眼睑所处的特殊位置，所以宝宝在放疗时眼部的保护，以及放疗后眼部的正确护理非常重要。

2. 眼睑下垂。眼睑下垂是指眼睑提肌因为发育不良或松弛，所造成的上眼皮下垂，眼睛睁大的情形。眼睑下垂可以分为先天性、后天性两型。

先天性眼睑下垂：有的宝宝一生下来就会出现眼睑下垂的性情，常常是因为眼睑提肌发育不良所造成，可以单眼发病，也可以两眼致病，会影响宝宝正常视物。

后天性眼睑下垂：后天性眼睑下垂在婴幼儿期间比较罕见，但也有发生。大部分发生于中老年人，是因为眼睑提肌松弛而引起的眼睑下垂，称为"老年性眼睑下垂"。

外伤引起眼睑下垂：由于外伤及眼睑提肌受伤而引起的眼睑下垂，称为外伤性眼睑下垂，表现为眼睑下垂、眉弓下垂、眼皮松弛等症状，但都可以通过手术矫正。

3. 眼睑接触性皮炎。宝宝患接触性皮炎是宝宝的眼睑皮肤与某些过敏源接触后所产生的过敏反应。其中以药物性皮炎最为典型药物，常见的药物过敏原有抗生素溶液、磺胺类药物、表面麻醉剂、阿托品、汞制剂等。此外洗涤剂也可造成宝宝出现眼睑接触性皮炎。宝宝出现眼睑接触性皮炎后，集中表现为眼睑处发痒、灼痛、皮肤起泡、伴有渗液、充血等。

宝宝眼睑问题怎么办

1. 发现宝宝出现眼睑问题后，要送宝宝到医院检查，并在医生的指导下护理宝宝，症状较轻的话可以选择家庭护理。

2. 平时要注意宝宝的眼睑卫生，经常用淡盐水给宝宝清洁眼睑，可以起到消炎的作用，减少宝宝的眼睑疾病。

3. 如果宝宝的眼睑处有渗出物，要用干净的手巾或棉棒轻轻地清理干净，避免粘连。

4. 在给宝宝的眼睑处上药时，一定要小心，避免药物溅入宝宝的眼睛里，造成损伤。如果不小心溅入，在不伤害到患处的情况下，用大量清水冲洗干净。

5. 给宝宝食用清淡温和的食物，不要给宝宝吃上火的食物，避免分泌物增多，造成眼睑粘连，或是导致患处化脓。

6. 改掉宝宝用手揉眼睛的坏习惯，特别是在宝宝不洗手的情况下。

视力障碍

眼睛是心灵的窗户，是人的无价之宝。宝宝从呱呱落地，就睁着一双大眼睛不断地探索着这个世界。但若不注意用眼卫生，不注意保护眼睛，再好的眼睛也可能发育不良，直接影响到宝宝今后的学习和生活，特别是有的宝宝长大以后，因为视力不好不能选择理想工作，确实令人抱憾终生。

视力障碍的症状

患有视力障碍的宝宝会出现视物模糊、眼睛胀痛、头痛、恶心呕吐等现象。如果宝宝的眼睛出现眼充血、畏光流泪，可能是外角膜炎；如果宝宝表现为头痛、眼胀雾视、虹视，则为青光眼；有的宝宝还会出现眼睛看物体时出现暗点、夜盲、视物变形、视野缺损、眼前黑影飘动、闪光等症状。

视力障碍的原因

炎症是引起宝宝视力障碍最常见的原因，由细菌、病毒、衣原体、真菌、寄生虫等引起的角膜炎、角膜溃疡、虹膜睫状体炎脉络膜炎、眼内炎、全眼球炎眼眶蜂窝织炎等都可能会导致视力障碍。另外，宝宝的眼睛出现屈光不正如近视、远视、散光、老视、斜视、弱视、眼外伤、青光眼等疾病，都可导致视力障碍。我国目前导致宝宝视力障碍的主要原因是弱视、斜视及其他眼疾，发病率是18%。由此可见，学龄前宝宝的视力障碍已是一个不容忽视的问题。

造成宝宝视力障碍的原因，除少部分是先天和遗传造成外，主要由于不好的用眼习惯，如长时间看电视、玩电脑、打游戏机，或是过近距离的读书写字，使眼睛长期处于过度疲劳的状态中。再有，饮食营养不匀衡，也是造成近视的一个重要因素。偏食作为一种不良的习惯，在学龄前儿童中极为普遍。爱吃甜食，不吃蔬菜，精制食品泛滥，均造成体内铬元素、血、钙、维生素不足，眼睛发育不良，已是造成近视的一个重要原因。此外，环境与住宅也是造成宝宝智力障碍的一大原因。现在环境住房之间距离越来越近，茶玻璃、蓝玻璃的普遍使用，五颜六色的墙纸，都会造成房间的采光严重不足，这也是造成近视的一个方面。

宝宝视力障碍怎么办

发现宝宝出现视力障碍后，要及时将宝宝送往医院检查视力，并做相应的矫正训练。对于宝宝的视力障碍主要是预防为主，良好的用眼习惯可以使宝宝远离视力障碍。

视力障碍的预防：

1.控制宝宝看电视及打游戏的时间，连续观看电视、打游戏不能超过半小时（婴幼儿宜 15 ~ 30 分钟）；电视机的摆放距离要在 2 米左右，高度要与宝宝的眼睛平行，从而减少宝宝眼睛的紧张程度。

2. 宝宝在看书写字时姿势要正确，桌椅高矮要适当，时间要控制；当室内光线不足时要开灯补充。

3. 注意宝宝的营养合理，让宝宝多吃新鲜的水果蔬菜，粗粮和细粮要科学搭配，食品多样化，限制宝宝摄入过多脂肪和含糖量过高的食品。

4. 教会宝宝保护好自己的眼睛，注意个人卫生，毛巾、手帕要专人专用，并定期带宝宝去眼科医院进行视力检查，如发现斜视、弱视、近视等眼疾应及时去医院矫正治疗。

眼睛损伤

眼睛是人体最重要的感觉器官，是一个人"心灵的窗户"，人们有 80% 的信息是通过眼睛接收的，因此，从婴幼儿时期开始，就要爱护好、保护好眼睛。但是，宝宝长到 1 岁左右就会走，会跑了，宝宝活动范围变广，都有可能造成意外的眼睛损伤。所以，不能让宝宝拿刀、剪、针、锥、弓箭、铅笔、筷子等尖锐物体，以免宝宝走路不稳摔倒而被刺伤眼球。

眼睛损伤的症状

1. 宝宝的眼睛在受到损伤后，眼睛会出现明显肿胀或瘀伤。

2. 宝宝会出现视力模糊或有重影的现象，并感觉到眼睛里有异物。

3. 有的宝宝在眼皮处会有裂口，并伴有头痛、头晕等症状。

4. 宝宝在眼部损伤之后，会表现出眼睛发红、发肿、疼痛、畏光、流泪、流黏液等症状，重者可有视力障碍。

5. 如果是单只眼睛受伤，那么受伤的眼睛不能像另一只那么自在地转动，受伤的眼睛比不受伤的眼睛要往外凸，并且两只眼睛的瞳孔不一样大。

眼睛损伤的原因

造成宝宝的眼睛损伤主要分为两种，一种是钝性外力撞击，如球类、弹弓丸、石块、拳头、树枝等对宝宝的眼球造成直接损害；另一种是尖锐或高速飞溅物穿破眼球壁引起穿透性损伤，如宝宝在玩刀、剪、针时产生的误伤。

宝宝眼睛受伤的具体原因如下：

1. 发生车祸时，被撞碎的玻璃片或其他金属物件，可能会在极大的冲击力下飞溅起来，误伤宝宝的眼睛。

2. 宝宝在运动时，意外的跌伤、撞伤等，或者小朋友之间打架、撕扯等，也会造成宝宝的眼睛损伤。

3. 灰尘、木屑、飞虫等异物进入眼睛，也是导致宝宝眼睛损伤的原因。

4. 碱性物质和酸性物质，如氨水、苏打水等，不小心溅入宝宝的眼睛时，也会造成宝宝的眼睛被灼伤。

5. 紫外线、红外线照射，也会造成眼睛损伤，引起角膜、结膜炎。

宝宝眼睛损伤怎么办

1. 宝宝发生眼睛损伤，情况比较轻微，可以用毛巾包住冰块冷敷，注意要让宝宝紧闭双眼，1～2日后改为热敷。并在宝宝的眼部滴氯霉素或利福平眼药水，可以预防感染。

2. 如果是角膜轻微擦伤，可以给宝宝涂红霉素眼膏或金霉素眼膏，并包扎损伤的眼睛。

3. 如果伤情较重，如眼球出血、瞳孔散大或变形，眼内容物脱出等症状时，在快速送医院抢救的同时，一定不要擅自包扎宝宝受伤的眼睛，以免造成永久性损伤。

4. 医生会检查宝宝眼睛的损伤情况，然后根据检查结果指导爸爸妈妈该怎么做，如果宝宝只是轻微的角膜被擦伤了，医生可能会开抗生素滴眼液来防止感染；如果情况严重，医生会建议立即手术，那爸爸妈妈就要做好心理准备。

5. 在宝宝眼睛损伤期间，要十分小心宝宝的眼部护理，禁止宝宝揉搓眼睛，并小心处理宝宝的伤口。

6. 在饮食方面，要尽量清淡、易消化、营养丰富，忌食辛辣上火的食物。

泪道阻塞

眼泪可以保持眼睛湿润，避免眼睛受到粉尘、颗粒等对眼睛的伤害，对于保护眼睛，维持良好的视力有重要的意义。但是新生儿时期和幼儿时期的宝宝经常会发生泪道阻塞，造成眼泪不能正常流下。

泪道阻塞的症状

1. 宝宝出现泪道阻塞之后，会表现出溢泪的现象，即眼睛总是泪汪汪。多发生于出生 1 周的宝宝，有的宝宝甚至出生后 1 ~ 2 个月才出现。

2. 宝宝泪道阻塞可伴有不同程度的结膜炎或角膜炎。

3. 宝宝泪道阻塞后，使很多分泌物不能被眼泪正常稀释，造成宝宝的眼睛里有黏性或脓性分泌物，俗称"眼屎"。

4. 有的宝宝还会出现眼部肿胀，部分患儿可自泪囊处挤出透明的黏性分泌物，如挤出时黏液混浊如脓，表明已有泪囊内感染。

泪道阻塞的原因

1. 眼睑及泪点位置异常，使泪点不能接触泪湖，造成宝宝泪道阻塞。泪点异常，包括泪点狭窄、闭塞等。

2. 息肉（是指人体组织表面长出的多余肿物）是造成宝宝泪道阻塞的常见原因，息肉像一小盖将泪点部分或全部遮盖，导致眼泪无法流出。

3. 先天性因素也是宝宝出现泪道阻塞的原因。

4. 泪小管至鼻泪管的阻塞或狭窄，也会造成宝宝出现泪道阻塞，这种阻塞或狭窄可以是先天的，也可以由创伤、烧伤、肿瘤、结石、外伤等造成。

宝宝泪道阻塞怎么办

1. 如果宝宝出现泪道阻塞后，应给宝宝按摩眼睛和点抗生素眼药水，进行保守治疗。

2. 如果宝宝的眼睛里面有脓性分泌物，可以用拇指或食指指腹压迫宝宝的泪囊，按在鼻根及眼睛的内眦中央的部位，顺时针方向挤压脓液，宝宝的眼角就会有一部分脓液流出来，擦干净再给宝宝点眼药水。

3. 经保守治疗后无效的话，应带宝宝到医院接受治疗，医生会根据宝宝的情况选择泪道探通、泪道插管、球囊管扩张术等。

4. 如果宝宝同时患有发热、腹泻、呼吸道感染等疾病，应等宝宝痊愈后在开始手术。

5. 在宝宝手术前6小时要禁食禁水，并滴2～3次眼药水。

6. 爸爸妈妈要仔细听医生的叮嘱，做好宝宝的术后护理工作，使宝宝很快恢复。

泌尿生殖道

血尿

血尿是指尿液中红细胞排泄异常增多，超过正常量，是泌尿系统可能有严重疾病的讯号，也是婴幼儿在临床上是一常见疾病。

血尿的症状

1. 宝宝的尿液呈红色、橘黄色和棕色；

2. 宝宝有时会表现出手、脚、眼部肿胀等症状；

3. 有时尿液发红的原因可能是宝宝吃了能使尿液变色的食物，如甜菜、黑莓、食用红色、酚酞等，就会出现红色或橘黄色尿液；

4. 宝宝上火，导致尿痛，尿赤短，也会造成血尿。

血尿的原因

引起血尿的原因有很多种，如包括尿道物理损伤、炎症或感染。

某些全身性疾病也可引起血尿，如凝血机制缺陷、中毒、传导性疾病或免疫系统异常。具体表现为：

1. 泌尿系统疾病如各种肾炎（急性肾小球肾炎、病毒性肾炎、遗传肾炎、紫癜性肾炎），结石（肾结石、膀胱结石、尿道结石），以及肾结核、各种先天畸形、外伤、肿瘤等，都会造成宝宝患上血尿。

2. 全身性病症 如出血性疾病、白血病心力衰竭、败血症、维生素 C 缺乏、高钙尿症等，都会诱发血尿。

3. 食物过敏、放射线照射、药物、毒物、运动后等物理化学因素，也是血尿产生的重要原因。

4. 氨基苷类抗生素如庆大霉素、卡那霉素、妥布霉素等，磺胺类药物如复方新诺明等，头孢类药物如先锋Ⅳ号等，均可引起肾毒性损害，出现血尿的现象。

宝宝血尿怎么办

1. 不能确定宝宝尿液颜色变化的原因时，或尿液颜色变化超过 24 小时，应该及时将宝宝送往医院治疗。

2. 医生会询问宝宝是否受过伤，是否食用过引起尿液颜色变化的食物，然后会对宝宝进行体格检查，也会对尿液进行采样检查。如果医生发现有尿路感染，还会进行血常规，X 光或其他检查。

3. 让宝宝多休息，保持室内温度适宜，空气清新。

4. 让宝宝多喝温开水，使尿路畅通，并将体内的毒素排出体外。

5. 饮食上注意营养搭配合理，患病期间减少使用能引起尿液颜色变化的食物，以免对判断病情不利。

尿道下裂

尿道下裂是一种尿道发育畸形，即尿道开口在阴茎腹侧正常尿道口近端至会阴部的途径上，是小儿泌尿生殖系统最常见的畸形之一，发病率为 1/300。根据尿道口的位置可分为龟头下裂、阴茎下裂、阴囊下裂和会阴下裂。

尿道下裂的症状

1. 男宝宝的尿道出口不是在阴茎的前端，而是在阴茎的根部，并且阴茎前面到开口部向下弯曲，宝宝阴茎短小，无法站立小便，排尿时尿不能射向远处。

2. 女宝宝的症状是开口部在阴道里，常出现小便失禁的现象。

3. 此外，还有的宝宝尿管重复，其中一根出现膀胱内的尿液向尿管反流的现象。

4. 患有尿道下裂的宝宝容易反复出现肾盂肾炎。

尿道下裂的原因

1. 引起宝宝尿道下裂的原因包括遗传的因素。

2. 邻苯二甲酸二辛酯是我国产量最大的通用型增塑剂，广泛应用于树脂、塑料制品，如白色塑料袋、一次性饭盒等。人们在使用这些物品时，邻苯二甲酸二辛酯向空气中释放雌激素，使人体内分泌系统的被干扰，这也是引起宝宝尿道下裂的原因之一。

3. 有的孕妈妈在妊娠 8 ～ 16 周期间有流产征兆时，使用了合成黄体激素，也会造成宝宝出生后尿道下裂。

4. 性染色体异常引起尿道下裂的情况虽很少见，但是爸爸妈妈在打算孕育宝宝之前，最好还是检查一下性染色体。

宝宝尿道下裂怎么办

1. 宝宝患有尿道下裂，一定要将宝宝送往医院检查，除冠状沟型尿道下裂可以不做手术外，其各种类型的尿道下裂均要通过手术纠正。进行手术的目的主要是：纠正下屈畸形，需切除阴茎腹侧纤维素，完全伸直阴茎；尿道成形并使其开口位置尽可能接近正常。

2. 应该在症状尚未对宝宝产生精神压力的情况下尽早治疗，一般在宝宝 3 岁以前进行手术比较好。

3. 给宝宝洗澡时，一定要轻柔，并用干净的毛巾擦干，保持尿道干燥。

4. 对于较小的宝宝要给他勤换尿布，以免粪便和尿液污染尿道；

稍大的宝宝，要勤换内裤，避免细菌滋生。

会阴粘连

会阴粘连是常见与女宝宝的婴幼儿疾病，表现为会阴粘连到一起。会阴粘连大部分是由于宝宝的外阴炎没能及时发现和治疗所致，并且这种粘连会日趋严重，到了宝宝成年后则会发生月经血潴留和性交障碍。

会阴粘连的症状

女宝宝的外阴会出现红肿、发痒，并且伴有异味或异常分泌物，排尿时会出现尿液射流的方向偏斜等排尿异常。

会阴粘连的原因

会阴粘连分为先天性和后天形成两种原因。先天性会阴粘连极少见，一般在女宝宝出生后做体格检查时才发现。出生后形成的会阴粘连比较常见，由于局部皮肤、黏膜受刺激或损伤后感染发炎，加上爸爸妈妈没有及时发现和处理，导致宝宝会阴粘连。

会阴粘连主要原因是由于宝宝的皮肤黏膜娇嫩，外阴前庭区的皮肤黏膜受到各种感染和异常刺激后，容易发生渗出，久而久之会使两侧相贴的小阴唇粘连在一起。比如，如果不及时给宝宝换尿布，使宝宝柔嫩的外阴部经常浸泡在腥臭的尿布中，尿液中的尿素等物质就会刺激外阴部，加上女宝宝的肛门和阴部比较靠近，便后的粪便残留很有可能污染到会阴，使会阴因受感染而粘连。因此，要多留意宝宝的阴部发育，早发现问题，早解决问题。

宝宝会阴粘连怎么办

1. 发现宝宝会阴粘连时，一定要将宝宝送往医院治疗，阴唇粘连不一定要动手术，治疗方法根据粘连组织的厚薄而定。极薄的如薄膜样粘连，且中间可见粘连线时，医生会建议选用雌激素或金霉素软药膏涂抹，再用两手拇指将左右大阴唇向两侧外方轻轻、慢慢地拉开，每天 1 ~ 2 次，数周后，可使小阴唇分离。

2. 如果粘连组织较厚，并且通过雌激素涂抹无效时，医生会建议在麻醉下通过手术分离。

3. 每天晚上在女宝宝睡觉前给她清洗外阴，每次大便后也给予清洗，并用干净的毛巾小心擦干，保持阴部干燥。

4. 给女宝宝清洗阴部时，一定要注意步骤和清洗方向：准备一盆温水，用专用的毛巾，把小阴唇内的分泌物清洗干净，清洗的方向由前向后，先清洗尿道口和阴道口，然后清洗肛门口。

5. 勤为宝宝换纸尿裤，尽量使用透气柔软的纸尿裤，避免宝宝娇嫩的皮肤被捂坏。

6. 不穿或少穿开裆裤，避免外界污染宝宝的阴部；避免给宝宝穿尼龙化纤类衣裤，内裤要宽松舒适，清洗外阴后，应及时更换内裤，并经常把宝宝的内裤放在太阳低下暴晒杀菌。

尿道口狭窄

尿道口尿道狭窄是由多种原因所造成的尿道纤维组织增生，导致尿道管腔的狭窄，是一种罕见的疾病。尿道口狭窄可发生在儿童期的任何年龄，多见于 3 ~ 7 岁的宝宝，其中男宝宝出现尿道口狭窄的现象比女宝宝多。有的宝宝随着月龄的增长会渐渐变宽松，但有的宝宝因尿道口炎症等原因，开口处不但不会变松弛，反而有紧缩的现象。

尿道口狭窄的症状

1. 尿道口狭窄的宝宝在排尿时，尿流非常细而窄。

2. 有的宝宝还会伴排尿吃力、尿痛等症，并且呈滴状排尿或喷射排尿。

3. 宝宝在小便时，会因尿液不能顺利排出，而积存在龟头和包皮之间，有时还会形成水泡样肿胀，时间长了，尿液残存的物质会形成包皮垢，引发包皮炎甚至形成结石。

尿道口狭窄的原因

尿道口狭窄是由于先天性、炎症性、损伤性、医源性等原因所造成的尿道纤维组织增生，从而导致尿道管腔的狭窄。常常伴有排尿困难、尿滞留以及继发感染等症状。

宝宝尿道口狭窄怎么办

1. 在宝宝出现尿道口狭窄的症状之后，要及时带宝宝去医院检查，医生会根据病情评估，采取家庭护理或手术治疗。

2. 宝宝经过家庭护理还不能达到完全显露龟头的效果，且出现反复感染，这时可以选择手术治疗，手术很小，通常在局部麻醉下进行，手术后会有轻微的不适，但很快消失。

3. 每天给宝宝清洗龟头，然后适度上翻包皮使包皮口慢慢变宽松，直至完全显现出龟头为止。每次上翻包皮时都要达到轻度疼痛的程度。

4. 要保持宝宝龟头干燥清洁，并勤为宝宝换洗内裤，避免发生感染。

5. 减少洗涤剂对宝宝龟头的刺激，给宝宝洗衣服时要选用柔和的去污剂，并且彻底漂洗干净，内裤要放在在阳光下暴晒，完全干燥时再给宝宝穿。

隐睾症

隐睾是指男宝宝出生后，单侧或双侧睾丸未降至阴囊而停留在其正常下降过程中的任何一处，也就是说阴囊内没有睾丸或只有一侧有睾丸。一般情况下，胎儿在出生之后，随着生长发育，睾丸自腹膜后腰部开始下降，会在胎儿后期降入阴囊。如果在下降过程中受到阻碍，就会形成隐睾。

隐睾症的症状

隐睾的发生概率是 1%～7%；其中单侧隐睾患者多于双侧隐睾患者，尤以右侧隐睾多见。隐睾有 25% 位于腹腔内，70% 停留在腹股沟，约 5% 停留于阴囊上方或其他部位。

隐睾症常见于婴幼儿，一般通过表面观察无明显症状。患上隐睾症的宝宝其阴囊略扁平，用手触摸明显感觉阴囊是空的。由于睾丸长期停留在不正常的位置，容易引起睾丸萎缩、恶性变、容易受到外伤、睾丸扭转、疝气等躯体症状；另外，对于稍大的孩子，阴囊的空虚会使他们产生自卑感、精神苦闷以及性情孤僻等精神心理方面的改变。

隐睾症的原因

1.胚胎期牵引睾丸降入阴囊的索状引带退变，或出现收缩障碍，使睾丸不能由原位降入阴囊内。

2.胚胎期精索血管发育迟缓或终止发育，导致胎儿的睾丸下降不全。

3.先天性睾丸发育不全使睾丸对促性腺激素不敏感，从而失去下降的动力。

4.胎儿在生长过程中，孕妈妈缺乏足量的促性腺激素，并通过影响睾酮的产生，影响了睾丸下降的动力。

5.局部因素如机械性梗阻和腹膜粘连等，都会阻止睾丸正常下降，常常表现为单侧性隐睾症。

6.内分泌因素也是造成隐睾症的原因之一，并且由内分泌因素所致的隐睾症多为双侧性隐睾症。

宝宝隐睾症怎么办

一旦发现宝宝的阴囊内没有睾丸或仅有一侧有睾丸，就要立即将宝宝送往医院就诊。1岁以内的宝宝通过一些药物的应用有可能使睾丸降入阴囊，到了2岁仍然不能下降入阴囊，则要考虑手术治疗，在2岁以前手术对睾丸的生精功能无太大影响，超过四岁则会明显影响，超过八岁则会严重影响，如果超过十二岁即使做了手术，睾丸的生精功能也不能恢复。因此，隐睾下降固定术应在2岁以前进行。

尿道感染

尿道感染是婴幼儿常见疾病，尤其多见于女宝宝。尿路由于肾脏、输尿管、膀胱、尿道汇合而形成的通道，由于这些器官被细菌、病毒、真菌或寄生虫等所感染而致病的病理现象，称为尿道感染。根据发炎部位不同，尿道感染可分为膀胱炎、肾炎等。

尿道感染的症状

1. 刚出生的宝宝和1岁以内的宝宝在尿道感染后，症状并不明显，大多数患儿只是出现发热的现象，一般在38℃以上，没有伴有咳嗽、流鼻涕等症状。

2. 有少数的宝宝会表现精神不振，并且伴有腹泻、呕吐等症状。

3. 如果宝宝出现膀胱感染时，会出现尿频、尿痛、尿不尽、排尿哭闹和顽固性尿布疹等症状。

4. 病情严重的宝宝还会出现生长发育迟缓、体重增长停滞，甚至痉挛、嗜睡、黄疸等表现。

尿道感染的原因

1. 宝宝的尿道感染多是由细菌、病毒、真菌或寄生虫感染所引起的。

2. 女宝宝尿道感染的概率要比男宝宝高很多，因为女宝宝的尿道离肛门很近，很容易受到粪便等污染物的感染。

3. 绝大多数尿感是由上行感染引起的，尿道及周围的细菌，在宝宝的抵抗力下降或尿道黏膜有轻微损伤时，附着在尿道黏膜上的能力强的细菌，就会侵袭膀胱和肾脏，造成感染。

4. 细菌从身体内的感染灶侵入血流，到达肾脏，也可以造成尿道感染。

5. 下腹部和盆腔器官的淋巴管与肾脏周围的淋巴管有多处的交通汇合，当宝宝患有盆腔器官炎症、阑尾炎和结肠炎时，细菌也可从淋巴道感染肾脏，从而导致尿道感染。

宝宝尿路感染怎么办

1. 如果宝宝的症状较轻，可以通过家庭护理来治疗宝宝的尿道感染。爸爸妈妈要认真做好女宝宝的外阴部护理工作，每次大便后应清洁臀部，尿布要经常换洗，并刚在太阳下暴晒杀菌，最好不穿开裆裤，以免外界污染宝宝的外阴，勤为宝宝换内裤。

2.男宝宝包皮过长者，在给男宝宝清洗阴茎时，要轻轻地将包皮反过来，彻底清洗藏在皮肤褶皱处的细菌。

3.让宝宝多饮水，适当喝一些含碱性的饮料，可碱化小便，保持尿道畅通，以减轻尿道症状。

4.如果宝宝的病情较重，应该立即将宝宝送往医院检查。医生首先会进行尿液检查来确定是否有尿路感染。另外，还可以用血液检查的方式检查白细胞的数量，以确定感染程度。宝宝被确诊为尿路感染后，医生通常会使用抗生素进行大约1周的治疗，一般1~2天可退热，但有时候医生还是会建议继续使用抗生素，直到尿液中不再含有细菌和白细胞。

5.按时按量给宝宝吃药，不能因为宝宝已经退热，就擅自停药，因为体内的病原菌并没有随着抗生素的使用而消失。

6.尿道感染的宝宝对食物的要求非常严格，在给宝宝烹饪食物时要格外小心。尿路感染的饮食忌胀气之物，如牛奶、豆浆、蔗糖等；忌发物，如猪头肉、鸡肉、蘑菇、带鱼、螃蟹、竹笋、桃子等；忌助长湿热的食物，如甜品和高脂肪食物；忌辛辣刺激之物，因为辛辣的食物可使尿道刺激症状加重，造成排尿困难；忌酸性食物，如猪肉、牛肉、鲤鱼、牡蛎、虾等。

尿床或遗尿

一般宝宝会在2~4岁完成大小便控制训练，但偶尔也会有在夜间尿床的现象。一般2岁时一周尿床的次数可能多达2次以上，随后逐渐越来越少，到5岁时宝宝尿床对的现象会完全消失。但是，也有极少数宝宝5岁以后，在睡眠中仍不能自我控制，而把尿液排泄在床上，这种现象称为遗尿。

尿床或遗尿的症状

尿床和遗尿一般没有明显的症状，都是在无法自控的情况下，将尿液排泄在床上。遗尿症可以分为原发性和继发性遗尿症，单纯性和复杂性遗尿症。其中单纯性遗尿症指患儿只在夜间尿床，白天无症状，不伴泌尿系统和神经系统功能异常；复杂性遗尿症指患儿除了会在夜间尿床外，白天还会伴有下泌尿系统症状，常为继发于泌尿系统或神经系统疾病。婴幼儿最常见的是原发性单纯性遗尿症。

尿床的原因

1. 尿床通常是由于宝宝膀胱的容量不足以保存整夜的尿量，而造成的尿液不受控制地外流。

2. 有些宝宝在 5 岁以后仍有在夜间尿床的现象，通常是因为遗传的因素，还有一小部分 5 岁以上的宝宝还出现白天尿床的现象，更少见的是白天和夜间都不能憋尿，通常表明膀胱和肾脏有问题。

3. 如果宝宝总是夜间尿床，可能是因为膀胱充盈时清醒的能力发育缓慢。

4. 尿道感染或洗澡时洗涤剂刺激尿道，造成尿道功能失常，也是导致宝宝尿床的原因。

5. 尿道结构异常，如膀胱过小、膀胱颈部阻塞或控制排尿的肌肉不能合理收缩，以及便秘使直肠产生的压力压迫膀胱等，也会造成宝宝尿床。

6. 尿床可能是糖尿病的早期症状，尿道感染或烦恼、焦虑、压抑的情绪等，也会造成宝宝尿床。

宝宝尿床怎么办

1. 避免使用刺激性的去污剂或内裤以及浴室中的发泡产品，减轻对宝宝生殖区域的刺激。

2. 不要过多饮水，尽量不要饮用含咖啡因过多的饮料。

3. 防止宝宝便秘的产生。

4. 在每次宝宝排尿之前，鼓励他憋尿一段时间，以扩大膀胱的容量。

5. 多于尿床次数较多的宝宝，应该带宝宝去医院检查，医生会根据症状提出不同的治疗方案。如果由尿道感染引起，可用抗生素治疗，遗尿问题也会得到解决。如果发现其他的异常，医生会建议请泌尿科专家会诊，寻求更好的治疗。

神经性尿频

神经性尿频症指非感染性尿频尿急，是儿科一个独立的疾病。

神经性尿频的症状

患儿年龄一般在 2 ~ 11 岁，多发生在学龄前儿童。每 2 ~ 10 分钟一次，患儿尿急、尿频，一要小便就不能忍耐片刻，较小患儿经常为此尿湿裤子是本病的特点。反复出现这种情况还容易继发尿路感染或阴部湿疹。

小儿神经性尿频基本上都是父母无意中发现的。到某些基层医疗单位就诊时，常被误诊为泌尿系统感染而使用抗生素治疗，但收效甚微。

神经性尿频的原因

一方面是小儿大脑皮层发育尚不够完善；另一方面是孩子生活中有一些引起精神紧张、对精神状态造成不良刺激的因素。例如生活环境的改变，孩子对刚入托、入学心理准备不足，被寄养给他人抚养，父母的突然分离、亲人的死亡，以及害怕考试或对某种动物的惧怕等。这些都可能使小儿精神紧张、焦虑，使抑制排尿的功能发生，障碍，结果表现出小便次数增多。

宝宝神经性尿频怎么办

发现孩子尿频时，首先要到医院检查：排除身体疾病的影响。当确定为神经性尿频后，家长不必过于紧张，应该对孩子耐心诱导，告诉他身体并没有毛病，不用着急，不要害怕，尿频症状会很快好起来，消除患儿的顾虑，鼓励他说出引起紧张不安的事情，关心他提出的问题，给他认真解释，安慰，使他对害怕担心的问题有一个正确认识，尽快恢复到以前轻松愉快的心境之中。这样，尿频就会自然而然地得到纠正。

头、颈和神经系统

脑瘫

　　脑性瘫痪简称脑瘫，是指宝宝在出生前、出生时或出生后的一个月内，大脑尚未发育成熟，并由于各种原因引起的非进行性脑损伤或脑发育异常所导致的中枢性运动障碍。常常并发有癫痫、智力低下、语言障碍等症状。

脑瘫的症状

　　脑瘫的主要症状有运动障碍、姿势障碍、语言障碍、视听觉障碍、生长发育障碍、牙齿发育障碍、情绪和行为障碍、癫痫等。痉挛型脑瘫患儿主要表现为以四肢僵硬；手足徐动型患儿，会出现四肢和头部的不自主无意识动作，在做有目的的动作时，全身不自主动作增多，比如面部会出现"挤眉弄眼"，说话及吞咽困难，经常手舞足蹈，还会伴有流口水的现象；共济失调型的患儿，以四肢肌肉无力、不能保持身体平衡、步态不稳、不能完成用手指指鼻等精细动作为特征。

脑瘫的原因

　　使宝宝患上脑瘫的因素中，产前因素最常见，包括遗传和染色体疾病、先天性感染、脑发育畸形或发育不良，以及胎儿脑缺血低氧致的脑室周围白质软化或基底节（是埋藏在两侧大脑半球深部的一些灰质团块，是组成锥体外系的主要结构）受损等。

　　孕妈妈在妊娠早期患风疹、带状疱疹或弓形虫病，以及在妊娠中、晚期的严重感染、严重的妊娠高血压综合征、病理性难产等均可导致新生儿脑瘫。

　　围产因素可能是引起早产儿脑瘫的重要原因，围产因素指发生在分娩开始到生后一周内的脑损伤，包括脑水肿、新生儿休克、脑内出血、败血症或中枢神经系统感染等，都有可能导致宝宝患上脑瘫。

此外，宝宝从 1 周至 3、4 岁间所发生的中枢神经系统感染、脑血管病、头颅外伤、中毒等，也会引起的非进行性脑损伤，造成宝宝患上脑瘫。

宝宝脑瘫怎么办

宝宝一旦被确诊为脑瘫后，爸爸妈妈一定要坚强勇敢地面对，对患脑瘫的宝宝要付出比健康宝宝多得多的爱，要牢牢地抓住功能康复和教育两个重点，功能康复是解决脑瘫的关键，教育是让患儿自立的基础。

婴幼儿脑瘫的康复关键在于早发现、早诊断、早干预。但是，脑瘫目前无特殊治疗方法，除癫痫发作时用药物控制以外，其余多为对症处理。在宝宝患病早期，对宝宝实行智力、心理的教育和训练。采用综合性治疗的效果要相对明显一些，综合性治疗包括智力和语言训练，理疗、体疗、针灸、按摩、支架及石膏矫形，矫形手术目的是减少痉挛、改善肌力平衡、矫正畸形、稳定关节。

患脑瘫的宝宝经常会出现跌伤、烫伤、冻伤的现象，爸爸妈妈应给宝宝加床栏，避免摔伤；应用热水袋给宝宝取暖时，水温不可超过 50℃，要隔着被子放置，并经常更换部位，避免烫伤；在做灸疗、理疗或拔火罐时也应该注意防止烫伤。

鼓励脑瘫的宝宝最大限度地发挥自身残余功能，通过科学的治疗和训练，提高他们身体上、心理上、社会上、职业上、经济上的能力，尽最大努力缩小他们与健康宝宝之间的差距，消除自卑感，使他们乐观地生活。

婴幼儿患了脑瘫很难治疗，但是正确的预防可以使宝宝远离脑瘫。要根据天气给宝宝增减衣物，注意保暖、避免受凉、预防肺炎、鼓励咳痰、保持呼吸道通畅，每隔 2 个小时为宝宝翻身拍背一次，这是婴幼儿脑瘫的预防方法之一；鼓励宝宝多吃新鲜的水果蔬菜，少食致胀气食物，预防肠胀气及便秘，也可以预防脑瘫；预防宝宝肢体畸形、挛缩，及时通过按摩的方法促进功能恢复，也可以预防宝宝患上脑瘫。

斜颈

小儿斜颈是由于一侧胸锁乳突肌纤维性挛缩，导致颈部向一侧偏斜，并畸形生长，同时伴有脸部发育受影响，双颊不对称，严重者甚至会导致颈椎侧凸畸形。斜颈是一种比较常见的婴幼儿头颈部先天性疾病，该病在早期进行正确有效的非手术治疗，大多数患儿都能治愈，较严重的患儿也可通过手术的方法治愈。

斜颈的症状

患斜颈的宝宝在出生后1月后，一侧胸锁乳突肌有梭形肿块，较硬，用手指触摸，不会来回活动，到5个月后肿块逐渐消退，胸锁乳突肌出现纤维性萎缩，并且变短呈条索状；斜颈患儿的头部会歪向一侧边，双颊不对称，一边比较饱满，另一边则出现萎缩的症状；此外，患斜颈的宝宝他们的眼睛也不在一个水平线，会有斜视的倾向。

斜颈的原因

造成宝宝斜颈的因素很复杂，但普遍认为子宫内压力异常或胎位不正是造成宝宝先天性肌性斜颈的主要原因。胎儿在子宫内的位置不正或受到不正常的子宫壁压力，会使宝宝的一侧颈部受压，胸锁乳突肌内局部血液循环受阻，致使胸锁乳突肌发生缺血性纤维挛缩，导致宝宝斜颈；胸锁乳突肌的营养血管栓塞，导致肌纤维变性而形成斜颈，也是造成斜颈的原因；此外，难产以及使用产钳是引起宝宝患肌性斜颈的重要原因之一；而有1/5的斜颈患儿有明确的家族史，所以遗传也是造成斜颈的原因，并且通过遗传而患上斜颈的宝宝，经常会伴有先天性髋臼发育不良等部位畸形。

宝宝斜颈怎么办

1.6个月以下的宝宝，可以在医生的指导下，通过按摩、沙袋固定、体位疗法等进行矫正治疗，长期坚持直到完全康复。

2.1岁后的宝宝一般采用手术治疗，超过3岁的宝宝，面部畸形难以完全恢复正常，所以爸爸妈妈要密切关注宝宝的异常，越早发现，越早治疗效果越好。

3. 发现宝宝患了斜颈之后，爸爸妈妈要学习被动牵拉矫正手法，在 2 周的时候就可以开始被动牵拉矫正，即将患儿的头倾向健康的那一侧，使健康的那一侧的耳垂向肩部靠近，进行与畸形侧相反的方向运动。手法要轻柔，每次牵拉 15～20 次，一日 4～6 次。

4. 爸爸妈妈也要掌握给宝宝按摩的操作要点，并自行在家为宝宝按摩，既方便也易于坚持。方法是用手指对挛缩的胸锁乳突肌进行轻柔的捻、推、拉、顺、边揉边捻，每次 15 分钟，每日 2～3 次，长期坚持，可以使轻度挛缩的胸锁乳突肌逐渐得到舒展，头颈姿势恢复正常。

5. 局部按摩也可以矫正宝宝斜颈，洗净双手，抹上滑石粉，并用拇指或食指在肿块反复按摩，可促进肿块吸收，有助于治疗。

6. 妈妈要根据宝宝的病变位置，选择喂奶的姿势和方向，引起宝宝向健康的一侧偏转，比如宝宝是右侧斜颈，就要在喂奶时把孩子放在左侧，这是一种既轻松有自然的矫正方法。

脑膜炎

脑膜炎是一种娇嫩的脑膜或脑脊膜被细菌或病毒感染导致的疾病，是覆盖在大脑外面组织的发炎现象。脑膜炎比较罕见，但主要发生在 2 岁以下的宝宝。

脑膜炎的症状

1. 宝宝患了脑膜炎会出现发热、头痛、喷射样呕吐、精神萎靡、哭闹不止，3 个月以内的宝宝，发热时达到 38℃或更高的体温，3～6 个月的宝宝，达到 39℃或更高的体温，在发热的同时，手脚却是冰凉的。

2. 在出现发热等症状之后，接下来宝宝会出现嗜睡和颈部疼痛，特别是向前伸脖子时疼痛，有的宝宝也会在弓后背时感到疼痛。

3. 患脑膜炎的宝宝会出现粉红色或紫红色、扁平的，用手指按压后不会褪色的特殊皮疹。

4.有的宝宝则表现出咳嗽、腹泻、呼吸急促等呼吸道或消化道症状。

5.部分宝宝也会出现颅内压升高造成囟门凸出，并伴有紧张的情绪，甚至出现抽筋的动作。

患脑膜炎的原因

细菌感染引起的脑膜炎是最为严重的，比较容易感染，而且后果比较严重。可能导致脑膜炎的细菌主要有肺炎球菌、B群溶血性链球菌、大肠杆菌等，通过空气飞沫传播或触摸等渠道传播，抵抗力低下的宝宝极易感染致病。如果不及时治疗，会出现一系列并发症，或者会有听力困难等后遗症，严重的甚至会出现死亡的现象。

通常病毒性脑膜炎比较常见，一般不严重，并且治愈后不会留下后遗症，病毒性脑膜炎可以由几种不同的病毒所致，如肠病毒、腺病毒、腮腺炎病毒、带状疱疹病毒、流感病毒等，容易在冬季流行，更容易感染5岁以上的宝宝。

此外，宝宝所患的麻疹、风疹或水痘之等疾病，也可能会导致宝宝患脑膜炎。

宝宝脑膜炎怎么办

1.宝宝在出现脑膜炎的症状时，一定要及时带宝宝到医院检查，医生首先会要求进行血液检查和髓液检查，以准确的判断是否是脑膜炎，属于病毒性脑膜炎还是细菌性脑膜炎等。血液和髓液检查都会伴有极大的痛苦，爸爸妈妈要安抚好宝宝，让宝宝配合医生的检查。

2.如果检查后确定宝宝患了脑膜炎，宝宝将会被安排住院治疗，这时爸爸妈妈要准备好宝宝住院需要的物品。

3.脑炎发病时多伴有高热，当宝宝体温上升、有寒战时要注意保暖；用退热药时要充分给患儿补充水分；热退后，要及时帮患儿更换掉汗湿的衣服。

4.对于脑膜炎恢复期的宝宝，爸爸妈妈要帮助他们增强自我照顾的能力和信心，协助宝宝进行锻炼，以便更好地康复。

5.在宝宝恢复期间，给宝宝准备清淡易消化的食物，多给宝宝吃瓜果蔬菜。

脑积水

脑积水是指颅内脑脊液容量增加。宝宝患了脑积水后，除神经体征外，常伴有精神衰退或痴呆等现象。脑积水是因为颅内疾病引起的脑脊液分泌过多，或因为循环、吸收障碍而导致颅内脑脊液存量增加，脑室扩大的一种顽固性疾病。

脑积水的症状

脑积水的临床症状并不一致，与病理变化出现的年龄、病理的轻重、病程的长短有关。胎儿先天性脑积水，大部分会导致死胎。出生以后脑积水可能出现在宝宝的任何年龄阶段，以发生在6个月的宝宝比较多见。年龄小的患者颅缝未接合，头颅容易扩大，所以颅内压增高的症状较少。宝宝脑积水主要表现在出生后数周或数月后头颅快速、进行性增大。正常宝宝在前6个月头围增加为每月1.2～1.3厘米，患了脑积水的宝宝则为正常增量的2～3倍。并且头颅呈圆形，额部前突，头穹窿部异常增大，前囟扩大隆起，颅缝分离，颅骨变薄，甚至透明。患了脑积水的宝宝还会出现精神萎靡，头部不能抬起，严重的还可伴有大脑功能障碍，表现为癫痫、视力及嗅觉障碍、语言及运动障碍、眼球震颤、斜视、肢体瘫痪及智能障碍等。

脑积水的原因

脑积水病因很多，常见的主要有先天畸形、感染、颅内出血、肿瘤以及某些遗传性代谢病等，或者新生儿窒息、严重的维生素A缺乏等，也会造成宝宝患上脑积水。

先天畸形如中脑导水管狭窄、隔膜形成或闭锁、室间孔闭锁畸形、脑血管畸形、脊柱裂、小脑扁桃体下疝等均可造成脑积水。胎儿宫内感染如各种病毒、原虫和梅毒螺旋体感染性脑膜炎未能及早控制，增生的纤维组织阻塞了脑脊液的循环孔道，或胎儿颅内炎症也可使脑池、蛛网膜下腔和蛛网膜粒粘连闭塞。另外，颅内出血后引起的纤维增生、产伤颅内出血吸收不良等，均会造成脑积水。

宝宝脑积水怎么办

发现宝宝有脑积水的症状时，要将宝宝送往医院检查，千万不能疏忽。

对于早期或病情较轻、发展缓慢的脑积水患儿，医生会建议用利尿剂或脱水剂，如乙酰唑胺、双氢克尿噻、甘露醇等脱水治疗，或者经前囟或腰椎反复穿刺放液。

对与进行性脑积水，头颅明显增大，且大脑皮质厚度超过1厘米的患儿，医生一般采取手术治疗，主要的手术措施包括减少脑脊液分泌的手术，如脉络丛切除术、后灼烧术等，现已少用；解除脑室梗阻病因的手术，如大脑导水管形成术、扩张术、正中孔切开术以及颅内占位病变摘除术等。

注意的是，对于重度脑积水的患儿，即出现智能低下、失明、瘫痪，而且脑实质明显萎缩，大脑皮质厚度小于1厘米等现象的宝宝，均不适宜手术。

在宝宝手术恢复期间，爸爸妈妈一定要做好术后护理，可有助于宝宝的康复。

1. 要将室温保持在 18 ~ 21℃，湿度以 55% 为宜，要定时通风换气，保持病房空气流通，为宝宝提供一个安静、整洁、舒适、安全的治疗康复环境。

2. 给宝宝准备一些开脑窍、通经络、健脾益肾、填精益脑、易消化的食物。

3. 做好心理护理，安抚宝宝焦虑的情绪，树立宝宝战胜疾病的信心，创造出一个接受治疗康复的最佳心理状态。

4. 定时测量宝宝的头部，并做好特护记录，方便医生复诊。

5. 爸爸妈妈要掌握脑积水恢复功能放入训练，以主动运动为主，以便能在宝宝出院后，通过训练达到较好的恢复效果。

脑肿瘤

脑肿瘤就是俗称"脑瘤"，是神经系统中常见的婴幼儿疾病之一，对宝宝神经系统的功能有很大的危害。一般分为原发性脑肿瘤和继发脑肿瘤两大类。原发性脑肿瘤可发生于脑组织、脑膜、颅神经、垂体、血管残余胚胎组织等。继发性肿瘤指身体其他部位的恶性肿瘤转移或侵入颅内形成的转移瘤。常常会威胁宝宝的生命健康。

脑肿瘤的症状

婴幼儿脑肿瘤的早期症状不明显，容易被忽视，从而耽误了早期的诊断和治疗。这对于患儿的病情恢复和生存率的提高是极为不利的。

脑肿瘤的早期症状主要包括头痛、恶心、呕吐等症状，而且头痛的部位均集中在前额及颞部，多为持续性头痛，并阵发性加剧，头痛的感觉经常在早上达到最值，间歇期可以正常。

对于较小的患儿会表现出对玩耍不感兴趣，目光呆滞，不爱说话、易激怒等异常症状；部分宝宝会在走路的时候东倒西歪像喝醉了一样，拿东西拿不稳，握力下降；有的宝宝还会出现颈部僵硬、双眼斜视，或者在看东西时出现重影；嗜睡或者不睡也是脑肿瘤患儿的典型的症状，并且在早上起床时，易发生呕吐的现象。

脑肿瘤的原因

1.有的宝宝患上脑肿瘤，是因为曾经出现过脑部外伤，如撞伤、砸伤等，并有瘀血残留在脑部，从而发展成肿瘤。

2.有害的化学物质也会诱发宝宝患上脑肿瘤，比如常见的二亚硝基哌嗪、亚硝基哌啶、甲基亚硝脲、二苯蒽n-亚硝酸类化合物等。

3.宝宝在胚胎发育的过程中，有些细胞会停止生长，并残留在脑中，这些残留细胞具有分化的潜力，可发展为脑瘤，常见的有颅咽管瘤、脊索瘤、畸胎瘤等。

宝宝脑肿瘤怎么办

宝宝出现脑肿瘤的早期症状时，要立刻将宝宝送往医院检查，以免错过宝宝治疗的黄金时期。医生会通过 CT、核磁共振等方式对宝宝进行检查，脑肿瘤可以被很快诊断出来，但是很多父母会在做手术与保守治疗之间徘徊。一般的良性肿瘤只要进行手术，术后 5 年生存率可达 95% 以上，是最理想的治疗手段。但是在 2 岁以前发现患上脑肿瘤，并且肿瘤不是很大，症状比较轻微，也可以适当等待，并定期观察，如果通过药物控制不见好转，在考虑通过手术切除。注意的是，恶性肿瘤越早手术越好，否则将危及宝宝的生命。

术后患儿的护理，要保持患儿呼吸道通畅，及时清除呼吸道内分泌物，定时供氧，有条件可用高压氧舱给氧，每日 2 ~ 3 次，每次 45 分钟；尽量避免患儿咳嗽、喷嚏、干呕、便秘等，避免在用力时增加颅内压力；多给患儿食用酸枣、猪脑、香菇、核桃、桑葚、黑芝麻、银耳等食物，并且要给宝宝多食用含硒元素的食物，如鸭蛋、鹅蛋、猪肉、人参等，因为硒元素不仅可以有效提高癌症患儿的免疫力，而且还能阻止体内过氧化物和自由基的形成，从而起到保护体内细胞、抑制癌症发生的作用。

梦游症

梦游症俗称"迷症"，是指在睡觉的过程中，突然无意识地爬起来进行某些活动，而后又睡下，并且在醒来后对睡眠期间的活动一无所知的现象。梦游症可发生在儿童的任何时期，但以 5 ~ 7 岁的宝宝最为多见，男宝宝多于女宝宝，并且会持续好几年，大部分患儿在进入青春期后能自行消失。

梦游症的症状

患梦游症的宝宝，会出现一次或多次发作的情况，并且通常发生在夜间睡眠的前 1/3 阶段；在发作中，宝宝表现神情茫然、目光凝滞，对外界的干涉或他人的交谈毫无反应，并且难以被唤醒；在清醒后，宝宝对于梦游症发作时的情况没有记忆；尽管在最初从发作中醒来的几分钟之内，宝宝会有一段时间的茫然及定向力障碍，但并无精神活动及行为的任何损害；梦游症不会表现出器质性精神障碍。

梦游症的原因

造成宝宝梦游症的原因一般认为是睡眠不足、营养不良、身体虚弱、焦虑不安、受惊吓的恐惧情绪。另外，还与遗传和发育延迟等因素有关，因为同一家族内梦游症发生率高，这说明梦游症有一定遗传性。

宝宝梦游症怎么办

对梦游症的治疗多是心理治疗，诸如厌恶疗法、精神宣泄法等，但是还要以预防为主。

1. 合理安排宝宝的作息时间，避免宝宝过度疲劳和出现高度紧张的情绪，注意宝宝睡眠环境的控制，睡前关好门窗，以免宝宝在梦游发作时外出走失。

2. 收藏好各种危险物品，以免宝宝在梦游发作时发生伤害自己或他人的事件。

3. 不能在宝宝面前谈论他们的病情的严重性，以及它们梦游经过，以免增加宝宝的紧张、焦虑及恐惧情绪。

4. 给宝宝多食用安神补脑、促进睡眠的食物，比如核桃、猪脑、芝麻、牛奶等。

晕动症

婴幼儿晕动症是指宝宝在乘坐车、船、飞机等交通工具时因颠簸、振动、旋转等，造成内耳前庭器官受到较强刺激，产生过量生物电以致前庭神经功能失常的一种病症，俗称晕车、晕船、晕机等。

晕动症的症状

1.患有晕动症的宝宝，一般会表现出恶心、呕吐、眩晕、脸色苍白、冒冷汗等现象，而且部分宝宝的呕吐会在喂奶或饮水后加剧。

2.有时宝宝也会出现烦躁不安，双手抓挠头足，无规律地扭动和哭闹等。

3.有的宝宝会表现出精神萎靡、全身乏力等症状。

晕动症的原因

1.宝宝的神经系统尚未发育健全，前庭功能还不完善，遇到不规则的颠簸时就会引起前庭神经及小脑有关部位的较强反应，造成自主神经功能发生紊乱而出现晕动症。

2.大脑接受到来自感觉器官的抵触信息，也是造成宝宝晕动症的原因。

3.车、船、飞机等交通工具内有油漆、汽油等宝宝难以接受的味道，也会造成宝宝出现晕动症。

宝宝晕动症怎么办

1.带患有晕动症的宝宝时，要提前1个小时可服用晕车药，上车、船前不宜空腹，但也不要让宝宝吃得过饱。

2.在旅途中应选择颠簸程度较小的位置给宝宝就座，比如比较靠近车头的位置，或车辆中部的位置。

3.行驶途中尽量不要让宝宝观看外面快速移动的景物，这样就可以最大限度地避免宝宝发生晕动症。

4.随身携带一个塑料袋，以便在宝宝出现儿呕吐时，用来装吐出的秽物。

5.在宝宝感到恶心时，可以给宝宝吃一点儿橄榄或柠檬之类的食物，可以减轻宝宝因恶心而造成的不适感。

6.如果宝宝的情况已经严重到不能进食，可以试着给宝宝喝一点儿碳酸饮料，如可乐、雪碧等，也可以缓解宝宝的症状。

抽搐、痉挛和癫痫

抽搐是婴幼儿神经科常见的临床症状之一，抽搐是指全身或局部骨骼肌群异常的不自主收缩、抽动，经常会引起关节运动和强制。宝宝抽搐、痉挛都是婴幼儿时期所特有的癫痫，但痉挛可以涉及全身，是最严重的一种癫痫类型。

抽搐、痉挛和癫痫的症状

宝宝抽搐时会表现为眨眼、挑眉、皱鼻、伸舌、舔唇、点头、摇头、耸肩、弹指等动作交替进行。在躯干部肌肉的抽抽搐则表现为挺胸、扭腰、腹肌抽动；而上肢抽搐表现为搓手指、握拳、甩手、举臂、扭臂等；下肢抽搐表现为踢腿、抖腿、踮脚甚至走路异常。宝宝发生全身抽搐时会显得很吓人，宝宝会眼睛上翻，牙关紧闭，整个身体或身体的局部还会出现痉挛性的抽动，呼吸沉重，口吐白沫，有时还有大小便失禁的现象。

由发热引起的宝宝痉挛其症状较轻，可能只会出现翻眼、肢体僵硬，较严重的患儿会表现为尖叫、全身各部位抽搐或痉挛样运动，可伴有丧失意识的现象。

抽搐、痉挛和癫痫的原因

1. 抽搐、痉挛和癫痫都可以通过基因遗传使宝宝致病。

2. 宝宝突然受到惊吓、慢性焦虑等是造成宝宝抽搐的重要原因。

3. 严重的感冒和发热也会诱发宝宝抽搐。

4. 寒冷的刺激可以引起宝宝抽搐和痉挛。如宝宝晚上睡觉没盖好被子，小腿肌肉受寒冷刺激后，宝宝会出现小腿抽搐或痉挛，从而背疼醒。

5. 宝宝在剧烈运动后，全身处于紧张状态，腿部肌肉收缩过快，没有及时放松肌肉，造成局部代谢产物乳酸增多，从而引起小腿肌肉抽搐或痉挛。

6. 宝宝运动时间长、运动量大，出汗多，没有及时补充盐分，造成体内液体和电解质大量丢失，导致局部肌肉的血液循环不好，也容易发生痉挛。

7. 疲劳过度、缺钙、上运动神经元损伤等因素也会造成宝宝痉挛。

宝宝抽搐、痉挛和癫痫怎么办

发现宝宝抽搐或痉挛时，应及时将宝宝送往医院，在路途中，爸爸妈妈要采取一些紧急处理方法，以免发生意外。

1. 可以用纱布或小手帕裹在筷子或小调羹上，塞在宝宝的上下齿之间，以防宝宝在抽搐时咬破舌头。如果宝宝的牙齿咬得很紧，不要强行撬开，可用筷子从两侧嘴角往里插入。

2. 在宝宝发生抽搐时，要解开宝宝的衣领，放松裤带，让宝宝平躺，保持呼吸道通畅；并使宝宝的头部偏向一侧，以防呕吐物吸入呼吸道而造成窒息。

3. 用手指重压宝宝的人中，可以避免宝宝出现呼吸停止的现象，有时也可起到止疼的效果。

4. 当宝宝因高热而抽搐时，要给宝宝进行物理降温。

5. 如果宝宝出现手部痉挛，可以轻轻拉直宝宝的手指，摊开手掌，按压指尖，并按摩肌肉。

6. 如果宝宝的小腿发生痉挛，要让宝宝做弓步，即把痉挛腿向后撤，身体下压。

7. 如果宝宝的痉挛出现在大腿，要让宝宝坐在地板上，伸直大腿，然后摁压下膝部，拉直大腿肌肉。

8. 如果宝宝出现足部痉挛，要让宝宝躺下，伸直宝宝的膝盖和足趾，并用力朝胫骨压足部，再按摩挛缩的肌肉。

9. 在饮食上，要注意给宝宝补充钙和维生素 D，可以让宝宝多吃含钙、维生素 D 丰富的食物如虾皮、牛奶、豆制品等。

10. 注意给宝宝保暖，不能让宝宝的局部肌肉受寒。

心脏

高血压

高血压是一种以动脉压升高为特征，可伴有心脏、血管、脑和肾脏等器官，出现功能性或器质性改变的全身性疾病，它分为原发性高血压和继发性高血压两种。儿童高血压诊断的标准尚未统一，通常认为高于该年龄组血压百分位数值，或高于平均值，并经过多次证明，即可诊断为高血压。一般认为，新生儿超过 10.7/6.7kPa（千帕），婴幼儿超过 13.3/8.0kPa，学龄前儿童超过 16.0/10.5kPa，学龄儿童超过 17.3/12.0kPa，即可诊断为宝宝患了高血压。

高血压的症状

宝宝患了高血压，可能会出现头痛、头晕、眼花、恶心呕吐等症状。较小的宝宝因为不会表达，常表现出烦躁不安、哭闹、易怒，或夜间尖声哭叫等。患有高血压的宝宝还会出现体重减轻、发育停滞等现象。如果宝宝的血压过高，还会伴有头痛、头晕加剧、心慌气急、视力模糊、惊厥、失语、偏瘫等高血压现象。

继发性高血压患儿除有上述表现外，还伴有原发病的症状，如患有急性肾小球肾炎的宝宝，在血压升高的同时，经常会伴有发热、水肿、血尿、少尿、蛋白尿等并发症。患嗜铬细胞瘤的宝宝，除血压升高外，还伴有心悸、心跳加速、多汗等症状。

患有轻度高血压的宝宝经常没有明显的症状，但当血压明显升高时，即到了中度或重度高血压阶段，就会出现一系列症状，如头晕目眩、心力衰竭、脑卒中、尿毒症等，会危及宝宝的生命。

高血压的原因

1. 遗传因素是宝宝患高血压最直接的原因，因为大约半数高血压患者有家族史，便可以说明，高血压具有遗传性。

2. 宝宝患有肥胖症也可以导致高血压。

3. 不合理的饮食结构也是造成宝宝高血压的原因之一。比如吃太咸或过分油腻的食物。

4.宝宝患有的原发性醛固酮增多症、皮质醇增多症以及嗜铬细胞瘤等肾上腺疾病，也会导致宝宝患高血压。

5.宝宝患有小儿麻痹、颅内出血、肿瘤、脑炎等中枢神经系统疾病，可以导致宝宝患严重的高血压。

宝宝高血压怎么办

1.定期给宝宝检查血压，做到早发现，早治疗一旦确诊宝宝患了高血压后，应立即展开治疗，同时给宝宝采取保健措施，预防并发症的发生。

2.给宝宝做菜的时候，应少放盐，多给宝宝吃清淡的食物。

3.对于肥胖的宝宝，要适当他们的控制饮食，在补充全面营养的前提下，少吃或不吃动物脂肪，多吃新鲜蔬菜水果，不吃重口味的食物。

4.多带宝宝进行户外运动，有利于宝宝的身心健康。

5.可以给宝宝饮用一些降压茶水，如决明茶、菊花山楂茶、芹菜红枣茶等，经常饮用有助于降低血压。

川崎病

川崎病又称皮肤黏膜淋巴结综合征，是一种以全身血管炎变为主要病理特点的急性发热性出疹性小儿疾病。多见于 6 ~ 18 个月的宝宝，其中以男宝宝居多。

川崎病的症状

1.宝宝患了川崎病后，会出现突然发高热，体温在 38 ~ 39℃，但精神较好，食欲也只是稍微下降，这种发热现象可持续 5 天，之后会慢慢退热。

2.宝宝的眼球结膜充血，这种症状会随着退热而消散，并且脖子上出现多个淋巴结肿大。

3.宝宝身上出现圆形水肿状的红斑，中心有水疱，多见于躯干部，但无疱疹及结痂，1 周左右消退。

4. 宝宝嘴巴发红、发干、有裂纹，舌头上长出红色的小疙瘩，口腔及咽部有弥散性充血。

5. 宝宝在川崎病急性发作时，会出现手脚硬性水肿、发红，在体温下降时，脚尖开始出现脱皮的现象。

川崎病的原因

对于引起川崎病的原因，医学上还没有定论。曾一度怀疑是由于链球菌所引起，但至今还没有从患儿的体内分离到链球菌，所以没有得到证实；也有医学专家说尘螨传播的立克次体和疮疱短棒菌苗是川崎病的原因，但也没有强有力的证据证明；目前为止，只能说遗传和感染可能是川崎病的病因。但是无论病因是什么，爸爸妈妈都要了解关于婴幼儿疾病的知识，并时刻关注宝宝的生长发育，一旦出现异常，要立刻采取措施，早发现早干预。

宝宝川崎病怎么办

1. 宝宝患了川崎病之后，在发热期间，尽量让宝宝卧床休息，以减少体能的消耗，降低机体的新陈代谢，从而促进身体的恢复。

2. 定时为宝宝测量体温，观察宝宝的伴随症状，并做好记录，在宝宝体温过高时，要适当运用物理方法给宝宝降温，如果物理方法没有效果，而宝宝的体温持续升高的话，要及时送宝宝去医院接受治疗。

3. 如果宝宝出汗较多，要勤为宝宝换下汗湿的异物，保持皮肤干燥，以免着凉。

4. 多给宝宝喝水，给宝宝吃清淡易消化的食物，避免吃油腻、口味过重的食物。

5. 如果宝宝有口腔咽部黏膜充血、口唇皲裂，可让宝宝用淡盐水漱口，每日清洗口腔 2 ~ 3 次，坚持 1 周即可看到明显的效果。

6. 还有的宝宝会出现口腔溃疡，可以给宝宝涂十六角蒙脱石粉（思密达）以保护黏膜；对于嘴唇干裂的宝宝，可以用甘油给宝宝涂抹；这两个动作均要求轻柔，避免弄疼宝宝或造成出血的现象。

心律失常

心律失常是指心律起源部位、心搏频率与节律以及冲动传导等任意一项出现异常。小儿心律失常主要由折返机制造成，属于儿科的急症之一，如果不及时治疗容易导致宝宝心力衰竭，严重时甚至会死亡。

心律失常的症状

1.宝宝心律失常可表现为头晕、脑子不清醒、全身乏力、嗜睡等症，有时会伴有说胡话的现象。

2.因宝宝的个人情况，有的宝宝会出现心率增快，有的宝宝会出现心率过缓。

3.宝宝心律失常时，心房和心室收缩程序改变，使心脏的排血量下降30%左右，会引起宝宝心虚、胸闷等症状。

4.有的宝宝会表现出心悸、脸色苍白等症状，并经常伴有呕吐现象。

5.情况严重的宝宝还会出现心力衰竭，甚至休克，威胁到宝宝的生命。

心律失常的原因

1.在宝宝心律失常的原因中，先天性因素占了一定的比例，如三尖瓣（类似于一个单向阀门，使血液从右心房流向左心房）下移易并发的房性期前收缩、阵发性室性心动过速、心房扑动等，都会造成宝宝心律失常。

2.剧烈的运动、情绪的激动、体位的变化，以及中暑、受冻等物理因素，都会造成宝宝心律失常。

3.各种功能性或器质性心血管疾病，如高血压、冠心病、心脏病等，都是引起宝宝心血管疾病的原因。

4.内分泌疾病，如甲状腺功能亢进症或减退症、垂体功能减退症、嗜铬细胞瘤等，也能造成宝宝心律失常。

5.代谢异常，如发热、低血糖、恶病质等，也是造成宝宝心律失常的原因之一。

6. 部分药物也能影响宝宝的心律，如洋地黄类、抗心律失常药物、扩张血管药物、抗精神病药物等。

7. 宝宝在中毒的情况下，心律会出现明显的失常，如重金属(铅、汞)中毒、食物中毒、药物中毒等。

宝宝心律失常怎么办

1. 发现宝宝心律失常后，应立即将宝宝送往医院接受治疗，并在医生的指导下用药。

2. 平时要养成宝宝按时作息的习惯，保证充足的睡眠，保持宝宝平缓的情绪，避免宝宝发怒或异常激动。

3. 给宝宝洗澡时，洗澡水不要太热，洗澡时间也不宜过长，避免宝宝着凉，预防感冒。

4. 让宝宝养成按时排便习惯，保持大便通畅，避免宝宝便秘，因为便秘的宝宝在用力排便时，会对心脏造成很大的压力。

5. 经常带宝宝参加适合宝宝的年龄和体力的运动，有助于身体健康，但不要让宝宝做剧烈的运动，竞赛性活动也应该避免，否则会超过宝宝的心脏负荷能力，造成心律失常。

心脏杂音

心脏杂音其实就是血液流过心脏时产生的异样的声音，具体是指在心音与额外心音之外，在心脏收缩或舒张时血液在心脏或血管内产生端流所致的室壁，瓣膜或血管振动所产生的异常声音。

心脏杂音的症状

心脏杂音可能累及心脏，宝宝就可能出现脸色发青或者脸色苍白、呼吸困难、用口呼吸、口干舌燥等现象，进而出现体重下降，发育迟缓等问题。

如果宝宝的心脏杂音是由风湿热等因素引起的感染，就会出现一些感染的症状，如发热、感冒、脉搏偏快和血流总量增多等症状。

心脏杂音的原因

1.在宝宝出现心脏杂音的原因当中，先天性因素占了比较大的比例，由先天性心脏病所引起的杂音，一般在宝宝出生时或者出生后几个月检查出来。这种杂音通常不是由炎症引起的，而是因为心脏的结构先天发育异常引起的，患有先天性心脏杂音的宝宝需要送往医院进行仔细的检查。

2.患有先天性心脏病或者后天性心脏病的宝宝，也很容易出现心脏杂音。

3.童年时期出现的后天性心脏杂音大部分是由风湿热引起的，如风湿性三尖瓣炎、风湿性三尖瓣关闭不全等，它会使宝宝的心脏瓣膜感染并发炎，引发心音异常。

宝宝心脏杂音怎么办

1.宝宝出现心脏杂音，一般不用治疗，也不用禁制宝宝做运动，爸爸妈妈不要把宝宝看成身体有残疾的孩子，只需要让宝宝注意不要做剧烈的运动就好。

2.给宝宝制定合理的饮食结构，鼓励宝宝多喝水，多吃新鲜的水果蔬菜，多补充维生素和矿物质。

3.对于患有先天性心脏杂音的宝宝，要注意避免各种感染，尤其是流感，所以每年都应带宝宝去医院接种疫苗。

4.让宝宝养成良好的作息习惯，做到早睡早起，保持良好的精神风貌以及平和的心情，避免宝宝动怒。

肌肉骨骼疾病

跛行

跛行不是病名，是四肢机能障碍的综合征。许多婴幼儿外科病，特别是四肢疾病都可能导致宝宝跛行，一般情况下如果伤势不严重，是可以自愈的。但有时跛行也可能潜伏着其他疾病，因此，需要爸爸妈妈格外留心，必要时要将宝宝送往医院检查，有问题时要及时地治疗，以免造成永久性的残疾。

跛行的症状

因病毒性关节感染而造成跛行的宝宝，会出现发热、关节肿胀和发红的现象。如果感染的部位在髋关节，宝宝会将腿保持在屈腿的位置，挪动方向时会产生剧烈的疼痛感，所以不愿意向任何方向移动髋部和腿，这时爸爸妈妈应立即带宝宝去医院看医生。

跛行的原因

1. 疼痛是引起宝宝跛行的最常见原因，如宝宝鞋中进入石子，宝宝的脚踝扭伤，或肌肉韧带拉伤等，都能使宝宝因为疼痛而跛行。

2. 双腿不齐引起宝宝跛行的原因，但是这种情况极其罕见，有的宝宝一出生时就存在髋关节脱位，但是爸爸妈妈没有发现，直到学走路时才发行，这时已经难以矫正了。

3. 脊柱弯曲也是会造成宝宝跛行，因为脊柱弯曲会使宝宝站不直，身子偏向某一侧，或者出现一条腿长，一条腿短等现象，就会发生明显的跛行。

宝宝跛行怎么办

1. 对于突发的跛行，爸爸妈妈在发现宝宝跛行之后，要仔细询问宝宝是否有摔伤或扭伤，如果是摔伤或者扭伤，就要给宝宝处理受伤部位。

2. 如果是如果宝宝的跛行是由于脚底起疱引起，可做简单处理，并让宝宝穿着舒适、宽松的鞋子，避免养成跛行的习惯。

3. 如果宝宝在早起学步时出现跛行，爸爸妈妈要应尽快带宝宝去医院检查，看是否是因为双脚不齐或关节发育缺陷等问题引起的，并对症治疗。

4. 对于跛行的宝宝，爸爸妈妈要有耐心，要在宝宝走路时提醒他们要注意走路的姿势，并通过反复纠正治疗宝宝跛行的现象。

扁平足

扁平足俗称平足，习惯上是指足部正常的内侧纵弓的丧失。宝宝从出生到 4～5 岁，较容易出现扁平足，随着年龄的增长，到 6 岁左右会发育形成明显的足弓。如果宝宝在 8 岁时仍未出现明显的足弓，那可能形成扁平足了。

扁平足的症状

宝宝在扁平足的初发期，足弓外观无异常，但行走路程过长后会感觉到足部疲劳和疼痛，小腿外侧踝部有时会感觉到疼痛，足底中心和脚背会有肿胀，局部皮肤发红，足部活动内翻轻度受限。宝宝站立时，会出现足扁平、外翻的症状。经过休息后，部分症状、体征可逐渐消失。严重的宝宝，会出现足部僵硬，活动明显受限，即使经过较长时间休息，症状也很难改善。还有的宝宝因不及时治疗而诱发腰背痛及髋、膝关节疼痛。

扁平足的原因

1.遗传因素在扁平足的发病中起重要作用，宝宝扁平足一般为基因遗传。

2.宝宝的舟状骨、副舟骨、距骨以及跟骨等足部骨骼出现异常，容易使宝宝出现扁平足。

3.宝宝的胫前肌、腓骨肌等足部肌肉出现异常，也会使宝宝患扁平足。

4.宝宝的足内、外侧肌比较软柔，负重时足部肌肉、韧带受力不平衡，也是造成宝宝扁平足的原因。

5.宝宝的骨和关节非常容易变形，在站立时导致足弓扁平，也可能是因为足内线有一个脂肪垫而隐藏了足弓。

宝宝扁平足怎么办

1.要多带宝宝参加户外运动，适量的运动有利于宝宝足部外侧肌肉和韧带的锻炼，以改善足部肌肉和韧带的力量，促进足弓的发育。

2.给宝宝买鞋子时，要尽量选择舒适、轻便的鞋子，尽量不要穿带跟的鞋，会增加足弓压力，加重平足。

3.可使用矫形鞋或足弓垫来矫正，通过长时间坚持矫正宝宝的扁平足。

4.在每天晚上睡觉前用温热水给宝宝泡脚，热水浸足也比较有益，可以促进足部血液循环，温水泡脚一般40～50℃为佳，不宜太热，以免烫伤。

5.宝宝的鞋袜要常换洗和晾晒，保证鞋子的干燥、暖和，并且在选购袜子时，一定要选择柔软、透气性好的棉袜或羊毛袜。

足内翻

足内翻是一种发育性畸形，在宝宝出生时就能发现，大多由于胫骨后肌痉挛引起的踝关节畸形。婴幼儿足内翻是指6个月以下的宝宝不能正常并拢两脚，并且足底向内翻转，并且婴幼儿足内翻多为先天性足内翻。

足内翻可以发生在单足或双足，在发育过程中，由于足的肌腱和韧带发育出现故障，未能与足部其他的肌腱韧带的发育保持同步，其后果是这些肌腱和韧带将足的后内侧牵拉向下，导致足向下向内扭转，足部的各块骨头因此处于异常的位置上，足部内翻、僵硬，并且不能回到正常的位置。

足内翻的症状

1.患足内翻的宝宝会表现为单足或双足出现不同程度的畸形，内翻、内收，不能正常并拢双脚。

2.患足内翻的宝宝在学走路时，会用前足或足外侧缘着地面行走，随着年龄渐大，畸形逐渐加重。

3.病情比较严重的宝宝会出现用足背行走的现象，并且负重处出现滑囊和胼胝。

4.通过拍摄X线片，可以清晰地看到距骨、跟骨、骰骨的骨化中心，有时可见到第三楔骨，所有的跖骨和趾骨均已出现，而跗舟状骨要到 3 岁才出现骨化中心。

足内翻的原因

足内翻的原因多是由于足骨先天异常，或在胎内的位置异常所致。足内翻有 10% 由遗传引起，且有时伴有其他畸形。患内翻足的宝宝中也有发现髋关节脱位的，因此，这方面的检查也很重要。

宝宝足内翻也可能由于足的肌腱和韧带发育出现故障，未能与足部其他的肌腱韧带的发育保持同步，造成这些肌腱和韧带将足部的后内侧牵拉向下，导致足部向下，并且向内扭转，足部的各块骨头因此处于异常的位置上，直接足部内翻、僵硬，并且不能回到正常的位置。

宝宝足内翻怎么办

1. 如果发现宝宝的足部有异常，要马上带宝宝到专门的足部整形外科做检查，并尽快开始治疗。

2. 对于症状较轻的宝宝，可以经常有意识地用手将宝宝内翻的脚翻转至正常位置，长期坚持会起到矫正的作用。

3. 如果宝宝需要通过手术来矫正，要做好宝宝住院的准备。

4. 对于接受治疗了的宝宝，然已经治愈，但以后可能会复发，所以爸爸妈妈要通过按摩或晚上背包包穿矫正鞋，来保持宝宝治愈后的效果，避免反弹。

肘部损伤

肘部损伤是 4 岁以下的宝宝最常见的肢体损伤。

肘部损伤的症状

1. 出现肘部损伤的宝宝，会因为疼痛而表现出手臂环抱身体、肘部轻度弯曲、手掌朝向身体，并出现呻吟、哭闹不安等现象。

2. 宝宝出现肘部损伤后，尝试拉直他的手臂或者使他手掌朝上时，宝宝会因疼痛本能地抵抗。

3. 严重的肘部损伤一般还会出现关节脱臼，肿胀严重，并有明显的畸形现象。

肘部损伤的原因

在宝宝肘部附近的软组织滑进肘关节并陷入里面时发病。宝宝的肘关节非常松弛，在被用力拉时容易分开，大人握紧宝宝的手或腕将其提起、突然猛拉或晃动时，或者在宝宝伸开手臂时跌倒都极有可能导致宝宝肘部损伤。

宝宝肘部损伤怎么办

1. 在发现宝宝出现肘部损伤之后，不要试图自己治疗这种损伤，要及时送完医院，避免留下后遗症。

2. 在送宝宝去医院的过程中，要保持宝宝的姿势自然，切勿压迫或移动，不要轻易摇动宝宝受伤的肘部。

3. 如果宝宝觉得害怕，要抚慰宝宝的情绪，避免宝宝因为疼痛和焦躁而挪动手肘。

4. 给宝宝洗澡和脱衣服时要格外小心，以免弄疼宝宝受伤的手肘。

5. 给宝宝穿宽松舒适的衣服，便于宝宝活动，脱衣服时也容易。

膝内翻和膝外翻

膝内翻和膝外翻，在临床相当多见，其中以小儿膝内翻和膝外翻最为多见。膝内翻也称为 O 形腿，是指双侧下肢伸直位双侧踝关节并拢，双侧膝关节内侧并不拢；膝外翻一般也称为 X 型腿，指两足并立时，两侧膝关节碰在一起，并且两足内踝无法靠拢。

膝内翻和膝外翻的症状

膝内翻的症状：宝宝患了膝内翻表现为膝盖向内侧翻，站立或走路时双足足尖朝内，呈外八字。并且因为膝盖向内侧翻，宝宝在行走时常常伴有膝盖碰撞和摩擦的现象。

膝外翻的症状：宝宝患了膝外翻表现为膝盖向外侧翻，两股骨内髁间的距离较大，站立或走路时呈 O 形腿，宝宝在走路时经常伴有重心外移。

无论是膝内翻还是膝外翻，因为走路的姿势畸形，宝宝都会出现小腿肌肉疼痛或者肌肉痉挛的现象。

膝内翻和膝外翻的原因

1. 遗传因素是造成宝宝膝内翻和膝外翻的常见因素。

2. 宝宝长期缺钙也会造成膝内翻和膝外翻。

3. 但引起宝宝膝内翻和膝外翻更直接的原因，还是在于宝宝习惯性的走姿、站姿、坐姿及一些运动。

4. 外侧副韧带松弛也会造成膝内翻，因为在外侧副韧带松弛的情况下，内侧副韧带偏大的力量就会牵拉小腿胫骨向内侧旋转，形成膝内翻。

5. 软骨营养障碍、小儿佝偻病、外伤、骨折等，也会造成宝宝膝外翻。

宝宝膝内翻和膝外翻怎么办

1. 如果宝宝属于生理性膝内翻和膝外翻，无须过多为宝宝担心，随着宝宝的生长发育，症状会自行消失。

2. 多留意宝宝的走姿、站姿、坐姿，在宝宝出现膝内翻或膝外翻的时候，及时纠正。

3. 对于由疾病引起的膝内翻和膝外翻，爸爸妈妈要积极配合医生治疗。

4. 对于膝外翻的宝宝，爸爸妈妈可以通过正O仪器、夹板、绑腿、锻炼、矫正鞋垫等方式矫正。

5. 对于膝内翻的宝宝，爸爸妈妈可以通过锻炼宝宝腿部内侧肌肉的方法矫正。具体操作为：让宝宝双脚分开与肩同宽，双足稍内扣，膝关节内扣做下蹲和起立的动作，20次一组，每天做2～4组，长期坚持可有矫正的效果。

6. 宝宝膝内翻也可以通过矫正股骨方向来矫正，具体操作为：让宝宝平躺，双足曲起，小腿与大腿呈45°，臀部抬起，使上身与大腿成一平面，长期坚持也可以起到很好的矫正效果。

皮肤

水痘

水痘是由水痘带状疱疹病毒初次感染引起的急性传染病。传染率很高，主要发生在婴幼儿，以发热及成批出现周身性红色斑丘疹、疱疹、痂疹为特征。水痘在患病痊愈后，可以获得终身的免疫。

水痘的症状

水痘起病较急，常常带有发热、头痛、全身倦怠等前驱症状。宝宝在发病24小时内即可出现皮疹，并随着病情的发展变为豌豆大的圆形水疱，周围有明显的红晕，水疱的中央呈肚脐窝状，并奇痒难耐。宝宝刚开始发病时，红疹出现在面部和头部，并迅速扩展至躯干、四肢。大概在2～3天后水疱会干涸结痂，脱落而痊愈，不留疤痕。

患病期间宝宝集中表现为烦躁不安、精神疲乏、嗜睡等症状。宝宝患了水痘后会引起很多并发症，主要包括：皮肤疱疹继发感染、脓疱疹、蜂窝织炎、败血症、脑炎等。

水痘的原因

水痘患者是宝宝感染水痘唯一的传染源，春冬是水痘的多发季节。宝宝在接触水痘患者，或者感染了经空气飞沫传播的病毒之后，即可感染水痘。加上宝宝的免疫力低下，发病率可达95%以上。

宝宝水痘怎么办

宝宝患了水痘之后，应尽早隔离，直到全部皮疹结痂为止，以免传染给其他宝宝。水痘没有特效的治疗，主要是对症处理及预防皮肤继发感染，保持清洁避免发痒并防止继发感染。局部治疗以止痒和防止感染为主，爸爸妈妈可以给宝宝擦甲紫液止痒。对于继发感染的宝宝可外用抗生素软膏，当宝宝的继发感染全身症状严重时，可以在医生的指导下用适量抗生素。

如果宝宝的口腔出现疹子，会因疼痛导致进食困难，这时要给宝宝吃一些易于消化、顺口爽滑及营养丰富的食物，以流质、半流质的食物为主，忌油腻、刺激性食物以及发物，叮嘱宝宝要多喝水。

宝宝在有水疱或者发热的时候，不宜给宝宝洗澡，但是要勤换衣物，并放在太阳底下暴晒，杀菌，避免水疱破裂后的渗出液沾染衣服，造成健康的皮肤也受感染。

风疹

风疹是婴幼儿常见的一种呼吸道传染病。由于风疹的疹子来得快，去得也快，像一阵风一样，因此得名"风疹"。风疹病毒在体外生存能力很弱，传染性强。一般通过咳嗽、谈话或喷嚏等传播。多见于 1 ~ 5 岁儿童，6 个月以内婴儿因有来自母体的抗体获得抵抗力，很少发病。得一次风疹，可终身免疫，很少再患。

风疹的症状和原因

风疹从接触感染到症状出现，要经过 14 ~ 21 天。在开始的 1 ~ 2 天症状很轻，宝宝会出现低热或中度发热，轻微咳嗽、乏力、胃口不好、咽痛和眼发红等轻度上呼吸道症状。在发热 1 ~ 2 天后会出现皮疹，先从面部、颈部开始，在 24 小时内蔓延至全身。出疹后第二天开始，面部及四肢皮疹可变成针尖样红点，类似于猩红热一样的皮疹。一般在 3 天内迅速消退，留下较浅色素沉淀。宝宝在出疹期体温不再升高，但宝宝没有感觉到不适，照常饮食嬉戏。风疹与麻疹不同，风疹全身症状较轻，不会像麻疹那样出现黏膜斑。

宝宝风疹怎么办

如果宝宝得了风疹，应及时将宝宝隔离治疗，并让宝宝卧床休息 1 周。爸爸妈妈应给宝宝补充维生素及富有营养、易消化食物，如菜末、肉末、大米粥等。

注意宝宝的皮肤清洁卫生，防止细菌继发感染。风疹并发症常见的有脑炎、心肌炎、关节炎、出血以及肝、肾功能异常等，一旦发生，爸爸妈妈应该及时带宝宝去医院检查治疗。

患风疹的宝宝需要加强护理，对于空气的要求比较高。要保持室内空气新鲜、流通，在空气比较干燥时，要用加湿器加湿空气，给宝宝营造一个较好的康复环境。

过敏

过敏是现代小儿医学中的一大课题，所谓过敏，是指免疫系统对于外来物质的过分反应。宝宝的皮肤细腻，免疫力不是很强，所以经常可以看到宝宝的脸部、手部、脚部等处发生湿疹，这是婴幼儿皮肤炎症，大部分是由过敏引起的。

过敏的症状

如果发现宝宝出现以下症状，证明宝宝有过敏的可能性。

1. 宝宝的皮肤局部发生红肿发痒等异常。先天过敏体质的宝宝容易得异位性皮肤炎。异位性皮肤炎是一种发生于皮肤的慢性、发痒性疾病，患有异位性皮肤炎的患儿，也常带有其他的过敏性疾病，如过敏性鼻炎、气喘、荨麻疹等。

2. 宝宝咳嗽、呼吸异常。过敏的宝宝会出现咳嗽、呼吸急促困难、呼气吸气时带有哮鸣声等症状。

3. 季节性过敏的宝宝，会经常性地流鼻水、鼻塞、揉鼻子、揉眼睛。过敏体质的宝宝到了天气变化较大的季节，尤其是春秋两季，常出现打喷嚏、流鼻涕、鼻塞、鼻子痒、揉鼻子等症状，而且病状呈季节性复发。

4. 宝宝食物过敏或者药物过敏后，会出现皮肤剧痒、出疹子，甚至腹痛、腹泻等症状，严重的还会出现口吐白沫，脸色酱紫等中毒现象。

过敏的原因

诱发过敏病的因素有直接因素和间接因素两种，直接因素包括过敏源、呼吸道病毒感染，化学刺激物如香烟尼古丁、汽车尾气、臭氧等，这些因素可直接诱发过敏症状。间接因素则包括运动、天气剧变、室内外温差大于7℃、喝冰水、情绪不稳定等，这些因素都会造成过敏现象。容易在幼儿呼吸的过程中造成过敏的过敏源有室内灰尘、尘螨、羽毛、皮屑、真菌、蟑螂、花粉等；容易引起过敏的食物有：牛奶、禽蛋、花生、坚果、黄豆及豆制品、麦类、螃蟹、虾、鳕鱼、蚌壳等；此外，某些药物也能造成宝宝药物过敏，而且对于过敏的药物因宝宝而异。

宝宝过敏怎么办

1. 如果宝宝出现食物过敏或者药物过敏，应该立即将宝宝送往医院治疗。

2. 如果宝宝是因为洗涤用品或者宝宝霜之类的外用物品而过敏，要用大量清水将这些物质清洗干净，并用干净的毛巾擦干。

3. 对于过敏体质的宝宝，要尽量避免给宝宝食用牛奶、鸡蛋、花生、海鲜等食物，在添加新的辅食时，应该以量少质稀为原则，在确定宝宝不会对某种食物过敏之后，再作为食物给宝宝食用。

4. 知道宝宝对某种过敏源过敏之后，应该使宝宝远离过敏源，避免再次过敏。

5. 对于粉尘过敏、花粉过敏的宝宝，要注意定期清洁房间，保持空气新鲜、湿润，还应该注意不要在室内养花，避免宝宝过敏。

6. 鼓励宝宝多运动，提高机体免疫力。

7. 过敏期间宝宝的饮食一定要清淡，营养丰富，并叮嘱宝宝多喝水。

麻疹

麻疹是婴幼儿最常见的急性呼吸道传染病之一，主要致病菌是麻疹病毒。其传染性很强，在人口密集而未普种疫苗的地区极易发生流行，2～3年发生一次大流行，1～5岁的宝宝发病率最高。

麻疹的症状

宝宝患了麻疹之后，集中表现为发热、上呼吸道炎症、眼结膜炎等；有的宝宝在皮肤上会出现红色斑丘疹，黏膜上会有麻疹黏膜斑，丘疹消退后会留下色素沉淀，并伴有糠麸样脱屑。分阶段具体表现为：

1. 前驱期：宝宝从发病至出疹前一般需要3~5天，并伴有发热、咳嗽等上呼吸炎、黏膜炎、病毒血症、口腔黏膜白斑等。

2. 出疹期：宝宝发病3~4日之后，皮疹从耳后、发际蔓延到耳前、面颊、前额、躯干及四肢等部位，最后达手心、足心，大约3天后遍及全身。皮疹初为淡红色斑丘疹，稀疏分明。后来症状加重，丘疹界限分明，体温高，全身淋巴结肿大，肺部可有罗音。此时，宝宝出现嗜睡或烦躁不安的现象。

3. 恢复期：宝宝出疹3~5天后，发热开始减退，全身症状减轻，皮疹按出疹的先后顺序消退，留下褐色色素斑，并可在1~2周消失。

麻疹的原因

宝宝患麻疹是因为感染了麻疹病毒，而麻疹患者是唯一的传染源，患儿从接触麻疹后7天至出疹后5天均有传染性，病毒存在于眼结膜、鼻、口、咽喉和气管等分泌物中，通过喷嚏、咳嗽、说话等空气飞沫传播。此时，如果宝宝接触麻疹患者，或者触摸了被麻疹病毒所污染的物品之后，都有可能患上麻疹。

宝宝麻疹怎么办

宝宝患麻疹后，恢复护理是非常重要的。

1. 宝宝在发病初期会出现发热的现象，可以在医生的指导下适当地给服用一些退热药，并让宝宝卧床休息。

2. 给宝宝洗澡时，水温要适宜，以37~37.5℃为宜，室温要保持在23~27℃。

3. 如果宝宝感到眼睛疼痛，并且有黏稠的分泌物，可以用温开水兑的淡盐水给宝宝清洗眼睛。

4. 在宝宝患麻疹期间，饮食一定要清淡，多给宝宝吃一些易消化、营养全面的食物。患麻疹的宝宝对维生素A的需求量特别大，需要大量补充维生素A，所以要给宝宝吃富含维生素的食物。

疥疮

疥疮是由疥螨虫寄生于人体皮肤表层内引起的慢性传染性皮肤病。如果不注意预防，有可能在婴幼儿中流行。

因此患儿需要到医院皮肤科就诊，按照医生医嘱坚持用药，治疗满整个疗程。所用衣物、被褥等用开水烫洗，进行消毒杀虫。同时患儿洗热水澡，再用灭疥药涂擦全身，疗程完毕后再洗澡，冲洗干净，换上消毒过的衣物，并将换下来的衣物、被褥等用开水烫洗或煮沸消毒。患儿家人需要注意消毒隔离。如果家中有其他人患病，需要同时治疗。

疥疮的症状和原因

宝宝会出现皮肤剧烈发痒，晚上尤为明显。年龄较大的宝宝，这种皮疹表现为位于皮肤下方许多的充满液体的肿块，婴儿的肿块可能分散或孤立，一般位于手掌和足底。

疥疮可以发生于身体的任何部位，传染性很强，在一家人或集体宿舍中往往相互传染。疥虫离开人体能存活 2 ~ 3 天，因此，使用病人用过的衣服、被褥、鞋袜、帽子、枕巾也可间接传染。少数情况下，也可通过患疥疮的动物接触后感染。

宝宝疥疮怎么办

1. 宝宝患有疥疮后，应立即隔离，以彻底阻断传染源。

2. 宝宝穿过的衣服，用过的被褥等物品必须进行彻底清洗，或在阳光下暴晒，也可用熨斗烫而达到杀灭疥螨的目的。

3. 用肥皂水给宝宝洗澡，小心清洗患处。

4. 帮助宝宝修剪指甲，克服发痒，尽量减少宝宝抓挠患处，以免抓破。

荨麻疹

荨麻疹俗称风团，是由于皮肤黏膜血小管扩张及渗透性增加而引起的一种水肿反应。幼儿也会患荨麻疹，并且出疹的情况和成人相似。

荨麻疹的症状

宝宝患了荨麻疹之后，身上会异常刺痒，此时宝宝会用手不断地抓挠，并出现神情焦躁、哭闹不止的现象。当脱下宝宝的衣服时，会看见宝宝的胸、背、腹等处出现红色隆起疹块，过一段时间又就会消失，但是会反复发作，有时候宝宝还会伴有恶心的症状。

宝宝的皮肤会随着抓挠会迅速出现大小不等，形状不一，颜色为红色或白色的水肿性皮肤隆起。部分宝宝会出现发热、头疼、恶心、呕吐、腹痛、腹泻等症状，严重时还可伴有面色苍白、呼吸困难、血压下降等休克表现。

患荨麻疹的原因

引起宝宝患上荨麻疹的原因有很多，爸爸妈妈在日常生活中要留心观察宝宝患荨麻疹的原因，并使宝宝避开致病环境。

1.食物及添加剂、药物以及易过敏的食物等都可能使宝宝患上荨麻疹。

2.细菌感染和真菌感染也会造成宝宝患荨麻疹。

3.动、植物及其吸入物，也是宝宝患上荨麻疹的因素之一。

4.宝宝患荨麻疹具有一定的遗传性，但这种情况比较少。

宝宝荨麻疹怎么办

1.如果宝宝是在服用某种药物后出现的荨麻疹，情况不是很严重的话，停止服用该种药物即可。要尽量让宝宝避开病原环境。回想宝宝在什么环境或者吃过什么食物后发病，以后要尽量减少再次接触的机会。

2.如果怀疑宝宝是由食物引起的荨麻疹，可以多给宝宝喝水，稀释并冲出残留食物。

3.宝宝出现皮肤发痒，可以给宝宝涂含有薄荷成分的药膏或抗过敏药膏可使症状减轻。

4.将宝宝的指甲剪短，勤给宝宝洗手，为避免宝宝抓挠局部皮肤，可以给宝宝戴上手套。

5.患荨麻疹期间，宝宝的饮食要清淡，以流质和半流质的食物为主，并叮嘱宝宝多喝水，注意休息，以免消耗体力。

脓疱病

脓疱病是一种传染性极强的细菌性皮肤感染疾病，可以出现在身体的任何部位，但常常攻击身体暴露部位。幼儿患病的部位多位于面部，特别是口鼻周围，有时也可会出现在手臂或腿部。

脓疱病的症状

宝宝在患病初期，皮肤上出现浅在的水疱，多位于鼻子和嘴巴周围。这些水疱随着病情的发展水疱迅速变成脓疱，周围有炎性红晕围绕，疱壁薄而易破，此时宝宝会出现奇痒难耐、烦躁不安的现象。脓性水疱抓破后会出现疱面糜烂，并有渗出物向四周蔓延。脓疱干涸后结成灰黄或蜜黄色厚痂，痂皮脱落后不留疤痕，遗留暂时的色素沉着，并且色素会逐渐消失。

脓疱病的原因

1.宝宝患脓疱病可能是因为原存在的某些发痒性皮肤病，如湿疹、虫咬皮炎、外伤等，使宝宝的皮肤损伤，导致化脓球菌侵入而致病。

2.宝宝的皮肤薄嫩、免疫功能发育不全，极易被链球菌或金黄色葡萄球菌感染致病。

3.有皮肤破损的宝宝在不清洁的浴缸或浴盆内洗澡，很容易被细菌感染致病。

4.天气炎热，宝宝在玩耍中爱出汗，但是爸爸妈妈没有来得及给宝宝清洁，使宝宝的皮肤撑起被汗液浸渍，也会造成宝宝患上脓疱病。

宝宝脓疱病怎么办

1.在发现宝宝出现脓疱病的症状时，可以带宝宝去医院检查，医生会判断引起疾病的细菌，并选择合适的抗生素治疗。

2. 在宝宝确诊为脓疱病之后，要将宝宝隔离起来，避免传染给其他家庭成员或者其他的宝宝。

3. 不要让宝宝触摸受损部位，以免发生继发感染，并避免健康的皮肤受到感染。

4. 用肥皂水给宝宝仔细清洁受损部位，并用大量清水冲洗，避免肥皂的碱残留在宝宝的皮肤上。

5. 如果宝宝的损伤部位由脓性渗出液，要用清洁的手巾或者消毒棉花帮宝宝清理干净。

金钱癣

金钱癣又称为环癣，是一个个圆形的红印，是受真菌所感染的皮肤病。金钱癣在生长时，中心光滑，边界呈红色。

金钱癣的症状

如果宝宝的胸部或头皮侧面有一个圆形的鳞屑样斑块，形如金钱状，并且患病的区域没有毛发，则可能是患有鳞屑金钱癣。宝宝可能头皮有很多鳞屑、并伴有轻度发痒。

宝宝在患了金钱癣之后，会出现单个或多个红色针头大小的水疱，随着病情的发展，水疱会逐渐融合，呈边界清楚的斑片，表面有细薄鳞屑。

金钱癣的原因

引起金钱癣的病原菌主要是红色毛癣菌、石膏样毛癣菌和絮状表皮癣菌。宝宝患鳞屑金钱癣可能是接触了金钱癣患者，也可能由感染金钱癣的猫、狗等宠物传播。

宝宝金钱癣怎么办

1. 由于鳞屑金钱癣有传染的可能性，如果宝宝患有这种金钱癣，要注意适当隔离。

2. 不要让宝宝用手抓患病区域，避免扩散感染。

3. 给宝宝洗头发时，要彻底地清洁宝宝的头皮，污垢的残留极易感染红色毛癣菌。

4. 对于情况严重的宝宝，要将其送往医院检查，医生会根据宝宝的情况对症下药，一般会开咪康唑等，宝宝持续用药1周后，可见鳞屑逐渐消退。

5. 不要让宝宝接触患有金钱癣的宠物，并建议在有宝宝的家庭，尽量不要养宠物。

猩红热

猩红热是一种叫A组β型溶血性链球菌的细菌感染引起的急性呼吸道传染疾病，溶血性链球菌通过咳嗽和喷嚏传播。猩红热多见于小儿，尤其多见于5～15岁的孩子。

猩红热的症状

1. 宝宝患了猩红热之后会出现发热的现象，并且多为持续性发热，体温可达39℃左右，有时会伴有头痛、全身不适等症状。

2. 有的宝宝还会表现为咽痛、吞咽痛，局部充血并伴有脓性渗出液，颌下及颈部淋巴结处呈非化脓性肿大。

3. 出现皮疹是猩红热最显著的症状。宝宝的皮肤上分布着弥漫充血性针尖大小的丘疹，用手摁压会出现褪色，会发痒，此时宝宝会刺痒难耐，并不停用手抓挠。

4. 宝宝有时伴随头痛、呕吐、腹泻等症状。

5. 有的宝宝的舌乳头突出，很像草莓，称为"草莓舌"。

患猩红热的原因

宝宝患猩红热是由A组β型溶血性链球菌引起的，并通过呼吸道、消化道、血液传播给宝宝。一年四季都有发生，以冬春之季发病较多。

宝宝猩红热怎么办

1. 发现宝宝有猩红热的症状时，及时将宝宝送往医院就诊，一般是10～14天内服用抗生素，大多首选青霉素，早期应用可缩短病程，减少并发症。

2. 经常用温水帮宝宝洗澡，保持宝宝的皮肤清洁，并擦拭适量的炉甘石洗剂帮助宝宝止痒。

3. 对于较大的宝宝，要用淡盐水给宝宝漱口，较小的宝宝爸爸妈妈可以用药棉蘸着盐水擦拭宝宝的口腔。

4. 注意保持室内空气流通，并定时清洁，减少灰尘、棉絮等漂浮物，以免病毒造成宝宝上呼吸道感染。

5. 宝宝患病期间，饮食以清淡、易消化为主，适合吃流质、半流质食物，如粥、面汤、蛋汤等，要多给宝宝喂水，有利于排出细菌毒素。

婴幼儿就医

由于宝宝不可能详细地描述出自己的病情，所以所有的异常症状都是由爸爸妈妈代为描述。因此，当带宝宝去医院看病的时候，爸爸妈妈要注意以下几个问题。

带好宝宝的健康档案

一份健康档案主要包括的内容有：宝宝的姓名、出生日期、性别、出生指标（身长、体重、头围、胸围、毛发、皮肤、胎记）、体格发展记录（身长、坐高、体重、头围、胸围、牙齿、视力、听力）、预防接种记录、微量元素测试记录、白细胞测试记录、过敏史、主要病史以及过往手术史。

一份具体详尽的专属健康档案对爸爸妈妈、宝宝以及医生都很重要，可以方便医生参考，尽快对宝宝的病症做出诊断，可以为治疗节省不少时间。因此，有必要给宝宝准备一个专属档案，最好同时还能准备一个健康资料袋，这些都可以为日后生病诊断提供准确的资料，帮助医生诊断和合理选择药物。

健康资料袋主要是用来收集宝宝的检查表、病历等，包括有宝宝的预防接种卡、完整的病历、X光照片或报告、心电图、B超、化验单、体检表等各种病历原始单据。这些病历单据要按照时间排好顺序，方便医生根据需要进行查找。另外，各类过敏史，如食物过敏、接触过敏、药物过敏等的记录，也要一并收入资料袋中。

叙述宝宝的病情

在医生问诊的时候，爸爸妈妈要按照病情的先后来向医生叙述病情，首先要说清楚目前的症状，然后才是宝宝以前的情况。需要注意的是，在向医生描述病情的时候，应该是描述宝宝的症状，而不能做诊断式的叙述。如，你可以说"我的宝宝咳嗽，而且还有痰"，而不要说"我的宝宝感冒了"，同时还要注意不要随意夸大或缩小宝宝的病情。

当向医生反映宝宝的病情时，应从时间、体温、饮食、睡眠、排便、其他异常状态几方面来反映。

首先，向医生叙述的时候最好能说明发病时间、间隔时间等详细情况。以发热为例，从时间上区分就可以分为稽留热、间歇、不规则热、长期低热等，它们分别由不同的疾病引起。因此准确而详细地描述各种症状发生和持续、间隔的时间，对医生的诊疗大有帮助。

其次，宝宝生病后的饮食也会在不同程度上有所变化。爸爸妈妈要观察宝宝在饮食上的变化。主要向医生叙述饮食的增减情况、饮食间隔次数的变化以及宝宝有无饥饿感、饱胀感、停食等现象。如宝宝有偏食的情况，应说明是喜干还是喜稀，喜素还是喜荤，有无病后停奶、吐奶现象；同时还要说明宝宝的饮水情况，是口干舌燥要喝水，还是总想喝水。如宝宝吃过不干净的食物，也要告诉医生。

除了饮食之外，生病的宝宝也可能伴随着睡眠异常。爸爸妈妈要向医生说明白宝宝睡眠的时间和状态，尤其是要注意与平时不同的情形。如是否久久不能入睡，是否稍有动静就会醒，睡眠中有无哭泣、磨牙、出汗等。

大小便的状况也要反映。应该将宝宝的大小便如实地介绍给医生，如大小便的颜色、次数、形状、气味以及大小便时有无哭闹等。

宝宝生病了的话，很多时候都伴随着体温的异常，因此，对体温变化的叙述是不可缺少的。如果在家已经测过体温的话，就要求爸爸妈妈向医生说明测体温的时间及次数，最高和最低时分别为多少度。还要注意说明宝宝发热有无规律性、周期性以及发热时有无抽搐等其他伴随症状。

患有不同疾病的宝宝，根据疾病的不同，还会出现这样或那样的个体异常，这些都要在问诊的时候及时反映给医生，如有无出汗、呕吐、咳嗽等症状；四肢活动是否自如、颈项是否僵直；神态是否清楚，有无烦躁不安、哭闹、嗜睡、昏睡的现象等。这些对判断疾病都有重要意义，因此爸爸妈妈的叙述越准确和详细，对医生的诊治就越有用。

既往病史和就诊前的诊治情况描述

除了宝宝患病时的种种异常之外，爸爸妈妈还有必要向医生说明宝宝的既往病史以及就诊前的诊治状况，以便医生根据情况做出适合的治疗方案。有的时候，还需要向医生说明出生时情况，如出生时是否顺利、妈妈妊娠是否足月、妈妈妊娠时患过什么病、吃过什么药等。

有的时候在带宝宝来医院就诊之前，爸爸妈妈会在家自行治疗过或去过其他医院治疗，这些同样要告诉毫无保留地告诉医生。有的爸爸妈妈出于怕医生反感等多种心理，不愿把宝宝就诊情况告诉医生，这样的话，最终受到危害的还是宝宝。所以，对于宝宝来医院就诊以前是否还去过其他医院求医诊治过，已服过什么药，剂量多少等这些情况，爸爸妈妈没有必要刻意回避隐瞒，都要尽量详细地向医生讲明，以免重复检查浪费时间和短期内重复用药引起不良后果。

第九章

婴幼儿安全用药

本章主要针对婴幼儿安全用药的问题进行了讲述。婴幼儿用药守则、什么样的药适合婴幼儿、如何给婴幼儿喂药、合理使用抗生素等，为家长提供了用药指导。如何预防药物不良反应、药品的保存方法、怎样煎服中药等，这些实用的技巧可以帮助家长科学合理地照顾生病的婴幼儿。

婴幼儿用药守则

"良药苦口利于病"，但是对于很多既非医生又非护士的年轻父母来说，科学用药是一门很高深的学问，再加上让宝宝乖乖吃下"苦口的良药"简直难上加难。所以，掌握婴幼儿用药守则，可以帮助爸爸妈妈克服这两个棘手的难题。

守则一：糖浆类药剂——准确测量药量

糖浆一种是比较容易被宝宝接受的药物，因为糖浆普遍会添加一些水果味道，让宝宝吃起来口感不那么苦涩，易于宝宝吞咽。给宝宝喂药前，要注意先轻轻摇晃药瓶，使药剂的各种成分均匀混合，再用小量杯准确地测量出宝宝一次需要的药量。给宝宝喂药时，以宝宝最舒服、最喜欢的姿势将宝宝抱在怀里，记得一定要将宝宝的手抓牢，以防宝宝在挣扎的时候将药碗打翻。给宝宝喂药的器具可选用小汤匙、喂药器、奶嘴、小量杯等，既专业又安全。

守则二：药粉类药物——水要适量

药粉类药物可采用与糖浆类药剂相同的喂食方法。很多父母认为宝宝生病后应该多喝水，所以在冲泡药粉时加入大量的清水，其实这样做并不科学，因为如果宝宝不能一次性将水全部喝完，这样就会间接减少了用药量，影响药效。给宝宝喂食药粉类药物时，可以选用一个大点儿的汤匙，将所要冲兑的药粉全部倒入大勺子中，再加入开水，以刚刚加满大勺子的水量为宜，搅拌均匀，稍稍凉凉后，让宝宝一口吞下，然后再喂清水给宝宝喝。

守则三：肛门用药——先消毒双手

肛门用药免去了给宝宝喂药的艰难环节，见效快，深受年轻父母的喜爱。采用肛门用药前，需要先洗净双手，如果有条件的话，将双手消毒之后更好。为增加药物的润滑效果，易于塞进宝宝的肛门，可以在药物的表面涂抹少量的橄榄油，并像平时换尿布一样将宝宝的双腿微微抬起，把药物缓缓地塞入宝宝的肛门。注意的是，在塞入药物之后，要用手指按压宝宝的肛门约10分钟，以防宝宝因为肛门肌肉的收缩将药物推出。

如何给婴幼儿喂药

宝宝一旦生病，最令父母头痛和烦心的事便是喂药了。很多父母在给宝宝喂药时手忙脚乱，加上宝宝的挣扎、反抗，经常弄得一片狼藉。掌握给宝宝喂药的技巧，不仅给爸爸妈妈解决很多烦恼，也利于宝宝更快康复。

1.选择正确的喂药时间。最佳的喂药时间一般是饭前半小时，因为此时宝宝的胃已排空，有利于药物的吸收，也可以避免宝宝服药出现呕吐的现象。注意的是，像阿司匹林、对乙酰氨基酚（扑热息痛）等会对胃有强烈刺激作用的药物，应该放在饭后1小时服用，以防止宝宝的胃黏膜损伤。

2.给宝宝戴好围嘴。在给宝宝喂药前，先给宝宝戴好围嘴，并在旁边准备好卫生纸或毛巾，在药物溢出宝宝的嘴角时，便于擦拭。

3.仔细查看药名。给宝宝喂药时，仔细查看好药名和剂量，以免误服药物，或剂量不准确；在喂药过程中，宝宝吐出来的药物记得要及时补上，否则会因药量不足而影响药效。

4.对于新生儿宝宝，他们味觉尚未发育成熟，可用塑料软管吸满药液，在将管口放在宝宝的口中，少量多次地给宝宝吸入药物；也可将药物用温开水兑开，倒进奶瓶里，让宝宝自己吮吸。

5.禁止在宝宝哭闹的时候灌药，捏鼻子灌药也是不允许的。因为这样宝宝很容易把药物呛入气管，轻者出现呛咳、呕吐等现象，重者可能造成宝宝窒息死亡。

6.有的爸爸妈妈担心药物太苦，宝宝不肯吃，就在喂药的时候掺一些牛奶或果汁，想通过改善药物的口感，让宝宝接受。这种做法是不科学的，因为牛奶中含有很多的无机盐类物质，可能会与某些药物的成分发生作用，影响药效；果汁与止咳药等一起服用，会降低药效，不能达到治病的目的。

7.用糖果给宝宝解苦。1岁到3岁大的宝宝对药物已逐渐敏感了，开始哭闹挣扎，不肯吃药。这时可以把药丸、药片研成粉末，用温水调成稀糊状，把宝宝抱在怀里，呈半仰卧状，左手扶着宝宝的头部，右手拿着勺子，一勺一勺地将药物送入宝宝的嘴里，每喂完一口，可以拿糖果给宝宝舔一舔，可以消除口中的苦涩感。

婴幼儿禁用药物

宝宝得了病，用药一定要慎重，凡是注明婴幼儿禁用或者慎用的药物一定不要用在宝宝的身上。因为宝宝的肝、肾功能尚未发育成熟，肝脏解毒功能弱，肾脏的排毒功能也差，很多药物是不适合宝宝使用的，甚至宝宝在使用某些药物之后出现中毒的现象。

婴幼儿时期，宝宝禁用或者慎用的药物如下：

1.诺氟沙星、环丙沙星等喹诺酮类药物，婴幼儿服用可引起软骨发育障碍，不能给宝宝服用该类药物。

2.磺胺类药物对婴幼儿的肾脏功能损害较大，严重时还可能导致消化道出血和药物中毒，一定要慎用，如果非用不可，那就在医生的指导下使用。注意：新生儿和早产儿禁用磺胺类药物。

3.链霉素、新霉素、卡那霉素、妥布霉素、庆大霉素等氨基糖苷类药物，婴幼儿服用之后，容易引起耳聋和肾脏功能损伤。

4.氯霉素是一种通过抑制细菌蛋白质合成而起到抑菌药，可诱发致命的不良反应，如可引起宝宝患灰婴综合征和粒细胞减少症，严禁使用。

5.成人感冒药如感康、康必得、速效感冒胶囊，宝宝服用之后可引起骨髓造血功能或神经损害。

6. 解热镇痛药、抑酸药、泻药不能给宝宝使用；氯霉素滴眼液、萘甲唑啉（滴鼻净）等也不能长期给宝宝使用。

如何预防药物不良反应

1. 在医生的指导下正确选择和使用药物，并按照使用说明书严格控制用药量、安排用药时间。尽量不用或者少用药物，一种药能解决病症，坚决不用两种药；协同作用虽然能提高药效，但毒副作用也会增强。

2. 给宝宝用药时，不仅要考虑到药物的药效，还必须考虑到宝宝的具体情况，如宝宝的年龄、个体差异和身体状况等。忌乱用药，也不能自行增减宝宝的药量，更不能擅自延长或缩短疗程。

3. 对于患有慢性病的宝宝，爸爸妈妈要记住哪些药物不能给宝宝使用，如溃疡病患儿不宜服用阿司匹林，否则会诱发溃疡出血。

4. 有药物过敏史的宝宝在就医时，爸爸妈妈要向医生说明，避免医生在不知情的情况下使用这些药物，对宝宝造成不良的影响。

5. 如果患儿在使用某些药物后，出现与本药无关的征象，如皮疹、发热、腹泻、腹痛等，应该考虑宝宝是不是药物过敏，并立刻送往医院诊断。

6. 对于患有肝、肾疾病的宝宝，用药要格外小心，尽量避免那些会加重肝肾功能耗损的药物。

7. 在患儿用药期间，爸爸妈妈要记住宝宝服用这种药物，医生叮嘱不能吃的食物，一定不要因为疏忽而给宝宝食用，以免影响疗效。

成人药能给婴幼儿吃吗

由于宝宝的肝肾功能尚未发育完全成熟，肝脏的解毒功能和肾脏的排毒功能都比较弱，在药物使用上，宝宝不同于成年人。

大多数的成人用药，都不能用于小儿。有的爸爸妈妈认为宝宝只是在体重和身高上和大人有差距，把成人的药物按比例减量后给宝宝服用就行，这是不对的，会对宝宝的身体造成很大的危害。

成人吃的药宝宝不一定能吃，如成人用的止咳药喷托维林（咳必清）、止咳糖浆，内含麻黄碱、吗啡等成分，不能随便给宝宝服用。又如抗生素中的氨基糖苷类、喹诺酮类、磺胺类、氯霉素等对宝宝都有不同的危害。凡是说明书上注明小儿不宜使用的药物，就一定不要用在宝宝身上。有些成人药物，虽然宝宝也能用，如维生素、助消化药等，但爸爸妈妈在用药前，要明确该药的成分含量以及小儿的用量范围。

宝宝并不是成人的缩影。宝宝从对药物的反应跟成人是不一样的，在成人身上的轻微副作用，也许在宝宝身上就可能是毒性反应，所以爸爸妈妈在给宝宝用药时一定要加倍小心。

乱吃补药有害处

不少爸爸妈妈为了让宝宝长得健壮一些，经常给宝宝额外补充一些"补药"，特别是当宝宝生病时，他们认为是因为宝宝的身体太虚弱所致，于是想方设法给宝宝加营养。他们除了会给宝宝准备高糖、高脂肪、高热量的食物外，还会给宝宝吃一些类似脑白金这类的保健品，甚至有的爸爸妈妈给宝宝吃人参、阿胶等补药，但效果往往适得其反。

补药主要是在营养缺乏病或营养消耗增多等情况下食用，如果单纯为了增加营养而服用过多的补药并无好处。因为营养类补品毒性虽小，但如果不加选择地、长期或短期大量服用，也会发生一些不良反应。

1. 缺乏维生素宝宝生长发育迟缓，适当补充可以促进宝宝体格的生长发育。但服用过量，也会产生恶心、晕眩等不良反应。

2. 维生素 C 对宝宝的身体有许多益处，有保护细胞、增强白细胞及抗体的活性等功能。但长期大量服用，会导致血浆中维生素C的浓度一直处于饱和状态，宝宝容易产生草酸盐尿，或形成泌尿系统的草酸盐结石。

3.宝宝吃过多的补药会加重宝宝的肠胃负荷，造成消化不良，发生腹胀、腹泻等症状，反而阻碍了宝宝的生长发育。

4.宝宝生病期间，爸爸妈妈常常会想要给宝宝吃补药，以便补虚养血，让宝宝快点儿康复。但是，如果所选用的补药与宝宝的体质相抵触，不仅无益，还可加重宝宝的病情。

5.经常乱给宝宝服用补药，还会造成宝宝的机体内分泌功能紊乱，出现免疫力降低、智力下降等副作用。

6.糖类、脂肪、胆固醇的增加和堆积，容易使宝宝患肥胖症。

7.经常给宝宝服用补药，也是造成宝宝性早熟的一个重要因素，其特征是男孩阴茎过早变粗，女孩乳房突然增大或阴道流出白带样的分泌物，长阴毛。

合理使用抗生素

抗生素对于治疗某些婴幼儿疾病很有效，不少爸爸妈妈由于医学知识的缺乏和过分信赖抗生素，在养育宝宝的过程中滥用抗生素，错误地认为抗生素越高级越好，总喜欢把抗生素作为预防药物长期使用。使用抗生素治疗宝宝的疾病时，首先要针对病因，对症下药，并严格按照疗程接受治疗，不能随便延长用药时间。

使用抗生素的原则

1.能用低级的抗生素就不用高级的。

2.用一种抗生素能解决问题的就不用第二种。

3.能够通过口服制剂达到治疗目的的就不用针剂。

4.能够使用肌内注射达到治疗目的的就不用静脉注射。

合理应用抗生素注意以下几点

1.宝宝的一般感冒及流感绝大多数是由病毒引起的，没有必要使用抗生素。

2.患了猩红热、急性化脓性扁桃体炎的宝宝，首先应该选择用青霉素治疗，既可以治疗疾病本身，还可以预防肾炎等并发症的发生。

3.不要任意加大抗生素的用量，加大用量虽然可提高疗效，但药物的用量过大，会导致生病的宝宝药物中毒。

家庭 OTC 药箱

婴幼儿宝宝身体抵抗力差，很多时候说病就病，无论是午夜时分还是凌晨3点，也不是随时随地都可以买到药品，并且买药会耽误宝宝的治疗时间，所以家中备一个OTC药箱是非常必要的。

针对婴幼儿这一特殊的群体，准备的药品都应该是这个阶段的宝宝最常用的。例如：

工具：体温计、纱布、消毒棉签、创可贴、剪刀等。

消毒外用药品：2.5%碘酒、75%酒精等。

创伤外用药品：2%红药水、1%紫药水、过氧化氢、高锰酸钾等。

眼科外用药品：利福平眼药水、红霉素眼膏等。

臀红或皮肤皱褶糜烂处用药：鞣酸软膏、氧化锌软膏等。

退热药：含有扑热息痛的退热糖浆或药片、小儿退热栓等。

治疗腹泻的药物：十六角蒙脱石（思密达）、小儿泻速停等。

微生态制剂：整肠生、乳酶生等。

助消化药：多酶片、健胃消食片等。

止痒药：炉甘石洗剂、氟轻松软膏等。

感冒药：感冒颗粒、小儿感冒片、双花口服液等。

去痰止咳药：川贝枇杷膏、喉枣散、急支糖浆、甘草合剂等。

抗生素：阿莫西林、罗红霉素等。

维生素：维生素A、维生素D、维生素C、维生素B等。

解痉药：氯苯那敏（扑尔敏）等。

以上药物在药店均可买到，在给宝宝用药时，一定要看清使用说明，并严格按照使用说明的规定用药，以免发生意外。

家庭药品的保存方法

家里有了 OTC 药箱之后，就要考虑这些药品应该如何保存了。很多爸爸妈妈因为不懂得药物的保存常识或贮存方法不当，导致很多药品变质、失效。其实，药品应该放在安全、避光、通风、干燥的地方，以免药品变质，造成浪费。

家庭药品的保存方法有以下几点：

1. 密封保存：有些药品久置空气中，容易产生氧化的现象，应该密封保存。如维生素 C、鱼肝油滴剂等，放于清洁干燥、避光的地方。

2. 避光保存：有些药品如维生素 C、硝酸甘油及各种针剂在光线的作用下，很容易变质，应存放在棕色的瓶子中，并避光保存。

3. 冷藏保存：有些药品因室温过高而容易变质，如青霉素、链霉素、乙肝疫苗等，应放在 2 ～ 15℃ 的低温环境中保存，如果环境温度不允许，可以放在冰箱低温保存。

4. 将药品放在宝宝拿不到的地方，防止包包误服药物引起中毒。

5. 药品要贴上标签，标签不清时要及时更换，以免用错药。定期检查药品的生产日期，如果发现过期的药品，或者出现变色、浑浊、沉淀、发霉现象的药品，应该立即将其扔掉。

6. 不同性质的药品应用不同的保管方法，而且内服药与外用药要分开保存。

7. 中药丸要注意防潮、防鼠、防虫蛀；芳香类药物要用瓶装，防止挥发。

怎样煎服中药

中药防疾病又保健，而且比西药温和许多，对宝宝的身体损害也比较小。很多爸爸妈妈在给宝宝煎煮中药时，往往只考虑水、火候这两个因素，这是远远不够的。中药能否发挥药效，煎得好不好是一个关键。

1. 煎药的器具最好是砂锅、紫砂盅或搪瓷制器，煎中药忌用铁器，因为铁能与植物中药中的鞣质发生化合反应，使中药中的有效成分沉淀，降低药效。

2. 中药洗净，倒入药罐之后，应加入干净的冷水（以没过药材2厘米为宜）浸泡30分钟，使药物润透再看着煎。

3. 每服中药煎两次，一般先煎20 ~ 30分钟，第二次煎15 ~ 20分钟，再将两次煎得的药液充分混合。

4. 贝壳、甲壳类、虫类以及骨类等动物药，如龟壳、蜈蚣、虎骨等这类药物的有效成分不易煎出，须先煎40分钟左右之后，再将其他药材放进去共同煎煮。

5. 有些中药的有效成分受热后易挥发，或者加热时间稍长，就会破坏药物的功效，如薄荷、大黄等，要在其他的药物快煎好之前再放入，稍稍煎煮即可。

6. 对于某些质地较轻，煎煮后容易漂浮在表面，不利于宝宝服用的药物，以及一些质地较重的，煎好之后会产生沉淀的药物，煎煮之前应先包扎好，再同其他药物一起煎煮。

7. 对于人参、鹿茸、冬虫夏草等这类贵重药物，为了避免耗损，最好用另外的药罐煎煮取汁后，再兑入其他的煎好的药液内。

8. 在煎煮中药的过程中，要用筷子不断地搅拌，以免煎煳了，一旦药物煎干或煳罐，禁止给宝宝服用，会有中毒的危险。

9. 中药煎剂每次服药量因宝宝而异，但是一般是50 ~ 100毫升，分早、晚两次服用。中药要温着服用，以免药液偏热或偏冷对宝宝的胃产生刺激，引起呕吐和胃脘不适。

10. 滋补药应该在饭前1小时给宝宝服用，镇静催眠药一般在宝宝睡前半小时服用。